紫花苜蓿（*Medicago sativa* L.）

苜蓿科学研究文丛
（四）

苜蓿史钞

孙启忠 编著

科学出版社
北京

内 容 简 介

本书是作者多年研究苜蓿历史、文化和科学的系列研究成果“苜蓿科学研究文丛”的第四分册，也是文丛第一分册《苜蓿经》、第二分册《苜蓿赋》、第三分册《苜蓿考》的基础。全书共收录了与苜蓿主题相关的历史文献素材数百部，分为史书、方志、辞书、类书、农书、本草、考古与论著及其他（以民国时期研究为主）8类，共计490余部（篇），内容包括文献素材的作者介绍、内容介绍和相关内容摘抄。另外，书中还收录了部分重要的当代苜蓿研究材料，供读者延伸阅读。

本书适合对苜蓿或牧草进行研究的科技工作者，关心国家牧草发展的人士，对草学史、农学史研究和中国古代农业文化有兴趣的爱好者阅读；适合大中型图书馆作为基础资料收藏。

图书在版编目（CIP）数据

苜蓿史钞 / 孙启忠编著. —北京：科学出版社，2024.1
（苜蓿科学研究文丛）
ISBN 978-7-03-061155-0

Ⅰ. ①苜… Ⅱ. ①孙… Ⅲ. ①紫花苜蓿－农业史－中国 Ⅳ. ①S551-092

中国版本图书馆CIP数据核字（2019）第084429号

责任编辑：马 俊 孙 青 / 责任校对：郑金红
责任印制：肖 兴 / 封面设计：刘新新

科学出版社 出版
北京东黄城根北街16号
邮政编码：100717
http://www.sciencep.com
北京建宏印刷有限公司 印刷

科学出版社发行 各地新华书店经销

*

2024年1月第 一 版 开本：787×1092 1/16
2024年1月第一次印刷 印张：40 3/4
字数：1 050 000

定价：498.00元

（如有印装质量问题，我社负责调换）

前言

《苜蓿史钞》是在钩沉、梳理、研究和考证大量史料的基础上完成的，是拙作《苜蓿经》《苜蓿赋》《苜蓿考》的基础，从《苜蓿史钞》中或多或少可以寻到《苜蓿经》《苜蓿赋》《苜蓿考》的根，或觅到其叶。

我国苜蓿种植起源于汉代，古代苜蓿史实、苜蓿农事活动，以及先辈们对苜蓿生物学特性的研究和技术的总结与积累等，多散见于浩如烟海的典籍中。历史的长河滚滚而过，大浪淘沙，沉淀保存下来的典籍弥足珍贵。尽管刀光剑影已在历史的尘埃中暗淡，鼓角争鸣已在岁月的长河中消散，但典籍的光辉却穿透时间的阻隔，将一件件苜蓿的往事、一项项苜蓿的技术、一片片苜蓿的草地和一个个苜蓿的传说带到我们的面前。了解苜蓿史、领悟苜蓿史、感受苜蓿史，让苜蓿的本色尽显，让苜蓿的辉煌再现，让苜蓿的作用重放异彩，让苜蓿的故事更加精彩，是历史的要求，也是当下的责任，更是未来的希望。

苜蓿是一种极具历史内涵、文化底蕴和科技积淀的牧草作物，在我国已有2000多年的栽培史。古代乃至近代典籍犹如斗量车载，要想在如此星罗棋布的典籍中找到我们需要的苜蓿信息不是一件容易的事。倘若将苜蓿相关的重要史实、事件，乃至相关的人和事等内容钞录出来，找出其来踪去处，以确保苜蓿史实的真实性、完整性和客观性，这确实是一件有意义的事情。然而，到目前为止，关于苜蓿史料的整理尚处于期待状态，要将蕴藏在汗牛充栋的典籍之中、凝聚于物化了的丰富多彩的文物之中、融化在至今仍具生命的诸多科学技术活动之中的苜蓿史料乃至史实，发掘钩沉、搜集整理起来真可谓是难上加难。因为苜蓿问题不属于重大历史问题，苜蓿也不属于重要作物或本草植物，目前还尚无全面、系统的研究资料或成果。史学家、博物学家对其研究较少，虽有记载但较简略；农学家、本草学家等对其有部分记载，但又十分零散，保存下来的苜蓿史料犹如稀有矿石，埋藏在我们不知道的浩瀚典籍中，需要我们花大力气去探求和寻找。史料是《苜蓿史钞》的基础，因此，钩沉、搜集、整理、辑录、研究和考证苜蓿史料就成为完成本书的第一步工作。

苜蓿历史问题虽然是个小问题，但苜蓿是我国最重要的牧草之一，其身影在历史中的延续时间长达2000多年，涉及古代西域的大宛、大月、安息、乌孙、罽宾等，以及我国古代的长安、北道诸州、河西走廊诸郡乃至黄河中下游等地区；同时亦涉及汉武帝、张骞、李广利、司马迁、班固、司马光，以及崔寔、贾思勰、朱橚、徐光启、李时珍、程瑶田、吴其濬等政治家、探险家、军事将领、史学家、农学家和本草学家或植物学家等；涉及的诗人更是数不胜数，如唐薛令之、王维、李商隐、杜甫，宋苏东坡、陆游、梅尧臣等。若从内容看，苜蓿也涉及政治、军事、农业、交通、邮驿、文化、科技和中外关系等诸多方面。尽管这样，与同期传入我国的汗血马、葡萄等相比，人们对古代苜蓿的历史、文化和科技的研究还显不足，特别是对苜蓿史料的整理、研究和考证还未引起足够的重视。

在我国苜蓿产业蓬勃发展的今天，有必要了解和掌握我国苜蓿的历史、文化和科技，这就需要我们一点一点地去挖掘苜蓿史实、搜集苜蓿史料、了解苜蓿历史、学习苜蓿传统文化和掌握苜蓿古代科技，这是撰写本书的初衷。我国虽有2000多年的苜蓿栽培史、文化积淀和技术储备，但与同期入汉的葡萄、汗血马相比，社会对苜蓿的认知度还不是很高，人们对苜蓿的了解还不是很深，正如苜蓿需要养分滋养，社会需要文化滋养一样，我们有责任、有义务用苜蓿传统文化滋养社会、沁润人心，营造苜蓿传统文化与科技的社会氛围和人文环境，只有这样才能扩大苜蓿的影响，提高社会对苜蓿的认知度，苜蓿才能深入人心，苜蓿的作用才能得到充分的发挥，苜蓿才能对社会作出更大的贡献，才能更有利于我国现代苜蓿产业与文化的繁荣发展及苜蓿科技的创新。

本书以辑录典籍原文为主，起到梳理苜蓿史料的作用，便于读者查阅考证，也算是对苜蓿史料或苜蓿传统文化乃至苜蓿古代科技的一个粗浅的尝试性研究。在辑录文献时可能有不少重复或类似记述，如司马迁《史记·大宛列传》中的“俗嗜酒，马嗜苜蓿。汉使取其实来，于是天子始种苜蓿、蒲陶肥饶地。及天马多，外国使来众，则离宫别观旁尽种蒲陶、苜蓿极望。”曾被许多典籍征引或给予相似描述，这一方面说明了这些内容的重要性；另一方面也体现了不同时期人们对苜蓿的认识和其发挥的作用。因此，为了史实的完整性、客观性和更符合实际情况，像类似内容的重复是必要的，也是不可避免的。本书虽说是史钞，但她更像是一本反映我国古代乃至近代苜蓿的百科全书。

本书史料上溯西汉，下至民国，共搜集整理典籍（含报刊）490余部（篇），按其属性分为史书、方志、辞书、类书、农书、本草、考古与论著及其他（以民国时期研究为主）8 类。

由于书稿内容涉及面广，从主观上讲我希望这本书臻于完善，但限于客观条件和主观能力，本书在苜蓿史料研究考证等方面乃属于起步阶段，其研究方法与手段、考证理论与技术等方面还很不成熟，其资料的收集还不够全面、分类还不够科学、梳理还不够系统、研究还不够深入、考证还不够到位，内容摘录和布局还不够合理，疏漏和不足在所难免，祈盼读者批评指正。

孙启忠

2023 年 3 月

目录

史 书

咏张骞

（清·谢启昆）

博望初乘贯月槎，龙庭万里欲为家。
玉门以外安亭障，金马从西致渥洼。
凿空安能得要领，开边不异控褒斜。
轮台诏下陈哀痛，上苑犹栽苜蓿花。

史记

《史记》是我国著名史学家司马迁所著的史学巨著，于征和二年（公元前 91 年）完成。《史记》记载了从传说中的黄帝开始到汉武帝元狩元年（公元前 122 年）3000 多年的历史，是古代中华文化的浓缩，被誉为“史家之绝唱，无韵之《离骚》”。它不只是历史书，而且是文学书，也是百科全书，其中各色历史人物都有阐述；它也是记载我国苜蓿种植起源的第一部典籍，对苜蓿史的研究有着十分重要的意义。

司马迁（公元前 145 年～公元前 86 年），字子长，中国西汉伟大的史学家、文学家、思想家、经济学家，汉武帝时任郎中、太史令、中书令，所著《史记》是中国第一部纪传体通史。

西北外国使，更来更去。宛以西，皆自以远，尚骄恣晏然，未可诎以礼羁縻而使也。自乌孙以西至安息，以近匈奴，匈奴困月氏也，匈奴使持单于一信，则国国传送食，不敢留苦；及至汉使，非出币帛不得食，不市畜不得骑用。所以然者，远汉，而汉多财物，故必市乃得所欲，然以畏匈奴于汉使焉。宛左右以蒲陶为酒，富人藏酒至万余石，久者数十岁不败。俗嗜酒，马嗜苜蓿。汉使取其实来，于是天子始种苜蓿、蒲陶肥饶地。及天马多，外国使来众，则离宫别观旁尽种蒲陶、苜蓿极望。

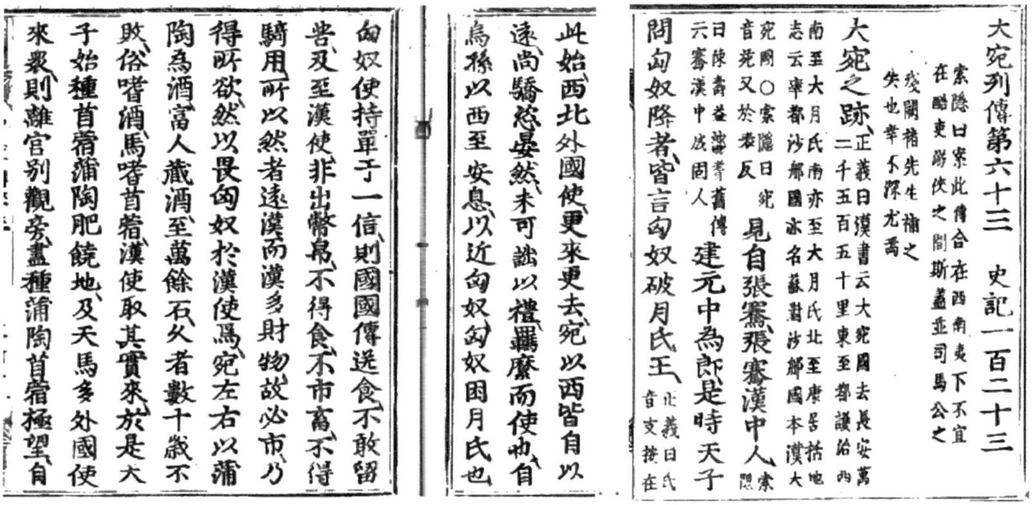
大宛列傳第六十三　史記一百二十三
索隱曰案此傳合在西南夷下不宜在酷吏游俠之間斯蓋並司馬公之殘闕褚先生補之失也幸不深尤焉
大宛之跡、正義曰漢書云大宛國去長安萬二千五百五十里東至都護治西南至大月氏南亦至大月氏北至康居括地志云率都沙那國亦名蘇對沙那國本漢大宛國〇索隱曰宛音苑又於袁反
見自張騫、張騫漢中人、索隱曰陳壽益部耆舊傳云騫漢中成固人
建元中為郎、是時天子問匈奴降者、皆言匈奴破月氏王、正義曰氏音支按在
此始西北外國使、更來更去、宛以西皆自以遠、尚驕恣晏然、未可詘以禮羈縻而使也、自烏孫以西至安息、以近匈奴、匈奴困月氏也、
匈奴使持單于一信、則國國傳送食、不敢留苦、及至漢使、非出幣帛不得食、不市畜不得騎用、所以然者、遠漢、而漢多財物、故必市、乃得所欲、然以畏匈奴於漢使焉、宛左右以蒲陶為酒、富人藏酒至萬餘石、久者數十歲不敗、俗嗜酒、馬嗜苜蓿、漢使取其實來、於是天子始種苜蓿蒲陶肥饒地、及天馬多、外國使來眾、則離宮別觀旁盡種蒲陶苜蓿極望、自

➤➤➤《史记·大宛列传》

【简注一】《史记·大宛列传》是司马迁把世界史纳入中国通史内容的传记，这是《史记》的一大亮点。大宛是张骞出使西域的古代国家之一。张骞通西域被司马迁称为“凿空”。司马迁创造了“凿空”这个名词来形容张骞通西域十分了不起。《史记集解》引汉代学者苏林曰：“凿，开也。空，通也。张骞开通西域道。”唐代司马贞《史记索隐》进一步解释曰：“案：谓西域危阨，本无道路，今凿空而通之也。”张骞“凿空”，开通西域道路，是前无古人的创举，而他“洞穿的大山”是游牧民族匈奴，是借道敌国，比洞穿自然的大山还要艰险。汉武帝为反击匈奴，派张骞做使者，带领一百多人的使团出使西域，去中亚联系大月氏（大月氏在公元前 2 世纪以前居住在中国西北部，后迁徙到中亚地区），共同对付匈奴。张骞不仅要穿戈壁，翻越世界屋脊葱岭（今帕米尔高原），跋涉万水千山，而且可能遭遇匈奴的阻击。张骞“凿空”，沟通了中西文化交流，使东方和西方各民族人民打开眼界、交流物资、互通有无。中国的丝绸传到西方，而西域的物资，如苜蓿、葡萄和汗血马等也传入中国。1877 年，德国旅行家和地理学家费迪南·冯·李希霍芬把张骞“凿空”的东西交通要道称为“丝绸之路”。

【简注二】 大宛：古西域国名。在今中亚乌兹别克斯坦等境内的费尔干纳盆地。大宛居民从事农牧业，当地盛产葡萄、苜蓿，商业发达。大宛所产汗血马闻名于世，为汉武帝征大宛的因素之一。

【简注三】 陈直《史记新证》：“于是天子始种苜蓿、蒲陶肥饶地。”直按：“苜蓿现关中地区尚普遍栽植，兴平茂陵一带尤多，紫花，叶如豌豆苗”。

【简注四】 紫苜蓿又名苜蓿（《西京杂记》《史记·大宛传》《植物名实图考》）、

目宿（《汉书》）、牧宿（《尔雅》《本草纲目》），因开紫花，故称为“紫苜蓿”。

在汉武帝时代，张骞（公元前126年）出使西域至大宛国，带回许多中国没有的农产品和种子，其中苜蓿（*Medicago sativa*）种子和大宛马的传入，在同一个时期。

紫苜蓿（*Medicago sativa*）的梢部

➤➤➤《重要绿肥作物栽培 • 苜蓿属 • 紫苜蓿》

【简注五】 离宫：皇帝正宫以外临时居住的宫室。别观：离宫大门外的台榭。极望：穷尽所望或满眼尽是。极：尽头，极点。望：远望。

➤➤➤《史记新证 • 大宛列传》

史记会注考证

《史记会注考证》由日本汉学家泷川资言编撰，1934年刊行于世。

泷川资言（1865～1946年），日本汉学家。

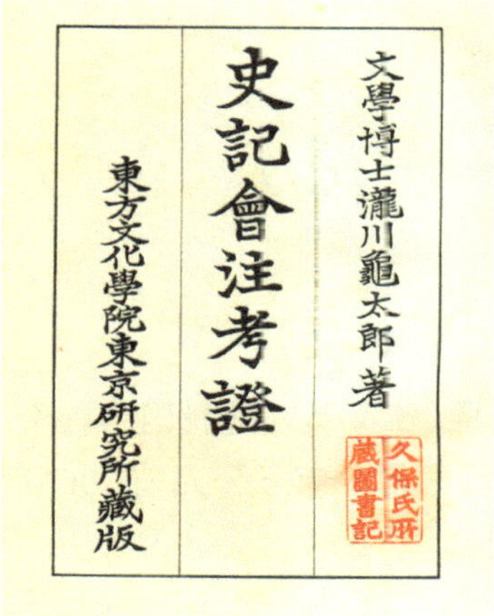

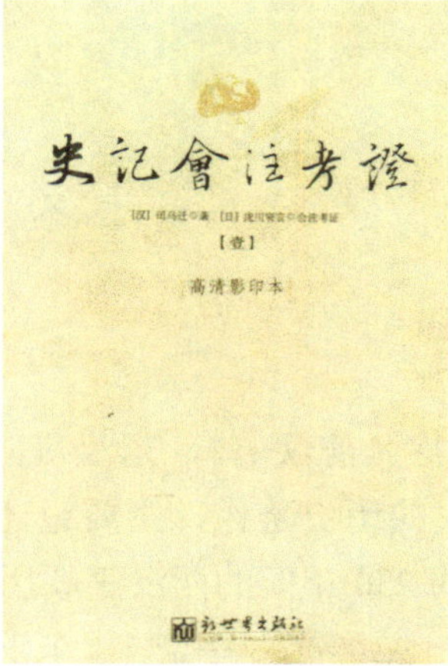

大宛列传

宛左右以蒲陶为酒，富人藏酒亖万余石，久者数十岁不败（考证 《御览》引《后凉录》曰：吕光入龟兹城，胡人奢侈，富于生养，家有蒲萄酒，或至千斛，经十年不败）。俗嗜酒、马嗜苜蓿。汉使取其实来（考证 《西域传》改作汉使采蒲陶、目宿种归。《齐民要术》引陆机《与弟书》云：张骞使外国十八年，得苜蓿归，盖传闻之误。颜师古曰：今北道诸州，旧安定、北地之境，往往有目宿者，皆汉时所种也）。于是天子始种苜蓿、蒲陶肥饶地。及天马多，外国使来众，则离宫别观旁尽种蒲萄、苜蓿极望。

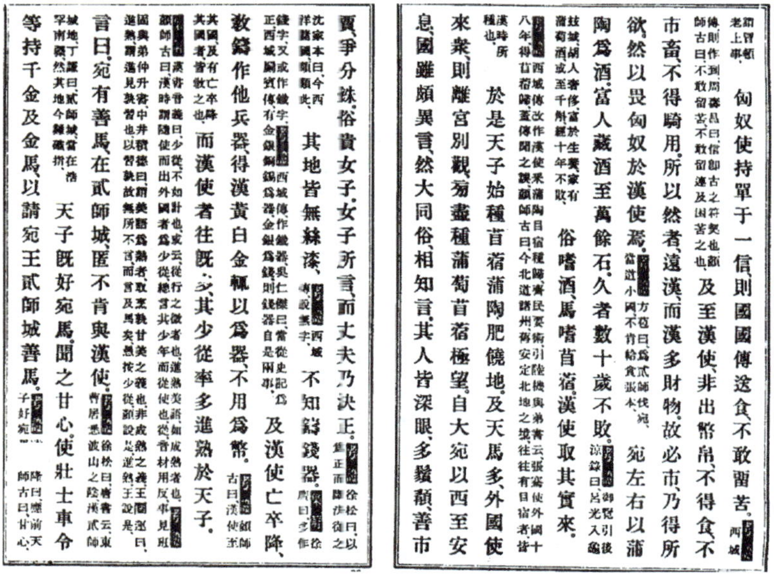
冒頓、老上事。匈奴使持單于一信、則國國傳送食、不敢留苦。考證 西域傳、則作到。周壽昌曰、信卽古之符契也。顔師古曰、不敢留苦、不敢留連及困苦之也。及至漢使、非出幣帛、不得食、不市畜、不得騎用。所以然者、遠漢、而漢多財物。故必市、乃得所欲。然以畏匈奴於漢使焉。考證 方苞曰、爲貳師伐宛、當道小國不肯給食張本。宛左右以蒲陶爲酒。富人藏酒至萬餘石。久者數十歲不敗。考證 御覽引後涼錄曰、呂光入龜茲城、胡人奢侈、富於生養、家有蒲萄酒、或至千斛、經十年不敗。俗嗜酒、馬嗜苜蓿。漢使取其實來。考證 西域傳改作漢使采蒲陶目宿種歸。齊民要術引陸機與弟書云、張騫使外國十八年、得苜蓿歸。蓋傳聞之誤。顔師古曰、今北道諸州、舊安定北地之境、往往有目宿者、皆漢時所種也。於是天子始種苜蓿蒲陶肥饒地。及天馬多、外國使來衆、則離宮別觀旁盡種蒲萄苜蓿極望。自大宛以西至安息、國雖頗異言、然大同俗、相知言。其人皆深眼、多鬚頿、善市

賈、爭分銖。俗貴女子。女子所言、而丈夫乃決正。考證 徐松曰、以[illegible] 沈家本曰、今西洋諸國頗類此。其地皆無絲漆、考證 西域傳無漆字。不知鑄錢器。考證 徐廣曰、多作鐵字、又或作鐵字。考證 西域傳作鐵器、與仁傑曰、當從史記爲正。西域傳有金銀銅錫爲器、金銀爲錢、則錢器自是兩事。及漢使亡卒降、敎鑄作他兵器。得漢黃白金、輒以爲器、不用爲幣。考證 顔師古曰、漢使至其國、及有亡卒降其國者、皆敎之也。而漢使者往既多、其少從率多進熟於天子、考證 漢書音義曰、少從、不如計也。或云、從行之微者也。進熟、美語如成熟者也。考證 顔師古曰、漢時謂隨使而出外國者爲少從、總言其少年而從使也。從、音材用反。串見班固與弟仲升書。中井積德曰、謂美語爲熟者、取烹熟甘美之義也。非成熟之義。王鳴盛曰、進熟謂進見熟習也。以習熟故無所不言、而言及馬矣。愚按少從、顔說是。進熟、王說是。言曰、宛有善馬、在貳師城、匿不肯與漢使。考證 徐松曰、唐書云、東曹居悉波山之陰、漢貳師城地。丁謙曰、貳師城當在浩罕南、然其地今無確指。天子既好宛馬、聞之甘心。使壯士車令等持千金及金馬、以請宛王貳師城善馬。考證 [illegible] 師古曰、甘心[illegible]

史书

汉 书

《汉书》又称《前汉书》，东汉班固撰。《汉书》是我国古代继《史记》之后问世的又一部伟大的历史著作，主要记述汉高祖元年（公元前206年）至王莽地皇四年（23年）的约230年间的西汉王朝历史。

班固（32～92年），字孟坚，东汉扶风（故城在今陕西咸阳东）人，他的父亲班彪生平好著述，专心于史籍，曾续司马迁《史记》作西汉史65篇。

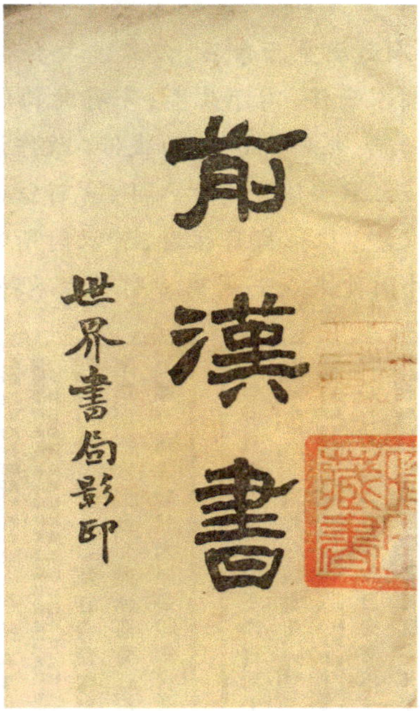

大宛左右以蒲陶为酒，富人藏酒至万余石，久者至数十岁不败。俗耆酒、马耆目宿（师古曰：耆读嗜）。……张骞始为武帝言之，上遣使者持千金及金马，以请宛善马。宛王以汉绝远，大兵不能至，爱其宝马不肯与。……宛王蝉封与汉约，岁献天马二匹。汉使采蒲陶、目宿种归。天子以天马多，又外国使来众，益种蒲陶、目宿离宫馆旁，极望焉（师古曰：今北道诸州，旧安定、北地之境，往往有目宿者，皆汉时所种也）。

西域傳卷第六十六上 師古曰烏孫國已後分爲下卷 班固 漢書九十六
秘書監上護軍琅邪縣開國子顏 師古 注
息同大宛左右以蒲陶爲酒富人藏酒至萬餘石久者至數十歲不敗俗耆酒馬耆目宿 師古曰耆讀曰嗜 宛別邑七十餘城多善馬馬汗血言其先天馬子也 孟康曰言大宛國有高山其上有馬不可得因取五色母馬置其下與集生駒皆汗血因號曰天馬子云 張騫始爲武帝言之上遣使者持千金及金馬以請宛善馬宛王以漢絕遠大兵不能至愛其寶馬不肯與漢使妄言 師古曰謂詈辱宛王 宛遂攻殺漢使取其財物於是天子遣貳師將軍李廣利將兵前後十餘萬人伐宛連四年宛人斬其王母寡首獻馬三千匹漢軍乃還語在張騫傳貳師既斬宛王更立貴人素遇漢善者名昧蔡爲宛王 師古曰昧音秣蔡音千曷反 後歲餘宛貴人以爲昧蔡諂使我國遇屠 師古曰諂古諂字 相與共殺昧蔡立毋寡弟蟬封爲王遣子入侍質於漢漢因使使賂賜鎮撫之又發使十餘輩抵宛西諸國 師古曰抵至也 求奇物因風諭以伐宛之威 師古曰風讀曰諷 宛王蟬封與漢約歲獻天馬二匹漢使采蒲陶目宿種歸天子以天馬多又外國使來衆益種蒲陶目宿離宮館旁極望焉 師古曰今北道諸州舊安定北地之境往往有目宿者皆漢時所種也 自宛以西至安息國

➤➤➤《汉书 • 西域传》

【简注一】 西域：汉时所谓“西域”，其意思有广狭两种。吕思勉指出：“初时西域专指如今的天山南路，所谓南北有大山，中央有河。……狭义的西域，有小国三十六，后稍分至五十余。”中国古代史编委会指出：“西域的地理概念有广义与狭义之分，广义范围很广，除了中国新疆地区以外，还包括中亚细亚、印度、伊朗、阿富汗、巴基斯坦一部分。狭义的概念指的是新疆地区，包括新疆西部巴尔喀什湖以东、以南的一些地方，当时以天山为界，分为南北两部，分布了 36 个小国，大部分在天山南部。”史为乐指出：“西域，西汉以后对玉门关以西地区的总称。狭义专指葱岭以东；广义则指通过狭义西域所能达到的地方，包括亚洲中西部、印度半岛、欧洲东部及非洲北部等地”。

罽宾：史为乐（2005）指出，“罽宾，汉魏时西域国名，今在克什米尔及喀布尔河下游一带。”中国古代史编委会指出：“罽宾国今克什米尔”。刘光华指出：“罽宾国在今喀布尔河下游和克什米尔一带。”吕思勉指出：“罽宾，如今的克什米尔”。

【简注二】 施丁《汉书新注》曰：目宿，即苜蓿。原产西域，汉武帝时自大宛传入中原，为马牛饲料，即绿肥。

大宛国：国名。在今中亚费尔干纳盆地。

贵山城：今中亚卡散赛。

➤➤➤《汉书新注 • 西域传》

汉书注

《汉书注》是唐颜师古对《汉书》所作的新注。

颜师古（581～645年），雍州万年（今属陕西西安）人，祖籍琅邪（今山东临沂）。唐朝初年经学家、训诂学家、历史学家，名儒颜之推之孙、颜思鲁之子。

大宛左右以蒲陶为酒，富人藏酒至万余石，久者至数十岁不败。俗耆酒，马耆目宿。师古曰："耆读曰嗜"。

➤➤➤《汉书注·西域传》

宛王蝉封与汉约，岁献天马二匹。汉使采蒲陶、目宿种归。天子以天马多，又外国使来众，益种蒲陶、目宿离宫馆旁，极望焉。师古曰："今北道诸州，旧安定、北地之境往往有目宿者，皆汉时所种也"。

➤➤➤《汉书注·西域传》

【简注】 安定州：元至正十二年（1352年）改定西州置，属巩昌路。辖境相当于今甘肃定西县地。明洪武十年（1377年）降为安定县。

➤➤➤《中国历史地名大辞典·安定州》

安定州都督府：唐置，属庆州都督府。

➤➤➤《中国历史地名大辞典·安定州都督府》

北地郡：①战国秦置，治所在义渠县（今甘肃西峰市东境）。西汉移治马领县（今甘肃庆阳县西北）。东汉又移治富平县（今宁夏吴忠县西南）。辖境相当于今宁夏贺兰县、山水河（若水河）以东及甘肃环江流域。

②东汉末置，寄治冯翊郡界，辖境相当于今陕西耀县和富平县。其后累有伸缩。北魏移治泥阳县（今陕西富平县西北）。西魏废帝三年（554年）改为通川郡。

③隋炀帝大业三年（607 年）改豳州置，治所在定安县（今甘肃宁县）。辖境相当于今甘肃庆阳西峰及宁县、合水、正宁和陕西旬邑、彬州、长武、永寿等地。唐武德元年（618 年）改为宁州。

➤➤➤《中国历史地名大辞典·北地郡》

汉书西域传补注

《汉书西域传补注》，清徐松撰，2 卷。徐松曾谪戍伊犁，对天山南北山川、风土多有探究，历征各家记载，纂成此书。

徐松（1781 ～ 1848 年），字星伯，原籍为浙江上虞（今绍兴市上虞区），后迁顺天大兴（今北京大兴），清代著名地理学家。

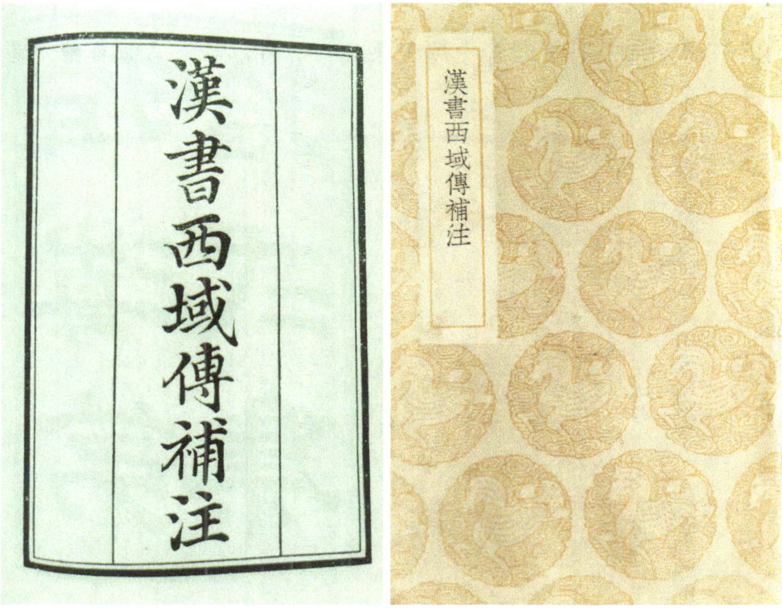

罽宾地平，温和，有目宿。补曰：《史记·大宛传》马嗜苜蓿，汉使取其实来。案今中国有之，唯西域紫花为异。

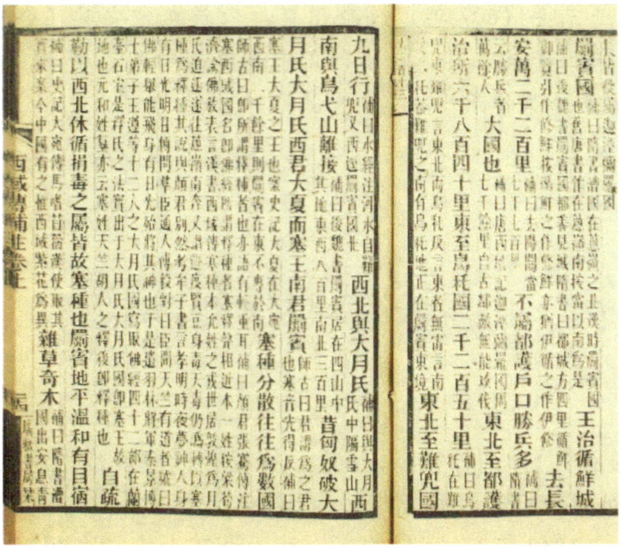

➤➤➤《汉书西域传补注》

俗耆酒，马耆目宿。师古曰："耆读曰嗜。"补曰："俗"，《通考》作"人"，今西域回人，无不嗜酒者。种苜蓿如中国种桑麻。四月以后，马噉苜蓿尤易壮健。

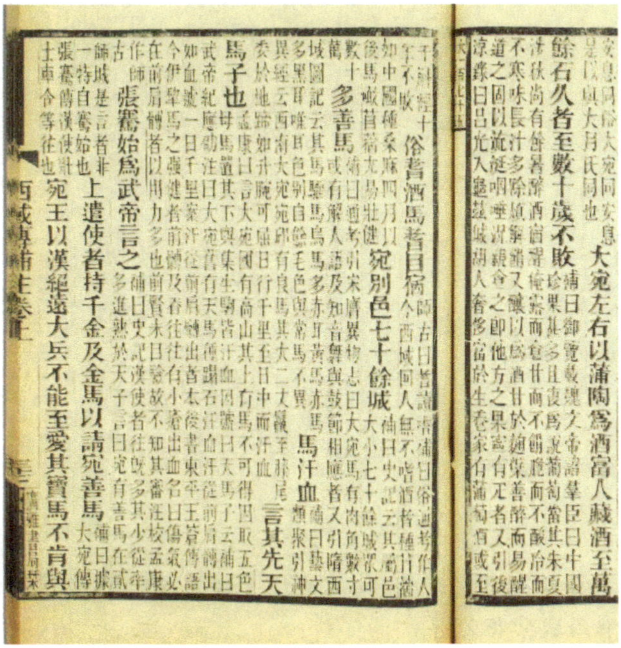

➤➤➤《汉书西域传补注》

汉使采蒲陶、目宿种归。补曰：《齐民要术》引陆机《与弟书》曰，“张骞使外国十八年，得苜蓿归。”《大宛传》作“取其实来”。

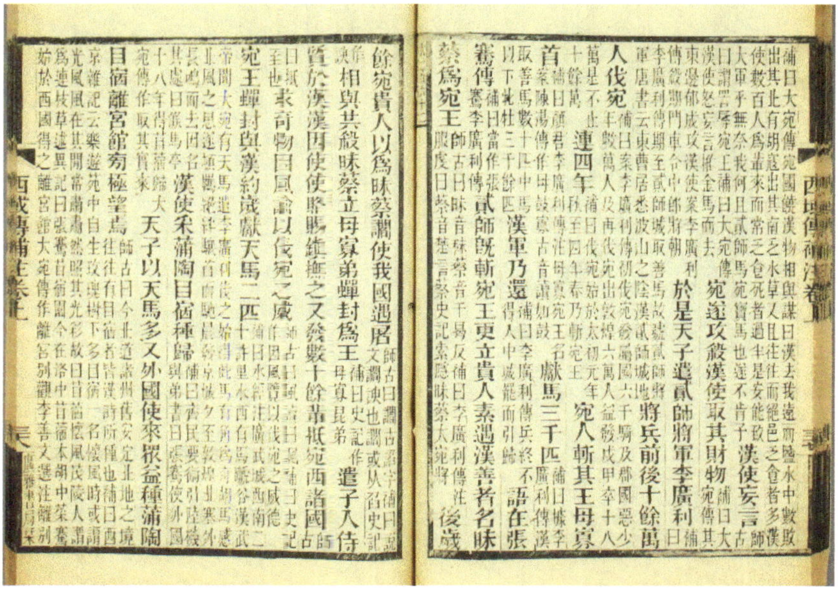

➤➤➤《汉书西域传补注》

天子以天马多，又外国使来众，益种蒲陶、目宿离宫馆旁，极望焉。师古曰：“今北道诸州，旧安定、北地之境往往有目宿者，皆汉时所种也。”补曰，《西京杂记》云：“乐游苑中，自生玫瑰树，下多苜蓿，一名怀风。时或谓光风，风在其间，常肃肃然，照其光彩，故曰苜蓿怀风。茂陵人谓为连枝草。”《述异记》曰：“张骞苜蓿园，今在洛中，苜蓿本胡中菜，骞始于西国得之。”“离宫馆”，《大宛传》作“离宫别观”，李善文选注“离，别非一所也”。

➤➤➤《汉书西域传补注》

汉书补注

《汉书补注》，清王先谦编纂。

王先谦（1842 ～ 1917 年），清末学者，湖南长沙人。

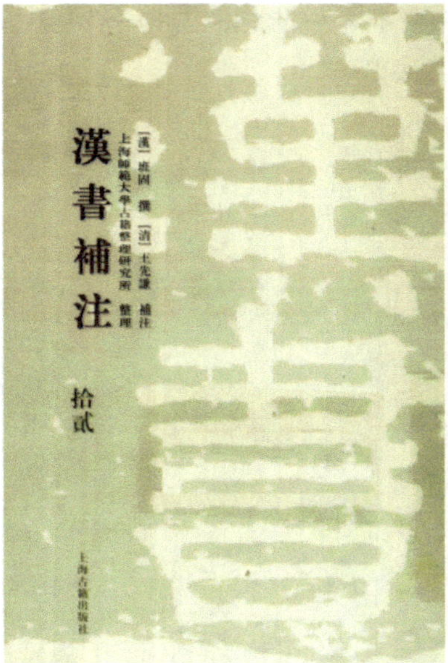

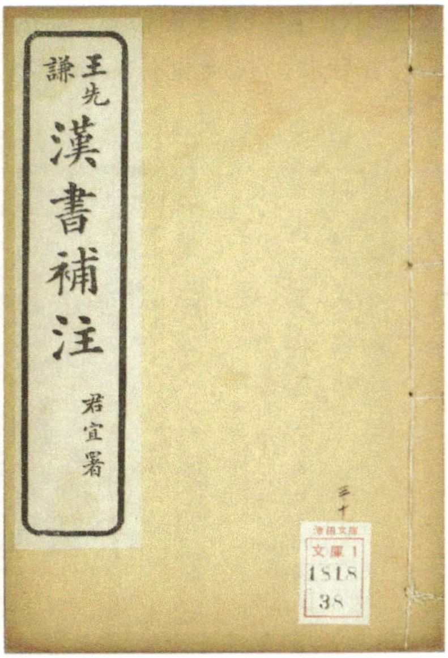

【补注】徐松曰:“《史记·大宛传》‘马嗜目宿，汉使取其实来’，案今中国有之，唯西域紫花为异”。

➤➤➤《汉书补注·西域传》

师古曰:“耆读曰嗜。”补曰:“俗”，《通考》作“人”，今西域回人，无不嗜酒者。种苜蓿如中国种桑麻。四月以后，马噉苜蓿尤易壮健。

➤➤➤《汉书补注·西域传》

【补注】徐松曰:“《齐民要术》引陆机《与弟书》曰:‘张骞使外国十八年，得苜蓿归。’《大宛传》作‘取其实来’”。

➤➤➤《汉书补注·西域传》

【补注】师古曰:“今北道诸州，旧安定、北地之境，往往有目宿者，皆汉时所种也。”徐松曰:《西京杂记》云“乐游苑中，自生玫瑰树下，多目宿，一名怀风。时或谓光风，风在其间，常肃肃然，照其光彩，故曰苜蓿怀风。茂陵人谓为连枝草。”《述异记》曰:“张骞苜蓿园，今在洛阳中，苜蓿本胡中菜，张骞于西国得之。”“离宫馆”作“离宫别观”，李善文注“离，别非一所也”。

➤➤➤《汉书补注·西域传》

前汉演义

《前汉演义》，蔡东藩著，共选取了100个著名的历史故事进行讲述。

蔡东藩（1877 ～ 1945年），浙江绍兴府山阴县临浦（今属杭州市萧山区）人。

勘叛案重兴大狱　立战功远挈同胞

时皇子据年已七岁，即册立为皇太子，储作国本，冀定人心。一面拟通道西域，再遣博望侯张骞，出使西方。骞为汉中人，建元中入都为郎。适匈奴中有人降汉，报称匈奴新破月氏，音支。阵斩月氏王首，取为饮器。月氏余众西走，常欲报仇，只恨无人相助云云。武帝方欲北灭匈奴，得闻此言，便欲西结月氏，为夹击匈奴计。唯因月氏向居河西，与汉不通音问，此时为匈奴所败，更向西徼窜去，距汉更远，急切欲与交通，必须得一精明强干的人员，方可前往。乃下诏募才，充当西使。廷臣等偷生怕死，无人敢行，只张骞放胆应募，与胡人堂邑父等相偕出都，从陇西进发。陇西外面，便是匈奴属地，骞欲西往月氏，必须经过此地，方可相通，乃悄悄地引了徒众，偷向前去。行经数日，偏被匈奴逻骑将他拘住，押送虏廷。骞等不过百人，势难与抗，只好怀着汉节，坐听羁留。匈奴虽未敢杀骞，却亦加意管束，不肯放归。一连住了十多年，骞居然娶得胡妇，生有子女，与胡人往来周旋，好似乐不思蜀的状态。匈奴不复严防，骞竟与堂邑父等伺隙西逃，奔入大宛国境。大宛在月氏北面，为西域中列国，地产善马，又多葡萄、苜蓿。骞等本未识路径，乱闯至此，当由大宛人把他截留。彼此问答，才得互悉情形，大宛人即报知国王。国王素闻汉朝富庶，但恨路远难通，一闻汉使入境，当即召见，询明来意。骞自述姓名，并言奉汉帝命，遣使月氏，途次被匈奴羁留，现幸脱身至此。请王派人导往月氏，若交卸使命，仍得还汉，必然感王厚惠，愿奉重酬。大宛王大喜，答言此去月氏，还须经过康居国，当代为通译，使得往达云云。骞称谢而出，遂由大宛王遣人为导，引至康居。康居国同在西域，与大宛毗邻，素来交好。既由大宛为骞介绍，乐得卖个人情，送他过去，于是骞等得抵月氏国。月氏自前王阵亡，另立王子为主，王夫人为辅，西入大夏，据有全土，更建一大月氏国。大夏在妫水滨，地势肥沃，物产丰饶，此时为月氏所据，坐享安逸，遂把前时报仇的思想，渐渐打消。骞入见国王，谈论多时，却没有什么效果。又住了年余，始终不得要领，只好辞归。归途复入匈奴境，又被匈奴兵拘去，幸亏骞居胡有年，待人宽大，为胡儿所爱重，方得不死。会匈奴易主，叔侄交争，即伊稚斜单于与兄子于单争国，事见前文。国中未免扰乱，骞又得乘隙南奔，私挈胡地妻子，与堂邑父一同归汉，进谒武帝，缴还使节。

➤➤➤《前汉演义·第六十九回》

西汉野史

《西汉野史》，民国黄士衡撰。

黄士衡（1889 ～ 1978 年），民国时期湖南杰出的教育家。

霍嫖姚奋勇立功　张博望艰难奉使

张骞在匈奴一直住了十余年，保持汉节，不使遗失，日夜希望脱身。好在为日既久，渐与胡人熟悉，胡人不甚防备，听其随意往来居住，张骞遂移居匈奴西境，寻得机会，便率同从人逃出匈奴，行经数十日，始至大宛。大宛在月氏之北，建都贵山城，地气暑湿，人民以耕田为生。亦有城郭宫室如中国，土产葡萄、苜蓿，又多好马，葡萄用以酿酒，苜蓿用以饲马，故其俗嗜酒，马嗜苜蓿。大宛王素闻中国广大富足，只因路远不能通使。今见张骞到来，心中甚喜，问其此行何往。张骞备述为汉奉使月氏，被匈奴阻留，今得逃出，请其派人引导前往月氏；若得到月氏，将来回汉，汉当多以财物奉酬。大宛王依言，遣人引导，并为通译，送张骞至康居。康居又转送张骞至大月氏。大月氏风俗与大宛相同，其王即前王太子。前王被杀，人民立之为王。既征服大夏，据有其地，土地肥饶，人民安乐，并无报仇之心。又见中国离彼甚远，往来不便，无意结交。张骞与月氏王谈论多次，毫无头绪，遂到大夏游历一回，住了年余。张骞见结约不成，只得辞归。张骞心想此行若仍从旧路回去，必须经过匈奴，不但复被留住，且恐追究前次逃走之事，性命不保，此路万不可行。于是留心探访，果知有一条路径，傍着南山行走，可以回国。张骞大喜，于是带领众人起行。谁知此路异常艰险，所过之处，多是沙漠，往往千里并无人烟，连水草都不易得。张骞到了此时，只好拼命前进，行经多日，随带粮食已尽，幸有堂邑父善射，到了穷急无食之处，便射取鸟兽以供一饱，甚至终日不能得食。似此旅行，也算苦到极处，好容易行近中国，却又遇着羌人。原来南山一带，本为诸羌所居，最恶异种之人，往往滥行杀害。张骞不敢由羌中经过，只得转向北行，不觉走入匈奴界内，又被匈奴获得。却幸张骞生性坚忍，待人宽大，为蛮夷所爱重，故匈奴亦不加害，唯仍被其留住，不许归国。

➤➤➤《西汉野史·第九十四回》

去病伐胡封狼居　张骞凿空通西域

张骞受命率领众人起程，到了乌孙，乌孙王昆莫出见张骞。

张骞传达武帝之命，赐与各物。昆莫坐受不拜，礼如单于。张骞见其如此傲慢，心中大惭，乃对昆莫道："天子远遣使者赐王多物，王若不肯拜受，则请将各物带还。"昆莫贪得汉物，方才起坐拜受，但其他礼节，仍同敌国。张骞因进说道："乌孙若能东归旧国，汉当以公主嫁为夫人，结兄弟之好，同拒匈奴，破之甚易。"昆莫听了沉吟不答，遂与其国大臣商议。大臣等皆不欲移居，又因己国地近匈奴，服属日久，且与中国远隔，究不知中国大小如何。昆莫年纪已老，国中又分为三。原来昆莫有子十余，其中子官为大禄，为人强干，善于用兵。昆莫使领万余骑别居一地。大禄之兄为太子，太子有子名岑陬，太子早死，临终对昆莫道："必以岑陬为太子。"昆莫怜爱太子，允从其请。大禄大怒，收合士众，谋攻岑陬。昆莫闻知，亦以万余骑与岑陬，使之别居。昆莫自己部下，亦有万余骑，于是一国分裂，唯表面上尚统属于昆莫。昆莫徒有虚名，不能专制，以致所议不成。张骞见乌孙未能得手，乃命副使分往大宛、康居、月氏、大夏等国。住了一时，昆莫遣使护送张骞回国，以马数十匹为报答。张骞回报武帝。武帝见了乌孙所献之马，甚是雄壮，心中大喜。张骞又带有西域出产各物，如葡萄、苜蓿等，武帝命栽于离宫别馆，拜张骞为大行，时元鼎二年也。

过了一年，张骞身死，而前所遣副使前往大夏等国者，皆与其人同来。于是西域诸国，始知中国之广大富庶，急欲与汉交通，实由张骞发起。以后汉使往者，皆称博望侯所使，以其为外人所信也。张骞又曾探得河源，后人因相传张骞乘槎至天河，其说荒诞可笑。清人谢启昆有诗咏张骞道：博望初乘贯月槎，龙庭万里欲为家。

➤➤➤《西汉野史·第九十八回》

后汉书

《后汉书》由南朝时期的历史学家范晔编撰。

范晔（398～445年），字蔚宗，顺阳（今河南南阳淅川）人。

马融列传

于是周陆环渎，右矕三涂，左概嵩岳，面据衡阴，箕背王屋，浸以波、溠，貟以荥、洛。金山、石林，殷起乎其中，峨峨碨碨，锵锵雌雌，隆穹盘回，嵎峗错崔。神泉侧出，丹水涅池，怪石浮磬，耀焜于其陂。其土毛则搉牧荐草，芳茹甘荼，茈萁、芸蒩，昌本、深蒲，芝荋、堇、荁，蘘荷、芋渠，桂荏、凫葵，格、韭、菹、于。其植物则玄林包竹，藩陵蔽京，珍林嘉树，建木丛生，椿、梧、栝、柏，柜、柳、枫、杨，丰彤对蔚，崟颔椮爽。翕习春风，含津吐荣，铺于布濩，蓷扈蘛荧，恶可殚形。

➤➤➤《后汉书》

马融列传

毛，草也。《左传》云楚芋尹无宇曰："食土之毛，谁非君臣？"搉，相传音角。搉牧，未详 。《庄子》曰："麋鹿食荐。"一曰，草稠曰荐。茹，菜也。《尔雅》曰："荼，苦菜也。"《诗》曰："堇荼如饴。"饴亦甘也。茈音紫。萁音其。《尔雅》曰："綦，月尔。"郭璞注曰:"即紫綦也，似蕨可食。"芸，香草也 。《说文》云:"似苜蓿。"蒩音资都反。

➤➤➤《后汉书・李贤注・卷六十》

百官二

未央厩令一人，六百石。本注曰:主乘舆及厩中诸马。《汉官》曰:"员吏七十人，卒驺二十人。"长乐厩丞一人。《汉官》曰："员吏十五人，率驺二十人。苜蓿菀官田所一人守之"。

➤➤➤《后汉书・李贤注・志第二十五》

全上古三代秦汉三国六朝文

《全上古三代秦汉三国六朝文》是一部古代中国古文大型总集，清严可均编纂。严可均（1762 ～ 1843 年），清代文献学家、藏书家，字景文，号铁桥，乌程

（今浙江湖州）人。

影印全上古三代秦漢三國六朝文敍
遜清嘉慶間開全唐文館裒集有唐一代之文粲然大備嚴氏可均頗以未
得入館爲憾乃慨然念唐以前之文亦當有總集遂發憤編輯是書以經史
諸子旁及各大類書所引古文辭爲主輔以梅氏文紀張氏百三家集等書
起上古迄隋世鴻篇鉅製片語單詞罔弗綜錄竭二十餘年之力成書七百
四十六卷計作者三千四百九十五家搜羅詳備巨細不遺較之梅氏文紀
張氏百三家集實什伯過之誠文章之淵藪藝林之寶筏也惜書成未及付
梓而嚴氏卒迨光緒十有三年黃岡王氏訪得是書原稿於方柳橋功惠家
始爲之刊行惟校刊未精譌字脫句往往而有學者病之王雪澄廉訪舊藏
此書原稿百四十餘册皆嚴鐵橋先生手書凡名篇鉅著皆以墨點斷句其
後此稿移藏于醫學書局內約二年時丁仲祜師卽欲重印此書遂使人以
王氏初印本照原稿加點斷句以便學者卽此次付印之本是也並命乾一
任校閱之役乾一以師命不敢辭歷二年有半而告竣凡校正之處蓋皆一

移齐文

获去月二十日移。承羯寇平殄，同怀庆悦，眷言邻穆，深副情伫。夫天纲之大，固无微而不擒；神武之师，本无征而不克。至如戎王倾其部落，逆竖道其乡关，非厥英图，殆难堪戮。况复洞庭遐旷，丘食般阜，西穷版屋，北罄毡庐，声冠符姚，势兼聪勒，庸蜀宝马，弥山不穷，巴汉楼船，陵波无际。我之元戎上将，协力同心，承禀朝谟，致行明罚。为风为火，殪彼蒙冲；如霆如雷，击其舟舰。羌兵楚贼，赴水沉沙，弃甲则两岸同奔，横尸则千里相枕。江川尽满，譬睢水之无流；原隰穷胡，等阴山之长哭。于是黑山叛邑，诸城洞开，白虏连群，投戈请命。长沙鹏鸟，靡复为妖；湘川石燕，自然还舞。克翦无算，缧禽不赀，欲计军俘，终难巧历。所获其龙驹骥子，百队千群，更开首蓿之园，方广驹駼之厩。于是卫、霍、甘、陈，虬髭瞋目，心驰垄路，志饮河源，乘胜长驱，未知所限。岂如桓温不武，弃彼关中；殷浩无能，长兹羌贼。方且西逾酒郡，抵我境而置边亭；东略盐池，为齐朝而反侵地。此政亦翦妖氛，未穷巢窟，便闻庆捷，愧佩良深。

杜恕

汉伐匈奴，取胡麻、蒲萄、大麦、苜蓿，示广地。

➤➤➤《全上古三代秦汉三国六朝文·卷四十二》

北使还与永丰侯书

足践寒地，身犯朔风。暮宿客亭，晨炊谒舍。飘飖辛苦，迄届毡乡。杂种覃化，颇慕中国。兵传李绪之法，楼拟卫律所治。而毳幙难淹，酪浆易餍。王程有限，时及玉关。射鹿胡奴，乃共归国；刻龙汉节，还持入塞。马衔苜蓿，嘶立故墟；人获蒲萄，归种旧里。稚子出迎，善邻相劳。倦握蟹螯，亟覆虾椀。

➤➤➤《全上古三代秦汉三国六朝文·卷六十一》

汉官六种

《汉官六种》是东汉时期陆续产生的六种关于汉代官制、礼仪的著作的总称，即《汉官》《汉官解诂》《汉旧仪》《汉官仪》《汉官典职仪式选用》《汉仪》六种书。由清孙星衍编辑成10卷，收入《平津馆丛书》。

孙星衍（1753～1818年），清著名藏书家、目录学家、书法家、经学家。

汉官一卷

长乐厩员吏十五人，卒驺二十人，苜蓿苑官田所一人守之。

➤➤➤《汉官六种》

魏书

《魏书》是北齐魏收所撰的一部纪传体断代史书，是二十四史之一，该书记载了 4 世纪末至 6 世纪中叶北魏王朝的历史。

魏收（507 ～ 572 年），下曲阳（今河北晋州）人。南北朝时期史学家、文学家，北魏骠骑大将军魏子建之子。

西域

罽宾国，都善见城，在波路西南，去代一万四千二百里。居在四山中。其地东西八百里，南北三百里。地平温和。有苜蓿、杂草、奇木、檀、槐、梓、竹。种五谷，粪园田。地下湿，生稻。冬食生菜。其人工巧，雕文、刻镂、织罽。有金、银、铜、锡，以为器物。市用钱。他畜与诸国同。每使朝献。

➤➤➤《魏书·列传第九十》

北　史

《北史》是汇合并删节记载北朝历史的《魏书》《北齐书》《周书》《隋书》而编成的纪传体史书。

李延寿（生卒年不详），唐代史学家，相州（今河南安阳）人。

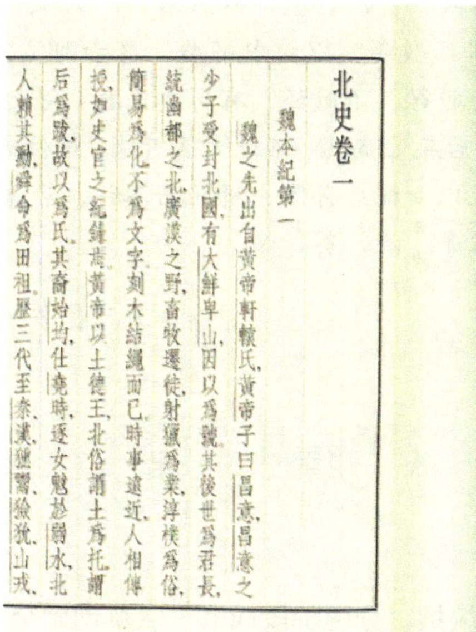
北史卷一

魏本紀第一

魏之先出自黄帝軒轅氏、黄帝子曰昌意、昌意之少子受封北國、有大鮮卑山、因以爲號、其後世爲君長、統幽都之北、廣漠之野、畜牧遷徙、射獵爲業、淳樸爲俗、簡易爲化、不爲文字、刻木結繩而已、時事遠近、人相傳授、如史官之紀錄焉、黄帝以土德王、北俗謂土爲托、謂后爲跋、故以爲氏、其裔始均、仕堯時、逐女魃於弱水、北人賴其勳、舜命爲田祖、歷三代至秦、漢、獯鬻、獫狁、山戎、

史书

西域

罽宾国，都善见城，在波路西南，去代一万四千二百里。居在四山中，其地东西八百里，南北三百里。地平，温和，有苜蓿、杂草、奇木、檀、槐、梓、竹。种五谷，粪园田。地下湿，生稻。冬食生菜。其人工巧，雕文、刻镂、织罽。有金、银、铜、锡，以为器物。市用钱。他畜与诸国同。每使朝献。

➤➤➤《北史·列传第八十五》

晋书

《晋书》是《二十四史》之一，唐房玄龄等撰。

房玄龄（579 ～ 648 年），名乔，齐州临淄（今属山东淄博）人。隋末进士。

华廙传

廙栖迟家巷垂十载，教诲子孙，讲诵经典。集经书要事，名曰《善文》，行于世。与陈勰共造猪阑于宅侧，帝尝出视之，问其故，左右以实对，帝心怜之。帝后又登陵云台，望见廙苜蓿园，阡陌甚整，依然感旧。太康初大赦，乃得袭封。久之，拜城门校尉，迁左卫将军。数年，以为中书监。惠帝即位，加侍中、光禄大夫、尚书令，进爵为公。廙应杨骏召，不时还，有司奏免官。寻迁太子少傅，加散骑常侍，动遵礼典，得傅导之义。后年衰病笃，诏遣太医疗病，进位光禄大夫、开府仪同三司。时河南尹韩寿因托贾后求以女配廙孙陶，廙距而不许，后深以为恨，故遂不登台司。年七十五卒，谥曰元。三子：混、荟、恒。

➤➤➤《晋书·卷四十四·列传第十四》

隋书

《隋书》由唐魏征等编撰，分两阶段成书，从草创到全部修完共历时 35 年。

魏征（580～643年），字玄成，钜鹿（今属河北巨鹿）人。隋唐政治家、思想家、文学家和史学家。

百官

司农寺，掌仓市薪菜，园池果实。统平准、太仓、钩盾、典农、导官、梁州水次仓、石济水次仓、藉田等署令、丞。而钩盾又别领大囿、上林、游猎、柴草、池薮、苜蓿等六部丞。典农署，又别领山阳、平头、督亢等三部丞。导官署，又有御细部、曲面部、典库部等仓督员。

➤➤➤《隋书·卷二十七·志第二十二》

三朝北盟会编

《三朝北盟会编》是宋代徐梦莘编纂的史学名著，全书250卷，采用编年体例。“三朝”，指宋徽宗赵佶、宋钦宗赵桓、宋高宗赵构三朝。该书内容包括三朝有关宋

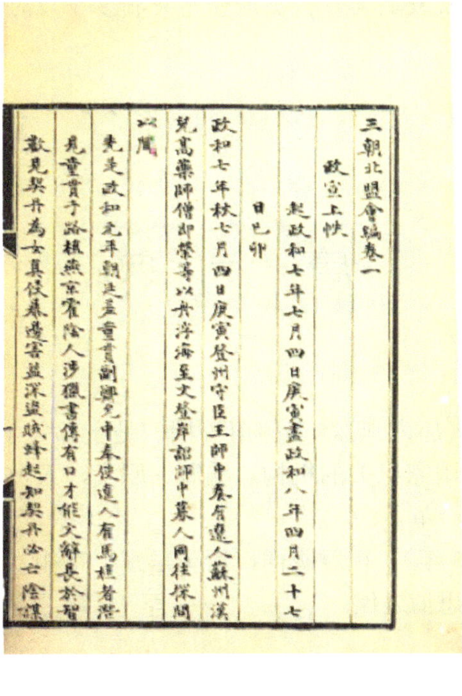
三朝北盟會編卷一
政宣上帙
起政和七年七月四日庚寅盡政和八年四月二十七
日已卯
政和七年秋七月四日庚寅登州守臣王師中奏有遼人蘇州漢
兒高藥師僧郎榮等以舟浮海至文登岸詔師中募人同往探聞
以聞
先是政和元年朝廷差童貫副鄭允中奉使遼人有馬植者潛
見童貫于路植燕京霍陰人涉獵書傳有口才能文辭長於智
數見契丹為女真侵暴邊害益深盗賊蜂起知契丹必亡陰謀

史书

金和战的多方面史料，按年月日标出事目，加以编排，故称“北盟会编”。

徐梦莘（1126 ～ 1207 年），字商老，清江（今江西樟树）人。

徐处仁奏行马政

臣闻唐初得突厥马二千匹，又得隋马三千于赤岸泽，纵之陇右。监牧之制，始领以太仆。又以尚乘掌天子之御，左右各六闲，为祥麟、凤苑二厩以系饲之。又增置飞龙厩于禁中，初用太仆少卿张万岁领群牧。自贞观至麟德四十年间，马七十万六千，置八坊于邠、岐、泾、宁间。八坊之田，千二百三十顷，募民耕之，以给刍秣。八坊之马，为四十八监，而马多地狭，又析八监于河西丰旷之野。方其时，天下以一缣易一马。自万岁失职，马政颇废，至开元中，王毛仲领闲厩，初监马二十四万匹，后乃至四十三万，牛羊皆培，莳苘麦、苜蓿千九百顷以御冬，市他畜售绢八万。用是观之，马政得人，其利如此。今川陕马纲道路，刍秣不时，比至京师，仅存皮骨，给与诸监，往往不堪养饲，毙于牢枥，所费虽多，无补军政。今欲乞令外路军合请马兵级，给券差官管押，亲诣陕西见今有马监，据合用数请领。其不切养饲，致有死损外，严行科罪，虽有往返劳费，然自此军人各得善马，可备出战，为利甚大。所有起纲马至京，选大小使臣管押，添差人兵，严立殿最，赏罚必行，庶几稍革日前弛慢之弊。左右骐骥院每月令本曹郎官、察院御史、太仆少卿分诣点检，骐骥院官吏及教骏兵级，据所管马死损多少以为赏罚。冀马政渐修，御戎有备。

➤➤➤《三朝北盟会编·卷四十六》

唐六典

《唐六典》全称《大唐六典》，李林甫等撰，是一部关于唐代官制的行政法典，规定了唐代中央和地方国家机关的机构、编制、职责、人员、品位、待遇等，其注中又叙述了官制的历史沿革。

李林甫（683 ～ 753 年），祖籍陇西，唐朝宗室、宰相，唐高祖李渊堂弟长平肃王李叔良曾孙，画家李思训之侄。

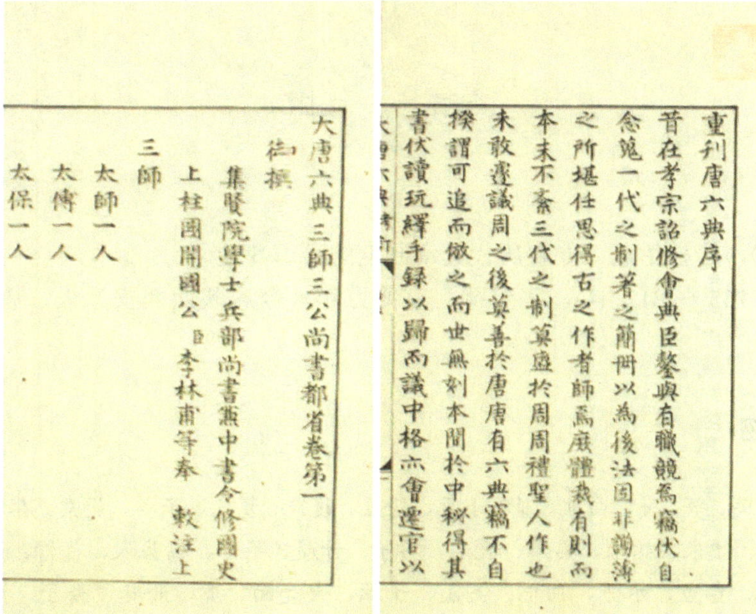
重刊唐六典序
昔在孝宗詔修會典臣鏊與有職競爲竊伏自念篤一代之制著之簡冊以爲後法固非謭薄之所堪任思得古之作者師爲底體裁有則而本末不紊三代之制莫盛於周周禮聖人作也未敢遽議周之後莫善於唐唐有六典竊不自揆謂可追而倣之而世無刻本聞於中秘得其書伏讀玩繹手録以歸而議中格亦會遷官以

大唐六典 三師三公尚書都省卷第一
御撰
集賢院學士兵部尚書兼中書令修國史
上柱國開國公臣李林甫等奉 敕注上
三師
太師一人
太傅一人
太保一人

尚书工部

屯田郎中一人，从五品上（汉尚书郎四人，其一人主户口垦田，盖兼屯田之任也。故泛胜之为侍郎，教田三辅是也。魏有农部郎曹，晋始置屯田郎中，东晋及宋、齐并左民郎中兼知屯田事，后魏、北齐并置屯田郎中。梁、陈、隋并焉侍郎，亦郎中之任也。炀帝曰屯田郎。后魏、北齐祠部尚书领屯田，陈左户部尚书领屯田，隋则工部尚书领之，皇朝因称郎中。龙朔二年改为司田大夫，咸亨元年复故）。员外郎一人，从六品上（隋开皇六年置，炀帝改曰承务郎，武德三年改曰员外郎，龙朔、咸亨随曹改复）。主事二人，从九品上。屯田郎中、员外郎掌天下屯田之政令。凡军、州边防镇守转运不给，则设屯田以益军储。其水陆腴瘠，播植地宜，功庸烦省，收率等级，咸取决焉。诸屯分田役力，各有程数（凡营稻一顷，料单功九百四十八日；禾，二百八十三日；大豆，一百九十二日；小豆，一百九十六日；乌麻，一百九十一日；麻，四百八十九日；床黍，二百八十日；麦，一百七十七日；乔麦，一百六十日；蓝，五百七十日；蒜，七百二十日；葱，一千一百五十六日；瓜，八百一十八日；蔓青，七百一十八日；苜蓿，二百二十八日）。凡天下诸军、州管屯，总九百九十有二。

➤➤➤《唐六典·卷七》

通　典

《通典》，唐杜佑著，专叙历代典章制度的沿革变迁。

杜佑（735 ～ 812 年），字君卿，京兆万年（今属陕西西安）人，唐代政治家、史学家。

荐新物

冬鱼、蕨、笋、蒲、白韭、堇、小豆、稰豆、蘘荷、菱人、子姜、菱索、春酒、桑落酒、竹根、黄米、粳米、糯米、粱米、稷米、茄子、甘蔗、芋子、鸡头人、苜蓿、蔓菁、葫瓜、冬瓜、瓠子、春鱼、水苏、枸杞、芙茨、子藕、大麦面、瓜、油麻、麦子、椿头、莲子、栗、水甘子、李、樱桃、杏、林檎、橘、椹、庵罗果、枣、兔脾、獐、鹿、野鸡。

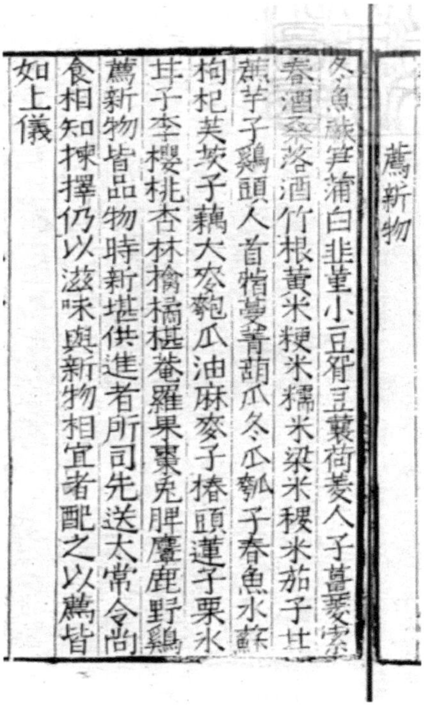
薦新物
冬魚蕨笋蒲白韭菫小豆稰豆蘘荷芰人子薑芰索
春酒桑落酒竹根黄米粳米糯米粱米稷米茄子甘
蔗芋子鷄頭人首蓿蔓菁葫瓜冬瓜瓠子春魚水蘇
枸杞芙茨子藕大麥麪瓜油麻麥子椿頭蓮子栗水
甘子李櫻桃杏林檎橘椹菴羅果棗兔髀麞鹿野鷄
薦新物皆品物時新堪供進者所司先送太常令尚
食相知揀擇仍以滋味與新物相宜者配之以薦皆
如上儀

➢➢➢《通典・卷第一百十六・礼七十六》

大宛

大宛左右以蒲陶为酒，富人藏酒至万余石，久者至数十年不败。人嗜酒，马嗜苜蓿。多善马，汗血，其言先天马子（大宛国中有高山，其上有马，不可得，因取五色母马置其下与集，生驹，皆汗血，因号为天马子）。始张骞为武帝言之，帝遣使者持千金及金马，以请宛善马。宛王以汉绝远，大兵不能至，遂杀汉使。于是太初元年拜李广利为贰师将军，期至贰师取善马。率数万人至其境，攻郁城不下，引还。往来二岁，至敦煌，士卒存者十不过一二。帝怒其不克，使遮玉门不许入，贰师因留屯敦煌。又遣贰师率六万人，负私从者不与焉，牛十万，马三万，驴橐驼万数，天下骚然。益发戍甲卒十八万，置居延、休屠（今武威、张掖郡界）以卫酒泉。贰师至宛，宛人斩王母（毋）寡首献焉。汉军取其善马数十匹，中马以下牝牡三千匹，而立宛贵人昧蔡为王，约岁献马二匹，遂采蒲陶、苜蓿种而归。贰师再行，往返凡四岁。

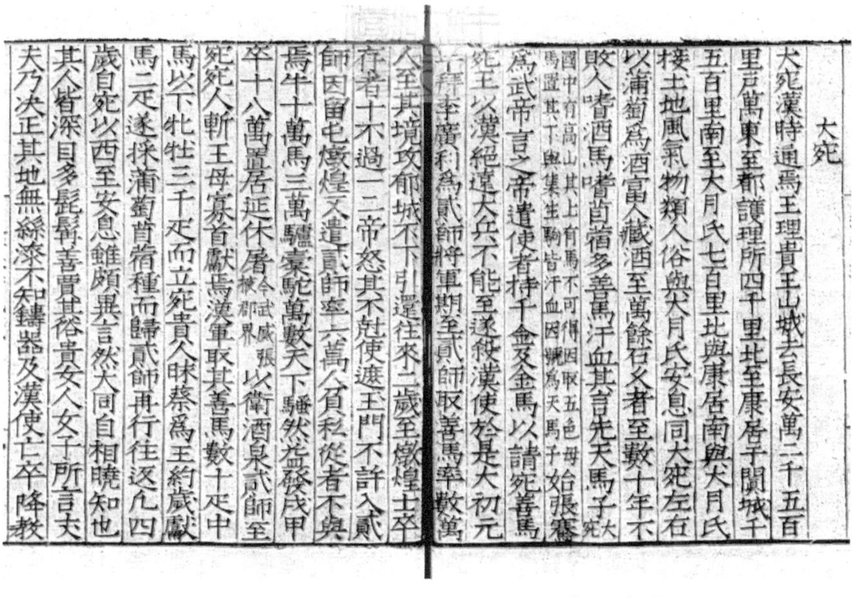

大宛

大宛漢時通焉王理貴山城去長安萬二千五百
里戶萬東至都護理所四千里北至康居于闐城千
五百里南至大月氏七百里北與康居南與大月氏
接土地風氣物類人俗與大月氏安息同大宛左右
以蒲萄為酒富人藏酒至萬餘石久者至數十年不
敗人嗜酒馬嗜苜蓿多善馬汗血其言先天馬子（大宛國中有高山其上有馬不可得因取五色母馬置其下與集生駒皆汗血因號為天馬子）始張騫
為武帝言之帝遣使者持千金及金馬以請宛善馬
宛王以漢絕遠大兵不能至遂殺漢使於是大初元
年拜李廣利為貳師將軍期至貳師取善馬率數萬
人至其境攻郁城不下引還往來二歲至燉煌士卒
存者十不過一二帝怒其不尅使遮玉門不許入貳
師因留屯燉煌又遣貳師率六萬人負私從者不與
焉牛十萬馬三萬驢橐駝萬數天下騷然益發戍甲
卒十八萬置居延休屠（今武威張掖郡界）以衛酒泉貳師至
宛宛人斬王母寡首獻馬漢軍取其善馬數十疋中
馬以下牝牡三千疋而立宛貴人昧蔡為王約歲獻
馬二疋遂採蒲萄苜蓿種而歸貳師再行往返凡四
歲自宛以西至安息雖頗異言然大同自相曉知也
其人皆深目多鬚髯善賈其俗貴女子所言丈
夫乃決正其地無絲漆不知鑄器及漢使亡卒降教

➤➤➤《通典·卷第一百九十二·边防八》

罽宾

罽宾地平，温和，有苜蓿、杂草、奇木，檀、槐、梓、竹、漆（櫰音怀，槐之类，叶大而黑）。种五谷、蒲萄诸果，粪理园田。地下湿，生稻，冬食生菜。其民巧，雕文刻镂，理宫室，织罽，刺文绣，好理食。有金、银、铜、锡，以为器。市列（市有肆，如中国）。金银为钱，文为骑马，幕为人面（钱文面作骑马形，漫面作人面目也。今所呼幕皮，谓其平而无文也）。出犎牛、象、大狗、沐猴、孔雀（犎牛，项上高起。大狗，如驴，赤色）。珠玑、珊瑚、琥珀、璧琉璃（琉璃，青色如玉。《魏略》云："大秦国出赤、白、黑、黄、青、绿、缥、绀、红、紫十种琉璃。"孟康言青色，不博通也。此自然之物，彩泽光润，踰于众玉，其色不常。今俗所用，皆销冶石汁，以众药灌而为之，尤虚脆不贞，实非其物也）。他畜与诸国同。

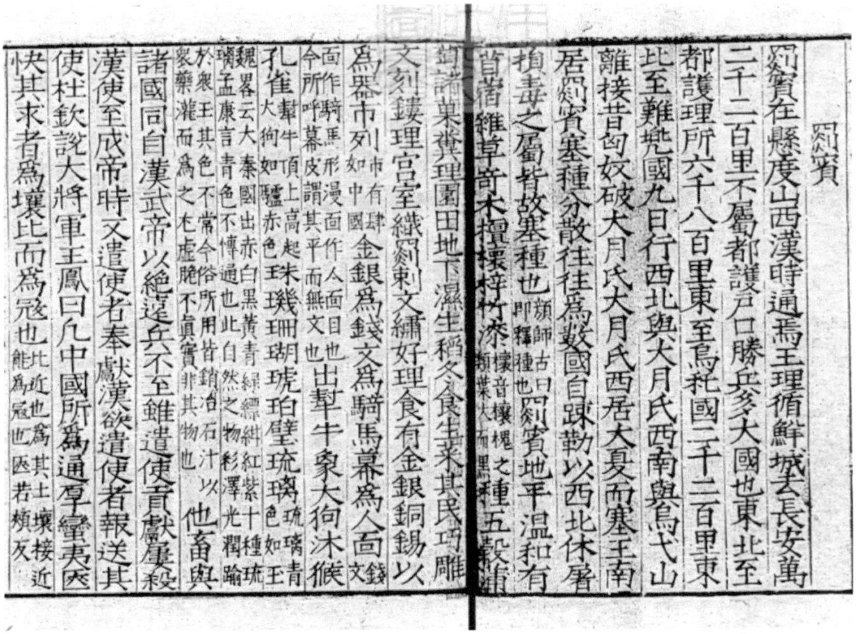
罽賓

罽賓在懸度山西漢時通焉王理循鮮城去長安萬二千二百里不屬都護戶口勝兵多大國也東北至都護理所六千八百里東至烏秅國二千二百里東北至難兜國九日行西北與大月氏西南與烏弋山離接昔匈奴破大月氏大月氏西居大夏而塞王南君罽賓塞種分散往往爲數國自疏勒以西北休循捐毒之屬皆故塞種也顔師古曰即釋種也罽賓地平溫和有首蓿雜草奇木檀櫰梓竹漆櫰音懷槐之類葉大而黑種五穀蒲萄諸菓糞理園田地下濕生稻冬食生菜其民巧雕文刻鏤理宮室織罽刺文繡好理食有金銀銅錫以爲器市列市有肆如中國金銀爲錢文爲騎馬幕爲人面錢文面作騎馬形漫面作人面目也今所呼幕皮謂其平而無文也出犎牛象大狗沐猴孔雀犎牛項上高起大狗如驢赤色珠璣珊瑚琥珀璧琉璃琉璃青色如玉魏略云大秦國出赤白黑黃青綠縹紺紅紫十種琉璃孟康言青色不博通也此自然之物彩澤光潤踰於衆玉其色不常今俗所用皆銷冶石汁以衆藥灌而爲之尤虛脆不貞實非其物也他畜與諸國同自漢武帝以絕遠兵不至雖遣使貢獻屢殺漢使至成帝時又遣使者奉獻漢欲遣使者報送其使杜欽說大將軍王鳳曰凡中國所爲通厚蠻夷愜快其求者爲壤比而爲寇也比近也爲其土壤接近能爲寇也愜若頰反

➤➤➤《通典·卷第一百九十二·边防八》

【简注】 西戎：先秦时期对西方各部落的泛指。西戎的称谓最早来自于周代（夏朝时称西部人为昆仑、析支、渠搜等，商代称"羌人"）。古代居住于广义中原地区的人群自称华夏，把四方的各部落称为东夷、西戎、南蛮、北狄。西戎则是古代华夏部落对西部与华夏部落敌对的诸部落的统称，即以戎作为对西方所有非华夏部落的泛称。西戎也可以指春秋战国时期一些西戎部落建立的国家。

《史记》的《匈奴列传》和《秦本纪》载：周人先祖公刘部落在豳（郴县 - 旬邑县），三百年后古公亶父因西戎攻打而南迁于周原。周宣王让秦非子率人到西犬丘（甘肃东南部）养马，后来戎人东迁而战争不断，专家说是西周时期黄河中游地带大旱数百年而西人来争水草地。古本《竹书纪年》载："武乙三十五年，周王季伐西落鬼戎，俘十二翟王。”《诗经》中常有周朝与西戎战争的史诗，比如“赫赫南仲，薄伐西戎”。

西戎使西周亡国，最后西戎大部分被华夏文化所同化，在汉代演变成为了汉族。而后来匈奴、鲜卑、突厥、蒙古等草原民族与先秦时期的北狄各部并没有任何关系。

史为乐（2005）指出，西戎是唐代汉文典籍中对吐蕃的泛称。《旧唐书•吐蕃传》曰："西戎之地，吐蕃是强"。

➤➤➤《中国历史地名大辞典》

唐会要

《唐会要》是记述唐代各项典章制度沿革变迁的史书，是中国历史上第一部断代会要专著，100卷，王溥撰。

王溥（922～982年），字齐物，并州祁县（今属山西）人，后周宰相，宋初罢相。

闲厩使

开成四年正月，闲厩宫苑使柳正元奏：当使东都留后知院官郑镒，每月院司给料钱三十四贯文，兼请本官房州司马料钱。今请于使司所给料钱数，克减十千，添给所由二十人粮课。巡官二人，请勒全停。郢州旧因御马，配给苜蓿丁三十人，每人每月纳资钱二贯文，都计七百二十贯文。其州司先以百姓雕残阙本额，量送三百九十六贯文，今请全放，当管修武马坊田地。伏准太和二年河阳节度使杨元卿奏。请权借耕佃，充给闲用。今缘安利一军，伏请永配主管。伏以当司应属东都宫苑闲厩事务管，系旧额，名数尚多。苟在影占之门，是启非违之路，但系务繁地远，访察尤难。况推禁罪人，动经旬月，因缘流滞，移牒用情事务委留守主管。曹司烦职，官吏冗名，俾无尸素之员，又去申报之滞。其东都院每年合送宫苑使加给钱一百二十千文，亦请停送。当司方图羡余，自备课料。伏乞圣慈，允臣所奏。

敕旨：正元条陈利病，实谓推公。所请割属留守及停废职员，并依。粮并宜停。其新差知院郑镒，亦是冗员，宜勒赴任。仍委留守于见在职事人中，差补勾当。郢州每年送苜蓿丁资钱，并请全放，实利疲甿，宜依。其修武马坊田地，河阳节度近年权借，依前勒闲厩宫苑使，且存借名收管。

➤➤➤《唐会要•卷六十五》

新 唐 书

《新唐书》是北宋时期欧阳修、宋祁等合撰的一部记载唐朝历史的纪传体史书，二十四史之一。

欧阳修（1007～1072年），字永叔，号醉翁，晚号六一居士，庐陵吉水（今属江西吉安）人。北宋古文运动的倡导者和领袖，著名的散文家，唐宋八大家之一。

宋祁（998～1061年），字子京，小字选郎。祖籍安州安陆（今湖北安陆）。北宋官员，著名文学家、史学家、词人。

百官

驾部郎中、员外郎各一人，掌舆辇、车乘、传驿、厩牧马牛杂畜之籍。凡给马者，一品八匹，二品六匹，三品五匹，四品、五品四匹，六品三匹，七品以下二匹；给传乘者，一品十马，二品九马，三品八马，四品、五品四马，六品、七品二马，八品、九品一马；三品以上敕召者给四马，五品三马，六品以上有差。凡驿马，给地四顷，莳以苜蓿。凡三十里有驿，驿有长，举天下四方之所达，为驿千六百三十九；阻险无水草镇戍者，视路要隙置官马。水驿有舟。凡传驿马驴，每岁上其死损、肥瘠之数。

➤➤➤《新唐书·志第三十六》

刘钟崔二王

毛仲始见饰擢，颇持法，不避权贵为可喜事。两营万骑及闲厩官吏惮之无敢犯，虽官田草莱，樵敛不敢欺。于牧事尤力，娩息不訾。初监马二十四万，后乃至四十三万，牛羊皆数倍。莳茼麦、苜蓿千九百顷以御冬。市死畜，售绢八万。募严道僰僮千口为牧圉。检勒刍菽无漏隐，岁赢数万石。从帝东封，取牧马数万匹，每色一队，相间如锦绣，天子才之。还，加开府仪同三司，自开元后，唯王仁皎、姚崇、宋璟及毛仲得之。

➤➤➤《新唐书·列传第四十六》

【简注一】 闲厩：古代皇家养牲口的地方。《南史·张瓌传》："陛下御臣等若养马，无事就闲厩，有事复牵来。"《新唐书·百官志二》："以殿中丞检校仗内闲厩……

以驼、马隶闲厩，而尚乘局名存而已”。

【简注二】 牧圉：①牧地；边境。唐李德裕《幽州纪圣功碑铭》：“雁门之北，羌戎杂处，濈濈群羊，茫茫大卤．纵其枭骑，惊我牧圉。”《旧五代史·周书·孔知濬传》：“知濬抚士得宜，人皆尽力，故西疆无牧圉之失”。

②牛马。借指播迁中的君王车驾。《旧唐书·杜让能传》：“沙陀逼京师，僖宗苍黄出幸。是夜，让能宿直禁中，闻难作，步出从驾…… 让能谢曰：‘臣家世历重任，蒙国厚恩，陛下不以臣愚，擢居近侍。临难苟免，臣之耻也；获扞牧圉，臣之幸也。’”明张煌言《北征纪略》：“众以李将军无兵，恐敌骑突至，则无以捍牧圉”。

③养牛马的人。《后汉书·第五伦传论》：“然而君子侈不僭上，俭不逼下，岂尊临千里而与牧圉等庸乎？”唐欧阳詹《唐天志》：“日月星辰，亦天之器物也；神祇精灵，亦天之牧圉、台隶也。”明刘基《宝林同讲师渴马图歌》：“莝秣失时，罪在牧圉”。

④ 饲养牲畜。宋乐史《广卓异记·罗宏信》：“罗宏信初为本军步射小校，掌牧圉。”清蒲松龄《聊斋志异·念秧》：“少年又以家口相失，夜无仆役，患不解牧圉。王因命仆代摄莝豆”。

【简注三】 刍菽：草和豆，指饲养牲畜的草料。《魏书·卢玄传》曰：“卿若杀身成名，贻之竹素，何如甘彼刍菽，以辱君父乎？”宋陈造《车堰牛诗》：“君看庙前牲，被绣饱刍菽”。

全唐文

《全唐文》，清嘉庆年间董诰等编，1000卷，系唐代（包括五代）文章的总集，

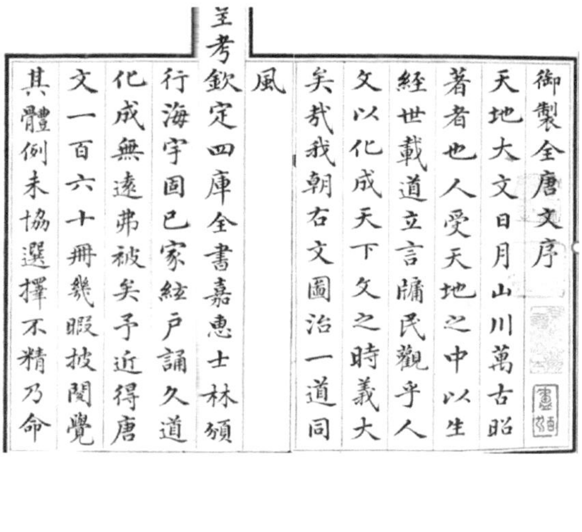
御製全唐文序
天地大文日月山川萬古昭
著者也人受天地之中以生
經世載道立言牖民覩乎人
文以化成天下爻之時義大
矣哉我朝右文圖治一道同
風
皇考欽定四庫全書嘉惠士林頒
行海宇固已家絃戶誦久道
化成無遠弗被矣予近得唐
文一百六十冊幾暇披閱覺
其體例未協選擇不精乃命

史书

也是迄今最完备的唐文总集。

董诰（1740 ～ 1818 年），曾任《四库全书》副总裁。

张说（六）

若夫春祭马祖，夏祭先牧，秋祭马社，冬祭马步，敬其本也；日中而出，日中而入，禁原燎牧，除蓐衅厩，时其事也；洁泉美荐，《广牙》凉栈湿，翘足而陆，交颈相靡，宣其性也；攻驹教駣，讲驭臧仆，刻之剔之，羁之策之，就其才也。不反其性，故亲人乐艺，节乐如舞之心自生；不穷其才，故阘扼鸷曼，窃辔诡衔之态不作尔。乃举其神异，则有騊駼騕褭，乘黄兹白，来仪外厩，呈伎内枥，朝刷阊风，夕洗天泉，圣皇一驭，长寿万年。……宗庙齐豪，戎事齐力，田猎齐足，罔不毕有。元年牧马二十四万匹，十三年乃四十三万匹；初有牛三万五千头，是年亦五万头；初有羊十一万二千口，是年乃亦二十八万六千口。

皇帝东巡狩，封岱岳，辇辂既陈，羽卫咸备，大驾百里，烟尘一色。其外又有闲人万夫，散马千队，骨必殊貌，毛不离群，行如动地，铸萧屯云，百蛮震耸，四方抃跃，威怀纷纭，壮观挥霍。回衡饮至，朝廷宴乐，上顾谓太仆少卿兼秦州都督监牧都副使张景顺曰："吾马几何？其蕃育，卿之力也。"对曰："帝之福也，仲之令也，臣何力之有！"因具上其状，帝用嘉焉。霍公口无伐辞，貌无德色，朝髦庠齿，歆以多之。于是明威将军行右卫郎将南使梁守忠、忠武将军行左羽林中郎将西使冯嘉泰、右千牛长史北使张知古、左骁卫中郎将兼盐州刺史盐州监牧使张景遵、陇州别驾修武县男东宫监牧韦衡、都使判官果毅齐琛、总监韦绩及五使长户三万一千人，佥曰："自开府庇我，十三年矣，畜有娩息，人无乏匮，克厌帝心，莫匪嘉绩。且如停西南两使、六顿，人夫藁谷，计八十万工围石，以息人约费，其政一也；纳长户隐田税三万五千石，以俭私肥公，其政二也；减太仆长支乳酪马钱九千三百贯，以窒隙止散，其政三也；供军筋胶十万七千斤，以收绢缮工，其政四也；莳茼麦苜蓿一千九百顷，以茭蓄御冬，其政五也；使监官料旧给库物，新奏置本收分其利，不丧正钱二万五千贯，以实府宜官，其政六也；贯死畜贮绢八万匹，往严道市僰僮千口，以出滞足人，其政七也；五使长户，数盈三万，垦田给食，粮不外资，以劝农却挽，其政八也。敢问监收之事，孰能加于此乎？然则称伐计功，前典所贵，上以美圣主择才之得人，下以赞忠臣受任之尽节，末以道官属承风之成事，竟以示后代昭前之令闻，是四烈者，不可废也。"既而大君有命，旧史书功，吟咏瑰奇，篆刻金石。秦汧渺渺，尚想非子之风；鲁野区区，犹传史克之颂。试从此而观彼，夫何足以言哉！颂曰：皇天考牧兮圣之君，四十三万兮马为群。堑汧渭兮垣陇坂，飞黄皂兮昆蹄苑。山崆峒兮水呜咽，泉喷玉兮草汗血。聚如花兮散如雪，性既驯兮才亦绝。维国家之大事，驾时龙兮祭天地，和銮发兮文物备。维皇帝之七德，总戎马兮威万国，彩髦翻兮金介胄。有霍公之掌政，择张氏之曰令。天皇驾兮仗黄麾，太仆骖兮展辂仪。舞月驷兮蹀云螭，神倜傥兮态权奇。骐驎溢野兮牛羊日多，子孙荣位兮恩宠如何。颂皇灵兮篆石鼓，万斯年兮群玉府。

➤➤➤《全唐文（第三部）·卷二百二十六》

云仙杂记

《云仙杂记》，10 卷，唐冯贽撰。

冯贽，生卒年及生平均不详。

作剪刀

姑园铁作剪刀，以苜蓿根粉养之，裁衣则尽成。墨界不用人手而自行。(《搔首集》)

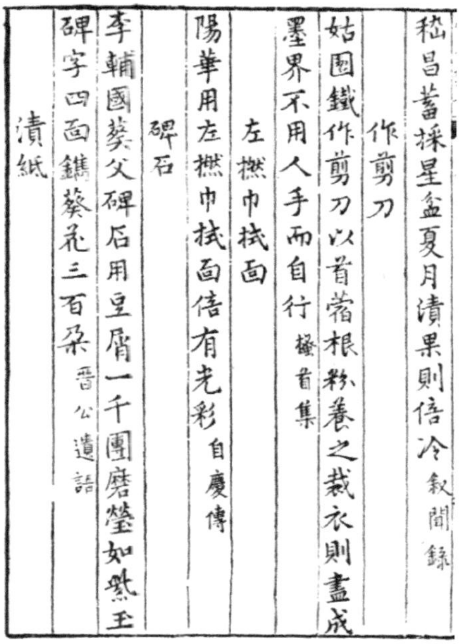
嵇昌蓄採星盂夏月漬果則倍冷 敘聞錄
作剪刀
姑園鐵作剪刀以首蓿根粉養之裁衣則盡成
墨界不用人手而自行 搔首集
左撚巾拭面
陽華用左撚巾拭面信有光彩 自廣傳
碑石
李輔國葬父碑石用皇屑一千團磨瑩如紫玉
碑字四面鐫葵花三百朵 晉公遺語
漬紙

➤➤➤《云仙杂记·卷五》

天圣令

《天圣令》于宋仁宗天圣七年（1029年）修成，天圣十年（1032年）“镂版施行”。

厩牧令

（唐27条）诸当路州县置传马处，皆量事分番，于州县承直，以应急速。仍准承直马数，每马一匹，于州县侧近给官地四亩，供种苜蓿。当直之马，依例供饲。其州县跨带山泽，有草可求者，不在此例。其苜蓿，常令县司检校，仰耘锄以时（手力均出养马之家），勿使荒秽，及有费损；非给传马，不得浪用。若给用不尽，亦任收茭草，拟至冬月，其比界传送使至，必知少乏者，亦即量给。

➤➤➤《天圣令》

资治通鉴

《资治通鉴》，北宋司马光主编的一部多卷本编年体史书，因其“鉴于往事，有资于治道”而命名，共294卷，历时19年告成。

司马光（1019～1086年），北宋时期著名政治家、史学家、文学家。

汉纪十三

大宛左右多蒲萄，可以为酒；多苜蓿（苜蓿，草名，苜音目，蓿音宿），天马嗜之；汉使采其实以来，天子种之于离宫别观旁，极望。

➤➤➤《资治通鉴·卷二十一》

御批资治通鉴纲目

《御批资治通鉴纲目》，宋朱熹撰。

朱熹（1130 ～ 1200 年），南宋哲学家、教育家，程朱理学的集大成者。

元狩二年大宛。按本传云，大宛，西域国名，注贵山城，以葡萄为酒，富人藏酒至万余石，久者至数十岁不败。俗嗜酒，马嗜苜蓿，宛别邑七十余城，多产善马，马汗血，言其先天马子也。汉武时遣李广利将兵伐之，宛人斩其王毋寡来降，因与汉约岁献天马二匹，汉使浔葡萄、苜蓿种归，帝以天马多，又外国使来众，益种葡萄、苜宿离宫馆旁，极目焉。

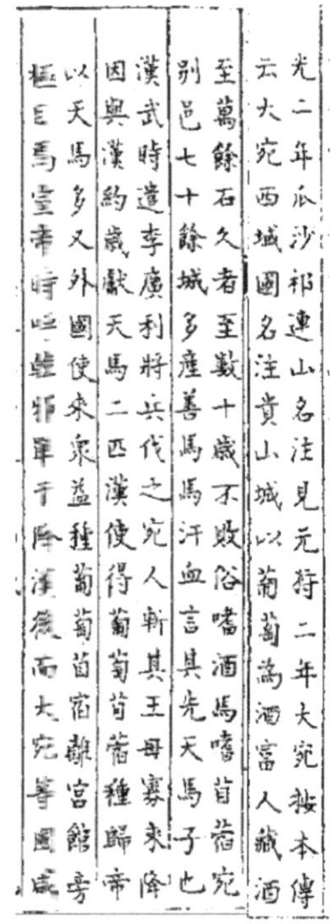
光二年爪沙祁連山名注見元狩二年大宛按本傳
云大宛西域國名注貴山城以葡萄爲酒富人藏酒
至萬餘石久者至數十歲不敗俗嗜酒馬嗜苜蓿宛
别邑七十餘城多產善馬馬汗血言其先天馬子也
漢武時遣李廣利將兵伐之宛人斬其王毋寡來降
因與漢約歲獻天馬二匹漢使得葡萄苜蓿種歸帝
以天馬多又外國使來衆益種葡萄苜蓿離宮館旁
極目焉宣帝時呼韓邪單于降漢從而大宛等國咸

➤➤➤《御批资治通鉴纲目 • 卷四》

续资治通鉴

《续资治通鉴》，220 卷，清毕沅撰。

毕沅（1730 ～ 1797 年），字蘅，一字秋帆，因从沈德潜学于灵岩山，自号灵岩山人。清史学家、文学家。清乾隆二十五年（1760 年）进士。

元纪八

都城种苜蓿地分给居民，权势因取为己有，以一区授绍，绍独不取，僧格欲奏请赐绍，绍辞曰：“绍以非才居政府，恒忧不能塞责，讵敢邀非分之福以速罪戾！”僧格败，迹其所尝行赂者，索籍阅之，独无绍名，帝曰：“马左丞忠洁可尚，其复旧职。”改中书左丞。

➤➤➤《续资治通鉴·卷第一百九十》

通鉴纪事本末

《通鉴纪事本末》，南宋袁枢编撰的中国第一部纪事本末体史书。

袁枢（1131～1205年），字机仲，建安（今福建建瓯）人。宋孝宗隆兴元年（1163年）中进士，历任温州判官、严州教授、太府丞兼国史院编修、大理少卿、工部侍郎兼国学祭酒、右文殿修撰、江陵知府等职。

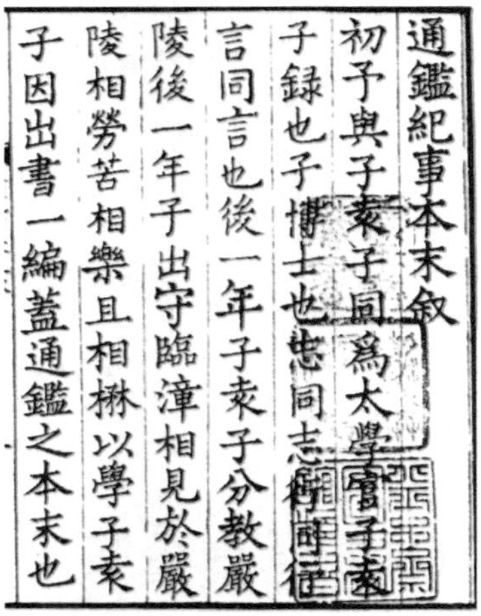
通鑑紀事本末敘
初予與子袁子同爲太學官子袁
子録也予博士也志同志行同
言同言也後一年子袁子分教嚴
陵後一年予出守臨漳相見於嚴
陵相勞苦相樂且相楸以學子袁
子因出書一編蓋通鑑之本末也

汉通西域

大宛左右多蒲萄，可以为酒；多苜蓿，天马嗜之。汉使采其实以来，天子种之于离宫别观旁，极望。然西域以近匈奴，常畏匈奴使，待之过于汉使焉。

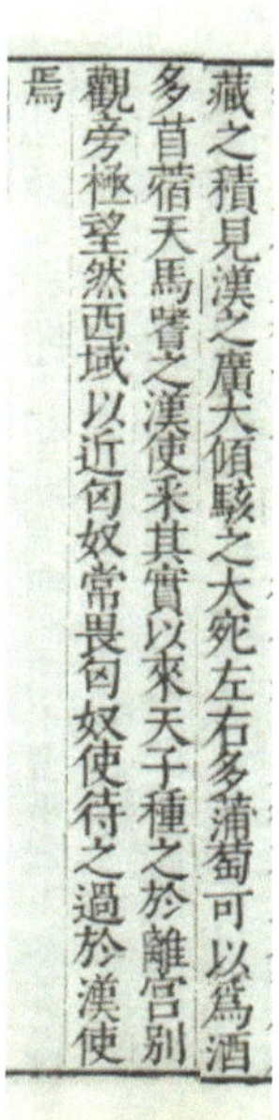
藏之精見漢之廣大傾駭之大宛左右多蒲萄可以爲酒多苜蓿天馬嗜之漢使采其實以來天子種之於離宮別觀旁極望然西域以近匈奴常畏匈奴使待之過於漢使焉

➤➤➤《通鉴纪事本末·第三卷》

册府元龟

《册府元龟》为我国宋四大书之一，宋真宗景德二年（1005 年）九月，真宗命王钦若、杨亿修历代君臣事迹，大中祥符六年（1013 年）书成。

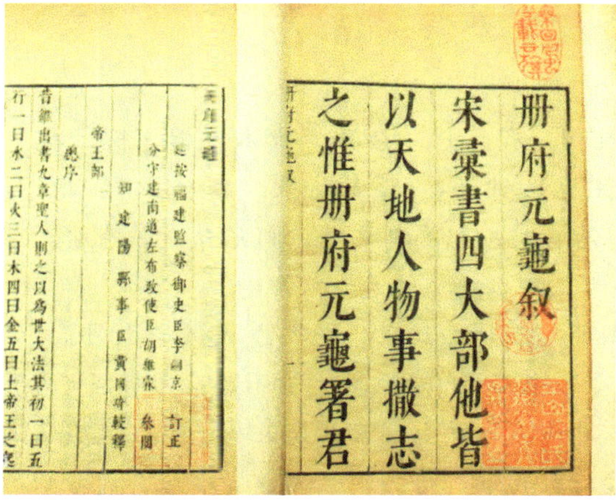
冊府元龜叙
宋彙書四大部他皆
以天地人物事撒志
之惟冊府元龜署君

王钦若（962 ～ 1025 年），字定国，临江军新喻（今江西新余）人。

求旧

华廙少为武帝所礼，累迁待中、南中郎将、都督河北诸军事。坐事免官，与陈勰共造猪阑于宅侧。帝常出视之，问其故，左右以实对，帝心怜之。帝后又登陵云台，望见廙苜蓿园，阡陌甚整，依然感旧。太康初大赦，乃得袭封。久之，拜城门校尉，迁左卫将军。数年，以为中书监。

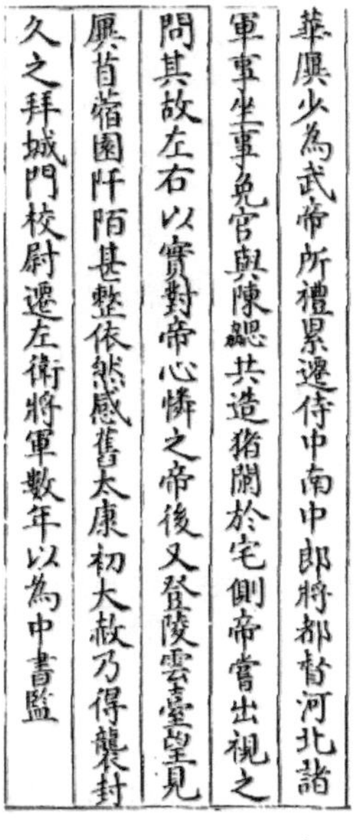
華廙少為武帝所禮累遷侍中南中郎將都督河北諸
軍事坐事免官與陳勰共造猪闌於宅側帝嘗出視之
問其故左右以實對帝心憐之帝後又登陵雲臺望見
廙苜蓿園阡陌甚整依然感舊太康初大赦乃得襲封
久之拜城門校尉遷左衛將軍數年以為中書監

➤➤➤《册府元龟·卷第一百七十一·帝王部》

土风

罽宾国，地平温和，有苜蓿、杂草、奇木，檀、槐、梓、竹、漆（櫰，音怀，即槐之类也，叶大而黑也），种五谷、蒲萄诸果。粪治园田。地下湿，生稻。冬食生菜。其民巧，雕文刻镂，治宫室，织罽刺文绣，好治饮食。有金、银、铜、锡，以为器。……

大宛国，治贵山城。土地、风气、物类、民俗与大月氏、安息同。大宛左右以葡萄为酒，富人藏酒至万余石，久者至数十岁不败。俗耆酒、马耆苜蓿（耆，读曰嗜）。宛别邑七十余城，多善马，马汗血，言其先天马子也（大宛国有高山，其山上有马，不可得，因取五色母马置其下，与集，生驹，皆汗血，因号曰天马子也）。自宛以西至安息国，虽颇异言，然大同，自相晓知也。

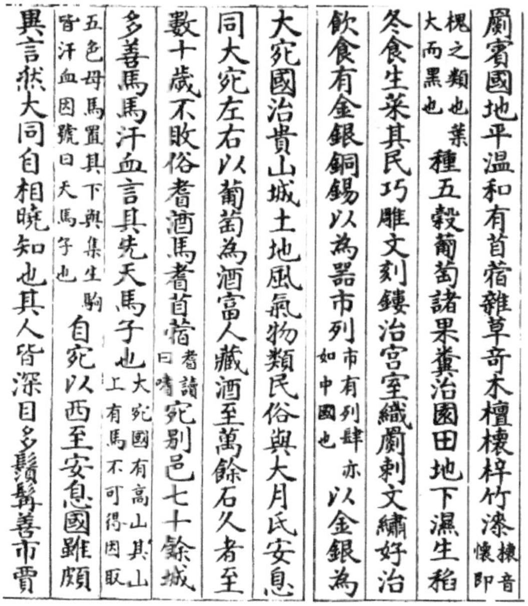
罽賓國地平溫和有苜蓿雜草奇木檀櫰梓竹漆（櫰音懷即槐之類也葉大而黑也）種五穀蒲萄諸果糞治園田地下濕生稻冬食生菜其民巧雕文刻鏤治宮室織罽刺文繡好治飲食有金銀銅錫以為器市列（市有列肆亦如中國也）以金銀為

大宛國治貴山城土地風氣物類民俗與大月氏安息同大宛左右以蒲萄為酒富人藏酒至萬餘石久者至數十歲不敗俗耆酒馬耆苜蓿（耆讀曰嗜）宛别邑七十餘城多善馬馬汗血言其先天馬子也（大宛國有高山其上有馬不可得因取五色母馬置其下與集生駒皆汗血因號曰天馬子也）自宛以西至安息國雖頗異言然大同自相曉知也其人皆深目多鬚髯善市賈

➤➤➤《册府元龟卷·卷九百六十·外臣部》

钦定续通典

《钦定续通典》，乾隆三十二年（1767 年）嵇璜等奉敕撰，纪昀等校订。

嵇璜（1711 ～ 1794 年），清代大学士、水利专家。

田制

明土田之制，凡二等，曰官田，曰民田。初官田，皆宋、元时入官田地，厥后有还官田、没官田、断入官田、学田、皇庄牧马草场、城壖苜蓿地、牲地、园陵坟地、公占隙地、诸王公主勋戚大臣内监寺观、赐乞庄田、百官职田、边臣养廉田、军民商屯田，通谓之官田。其余为民田。太祖即位，遣使核浙西田亩，又以中原田多荒芜，命省臣议，计民授田。

➤➤➤《钦定续通典·卷三·食货三》

赋税

又宁国府宣城县贡木瓜三千三百枚，广西思明府贡消毒药五百三十四味，四川成都府贡药材七味。又南京每年起运各物，司礼监制帛一起、笔料一起、鲜梅四十杠或三十五杠、枇杷四十杠或三十五杠、杨梅四十杠或三十五杠，尚膳监笋四十五扛、鲥鱼二起各四十四扛，守备处鲜橄榄等五十五扛、鲜茶十二扛、木樨十二扛、石榴柿子四十五扛、甘橘甘蔗五十扛，尚膳监天鹅等二十六扛、腌菜薹等一百三十二坛、笋一百一十坛、干鲥鱼等物一百二十坛、紫苏糕等物二百四十八坛、木樨花煎等物一百五坛、鹚鸠等物十五扛，司苑局荸荠七十扛、苗姜一百担、姜种芋头等物八十扛、十样果一百四十扛、鱼藕六十五扛，内府供用库香稻五十扛、苗姜等物一百五十五扛、十样果一百一十五扛、御马监苜蓿种四十扛。又各直省办贡，野味一万四千五百一十四只、活鹿二百六十七只、活天鹅三百二十只、杂皮二十四万七百六十一张、翎毛二千二百七十六万六千五百五十根。

➤➤➤《钦定续通典·卷九·食货九》

司农卿

上林署，唐置令二人、丞四人，掌苑囿、园池，植果蔬，以供朝会祭祀，及尚食诸司常料、藏冰、启冰之事。宋园苑官无常员，以三司判官、内侍、都知诸司使以上充玉津、琼林、宜春、瑞圣四苑官，掌种植蔬莳以待供进，修饬亭宇以备游幸、宴设。金章宗泰和八年，置上林署提点及丞、直长等官，掌诸苑园、池沼，种植花木果蔬及承奉行幸舟船之事，又置都监、同监等官，掌花木局事，皆属工部，不隶司农司。元至元二十四年，置上林署令一人、丞一人、直长一人，掌宫苑栽植花卉、供进蔬果，种苜蓿以饲驼马，备煤炭以给营缮，又置养种园提领二人，花园管勾二人，苜蓿园提领三人，皆属大都留守司，不隶司农。明洪武二十五年，议开上林苑，度地城南，自牛首山接方山西，并河涯图上，太祖谓有妨农事，乃止。成祖永乐五年，始置上林苑监，设良牧、蕃育、嘉蔬、林衡、川衡、冰鉴及典察，左右前后十属署。仁宗洪熙中，并为蕃育、嘉蔬二署。宣宗宣德十年，始定四署，置左右监正各一人，掌苑囿、园池、牧蓄、树种之事，左右监副各一人，左右监丞各一人，其良牧、蕃育、林衡、嘉蔬四署，各典署一人，署丞一人，录事一人。正德中，增设监督内臣九十九人。嘉靖元年，裁汰八十人，并罢蕃育、嘉蔬二署，典署林衡、嘉蔬二署录事。

➤➤➤《钦定续通典·卷三十·职官八》

赎刑

按廷声，此奏谓律钞，轻例钞重然，律钞本非轻也。祖制每钞一文，当银一厘，所谓笞一十。折钞六百文，定银七厘五毫者，即当时之银六钱也，所谓杖一百。折钞六贯，银七分五厘者，即当时之银六两也，以银六钱比例，钞折银不及一厘，以银一两比例，钞折银不及一分，而欲以此惩犯罪者之心，宜其势有所不行矣。特以祖宗律文不可改也，于是不得已定为七厘五毫、七分五厘之制，而其实所定之数，犹不足以当所赎者之罪，然后例之变通生焉。考洪武朝官吏、军民犯罪听赎者，大抵罚役之令居多，如发凤阳屯种、滁州种苜蓿、代农民力役运米、输边赎罪之烦，俱不用钞纳也。律之所载，笞若干钞，若千文，杖若千钞，若干贯者，持垂一代之法尔。

➤➤➤《钦定续通典·卷一百十六·刑十》

大都留守司

苜蓿园提领三人，仪鸾局掌殿庭灯烛张设大使四人，副使、直长各二人，所属提领十六人，木场提领、大使、副使各一人，大都路管领诸色人匠。

➤➤➤《钦定续通典·卷一百三十四·职官略五》

草类

权，一名黄华。见《尔雅》，郭璞注云：今谓牛芸草为黄华，华黄，叶似莪蓿。邢昺疏云：牛芸者，芸类也。《王氏谈录》云：芸，香草也。文丞相家庭砌下有草如苜蓿，摘之尤香，公曰：此乃牛芸尔，《雅》所谓“权，黄华”者，校之香烈于芸。

➤➤➤《钦定续通典·卷一百七十四·昆虫草木略一》

蔬类

苜蓿，《尔雅注》作“莪蓿”，《汉书》作“目宿”，罗愿作“木粟”。本出大宛国，汉通西域，始得其种以归，今处处有之。葛洪《西京杂记》云：乐游苑多苜蓿，风在其间常萧萧然，日照其花有光采，故名怀风，又名光风，茂陵人谓之连枝草。

➤➤➤《钦定续通典·卷一百七十五·昆虫草木略二》

王毛仲

万骑及闲厩官吏惮之，无敢犯于牧事，尤力娩息不訾。初监马二十四万，后乃至四十三万，牛羊皆数倍，莳茼麦、苜蓿千九百顷以御冬。

➤➤➤《钦定续通典·卷二百二十七·列传二十七》

马绍

绍曰：苟不节浮费，虽重敛数倍亦不足也。事遂寝。都城种苜蓿地分给居民，权势因取为己有，以一区授绍，绍不取，僧格欲奏请赐之，绍辞。

➤➤➤《钦定续通典·卷四百八十六·列传二百八十六》

通　志

《通志》，南宋郑樵著，当今称其为以人物为中心的纪传体中国通史 。但中国传统史学将其归入典章制度的政书，也有将其列入百科全书类的。

郑樵（1104 ～ 1162 年），字渔仲，自号溪西逸民，南宋兴化军莆田（今福建莆田）人，世称夹漈先生。

云实叶如苜蓿，花黄白，荚如大豆。

➤➤➤《通志·昆虫草木略》

马衔苜蓿叶，剑莹鸊鹈膏。

➤➤➤《通志·昆虫草木略》

文献通考

《文献通考》，宋元之际马端临撰，全书 348 卷。

马端临（1254 ～ 1323 年），饶州乐平（今江西乐平）人。右丞相马廷鸾之子，著名文献学家，著有《文献通考》《大学集注》《多识录》。

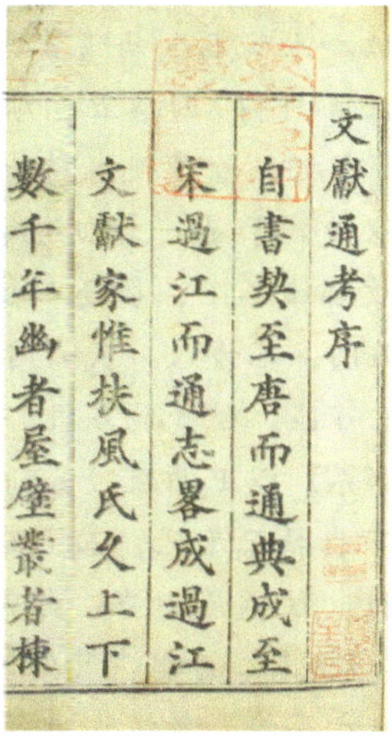

文獻通考序
自書契至唐而通典成至
宋過江而通志畧成過江
文獻家惟扶風氏久上下
數千年幽者屋壁叢者棟

田赋考

菽之品十六：曰豌豆、大豆、小豆、绿豆、红豆、白豆、青豆、褐豆、赤豆、黄豆、胡豆、落豆、元豆、芈豆、巢豆、杂豆。杂子之品九：曰脂麻子、床子、稗子、黄麻子、苏子、苜蓿子、莱子、荏子、草子。

➤➤➤《文献通考·卷四》

宗庙考

荐新物。冬鱼、蕨、笥、蒲、白韭、堇、小豆、胥豆、襄荷、菱仁、姜、菱索、春酒、桑落酒、竹根、黄米、粳米、糯米、粱米、稷米、茄子、甘蔗、芋子、鸡头仁、苜蓿、蔓青、胡瓜、冬瓜、瓠子、春鱼、水苏、枸杞、芡茨、子藕、大麦面、瓜、油麻、麦子、椿头、莲子、栗、冰、柑子、李、樱桃、杏、林檎、橘、椹、庵罗果、枣、兔脾、獐、鹿、野鸡，凡荐新，皆所司白时新堪供进者，先送太常，令尚食相与简择，仍以滋味与新物相宜者配之以荐，皆如上仪。

➤➤➤《文献通考・卷九十七》

大宛

大宛，汉时通焉。主治贵王山城，去长安万二千五百里。户六万。东至都护治所四千里，北至康居于阗城千五百里，西南至大月氏七百里，北与康居、南与大月氏接。土地、风气、物类、人俗与大月氏、安息同。大宛左右以葡萄为酒，富人藏酒至万余石，久者至数十年不败。人嗜酒，马嗜苜蓿。多善马，汗血，言其先天马子（大宛国中有高山，其土有马，不可得，因取五色母马置其下，与集，生驹，其汗血，因号为天马子）。始张骞为武帝言之，帝遣使者持千金及金马，以请宛善马。宛王以汉绝远，大兵不能至，遂杀汉使。于是，太初元年拜李广利为贰师将军，则至贰师取善马，率数万人至其境，攻郁城不下，引还。往来二岁，至敦煌，士卒存者十不过一二。帝怒其不克，使遮玉门，不许入。贰师因留屯敦煌。又遣贰师率六万人，负私从者不与焉，牛十万，马三万匹，驴橐驼万数。天下骚然。益发戍甲卒十八万，置居延、休屠（今武威、张掖郡界）以卫酒泉。贰师至宛，宛人斩王毋寡首，献马。汉军取其善马数十匹，中马以下牝牡三千匹，而立宛贵人昧蔡为王，约岁献马，遂采葡萄、苜蓿种而归。贰师再行，往返凡四岁。自宛以西至安息，虽颇异言，然大同，自相晓知也。其人皆深目，多髭髯，善贾。其俗贵女子，女子所言，丈夫乃决正。其地无丝漆，不知铸器。及汉使亡卒降，教铸作兵器。后汉明帝时，宛又献汗血马。至后魏文成帝和平六年、孝文太和三年，并遣使献马。隋时苏对沙那国，即汉大宛也。

➤➤➤《文献通考・卷三百三十七》

罽宾

罽宾国，王治循鲜城，去长安万二千二百里。不属都护。户口胜兵多，大国也。东北至都护治所六千八百四十里，东至乌秅国二千二百五十里，东北至难兜国九日行，西北与大月氏、西南与乌戈山离接。昔匈奴破大月氏，大月氏西君大夏，而塞王南君罽宾。塞种分散，往往为数国。自疏勒以西北，休循、捐毒之属，皆故塞种也。罽宾地平、温和，有苜蓿、杂草、奇木，檀、櫰（即槐之类，叶大而黑）、梓、竹、漆。

➤➤➤《文献通考·卷三百三十七》

宋会要辑稿

《宋会要辑稿》，清嘉庆年间由徐松从《永乐大典》中录出的宋代官修《宋会要》之文。

徐松（1781～1848年），字星伯，直隶大兴（今属北京）人，清代著名地理学家。清嘉庆进士，授编修，官至榆林知府。

凡租税有谷，有帛，有金铁，有物产，为四类。谷之品有七：曰粟，曰稻，曰麦，曰黍，曰穄，曰菽，曰杂子。粟之品七：曰粟，曰小粟、粱谷、谷、糜粟、秫米、黄米。稻之品四：曰粳米、糯米、水谷（水：原脱，据《文献通考》卷四《田赋四》补）、旱稻。麦之品七：曰小麦、大麦、粿麦、广麦（麦：原脱，据《文献通考》卷四《田赋四》补）、青麦、白麦、荞麦（荞麦：原脱，据《文献通考》卷四《田赋四》补）、黍之品三：曰黍、蜀黍、稻黍。穄之品三：曰穄、秫穄、糜穄（糜穄：原作“糜黍”，据《文献通考》卷四《田赋四》改）。菽之品十五：曰豌豆、大豆、小豆、绿豆、红豆（豆：原无，据《文献通考》卷四《田赋田》补）、白豆、赤豆、褐豆、芡豆、黄豆、胡豆、落豆、元豆、巢豆、杂豆。杂子之品九：曰芝麻子、床子、稗子、黄麻子（麻：原作“床”，据《文献通考》卷四《田赋四》改）、苏子、苜蓿子、菜子、荏子、草子。帛之品十：曰罗，曰绫，曰绢，曰纱，曰絁（絁：原作“纯”，据《文献通考》卷四《田赋四》改）。

➤➤➤《宋会要辑稿·食货七〇》

元典章

《元典章》是《大元圣政国朝典章》的简称。元代官修，60卷。附新集，不分卷。

劝农立社事理

每丁周岁须要栽桑、枣二十株，或附宅栽种地桑二十株，早供蚁蚕食用。其地不宜栽桑、枣，各随地土所宜，栽种榆、柳等树，亦及二十株。若欲栽种杂果者，每丁衮种十株，皆以生成为定数，愿多栽者听。若有上年已栽桑果数目，另行具报，不得朦昧报充次年数目。或有死损，从实申说本处官司，申报不实者，并行责罚。仍随社布种苜蓿，初年不须割刈，次年收到种子，转展俵散，务要广种，非止喂养头匹，亦可接济饥年。

➤➤➤《元典章·户部九·农桑》

元　史

《元史》是系统记载元朝兴亡过程的一部纪传体断代史，成书于明朝初年，由宋濂、王祎主持编修。

宋濂（1310 ～ 1381 年），字景濂，号潜溪。元末明初政治家、文学家、史学家、思想家，与高启、刘基并称为“明初诗文三大家”，又与章溢、刘基、叶琛并称“浙东四先生”。

王祎（1321 ～ 1373 年），字子充，号华川，明代学者。婺州路义乌（今浙江义乌）人。

百官

上林署，秩从七品。署令、署丞各一员，直长一员。掌宫苑栽植花卉，供进蔬果，种苜蓿以饲驼马，备煤炭以给营缮。至元二十四年置。

养种园，提领二员。掌西山淘煤，羊山烧造黑白木炭，以供修建之用。中统三年置。

花园，管勾二员。掌花卉果木。至元二十四年置。

苜蓿园，提领三员。掌种苜蓿，以饲马驼、膳羊。

➤➤➤《元史·志第四十》

食货

是年，又颁农桑之制一十四条，条多不能尽载，载其所可法者：县邑所属村疃，凡五十家立一社，择高年晓农事者一人为之长。增至百家者，别设长一员。不及五十家者，与近村合为一社。地远人稀，不能相合，各自为社者听。其合为社者，仍择数村之中，立社长官司长以教督农民为事。凡种田者，立牌橛于田侧，书某社某人于其上，社长以时点视劝诫。不率教者，籍其姓名，以授提点官责之。其有不敬父兄及凶恶者，亦然。仍大书其所犯于门，俟其改过自新乃毁，如终岁不改，罚其代充本社夫役。社中有疾病凶丧之家不能耕种者，众为合力助之。一社之中灾病多者，两社助之。凡为长者，复其身，郡县官不得以社长与科差事。农桑之术，以备旱暵为先。凡河渠之利，委本处正官一员，以时浚治。或民力不足者，提举河渠官相其轻重，官为导之。地高水不能上者，命造水车。贫不能造者，官具材木给之。俟秋成之后，验使水之家，俾均输其直。田无水者凿井，井深不能得水者，听种区田。其有水田者，不必区种。仍以区田之法，散诸农民。种植之制，每丁岁种桑枣二十株。土性不宜者，听种榆柳等，其数亦如之。种杂果者，每丁十株，皆以生成为数，愿多种者听。其无地及有疾者不与。所在官司申报不实者，罪之。仍令各社布种苜蓿，以防饥年。近水之家，又许凿池养鱼并鹅鸭之数，及种莳莲藕、鸡头、菱角、蒲苇等，以助衣食。凡荒闲之地，悉以付民，先给贫者，次及余户。每年十月，令州县正官一员，巡视境内，有虫蝗遗子之地，多方设法除之。其用心周悉若此，亦仁矣哉！

➤➤➤《元史·志第四十二》

马绍

议增盐课，绍独力争山东课不可增。议增赋，绍曰："苟不节浮费，虽重敛数倍，亦不足也。"事遂寝。都城种苜蓿地，分给居民，权势因取为己有，以一区授绍，绍独不取。桑哥欲奏请赐绍，绍辞曰："绍以非才居政府，恒忧不能塞责，讵敢徼非分之福，以速罪戾！"桑哥败，迹其所尝行贿者，索其籍阅之，独无绍名。桑哥既败，乃曰："使吾早信马左丞之言，必不至今日之祸。"帝曰："马左丞忠洁可尚，其复旧职。"尚书省罢，改中书左丞，居再岁，移疾还家。元贞元年，迁中书右丞，行江浙省事。大德三年，移河南省。明年卒。

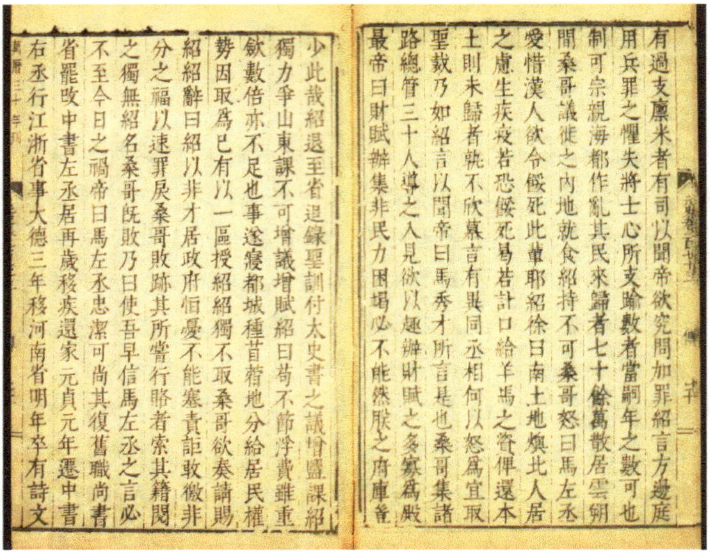
有過支廩米者有司以聞帝欲究問加罪紹言方邊庭用兵罪之懼失將士心所支踰數者當嗣年之數可也制可宗親海都作亂其民來歸者七十餘萬散居雲朔間桑哥議徙之內地就食紹持不可桑哥怒曰馬左丞愛惜漢人欲令餓死此輩耶紹徐曰南土地燠北人居之慮生疾疫若恐餓死曷若計口給羊馬之資俾還本土則未歸者孰不欣慕言有異同丞相何以怒爲宜取聖裁乃如紹言以聞帝曰馬秀才所言是也桑哥集諸路總管三十人導之入見欲以趣辦財賦之多寡爲殿最帝曰財賦辦集非民力困竭必不能然朕之府庫豈少此哉紹退至省退錄聖訓付太史書之議增鹽課紹獨力爭山東課不可增議增賦紹曰苟不節浮費雖重歛數倍亦不足也事遂寢都城種苜蓿地分給居民權勢因取爲已有以一區授紹紹獨不取桑哥欲奏請賜紹紹辭曰紹以非才居政府恒憂不能塞責詎敢儌非分之福以速罪戾桑哥敗跡其所嘗行賂者索其籍閱之獨無紹名桑哥既敗乃曰使吾早信馬左丞之言必不至今日之禍帝曰馬左丞忠潔可尚其復舊職尚書省罷改中書左丞居再歲移疾還家元貞元年遷中書右丞行江浙省事大德三年移河南省明年卒有詩文

➤➤➤《元史・列传第六十》

新元史

《新元史》由柯劭忞撰，他以《元史》为底本，重加编撰，前后用了30年时间才完成，1922年刊行于世。

柯劭忞（1848～1933年），字凤荪，号蓼园，山东胶州人，近现代历史学家。

百官

上林署，秩从七品。署令、署丞各一员。《元典章》：上林署，令正八品，直长从八品，直长一员。掌栽花卉，供蔬果，种苜蓿以饲驼马，备煤炭以给营缮。至元二十四年置。

养种园，提领二员。掌西山淘煤，羊山烧造黑白木炭，以供上用。中统三年置。

花园，管勾二员。掌花果。至元二十四年置。

苜蓿园，提领三员。掌种苜蓿。

➤➤➤《新元史・卷六十一・志第二十八》

马绍

桑哥集诸路总管三十人，导之入见，欲以趣办财赋之多寡为殿最。帝曰："财赋办集，非民力困竭必不能。然朕之府库，岂少此哉！"绍退录圣训，付史官书之。时议增盐课，绍独力争山东课不可增。议增赋，绍曰："苟不节浮费，虽重敛数倍，亦不足也。"事获寝。都城种苜蓿地，分给居民，省臣因取为己有，以一区授绍，绍独不取。桑哥欲奏请赐绍，辞曰："绍以非才居政府，恒忧不能塞责，讵敢徼非分之福，以速罪戾！"桑哥败，索其行赂之簿阅之，独无绍名。桑哥曰："使吾早信马左丞之言，必不至今日之祸。"帝曰："马左丞忠洁可尚，其复旧职。"尚书省罢，改中书左丞。居再岁，移疾还家。

➤➤➤《新元史·卷一百八十八·列传第八十五》

西使记

《西使记》是记载元代旭烈兀西征的见闻录，亦称《常德西使记》，刘郁撰。刘郁（生卒年不详），字文季，别号归愚，元代游记作家，山西大同浑源人。

西征

又西南行，过孛罗城。所种皆麦稻，山多柏，不能株，络石而长。城居肆囿间错，土屋牕户皆琉璃。城北有海，铁山风出，往往吹行人堕海中。……草皆苜蓿，藩篱以柏。

➤➤➤《西使记》

吏学指南

《吏学指南》是元代徐元瑞撰写的一部官员手册，于元大德五年（1301年）刊行。

时利第九

教农民栽接园林，广种蔬菜，拆洗凉衣，多作鞋脚，挂备绳索、农器、镰担、车仗，饱饲牛畜，趁时布种，不致荒闲田地。

保庇农民，禁止诸色杂人游乐甘闲，乞觅投散，提绳把索，三教九流，师巫乐戏排场。兵卒官吏不得聚敛搔扰诱说，不唯吞食民财，大误国家徭役，利害甚大。

二麦三青一黄，催督火速收敛，般载上场，不分昼夜，打碾子粒，曝晒入仓，方属民物。山东、吴不知熟麦青钐自然子粒圆实，幽燕但过焦雨水顿放多，十去其三四矣。

夏麦薄收，火速劝谕多种荞麦、黍、谷、豆、晚田蔬菜、果木、苜蓿、野菜、劳豆、蓬子、稊稗，可备春首饥荒。加力锄刨三五次，亦能倍收。

十月收打荞麦、黍、豆，积垛草秸以备官草、牛食，不致风雨损坏。

➤➤➤《吏学指南·卷二》

明实录

《明实录》是明代历朝官修的编年体史书，图书篇幅庞大，保存有大量明代史料。

乙亥，给赐种苜蓿军士钞锭。先是上命户部释淮南北及江南、京畿间旷地，遣军士种苜蓿饲马。至是，各以钞锭赐之。

➤➤➤《明实录·太祖实录·卷之九》

己酉初，尚书林瀚等请清查南京御马监马匹，给事中牧相、监察御史吕镗奉旨清查。给军太监李棠拘留不发。相等疏言："本监原设马匹年久无存，后将牧马所送印种马遂行收养，而滥役滥费之弊，不可胜言。夫一军足以饲一马，本监见马仅八十九匹，而养马旗军役占至七百余名，皆按月输钱，又有看守金鞍、库料、豆仓等余丁三百名，此滥役之弊也。计八十九匹之马，岁用饲秣草三万余包、豆一千六十余石，今该部给草至六万包、豆一千五百石，又苜蓿园各有采取办纳，此滥费之弊也。况南京近年粮草告匮，戎马缺乏，岂可以有限之物供无穷之费哉！棠贪婪无厌，不知成命为重，肆无忌惮，宜明正其罪，仍追其占留马匹。今后该所及应天卫孳生马驹，俱听南京太仆寺印烙给各卫旗军领养，其苜蓿、莞豆二园，行南京兵部差官踏勘，召人承佃起科黑，事体归一而浪费可绝。既而，棠等奏系洪武初额设，不可轻动，有旨遽从之。相等劾奏，如初下兵部议，宜如相等言，不听。

➤➤➤《明实录·武宗实录·卷之十》

己巳，内官监太监李兴请建僧寺一所于大兴县东皋村，以僧录司左觉义定锜住持，仍乞赐寺额护敕。又以寺西有官路不便于寺，乞以其私地易路东苜蓿官地。为之得旨，仍升定锜为右讲经兼本寺住持，赐寺额曰“隆禧”。礼科都给事中甯举等劾之，谓：“陛下自即位以来，未闻修建寺观庵院，亦未闻轻赐寺额、滥升僧官。今兴乃恃恩陈情，作俑建寺，有坏成宪，罪一；自知私创非宜奏乞寺额又请护敕，使天下后世讥议陛下崇此异端，有亏圣德，罪二；兴犹恐朝廷不信，乃以祝延圣寿、护国祐民为辞，窃唯内官修建寺观，不过自为身后香火之供、眼前福田之计，其于圣寿何预，似此欺诳，有负圣恩，罪三；且无故乞升僧官定锜职事，以致奸僧得志，有滥恩典，罪四；又苜蓿之地乃我祖宗用以牧马之所，今以其私便辄欲易之，恐自今贵戚之臣但有庄所接壤官地，皆将比例兑易，其变乱成法，罪五。伏望断自宸衷，毁所建寺，停罢寺额护敕，不许兑易苜蓿官地，仍褫定锜职，治之罪以为奸僧交通内臣坏法者戒。”奏入命所司看详以闻，礼部覆奏请悉如举等言以彰国法。上以前既有旨，置勿论，既而户部又奏谓：“苜蓿地宜令改正还官。”从之。

➤➤➤《明实录·孝宗实录·卷之十》

户部条上修省事宜。一言救荒之策有二，赈贷、蠲除，贵于并行。宜诏兵灾地方逋负皆免，而官以羡缗设法赈济。仍令天下有司仿古常平义仓之法，申明预备社仓之制，令监司以积谷多寡课守令殿最。一言几辅大旱无麦，请自光禄寺正供外，凡应输内外诸仓场者，顺天全免，保定等七府及河南、山东本折相半，以宽民力。一言御马监岁派红花子饲马，纳户苦之古者，岁凶，马不食谷，宜查弘治间免苜蓿种子例除之，著为令。一言南京光禄寺瓶酒不以供御而虚费钱粮，劳扰军民。

➤➤➤《明实录·世宗实录·大卷之二十五》

九门苜蓿地土计一百一十顷有余。旧例分拨东、西、南、北四门，每门把总一员、官军一百名，给领御马监银一十七两，赁牛佣耕，按月采办苜蓿以供刍牧。至是，户部右侍郎王軏等查议，以为地多遗利，军多旷役，请于每门止留地十顷，令军三十名，仍旧采办以供内厩喂养。其余地土，召佃种，分别远近、肥瘠，依原拟五分、三分，则例征租年终，类角羊，本部该监不得干预，退回官军，俱遣之还伍。

户部覆议，从之。

➤➤➤《明实录 • 世宗实录 • 大卷之九十》

户部言：各马牛羊房、苜蓿地土并仁寿、清宁、未央三宫官地银两，与起运京边钱粮事体相同，请行巡抚、都御史及屯田御史严督府、州、县掌印、管粮等官，将勘过召佃见耕成熟地土定拟上中下等，则如征收税粮例，限俱于十二月终完足。

➤➤➤《明实录 • 世宗实录 • 卷之一百十二》

户部言:三宫庄田及御马监各草场苜蓿等地,原以类进供修理诸费，以其余济边。今且积逋至五十万，卒有诸费，动辄取给内帑，且其地或以灾侵停征，而丰穰之后遂置不问。宜令有司严征新赋，其所负租岁各带征一年。从之。

➤➤➤《明实录 • 世宗实录 • 卷之一百三十九》

戊午，荫故大学士杨一清，孙守伯为中书舍人，御史曹忭言：自有虏患，诸臣建议纷纷，陛下不以为不可下之所司。所司据议起覆：陛下不以为不可而悉下之当事之臣，即便施行，尚未必效，然言之者一人，议之者一人，而行之者又一人，掣肘因循，玩岁愒日，而虏患日以近矣。乞下廷议求实心任事之臣，责循名采实之政，凡诸建白择其亲履边境切中利害者，行之庶几，群策毕举，事有责成……。上嘉纳曰：近者边事纷纭，所司题覆，每每徇情，依违议论，虽多实行者，少户、兵二部……，开兵马钱粮有裨实用者，会同该科，详定归一，务实拟行，毋一概题。覆以阜成关外苜蓿园地为操练民兵教场。

➤➤➤《明实录 • 世宗实录 • 大卷之三百六十七》

大明宪宗纯皇帝实录

《大明宪宗纯皇帝实录》，刘吉奉命负责编撰。

刘吉（1427 ～ 1493 年），字祐之，号约庵，博野（今河北博野）人，明代政治人物，曾任内阁首辅。

增给京城九门外苜蓿旗军月粮人二斗，冬衣布花照例关支，凡三百七十四人。

➤➤➤《大明宪宗纯皇帝实录·卷之二百一》

上批答曰：文武医匠等官，取回支盐内官家人。并禁造寺观。降调官员已处置矣。板枋免运一年。大胜等关官军，令南京守备太监定拟以闻成造军器。坐监纳粟，买办物料，逮问应议，子孙所司，看详以奏造给衣帽。起运苜蓿俱仍旧守。厂军余量留二十人。瓷器俟烧完,停止。其余俱如议行之。陈俊等不允退休。其令悉心供职。

➤➤➤《大明宪宗纯皇帝实录·卷之二百五十九》

辛酉，诏京城九门复种苜蓿地。先是东厂太监罗祥奏正阳等九门外旧有苜蓿官地一百余顷，递年种植以饲御马。今皆为御马监太监李良、都督李玉等占种。上宥良而停王俸三月，且命司礼监左少监孙泰、户部尚书李敏、郎中李绅、给事中吕献、御史许锐等勘报。敏等覆奏：其地除作皇庄及官用三顷外，其余地皆良及太监任秀、锦衣卫指挥刘纪等与军民人等占种并建寺造坟，而玉及指挥彭麟、白鉴，职专提督、把总不能觉察，俱宜坐罪。有旨：苜蓿官地提督、把总官何得容人侵占！本当执问，姑从轻典。李玉、彭麟、白鉴俱停俸三月，任秀、刘纪等亦当执问，但因循日久，悉宥之寺及无主坟免拆毁平治，查出地御马监督令官军仍种苜蓿饲马。给事中、御史如期巡视，毋或怠玩。

➤➤➤《大明宪宗纯皇帝实录·卷之二百九十二》

大明世宗肃皇帝实录

《大明世宗肃皇帝实录》，徐阶等撰，记录了明世宗期在位期间的史事。

徐阶（1503～1583年），字子升，号少湖，明松江府华亭县（今上海松江）人。明代名臣，在嘉靖朝后期至隆庆朝初年任内阁首辅。

户部尚书孙交以病告满三月，乞住俸。上不允。户部条上修省事宜。一言救荒之策有二，赈贷、蠲除，贵于并行。宜诏兵灾地方逋负皆免，而官以羡缗设法赈济。仍令天下有司仿古常平义仓之法，申明预备社仓之制，令监司以积谷多寡课守令殿最。一言几辅大旱无麦，请自光禄寺正供外，凡应输内外诸仓场者，顺天全免，保定等七府及河南、山东本折相半，以宽民力。一言御马监岁派红花子饲马，纳户苦之古者，岁凶，马不食谷，宜查弘治间免苜蓿种子例除之，著为令。

➤➤➤《大明世宗肃皇帝实录 · 卷二十五》

九门苜宿地土计一百一十顷有余，旧例分拨东、西、南、北四门，每门把总一员、官军一百名，给领御马监银一十七两，赁牛佣耕，按月采办苜蓿以供刍牧。至是，户部右侍郎王軏等查议，以为地多遗利，军多旷役，请于每门止留地十顷，令军三十名，仍旧采办以供内厩喂养，其余地土，召佃种，分别远近、肥瘠，依原拟五分、三分，则例征租年终，类角羊，本部该监不得干预，退回官军，俱遣之还伍。户部覆议，从之。

➤➤➤《大明世宗肃皇帝实录 · 卷九十》

【简注】 刍牧：放牲畜吃草。《左传纪事本末》曰："禁刍牧，采樵不入田。"《三国志 · 诸葛亮传》曰："秋，魏镇西将军钟会征蜀，至汉川，祭亮之庙，令军士不得于亮墓所左右刍牧樵采"。

大明英宗睿皇帝实录

《大明英宗睿皇帝实录》，孙继宗编撰，共 361 卷。

孙继宗（1395 ～？），山东邹平人，明朝大臣。

户部奏：京师土城沿河空地七十一顷有余，俱内官并平乡伯家占据，军民僧人一概仿效欺隐，请逮治之并追其粮。上曰：姑宥其罪。军民所种者，如例输纳刍粮；内外官占种者，令拨御马监。苜蓿养马令后，主守官擅拨与人，与者、受者俱罪之。

➤➤➤《大明英宗睿皇帝实录 · 卷之一百十八》

南京御马监马匹数少，养马旗军数多，送纳苜蓿、青草多被折取钱物。乞取勘见在马数，定与旗军轮班看养，苜蓿、青草量数派纳，其余旗军退原卫，庶免虚费粮赏，旷役买闲。龙山、清江等厂，堆垛木植甚少，役占军余数多。乞量存看守，余皆退回差操，庶免私役耕种，办纳月钱。诏以所言多有理，礼部会官详议，可行者宜即行之。

➤➤➤《大明英宗睿皇帝实录·卷之二百四十》

崇祯实录

《崇祯实录》，清初编成，共17卷，按年月详细记述了崇祯时期的国政大事。

甲戌，白水县盗王二等合山西逃兵伪贾服掠蒲城、韩城之孝童淄川镇。时承平久，猝被兵，人无固志。巡抚陕西都御史胡廷宴庸耄，恶闻盗，杖各县报者曰："此饥氓也！掠至明春后，自定耳。"于是各县不以闻。盗侦知之，益恣。劫宜君县狱，走苜蓿沟；通白水县役杨发、蒲城王高等，勾边盗王嘉胤等五、六千人，聚庆阳、延安之黄陇山，分三路掠鄜州、延安。

➤➤➤《崇祯实录·卷之一》

大明会典

《大明会典》是以记载行政法规为主要内容的官修书，简称《明会典》，由李东阳等撰。

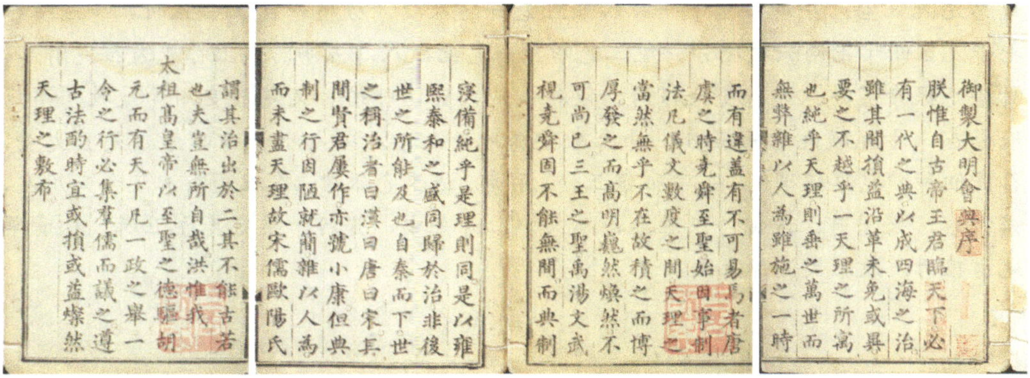

李东阳（1447 ～ 1516 年），字宾之，号西涯，谥文正，明朝中叶重臣，文学家、书法家，茶陵诗派的核心人物。

田土

凡草场牧地。正德十六年，令各马房仓场监督主事，不妨原务，提督该房官旗人等。将原马房地土查明顷亩，设立封堆，开挑濠堑。呈部照验，仍时常踏勘查考。嘉靖八年题准、查勘过正阳等九门外苜蓿草场地，共一百三顷七十二亩四分七厘二毫三忽八微七尘。除原牧马水占不堪耕种外，实该堪种地一百顷九十四亩六分四厘二毫七丝一忽八微七尘。内存留四十顷，分为四总。每总地十顷，把总官一员，军人三十名，照旧种办苜蓿以供内厩喂养。多余官军退回差操。其余每亩，上则征银五分，中则四分，下则三分。岁该银三百两八钱三分六厘，召佃征银解部。该监不得干预。又题准、查勘过御马草场五十七处，实在地共三万三千三百六十二顷五十九亩零。除杂占水硷并存留牧马外，实该征解备买草料地二万五千九百五十六顷七十四亩零。并原备给修理公廨地四百三十顷。俱每亩征银三分，除修理公廨银一千二百九十两马房自行征收外，草料地银七万七千八百七十两二钱四分零，照例召佃。征解户部支用，有余，留备灾伤。其岁，派北直隶、山东、河南各马房料草，以后斟酌免派，量减原价，征银解部，转发太仓交纳。庄头佃户，务审编殷实充当，上等官地不过二顷，中等不过一顷五十亩，下等不过一顷，庄头不过四顷。仍置立印信文簿三本，备开各户种地征银数目，一送户部，一送该府，一收贮该州县，备照查考。又题准、查勘过东直门里外并吴家驼牛房草场，实在堪种地，四百六十三顷八十七亩九分七厘三毫四丝七忽。岁该租银一千六百八十七两七钱二分四厘二毫五丝一忽四微五纤。蕃牧所征完解部，给领买补牛只。西琉璃厂羊房草场空闲地九顷六十五亩九分九厘六毫一丝四忽。岁该租银三十两。司牲司征完，解光禄寺支用。顺义县北草场东上林苑监良牧署养牲地二千六百四十顷七十六亩三分五厘七毫九丝九忽九微五尘，并水田九十一亩八分五毫一忽八微，房屋一百三十五间。岁该租银七千九百四十七两六钱七分一厘二毫四丝一忽七微八纤五渺。俱上林苑监征完解部，听给光禄寺买办，如有支余银两，候各该地方灾伤补给。又题准安州等处牧马草场地一百一十九顷九十亩五分，外鹰房按鹰地，九十八顷七十一亩四分。差官丈量，召民佃种。照草场事例，每亩征银三分，解部，送太仓银库，作正支销。又令兴州左、兴州右、兴州前、遵化、东胜右、忠义中、开平中、宽河、梁城等九卫所，秋青草地亩银两，改派大润库上纳。

銀每歲行承天府委官管收專備修築堤岸之用

凡草場牧地正德十六年令各馬房倉場監督主事不妨原務提督該房官旗人等將原馬房地土查明頃畝設立封堆開挑濠塹呈部照驗仍時常踏勘查考○嘉靖八年題准查勘過正陽等九門外苜蓿草場地共一百三頃七十二畝四分七釐二毫三忽八微七塵除原牧馬水占不堪耕種外實該堪種地一百頃九十四畝六分四釐二毫七絲一忽八微七塵內存留四

十頃分為四總每總地十頃把總官一員管人三十名照舊種辦苜蓿以供內廐餵養多餘官軍退回差操其餘每畝上則徵銀五分中則四分下則三分歲該銀三百兩八錢三分六釐召佃徵銀解部該監不得干預○又題准查勘過御馬草場五十七處實在地共三萬三千三百六十二頃五十九畝零除雜占水鹻并存留牧馬外實該徵解備買草料地二萬五千九百五十六頃七十四畝零并原備給修理公廨地四百三十頃俱每畝徵銀三分除修理公廨銀一千二百九十兩馬房自行徵收外草料地銀七萬七千八百七十兩二錢四分零照例召佃徵解戶部支用有餘留備災傷其歲派北直隸山東河南各馬房料草以後斟酌免派量減原價徵銀解部轉發太倉交納莊頭佃戶務審編殷實充當上等官地不過二頃中等不過一頃五十畝下等不過一頃莊頭不過四頃仍置立印信文簿三本備開各戶種地徵銀數目一送戶部一送該府一收貯該州縣備照查考○又題准查勘過東直門裏外并吳家駝牛房草場實

在堪種地四百六十三頃八十七畝九分七釐三毫四絲七忽歲該租銀一千六百八十七兩七錢二分四釐二毫五絲一忽四微五纖著牧所徵完解部給領買補牛隻西琉璃廠羊房草場空閒地九頃六十五畝九分九釐六毫一絲四忽歲該租銀三十兩司牲司徵完解光祿寺支用順義縣北草場東上林苑監良牧署養牲地二千六百四十頃七十六畝三分五釐七毫九絲九忽九微五塵并水田九十一畝八分五毫一忽八微房屋一百三十五間歲該租銀七

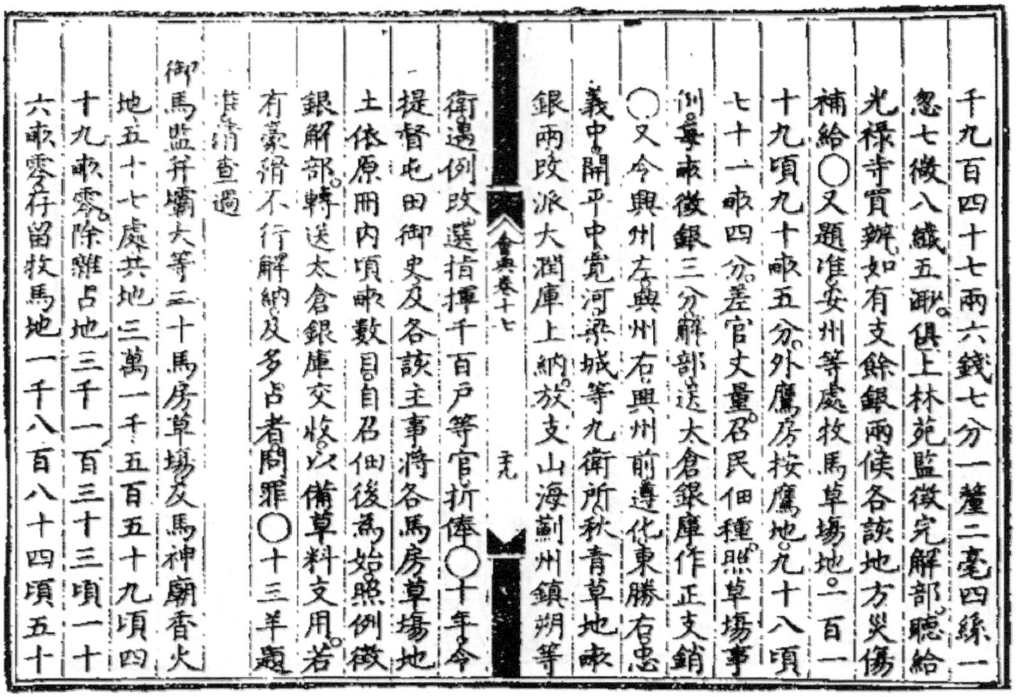
千九百四十七兩六錢七分一釐二毫四絲一
忽七微八纖五渺俱上林苑監徵完解部聽給
光祿寺買辦如有支餘銀兩俟各該地方災傷
補給○又題准安州等處牧馬草場地二百一
十九頃九十畝五分外鷹房按鷹地九十八頃
七十一畝四分差官丈量召民佃種照草場事
例每畝徵銀三分解部送太倉銀庫作正支銷
○又令興州左興州右興州前遵化東勝右忠
義中開平中寬河梁城等九衛所秋青草地畝
銀兩改派大潤庫上納放支山海薊州鎮朔等
會典卷十七
衛遇例改選指揮千百戶等官折俸○十年令
提督屯田御史及各該主事將各馬房草場地
土依原冊內頃畝數目自召佃後爲始照例徵
銀解部轉送太倉銀庫交收以備草料支用若
有蒙滑不行解納及多占者問罪○十三年題
准清查過
御馬監并覇大等二十馬房草場及馬神廟香火
地五十七處共地三萬一千五百五十九頃四
十九畝零除雜占地三千一百三十三頃一十
六畝零存留牧馬地一千八百八十四頃五十

➤➤➤《大明会典·卷之十七》

赏赐

王府随侍旗军校尉并养马军人医兽，操练民间子弟并余丁，俱布三匹。为事发遣征进，在京有家小者；年老残疾、无丁代役，并习学局匠及赦前为事发充局匠，俱有家小，及年十五岁以上矮小军人、在营只身者；各卫烧窑、挑柴、看桐漆树、种苜蓿及四门厨房做饭，并食粮恩军、赦前收役、在营有家小者，俱布二匹。征差运粮、阵亡失陷伤故、落水淹死、在营止有老军与只身妻女，并年六岁至十四岁只身男，及同籍只身弟婿等项在营者；为事食粮恩军、在营只身者；在营亡故，止有六岁至十四岁只身男在营者；为事发遣征进、在彼病故、在京有儿男者；旗军年老残疾、无丁代役者；习学局匠及赦前为事发充局匠、在营俱只身者；赦后为事发充局匠及王府养羊、幼军小厮，俱布一匹。牧马千户所养羊幼军，旧衣三件。

調寧夏各邊備禦者。全支綿布三疋。綿花一斤
八兩。○又令增給遼東操備軍士綿花、爲三斤
○三年。令報効家人義男女婿民人餘丁。各賞
布三疋。本色二疋。折鈔一疋。逃囚布一疋。逃軍
布十疋。內折鈔一疋。綿花俱一斤八兩。○四年
奏准北直隷衛分軍士冬衣布花。每歲七月中
差官給散。俱限十二月終回京。○又令在京幷
南京各衛所旗軍力士校尉將軍人等。該賞布
花見在幷征差在營有家小隻身。及年十五歲
以上矮小軍人。在營有家小。幷年十四歲以下

幼軍在營。或有一母一伯叔父母一姐一妹一
弟者。征差運糧陣亡失陷傷故。落水淹死病故。
但有長幼兒男同家小在營者。在營亡故有兒
男家小在營者。初年下屯。關支月糧未收子粒
有無家小者。年老殘疾還鄉替丁在營有家小
者。
王府隨侍旗軍校尉幷養馬軍人醫獸。操練民間
子弟幷餘丁。俱布三疋。爲事發遣征進。在京有
家小者。年老殘疾無丁代役。幷習學局匠。及赦
前爲事發充局匠。俱有家小。及年十五歲以上

矮小軍人。在營隻身者。各衛燒窯挑煤看桐漆
樹種苜蓿及四門廚房做飯幷食糧恩軍赦前
收役。在營有家小者。俱布二疋。征差運糧陣亡
失陷傷故落水淹死。在營止有老幼與隻身妻
女幷年六歲至十四歲隻身男及同籍隻身弟
婿等項在營者。爲事食糧恩軍。在營隻身者。在
營亡故。止有六歲至十四歲隻身男在營者。爲
事發遣征進在彼病故。在京有兒男者。旗軍年
老殘疾無丁代役者。習學局匠。及赦前爲事發
充局匠在營俱隻身者。赦後爲事發充局匠及

王府養羊幼軍小廝。俱布一疋。牧馬千戶所養羊
幼軍舊衣三件。征差隻身幷在營止有幼男女
年十歲以下。俟本軍回還照例補賞。爲事被監
有無家小。俟復役補賞。○七年。令陝西都司調
去甘肅沿邊操備腹裏屯軍每名給賞綿布三
疋。內折鈔一疋。綿花一斤八兩。○八年。令甘肅
延綏等處操備旗軍有家小者每名給賞布三
疋。隻身布二疋。綿花俱一斤八兩。○又令陝西
都司所屬寧夏中護衛河州洮州岷州寧夏左
右前屯衛寧夏中衛靖虜等衛寧夏羣牧千戶所

月粮

长陵等卫洒扫宝山做工旗军，月支粮一石。又令今后遇有官吏旗军事故调用等项遗下，并预支应得俸粮五斗以上，失于还官者，事发不问罪，追粮还官。五斗以下俱免追问。十三年，令京、通二仓支粮卫所并各营局等衙门，每年正月、二月、九月、十月、十一月、十二月，俱在通州仓关支。三月至八月，京仓关支。如遇兼支粟米、小麦时月，及京城米贵，临时酌量奏请。十四年，令在京各卫余丁，选取在营操练者，月支米六斗。十六年，令种苜蓿旗军，照养牛种菜等例，月支粮一石。十七年，令大同、宣府、延绥、宁夏、甘凉、辽东沿边墩军，月支米三斗。又令六科廊、裁缝、军匠，月支米五斗。十八年，令锦衣卫女户，月支粮一石。十九年，令宣府各城选操舍余，照在城例，月支粮一石。二十年，令在京各卫军人月粮，五月、六月、七月、八月、十一月、十二月，原仓关支。正月、二月、三月、四月、九月、十月、通州关支。

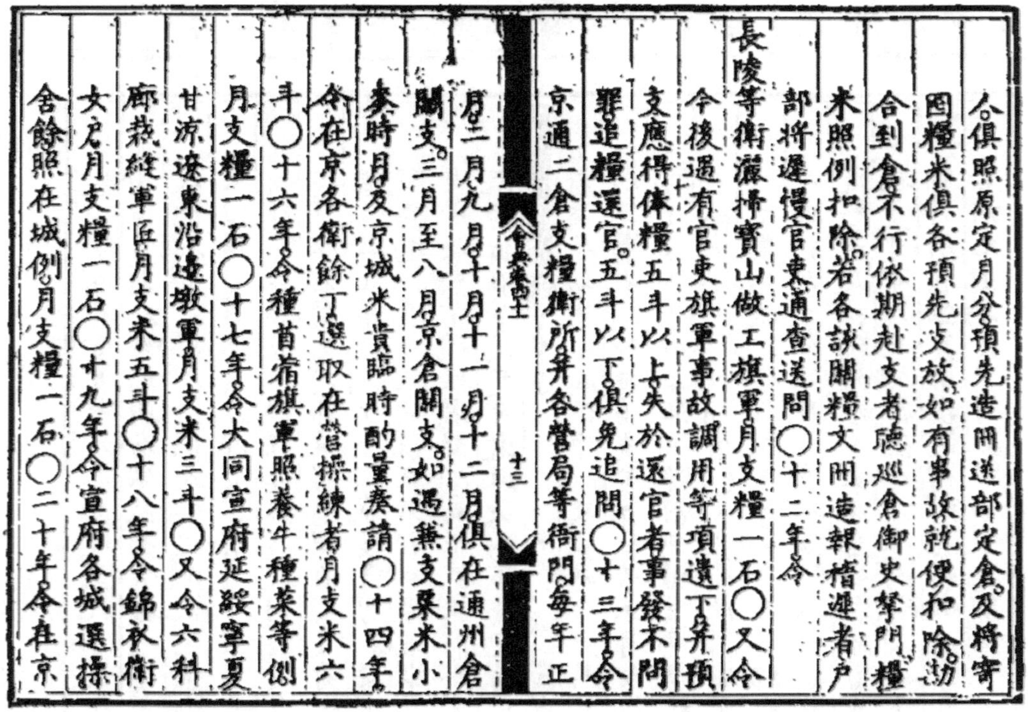
令俱照原定月分預先造冊送部定倉。及將寄
囤糧米俱各預先支放。如有事故就便扣除。劾
合到倉不行依期赴支者聽巡倉御史拏門糧
米照例扣除。若各該關糧文冊遲報稽遲者户
部將遲慢官吏通查送問〇十二年令
長陵等衛灑掃寶山做工旗軍月支糧一石〇又令
今後遇有官吏旗軍事故調用等項遺下幷預
支應得俸糧五斗以上失於還官者事發不問
罪追糧還官。五斗以下俱免追問〇十三年令
京通二倉支糧衛所幷各營局等衙門每年正
會典卷四十一 十三
月二月九月十月十一月十二月俱在通州倉
關支。三月至八月京倉關支。如遇兼支粟米小
麥時月及京城米貴臨時酌量奏請〇十四年
令在京各衛餘丁選取在營操練者月支米六
斗〇十六年令種苜蓿旗軍照養牛種菜等例
月支糧一石〇十七年令大同宣府延綏寧夏
甘涼遼東沿邊墩軍月支米三斗〇又令六科
廊裁縫軍匠月支米五斗〇十八年令錦衣衛
女户月支糧一石〇十九年令宣府各城選操
舍餘照在城例月支糧一石〇二十年令在京

➤➤➤《大明会典·卷之四十一·经费二》

草料

凡南京各卫所马草，每年二月本部查勘会计该用数目，五月咨户部定夺。凡南京锦衣卫驯象所养象芦根茭草，应天等府于岁粮额内改拨大小麦，随粮运赴本卫象房，与稻草相兼支用。嘉靖六年，令浙江、应天、苏州等司府州县征解户部定场马草，每包随草席并脚价，征银一分八厘解部。十年，议准南京御马监料豆稻草，自本年为始，将收到空地租银一千一十两二钱五分内，除九百三十三两一钱二分，与买办草料养马。余听该监修理马监支用。其太平、苏州等府,原派纳该监料豆六百石、稻草六万包、改派定场草项下输纳。又题准浦子口马匹草料，将武德卫仓基改作草场。其原派南京草料改拨彼处上纳，仍将横海、应天二仓官攒推委一员带管，依期收放。又题准苏、常等府起解草分，照依安庆等府，定场草每包征银一分八厘，细稻草每包征银二分。十二年，题准南京御马监钱粮有余，其原派黄绿二豆照例征银贮库，以备缺乏收买。十六年，题准池河营马匹草料、豆料比照浦子口事例，每年于额派南京各卫仓数内改拨飞熊卫屯仓上纳。草束照例行监督凤阳仓粮委官召商收买。就令该卫屯仓攒典带管。十七年，议准南京御马监地亩租银一千七百八十一两五钱一分零。管理草场官督令各卫所征解本部，转发银库收贮。每年本部委官会同科道官，核实该监马匹合用草料若干，行令铺户于该监仓场四季上纳价银，先尽租银支放。不足，就将本部原收该监改派草价银辏给。若各卫所委官佃户及该监管事人等有隐漏侵欺等项情弊,听巡视科道及本部委官参治。三十五年,题准南京各营卫骑操马匹，将中和、清凉二场，见在草一百八十余万，每月给放本色十五包、折色十五包，每包折银一分，其各营卫，每年会计，共该草九十余万，分派应天等府、浙江布政司征银解部，召商买纳。以后年分召买量减一半。三十九年，题准马匹草料下场收放，以上操日为始。上操以本部明文到日为始。内分三班，头班者四、七月，二班者五、八月，三班者六、九月。仍候中府照会粮单到部，将分定班次下场。又买补骑操马匹，每年遇年操倒死，兵部车驾司行文马户买补。会同科道验讫，印发各军领养。其草料亦听兵部明文，以验准之日为始，收帮。

➤➤➤《大明会典·卷之四十一·经费二》

官军匠役俸粮

凡各卫所官吏旗军月支俸粮。本部每岁选委员外郎或主事一员，南京吏部选拔能书算办事吏十名。每月先取各营操守运粮修仓送船，及监局当匠等项名数。仍行各衙门，将见在仓粮，并事故扣除月日数目，开造小册一本。送委官处，与卫所造到文册查对磨算。如有侵冒等项情弊，具呈总督衙门。先将识字军吏提问，委官掌印官参问究治。凡留守五卫入伍恩军，及种苜蓿、豌豆，并看船恩军。有家小者，月支粮一石，只身四斗。牧马千户所养马恩军，有家小者，月支米一石，只身四斗。留守左卫看守朝阳门桐树棕树恩军，有家小者，月支粮一石，只身五斗。留守左等五卫入伍恩军，照旗军例，支月粮。操练守城旗军力士校尉，有家小者，月支粮一石，只身六斗。锦衣等卫屯军，不分新旧选操备者，每年十月至三月赴操，支与食米五斗。四月至九月，下屯住支。选去运粮者，二月至七月，各支行粮，其月粮住支。锦衣卫舍人余丁选操备者，月支米三斗。看仓余丁，月支口粮三斗。操备舍余月粮四斗。巡江官军口粮，沿途支给。马快船军，行粮六个月，共三石六斗。余丁行粮，共一石八斗。俱于南京仓支给。各卫所运粮军余，全支本色米一石。宝钞提举司钞纸匠，月支米五斗。

➤➤➤《大明会典·卷之四十二·经费二》

巡捕

天、地坛巡捕官军，止于墙外巡逻。其坛内，令本坛巡风员役巡看，不许容留外人。十一年，议准通州张家湾一路，锦衣卫每季择委的当谨慎官校，缉捕盗贼、奸细、妖言及机密重情，不许干预词讼、嘱托公事，及比较打卯、用强夺功，违者听该地方抚按巡仓等官指实参奏拿问。若缉获贼犯，即便拿送分守或州卫官处，鞫审明白，解送该卫施行。又题准巡捕官军五日换班，于宣武门外操演。有倒死马匹者，先于太仆寺领马，其该追桩头银两，候年终追完送太仆寺。又题准巡捕官军每二员名共给雨帽、毡衫一副，上班披带巡逻，下班交付接班之人。十三年，题准令在京巡捕参将，将尖哨一百名分作两班，听兵部差遣，爪探声息。其余尽数点齐，照巡捕所管地方分为七路，每十里设置塘马二匹、军一名，十日一替。具呈兵部、各路定委提调官二员稽察。每年六月初旬，分拨摆塘，待十月初旬掣放。如有非时警报、兵部票传摆设，不拘定期。十五年，奏准于尖哨官军内定拨精锐四百员名，就委原管尖哨把总千户、添委指挥一员分为两班，在于城内武艺库驻札。不分寒暑，于阜城门外苜蓿空地，轮日常川操练。

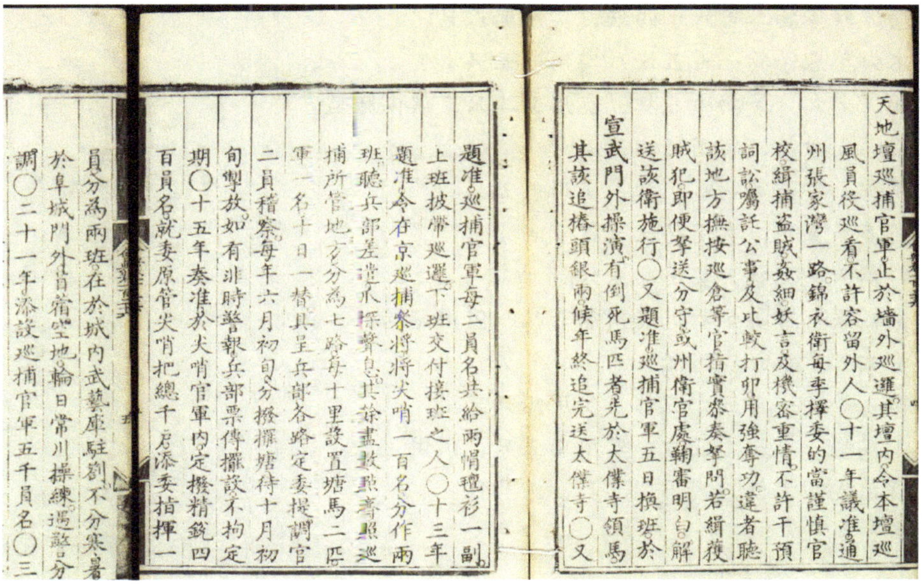
天地壇巡捕官軍止於墻外巡邏其壇內令本壇巡
風員役巡看不許容留外人○十一年議准通
州張家灣一路錦衣衛每季擇委的當謹慎官
校緝捕盜賊姦細妖言及機密重情不許干預
詞訟囑託公事及比較打卯用強奪功違者聽
該地方撫按巡倉等官指實參奏拏問若緝獲
賊犯即便拏送分守或州衛官處鞫審明白解
送該衛施行○又題准巡捕官軍五日換班於
宣武門外操演有倒死馬匹者先於太僕寺領馬
其該追樁頭銀兩候年終追完送太僕寺○又
題准巡捕官軍每二員名共給兩帽氊衫一副
上班披帶巡邏下班交付接班之人○十三年
題准令在京巡捕參將將尖哨一百名分作兩
班聽兵部差遣爪探聲息其餘盡數照舊巡
捕所管地方分為七路每十里設置塘馬二匹
軍一名十日一替具呈兵部各路定委提調官
二員稽察每年六月初旬分撥擺塘待十月初
旬掣放如有非時警報兵部票傳擺設不拘定
期○十五年奏准於尖哨官軍內定撥精銳四
百員名就委原管尖哨把總千戶添委指揮一
員分為兩班在於城內武藝庫駐劄不分寒暑
於阜城門外官廠空地輪日常川操練遇警分
調○二十一年添設巡捕官軍五千員名○三

➤➤➤《大明会典·卷之一百三十六》

车驾清吏司

御用之物，用响器者治罪，其器入官。十二年奏准，马快船只柜扛，务要南京内外守备官员会同看验，酌量数目开报。南京兵部照例会同给事中、御史看验满载，方许发行。

计南京各衙门每年进贡物件共三十起，用船一百六十二只。

……

木樨花十二扛，实用船二只。

石榴、柿子四十五扛，实用船六只。

柑橘、甘蔗五十扛，实用船六只，俱守备。

天鹅等物二十六扛，实用船三只。

腌菜薹等物共一百三十坛，实用船七只。

糟笋一百二十坛，实用船五只。

蜜煎樱桃等物七十坛，实用船四只。

干鲥鱼等物一百二十坛（箱），实用船七只。

紫苏糕等物二百八十四坛，实用船八只。

木樨花煎等物一百五坛，实用船五只。

鹚（老乌）等物十五扛，实用船二只，俱尚膳监。

荸荠七十扛，实用船四只。

姜种、芋苗等物八十扛，实用船五只。

苗姜一百担，实用船六只。

鲜藕六十五扛，实用船五只。

十样果一百四十扛，实用船六只，俱司苑局。

香稻五十扛，实用船六只。

苗姜等物一百五十五扛，实用船六只。

十样果一百一十五扛，实用船五只，俱供用库。

苜蓿种四十扛，实用船二只，御马监。

➤➤➤《大明会典·卷之一百五十八》

拘役囚人

洪武八年，令杂犯死罪者免死，工役终身。徒流罪，照年限工役。官吏受赃及杂犯死罪，当罢职役者，发凤阳屯种。民犯流罪者，凤阳工役一年，然后屯种。十五年，令笞杖罪囚悉送滁州种苜蓿。每一十，十日。十六年，令徒流笞杖罪囚，代农民力役赎罪。役十日，准笞二十，杖一十。徒流，各计年准之。二十六年定，凡刑部问拟刑名，除真犯死罪的决外，其余笞杖徒流、杂犯死罪，应合准工者。议拟明白，审录允当，开送河南部，本部置立文簿，编成字号，注写各囚姓名、年籍、乡贯、住址，并为事缘由、工役年限日期、分豁满日，充军、流放、终身工役。凡遇修砌城垣街道、修盖官员房屋，及起筑功臣坟茔等项，其该衙门移文到部。照依工作处所，合用笞杖等囚，拨付监工人员，收领前去工役，取讫领状在卷。

➤➤➤《大明会典·卷之一百七十六·五刑赎罪》

浚川奏议集

《浚川奏议集》，明王廷相撰写。

王廷相（1474～1544年），字子衡，号浚川。河南仪封（今河南省兰考县）人。

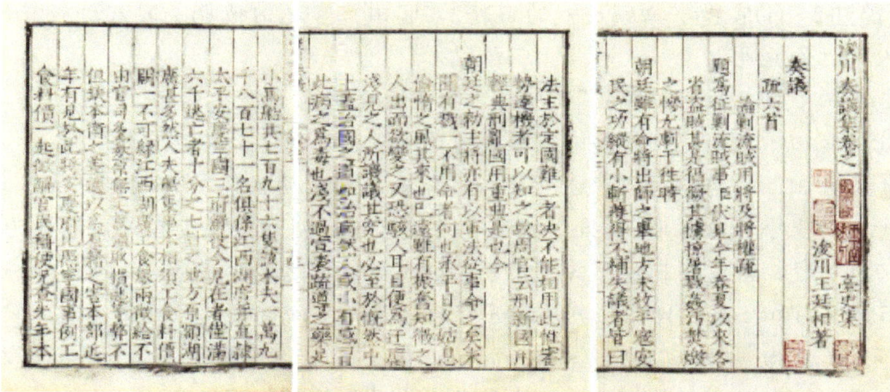

乞革内外守备占收草场银题本

看得巡视草场御史等官张心等题称，南京守备衙门占收租银，荒熟田地并苜蓿地，共计一十一万二千一百七十七亩有余。

➤➤➤《浚川奏议集·卷六》

明　史

《明史》，清张廷玉等撰，共计 332 卷，纪传体明代史，记载了自朱元璋洪武元年（1368 年）至朱由检崇祯十七年（1644 年）200 多年的历史。

张廷玉（1672 ～ 1755 年），清安徽桐城人，字衡臣，号研斋。官至保和殿大学士、军机大臣，加太保。

食货

明土田之制，凡二等：曰官田，曰民田。初，官田皆宋、元时入官田地。厥后有还官田，没官田，断入官田，学田，皇庄，牧马草场，城壖苜蓿地，牲地，园陵坟地，公占隙地，诸王、公主、勋戚、大臣、内监、寺观赐乞庄田，百官职田，边臣养廉田，军、民、商屯田，通谓之官田，其余为民田。

➤➤➤《明史·志第五十三》

【简注】 ①官田：据顾炎武的解释，“官田，官之田地也，国家之所有。而耕者犹人家之佃户也”。

②民田：据王原的解释，“民所自占得买卖之田”。

③还官田：指田地一度赐给官员或由民承种，后因事故又还官的田地。

④没官田：即登记并没收入官之田，宋时已有。明代凡“民间有犯法律复籍没其家者，田土令拘收入官”，此种田地称为没官田。明初这种没官田以江南为最多。没官田有一没、再没、三没、四没之分，征税等级也随之增高。

⑤断入官田：断，即依法判决。凡官府通过一定法律手续，把民田改为官田的，称为“断入官田”。

⑥学田：即府州县学田，收入专供各府州县学校的教育经费。

⑦皇庄：指皇室占有的庄园地。

⑧牧马草场：明代官马有寄养民间，此即官马放牧用地。

⑨城壖苜蓿地：近城或城下地。此等土地，原来禁止耕种。十六世纪后，准许开垦。

⑩牲地：指光禄寺和太常寺供宴享、祭祀用牲畜的种植饲料或放牧用地。

⑪园陵坟地：指皇帝陵墓占用地或地方公用墓用地。

⑫赐乞庄田：明初有赐给功臣的田地，称赐田。十五世纪中叶以后，诸王公主、皇亲、大官僚、宦官、大寺院主向皇帝请乞庄田之风盛行，这种庄田与赐田统称为“赐乞庄田”。

⑬百官职田：即职分田，这类田地的收入供给官吏办公费用或充部分薪俸之用。

⑭边臣养廉田：明于各边镇置官田，供将官在奉饷外津贴费用，称养廉田。

⑮军、民、商屯田：军屯田是各地卫所、军所耕种的屯田；民屯田是由官府招募或移徙人口耕种的屯田；商屯田是由各地商人出资在边地招募民户垦种的官田。

刑法

考洪武朝，官吏军民犯罪听赎者，大抵罚役之令居多，如发凤阳屯种、滁州种苜蓿、代农民力役、运米输边赎罪之类，俱不用钞纳也。律之所载，笞若干，钞若干文，杖若干，钞若干贯者，垂一代之法也。然按三十年诏令，罪囚运米赎罪，死罪百石，徒流递减，其力不及者，死罪自备米三十石，徒流十五石，俱运纳甘州、威虏，就彼充军。计其米价、脚价之费，与钞数差不相远，其定为赎钞之等第，固不轻于后来之例矣。

➤➤➤《明史•志第六十九》

王軏

时将营仁寿宫，就拜軏工部右侍郎，督采大木。工罢，召还，改户部。核九门苜蓿地，以余地归之民。勘御马监草场，厘地二万余顷，募民以佃。房山民以牧马地献中官韦恒，軏厘归之官。奸人冯贤等复献中官李秀，秀为请于帝，軏抗疏劾之。帝虽宥秀，竟治贤等如律。出核勋戚庄田，请如周制，计品秩，别亲疏，以定多寡，非诏赐而隐占者俱追断。户部尚书梁材采其言，兼并者悉归官。稍进左侍郎。

➤➤➤《明史·列传第八十九》

新吾吕先生实政录

《新吾吕先生实政录》，明吕坤撰写的史类书籍。

吕坤（1536～1618年），字叔简，一字心吾或新吾，明代归德府宁陵（今属河南商丘）人，明朝学者。

小民生计

田中有木，古人所禁。除膏腴之田，不可种木，唯于界畔栽植小科外，至于薄地、碱地，不生五谷，然土各有宜，利在人兴。沙薄者，一尺之下常湿；斥卤者，一尺之下不碱。可掘尺五，拽栽榆柳。山东之民掘碱地一方，径尺深尺，换以好土，种以瓜瓠，往往收成。明年再换沮濡，以栽蒲苇、箕柳。水地栽芰荷，养鹅鸭，此无地而有利者也。薄地可栽果木，可种苜蓿，虽不甚茂，犹胜于田。况果木行中尚可种谷，此薄地而有常利者也。

➤➤➤《新吾吕先生实政录·卷之二》

国朝献征录

《国朝献征录》，明焦竑撰，约于万历中叶成书。

獻徵錄序

古之良史欲紀一代之事必先儲其料以備之龍門蘭臺之史毋論家有世業緒而成書所取料于世本國策秦史記與夫中壘父子東觀諸儒之述作何具備也近代若豐城之列卿紀琅琊之弇山別集琬琰錄皆有意憲章博為之地雖未能如海鹽之拓徵吾今言為全書然傳諸秇林蔚稱祕典若舉一代王侯將相賢士大夫山林甿衲之蹟巨細畢収毋患堙蔓實未有若澹園先生之獻徵錄者先生天授異才幾隣殆庶知通聖統上比素臣自首廷對領史官嶷然思有以自舉其職啚毫相視薄而不為誠所謂業傳二正才擅三長者矣會陳文憲公議修

國朝正史與王文肅公共欲以此事顓畀先生先生謂蓋眾獨賢固辭不可遂與詞臣分紀其事然而先生胷中實具有成書即文憲所建議規畫大氐皆發

焦竑（1540 ～ 1620 年），字弱侯，号澹园，江宁（今江苏南京）人。万历进士，官翰林院修撰。

南京太常寺卿吕常心传

吕常心，字秉之，浙江嘉兴府嘉兴县人。父原内阁翰林学士，赠礼部右侍郎，谥文懿。常心有异质，书过日成诵。未成童，精故训，尤善度时事，多中，文懿奇之。既文懿卒，英庙念辅导功，推荫补国子生。成化丁亥，授中书舍人，犹刻志文学，居常手不释卷。谓诗必经指授，乃中矩，则时黄岩、谢方石诗有盛名，遂就学谢，称其所就，非时辈所及。文章务学《左传》《史记》，唐宋诸大家弗屑也。或时独坐朗诵《史》《汉》中警语，首肯沉思，客至若弗闻。或戏其志太高曰：取法乎上，斯得其中，顾不以阶身科目。恨曰：先公所期待我者，讵止是哉。乃疏乞应试，报可言者，劾其非例。宪宗特允之有，朕念吕常心儒臣子孙，有志科目之谕，遂中顺天辛卯乡试。时中，书员多杂进，独与石淙杨公一清相友善，兵部事有与中书当会行者，恃柄臣势，不复关白，同杨论之，得旨悉，仍其旧秩，满迁王客员外郎。石淙曰：子攻文墨，吏事非所习，盍慎诸。常心曰：欧阳子文章，不少夷陵之阅牍，曹司故有部案，皆吾师也。已而能声勃，勃起公卿间，进本司郎中，琉球国乞岁一入贡，谓子之事父定省，不可间其意，实利于贸市，以自便耳，廷议难之，而患无辞。常心请折之云：若子之礼，当从父命。众服其言。西夷奏乞取广东道归国，朝廷将从之，常心执不可，曰：西域贡有常道，更之恐有他衅，且经涉江海万余里，劳费将不赀。遂寝其奏，丙午以荐，擢南京太仆寺少卿，建白处置操备马匹，免征苜蓿种子，诸四事以公务之京师，又上言立诚信，习礼乐，尊前王，表英灵。凡十有二事，多见采行故事。太仆马数不得人所窥，文卷例不刷浸，以磨登耗无所于考。常心曰：他官不相涉是也，太仆所掌何事，而可不与知乎。乃建白，凡马政卷许太仆，官三年。

客座赘语

《客座赘语》，明顾起元所著的史料笔记，记载南京风俗特色，如方言、服饰、户口、徭役等内容。

顾起元（1565 ~ 1628 年），字太初，明代官员、书法家，万历年间进士，官至吏部左侍郎，兼翰林院侍读学士。

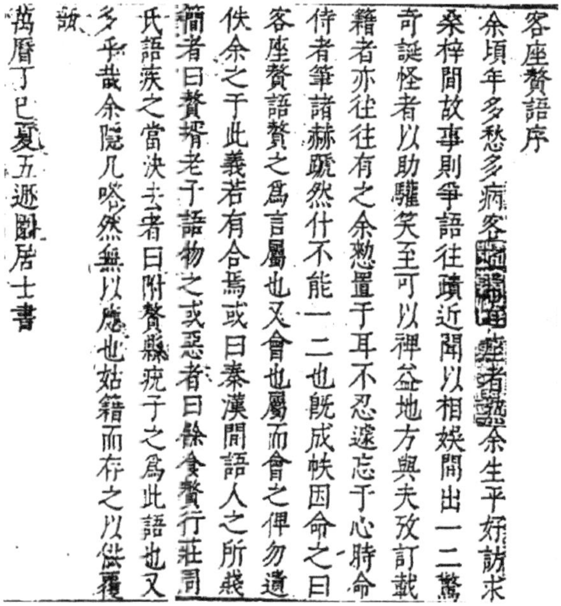
客座贅語序
余頃年多愁多病客[illegible]座者[illegible]余生平好訪求桑梓間故事則爭語往蹟近聞以相娛間出一二驚奇詭怪者以助驩笑至可以裨益地方與夫攷訂載籍者亦往往有之余慭置于耳不忍遽忘于心時命侍者筆諸赫蹏然什不能一二也既成帙因命之曰客座贅語贅之爲言屬也又會也屬而會之俾勿遺佚余之于此義若有合焉或曰秦漢間語人之所裁簡者曰贅揟老子語物之或惡者曰餘食贅行莊司氏語疣之當決去者曰附贅縣疣于之爲此語也又多乎哉余隱几嗒然無以應也姑籍而存之以俟覆覈

萬曆丁巳夏五遯園居士書

供用船只旧例

嘉靖间进贡船只，一则司礼监，曰神帛、笔料；二则守备尚膳监，曰鲜梅、枇杷、杨梅、鲜笋、鲥鱼；三则守备不用冰者，曰橄榄、鲜茶、木犀、榴、柿、橘；四则尚膳监不用冰者，曰天鹅、腌菜、蜜樱、藓糕、鹚；五则司苑局，曰荸荠、芋、姜、藕、果；六则内府供用库，曰香稻、苗姜；七则御马监，曰苜蓿，后加以龙衣板方等项，而例外者亦多。夫物数以三十，而船以百艘，此固旧规也。今则滥驾者不减千计矣。此在当时已然，今日又当何如哉。

➤➤➤《客座赘语 • 卷二》

舆马

四友斋丛说中记前辈服官乘驴者，在正、嘉前乃常事，不为异也。顷孙冢宰丕扬尝对人言：其嘉靖丙辰登第日，与同部进士骑驴拜客，步行入部。先伯祖亦言隆庆初，见南监厅堂官，多步入衙门，至有便衣步行入市买物者。今则新甲科舆从渴奕长安中，苜蓿冷官，非鞍笼、肩舆、腰扇固不出矣。又景前溪中允为南司业时，家畜一牝骡，乘之以升监，旁观者笑之亦不顾。今即幕属小官，绝无策骑者，有之，必且为道傍所揶揄。忆戊戌、己亥间，余在京师犹骑马，后壬寅入都，则人人皆小舆，无一骑马者矣。事随时变，此亦其一也。

➤➤➤《客座赘语・卷二》

端肃奏议

《端肃奏议》，明马文升撰。

马文升（1426～1510年），明朝大臣，字负图，号约斋、三峰居士，晚年更号友松道人，钧州（今河南禹州）人。

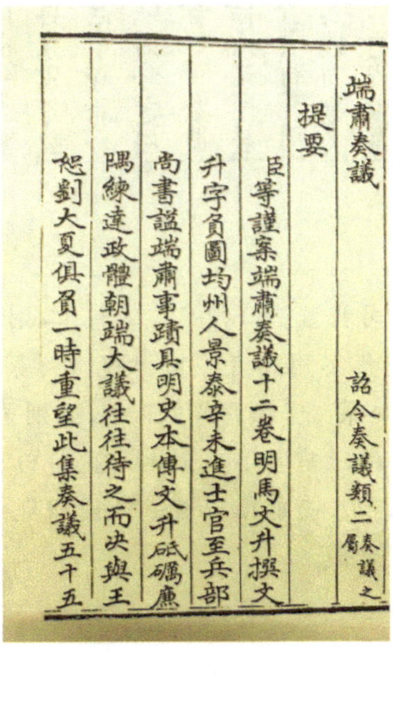
端肅奏議　詔令奏議類二　奏議之屬
提要
臣等謹案端肅奏議十二卷明馬文升撰文
升字負圖均州人景泰辛未進士官至兵部
尚書謚端肅事蹟具明史本傳文升砥礪廉
隅練達政體朝端大議往往待之而决與王
恕劉大夏俱負一時重望此集奏議五十五

抚防南都军民事

洪武年间，驾在南京，其御马监养有大马，喂饲苜蓿，以此每卫拨空闲地土，着令军士种苜蓿，以供喂马。至永乐年间，迁都北京，而南京御马监别无大马，原种苜蓿地土又被势要占去，本监仍要各卫出办苜蓿，因无所产，只得出办价银，每卫多者四五十两，少者二三十两，一年不下千百余两，逼迫军士揭借月粮，稍有迟慢，卫所官员受责多端。况造送快船等项，家无空丁，差无虚日，此南京官军受害之大。

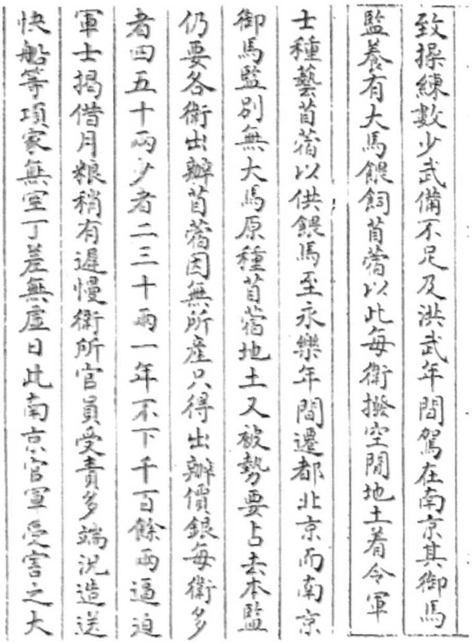
致操練數少武備不足及洪武年間駕在南京其御馬
監養有大馬餵飼苜蓿以此每衛撥空閒地土着令軍
士種藝苜蓿以供餵馬至永樂年間遷都北京而南京
御馬監别無大馬原種苜蓿地土又被勢要占去本監
仍要各衛出辦苜蓿因無所産只得出辦價銀每衛多
者四五十兩少者二三十兩一年不下千百餘兩逼迫
軍士揭借月粮稍有遲慢衛所官員受責多端況造送
快船等項家無空丁差無虛日此南京官軍受害之大

➤➤➤《端肃奏议·卷三》

御定渊鉴类函

《御定渊鉴类函》即《渊鉴类函》，张英、王士祯、王惔等编撰完本套类书之后又呈给康熙审定，所以叫《御定渊鉴类函》。

张英（1637～1708年），字敦复，号乐圃，安徽桐城人。康熙六年（1667年）进士。

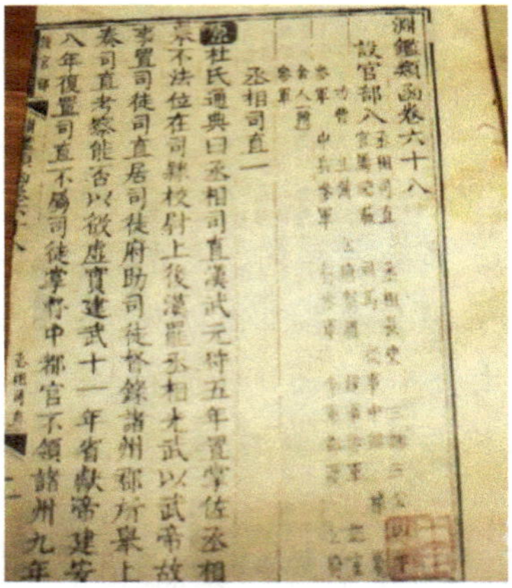
淵鑑類函卷六十八
設官部八
丞相司直一
原杜氏通典曰丞相司直漢武元狩五年置掌佐丞相舉不法位在司隸校尉上後漢罷丞相光武以武帝故事置司徒司直居司徒府助司徒督錄諸州郡所舉上奏司直考察能否以徵虛實建武十一年省獻帝建安八年復置司直不屬司徒掌督中都官不領諸州九年

司农卿五

又曰：元置上林，署令、署丞各一，掌宫苑，栽植花卉，供进蔬果，苜蓿以饲驼马，备煤炭以给营缮，所属有养种园提领、花园管勾、苜蓿园提领等，官隶大都留守司，不隶司农。

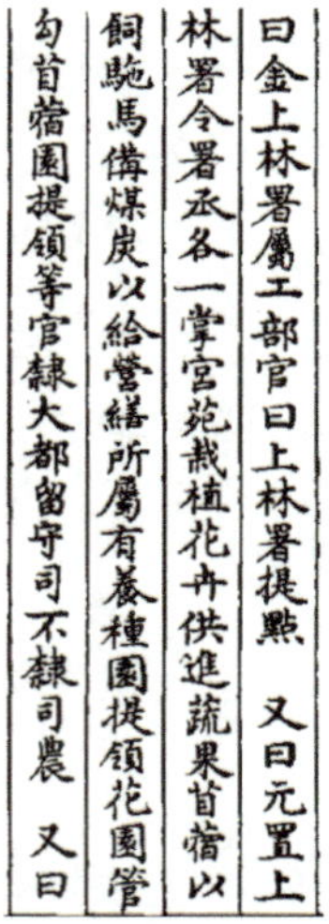
曰金上林署屬工部官曰上林署提點　又曰元置上林署令署丞各一掌宮苑栽植花卉供進蔬果苜蓿以飼駞馬備煤炭以給營繕所屬有養種園提領花園管勾苜蓿園提領等官隸大都留守司不隸司農　又曰

➤➤➤《御定渊鉴类函·卷九十三》

大宛

原《杜氏通典》曰：大宛，汉时通焉，王理贵山城，去长安万二千五百里，户万，东至都护理所四千里，北至康居于阗城千五百里，西南至大月氏七百里，北与康居南与大月氏接。增《汉书》曰：以葡萄为酒，富人藏酒至万余石，久者数十年不败。人嗜酒，马嗜苜蓿。原《杜氏通典》曰：多善马，汗血，言其先天马子（大宛国中有高山，其上有马不可得。因取五色母马置其下，与集，生驹，皆汗血，因号为天马子）。始张骞为武帝言之，帝遣使者持千金及金马以请宛善马，宛王以汉绝远，大兵不能至，遂杀汉使。于是太初元年，拜李广利为贰师将军，期至贰师取善马，率数万人至其境，攻郁城不下，引还。往来二岁，至敦煌，士卒存者十不过一二。帝怒其不尅，使遮玉门不许入，贰师因留屯敦煌。又遣贰师率六万人，私从者不与焉，牛十万，马三万匹，驴橐驼万数，天下骚然。益发戍甲卒十八万，置居延、休屠（今武威、张掖郡界）以卫酒泉。贰师至宛，宛人斩王毋寡首，献焉。汉军取其善马数十匹，中马以下牝牡三千匹，而立宛贵人昧蔡为王，约岁献马二匹，遂采葡萄、苜蓿种而归。增《汉书》曰：天子以马多，益种葡萄、苜蓿离宫馆旁，极望焉。《文献通考》曰：其人皆深目，多髭髯，善贾。其俗贵女人，女子所言，丈夫乃决正。其地无丝漆，不知铸器，及汉亡卒降，教铸作兵器焉。隋时苏对沙那国即汉大宛也。

➤➤➤《御定渊鉴类函·卷二百三十七》

寄王元美塞上

吴明乡寄王元美塞上诗曰

王郎别我未销魂，六传飞扬出蓟门。
鼓角秋声回地轴，佩刀寒色照天昏。
马肥苜蓿黄金勒，客醉蒲萄白玉尊。
回首中原风雨过，不知挥泪向谁论。

胡為被霜露不辭霜露侵但恐歲云暮　馮惟訥春日關山道中詩曰春色被蘭皋春風引使旄天光落澗小山氣入雲高錦谷花為幄飛泉雪作濤誰言九折坂叱馭不辭勞　吳明卿寄王元美塞上詩曰王郎別我未銷魂六傳飛揚出薊門鼓角秋聲廻地軸佩刀寒色照天閽馬肥苜蓿黄金勒客醉蒲萄白玉尊回首中原風雨過不知揮淚向誰論

➤➤➤《御定渊鉴类函·卷三百六·行旅五》

生玫瑰 植牡丹

《西京杂记》：乐游苑内生玫瑰木，木下多苜蓿，名怀光。时人或谓之怀风，风在其间常肃肃然，日照其花有光彩，故曰苜蓿为怀风。茂陵人谓之连枝草。

蒲萄 苜蓿

上详晋宫阙名。郭仲产，仇池记曰城东有苜蓿园。

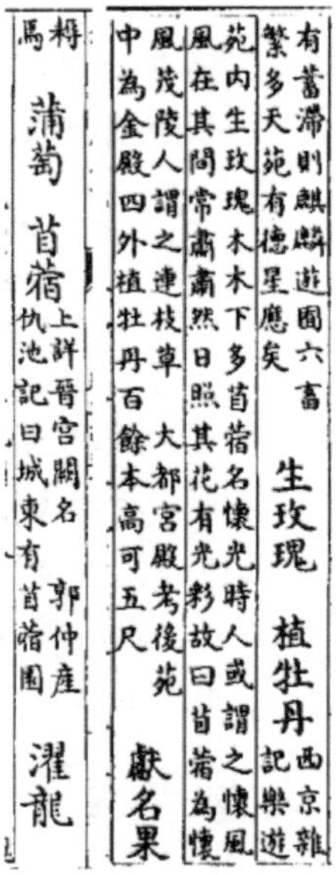
有蓄滯則麒麟遊圜六畜繁多天苑有德星應矣 生玫瑰 植牡丹 西京雜記樂遊苑內生玫瑰木木下多苜蓿名懷光時人或謂之懷風風在其間常肅肅然日照其花有光彩故曰苜蓿為懷風茂陵人謂之連枝草 大都宮殿考後苑中為金殿四外植牡丹百餘本高可五尺 獻名果

蒲萄 苜蓿 上詳晉宮闕名 郭仲產仇池記曰城東有苜蓿園 濯龍

栩馬

➤➤➤《御定渊鉴类函·卷三百五十·园圃一》

苜蓿一

增《西京杂记》曰：苜蓿一名怀风，时人或谓之光风，风在其间常肃肃然，日照其花有光彩，故曰苜蓿怀风。茂陵人谓之连枝草。

《汉书·西域传》曰：罽宾国有苜蓿，大宛马嗜苜蓿，武帝得其马，汉使采蒲桃苜蓿种归，天子益种离宫别馆旁。

《述异记》曰：张骞苜蓿园，在今洛阳中。苜蓿本胡中菜，骞始于西国得之。

《晋书》曰：华廙免官为庶人。晋武帝登凌云台，见廙苜蓿园，阡陌甚整，依然感旧。太康初大赦，乃得袭爵。

《元史·食货志》曰：世祖初令冬社种苜蓿防饥年。

《洛阳伽蓝记》曰：宣武在大夏门东北，今为光风园，苜蓿出焉。

《东坡诗注》曰：闽川长溪县薛令之登第，开元中为东宫侍读官，作苜蓿诗以自叹。明皇至东宫见其诗，举笔续之，啄木嘴距长，凤凰毛羽短，若嫌松桂寒，任逐桑榆暖。薛遂谢病归去。

杜甫诗曰：宛马总肥春苜蓿。

苜蓿二

增诗，薛令之诗曰：朝日上团团，照见先生盘。盘中何所有，苜蓿长阑干。饮涩匙难绾，羹稀箸易宽。何以谋朝夕，何以保岁寒。

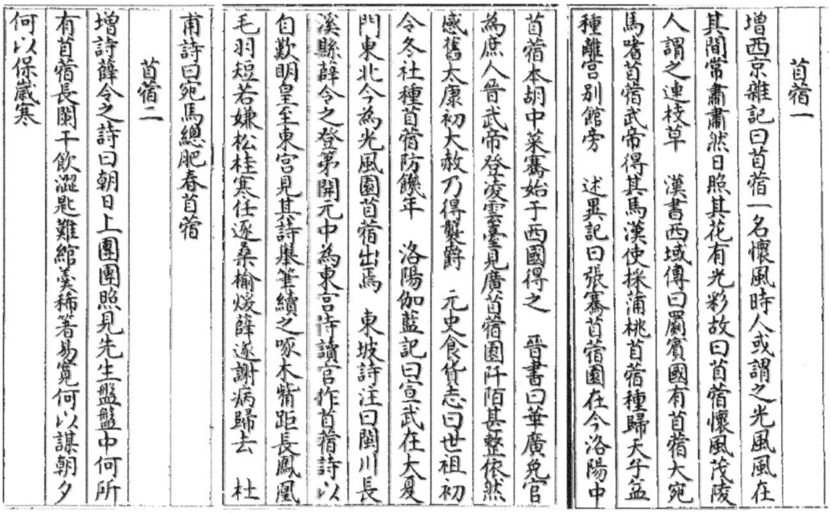

苜蓿一
增西京雜記曰苜蓿一名懷風時人或謂之光風風在其間常肅肅然日照其花有光彩故曰苜蓿懷風茂陵人謂之連枝草　漢書西域傳曰罽賓國有苜蓿大宛馬嗜苜蓿武帝得其馬漢使採蒲桃苜蓿種歸天子益種離宮別館旁　述異記曰張騫苜蓿園在今洛陽中苜蓿本胡中菜騫始于西國得之　晉書曰華廣免官爲庶人晉武帝登凌雲臺見廣苜蓿園阡陌甚整依然感舊太康初大赦乃得襲爵　元史食貨志曰世祖初令冬社種苜蓿防饑年　洛陽伽藍記曰宣武在大夏門東北今爲光風園苜蓿出焉　東坡詩注曰閩川長溪縣薛令之登第開元中爲東宫侍讀官作苜蓿詩以自歎明皇至東宮見其詩擧筆續之啄木觜距長鳳凰毛羽短若嫌松桂寒任逐桑榆煖薛遂謝病歸去　杜甫詩曰宛馬總肥春苜蓿

苜蓿二
增詩薛令之詩曰朝日上團團照見先生盤盤中何所有苜蓿長闌干飲澀匙難綰羮稀箸易寬何以謀朝夕何以保歲寒

➤➤➤《御定渊鉴类函·卷四百一十·草部三》

张仲素《天马》

诗曰：天马初从渥水来，郊歌曾唱得龙媒。不知玉塞沙中路，苜蓿残花几处开。又曰：蹀躞宛驹齿未齐，摐金喷玉向风嘶。来时行尽金河道，猎猎轻风在碧蹄。

许彦国《紫骝马》

诗曰：黄金络头玉为鞭，蜀锦障泥乱云叶。花间顾影骄不行，万里龙驹空汗血。露床秋粟饱不食，青刍苜蓿无颜色。君不见东郊瘦马百战场，天寒日暮乌啄疮。

張仲素天馬詩曰天馬初從渥水来郊歌曾唱得龍
媒不知玉塞沙中路苜蓿殘花幾處開　又曰躞蹀宛
駒齒未齊摐金噴玉向風嘶来時行盡金河道獵獵輕
風在碧蹄　韓愈入關詠馬詩曰歲老豈能充上駟力
頭青玉釳蔽膝緑絲羈誰取交州鼓模將骨去看　許
彥國紫騮馬詩曰黃金絡頭玉為韀蜀錦障泥亂雲葉
花間顧影驕不行萬里龍駒空汗血露牀秋粟飽不食
青芻苜蓿無顏色君不見東郊瘦馬百戰場天寒日暮
烏啄瘡　宋伯仁邊頭老馬詩曰解下韁繩便欲眠絕

➤➤➤《御定渊鉴类函·卷四百三十四·兽部六》

连枝　结叶

《西京杂记》：乐游苑中自生玫瑰树，树下多苜蓿，一名怀风，茂陵人谓为连枝草。汉元帝永光二年，天雨草，草叶相纠结，如弹丸。

草三
增知旬朔　記歲時上見草二後漢書定昌羌俗無文字但候草木榮落以記歲時
指佞　表瑞見草部四　苐道　護門上見草二下草部四　釀酒
煎湯洞冥記甜溪水如蜜東方朔遊北水將數斛獻帝以按陰井井遂常甜而寒瑤琨去玉門九萬里有草如麥割以釀酒飲一合則三旬不醒飲甜溪水則醒　退耕録唐元和時館閣煎湯飲待學士者乃麒麟草也
連枝　結葉西京雜記樂遊苑中自生玫瑰樹樹下多苜蓿一名懷風茂陵人謂為連枝草　漢元帝永光二年天雨草草葉相糾結如彈丸
醒醉　迎涼開元遺事興慶池南岸有草數叢葉細心紅有醉者過其旁嗅之立醒謂之醒醉草　杜陽編李輔國家夏則設迎涼草其色

➤➤➤《御定渊鉴类函·卷四百八》

坚瓠秘集

《坚瓠秘集》是清代笔记小说，作者褚人获。

褚人获（1635～1682年），江苏长洲（今江苏苏州）人，明末清初小说家。

苜蓿

苜蓿，一名光风，生罽宾国。《尔雅翼》：似灰藋，今谓之鹤顶。贰师伐宛，将种归中国。《西京杂记》：乐游苑中自生玫瑰树，树下多苜蓿，一名怀风，时或谓之光风。茂陵人谓之连枝草。长安中有苜蓿园，北人极重此味，既老，则以饲马。唐广文叹有："盘中何所有，苜蓿长阑干"。阑干横斜貌，言既老而食之不已，为可叹也。汉贵武，则以饲马；唐贱文，则以养士。一物足以观世矣。

➤➤➤《坚瓠秘集·卷三》

读史方舆纪要

《读史方舆纪要》是清朝初年顾祖禹所撰，该书记述历代王朝的盛衰兴亡和地

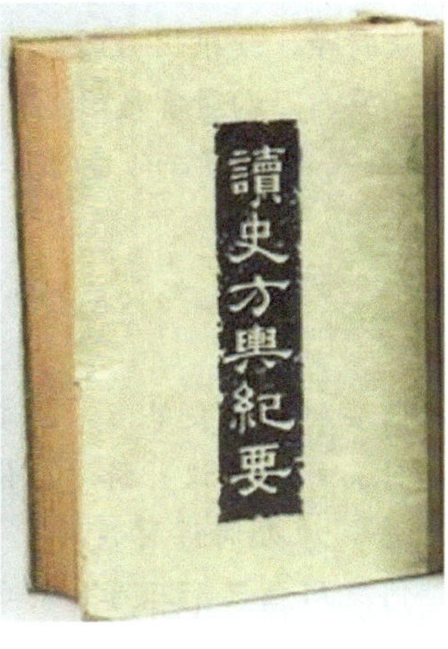

理状况。

顾祖禹（1631 ～ 1692 年），清初地理学者，字景范，生于常熟，后又徙居无锡城东宛溪附近，因此学者称其为宛溪先生。

延安府

青涧县府东北二百三十五里，北至绥德州百二十里……。

黄河在县东百里，自绥德州流经此，有郭宗渡为津济处，又南入延川县境。无定河县东北八十里，自绥德州流入境，又东南流入黄河。

青涧河在县城西，自安定县流入境，又东南流入延川县，流合吐延川入于黄河。东河在县城东，发源县北官山苜蓿岭。又县西有西河，发源烽台川，俱流注于青涧河。宋种世衡城青涧，开营田二千顷，资东西二河为灌溉云。

➤➤➤《读史方舆纪要·卷五十七·陕西六》

清实录乾隆朝实录

《清实录》是记载清朝皇帝管理国家事务的记录，包括皇帝的批文、日常生活、所做的事等。

乾隆二十七年，壬午，闰五月，癸亥朔。喀什噶尔办事尚书永贵等奏：从前喀什噶尔查出布拉呢敦等果园、因伯克等，初次呈报，不无遗漏。臣等晓示，令其首出免罪。续据阿奇木伯克噶岱默特等，续报出时园二十九处。该伯克等，始虽瞻徇。一奉晓示，即尽行呈首。情尚可原，因酌量赏还数处，以为伯克等、来城住宿之地，其余入官。果园内向产苜蓿草，每年可得二万余束，定额征收，可供饲收。俱造具印册。

➤➤➤《清实录乾隆朝实录·卷之六百六十二》

又谕曰：据军机大臣议覆西安将军傅良等奏，西安满营原办马棚、船只、栽种苜蓿等项银两，俟详细确查到日，另行核议一折。已依议行矣。该处建造房屋船只未及十年，估变竟不及十分之一。原办时浮冒情弊，已所不免。至栽种苜蓿一项，不过垦地布种，无须费工力。何竟用至三千三百余两之多，且归于有名无实。此必当年承办之员，藉此为名任意冒销，其弊不可不彻底查究。军机大臣初议此折，俱系照覆经朕面为指示。始如此改议，恐傅良等视为寻常驳查案件仍以颟顸了事，则大不可。著传谕傅良、毕沅，即将其中情弊，秉公逐一确查，务令水落石出，据实覆奏。毋得稍涉瞻徇，将此遇军报之便谕令知之。

➤➤➤《清实录乾隆朝实录·卷之九百九十三》

此乃嘉庆十九年因玉努斯获罪后所议，原非旧例，嗣后仍准其照常通问。遇有公事，禀明参赞大臣等办理。至所请伊犁换防满洲锡伯索伦兵三百名，永远毋庸停撤。伊犁与乌鲁木齐满洲兵一体当差，以均劳逸。及换防之马，伊犁挑马五十匹，乌鲁木齐挑马七十匹，常川在城喂养。索伦锡伯两营之马，除牧放外，常川在本营喂养。马四十匹，草钱照例支给。以军爱里克等七处闲地，分给回民富户，饬种交纳苜蓿、高粱之处，均著照所议办理。边地武备，不可稍弛。该将军、参赞等，当实力简核。务令兵马精实，以重边防。立法所以惩奸，其轻重亦可因时制宜。嗣后回民有代张格尔等偷寄书信、传送钱物者，审实将传递信物之人，即行正法，出钱帮助之人，发极边烟瘴充军。其仅止藉名敛钱、希图肥己者，将敛钱之人，发伊犁给额鲁特为奴，出钱之人，枷责示众。该将军即饬知该参赞帮办大臣一体遵行，将此谕令知之。

➤➤➤《清实录道光朝实录·卷之十五》

又谕：有人奏山西省北一带，有匪徒赵奎结党成群，横行滋扰，或肆窃堡寨，或连劫村庄，或抢夺妇女，或要截道路，种种凶横，大为民害。而崞县所属横道镇地方，尤为藏奸渊薮，贼党啸聚。去年大同府将赵奎拿获，解交定襄县原籍究治。案已经年，延搁未办。霍山以南，至有旬月之间，一镇中屡次明火。一县之属，半年内数处劫掠。更有土棍扰害乡闾，挖割苜蓿蔓菁，砍伐坟茔树木，抢掠禾稼。又有匪徒开设店厂，收买贼赃，公行无忌。农民被累，此风通省皆然，而河东道属为尤甚等语。除莠安良，为地方官急务。

➤➤➤《清实录道光朝实录·卷之三百六》

钦定日下旧闻考

《钦定日下旧闻考》又称《日下旧闻考》，160 卷，是迄今清代官修规模最大的北京史志文献资料集，清英廉等编撰。

英廉（1707～1783年），辽宁沈阳人，清乾隆年间大学士。

录原程敏政《月河梵院记》：月河梵院在朝阳关南，苜蓿园之西，苑后为一粟轩，曾西墅道士所题，轩前峙以巨石，西辟小门，门隐花石屏，屏北为聚星亭，四面皆栏槛，亭东石盆高三尺。夏以沈李浮瓜者，亭前后皆石少，西为石桥，桥西雨花台上建石鼓三台，北草舍一楹曰希古，东聚石为假山，峰四，曰云根，曰苍雪，曰小金山，曰壁峰。下为石池，接竹，引泉水涓涓，自峰顶下，池南入小牖为槐屋，屋南小亭中度鹦鹉石重二百斤，色净绿石之似玉者，凡亭屋台池，悉编竹为藩，诘屈相通，自一粟轩折而南，东为老圃，圃之门曰曦光，其北藏花之窖，窖东春意亭，四周皆榆柳，穿小径以行，东有板桥，桥东为弹琴处，中置石琴，上刻曰苍雪山人作，少北为独木。

➤➤➤《钦定日下旧闻考·卷之二十》

万历三十三年五月，立石原唐顺之《登怀柔城作》：塞下孤城古白檀，半临平野半依山。秋来亭堠无烽火，官马千家苜蓿间。《荆川集》增查慎行《雨后过怀柔城外诗》：火云突兀压城头，地近黄花古戍楼。好是绿陂新过雨，路平如掌接檀州。《敬业堂集》增行宫在南门外怀柔县志臣等，谨按《怀柔县志》，康熙四十九年，始以三教堂旧址改建祇园寺，遂建行宫于其地，五十三年，增修正殿，东室恭悬皇上御书，联曰：目同碧宇朗无尽，心与白云散以闲。西室，联曰：千畦香扑黄云遍，列嶂屏拖碧霭横。佛室联曰：觉路圆通参妙谛，法幢清净领真香。

➤➤➤《钦定日下旧闻考·卷之二十四》

皇朝经世文编

《皇朝经世文编》是清代类编性散文总集。

说粪

凡田有厚薄，土有肥硗，皆缘粪气为美恶。粪以柔之，无疆檗；粪以壅之，无轻㥶。薄使厚，过使和，粪之利益宏哉！凡粪载于《周礼》，杂见于诸家种植之书。粪之类或以马骨牛羊猪麋鹿；或以禽兽毛羽，或以腐蒿，以败叶，以枯朽根荄；或以缫蛹汁，以沟渎泥；或以人溲及牛豕溲，其类猥且赜。凡人溲为大粪，余为杂粪。苗粪为蚕豆，为大麦。草粪为翘荛陵苕，为苜蓿，为苕华。江南水田冷，宜火粪。江淮迤北，宜苗粪。凡制粪多术，有踏粪法，有窖粪法，有蒸法，有酿法，有煨，有煮，而煮尚矣。凡置粪处，或为池，或为厕。惧其露也，为之屋；惧其渗也，为之砖槛。凡用粪有时与法，用之未种先曰垫底，用之既种后曰接力。不得其时与其法，则枝叶茂而实不繁。粪过多则峻热而杀物。凡粪具，有畚有帚，有杴有杋，有瓢杯。载粪有划船，有下泽车。尝试论之，人莫不生于至秽。构精为人，蒸腐为物，积刀贝为富贵，餍肥甘为大官。水至清则无鱼，人至清则无福。精液化人，谷化精液。土化谷，粪化土。异哉！文之所以从异者以此。凡粪虫，有蛆，有蛣蜣。

➤➤➤《皇朝经世文编·卷三十六·户政十一·农政上》

申明事主盗贼杀伤例案疏

臣谨按《罪人拒捕律》，本为官司差人拒捕犯人而设。若窃盗临事拒捕，律有正条，唯弃财求脱之窃贼，及盗田野谷麦，准窃盗免刺者，始依《罪人拒捕律》科罪。皆减等论拟者也。若贼人偷窃财物，被事主殴打致死，则比照《夜无故入人家，已就拘执而擅杀致死律》，杖一百徒三年。唯在旷野白日摘取苜蓿蔬果等类，始依《罪人拒捕》科罪。以其为物细微，不同货物，不得竟以窃盗论也。若窃盗持仗拒捕，则官差事主邻右均得依律格杀勿论。而拒捕不持仗者，在窃盗则有边卫充军之本例，在事主则以殴打致死一语该之。盖以事主拘执而擅杀，罪止杖徒，则拒捕而杀，更不待言。其不更议减等者，所以防擅杀，重人命也。

➤➤➤《皇朝经世文编·卷九十二·刑政三·律例下》

皇朝经世文续编

《皇朝经世文续编》，清盛康编撰，共120卷。

《元史·食货志》：每丁课种桑枣各二十本，一切蔬果，以多种为衣食之助。有池塘者，必养鱼、虾、鹅、鸭、莲芡、菱茭、蒲苇等利，以补不足。且多种苜蓿防饥，而关中养豕者尤少，殊不可解。夫无豕不成家字，关中人皆有家，盍少顾名思义者。

且养豕一年，春夏秋饲草，至冬始饲黄豆、苞谷，所费不多，得利最厚。俗无劝导，令民备生生之资。至祈雨法最多，唯扰龙事，宜行于久旱，说见《荒政辑要》。

➤➤➤《皇朝经世文续编·卷一百十八·工政十五各省水利中》

皇朝经世文统编

《皇朝经世文统编》，清邵之棠编撰，共107卷。

兴学校论

广学校议古者，党庠州序之制。凡所以陶育人材者，无所不至此。所以三代以上无游民，亦三代以上无政也。降及后世，虽有学官之设，而一盘苜蓿，兴味萧然，从无有进诸生而教以文行者，亦何怪。士习日偷，而国家亦因以不振哉！若泰西各国则不然，泰西学校大抵由国家设立，民间孩子甫胜衣即入小学，学有心得，试而后升入中学，迨中学既卒业，则择其尤者升入大学，至由大学出身，则凡天文、地理、经学、史学、格致、算学、医术、制造，无不淹贯精通……。

➤➤➤《皇朝经世文统编·卷八·文教部八》

左宗棠全集

《左宗棠全集》包括《左宗棠全集：奏稿》《左宗棠全集：附册》《左宗棠全集：家书诗文》《左宗棠全集：札件》《左宗棠全集：书信》。

左宗棠（1812～1885年），字季高，湖南湘阴人。著名的湘军代表人物，清朝后期著名大臣。

禁种罂粟四字谕

乱后年荒，民生愈蹙，俵赈督耕，散种给犊，移粟移民，役车接谷。言念时艰，有泪含泪。勉搜颗粒，卿实尔腹，尔不谋长，自求膳粥，乃植恶卉，奸利是鹜。

我行其野，异华芳郁，五谷美种，仍忧不熟。亦越生菜，家尝野蔌。葱韭葵苋，菘芥莱菔，宜食宜饲，如彼苜蓿，锄种壅溉，饔飧可续。胡此不勤，而忘旨蓄？饥与馑臻，天靳尔禄。大命曷延？生俱曷卜？尚耽鸦片，槁死荒谷。乃如之人，宁可赦宥。

➤➤➤《左宗棠全集·札件》

张文襄公奏稿

《张文襄公奏稿》是目前行世的较完备的张之洞文集。

张之洞（1837～1909年），字香涛，又字孝达，清朝河北南皮人。他历任山西巡抚、两广总督。

畿辅旱灾请速筹荒政折

直隶省多数州县，自入秋以来，雨泽稀少，蝗蝻未净。今节逾寒露，种麦已恐无及，粮价日昂，灾形日甚。直隶素称贫瘠，民鲜盖藏。去年至今，洊遭荒旱……保定以西，河间以南，旱蝗相乘，灾区甚广。即有田顷许者，尚且不能自存，下户疲氓，困苦更难言状。春间犹采苜蓿、榆叶、榆皮为食，继食槐、柳叶，继食谷秕、糠屑、麦秸。大率一村十家，其经年不见谷食者，十室而五；流亡转徙者，十室而三。逃荒乞丐，充塞运河官道之旁，倒毙满路。有业者，贱卖田亩，以谋一月之粮；宰食牲畜，以延数日之命。

➤➤➤《张文襄公奏稿·卷一》

【简注】 直隶省：相当于现在的河北省。明成祖迁都，以南京为南直隶，北平为北直隶。清初以南直隶为江南省，北直隶为直隶省，省城为保定。1928年，直隶省改为河北省。

清 史 稿

《清史稿》由清史馆编写的清代历史，分纪、志、表、传四部分。主编是赵尔巽。

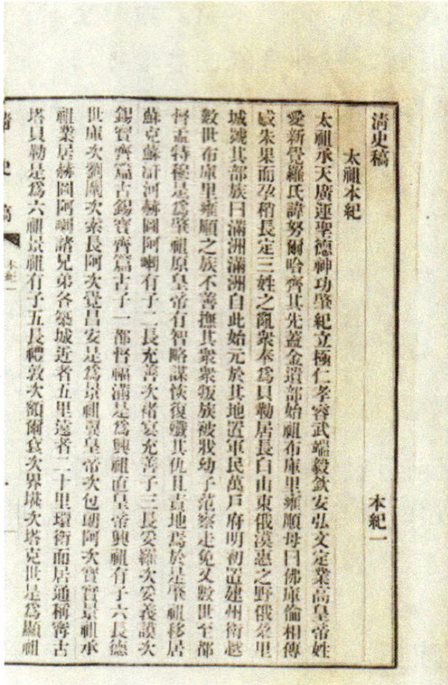

清史稿　本紀一

太祖本紀

太祖承天廣運聖德神功肇紀立極仁孝睿武端毅欽安弘文定業高皇帝姓愛新覺羅氏諱努爾哈齊其先蓋金遺部始祖布庫里雍順母曰佛庫倫相傳感朱果而孕稍長定三姓之亂衆奉爲貝勒居長白山東俄漠惠之野俄朵里城號其部族曰滿洲滿洲自此始元於其地置軍民萬戶府明初置建州衛越數世布庫里雍順之族不善撫其衆衆叛族被戕幼子范察走免又數世至都督孟特穆是爲肇祖原皇帝有智略謀恢復殲其仇且責地焉於是肇祖移居蘇克蘇滸河赫圖阿喇有子二長充善次褚宴充善子三長妥羅次妥義謨次錫寶齊篇古錫寶齊篇古子一都督福滿是爲興祖直皇帝興祖有子六長德世庫次劉闡次索長阿次覺昌安是爲景祖翼皇帝次包朗阿次寶實景祖承祖業居赫圖阿喇諸兄弟各築城近者五里遠者二十里環衛而居通稱寧古塔貝勒是爲六祖景祖有子五長禮敦次額爾袞次界堪次塔克世是爲顯祖

赵尔巽（1844～1927 年），清末民初政治家、改革家。

宁夏府

灵州要、繁、疲、难。府东南九十里。初因明制为直隶州。雍正三年来属，并省后卫，以其地入州境。黄河，西南自宁灵厅来，东岸旁州西境。山水河出州南山中，西北流，入平远，复北入州境。苜蓿渠首受黄河，自西来会，支渠右出曰秦渠。山水河又北流，迤西北入黄河。支流北出曰涝河；北至三道桥又分二渎，一西北入黄河，一北流会秦渠入河。黄河又东北至横城口入宁夏。

➤➤➤《清史稿·卷第六十四·志第三十九·地理十一》

大凌河

大凌河，爽垲高明。被春皋，细草敷荣。擢纤柯，苜蓿秋来盛。一解溜春泉，淙淙玉声。汇广泽，水净沙明。注辽河，一派澄如镜。二解旷平夷，飒爽风清。际恢台，暑退凉生。谢炎嚣，飞蚊知避境。三解宜畜牧，牡马在坰。甘水草，蛇蚋不惊。岁蕃孳，刍秣无违性。

➤➤➤《清史稿·卷第一百·志七十五·乐五》

【简注一】 大凌河：在辽宁省锦州东。源出凌源西南之尾苏图山。长五百余里，夏秋水盛，二百里内可通帆船。流经朝阳、义县等地，注入辽东湾；亦称为“白狼河”。

【简注二】 刍秣：饲养牛马的草料。《北史》：“于是修城郭，起楼橹，营田农，积刍秣，凡可以守御者皆具焉。”清刘鹗《老残游记》：“马与牛，终岁勤苦，食不过刍秣”。

平定西陲，凯歌四十章

其十八，叶尔奇木门洞达，哈什哈尔城崔巍。此间风景古未识，只今唯有天兵来。其十九，缠头夹道拜旌旗，涸泽扬沙久赫曦。最是神奇回造化，雨师今亦迓王师。其二十，久传妇子望云霓，今听欢呼应鼓鼙。跪奉雕盘争献果，葡萄蒟酱比难齐。其二十一，殊方何幸戴尧天，从此坤城列市廛。薄赋但教供苜蓿，同文先为易金钱。

➤➤➤《清史稿·卷第一百·志七十五·乐七》

雅赍

雅赍，纳喇氏，满洲正蓝旗人。初任王府长史，兼佐领。康熙十三年，命署副都统，驻防江宁，未至，徙驻安庆……。

十四年，将水师逐贼鄱阳湖，趋五桂寨，贼弃寨走，其将黄浩浮舟来犯，击却之。追至梅溪、瑞洪、康山湖及埧口，先后得船数百，斩数千级，与陆军会苜蓿湾，克余干县。复进征建昌，精忠将邵连登据常兴山，列营三十，雅赍攻其左，诸军自右击之，尽夷其巢，连登中流矢死。复与都统霍特征广信，次石峡，方暑，士马疲渴，猝遇伏，师少却，雅赍直前奋战，中砲死，赐祭葬，谥襄壮，予世职拜他喇布勒哈番。

➤➤➤《清史稿·列传四十六》

壁昌

壁昌，字东垣，额勒德特氏，蒙古镶黄旗人，尚书和瑛子。由工部笔帖式铨选河南阳武知县，改直隶枣强，擢大名知府。道光七年，从那彦成赴回疆，佐理善后。壁昌有吏才，以父久官西陲，熟谙情势，事多倚办。九年，擢头等侍卫，充叶尔羌办事大臣。壁昌至官，于奏定事宜复有变通，清出私垦地亩新粮万九千余石，改征折色，拨补阿克苏、乌什、喀喇沙尔俸饷，余留叶城充经费，以存仓二万石定为额贮，岁出陈易新，于是仓库两益。叶尔羌喀拉布札什军台西至英吉沙尔察木伦军台，中隔戈壁百数十里，相地改驿，于黑色热巴特增建军台，开渠水，种苜蓿，士马大便。所属塔塔尔及和沙瓦特两地新垦荒田，皆回户承种，奏免第一年田赋，以恤穷讯。新建汉城，始与回城隔别，百货辐辏，倍于往时。以回城官房易新城南门外旷土，葺屋设肆，商民便之。访问疾苦，联络汉、回，人心益定。

➤➤➤《清史稿·列传一百五十五》

陕甘总督杨应琚为请定瓜州屯务永久章程事奏折

除原报熟田、荒田共四万亩外，其近渠左右与附近踏实堡之奔巴儿兔地方，尚有可垦荒田数万亩，土色颇肥，放水亦便。乃现在芦草蔓生，或留养苜蓿货卖，别无报承垦之人。细推其故，缘现在屯种人户每户仅给田三十亩，以常年七分收成计之，止收京斗粮二十一石。除扣还原借籽种、口粮、牛料并官分四分外，各屯户仅余粮三石数斗，工本多属不敷。故一遇歉收，原借官粮辄多逋欠。加以四六分收之议，小民每视为官田，咸怀观望，因将房屋未肯加工修整，可垦田亩亦仅蓄草牧畜，或刈割售卖，接济口粮，而屡经招民垦种往往裹足不前者，职此之由。

➤➤➤历史档案（乾隆朝甘肃屯垦史料·陕甘总督杨应琚为请定瓜州屯务永久章程事奏折·乾隆二十四年七月十二日），2003

前 汉 纪

《前汉纪》本名《汉纪》，后人为了与袁宏的《后汉纪》相区别，故称之为《前汉纪》，其作者是东汉时期的荀悦。

荀悦（148～209年），字仲豫，颍阴（今河南许昌）人。

罽宾国

罽宾国王治循鲜城，去长安万二千里。土地平坦温和，有苜蓿、杂果、奇木。种五谷稻，多蒲桃、竹漆。治园池，民雕文刻镂。治宫室，织罽刺文绣。好酒食，有金银铜锡以为器。有市肆，然以银为钱。

大宛国

大宛国王治贵山城，去长安万二千五百五十里，户四十万与安息同俗，出蒲萄、苜蓿，以蒲萄为酒。富人藏酒至万余石，数十年不败。

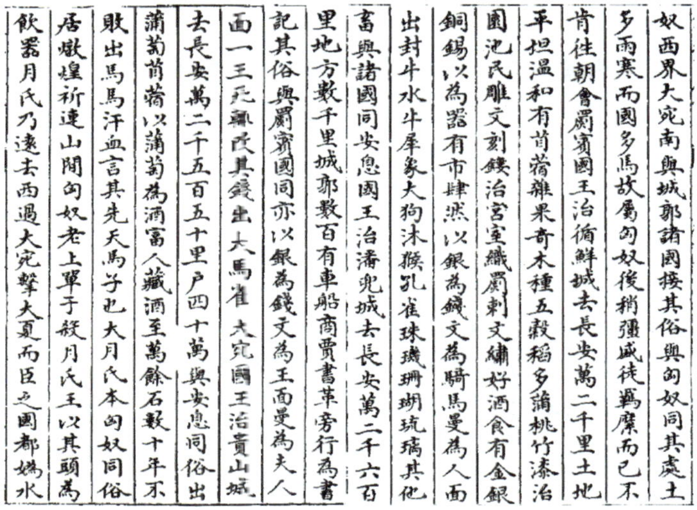
奴西界大宛南與城郭諸國接其俗與匈奴同其處土多雨寒而國多馬故屬匈奴後稍彊盛徒羈縻而已不肯往朝會罽賓國王治循鮮城去長安萬二千里土地平坦温和有苜蓿雜果奇木種五穀稻多蒲桃竹漆治園池民雕文刻鏤治宮室織罽刺文繡好酒食有金銀銅錫以為器有市肆然以銀為錢文為騎馬幕為人面出封牛水牛犀象大狗沐猴孔雀珠璣珊瑚琥珀其他畜與諸國同安息國王治潘兜城去長安萬二千六百里地方數千里城郭數百有車船商賈書革旁行為書記其俗與罽賓國同亦以銀為錢文為王面幕為夫人面一王死輒改其錢出大馬雀 大宛國王治貴山城去長安萬二千五百五十里戶四十萬與安息同俗出蒲萄苜蓿以蒲萄為酒富人藏酒至萬餘石數十年不敗出馬馬汗血言其先天馬子也大月氏本匈奴同俗居燉煌祁連山間匈奴老上單于殺月氏王以其頭為飲器月氏乃遠去西過大宛擊大夏而臣之國都媯水

➤➤➤《前汉纪·卷十二》

历代宅京记

《历代宅京记》，明末清初顾炎武撰，又名《历代帝王宅京记》。

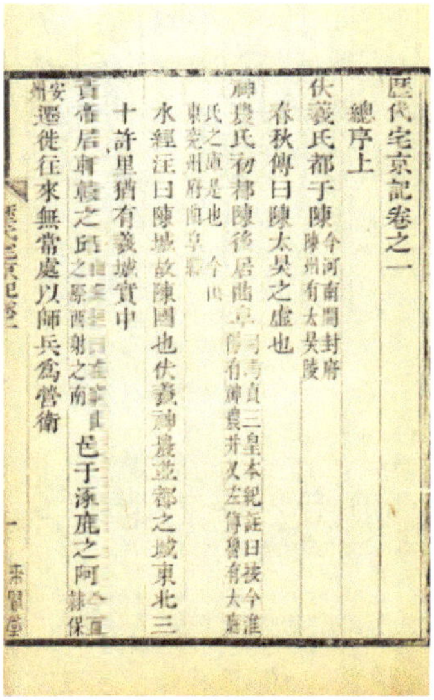
歷代宅京記卷之一
總序上
伏羲氏都于陳今河南開封府陳州有太昊陵
春秋傳曰陳太昊之虛也
神農氏初都陳後居曲阜司馬貞三皇本紀註曰按今淮陽有神農井又左傳魯有大庭氏之庫是也 今山東兗州府曲阜縣
水經注曰陳城故陳國也伏羲神農並都之城東北三十許里猶有羲城實中
黃帝居軒轅之邱 邑于涿鹿之阿今直隸保安州遷徙往來無常處以師兵為營衛

禅虚寺

城北，禅虚寺在大夏门御道西。寺前有阅武场，岁终农隙，甲士习战，千乘万骑，常在于此。中朝时，宣武场在大夏门东北，今为光风园，苜蓿在焉。

➤➤➤《历代帝王宅京记·卷十·洛阳三》

乐游苑

乐游苑，在杜陵西北，宣帝神爵三年起。

《关中记》曰：宣帝立庙于曲江之北，号乐游，按其处，则今之所谓乐游庙是。

《西京杂记》曰：乐游苑，自生玫瑰树，树下有苜蓿。苜蓿一名怀风，时人或谓之光风，风在其间常萧萧然。日照其花有光采，故名苜蓿为怀风。茂陵人谓之连枝草。

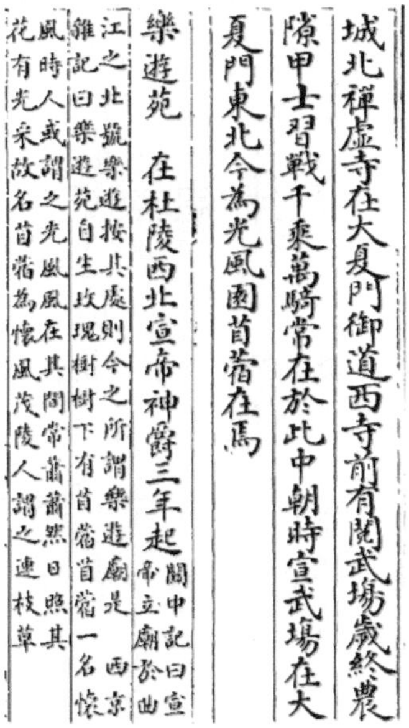
城北禪虛寺在大夏門御道西寺前有閱武場歲終農隙甲士習戰千乘萬騎常在於此中朝時宣武場在大夏門東北今爲光風園苜蓿在焉

樂遊苑 在杜陵西北宣帝神爵三年起關中記曰宣帝立廟於曲江之北號樂遊按其處則今之所謂樂遊廟是西京雜記曰樂遊苑自生玫瑰樹樹下有苜蓿苜蓿一名懷風時人或謂之光風風在其間常蕭蕭然日照其花有光采故名苜蓿爲懷風茂陵人謂之連枝草

➤➤➤《历代宅京记·卷六·关中四》

御定子史精华

《御定子史精华》，康熙末敕修，雍正五年（1727年），御定颁行。

草木下

怀风，葛洪《西京杂记》：乐游苑自生玫瑰，树下多苜蓿。苜蓿一名，时人或谓之光风，风在其间萧萧然，日照其花有光采，故名苜蓿为怀风。茂陵人谓之连枝草。

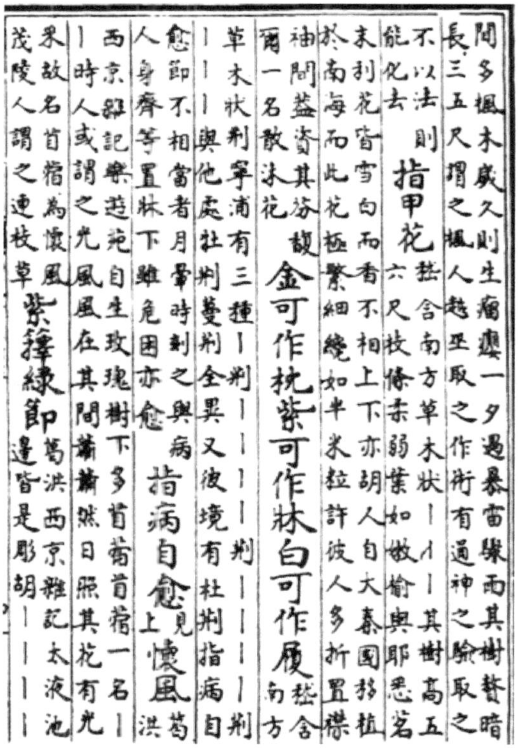
間多楓木歲久則生瘤癭一夕遇暴雷驟雨其樹贅暗
長三五尺謂之楓人越巫取之作術有通神之驗取之
不以法則能化去指甲花嵇含南方草木狀丨丨丨其樹高五六尺枝條柔弱葉如嫩榆與耶悉茗
末利花皆雪白而香不相上下亦胡人自大秦國移植於南海而此花極繁細纔如半米粒許彼人多折置襟
袖間益資其芬馥爾一名散沫花金可作枕紫可作牀白可作履嵇含南方
草木狀荊寧浦有三種丨荊丨丨丨荊丨丨丨丨荊丨丨丨與他處杜荊蔓荊全異又彼境有杜荊指痛自
愈節不相當者月暈時刻之與病人身齊等置牀下雖危困亦愈指病自愈見上懷風葛洪
西京雜記樂遊苑自生玫瑰樹下多苜蓿苜蓿一名丨丨時人或謂之光風風在其間蕭蕭然日照其花有光
采故名苜蓿為懷風茂陵人謂之連枝草紫縴綠節葛洪西京雜記太液池邊皆是彫胡丨丨丨丨

➤➤➤《御定子史精华·卷一百四十二·动植部八》

元朝典故编年考

《元朝典故编年考》，清孙承泽撰写的史书，共10卷。

孙承泽（1592～1676年），字耳北，山东益都人。明末清初政治家、收藏家。明崇祯进士。

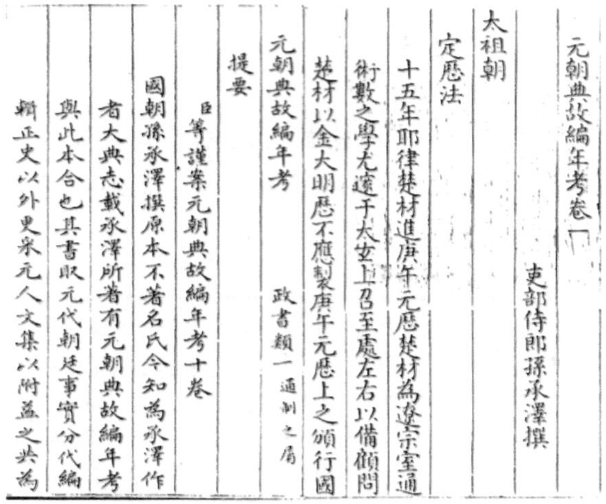
元朝典故編年考卷一
吏部侍郎孫承澤撰
太祖朝
定曆法
十五年耶律楚材進庚午元曆楚材為遼宗室通
術數之學尤邃于太玄上召至處左右以備顧問
楚材以金大明曆不應製庚午元曆上之頒行國
元朝典故編年考　政書類一通制之屬
提要
臣等謹案元朝典故編年考十卷
國朝孫承澤撰原本不著名氏今知為承澤作
者大典志載承澤所著有元朝典故編年考
與此本合也其書取元代朝廷事實分代編
輯正史以外更采元人文集以附益之共為

上林苑署

置上林苑署署令、署丞各一人，直长一人，掌宫苑，栽植花卉，供进蔬果、苜蓿以饲驼马，备煤炭以给营缮。

颁农桑杂令

各社种苜蓿，以防饥。

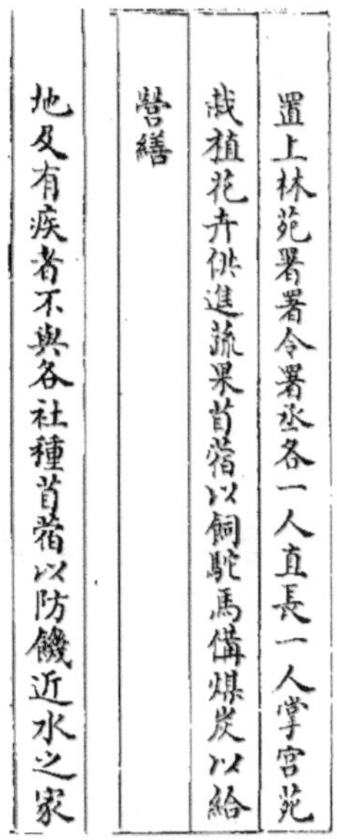
置上林苑署署令署丞各一人直長一人掌宮苑
栽植花卉供進蔬果苜蓿以飼駝馬備煤炭以給
營繕
地及有疾者不與各社種苜蓿以防饑近水之家

➤➤➤《元朝典故编年考·卷四》

方　志

方志之名始见于《周礼》，是四方志、地方志之简称。我国方志普遍起于明而盛于清，是记载一个地区自然和社会各个方面历史和现状的综合性著作，是我国重要的文化典籍和史料资源，也是地方官参照施政的要览。研读方志有助于了解一个地方过去的情况，为历史专题研究提供翔实资料，倘若能从多种方志中探求同一研究内容，研究效果会更佳。苜蓿作为重要的物产资源，不仅被古代许多方志所记载，而且亦被近代方志所记载，这对研究我国古代乃至近代苜蓿的发展轨迹具有十分重要的意义。

西京杂记

《西京杂记》由汉代刘歆著，东晋葛洪辑抄，是一部杂抄西汉轶闻逸事的合辑之书。

刘歆（约公元前 50 年～公元 23 年），字子骏，后改名为秀，汉代学者，整理六艺群书，编成《七略》。

葛洪（284 ～ 364 年），字稚川，号抱朴子，东晋丹阳郡（今江苏句容）人，道教理论家。

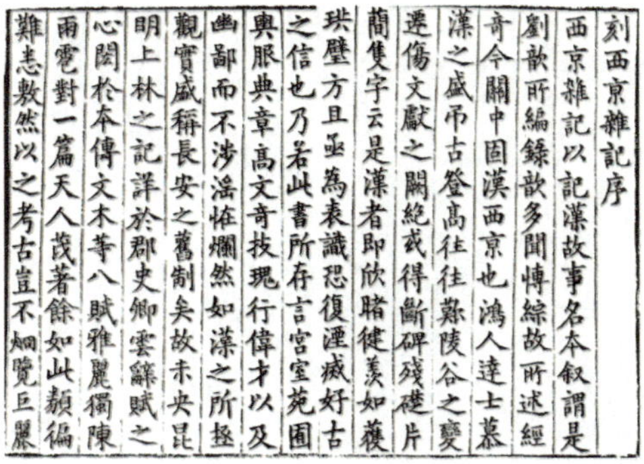
刻西京雜記序
西京雜記以記漢故事名本叙謂是
劉歆所編録歆多聞博綜故所述經
奇今關中固漢西京也鴻人達士慕
漢之盛弔古登高往往躕陵谷之變
遷傷文獻之闕絶或得斷碑殘礎片
簡隻字云是漢者即欣賭徒羡如獲
珙璧方且亟為表識恐復湮滅好古
之信也乃若此書所存言宫室苑囿
輿服典章高文奇技瑰行偉才以及
幽鄙而不涉淫怪爛然如漢之所極
觀實盛稱長安之舊制矣故未央昆
明上林之記詳於郡史卿雲辭賦之
心閎於本傳文木等八賦雅麗獨陳
雨雹對一篇天人茂著餘如此類徧
難悉數然以之考古豈不煳覽巨麗

乐游苑

乐游苑自生玫瑰树，树下多苜蓿。苜蓿一名怀风，时人或谓之光风。风在其间，常萧萧然，日照其花有光彩，故名苜蓿为怀风。茂陵人谓之连枝草。

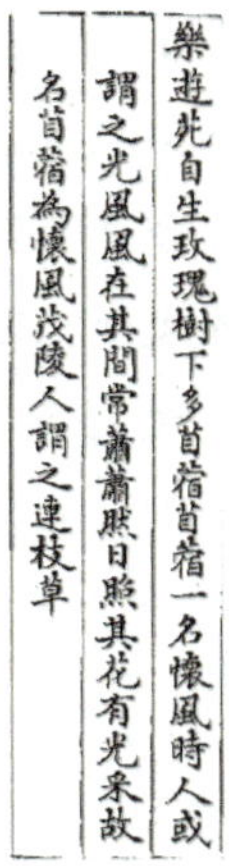
樂遊苑自生玫瑰樹下多苜蓿苜蓿一名懷風時人或
謂之光風風在其間常蕭蕭然日照其花有光采故
名苜蓿為懷風茂陵人謂之連枝草

➤➤➤《西京杂记·卷第一》

【简注】 ①乐游苑，汉代著名皇家园林之一。该苑地处乐游原，《两京新记》称其“基地最高，四望宽敞”。在今西安市长安区杜陵一带。苑始建于汉宣帝神爵三年（公元前59年）春，是踏春赏秋的绝佳去处。宣帝死后，即葬于此，号杜陵。李白曾写有《忆秦娥·箫声咽》：“乐游原上清秋节，咸阳古道音尘绝。音尘绝，西风残照，汉家陵阙。”描写的就是该苑情景。

②苜蓿，植物名，又称木粟、牧宿、怀风、光风草。原产于西域，张骞通西域后，自大宛传入中原。它是牛马等动物的饲料，又可作绿肥，还可入药，嫩茎可作蔬菜食用，作汤最佳。

③萧萧然，群草摇动的样子。卢文弨注曰：“《齐民要术·三》引作‘风在其间肃然’。”《说郛》节本作“肃肃”。萧、肃，古同音通用。

④茂陵，汉武帝之陵园，在今陕西兴平市南位镇乡策村。此地汉代为槐里县茂乡，故名。因在陪葬的李夫人墓之东，又号“东陵”。其东又有著名的霍去病陪葬墓，现辟为茂陵博物馆，是汉代大型写意石雕的荟萃之地。

三辅黄图

《三辅黄图》又名《西京黄图》，简称《黄图》。相传为六朝人撰写，作者不详。

汉上林苑，即秦之旧苑也。《汉书》云：“武帝建元三年开上林苑，东南至蓝田宜春、鼎湖、御宿、昆吾，旁南山而西，至长杨、五柞，北绕黄山，濒渭水而东。周袤三百里。”离宫七十所，皆容千乘万骑。《汉宫殿疏》云：“方三百四十里。”《汉旧仪》云：“上林苑方三百里，苑中养百兽，天子秋冬射猎取之。”帝初修上林苑，群臣远方，各献名果异卉三千余种植其中，亦有制为美名，以标奇异。

直按：《史记·李斯传》云：“于是乃入上林斋戒，日游弋猎。”此上林为秦旧苑之证。武帝建元三年开上林苑事，见《汉书·扬雄传·羽猎赋序》，唯赋序无“蓝田”二字。“离宫七十所”二句，《长安志》引自《汉旧仪》。《后汉书·班固传·西都赋》：“离宫别馆，三十六所。”章怀注引《三辅黄图》曰：“上林有建章、承光等一十一宫，平乐、茧馆等二十五，凡三十六所。”与今本异。本文引《汉宫殿疏》：“方三百四十里。”《长安志》引作“方百四十里”，疑脱“三”字。《太平寰宇记》则作“六百四十里”，“六”为“三”之误字。又《长安志》引《三辅故事》及《关中记》云“上林延亘四百余里”。“帝初修上林苑”一段，见《西京杂记》卷一，文字完全相同。唯《西京杂记》于名果异树列有详目，本书未采。

茂陵富民袁广汉，藏镪钜万，家僮八九百人。于北邙（校，“邙”字，据《西京杂记》补）山下筑园，东西四里，南北五里，激流水注其中。构石为山，高十余丈，连延数里。养白鹦鹉、紫鸳鸯、牦牛、青兕，奇兽珍禽，委积其间。积沙为洲屿，激水为波涛，致江鸥、海鹤，孕雏产彀，延漫林池；奇树异草，糜不培植。屋皆徘徊连属，重阁修廊，行之移晷不能遍也。广汉后有罪诛，没入为官园，鸟兽草木，皆移入上林苑中。

直按：本段与《西京杂记》卷三文字相同，仅有个别字略异。又自咸阳北面高原起，至兴平一带，农民皆称为北邙坂，而《西京杂记》正用口头语，与洛阳“北邙山”名同实异。

上林苑有昆明观，武帝置。又有茧观、平乐观、远望观、燕升观、观象观、便门观、白鹿观、三爵观、阳禄观、阴德观、鼎郊观、樛木观、椒唐观、鱼鸟观、元华观、走马观、柘观、上兰观、郎池观、当路观，皆在上林苑。

直按：《汉书·天文志上》：“河平元年十二月壬申，太皇太后避时昆明东观。”昆明观即豫章观。《汉书·元后传》云“春幸茧馆”，当即茧观。长安谢氏藏有“崇蛹嵯峨”瓦当，疑即茧馆之物。《汉书·武帝纪》：“元封六年夏，京师民观角抵于上林平乐馆。”但元封三年纪，颜师古注则作“平乐观”，盖馆、观二名，汉代可以通称。又《金石韦·石索六》第五八页有“平乐宫阿”瓦当，疑为平乐馆之物。《汉书·外戚孝成班婕妤传》自伤赋云：“痛阳禄与柘馆兮。”服虔注：“二馆名也，生子此馆，皆失之也。”颜师古注云：“二观并在上林中。”余昔得“上禄”瓦片，定为上林苑阳禄馆之简称。又《西都赋》云：“遂绕酆镐，历上兰。”《汉书·扬雄传》云：“翼乎徐至于上兰。”晋灼注云：“上兰观，在上林中。”《元后传》云：“校猎上兰。”颜师古注云：“上兰，观名也，在上林中。”又《后汉书·班固传·西都赋》，章怀注引《三辅黄图》，与今本同。《汉书·王莽传下》，叙王莽起九庙，取当路观材瓦等。

直又按：《长安志》引《关中记》：上林苑中二十二观名，有茧观、平乐观、博望观、益乐观、便门观、众鹿观、樛木观、三爵观、阳禄观、阳德观、鼎郊观、椒唐观、当路观、则阳观、走马观、虎圈观、上兰观、昆池观、豫章观、郎池观、华光观（实数二十一观）。“博望”疑即本文之“远望”，“阳德”疑即“阴德”，“众鹿”疑即“白鹿”，“华光”疑即“元华”。

又《旧仪》曰：“上林有令有尉，禽兽簿记其名数”。又有上林诏狱，主治苑中禽兽、宫馆之事，属水衡。又上林苑中有六池、市郭、宫殿、鱼台、犬台、兽圈。

直按：《初学记·居处部》引《汉旧仪》，尉下有“百五十亭苑”一句。《汉书·百官公卿表》：水衡都尉属官，有上林令丞。上林有尉及虎圈有啬夫，见《张释之传》。又《太平御览》卷一百九十六引《汉旧仪》：“上林苑中广长三百里，置令丞左右尉，苑中养百兽。”《汉书·成帝纪》：“建始元丰，罢上林诏狱。”颜师古注引《汉旧仪》与本文同。《太平寰宇记》卷二十五引《三辅黄图》：“长安有狱二十四所”，为今本所无。

又按：《汉旧仪》云：“上林苑中，天子遇秋冬射猎，取禽兽无数实其中，离宫观七十所，皆容千乘万骑。”又云：“武帝时，使上林苑中官奴婢，及天下贫民赀不满五千，徙至苑中养鹿。因收抚鹿矢，人日五钱，到元帝时七十亿万，以给军击西域。”《小校经阁金文》卷十一第五十五页有“上林共府鼎，初元三年造”。共府，即供府，供给资生之具也。

直按：《长安志》引《关中记》，有总叙上林宫观一段，极有参考价值，兹加以钞录如下。原文云：“上林苑门十二，中有苑三十六，宫十二，观二十五。建章宫、承光宫、储元宫、包阳宫、尸阳宫、望远宫、犬台宫、宣曲宫、昭台宫、蒲陶宫；茧观、平乐观、博望观、益乐观、便门观、众鹿观、樛木观、三爵观、阳禄观、阳德观、鼎郊观、椒唐观、当路观、则阳观、走马观、虎圈观、上兰观、昆池观、豫章观、郎池观、华光观。以上十二宫二十二观，在上林苑中。鼎湖宫、步高宫、步寿宫、存神宫、集灵宫、望仙观，以上五宫一观，在京兆属县。栎阳宫、甘槃（疑甘泉之误）宫、师德宫、池阳宫、谷口宫、长平宫、扶荔宫、白渠观，以上七宫一观在冯翊。首阳宫、望仙宫、长杨宫、礼阳（疑棫阳之误）宫、羽阳宫、山桀（疑梁山之误）宫、藁池（疑橐泉之误）宫、用取（未详为字之误）宫、虢宫、回中宫、宜春观、射熊观，以上十宫二观在扶风。长门宫、钩弋宫、渭桥宫、仙人观、霸昌观、安台观、沦沮观，以上三宫四观在长安城外。

➤➤➤《三辅黄图·卷之四·苑囿》

【简注】 冯广平考曰：上林苑征集、引种了许多南方和西域的花木，南方花木由于气候条件不适应，往往不能成活；西域植物的引种则非常成功。上林苑引种的西域植物以牧草和果木为主，主要包括救荒野豌豆（*Vicia sativa*）、紫苜蓿（*Medicago sativa*）、大麻（*Cannabis sativa*）、胡桃（*Juglans regia*）、石榴（*Punica granatum*）、葡萄（*Vitis vinifera*）等。这些植物之所以能够成为我国北方各地广泛栽培的种类，与上林苑的成功引种是分不开的。

➤➤➤《秦汉上林苑植物图考·上林苑造景源流·花木集锦》

乐游苑，在杜陵西北，宣帝神爵三年春起。

直按：事见《汉书·宣帝本纪》。《西京杂记》卷一云：“乐游苑自生玫瑰树，树下多苜蓿。苜蓿一名怀风，时人或谓之光风。风在其间常萧萧然，日照其花有光采，故名苜蓿为怀风。茂陵人谓之连枝草”。

➤➤➤《三辅黄图·卷之四·苑囿》

新 安 志

《新安志》，南宋罗愿撰写，是安徽现存唯一宋志，也是徽州之志（徽州古名新安），在我国方志发展史上有重大影响。

罗愿（1136 ～ 1184 年），字端良，号存斋，徽州歙县呈坎（今属安徽黄山）人。南宋官员。

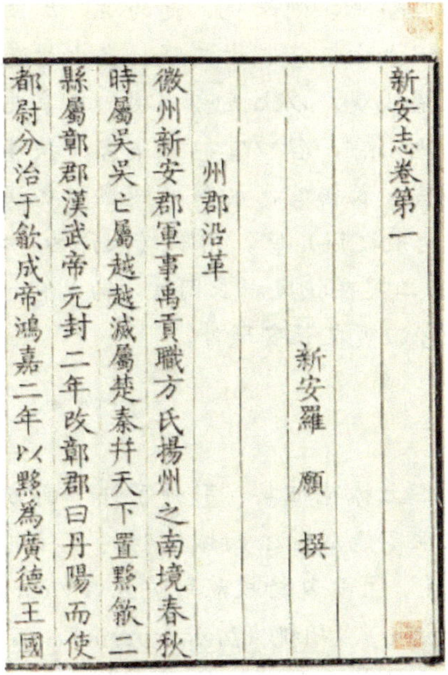
新安志卷第一
新安羅　願　撰
州郡沿革
徽州新安郡軍事禹貢職方氏揚州之南境春秋時屬吴吴亡屬越越滅屬楚秦幷天下置黟歙二縣屬鄣郡漢武帝元封二年改鄣郡曰丹陽而使都尉分治于歙成帝鴻嘉二年以黟爲廣德王國

蔬茹

蔬亚于谷，故后稷能殖百谷百蔬，而蔬不熟之岁为馑然，则此不录至五谷又只载其总名，而独录草木之华，非为政之急。…… 苜蓿者，汉离宫所殖。其上常有两叶丹红，结毬如穄，率实一斗者，舂之为米五升。亦有粘有糯，粘者唯以作饭，须熟食之，稍冷则坚凝；糯者可抟以为饵，土人谓之灰粟。……亦曰独扫藋，似苜蓿而青白，陆德明以为堇，所谓堇荼如饴者，土人谓之灰藋。

➤➤➤《新安志·卷二》

新安文献志

《新安文献志》，明程敏政撰。记录南北朝之后的新安相关事迹。

程敏政（1446 ～ 1499 年），字克勤，明安徽休宁人。成化二年（1466 年）进士，官至礼部右侍郎。

贺胡云峯先生归教星源启　胡初翁

《大学》《中庸》，发知行之底蕴；经义治事，全体用之工夫。溯周、程有继往圣之功，会朱、陆而成一家之懿。非特揭斯文之日月，庶几回太古之乾坤。作新之余，指顾可俟。此日周公、仲尼之道，咸使北方以推尊；他时玄龄、如晦之勋，端自河汾而选出。愿坚晚节，式副舆情。某徒有斐狂，不知讳避。少也未闻大道，粗加鞭辟近里之功；长而懒逐浮名，唯抱周流忧世之志。节逢振铎，殊重弹冠。欣虎座之有宗，顾蝇鸣之敢后。他人不如同姓，公无苜蓿盘之吟；得贤能立太平，将促薇花省之召。其诸依向，罔既敷宣。

➤➤➤《新安文献志・卷之四》

次韵向君受感秋二首（其一）　汪藻

且欲相随苜蓿盘，不须多问沐猴冠。菊花有意浮杯酒，桐叶无声下井栏。千里江山渔笛晚，十年灯火客毡寒。男儿几许功名事，华发催人不少宽。

引年得请和答致政陈昭远学士　朱熹

阑干苜蓿久空盘，未觉清羸带眼宽。老去光华奸党籍，向来羞辱侍臣冠。极知此道无终否，且喜闲身得暂安。汉祚中天那可料，明年太岁又涒滩。

➤➤➤《新安文献志・卷之六》

嘉泰会稽志

《嘉泰会稽志》，施宿等撰。南宋著名方志，现存最早的绍兴府志。

施宿（1164 ～ 1222 年），字武子，南宋长兴（今属浙江湖州）人。绍熙四年（1193 年）进士。庆元年间任余姚县令。

蚤粟

灰粟，树叶皆如灰藋，苗头如丹，高丈许，米如苋子，或云灰粟，即苜蓿。汉使采其种西域，天子益种离宫旁者。《西京杂记》曰：苜蓿，一名怀风，或谓光风，其花有光彩，故名苜蓿怀风。

➤➤➤《嘉泰会稽志·卷十七·草部》

蒜

王逸曰：张骞周流绝域，始得大蒜、葡萄、苜蓿。

➤➤➤《嘉泰会稽志·卷十七·草部》

陕西通志

《陕西通志》，明赵廷瑞等撰，是记录陕西土地、文献、民物、政事等内容的地方志。

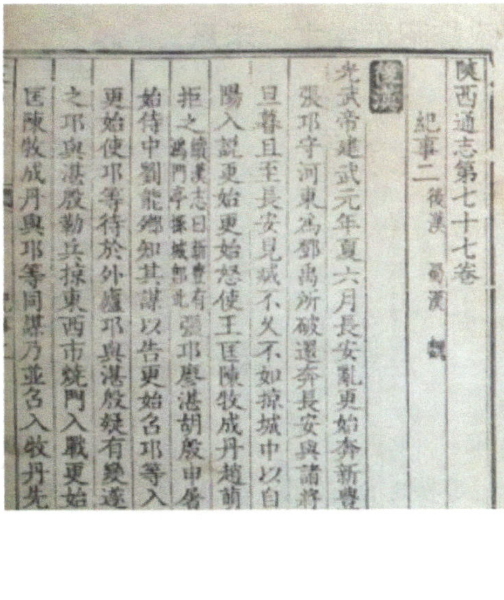
陝西通志第七十七卷
紀事二 後漢 蜀漢
後漢
光武帝建武元年夏六月長安亂更始奔新豐
張卬守河東爲鄧禹所破還奔長安與諸將
旦暮且至長安見滅不久不如掠城中以自
陽入說更始更始怒使王匡陳牧成丹趙萌
拒之續漢志曰新豐有鴻門亭按城即此張卬廖湛胡殷申屠
始侍中劉能卿知其謀以告更始名卬等入
更始使卬等待於外廬卬與湛殷疑有變遂
之卬與湛殷勒兵掠東西市燒門入戰更始
匡陳牧成丹與卬等同謀乃並召入牧丹先

赵廷瑞（1492～1531年），字信臣，号洪洋，明开州（今河南濮阳）人。明朝官员，历任户科给事中、兵部尚书等职。

苜蓿

宛马嗜苜蓿，汉使取其实，于是天子始种苜蓿肥饶地，离宫别馆旁，苜蓿极望（《史记·大宛列传》）。乐游苑多苜蓿，一名怀风，时人或谓之光风，风在其间常萧萧然，日照其花有光采，故名，茂陵人谓之连枝草（《西京杂记》）。陶隐居云，长安中有苜蓿园，北人甚重之。寇宗奭曰，陕西甚多，用饲牛马，嫩时人食之（《本草纲目》）。李白诗云："天马常衔苜蓿花"，是此。味甘淡，不可多食。有宿根，刈讫复生（《马志》）。民间多种以饲牛（《咸宁县志》）。

➤➤➤《陕西通志·卷四十三·物产一》

长安志

《长安志》，北宋宋敏求撰，是中国古代有关长安的重要著作。

宋敏求（1019～1079年），字次道，赵州平棘（今河北赵县）人，官至史馆修撰、龙图阁直学士。

乐游苑

宣帝神爵二年，起乐游苑。师古曰:《三辅黄图》云，在杜陵西北。又《关中记》曰：宣帝立庙于曲池之北，号乐游，按其处，则今之所呼乐游庙是也，其余基尚可识焉，盖本为苑后，因立庙。《西京杂记》曰：乐游苑自生玫瑰，树下多苜蓿，一名怀风，时人或谓之光风。风在其间常萧然，日照其花有光采，故名曰苜蓿怀风，茂陵人谓之连枝草。

➤➤➤《长安志·卷一·池苑》

山西通志

《山西通志》，明李维桢主持编纂的山西省志。该书在地理、军事等方面内容丰富。

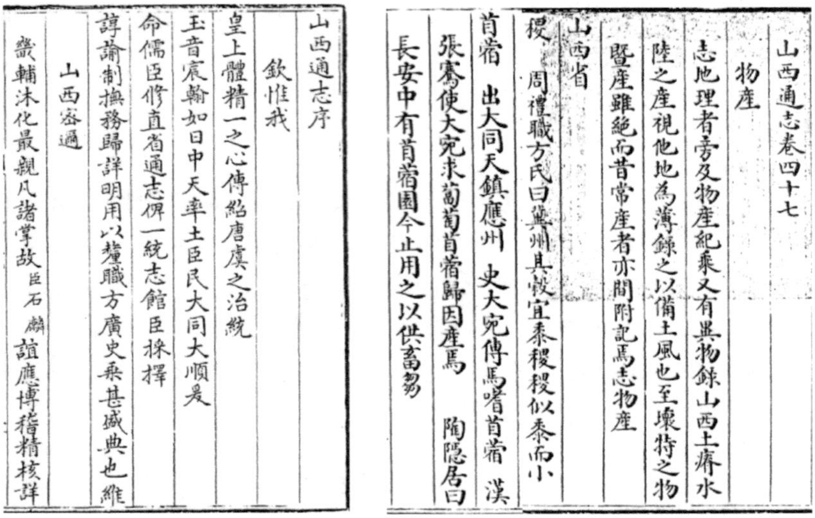
山西通志卷四十七
物產
志地理者旁及物產紀乘又有異物錄山西土瘠水
陸之產視他地為薄錄之以備土風也至壤特之物
暨產雖絕而昔常產者亦間附記焉志物產
山西省
稷 周禮職方氏曰冀州其穀宜黍稷稷似黍而小
苜蓿 出大同天鎮應州 史大宛傳馬嗜苜蓿 漢
張騫使大宛求葡萄苜蓿歸因產馬 陶隱居曰
長安中有苜蓿園今止用之以供畜芻

山西通志序
欽惟我
皇上體精一之心傳紹唐虞之治統
玉音宸翰如日中天率土臣民大同大順爰
命儒臣修直省通志俾一統志館臣採擇
諄諭制撫務歸詳明用以贊職方廣史乘甚盛典也維
山西密邇
畿輔沐化最親凡諸掌故臣石麟 諮詢博稽精核詳

李维祯（1547～1626年），字本宁，湖广京山（今属湖北）人。

苜蓿

苜蓿出大同、天镇、应州。《史记·大宛传》：马嗜苜蓿，汉张骞使大宛求葡萄、苜蓿归，因产马。陶隐居曰：长安中有苜蓿园，今止用之，以供畜刍。

➤➤➤《山西通志·卷四十七·物产》

徽州府志

《徽州府志》，现存徽州志书中内容比较丰富的一部佳志。

蔬茹

苜蓿者，汉离宫所植，其上常有两叶丹红，结毬如穄，率实一斗者，舂之为米五升。亦有粈有糯，粈者唯以作饭，须熟食之，稍冷则坚凝；糯者可抟以为饵，土人谓之灰粟。

➤➤➤《徽州府志·卷二·物产》

王德颍州志

物产

苜蓿，苗可食。

➤➤➤《正德颍州志·第六卷·食货志》

隆庆赵州志

物产

苜蓿，可以饲马。

➤➤➤《隆庆赵州志·卷之九·杂考》

嘉靖太平县志

物产

决明子叶似苜蓿大。

➤➤➤《嘉靖太平县志·卷之三·食货志》

保德州志

《保德州志》是修于明永乐十九年（1421年）到正统五年（1430年）间的县志。

草属

苜蓿，可饲马。

➤➤➤《保德州志·卷三·土产》

江南通志

《江南通志》，清代兵部尚书、两江总督赵宏恩等监修。

凤阳府

苜蓿，大宛张骞带归。

➤➤➤《江南通志》

琉球国志略

《琉球国志略》，清乾隆年间周煌、全魁撰写，主要记载琉球国的历史和地理概况。

周煌（1714～1785年），字景桓，号绪楚，四川涪州（今属重庆）人。乾隆二年（1737年）进士。

产物志

茳芏决明子，《救荒本草》云：生荒野中，就地丛生，一本二三十茎，苗高三四尺，叶似苜蓿叶而细长，又似细叶胡枝子，叶亦短小，开白花，其叶味苦。大岛土名波几，萨州宝岛方言荻草。

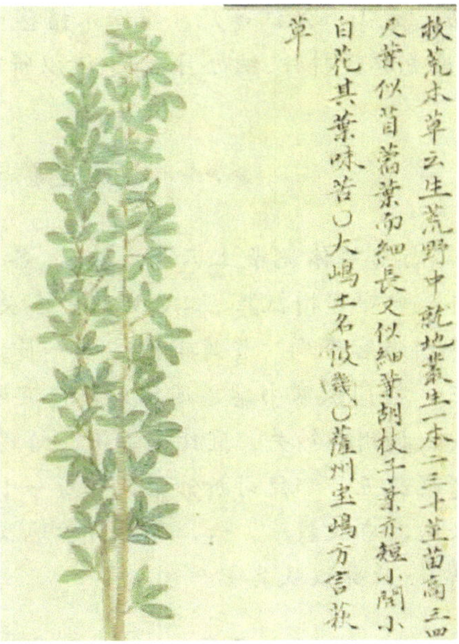

➤➤➤《琉球国志略》

江苏省通志稿大事志

《江苏省通志稿大事志》，清缪荃孙创作的中国史类书籍。

永乐间，柴米俱出内府，近年俱于上元、江宁二县买办，百姓艰难，供给不敷。今龙江、瓦屑坝，递年积下抽分木植柴炭，朽坏无用。乞敕南京工部，堪用者存留，其无用者。支与饭堂应用，庶无靠损京民。一、上新河井水西门，近年多被势要之家浸占官地，私立塌房。遇客商往来，各令家人，伴当邀接，强勒物货到家，任其货卖。稍有不从，辄加凌辱。乞敕南京都察院禁约，庶抑豪势以便客旅。二、上新河自洪武、永乐年间，湾船入河，以避风浪。近年委官验船收钞，方许在河口湾泊。或遇狂风暴雨，大潮巨浪，无处回避，进退两难，不唯坏船，抑且被盗。乞照旧例，庶无斯害。三、南京神策门直抵金川门一带隍池，近年多为势要之家侵占为田池园圃。乞敕守备大臣并南京都察院堂上官，公同踏勘，务遵旧制开浚，庶得城池深固无虞。四、南京御马监马匹数少，养马旗军数多，送纳苜蓿、青草，多被折取钱物。乞取勘现在马数，定与旗军轮班看养．苜蓿、青草量数派纳，其余旗军退回原卫。庶免虚费粮赏，旷役买闲。五、龙山、清江等厂，堆垛木植甚少，役占军余数多。乞量存看守，余皆退回差操。庶免私役耕种，纳办月钱。”诏以所言多有理，礼部会官详议，可行者宜即行之。

➤➤➤《江苏省通志稿大事志·第二十六卷》

五月癸亥，南京户部尚书刘体乾条上六事：“一、各仓关防不严，亏耗殊多。宜令甲斗诸役，均数赔补。典守官攒抵罪；二、贮库、各关钞料、茶引、屯仓折席、赃罚，岁久易于没，宜令科道官查刷。管库旧止主事一员，宜如太仓例，每十日轮郎中一员，协同收发。三、衙门歇家书皂，因缘为奸，宜酌量汰革，犯者如议单遣戍。四、杭州北新、淮安、扬州各钞关，宜比南关例，给赐关防敕书。其司局等官，俱听各关定贤否，以备考察。五、都税司折钞银仅一百一十两，而官攒、巡拦俸粮、工食岁费，反不下四百余两，应议裁革。六、各卫苜蓿地及没官房税一千二百余两，岁久侵没，并宜查核征解。”户部议从其言。

➤➤➤《江苏省通志稿大事志·第三十四卷》

金陵物产风土志

《金陵物产风土志》，清陈作霖撰写，将南京物产分植物、动物、矿物、食物、

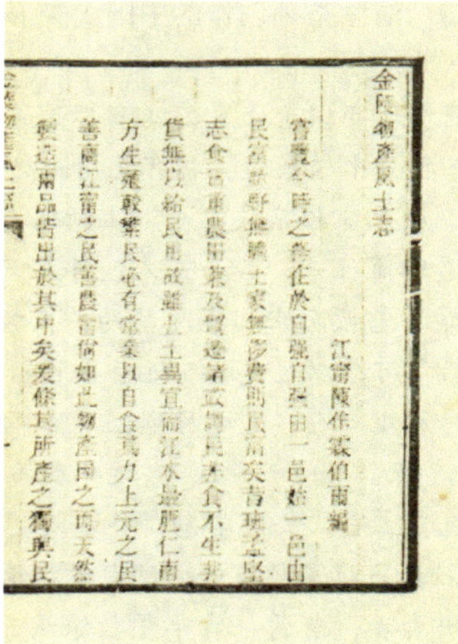
金陵物產風土志
江甯陳作霖伯雨編

用物五大类，详细考证了其源流和发展状况。

陈作霖（1837～1920年），字雨生，号伯雨，江苏南京人，是我国清末有名的地方史志学家。

物产

城中西北五台山、乾河沿一带，皆有稻田、蔬圃。而蔬圃之衍沃者，则在城南：旧王府，明太祖潜邸也；东花园、万竹园，徐中山王别墅也；张府、郭府诸园，明勋臣宅第也。昔年华屋，废为邱墟，水土肥腴，农民是力。每当晨露未曦，夕阳将落，担水荷粪之夫，往来若织，不肯息肩，力耕者逊其勤矣……。至于荠菜、苜蓿、马兰、雷菌、蒌蒿诸物，类皆不种而生，村娃稚子，相率成群，远望如蚍蜉蚁子，蠕蠕浮动，携筐提笼，不绝于途。而茭蒲、菰蒋宛在水中，取之者又必解衣赤足，如凫鹭之出没，是固农业之别派也。

➤➤➤《金陵物产风土志》

河南府志

《河南府志》，有多个版本，分别由清施诚、孙居湜、朱明魁等撰。

施诚（生卒年不详），字君实，浙江会稽（今属浙江绍兴）人。

苜蓿

《述异记》：张骞苜蓿园在洛阳，骞始于西国得之。《伽蓝记》：洛阳大夏门东北为光风园，苜蓿出焉。

➤➤➤《河南府志·卷之二十七物产志·蔬部》

抚豫恤灾录

《抚豫恤灾录》，清方受畴撰，对河南灾荒的状况和相关赈济措施等进行了阐述。

方受畴（？～1822年），字次耘，号来青，安徽桐城人。

札署河陕道岳

照得树艺为民生之本，稼穑为地利之先。豫省幅员袤广，沃野绵延，苟因物土之宜，勤于耕耨，小民何忧冻馁！只以水利不兴，劝课久废，以致偶逢旱潦，十室九空。现当春泽优沾，亟宜劝耕教植，以裕生计。查得油菜一项，摘叶取梗，既可以供盘餐，结子砟（榨）油，又可以充日用。汴省虽有栽种之区，而不能广艺。现在各县境内，麦地之外，余亩尚多，自可教令播种，以饶物广。当经购觅菜种，委员发文祥符、陈留等县，转给乡农，教令如法布种。去后现据禀覆，业已分发种植，并添购菜子，一律遍散等情。据此合亟札饬。札到，该道即通饬所属购种，转给有地无种之户一体仿照播种，俾收春熟。于苜蓿一项，种植尤易，而一经长发，按年刈割，无需重莳，牛马牲畜既资喂养，贫民亦堪充食。此项种出西安，而河南府一带蔓生甚广。今本部院捐廉五十两给发该道，并即购买苜蓿种子数十石，刻日解省，以凭分发各州县乘时布种，毋稍迟延。特札。

➤➤➤《抚豫恤灾录》

札中牟县于墀、杞县甘扬声

照得利民足食，稼穑为先。古者劝课农桑，原系有司之责。豫省民不知勤，官复失教，以致偶逢旱潦之灾，即有饥馑之患。前经本部院访察油菜一项，摘叶既供盘餐，榨油兼充日用，业经购种发交遍艺。并查苜蓿一项，易于滋长，不费耕耘，生发之后，牲畜既资喂养，贫民并可充食，物微利薄，费少功多。且沙碛之地既种苜蓿，草根盘结，土性渐坚，数年之内即成膏腴，于农业洵为有益。该县上年被旱成灾，民力尚未全复，亟宜广求物产，以尽地利。滋据河陕道解送前来，合行饬发。札到，该县即将发来苜蓿种子，立即查明境内各村庄未经种麦种秋隙地及沙碛之区，散给各农民，谕令迅为布种，并将利益之处向该农民详加晓谕，俾知踊跃。仍将发过村庄及农户姓名开折禀复，以凭委员覆查，毋得稍有忽视。切切！此札。

➤➤➤《抚豫恤灾录》

札祥符、兰阳、新郑、陈留县、郑州

照得苜蓿一项，布种之后易于滋生，不烦再植。一经长发，牲畜既资喂养，贫民兼可充食，物微而利薄，费少而功多，洵于乡农有益。豫省连岁歉收，亟须广求物产，以裕民食。前经本部院查赈勘工，经临该县境内村庄田间陇畔，并未见有苜蓿、油菜茁土，是否未经给种，抑因前发籽粒无多，未能遍及？兹据河陕道续解前来，合再饬发。札到，该县即将发来苜蓿种，立即查明境内各村庄未经种麦种秋沙碛之区，散给各农户，谕令迅为播种。并将长发后易于滋蔓、人畜并得其益，且沙地既种苜蓿，数年之后草根盘结，土性坚实，即成膏腴，向该农民详加晓谕，以尽地利。仍将发过何处村庄、农民何人领种，开折禀复，以凭委员覆查，毋得稍有忽视。切切！此札。

➤➤➤《抚豫恤灾录》

札委员滑县孟屺瞻

照得苜蓿一项，布种之后易于滋生，不烦再植。一经长发，牲畜既资喂养，贫民兼可充食，物微利薄，费少功多。且沙碛之地既种苜蓿，以后草根盘结，土性渐坚，数年之间即成膏腴，于农业洵为有益。该县甫经安谧，田地抛荒者甚多，亟须广求物产，以裕民食。前经本部院委员发交该县苜蓿种四斗，据报业已分散。现在曾否长发？兹据河陕道续解前来，合再饬发。札到，该县即将发来苜蓿种七斗，立即查明境内各村庄未经种麦种秋隙地及沙碛之区，散给各农民，谕令迅为布种，并将利益之处向该农民详加晓谕，俾知踊跃。仍将发过村庄农户姓名开折报复，以凭委员覆查，毋得稍有忽视。切切！此札。

➤➤➤《抚豫恤灾录》

仪封抚民通判黄兆枢禀

窃卑境白口集前，奉宪德饬发油菜子种，现将渐次出土，农民欢忭，莫可言宜。兹复奉宪恩，饬赴陕界购到苜蓿子粒，发交本府，札委候补未入孟廷勋解赴仪封，交收分发等因。仰见念切灾黎有加靡已，不胜钦佩。卑职遵即传齐乡农，查明未经种麦种秋余地，眼同该未入，将奉发苜蓿子粒均匀发给，领回布种，并将物微利薄、大益耕农备细传谕。农民等皆叩头称谢，鼓舞欢欣，地方极为宁贴，足以仰副慈怀。除将苜蓿出土再行具禀外，所有现在遵办缘由，合先肃禀。再，三月初七日奉到宪札，饬令再行展煮半月粥赈。卑职自当捐廉，购办煮放。至展赈银两，现经饬匠锤剪，赶紧散放。饥民情形，较去冬已胜数倍。尸骸四路巡查，委无暴露。如遇有路毙，立即掩埋折报。知廑宪注，合肃附闻。

➤➤➤《抚豫恤灾录》

滑县知县孟屺瞻禀

三月初九日按奉本府转蒙宪札，饬发苜蓿子粒到县，令分给乡农布种，以饶物产，仍将查收转给缘由禀覆等因。仰见教民稼穑，无微不至，曷胜钦佩。卑职遵将奉发苜蓿，传集乡农，逐户分给，谕以未经种麦种秋余地，如法布种，易于发生，堪可采食。农民纷纷领种，靡不欢欣鼓舞，歌颂宪恩。卑职查前奉饬发菜种，现俱播种长大，藉供菜蔬之需。今又奉发苜蓿子粒，四散布种，以饶物产，从此流传广布，于民生大有裨益，则宪德之高厚，永感不忘矣。所有分给苜蓿子粒缘由，合肃禀覆。

➤➤➤《抚豫恤灾录》

巩县知县李朝佐禀

案蒙本府转奉藩司蒙宪台札开，饬令教民种植油菜、苜蓿，以裕生计，以饶物产等因，仰见爱育黎元、富教精祥之至意。遵查卑县境内农民，树艺五谷外，兼种棉花，其油菜种植较少。卑职遵奉钧札，当即捐购菜种，传集四乡农耆，剀切劝谕，乘此春泽优沾，除麦地外，间有隙地，悉令乘时播种。至苜蓿种植较易，诚如宪谕，一经长发，无需重莳，牲畜既资喂养，贫民亦可充食。卑职现已一体购种劝植，俾闾阎益资丰裕，以广宪恩而饶物产。所有卑职遵办缘由，合肃驰禀。

➤➤➤《抚豫恤灾录》

畿辅通志

《畿辅通志》，其署名作者为李鸿章等，为清代官修省级地方志。畿辅，在清代是直隶省的别称。

李鸿章（1823 ～ 1901 年），清末洋务派代表、淮军首领，安徽合肥人。历任江苏巡抚、两江总督，先后镇压太平军和捻军。在清末对外交涉中，一贯妥协。

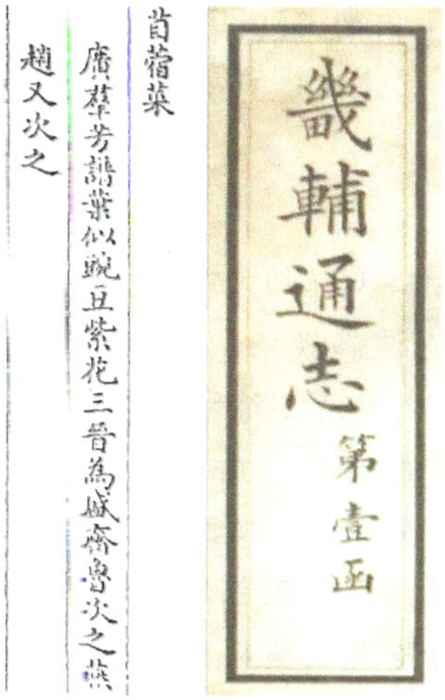
畿輔通志 第壹函

苜蓿菜
廣羣芳譜葉似豌豆紫花三晉為盛齊魯次之燕
趙又次之

苜蓿菜

《广群芳谱》：叶似豌豆，紫花，三晋为盛，齐鲁次之，赵又次之。

➤➤➤《畿辅通志·卷五十六·土产》

保定府志

苜蓿

宛马嗜苜蓿，张骞使西域带种归（《史记》）。各社种苜蓿于饥年（《元史·食货志》）。一名木粟，一名怀风草，一名光风草，一名连枝草。杜诗：宛马总肥春苜蓿，将军只数汉嫖姚（《群芳谱》）。

➤➤➤《保定府志·卷三十七·药部》

析津志辑佚

《析津志辑佚》，元熊梦祥撰。

熊梦祥（生卒年不详），字自得，江西富州（今江西丰城）人，人称松云道人。

寺观

大头陀教胜因寺，圆通玄悟大禅师溥光所造也。始祖曰纸衣和尚，立教于金之天会，示灭之后，门人嗣法，自河涧铁华、兴济义希、双桧春、燕山永安、蓬莱志满、真教猛觉、临猗觉业、普化守戒、清安练性、白霫妙，一十有一传而至溥光大禅师。师五岁出家，十九受大戒。励志精勤，克嗣先业。虽寓迹真空，雅尚儒素。游戏翰墨，所交皆当代名流。世祖皇帝尝问宗教之原，师援引经纶，应对称旨。至元辛巳，赐大禅师之号，为头陀教宗师。会诏假都城苜蓿苑，以广民居。请于有司，得地八亩。萧爽靖深，规建精蓝，为岁时祝圣颂祷之所。圣上御极之初，玺书锡命加昭文馆大学士、中奉大夫，掌教如故，宠数优异，向上诸师所未尝有。士庶翕然，争相塔庙之役。前仪真三务使姚仲实，赒急尚义，实为檀施首，燕人高翔亚之。自余不祈而荐货贷，不命而献力者非一。师亦因仍众愿，为之以不为，有之以不有。金季，琼林废馆，有亭曰芙蓉。劫火之余，岿然独存。师叹其规制宏伟，购求得之，结为浮图宝刹。揭以雕檐，楯以香木。内设毗卢法象，环庋大藏诸经。初闻藏经板木在淛右，且多良工。遣法弟空庵普照、门人宁道，迁取经于余杭普宁寺。楮墨辇运之费，仲实悉资之。仲实又以慈氏三大士殿未立，一力赞成，尽仑奂之美。藻井承尘，中堂有甓，门宇靖深，垣墉坚固，方丈净居，兰若之制悉备。殿内黄金斗帐及诸供具，皆高翔所施。寺役起于至元丁亥，讫于大德癸卯，工用以缗计者十万有畸，仲实奉钱独赢五万缗，仍誓毕余缘以为己任。其悉心事佛，轻财喜施，虽须达长者布之金，不足过焉。寺既落成，砻石请记兴造始末。予闻头陁氏之说，毗尼为之室宇，不假缔构而崇，村口为之法门，不待文字而传。唯师平生戒行清修，能得人之愿力如是。晚节亦自刻苦，有合吾儒恶衣恶食而志于道者，宜其教风之日竞也。是不可不书，乃为详载其事于石。

➤➤➤《析津志辑佚》

宣化府志

《宣化府志》，清王者辅、王畹修，吴廷华纂。

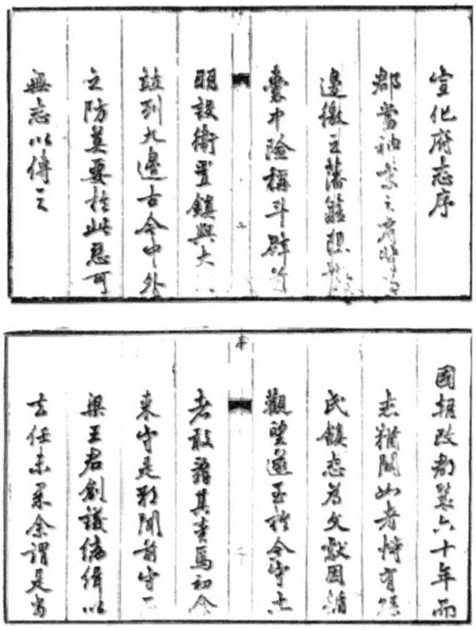
宣化府志序
郡當神京之肩背[illegible]
邊徼之藩籬[illegible]
臺中險梅斗辟[illegible]
明設衛置鎮與大[illegible]
誌列九邊古今中外
之防莫要於此志可
無志以傳之

國朝改郡垂六十年而
未猶闕如者特有[illegible]
武鎮志為文獻困循
觀望遞至於今守土
者毅難其責焉和余
來守是郡聞前守[illegible]
梁王君創議修纂以
去任未果余謂是省

王者辅（？～1779年），字近颜，安徽天长人。

草属

艾、稗、苇、草麻、菖蒲、马兰、苜蓿、蘿、蒲公英、藜……。

➤➤➤《宣化府志·物产》

盛京通志

《盛京通志》，清阿桂等纂修，其内容以辽宁地区为主，兼顾吉林和黑龙江地区。

草类

羊草，生山原间，户部官庄以时收交，备牛羊之用。西北边谓之羊须草，长尺许，茎末圆，如松针。黝色油润，饲马肥泽。居人以七八月刈而积之，经冬不变。大宛苜蓿疑即此，今人以苜蓿为菜。

➤➤➤《盛京通志·卷一百六·物产》

锦州府志

广宁令项蕙

西北屹巨镇，所以障东藩，阻险由天设岩，岩断塞垣，过此乃殊，方沙碛没平原，天马来，不绝传，有苜蓿繁控。弦士十万，骑射鸟兽，翻北地，能用武兼并，志犹存杀气，枯草木刀，瘢与箭痕。昔者辽金世崇，墉何足言，在德不在险，亦云固本根，宁无和亲利，结之可勿谖，窃叹外甥国难归，青冢魂玉，鱼死蒙葬，磷火夜唬，猿地远，易骄奢，况乃许并吞，何以防未患，曰无鹤乘轩，饱腾尽组练锁钥，偕北门山楼，增粉饰，永无鼙鼓喧。

➤➤➤《锦州府志·卷十·艺文志》

吉林通志

草类

羊草，生山原间，长尺许，茎末圆，如松针。黝色油润，饲马肥泽。居人以七八月刈而积之，经冬不变。大宛苜蓿疑即此。

➤➤➤《吉林通志·卷三十三·食货志五》

龙沙纪略

《龙沙纪略》，清方式济撰，记载清初黑龙江发展状况。

方式济（1676 ～ 1717 年），字沃园，安徽桐城人。康熙四十八年（1709 年）进士，官至内阁中书。

物产

羊草，西北边谓之羊胡草。长尺许，茎末圆，劲如松针，黝色油润。饲马肥泽，胜豆粟远甚。居人于七八月间刈积之，经冬不变。大宛苜蓿，疑即此。中土以苜蓿为菜，盖名同也。

➤➤➤《龙沙纪略》

济南府志

《济南府志》，清成瓘等编撰，内容颇丰，对当时济南的山水、人物等进行了详尽描述。

成瓘（1763 ～ 1842 年），字肃中，号篛园，清济南府邹平县人。

物产

苜蓿，嫩苗亦可蒸，老饲马。

➤➤➤《济南府志・卷十三》

延安府志

《延安府志》，清洪蕙纂修，为记载延安历史、风俗、物产等的地方志书。

洪蕙，生平不详。

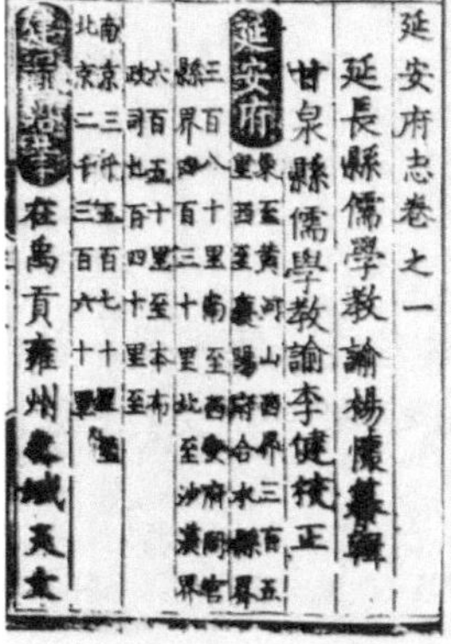

延安府志卷之一

延長縣儒學教諭楊懷纂輯

甘泉縣儒學教諭李健校正

延安府 東至黄河山西界三百五里西至慶陽府合水縣界三百八十里南至西安府同官縣界四百三十里北至沙漠界六百五十里至本布政司百四十里至南京三千五百七十里至北京二千三百六十里

建置沿革 在禹貢雍州之域天文

物产

肤施、甘川、延长俱有苜蓿。

➤➤➤《延安府志·卷三十三》

伊江汇览

《伊江汇览》，清格琫额编撰，内容包括新疆伊犁的疆域、山川、风俗等。

土产

草中有苇草、蒿草、芨草、苜蓿、茅草、蒲草、尖草、水草、蒲棒、野草、荣麻、棘、蒺蔾。

➤➤➤《伊江汇览》

甘肃新通志

《甘肃新通志》，清末升允等纂修，在《甘肃通志》基础上进行增删，并补充雍正以后的资料而成。

升允（1858 ～ 1931 年），清末官员，担任过陕甘总督等要职，清朝终结后曾图谋复辟。

物产

麦：红、白二色，甘州所产佳。秸可制帽，亦制粗纸。《金史》曰：甘之白麦与山东无异。

大麦：成熟颇早，酿酒甚佳，磨面等于青稞。

莜麦：亦曰油麦，炒半熟磨为面，作饼饭俱佳，俗误呼为燕。

燕麦：一名苜麦。《天下郡国利病书》：唐于泾渭间置八马坊，地二百三十顷，树苜蓿、苜麦，可饲牲畜且不待粪壅，故植者颇获其利。

青稞：俗以为糒，亦可酿酒。

➤➤➤《甘肃新通志》

平凉府志

风俗月令

二月二，龙昂头，万物齐昂头，唯有蚤虱不昂头。……是月始露，雷始声。……柳始叶，迎春、探春、山桃杏吐花，芍药、黄丽春、百花始萼。农去裘，乃耕播夏种、修筑、百役俱兴。大粪田，牛羊饲谷，种树，百蔬红兰、莴苣接嘉果卉。下旬播谷，植柳，嘉蔬、食菠薐。

三月清明，祭祖妣，插柳、观河津、赏花，群饮泾上修禊。是月也，马始宦，花序开，麦始节，六畜修孕，大孕鸟、大讹鱼孕。椿芽、刺椿、苦菜登。农大播秋种，锄麦、植茄、瓜、瓠、韭、苜蓿及压桑、葎萄、榴枝。羊剪毛，土旺种秋豆，桑芽，蚕始生。

➤➤➤《平凉府志·卷之二》

蔬

葱、韭、茄……西瓜、甜瓜、丝瓜、姜豆、扁豆（俗曰刀豆）、苦苣、荠、薤、灰苕、苦菜、莙荙、力筋（可作扫帚）、苜蓿。

➤➤➤《平凉府志·卷之五》

蔬

葱、韭、蒜、白菜、蔓菁……芹、兰蒿、力筋、黄瓜、茄、沙葱、西瓜、甜瓜、苜蓿。

➤➤➤《平凉府志·卷之七》

甘州府志

《甘州府志》，清钟赓起撰写的地方志。
钟赓起，生平不详。

物产

苜蓿可饲马，汉使外国采回，武帝益种于离宫馆旁。

➤➤➤《甘州府志·卷一》

康熙临洮府志

草木

芦、蒲、蓼、苜蓿、莎、槐、椿。

➤➤➤《康熙临洮府志·卷八》

西域图志

《西域图志》，清刘统勋、何国宗等奉旨编写的清代官修地方志，全称为《钦定皇舆西域图志》。

刘统勋（1698～1773年），字延清，号尔钝，山东诸城（今山东高密）人。雍正二年（1724年）进士。

百谷草木之属

服食明垂贡旅獒，苑中初熟绿葡萄。昔同目宿原有子，此便离支宁比高。《广志》徒传三种色，燕歌休诩一杯豪。奇石蜜食宾方物，慎德那辞乾惕劳。

>>>《西域图志·卷之四十三·土产》

新疆图志

《新疆图志》，清末王树枏等纂，共一百六十卷。分建置、国界等二十九类。是新疆建省后第一部比较完备的志书。

王树枏（1851～1936年），字晋卿，河北新城（今河北高碑店）人。

土壤

春草初生，宜先牧马，马性嗜洁，牛羊践之则不复食，饮水必寻上流。秋日苜蓿遍野，饲马则肥，牛误食则病（牛误食青苜蓿必腹胀大，医法灌以胡麻油半斤，折红柳为枚卫之，流涎而愈）。

>>>《新疆图志·卷六十五》

新疆四道志

《新疆四道志》是清代重要历史地理著作，详细介绍了当时新疆地区的山川道里、城池河湖、人口物产、民风民俗等。原作者不详。

驿站

三道河在城西四十里，其源出塔勒奇山为大西，沟水南流，五十里有苜蓿。

➤➤➤《新疆四道志》

新疆小正

《新疆小正》，清王树枬撰。

道以备渠水

宿麦始苏，苜蓿灌渝。

➤➤➤《新疆小正》

平定准噶尔方略

《平定准噶尔方略》，清傅恒等奉敕撰，记录清代开辟西域始末。

傅恒（约 1720 ～ 1770 年），号春和，清满洲镶黄旗人。官至保和殿大学士兼军机大臣。曾督师指挥大金川之战，并参与筹划平定准噶尔部的战争。

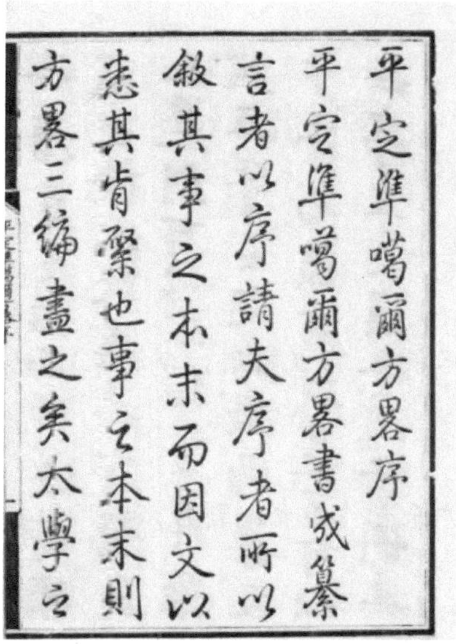

平定準噶爾方畧序
平定準噶爾方畧書成纂
言者以序請夫序者所以
敘其事之本末而因文以
悉其肯綮也事之本末則
方畧三編盡之矣太學之

永贵等奏言：……臣等酌量赏给阿奇木伯克果园三处，伊沙噶以下伯克四处，又希卜察克布鲁特散秩大臣阿奇木英噶萨尔、阿奇木伯克素勒坦和卓、冲噶巴什布鲁特阿瓦勒比等，各给一处，以为来城住宿之地。其余入官，仍交回人看守采取，赏给官兵。在此等果园内，尚有喂马之苜蓿草，每年可得二万余束，定额征收以供饲牧，俱造具印册，永远遵照。

➤➤➤《平定准噶尔方略·卷十三》

哈 密 志

《哈密志》，清钟方撰，是继明王世贞《哈密志》之后的又一反映哈密政治、经济、文化的地方性志书。

钟方（生卒年不详），清朝官员，曾任职新疆哈密。

菜属

王瓜、甜瓜、西瓜、金瓜、苦瓜、芹菜、白菜、菠菜、韭、蒜、葱、沙葱、苜蓿。

➤➤➤《哈密志·物产卷之二十三》

高台县志

物产

苜蓿，甘（甘州，今张掖）、肃（肃州，今酒泉）种者多，高台种者少。

➤➤➤《高台县志・卷一》

苜蓿，春初生芽，人亦采食作蔬食。夏月采割，饲牲畜。

➤➤➤《高台县志・卷一》

循化厅志

《循化厅志》，清龚景瀚撰，从建置沿革、疆域、山川等方面详细介绍了循化厅的全貌。

物产

韭、蒜、苜蓿、山药，园中皆有之。

➤➤➤《循化厅志・卷七》

鸡泽县志

《鸡泽县志》，乾隆三十一年（1766年）抄本。

草之类

苜蓿、苇、芦、荻、茅、大蓝、麻、碱蓬、蒺藜、萱、天茄、芰、菖蒲。

➤➤➤《鸡泽县志・卷之八・物产》

深泽县志

《深泽县志》，清咸丰十一年（1861 年）刻本。

物产

苜蓿，草本，一名牧蓿，其宿根自生，可饲牛马也，嫩时可食。

➤➤➤《深泽县志·卷之五》

续修慈利县志

《续修慈利县志》，清嵇有夫等纂修。

物产

苜蓿，二月生苗。一科数十茎，一枝三叶，叶似决明，小如指。秋后结实，黑黄米如穄。

➤➤➤《续修慈利县志·卷之九》

宁津县志

清光绪二十六年（1900 年）山东的《宁津县志》。

苜蓿，郭璞作牧宿，谓其宿根自生，可饲牧牛马。罗愿《尔雅翼》作木粟，言其荚米可炊饭，可酿酒也。《史记·大宛列传》作苜蓿。《汉书》作目宿。

➤➤➤《宁津县志·卷二·舆地志下·物产》

土性之经雨而胶粘者，宜种之（苜蓿）。

➤➤➤《宁津县志·卷二·舆地志下·物产》

同州府续志

光绪七年（1881年）陕西的《同州府续志》。

灾情

五月，蒲城民采柿叶煮作食，盖前数年即歉收，至此饥困已极。六月以来，民间葱、蒜、莱菔、黄花根皆以作饭，枣、柿甫结子即食，榆不弃粗皮，或造粉饼持卖，桃、杏、柿、桑干叶、油渣、棉子、酸枣、麦、谷、草亦磨为面，槐实、马兰根、干瓜皮即为佳品，苜蓿多冻干且死，乃掘其根并棉花干叶与蓬蒿诸草子及遗根杂煮以食。

➤➤➤《同州府续志》

泾阳县志

宣统三年（1911年）陕西的《泾阳县志》。

物产

苜蓿，宿根，刈后复生，三四年不更种。苜蓿饲畜胜料豆，春苗采之和面蒸食，贫者赖以疗饥。

➤➤➤《泾阳县志·卷二地理下》

晋县乡土志

宣统二年（1910年）河北的《晋县乡土志》。

草品

苜蓿来自大宛，小暑后细雨濛濛播种于地。苜蓿早春萌芽，人可食，四月开花时，马食之则肥。叶生罗网，食之则吐，种者知之。

➤➤➤《晋县乡土志·第一章·物产·第十课》

乐亭县志

清光绪三年（1877年）河北的《乐亭县志》。

食货物产

苜蓿，《广群芳谱》云：叶似豌豆，紫花，三晋为盛，齐鲁次之，燕赵又次之。

按《正字通》，苜蓿二月生苗，一科十茎，一枝三叶，叶似决明子，小如指，顶可茹。秋后结实，黑房，米如穄，俗呼木粟。邑南近海处有之。

➤➤➤《乐亭县志·卷十三·食货物产》

敦煌县志

《敦煌县志》的作者是苏履吉，清道光十一年（1831年）刊本。

菜属

芹菜、葱、韭、蒜、白菜、菠菜、甜菜、莴苣、山药、茄子、芫荽、苋、马齿、苜蓿、沙葱、野韭、芋。

➤➤➤《敦煌县志·物产》

怀安县志

乾隆四年（1739 年）察哈尔的《怀安县志》。

牧类

苜蓿，茎长、叶小、花黄，生于山野，亦有成亩播种者，以饲牛马。

➤➤➤《怀安县志·卷五·植物》

汲县志

乾隆二十年（1755 年）河南的《汲县志》。

风土志

苜蓿，每家种二三亩，沃壤多。

➤➤➤《汲县志·卷四》

光绪扶沟县志

清道光十三年（1833 年）河南的《光绪扶沟县志》。

风土志

扶沟碱地最多，唯种苜蓿之法最好。苜蓿能暖地，不怕碱，其苗可食，又可放牲畜。三四年后改种五谷，同于膏壤矣。

➤➤➤《光绪扶沟县志·卷七》

光绪鹿邑县志

河北《光绪鹿邑县志》为清光绪二十二年（1896 年）刻本。

风俗物产

苜蓿多自生无种者。按：非止嫩时可入蔬，可防饥年。种三年后，积叶坏烂肥地，垦种谷必倍。又花开时刈取喂牛马，易肥健，功用甚大。具详《群芳谱》。

➤➤➤《光绪鹿邑县志·卷九》

金乡县志

清同治元年（1862 年）山东的《金乡县志》。

物产

苜蓿能暖地，不畏碱，碱地先种苜蓿，岁刈其苗食之，三四年后犁去，其根改种他谷无不发矣，有云碱地畏雨，岁潦多收。

➤➤➤《金乡县志·卷三·食货》

光绪束鹿县志

光绪三十一年（1905 年）河北的《光绪束鹿县志》。

物产

苜蓿：陶云，北人甚重此，南人不甚食之，以无味故也。本境向多种此，饲牲畜，人无食者。后以贫人采而为食，毁损根苗种者逐少。

➤➤➤《光绪束鹿县志·卷十二》

邢台县志

蔬之属

葱、蒜、韭、芥、芹、茄、菠、蔆……同蒿、芫荽、苜蓿皆常品。

➤➤➤《邢台县志·卷之一舆地·物产》

即墨县志

物产

苜蓿即豌豆苗，旧志载入草类，今仍之。

➤➤➤《即墨县志·卷一·方舆》

虞乡县新志

民国九年（1920年）山西的《虞乡县新志》。

菜类

苜蓿，可作牲口细草，嫩时人亦好作菜吃。

➤➤➤《虞乡县新志·卷四·物产》

闻喜县志

菜类

苜蓿，芽花伴面蒸食，牲刍极品，多植。

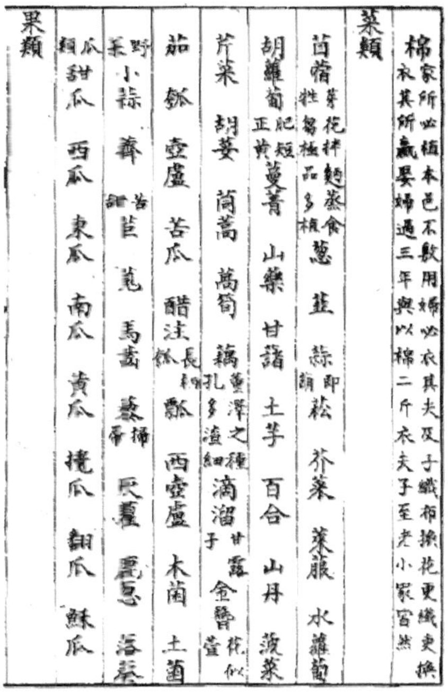

棉 家所必植本邑不敷用婦必衣其夫及子織布換花更織更換衣其所贏婁婦過三年與以棉二斤衣夫子至老小家富然

菜類

苜蓿 芽花拌麵蒸食牲芻極品多植 葱 韭 蒜 即葫 菘 芥菜 萊菔 水蘿蔔

胡蘿蔔 肥短正黃 蔓菁 山藥 甘藷 土芋 百合 山丹 菠菜

芹菜 胡荽 茼蒿 萵筍 藕 董澤之種孔多渣細 滴溜子 甘露 金針 花似萱

茄 瓠 壺盧 苦瓜 醋注 長柄瓠 瓠 西壺盧 木菌 土菌

野菜 小蒜 薺 苦甜苣 莧 馬齒 藜 掃帚 灰藋 扁蓄 落葵

瓜類 甜瓜 西瓜 東瓜 南瓜 黃瓜 攪瓜 翻瓜 穌瓜

果類

➤➤➤《闻喜县志·卷五·物产》

山西蒲县志

物产

苜蓿：味甘，安胃。种自大宛国移来，故饲马最良。

➤➤➤《山西蒲县志·卷之一·地理》

观城县志

治碱

吕新吾曰：薄地、碱地不生五谷，然沙薄者，一尺之下常湿斥卤者，一尺之下不碱，山东之民掘碱地一方，径尺深尺，换以好土，种以瓜瓠，往往收成，明年再换。沮濡以栽蒲苇、箕柳。

沙薄地大路边，头三二尺下有好根脚卤碱之地，三二尺下不是碱土，掘沟深二尺宽三尺，将柳橛如鸡卵粗者砍，三尺长小头削光，隔五尺远一科，先以极干桑、枣、杏、槐老木如大馒头粗者，三尺半长，下用铁尖上用铁束，做个引橛拽一地眼，将柳橛插下九分外留一分，乃将湿土填实，封个小堆，得一两月芽出，任其几股。二年后就地砍之，第三年发出粗大茂盛，要做梁檩，只留一二股，不消十年都成材料。其次于正月后二月前或五六月大雨时，将柳枝截三尺长，掘一沟密密压在沟内，入土八分留二分。伏天压桑亦照此法，十有九活，盗贼难拔，牲畜难咬，天旱封堆不干，天雨沟中聚水又不费浇根，入地三尺又不怕碱，十年之后，沙地、碱地如麻林一般矣。

按：碱地寒苦，苜蓿能暖地，性不畏碱，先种苜蓿数年，改艺五谷蔬果，无不发矣。又碱喜日而避雨，或乘多雨之年，栽种往往有收。又一法，掘地方尺深之三四尺，换好土以接引地气，二三年后，则周围方丈之地亦变成好土矣。闻之济阳农家云，则知新吾之言不谬，以上诸法在老农亦甚验无疑。

➤➤➤《观城县志·卷十·杂事志》

萧县志

嘉庆年间安徽的《萧县志》。

物产

苜蓿，《元史·食货志》：至元七年颁农桑之制令，各社布种苜蓿，以防饥年。

《群芳谱》：叶嫩时炒作菜可食，亦可作羹；忌同蜜食，令人下利。

➤➤➤《萧县志·卷之五》

肃镇志

《肃镇志》为甘肃地方志，明李应魁纂修。

物产

苜蓿，可饲马。按：《汉史》云，汉使采苜蓿种归，天子以天马为多，是外国使来者众，盖种苜蓿于离宫馆旁，极盛其云尔。

➤➤➤《肃镇志·卷之一》

安塞县志

蔬属

苜蓿，一名怀风，或谓之光风，茂陵人谓之连枝草（《西京杂记》）。县境甚多，用饲牛马，嫩时人兼食之。

➤➤➤《安塞县志·卷之九·物产志》

保安县志略

《保安县志略》清光绪二十四年（1898 年）刻本。

物产

菜蔬之属，葱、韭、蒜、薤、莱菔、菘、芹、莴笋、苦苣、蒿、茴、菠薐、芫荽、苜蓿、茄莲、芜菁、青椒、血苋、杞苗、荠青、马齿、胡萝、黄花、地丁。

➤➤➤《保安县志略》

怀远县志

嘉庆年间《怀远县志》刻本。

草类

苜蓿，《西京》解名怀风。

➤➤➤《怀远县志·卷二·赋税志》

光绪重修五河县志

嘉庆年间《光绪重修五河县志》刻本。

物产

苜蓿，二月生苗，极繁，初生时可食。北地种之以饲马牛。

➤➤➤《光绪重修五河县志·卷十·食货四》

光绪亳州志

物产

苜蓿，《西京杂记》名怀风，马食之多肥。

➤➤➤《光绪亳州志·卷六·食货志》

唐县志

草之属

苜蓿成丛者垂盆，而河之草罔难遍，山之草名难稽。

➤➤➤《唐县志·卷二·物产》

砀山县志

蔬属

藕、芹、韭、芥、葱、蒜、苋、山药、芫荽、莴苣、菠菜、菘、马齿、甘露、黄花、白花、金针、金瓜、西瓜、苦瓜、香瓜、菜瓜、丝瓜、苜蓿。

➤➤➤《砀山县志·卷之二·物产》

白水县志

《白水县志》清乾隆十九年（1754年）成书，作者梁善长。

山水

山之上有暗门，下有苜蓿沟。四面峰回峦接，最幽僻高寒者，香炉峰也。虽久晴，雪凝不化，日华东射，朗如玉立。训导黎世和有《秦山霁雪》诗，见《艺文志》。

➤➤➤《白水县志》

草之属

适用者四：蓬、苇、苜蓿、红兰也。蓬蒿类，有绵刺二种，子为面，可疗饥。乃葭芦之既成者，大者中空，小者中实。乡民取以覆屋、编壁，及为箔席之类。苜蓿（一作"牧宿"，见作"木粟"），大宛国种。乡民饲畜常刍也。初生叶嫩，可作菜。

➢➢➢《白水县志》

轶事

县之和苏村有任姓者，极不孝，在家常殴其母，至蒲城安丰村为人佣。一日，往田割苜蓿，倏然黑云四起，雷大震，红光闪烁。雷止视之，任伛偻焦黑，留一空皮。以手按之，并无寸骨。时康熙十六年己未五月也。

➢➢➢《白水县志》

泾州志

蔬类

葱、韭、茄、芥菜、白菜、蔓菁、蒜、芫荽、茼蒿、芹苋、胡瓜（俗名黄瓜）、西瓜、甜瓜、丝瓜、姜豆、苦苣、苦菜、苜蓿。

➢➢➢《泾州志·物产》

两当县志

清道光二十年（1840年）甘肃省《两当县志》。

草之属

茜草、马兰、苜蓿其最多也。余则有艾、有芦、有蒲。

➢➢➢《两当县志·卷之四·食货》

海城县志

蔬类

葱、韭、苦苣、莴苣、芹菜、黄芽菜、白菜、蔓菁、小蒜、藤蒿、苜蓿……。

➤➤➤《海城县志·卷七·物产》

康熙兰州志

草木

松、柏、榆、柳、瑰、椿、梨……沙柳、苜蓿、积草、莎草、艾。

➤➤➤《康熙兰州志·卷一·土产》

镇番县志

菜属

苜蓿虽菜属，可饲牲畜。其萌芽初发，人每蒸而食之。药有多种，半属草部，而多且良者。

➤➤➤《镇番县志·卷之三·物产》

镇番遗事历鉴

轮作

今农民为养地力，其法有二：一即歇沙，一为换茬种植。歇沙需深翻，或歇一年，或歇二年，夏种时，大水冬灌，冻泡如酥，遂成沃田。换茬最易，甲年种麦，乙年种糜，亦见奇效。若地力过疲，易之苜蓿，阅二三年，遽成上上之地，盖亦农家经验也。

➤➤➤《镇番遗事历鉴·卷九》

合水县志

草木

萱草、金丝草、莎草、香茅、马莲、苜蓿、马齿苋、芦苇、蒲、艾、麻。

➤➤➤《合水县志·下卷·物产》

铜陵县志

草类

蒲、茅、藻、艾、蓼、芦苇、苜蓿……。

➤➤➤《铜陵县志》

静宁州志

物产

四月，农人成群结队的祭祀山川湫神。祈求谷神叫做“青苗醮”。八日，女士朝拜西岩和主山，有的人专门供水。女士们集体奏乐对佛行礼。四月下旬观赏牡丹。这一月鲜花依次开放，小麦开始拔节，苜蓿、苦菜到了收获的季节，六畜开始怀孕，农夫开始播种秋谷。静宁南面的乡村既要播种秋粮，又要锄麦，平整荞麦地，培植瓜、茄、瓠、韭，剪羊毛，做面酱。

➤➤➤《静宁州志》

巨野县志

山东《巨野县志》为清道光二十年（1840年）刻本。

治碱法

碱地苦寒，唯苜蓿能暖地，不畏碱。先种苜蓿，岁夷其苗食之，三年或四年后犁去其根，改种五谷蔬果，深四五尺换好土以接引地气，二三年后则周围方丈地皆变为好土矣。

➤➤➤《巨野县志》

静海县志

天津《静海县志》为清康熙一二年（1673年）刻本。

草属

苜蓿、芦、蒲、蓬蒿、菖蒲、水葱、艾。

➤➤➤《静海县志·物产》

陆凉州志

清乾隆十七年（1752年）云南的《陆凉州志》。

蔬

韭、葱、蒜、茄、芋、苋菜、春不老、芹菜、茴香、苜蓿。

➤➤➤《陆凉州志・物产》

清水河厅志

《清水河厅志》为清阿克达春・文秀等纂修，光绪九年（1883年）刊本。

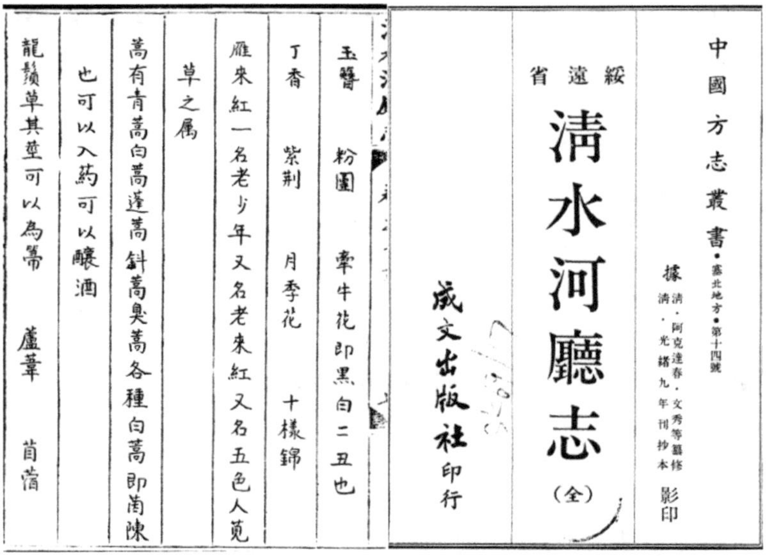
中國方志叢書・塞北地方・第十四號

綏遠省

清水河廳志

（全）

據清・阿克達春・文秀等纂修 清・光緒九年刊抄本影印

成文出版社印行

玉簪　粉團　牽牛花即黑白二丑也

丁香　紫荊　月季花　十樣錦

雁來紅一名老少年又名老來紅又名五色人莧

草之屬

蒿有青蒿白蒿蓬蒿斜蒿臭蒿各種白蒿即茵陳

也可以入葯可以釀酒

龍鬚草其莖可以為帚　蘆葦　苜蓿

草之属

蒿有青蒿、白蒿、蓬蒿、斜蒿、臭蒿各种，白蒿即茵陈蒿也，可以入药，可以酿酒。

龙须草，其茎可以为帚，芦苇、苜蓿……。

➤➤➤《清水河厅志・物产》

五凉全志

草类

苜蓿，可饲牛马。

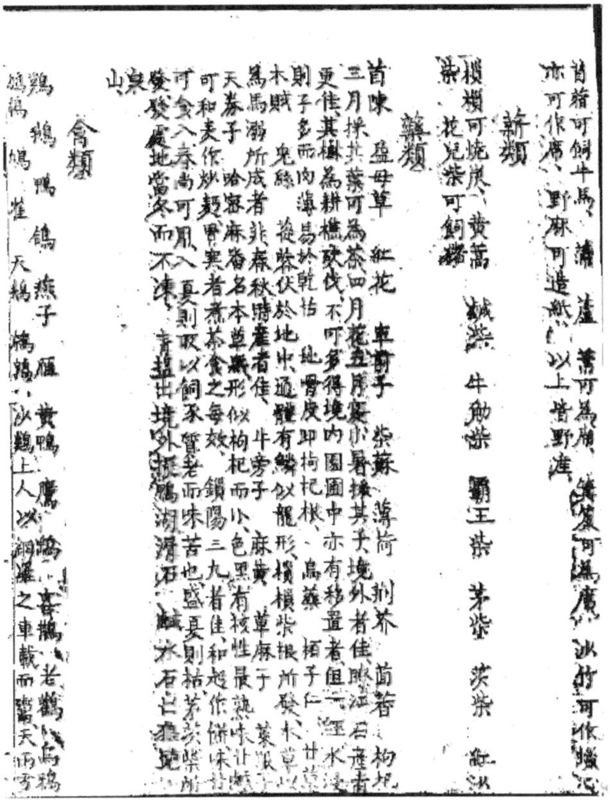

苜蓿可飼牛馬、蒲 蘆 蒿可爲席、[illegible]可爲席、沙竹可作[illegible]
亦可作席、野麻可造紙、以上皆野產、
薪類
梭梭可燒炭、黃蒿 鹻柴 牛舫柴 霸王柴 茅柴 茨柴 [illegible]
柴 花兒柴可飼駝
雜類
茵陳 益母草 紅花 車前子 紫蘇 薄荷 荊芥 苜蓿 枸杞
三月採其葉可爲茶、四月花五瓣[illegible]小暑摘其子、境外者佳、[illegible]石產者
更佳、其樹爲耕櫳砍伐、不可多得、境內園圃中亦有移置者、但[illegible]水[illegible]
則子多而肉薄、易於乾枯、地骨皮即枸杞根、 鳥蘇 栝子仁 廿[illegible]
木賊 兔絲 蓯蓉伏於地中、通體有鱗似龍形、梭梭柴根所發、本草[illegible]
爲馬溺所成者非、春秋時產者佳、牛蒡子 麻黃 草麻子 蒺[illegible]
天麻子 哈蟆麻 番名本草無、形似枸杞而小、色黑有核、性最熱、味[illegible]
可和麥作炒麪、實者煮茶食之每效、鎖陽三九者佳、和麪作餅、味[illegible]
可食、入春尚可用、入夏則取以飼豕、質老而味苦也、盛夏則結茅炭柴所[illegible]
發、發處地當冬而不凍、 青鹽出境外[illegible]鵝湖 滑石 鹼水 石[illegible]
山泉
禽類
鶏 鵝 鴨 鴿 燕子 雁 黃鴨 鷹 鷂 喜鵲 老鸛 烏鴉
鵪鶉 鴿 雀 天鵝 鶺鴒、沙雞上人以網羅之車載而鬻、天雨雪

➤➤➤《五凉全志·卷三》

河西怀古

苜蓿种别，本草注非（本草云：苜蓿即豌豆，非也，其叶似豌豆耳）。

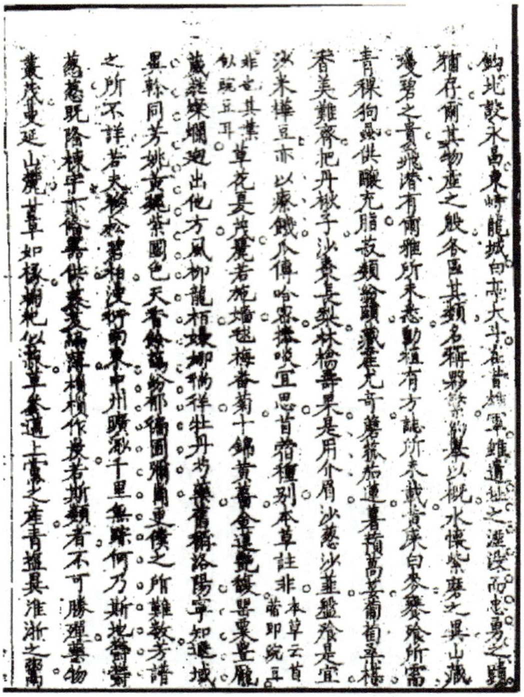

鈎北穀木昌東峙龍城白亭大斗[illegible]皆烽堡雖遺址之湮沒而忠勇之蹟
猶存爾其物產之般各區其類名稱夥[illegible]以概水族紫鰐之異山藏
瑰碧之貴兆潛有爾雅所未志動植有方誌所未載青庾白麥饕飧所需
青稞狗蝨供饌充脂菽類豌豆[illegible]尤奇薯蕷[illegible]連番菁[illegible]葡萄梨檎
香美難齊杷丹椒子沙棗長梨林檎壽果是用介眉沙葱沙韭盤飧是宜
沙米樺豆亦以療饑乃傳哈密[illegible]喉宜思苜蓿種別本草註非本草云苜蓿即豌豆
非古其葉飲豌豆耳草花莫茂麗若施牆毬梅番菊十錦黄薔金蓮艷[illegible]罌粟豈麗
藏[illegible]蝶爛迎出他方風柳龍柏[illegible]梛楊祥牡丹芍藥舊稱洛陽亭知邊域
異轍同芳姚黄魏紫圖色天香[illegible]紛郁備園獨開異候之所難數芳譜
之所不詳若夫松[illegible]檜柏渡河而東中州曠邈千里無蹤何乃斯地獨
蔚葱既隆棟宇亦備器供[illegible]編籍橫積作叢若斯類者不可勝殫藥物
叢茂更延山藥甘草知母[illegible]杞似[illegible]草[illegible]遍上寰之產青鹽異淮浙之鬻

➤➤➤《五凉全志·卷五》

绥远通志稿

《绥远通志稿》，由原绥远通志馆于 1937 年完成初稿，详细记载了绥远历史沿革。

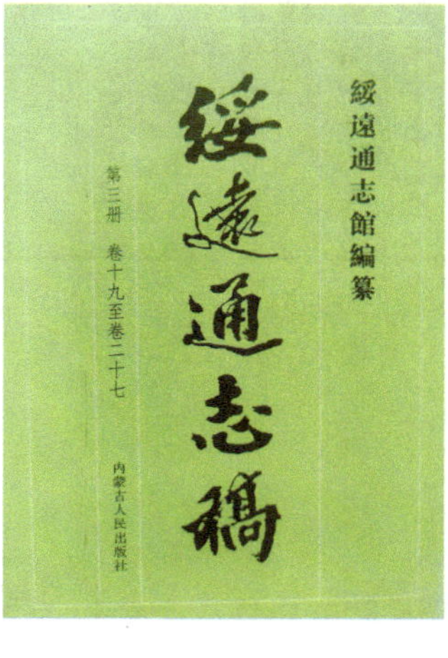

物产

苜蓿，野菜也，而绥地亦多种植者。多为饲畜之用，牛马食之，最易肥壮，故晋郭璞作牧畜。言其宿根自生，可饲牧牛马也。罗愿作木粟，言其可炊饭也。其草年年自生，一年可三刈，嫩苗人刈作盐菜吃之。二、三月间生，苗一科数茎，一枝三叶。绝类俗所谓灰菜，叶如小指顶，绿色油油。夏、秋间开紫花，结小荚，圆扁有刺，老则黑色，内有子如米。古云，其米可以酿酒。亦入药，可以利五脏。《西京杂记》：苜蓿原出大宛，汉使张骞带归中国。今本省处处有之，以地当西北，盖自昔称陕、陇出产为多也。另有一种野生苜蓿，叶较细小，长二、三分，夏开紫蓝色小花，连接如穗，亦可饲牛马，然不及种植者之为牛马喜食耳。

➤➤➤《绥远通志稿·卷二十五》

土产

唐人诗：初日上团团，照见先生盘。盘中何所有，苜蓿长阑干。

注：苜蓿、豌豆芽。按豌豆芽不任食，仍以绿豆芽为是。

➤➤➤《绥远通志稿·卷三十五》

续修陕西省通志稿

《续修陕西省通志稿》，清陕西省志，宋伯鲁等纂。民国二十三年（1934年）刊印。

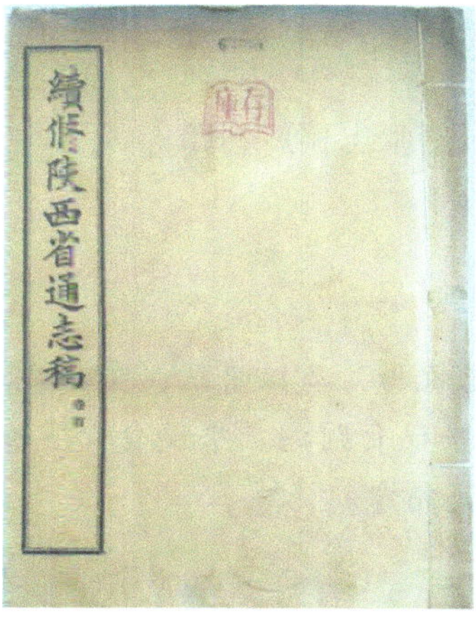

宋伯鲁（1854 ～ 1932 年），字芝栋，陕西礼泉人。光绪十二年（1886 年）进士。

物产

此（苜蓿）为饲畜嘉草……种此数年地可肥，为益甚多，故莳者广，陕西甚多。此为饲畜嘉草，嫩时可作蔬，凶年贫民决食以代粮。

➤➤➤《续修陕西通志稿·卷一》

朔方道志

《朔方道志》，民国时期马福祥等撰写。
马福祥（1876 ～ 1932 年），甘肃兰州人。

风俗物产

苜蓿，一名怀风，一名连枝草，嫩时可食。

➤➤➤《朔方道志·舆地志》

新疆志稿

民国十九年（1930 年）《新疆志稿》刊印。

动植物之分布

（伊犁）春草初生，宜先牧马，马性嗜洁，牛羊践之则不复食，饮水必寻上流。秋日苜蓿遍野，饲马则肥，牛误食则病。牛误食青苜蓿必腹胀大，医法灌以胡麻油半斤，折红柳为媒喂之，流涎而愈。

➤➤➤《新疆志稿》

邳志补

民国十二年（1923年）《邳志补》成书。

物产

苜蓿，《群芳谱》：一名木粟，一名怀风，一名光风草，一名连枝草，一名牧宿。张骞自大宛带种归，令处处种之。唐薛令之为东宫侍读官，作苜蓿诗以自乐：朝日上团团，照见先生盘，盘中何所有，苜蓿长阑干。《元史·食货志》：至元七年，颁农桑之制，令各社布种苜蓿，以防饥年，则古人所常食也。《史记·大宛传》：马嗜苜蓿，汉使取其实来，于是天子始种苜蓿。《唐书·百官志》：凡驿马，给地四顷，莳以苜蓿，又为饲马；邳人多于树边种之，以饲牛马，亦间有采为蔬者。

➤➤➤《邳志补·卷之二十四》

连江县志

蔬属

苜蓿：《嘉庆志》云，茎嫩，味清甘，子即豌豆。

按：苜蓿、豌豆，本草分载，种形大异，《通志》引《尔雅》《汉志》皆不云即豌豆，分载之宜也。

➤➤➤《连江县志·物产》

新绛县志

民国十八年（1929年）山西的《新绛县志》。

物产

苜蓿，各乡村皆种之，为最佳之牧料。《植物名实考》《述异记》谓：张骞使西域始得苜蓿，则苜蓿非我国有也可知。

➤➤➤《新绛县志》

徐水县新志

民国二十一年（1932 年）河北的《徐水县新志》。

植物

苜蓿，一名木粟，一名怀风，一名光风草，一名连枝草，出大宛国，马食之则肥，张骞使西域带种归，今到处有之。徐水各村隙地种苜蓿者最多，用以饲马。

➤➤➤《徐水县新志·卷三·物产记》

重修镇原县志

民国二十四年（1935 年）甘肃的《重修镇原县志》。

草之属

茜草、马兰、苜蓿其最多也。

➤➤➤《重修镇原县志·物产》

威　县　志

民国十八年（1929 年）河北的《威县志》。

物产

苜蓿，《汉书》作目宿；《尔雅翼》作木粟；郭璞作牧宿，谓其宿根自生；李时珍谓种出大宛，汉张骞带入中国；《西京杂记》曰，乐游苑自生玫瑰，树下多苜蓿，一名怀风，时人或谓光风草，风在其间萧萧然，日照其花有光彩，故名怀风，茂陵人谓之连枝草。《尔雅翼》作木粟，言其米可炊饭也；郭璞作牧宿，谓其宿根自生，可牧牛马也。

➤➤➤《威县志》

顺义县志

民国二十二年（1933 年）河北的《顺义县志》。

植物

苜蓿菜叶似豌豆，可茹，其苗春生，一棵数十茎，一茎三叶，紫花，秋结实似穄，入药。

➤➤➤《顺义县志·物产志》

张北县志

民国二十四年（1935 年）河北的《张北县志》。

植物

苜蓿茎长二尺余，平卧于地上，叶羽状复叶，叶腋出花，抽花小黄色。发芽时，坝下清明，坝上立夏、立秋后收割，坝下多产之作为喂养牲畜之用。

➤➤➤《张北县志·卷四·物产志》

怀安县志

民国二十三年（1934年）河北的《怀安县志》。

植物

苜蓿茎长、叶小、花黄，生于山野，亦有成亩播种者。以饲牛马。

➤➤➤《怀安县志・卷五・物产志》

景县志

民国二十一年（1932年）河北的《景县志》。

蔬类

苜蓿种出大宛，汉时张骞始带入中国，分紫黄二种。据《群芳谱》，张骞所带入者即紫苜蓿，今则处处有之，种后年年自生。刈苗作蔬，一年可三刈，亦可饲牛马。

按：苜蓿原系蔬种植物。《尔雅翼》作木粟，言其米可炊饭也。陶弘景曰：长安中乃有苜蓿园，北人甚重之，南人不甚食之，以无味故也。今见邑人种苜蓿者，于春季嫩时偶然采作蔬用，其大宗全作饲牛马，并无专种之以作蔬者。《献县志》云：邑人往往与碱地种之（苜蓿），宿根至三年以上则硗瘠可变肥沃。以碱地其下层有硬沙坚如石，水不能渗，故泛而为卤。苜蓿根长而硬，且直下如锥，宿根至三年以上则其根将硬沙触破，而水得渗下。此亦物理学之不可不研究者。

➤➤➤《景县志・卷二・物产品类》

广平县志

民国二十八年（1939年）河北的《广平县志》。

物产志

苜蓿，李时珍曰：原出大宛，张骞带入中国（《本草纲目》）；叶似豌豆，紫花，三晋为盛，齐鲁次之，赵燕又次之（《群芳谱》）。又一种花黄色，宿根。

六月种，嫩苗杂面蒸食，茎叶以饲牛马。

➤➤➤《广平县志·卷五》

昌乐县续志

民国二十三年（1934 年）山东的《昌乐县续志》。

物产志

苜蓿，叶小花紫，可蒸食，亦可饲畜。相传自汉时其种来自西域。

➤➤➤《昌乐县续志·卷十二》

德县志

民国二十四年（1935 年）山东的《德县志》。

物产

苜蓿，大别有二种。一曰紫花苜蓿，茎高数尺，叶羽状复叶，夏初开小紫花，春日苗芽嫩时亦可食，北方多种之。《史记·大宛列传》：马嗜苜蓿，汉使取其实来，于是始种苜蓿。《群芳谱》谓即苜蓿，南方无之；有一种野苜蓿，亦曰南苜蓿，或称金花菜，茎铺地，叶为三小叶合成，小叶倒卵形，顶端凹入，花小色黄，形似蝶，荚作螺旋形，有刺，入药者即此，南方随处有，北方地无之。

➤➤➤《德县志·卷十三·风土志》

莱阳县志

民国二十四年（1935 年）山东的《莱阳县志》。

物产

苜蓿有紫苜蓿、黄苜蓿、野苜蓿三种。

➤➤➤《莱阳县志・卷二之六》

柏乡县志

民国二十一年（1932 年）河北的《柏乡县志》。

物产

苜蓿，硗地不殖五谷，地间或生之，亦物之有主权者。

➤➤➤《柏乡县志・卷三》

济阳县志

民国二十三年（1934 年）山东的《济阳县志》。

农业

苜蓿，多播种于碱地。为畜产要品，嫩叶可食，且蜜源极富，附近宜于养蜂。

➤➤➤《济阳县志・实业》

阳信县志

民国十五年（1926 年）山东的《阳信县志》。

植物

苜蓿为畜牧要品，嫩叶可食。

➤➤➤《阳信县志·卷七·物产志》

夏津县志续编

民国二十三年（1934 年）山东的《夏津县志续编》。

物产

苜蓿，味甘甜，可饲牲畜。

➤➤➤《夏津县志续编·卷四·食货志》

新城县志

民国二十四年（1935 年）山东的《新城县志》。

庶物

《史记·大宛列传》：马嗜苜蓿，汉使取其实来；《元史·食货志》：世祖初令各社种苜蓿防饥年;《群芳谱》:一名木粟，一名怀风，三晋为盛，齐鲁次之，赵燕又次之;葛洪《西京杂记》:乐游苑树下多苜蓿，一名怀风，时人或谓之光风，风在其间萧萧然，日照其花有光彩，故名苜蓿为怀风。茂陵人谓之连枝草。苜蓿宿根，根最长，入土最深，初生时人多采食之，一岁三岁割以之饲牲畜，杜甫诗云：宛马总肥春苜蓿。

➤➤➤《新城县志·卷十八·地物篇》

涡阳县志

民国十四年（1925 年）安徽的《涡阳县志》。

草类

苜蓿,《尔雅翼》作木粟，言其米可炊饭也;郭璞作牧宿，谓其宿根，可牧牛马也。

➤➤➤《涡阳县志·卷八·物产》

交河县志

民国五年（1916 年）河北的《交河县志》。

物产

苜蓿或作荍蓄，可饲牛马。

➤➤➤《交河县志·卷一·舆地志》

清苑县志

民国二十三年（1934 年）河北的《清苑县志》。

物产

苜蓿初生叶可食。

➤➤➤《清苑县志·卷三·风土》

翼城县志

民国十八年（1929年）山西的《翼城县志》。

物产

苜蓿喂马用，春季初生嫩苗，人家亦多采食者。

➤➤➤《翼城县志·卷八·物产》

澄城县志

民国十五年（1926年）陕西的《澄城县志》。

物产

苜蓿，各处皆有，嫩叶作菜食，长大以喂牲畜，唯种者甚少，乡民夏秋取。

➤➤➤《澄城县志》

民勤县志

民国十五年（1926年）甘肃的《民勤县志》。

草类

苜蓿可饲牛马。

➤➤➤《民勤县志·物产》

华亭县志

民国二十二年（1933 年）甘肃的《华亭县志》。

物产

苜蓿，亦张骞西域得种，嫩叶作蔬，长苗饲畜。

➤➤➤《华亭县志·卷之一·方舆图》

重修灵台县志

民国二十四年（1935 年）甘肃的《重修灵台县志》。

物产

苜蓿，春初芽可食，及夏干老，花开，俱喂牲畜。

➤➤➤《重修灵台县志》

新修张掖县志

1959 年甘肃的《新修张掖县志》。

物产

苜蓿可饲马，由外国采回，武帝种于离宫馆旁。

➤➤➤《新修张掖县志·卷之一·方舆图》

大通县志

民国八年（1919 年）青海的《大通县志》。

植物

苜蓿，《群芳谱》：一名木粟，一名光风草，一名连枝草，春初芽嫩可食。

➤➤➤《大通县志·第五部·物产志》

栖霞新志

民国二十三年（1934 年）江苏的《栖霞新志》。

饲料类

狗尾草、高燕麦草、苜蓿、红豆草、大红豆草、野豌豆、紫云英等。

➤➤➤《栖霞新志》

高密县志

民国二十四年（1935 年）山东的《高密县志》。

蔬属

苜蓿，可蒸食。

➤➤➤《高密县志》

江阴县续志

民国十年（1921年）江苏的《江阴县续志》。

物产

苜蓿，即目宿，亦作荍蓿。《省通志》载，相传种出大宛，张骞带入中国。根据《史记》而言，俗名盘基青，形似金花菜，而味尤美，不需人种，随地野生，花色亦黄更细。

➤➤➤《江阴县续志》

阜宁县新志

民国二十三年（1934年）江苏的《阜宁县新志》。

物产

野苜蓿，野生牧草。
紫苜蓿，俗名金花菜，沿海垦殖公司多植之，以作绿肥，亦可食。

➤➤➤《阜宁县新志》

锦 县 志

民国九年（1920 年）辽宁的《锦县志》。

物产

羊草，《盛京通志》曰："羊草生山原间，清时户部官庄以时收交，备牛羊之用。西北边谓之羊须草，长尺许，茎末圆，如松针。黝色油润，饲马肥泽。居人以七八月刈而积之，经冬不变。大宛苜蓿疑即此，今人以苜蓿为菜。盖同名也"。

➤➤➤《锦县志》

神木乡土志

民国时期陕西的《神木乡土志》。

菜属

韭菜、菠菜、白菜、芥菜、蘑菇、苦菜、苜蓿、茼蒿、葱……。

➤➤➤《神木乡土志·物产》

续修蓝田县志

民国三十年（1941年）陕西的《续修蓝田县志》。

物产

苜蓿种出西域，农家多种以为刍秣之用，春初嫩苗可为蔬菜，饥年贫民籍以充腹，尤可贵也。

➤➤➤《续修蓝田县志》

澄城县附志

土产

苜蓿各处皆有，嫩叶作菜食，长大喂牲畜，唯种者甚少。

➤➤➤《澄城县附志》

天水县志

物产

苜蓿一名木粟，一名怀风草，一名连枝草。

➤➤➤《天水县志》

歙县志

蔬属

菘、苦菜、黄花菜、玉兰、芙蓉花、栀子花、南瓜、苦瓜、葱、苜蓿、鹅肠草、鸡肠草……。

➤➤➤《歙县志·卷三·食货志·物产》

沁源县志

民国二十二年（1933年）《沁源县志》。

草属

莎、菅草、蒲、茅、兰、苇、莎蓬、苜蓿、艾蒿。

➤➤➤《沁源县志》

宣化县新志

草属

蒿、青蒿、米蒿、艾蒿、菖蒲、苦豆、芽香、苜蓿……。

➤➤➤《宣化县新志》

满城县志略

草属

苜蓿，有紫黄二种，嫩时可食，老则取之饲马。又有苜蓿花黄，有刺，又名铁索子。

➤➤➤《满城县志略》

静海县志

民国二十三年（1934年）《静海县志》。

物产

苜蓿，非野生，花黄。农家和以喂牲畜，蒸熟人亦可食。南省菜圃亦有，唯其花紫，名曰草头，炒肉良。

葡萄，《汉史·西域传》：大宛以葡萄为酒，岁献天马若干匹，汉使采葡萄、苜蓿种以归，天子以天马多，又大宛国使来日众，故在离宫别馆种葡萄、苜蓿，无隙地。

➤➤➤《静海县志》

胶 澳 志

民国十七年（1928年）山东的《胶澳志》。

农业

农场事务计分技术、推广两项，其属于技术事项者，又分耕种、畜牧二项，甲属耕种者:（一）为特用作物如桑、麻、棉、烟、甜菜、落花生、蛇麻草、除虫菊，以选种育种为主；（二）为普通作物如麦、粟、大豆、甘薯、高粱，以品种选种育种为主，并研求所应用之肥料及栽培方法；（三）蔬类本地蔬菜外，并植外国蔬类，如甘蓝、芦笋、番茄、日本南瓜、甜菜、蒜、葡之类；（四）果木其品种多属日本输入，产量尚佳，品质优于本种；（五）委托试验农场，有时受人民之委托作农事之试验。乙属畜产者：（一）乳牛接收时，为三十头，其后产生犊牛二十四头，选存良种二十六头，育牛目的在于改良种牛，山东牛为食役兼用之。牛种体格矮小，产乳甚少，选与和兰种牛交配，计至民国十三年已行至第四代，第一代所产高四尺一寸，每日产乳一百三十三两，第二代高四尺二寸五分，产乳一百九十两，第三代高四尺二寸三分，产乳二百七十三两，逐渐化为纯粹欧种；（二）豕系以巴克夏种与本地种交配，本地豕种色纯黑，发育缓，肉量少，巴克夏豕身黑，而首尾四蹄则白，交配之第二代所产已有半数与巴克夏种同，色与曼氏遗传律适相符合；（三）我国绵羊羊毛长而粗，产量亦少，旧种每羊剪毛平均四十四两，而第一代之杂种平均得六十三两毛，质亦优；（四）山羊现有萨纳种牝牡各一为产乳用山羊，乳之功用不亚于牛，而饲育则较易也；（五）鸡所饲种鸡各有所长，布拉麻种卵少肉丰，来古杭种瘦小多卵，年产一百以上，名古屋柯庆种、普利毛斯劳克种产卵既多，体肉丰伟，均为东西洋选育之良种；（六）牧草试植，已有成绩者为紫花苜蓿及红稍草，果园草生育最佳又植牧草十数种，试行轮流剥种；（七）饲料试以花生饼、豆饼饲牛，功效相等，唯用之过多，则产乳中之脂肪质过柔软，又饲猪养鸡，须搀用动物质则发育速而卵多。

➤➤➤《胶澳志·食货志》

蔬菜类

葱、韭、茄、芥、芫荽、茼蒿、萝葡、白菜、黄花菜、赤根菜、茴香、辣椒、芹菜、苋、蔓菁、莙蓬、眉豆、地鬓、苜蓿、苦菜、菠菜、香椿芽、豆角、红薯。

上列各重要物品生产量之统计。

全县面积约为二千五百方里，合官亩一百三十五万亩，除碱、潦、沙滩、河流、村落、宅基、公共场所、庙宇、道路所估地段外，可供生产之熟地约有三十万零七千五百余亩，每年种植各物所估地亩按百分比：谷黍稷在内约估百分之三十，合地九万二千二百五十亩，年景丰余地质肥瘠平均每亩产量以市斗二石计算，可共得十八万四千五百石；高粱约估地百分之二十，合地六万一千五百亩，每亩产量以市斗一石六斗计算，可共得九万八千四百石；小麦约估地百分之三十，合地九万二千二百五十亩，产量以市斗一石计算，可共得九万二千二百五十石；花生约估地百分之十，合地三万零七百五十亩，每亩产量以市称六百斤计算，可共得一千八百四十万斤；棉花约估地百分之五，合地一万五千三百七十五亩，每亩产量以市称一百斤计算，可得一百五十三万七千五百斤；红薯，有种于春地者，有种于麦地者，此处指种植于春地者，约估地百分之二一；瓜果约估地百分之一；芝麻约估地百分之一．五;苜蓿约估地百分之一．五。此数项共合地一万五千三百七十五亩。

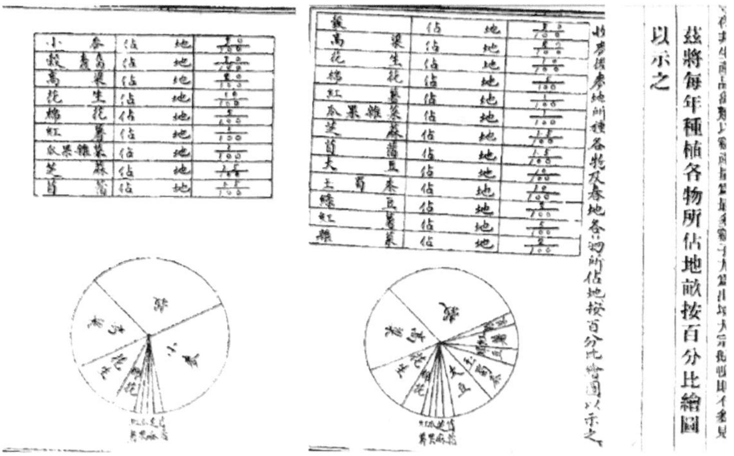
兹將每年種植各物所佔地畝按百分比繪圖以示之

蜀都杂抄

《蜀都杂抄》，明陆深撰，1卷。

陆深（1477～1544年），明代文学家、书法家。

黎州安抚司内，小厅东有梨树一株，高九丈，围九尺，州人取其枝以接果，岂黎以梨名耶？州人呼为三藏梨，相传为唐僧西游，植黎杖于此，曰他日州治在此，恐非实事。古称黎杖，黎即苜蓿，养之历霜雪，经一、二岁，其本修直，生鬼面，可杖，取其轻而坚，非梨木也。

➤➤➤《蜀都杂抄》

福州府志

蔬之属

苜蓿，采其叶可作蔬，味清而甘。

➤➤➤《福州府志·卷之二十五·物产一》

厦门志

唐

薛令之，字珍君，长溪人，一曰徙今嘉禾里。神龙二年进士，闽人以诗赋登第，自令之始。

开元中，累迁左补阙，兼太子侍读，与贺知章并侍东宫。时李林甫不惬于太子，官僚冷落。令之欲讽明皇，题壁云："朝旭上团团，照见先生盘。盘中何所有？苜蓿长阑干。"明皇览不悦，援笔题曰："啄木嘴距长，凤凰羽毛短。若嫌松桂寒，任逐桑榆暖。”令之遂谢病，徒步归。明皇闻其贫，令有司资以岁赋，令之量口受赐。及肃宗即位，以旧德召令之，令之已逝矣。因敕名其乡曰“廉乡”，水曰“廉水”。有《明月先生集》行于世（《府志》《叶晴峰诗话》）。

薛沙，令之裔孙，为龙溪尉。居嘉禾屿，人称为薛岭。其南陈黯宅在焉，时号南陈、北薛。五世至文偓，任司农少卿。宋元佑中，裔孙颖士举贡士著作郎（《府志》《名胜志》）。

➤➤➤《厦门志·卷十三·列传六·文学》

永定县志

《永定县志》（康熙本）康熙三十六年（1697年）增补，由赵良生、李基益修纂。

国朝

林荃佩，闽县人，由丙寅岁贡。康熙四十一年任。道貌亲人，诚心诱士。斋头苜蓿，淡泊自甘。口握春风，引掖不倦。到任两载，以年老告归。通庠仰其曲型，立碑学宫土地祠左，与前教谕李基益同祀，以志不忘，并拟诸二疏之高致云。

➤➤➤《永定县志·卷十·续增》

澎湖纪略

《澎湖纪略》是清朝澎湖厅的方志。全书共有12卷。作者是清胡建伟。

胡建伟（1718～1796年），又名式懋、勉亭，乾隆年间进士。

总论

《周礼·职方》掌天下之地，人民材畜有辨，九谷六畜有别。管子师其意，以五施别五土。凡五种之宜与不宜，若草木鸟畜又熟宜；又分五土而三，而各其六也；土物九十而种三十六也。古人之尽地利、穷物性，精知博究以导民如此。诚以贡赋、财用、饮食、宫室、养生、送死之所由藉也。土物之所系，不綦重哉！然而雍州之梁、不周之粟、阳山之穄、南海之秔，与夫璆球裕于西北、金锡盛于东南，以至于橘不植淮、雒不踰济，物产于土而域于土者，亦与宋斤、鲁削、粤镈同；一迁其地，而弗能为良之意也。太史公曰：原大则饶，原小则鲜。岂虚语耶？昌黎称闽地肥衍，有山川禽鱼之乐，固不仅旁榹龙眼、侧生荔枝，焜煌中土已也！夫圣人因地布利，不患其产之不丰，而患其本之弗尚；苜蓿蒲桃、炭宾焜竹，固不得与丝、麻、菽、粟而比隆也。今澎湖虽无珍禽、异兽、美果、奇花之饶，而人勤于职，无旷土，无游民，日耕于山，夜钓于水，饱食暖衣，含哺鼓腹，以乐太平，奚事侈陈异物以珍富美也哉！

➤➤➤《澎湖纪略·卷之八》

侯官县乡土志

国朝

官庄，字则敬，岁贡生。幼出为伯父后，事嗣母唯谨。本生父，继母就养于兄。兄卒，因迎养焉。母殁，戒二子丧葬尽礼，勿以分产异视。历官建宁训导、泰宁教谕，皆得士心。庄以岁贡授建宁训导，尝修葺文庙为庠。贫士吴某，完浮量又置义田资之。及署泰宁教谕，复捐俸置学田云。寻转宁化教谕。时训导蔡某贫甚，为代完社谷百石。其子妇相继沦亡，悉为措置归葬。未几，蔡卒，复经纪其丧。按石曼卿三丧不葬，范忠宣尝举麦舟以赠之。庄一苜蓿冷官，乃能仗义若此，古今人何必不相及耶！

➤➤➤《侯官县乡土志·耆旧录内编一（德行）·明》

晋江县志

国朝

杨孟瓛，字巨山。顺治戊子举人，授上杭教谕。专意训迪，苜蓿自甘。有诸生为乡民所讦，邑令牒致之。孟瓛谓两造中有里民，非学官所应理，力辞焉。卒于官，榇不能举。令蒋廷铨倡捐，诸生各致赙，始得归。

➤➤➤《晋江县志·卷之四十五·人物志·宦绩之六》

凤山县志

《凤山县志》，台湾地方志。清李丕煜修，陈文达等纂。

李丕煜（生卒年不详），河北滦州（今河北滦县）人，曾任凤山（今属高雄）知县。

儒学署

朝廷设儒学一官，资以教育士子、作养人才。虽云苜蓿寒毡，而实有名教之任。知县治民、教谕课士，不可偏废。矧凤邑属在海外，更宜化导振兴，使之渐仁摩义；处则为有用之材、出则为庙堂之用。学署岂可缺乎哉？当俟庀材鸠工而为之建也。

➤➤➤《凤山县志・卷之二》

知县典史巡检儒学教谕

台属县设有三，凤山序居其二。令以主治河阳，花满春郊；属以分猷苜蓿，香盈几席。或捕盗，或抚番，虽秩之大小不同与职之烦简互异，要皆竭臣工之心力，上以分黼座之忧勤者也。溯自开辟至今，任不一氏，为历志其名，亦使后之人拟而议之曰：某也贤、某也否、某也廉、某也贪，以为劝惩之一助焉尔。

➤➤➤《凤山县志・卷之四》

西湖水利考

《西湖水利考》详细记录了唐宋以来杭州西湖的治理情况和保护措施。

古之人爱西湖，比于眉目者，如镜之不可受尘，受尘则清光掩矣；如剑之不可触秽，触秽则宝气丧矣。古人之狎此湖也，植以杞柳，夹以芙蓉，荣以桃李，参以竹柏，岂止饰游观、追啸傲矣哉，所以坚堤堑、翼根基也。今湖中渊泉百道，久多抑没，而湖中时长阴沙，如昔所谓息壤者，隆崇崔嵬，坡陀曼衍，处处峙起。湖中三潭，昔云深不见底者，波光云影，可得俯浴。城中日暮，小儿吹角导马出城，万蹄驰突，往往浑浊水色，腐败茭草。阅历岁月，或变桑田，此其一也。愚谓城中诸河，隶屯内者，既非如土著户口，可使计工竣事；又非如闲田瓯脱，可置弃而不问。亦莫若官自为之，计道里，输畚干。因原隰呈粮粮，必使内外如一，方可支久。一身之中，计已抉筋、搦髓、揲胃、浣肠，而一手一足之微，不为除去，使留病本。为后日周身之患，非智者也。至若湖中阴沙，当时时挑浚。泉眼请如吴越时，特置撩兵千人，每岁视其梗塞者，循环疏通。盖西湖诸泉灿如列星，开此则塞彼，前坍则后涨，以葑弱而易生，又即芟而即长，乘梅雨之候，葑根易动之时而撩之，此治之以时计者也。乘舴艋之舠，操笭箵之器，因利乘便。使葑不至狂蔓沿堤迅撩，此又治之不可以时计者也。乃国马为武事所须，而江干旷远。传有云"川泽藏垢"，宜徙马肆于江干无人居之域。采苜蓿则易，纵饮龁则安。必不可使近西湖，亦治西湖之要计也。

➤➤➤《西湖水利考》

龙江船厂志

《龙江船厂志》，明李昭祥著，是记载明代著名造船厂龙江船厂（在今江苏南京）的历史资料。

李昭祥（生卒年不详），字元韬，上海人。嘉靖二十六年（1547年）进士。

建置志

洪武初，即都城西北隅空地，开厂造船。其地东抵城濠，西抵秦淮街军民塘地，西北抵仪凤门第一厢民住廊房基地（阔壹百叁拾捌丈），南抵留守右卫军营基地，北抵南京兵部苜蓿地及彭城伯张田（深叁百伍拾肆丈）。后因承平日久，船数递革。厂内空地，暂召军民佃种，止留南、北水次各一区，以便工作。畎浍中界，而厂遂分为前后矣。二厂各有溪口，达之龙江，限以石闸、板桥，以时启闭。

➤➤➤《龙江船厂志·卷之四》

钦定热河志

《热河志》，1781年（乾隆四十六年）修成。此书是由乾隆皇帝亲自审定的，故名为《钦定热河志》。

哈萨克使臣至令随围猎并成是什

哈萨克在汉为西域地，史汉所记，匈奴在北，西南夷在西南，西域诸国在西，为最辽远相传。哈萨克为古大宛，然《史记》言大宛为城郭之国，则正今之挪尔奇穆哈什哈尔及土鲁番一带回部，非哈萨克斯坦也。哈萨克虽亦回教，而实行国与布鲁特同俗，又所称大宛产苜蓿、葡萄，今哈萨克亦绝无徒以产马，与大宛相似。然西北诸部何处不产马耶，盖汉时大宛、乌孙、康居、奄蔡、月氏、扦罙、于阗诸国统为西域，而大宛部落强盛，附庸者多，哈萨克在彼时当是其部中之一国耳，《史记》称大宛东北则乌孙，而土鲁番之东此即额鲁特诸部。乌孙，蒙古语谓水也，额鲁特逐水草而居，史所谓随畜与匈奴同俗者也，且今哈萨克在额鲁特之北是又不同矣。

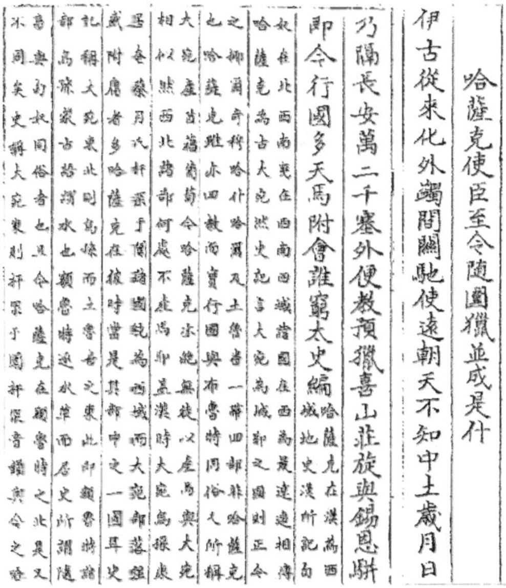

哈薩克使臣至令隨圍獵並成是什

伊古從来化外蹤閶闔馳使遠朝天不知中土歲月日

乃隔長安萬二千塞外便教預獵喜山莊旋與錫恩駢

即今行國多天馬附會誰窺太史編哈薩克在漢為西域地史漢所記匈奴在北西南夷在西南西域諸國在西為最遼遠相傳哈薩克為古大宛然史記言大宛為城郭之國則正今之挪爾奇穆哈什哈爾及土魯番一帶回部非哈薩克也哈薩克雖亦回教而實行國與布魯特同俗又所稱大宛產苜蓿葡萄今哈薩克亦絕無徒以產馬與大宛相似然西北諸部何處不產馬耶蓋漢時大宛烏孫康居奄蔡月氏扞罙于闐諸國統為西域而大宛部落强盛附庸者多哈薩克在彼時當是其部中之一國耳史記稱大宛東北則烏孫而土魯番之東此即額魯特諸部烏孫蒙古語謂水也額魯特逐水草而居史所謂隨畜與匈奴同俗者也且今哈薩克在額魯特之北是又不同矣史稱大宛東則扞罙于闐扞罙音[illegible]與今之喀

➤➤➤《钦定热河志·卷二十三》

奇石蜜食

回语绿蒲萄之名也，凡蒲萄皆有子，此独无子，截条植地而生。回中古亦无此种，云数百年前自布哈尔始得之，布哈尔去叶尔羌西又数千里，前年命取根移植禁苑，今成活结实，诗以纪事。

服食明垂贡旅獒，苑中初熟绿蒲萄。昔同目宿原有子（中国蒲萄相传种来自西域，然皆有子者），此便离支宁比高（魏文帝诏南方龙眼、荔枝宁比西国蒲萄、石蜜，石蜜之音颇近回语，岂当时亦曾见此耶）。

方志

奇石蜜食 癸未

回語綠蒲萄之名也凡蒲萄皆有子此獨無子蔵條植地而生回中古亦無此種云數百年前自布哈爾始得之布哈爾去葉爾羌西又數千里前年命取根移植禁苑今成活結實詩以紀事

服食明垂貢旅獒苑中初熟綠蒲萄昔同曰宿原有子中國蒲萄相傳種來自西域然皆有子者此便離支寧比高魏文帝詔南方龍眼荔枝寧比西國蒲萄石蜜石蜜之音頗近回語豈當時亦曾見此耶廣志徒傳三種色廣志云蒲萄有黃白黑三種燕歌休詡一杯豪奇石讀作平聲蜜食賓方物慎德那辭乾惕勞

➤➤➤《钦定热河志·卷九十三·物产二·果之属》

前题

无边趣司盟旧部，驰传来属吏新藩，践更赴根移。苜蓿抽嫩刍，种献蒲桃压清酤，佳名沃壤多巴颜。

前題 劉綸

一重兩重碧嶂開千騎萬騎黃城駐星廬匼匝翊雕宮高下風竿辮蹊路行行設柾更通橋秋原延矚無邊趣司盟舊部馳傳來屬吏新藩踐更赴根移苜蓿抽嫩芻種獻蒲桃壓清酤佳名沃壤多巴顏

➤➤➤《钦定热河志·卷一百十二》

钦定八旗通志

《钦定八旗通志》，清福隆安等奉敕续纂，是研究八旗制度和满族历史的重要资料。

旨依议

十月，军机处议西安将军傅良等疏，称前任将军容保在马厂地方每旗建盖马棚一百间，共八百间，又造运草厂船四只，厂地种苜蓿六十三顷。其马棚现多坍塌，船只亦已朽坏，若不早为筹办，必致乌有。所种苜蓿有名无实，办理殊属未协，又坍损营房六十间，现在尚堪拣用之各料物，请移至现留右翼四旗厂内另盖营房等……所种苜蓿六十三顷，用银三千三百余两之多，当时自应委员承办种后，是否收成该将军亦应查。

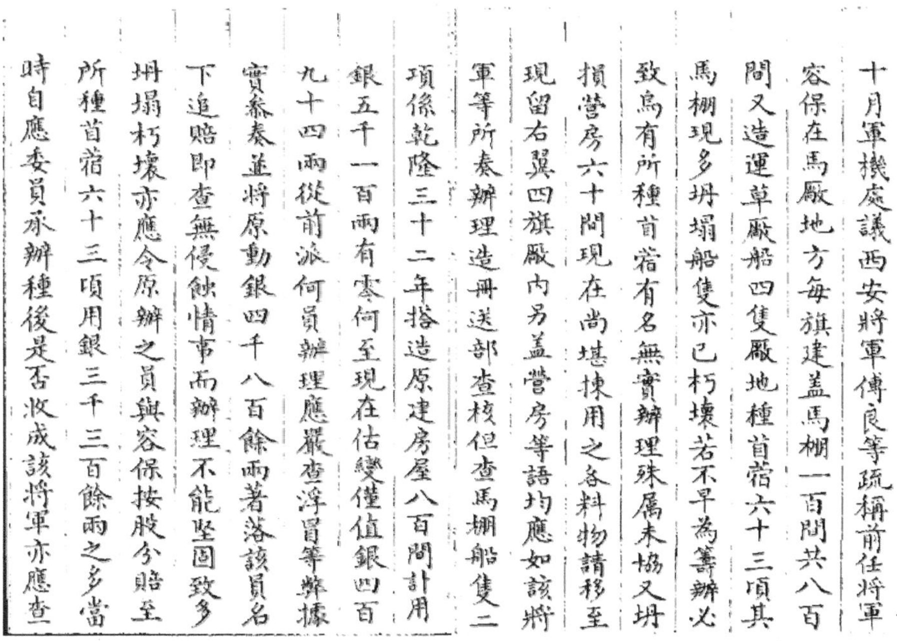
十月軍機處議西安將軍傅良等疏稱前任將軍容保在馬廠地方每旗建蓋馬棚一百間共八百間又造運草廠船四隻廠地種苜蓿六十三頃其馬棚現多坍塌船隻亦已朽壞若不早為籌辦必致烏有所種苜蓿有名無實辦理殊屬未協又坍損營房六十間現在尚堪揀用之各料物請移至現留右翼四旗廠內另蓋營房等語均應如該將軍等所奏辦理造冊送部查核但查馬棚船隻二項係乾隆三十二年搭造原建房屋八百間計用銀五千一百兩有零何至現在估變僅值銀四百九十四兩從前派何員辦理應嚴查浮冒等弊據實參奏並將原動銀四千八百餘兩著落該員名下追賠即查無侵蝕情事而辦理不能堅固致多坍塌朽壞亦應令原辦之員與容保按股分賠至所種苜蓿六十三頃用銀三千三百餘兩之多當時自應委員承辦種後是否收成該將軍亦應查

➤➤➤《钦定八旗通志·卷七十五·土田志十四·八旗牧场》

保德州志

草属

茅（俗名香草）、蓑草（可作雨衣）、龙须（可作帚）、独扫（初生可食）、茨艺（野生，亦可食）、黄荆（黄花可采食）、地椒、艾叶、旨鷊（小草如绶，亦名文草）、苜蓿（可喂马）、马莲（可作纸）、层（可作帚）、苋、茶、盆科（绵盆、沙盆，熟可度荒）、登相子（沙地多生，名沙米，作羹颇美）。

➤➤➤《保德州志·卷三·风土第三》

河南通志

《河南通志》是清雍正年间成书的省级地方志书。

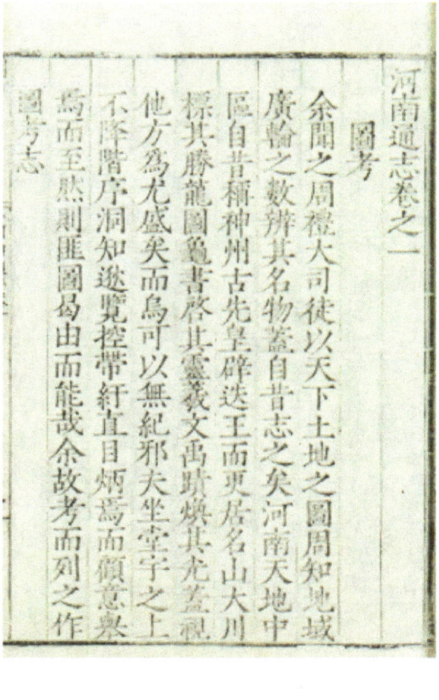
河南通志卷之一
圖考
余聞之周禮大司徒以天下土地之圖周知地域廣輪之數辨其名物蓋自昔志之矣河南天地中區自昔稱神州古先皇辟迭王而更居名山大川標其勝龍圖龜書啓其靈羲文禹跡煥其光蓋視他方爲尤盛矣而烏可以無紀邪夫坐堂宇之上不降階序洞知遐覽控帶紆直目炳焉而領意衆焉而至然則匪圖曷由而能哉余故考而列之作圖考志

物产

草、苜蓿、薜萝、荀。

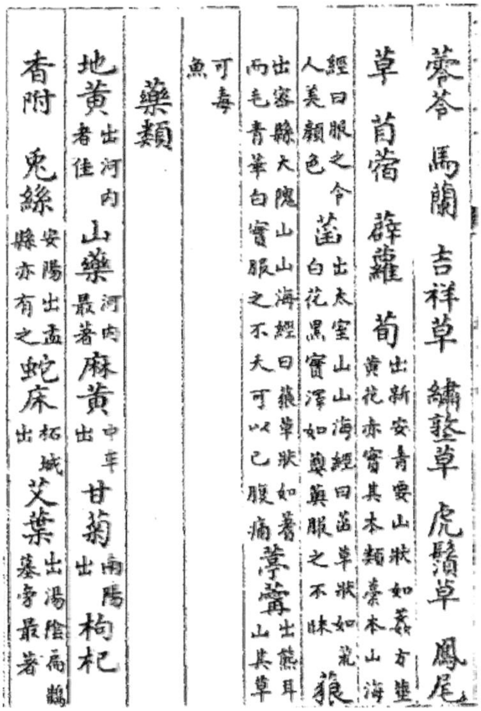
蓉苓　馬蘭　吉祥草　繡墩草　虎鬚草　鳳尾草　苜蓿　薜蘿　荀出新安青要山狀如葌方莖黃花赤實其本類藁本山海經曰服之令人美顏色　菌出太室山山海經曰菌草狀如葵白花黑實澤如蘡薁服之不眯　狼出容縣大隗山山海經曰蕵草狀如蓍而毛青華白實服之不夭可以已腹痛　葶薴出熊耳山其草可毒魚

藥類

地黃出河內者佳　山藥河內最著　麻黃中牟出　甘菊南陽出　枸杞　香附　兔絲安陽出孟縣亦有之　蛇床柘城出　艾葉出湯陰扁鵲墓旁最著

➤➤➤《河南通志·卷二十九》

甘肃通志

《甘肃通志》是清乾隆年间成书的省级地方志书。

杨可立，字止止，灵台县人，淹贯群书，少工文艺、究心。……好学笃行，著述甚多，学者称为淡斋先生。值岁荒，有百余人采食苜蓿，可立悯之，各给米数斗。

王清楊可立字止止靈臺縣人淹貫羣書少工文藝究心
周程張朱之學體認求放心工夫樂教人爲善建塾
訓鄉里子弟遠近從之以明經授藍田訓導陞鎮安
教諭優恤貧生致仕歸設義田周窮乏晚尤好學篤
行著述甚多學者稱爲洨齋先生值歲荒有百餘人
採食苜蓿可立憫之各給米數斗去有羣盜攻掠居
民謂其衆曰楊某名賢衆毋擾其爲小人敬服如此
慕天顏字拱極靜寧州人順治十二年進士初任浙

➤➤➤《甘肃通志·卷三十五》

明赵时春马政论

汉文景时，阡陌成群，六郡良家驰射是利马援之，边郡田牧数年，得畜产数万，唐人养马亦于泾渭，近及同华置八坊，其地止千二百三十顷，树苜蓿、茼麦。

非養馬汧渭大蕃息宣王中興比物閑則北至太原
南平荆蠻大蒐鄭圃皆以車馬之盛爲言秦烏羸谷
量牛馬即烏氏人而漢文景時阡陌成羣六郡良家
馳射是利馬援之邊郡田牧數年得畜產數萬唐人
養馬亦于涇渭近及同華置八坊其地止千二百三
十頃樹苜蓿苘麥用牧奚三千官察無幾衣食皮毛
是資不取諸官蓋合牧而散畜之牧專其事不雜以
耕而太僕張萬歲王毛仲官職雖尊身本帝圉生長

➤➤➤《甘肃通志·卷四十六》

赠田九判官梁丘

崆峒使节上青霄，河陇降王款圣朝。
宛马总肥春苜蓿，将军只数汉嫖姚。
陈留阮瑀谁争长，京兆田郎早见招。
麾下赖君才并入，独能无意向渔樵。

苜蓿峰寄家人

苜蓿峰边逢立春，葫芦河上泪沾巾。
闺中只是空相忆，不见沙场愁杀人。

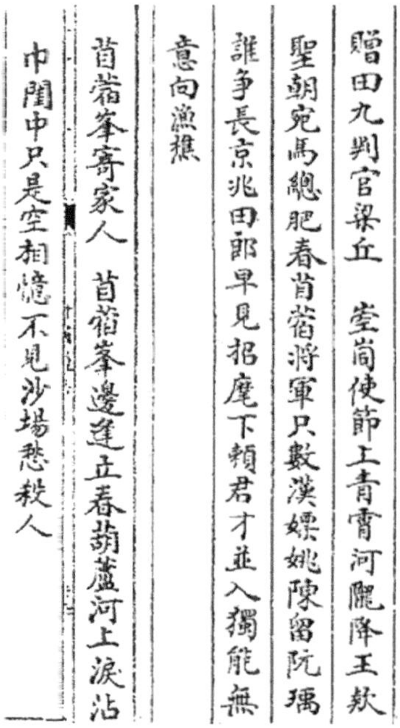
贈田九判官梁丘　崆峒使節上青霄河隴降王款
聖朝宛馬總肥春苜蓿將軍只數漢嫖姚陳留阮瑀
誰爭長京兆田郎早見招麾下賴君才並入獨能無
意向漁樵
苜蓿峯寄家人　苜蓿峯邊逢立春葫蘆河上淚沾
巾閨中只是空相憶不見沙場愁殺人

➤➤➤《甘肃通志·卷四十九》

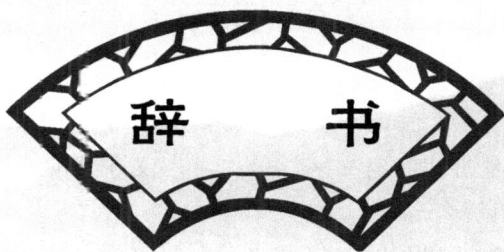

辞书

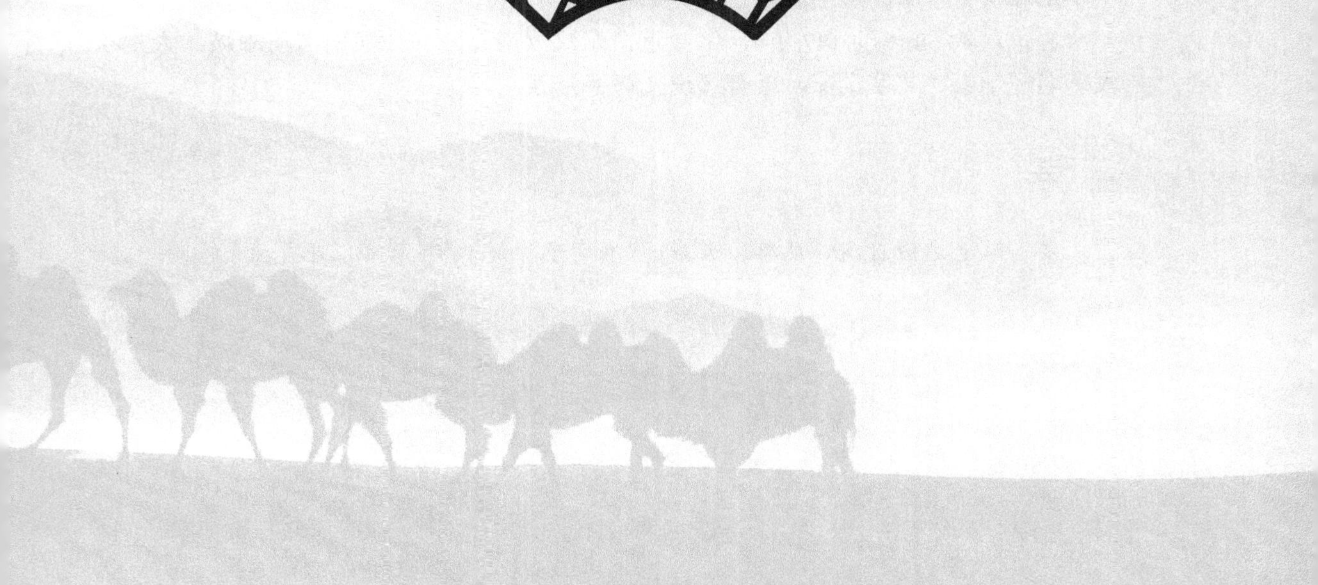

咏苜蓿

（宋·梅尧臣）

苜蓿来西域，蒲萄亦既随。
胡人初未惜，汉使始能持。
宛马当求日，离宫旧种时。
黄花今自发，撩乱牧牛陂。

说文解字

《说文解字》是古代汉语文字学著作，东汉许慎撰。中国第一部系统地分析汉字字形和考究字源的字书。

许慎（约 58 ～约 147 年），字叔重，东汉汝南召陵（今河南漯河郾城）人，东汉著名经学家、文字学家，著有《说文解字》等。

芸

芸，草也。似目宿。从草，云声。《淮南子》说："芸草可以死复生"。

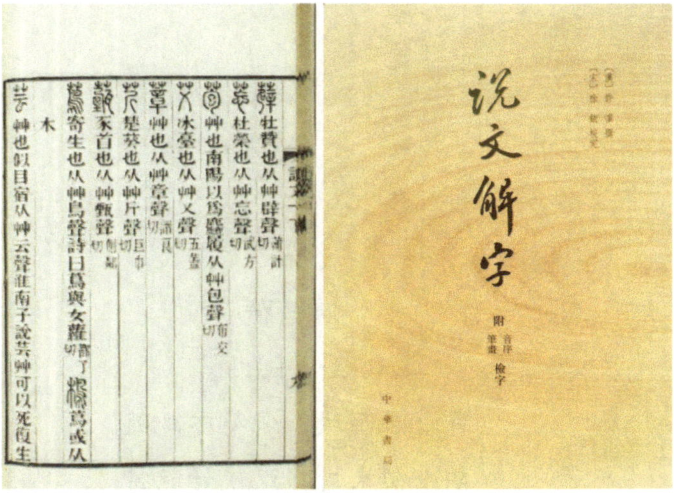

➤➤➤《说文解字 • 芸》

【简注一】《说文》云："芸，草也。似目宿。"郑君《月令注》云："芸，香草之"。

➤➤➤《夏小正研究 • 采芸》

【简注二】"芸"是何菜？说者颇不一致，其说大约有三：一说。芸是邪蒿；一说芸似苜蓿；更有一说则直谓芸似柴胡。

《尔雅》:“权，黄华（今通用花字)。”郭璞《注》云:“今谓牛芸草为黄华，华黄，叶似荍蓿”，荍蓿即苜蓿。这就是似苜蓿的芸，而它的名称叫“牛芸”。这个牛芸，叶似苜蓿，且开黄花，正是今日草木樨属（*Melilotus*）植物。

➤➤➤《夏小正经文校释·采芸》

说文解字注

《说文解字注》是清代知名学者段玉裁的代表性作品。

段玉裁（1735～1815年)，字若膺，号懋堂，江苏金坛人，乾隆举人，官四川巫山县（今属重庆）知县。

芸 段玉裁注

芸，草也。似目宿。《夏小正》:正月采芸，为庙采也，二月荣芸。《月令》:仲冬芸始生。注：芸，香草。《高注淮南》《吕览》皆曰：芸，芸蒿；菜名也。《吕览》曰：菜之美者，阳华之芸。注：芸，芳菜也。贾思勰引《仓颉解诂》曰：芸蒿似斜蒿，可食。沈括曰：今谓之七里香者是也，叶类豌豆，其叶极芬香，古人用以藏书辟蠹，采置席下，能去蚤虱。

从草，云声（王分切，十三部)。淮南王说:芸草可已死复生。淮南王，刘安也。可以死复生，谓可以使死者复生，盖出《万毕术》《鸿宝》等书，今失其传矣。

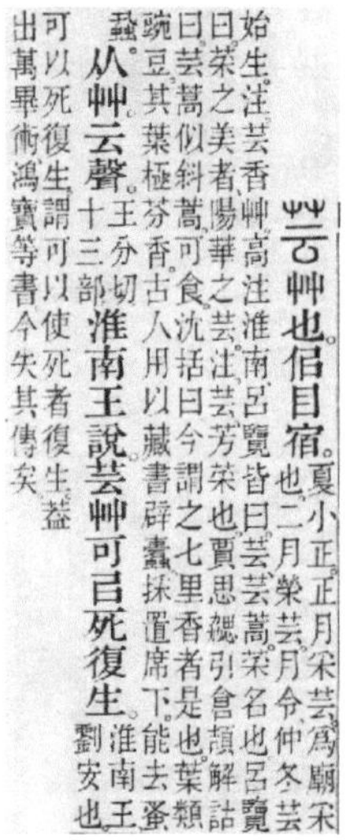
芸艸也。佀目宿。夏小正。正月采芸。爲廟采也。二月榮芸。月令。仲冬芸始生。注。芸香艸。高注淮南呂覽皆曰。芸。芸蒿。菜名也。呂覽曰。菜之美者。陽華之芸。注。芸。芳菜也。賈思勰引倉頡解詁曰。芸蒿似斜蒿。可食。沈括曰。今謂之七里香者是也。葉類豌豆。其葉極芬香。古人用以藏書辟蠹。採置席下。能去蚤蝨。从艸。云聲。王分切。十三部。淮南王說。芸艸可㠯死復生。淮南王。劉安也。可以死復生。謂可以使死者復生。葢出萬畢術鴻寶等書。今失其傳矣。

说文解字义证

《说文解字义证》，清桂馥撰，共 50 卷。

桂馥（1736 ～ 1805 年），字冬卉，号未谷，山东曲阜人。乾隆进士，曾任云南永平县知县。

芸 桂馥义证

芸，草也。似目宿。从草，云声。《淮南子》说：芸草可以死复生（王分切）。《夏小正》：正月采芸，二月荣芸。《隋书·律历志》所载，月令冬至，次簇芸始生。成公绥《芸香赋》：茎类秋竹，叶象春柽。传咸《芸香赋》：繁兹绿蕊，茂此翠茎。叶芟苁以纤折兮，枝阿那以回萦。象春松之含曜兮，郁蓊蔚以葱青。……似目宿者，《玉篇》作苜蓿。引《汉书》，罽宾国多苜蓿，宛马所嗜。《汉书·西域传》：大宛国马嗜目宿，汉使采蒲陶、目宿种归，益种蒲陶、目宿离宫馆旁，极望焉。颜注：今北道诸州旧安定、北地之境，往往有目宿者，皆汉使所种也。《本草》苜蓿、陶云：长安中乃有苜蓿园，外国复别有苜蓿草。《衍义》云：唐李白诗云“天马常衔苜蓿花”，是此。陕西甚多，饲牛、马。嫩时，人兼食之。《西京杂记》：苜蓿，一名怀风，时人或谓之光风。风在其间常肃肃然，日照其花有光彩，故名苜蓿为怀风，茂陵人谓之连枝草。《晋书》：武帝登陵云台，望见华廪苜蓿园，阡陌甚整。郭仲产《仇池记》：城东有苜蓿园，馥案或借牧字。《后汉书·马融传》：其土毛则搉牧荐草，牧即目宿。又或作荍，郭璞《尔雅注》：今谓牛芸草为黄华，叶似荍蓿。《淮南子》或者《广韵》引作淮南王说，本书亦引淮南王说，芸草可以死复生者，盖出《万毕术》。

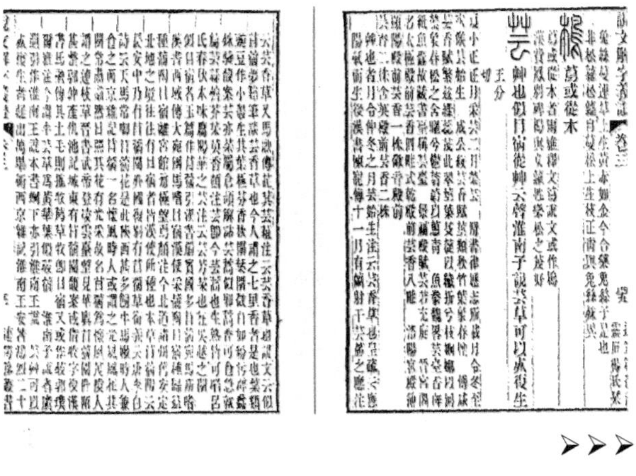
艸也似目宿從艸云聲淮南子說芸草可以死復生

王分切

➤➤➤《说文解字义证》

说文解字义证举要

芸 桂馥义证举要

芸,草也。似目宿。从草,云声。淮南子说:芸草可以死复生。王分切。……《后汉书·马融传》……芸，香草也。《说文》云：似苜蓿。……馥按蒿香可食。似目宿者,《玉篇》作苜蓿。引《汉书》，罽宾国多苜蓿，宛马所嗜。《淮南子》说者《广韵》引作淮南王说，本书亦引淮南王说，芸草可死复生者，盖出《万毕术》。

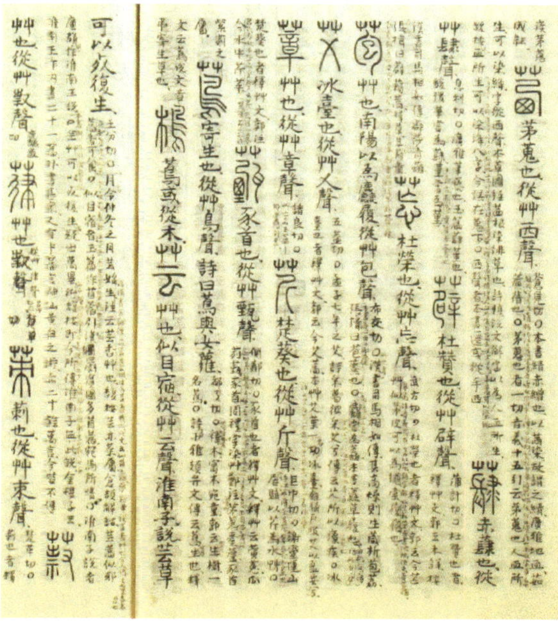
茜 茅蒐也從艸西聲
蕼 赤蕼也從艸肆聲
薛 杜贊也從艸辥聲
[illegible] 杜榮也從艸占聲
苞 艸也南陽以爲麤履從艸包聲
艾 冰臺也從艸乂聲
蔁 艸也從艸章聲
芹 楚葵也從艸斤聲
[illegible] 豕首也從艸甄聲
蔦 寄生也從艸鳥聲詩曰蔦與女蘿
樢 蔦或從木
芸 艸也似目宿從艸云聲淮南子說芸草可以死復生
[illegible] 艸也從艸數聲
蕼 艸也數聲
茦 莿也從艸朿聲

➤➤➤《说文义证举要》

说文解字注笺

《说文解字注笺》，清徐灏编撰的文字学著作。

徐灏（生卒年不详），字子远，一字伯朱，号灵洲，广东番禺人。

芸 徐灏注笺

芸，草也。似目宿。从草，云声。《淮南子》说：芸草可以死复生。王分切。注曰：《吕览》曰，菜之美者，阳华之芸。注：芸，芳菜也。贾思勰引仓颉解诂曰：芸蒿似斜蒿，可食。沈括曰：今谓之七里香者是也。叶类豌豆，其叶极芬香。古人用以藏书辟蠹。采置席下，能去蚤虱。按：可以死复生，谓可以使死者复生，盖出《万毕术》《鸿宝》等书。今失其传矣。

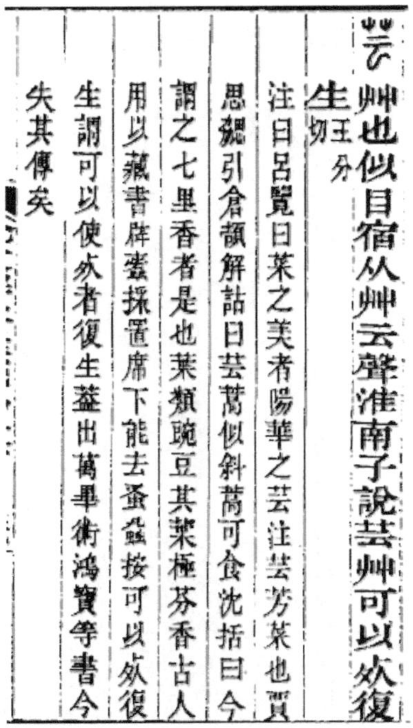
芸艸也似目宿从艸云聲淮南子說芸艸可以死復生王分切
注曰呂覽曰菜之美者陽華之芸注芸芳菜也賈思勰引倉頡解詁曰芸蒿似斜蒿可食沈括曰今謂之七里香者是也葉類豌豆其葉極芬香古人用以藏書辟蠹採置席下能去蚤蝨按可以死復生謂可以使死者復生蓋出萬畢術鴻寶等書今失其傳矣

➤➤➤《说文解字注笺》

说文句读

《说文句读》，清王筠的著作，其内容辨别正误、删繁举要。全书共 20 卷。

王筠（1784 ～ 1854 年），字贯山，号箓友，清山东安丘人，语言学家、文字学家。

芸 王筠句读

芸，草也。香草也，鱼豢魏略，芸台香辟纸鱼蠹，故藏书台称芸台。似目宿。《汉书》作苜蓿，《尔雅郭注》作荍蓿。

釋文韻會、皆引作寄生艸也、段氏補艸字、嚴氏不補者、葢謂艸木皆有名、蔦者、字林亦曰寄生也、釋木寓木、宛童、注寄生樹一名蔦、從艸、鳥聲。本音弔、孫都了切、詩曰、蔦與女蘿。小雅頍弁文、樢 蔦或從木。見廣雅釋木、芸 艸也。香艸也、魚豢魏略、芸台香辟紙魚蠹、故藏書台稱芸台、似目宿。漢書作苜蓿、爾雅郭注作荍蓿、從艸、云聲。王分切、淮南子說、小徐無此字、廣韻引作王、芸艸可以死復生。今本無此說、葢在亾篇中、薂 艸也、從艸、歜聲。切、蠡最 葎 艸也。唐本草云、俗名葛葎蔓、從艸、律聲。呂戌切、茦 莿也。釋草、茦、刺、刺不從艸、郭云、草刺鍼也、然許廁之艸名中、則當是艸名、若艸木之芒、自當以朿統之、特羣書未有訓爲艸名者、又恐後人亂之、從艸、朿聲。楚革切、葀 葀婁果蓏也。蓏一作蓏非、釋艸、果蓏之實栝樓、許不別異其名、從艸、昏聲。古活切、葑 須從也。一作蕦蓯、譌、釋艸、須葑蓯、而且譌、詩谷風傳、葑須也、挽從字、字林、葑蕪菁苗也、從艸、封聲。府容切、薺 蒺黎也。蒺當依揚雄傳作疾黎、一作蔾、釋草、茨蒺蔾、從艸、齊

說文句讀 卷二

➤➤➤《说文句读》

说文解字校录

钮树玉，自号匪石山人，江苏吴县人。

芸 校录

芸，草也。似目宿。《韵会》引宿作蓿，俗。从草，云声。《淮南子》说：芸草可以死复生……。

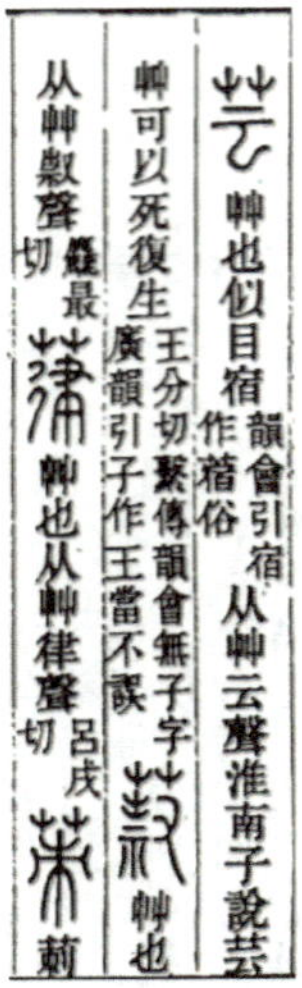
芸 艸也似目宿 韻會引宿作蓿俗 从艸云聲淮南子說芸艸可以死復生 王分切 繫傳韻會無子字廣韻引子作王當不誤 ⿱艸㲉 艸也从艸㲉聲 麤最切 葎 艸也从艸律聲 呂戌切 茦 莿

➤➤➤《说文解字校录》

官版说文解字真本

芸 真本

芸，草也。似目宿。从草，云声。《淮南子》说：“芸草可以死复生”。

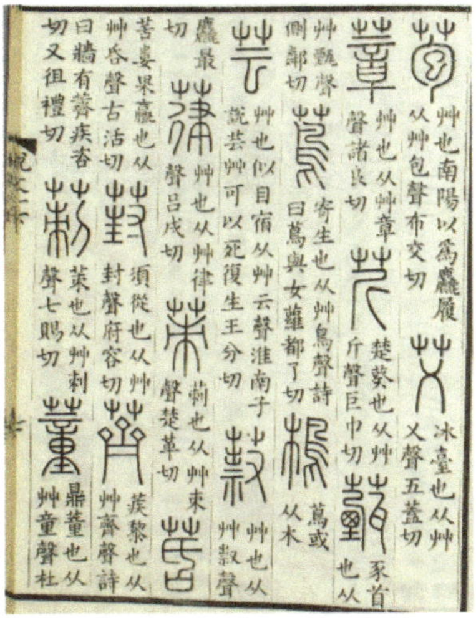
苞 艸也南陽以爲麤履从艸包聲布交切 艾 冰臺也从艸乂聲五蓋切 蔁 艸也从艸章聲諸良切 芹 楚葵也从艸斤聲巨巾切 薽 豕首也从艸甄聲側鄰切 蔦 寄生也从艸鳥聲詩曰蔦與女蘿都了切 樢 蔦或从木 芸 艸也似目宿从艸云聲淮南子說芸艸可以死復生王分切 ⿱艸㲉 艸也从艸㲉聲麤最切 葎 艸也从艸律聲呂戌切 茦 莿也从艸朿聲楚革切 萿 苦婁果蓏也从艸昏聲古活切 葑 須從也从艸封聲府容切 薺 蒺黎也从艸齊聲詩曰牆有薺疾咨切又徂禮切 莿 茦也从艸刺聲七賜切 董 鼎董也从艸童聲杜

➤➤➤《官版说文解字真本》

蔦。"　②《詩》：指《小雅·頍弁》。　③从木：《段注》："艸屬，故从艸；寓木，故从木。"　④都了切(diāo)，此依《廣韵》爲小韵。

芸 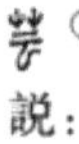① 艸也。似目宿②。从艸，云聲。《淮南子》說：芸艸可以死復③生。王分切(yún)。

【譯文】芸，芸香草。象目宿草。从艸，云聲。《淮南子》說：芸草可以死而再生。

【注釋】①芸：又名芸香，花葉莖有强烈刺激氣味，古人用來驅除蟲蠹(dù，蛀蟲)。沈括《夢溪筆談》卷三："芸，香草也，今人謂之七里香者是也。葉類豌豆，作小叢生。其葉極芬香，秋後葉間微白如粉汙，辟蠹殊驗。南人採置席下，能去蚤蝨。"　②目宿：又作苜蓿、牧宿。豆科植物，可作牧草和緑肥。　③可以死復生：王紹蘭《段注訂補》："《通藝録·釋芸》：余乃蒔一本於盆盎中，霜降後枝葉枯爛。越兩月，日短至矣，宿根果茁其芽，叢生三五枝。"可見芸草可以"死而復生。"

芸 今释

芸，草也。似目宿。从草，云声。《淮南子》说：芸草可以死复生。王分切。

【译文】芸，芸香草，像目宿。从草，云声。《淮南子》说：芸草可以死而再生。

【注释】①芸：又名芸香，花叶茎有强烈刺激气味，古人用来驱除虫蠹。沈括《梦溪笔谈》卷三："芸，香草也，今人谓之七里香者是也。叶类豌豆，作小丛生。其叶极芬香，秋后叶间微白如粉汙，辟蠹殊验。南人采置席下，能去蚤虱"。

②目宿：又作苜蓿、牧宿。豆科植物，可作牧草和绿肥。

③可以死复生：王绍兰《段注订补》，"《通艺录·释芸》：余乃莳一本于盆盎中，霜降后枝叶枯烂。越两月，日短之矣，宿根果茁其芽，丛生三五枝。"可见芸草可以"死而复生"。

尔雅注

《尔雅》，中国最古老的训诂名物的图书。据传，其中“释诂”一篇，为周公所撰；其他的有传为孔子、子夏等所增补。东晋郭璞的《尔雅注》是流传至今最早、最完整的《尔雅》古注。后文编修《尔雅注》时常将其称为《尔雅郭注》。

郭璞（274 ～ 324 年），字景纯，河东闻喜（今属山西）人，晋代学者、文学家，著有《尔雅注》《方言注》等。

权 郭璞注

权，黄华。今谓牛芸草为黄华。华黄，叶似菽蓿。

黄江東以作菹食蒢音除藒音挈車芞音乞輿藒車香草見離騷權黃華今謂牛芸草爲黄華華黄葉似菽蓿葞音尾春草一名芒草本草云蔠音終葵蘩露承露也大

➤➤➤《尔雅注・下卷・释草》

【注】权：牛芸草，可能是黄花苜蓿。

➤➤➤《中国科学技术史·生物学卷》

尔雅注疏

《尔雅注疏》是对《尔雅》加以注解的著作，作者为晋郭璞（注作者）与北宋邢昺（疏作者）。

邢昺（932～1010年），字叔明，曹州济阴郡（今山东曹县北）人，北宋学者、教育家。

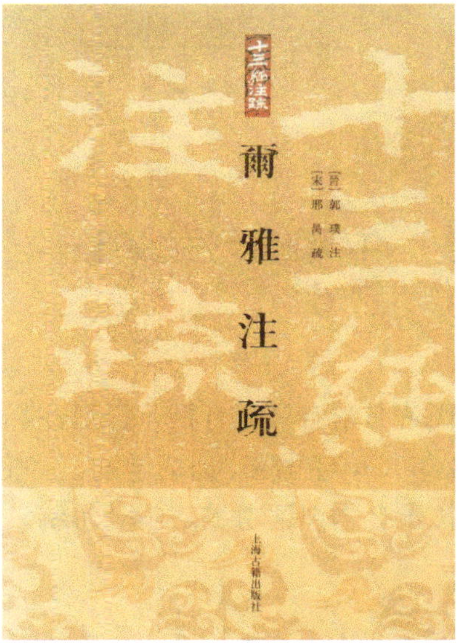

权 注疏

权，黄华（今谓牛芸草为黄华。华黄，叶似菽蓿）。

[疏]：权，一名黄华。郭云："今谓牛芸草为黄华。华黄，叶似菽蓿。"《说文》亦云："芸，草也。似苜蓿。《淮南子》说'芸草可以死复生'。"《月令》注云："芸，香草也。"《杂礼图》曰："芸，蒿也。叶似邪蒿，香美可食。"然则牛芸者，亦芸类也。郭以时验而言之，故云"今谓牛芸草为黄华"也。

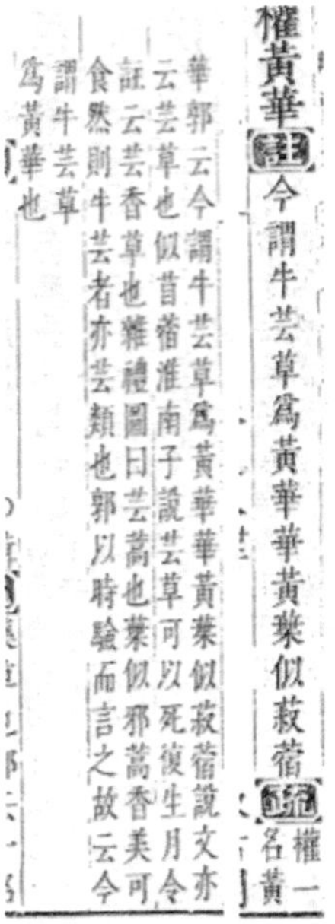
權黃華【注】今謂牛芸草爲黃華華黃葉似蔱蓿【疏】權一名黃華郭云今謂牛芸草爲黃華華黃葉似蔱蓿說文亦云芸草也似苜蓿淮南子說芸草可以死復生月令註云芸香草也雜禮圖曰芸蒿也葉似邪蒿香美可食然則牛芸者亦芸類也郭以時驗而言之故云今謂牛芸草爲黃華也

➤➤➤《尔雅注疏·卷八·第十三·释草》

尔雅郭注义疏

《尔雅郭注义疏》，清代著名学者郝懿行撰，详尽注释和阐述了《尔雅》。

郝懿行（1757～1825年），清经学家、训诂学家。字恂九，号兰皋。山东栖霞人。嘉庆进士，官户部郎中。长于名物训诂考据，于《尔雅》用力最久、研究最深。

权 义疏

权，黄华，今谓牛芸草为黄华。华黄，叶似菽蓿。

《释木》有“权，黄英。”《说文》云：“权，黄华木。”加木字者，明此为权，黄华草也。黄华，郭云“牛芸”,《说文》:“芸，草也，似目蓿。”按，芸有草，有蒿,《邢疏》引《杂礼图》曰:“芸，蒿也，叶似邪蒿，香美可食。”此即《月令》“仲冬芸始生”，及《夏小正》“正月采芸，二月荣芸”，皆谓蒿也。《说文》及《郭注》所云则谓草也。郑樵《通志》以为野决明，是也。今验野决明叶似目宿而华黄，枝叶婀娜，人多种之，似不甚香。而王氏《谈录》以为嗅之尤香，盖初时香不甚，馔以醋则甚香。凡香草皆然也。

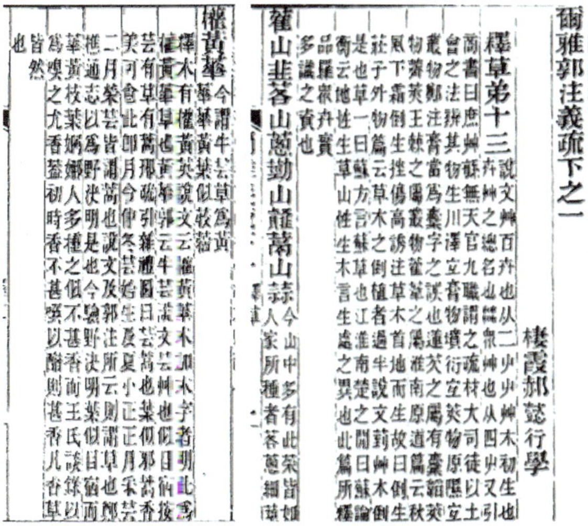
爾雅郭注義疏下之一
棲霞郝懿行學
釋草弟十三　說文艸百卉也从二屮屮艸木初生也
卉艸之總名也从芔艸也从四屮又引
商書曰庶艸繁無天官九職謂之疏材大司徒以土
會之法辨其物生川澤宜膏物墳衍宜莢物原隰宜
叢物鄭注膏當爲櫜字之誤也蓮芡之屬有櫜韜莢
物薺莢王棘之屬叢物萑葦之屬淮南原道篇云秋
風下霜倒生挫傷高誘注草木首地而生故曰倒生
莊子外物篇云草木之倒植者過半說文葥艸木倒
是也草一曰蘇方言蘇草也江淮南楚之閒曰蘇
衛云地性生草山性生木言生處之異也此篇所釋
品庶衆卉實
多識之資也
藿山韭茖山蔥葝山䪥䔲山蒜　今山中多有此菜皆如人家所種者茖蔥細莖
權黃華　今謂牛芸草爲黃華華黃葉似荍蓿
釋木有權黃英說文云權黃華木加木字者明此爲
權黃華草也黃華郭云牛芸說文芸艸也似目宿按
芸有草有蒿邢疏引雜禮圖曰芸蒿也葉似邪蒿香
美可食此卽月令仲冬芸始生夏小正正月采芸
二月榮芸皆謂蒿也說文及郭注所云則謂草也鄭
樵通志以爲野決明是也今驗野決明葉似目宿而
華黃枝葉婀娜人多種之似不甚香而王氏談錄以
爲嗅之尤香蕓初時香不甚嗅以醋則甚香凡香草
皆然也

➤➤➤《尔雅郭注义疏·下之一》

尔雅正义

《尔雅正义》，清邵晋涵撰，是清代训诂学著作，也是清代学者为《尔雅》作疏的第一部著作，对清代研究《尔雅》的影响很大。

邵晋涵（1743～1796年），字与桐，一字二云，号南江，浙江余姚人，史学家、经学家、训诂学家。乾隆进士，入四库全书馆，授编修，累官至侍讲学士。

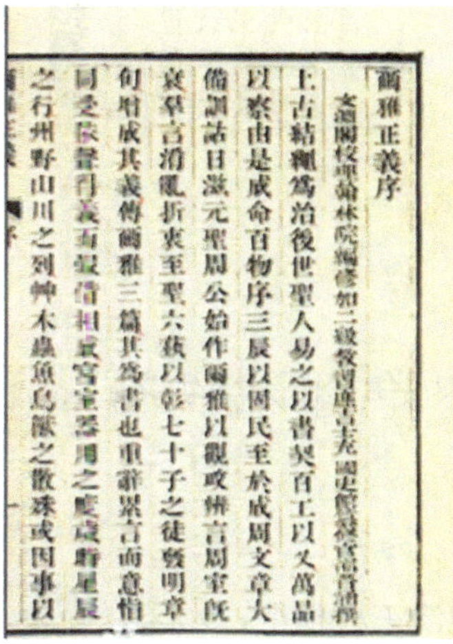
爾雅正義序
文淵閣校理翰林院編修加二級教習庶吉士充國史館纂修官邵晉涵撰
上古結繩爲治後世聖人易之以書契百工以乂萬品
以察由是成命百物序三辰以固民至於成周文章大
備訓詁日滋元聖周公始作爾雅以觀政辨言周室既
衰草言淆亂折衷至聖六蓺以彰七十子之徒發明章
句相成其義傳爾雅三篇其爲書也重辭累言而意指
同受依聲引義互爲假借相貫宮室器用之度蟲蛇星辰
之行州野山川之列艸木蟲魚鳥獸之散殊或因事以

权 正义

权，黄华。【注】今谓牛芸草为黄华。华黄，叶似菽蓿。【正义】权，一名黄华，芸之类也。《夏小正》云：正月采芸，二月荣芸。《月令》云：仲冬之月芸始生。郑注：芸，香草也。权与芸相似，而香气过之。【注】今谓之菽蓿。【正义】《说文》云：芸，草也，似目蓿，是芸木似菽蓿。权，一名牛芸，亦与菽蓿相似也。罗愿云：芸，谓之芸蒿，似邪蒿而香，可食，其茎干婀娜可爱，世人种之中庭。案：牛芸亦种之阶下，王氏《谈录》所谓草如苜蓿，摘之香烈于芸也。

權黃華【註】今謂牛芸草爲黃華華黃葉似莪蓿【正義】權一名黃華芸之類也夏小正云正月采芸爲廟處也二月榮芸月令云仲冬之月芸始生鄭註芸香草也權與芸相似而香氣過之【註】今謂玉莪蓿○【正義】說文云芸艸也似目蓿是芸木似莪蓿權一名牛芸亦與莪蓿相似也羅願云芸謂之芸蒿似邪蒿而香可食其莖幹婀娜可愛世人種之中庭案牛芸亦種之階下王氏談錄所謂草如首蓿摘之香烈於芸也

➤➤➤《尔雅正义·权》

尔雅郭注佚存补订

《尔雅郭注佚存补订》由清王树枏撰，20卷。

王树枬（1851 ～ 1936 年），字晋卿，河北新城（今河北高碑店）人。

权 补订

权，黄华。今谓牛芸草为黄华。华黄，叶似𦯬蓿。明注疏本𦯬误菽，释文云：𦯬音牧，亦作目。

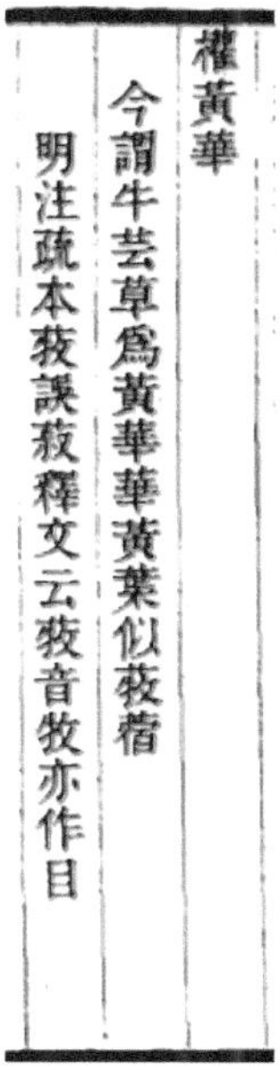

權黃華
今謂牛芸草爲黃華華黃葉似𦯬蓿
明注疏本𦯬誤菽釋文云𦯬音牧亦作目

➤➤➤《尔雅郭注佚存补订》

尔雅校笺

《尔雅校笺》由周祖谟撰写，是迄今较好的一部《尔雅》校本。

周祖谟（1914 ～ 1995 年），字燕孙，北京人，文字、音韵、训诂、文献学家。

权 黄华

今谓牛芸草为黄华。华黄，叶似𦯬蓿。

爾雅校箋
陵江東食之或曰藫葉似雞而大生水底亦可食。蘜治蘠。今之秋華菊。唐蒙女蘿女蘿菟絲。別四名詩云爰采唐矣。苗蓨。未詳。茥蒛葐覆盆也實似莓而小亦可食。芨堇草。即烏頭也江東呼為堇音靳。蘮百足未詳。蒨戎葵。今蜀葵也似葵華如木槿華。蘩狗毒。樊光云俗語苦如蘩。垂比葉。未詳。蕧盜庚。旋蕧似菊。莩麻母。苴麻盛子者。瓝九葉。今江東有草五葉共叢生一莖俗因名為五葉即此類也。藐茈草。可以染紫。一名茈莀廣雅云。倚商活脫。即離南也。蘵黃蒢。蘵草葉似酸漿華小而白中心黃江東以作菹食。藒車芞輿。藒車香草見離騷。權黃華。今謂
一二二

牛芸草為黃華華黃葉似莜蓿。蘱春草。一名芒草本草云。蔠葵蘩露。承露也大莖小葉華紫黃色。菋荎藸。五味也蔓生子叢在莖頭。蒤委葉。詩云以捄蒤蓼。皇守田。似燕麥子如彫胡米可食生廢田中一名守氣。鉤藈姑。鉤瓤也一名王瓜實如瓝瓜正赤味苦。望乘車。可以為索長丈餘。困衱袶。未詳。欔烏階。即烏杷也子連相著狀如杷齒可以染皁。杜土鹵。杜衡也似葵而香。盱虺牀。蛇牀也一名馬牀廣雅云。蘇蔾。未聞。赤枹薊。即上枹薊。菟奚顆凍。款凍也紫赤華生水中。中馗菌。地蕈也似蓋今江東名為土菌亦曰馗廚可啖之。小者菌。大小異名。苨小葉。未聞。苕陵苕。一名陵時本草云。
爾雅卷下 釋草第十三
一二三

➤➤➤《尔雅校笺·释草第十三》

尔雅今注

权 黄华

“权”，草名。又称黄华。郭注：“今谓牛芸草为黄华。华黄，叶似莜蓿。”郑樵注认为即野决明。

➤➤➤《尔雅今注·释草第十三》

【简注】 黄花苜蓿（《中国主要植物图说:豆科》）、苜蓿（《名医别录》）、野苜蓿、豆豆苗（内蒙古）*Medicago falcata*。

历史:公元前2～前1世纪由张骞自西域引来，最早记载苜蓿花色的是《尔雅》，云“权，黄华今谓牛芸草为黄华，华黄，叶似苜蓿。”在宋朝梅尧臣诗中云：“有芸如苜蓿，生在蓬翟中……。黄花三四穗，结实植无穷。”都说明其是黄色的，根据分布地区看，应是本种。

分布：东北，内蒙古、河北、河南、山西、陕西、宁夏、甘肃、青海、新疆。

➤➤➤《新华本草纲要·苜蓿属·黄花苜蓿》

原本玉篇残卷

《原本玉篇残卷》，顾野王所撰，原书名为《玉篇》，是我国第一部以楷书为主体的古代典籍。

顾野王（519～581年），南朝梁陈间文字训诂学家，字希冯，吴郡吴县（今属江苏苏州）人。初仕梁，陈时官至光禄卿。

芸

芸，古军切。香草也。《说文》曰：似目宿。

苜

苜，莫六切。苜蓿，《汉书》罽宾国多苜蓿，宛马所嗜，本作目宿。

莍

莍，莫卜切。菜名。

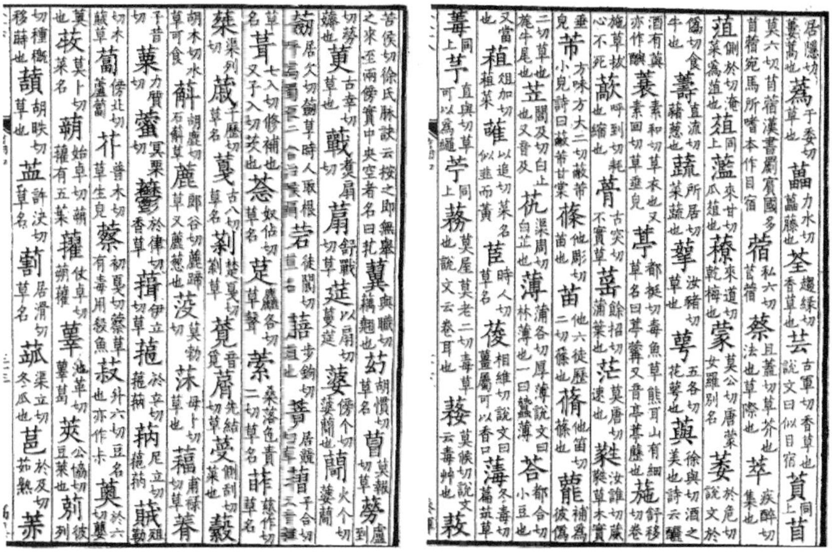

➤➤➤《原本玉篇残·卷十三·草部》

金光明最胜王经

《金光明最胜王经》又名《金光明经》，由唐三藏法师义净翻译而来。

苜蓿香

苜蓿香（塞鼻力迦）。

➤➤➤《金光明最胜王经》

龙龛手鉴

《龙龛手鉴》，辽僧人释行均撰，原名《龙龛手镜》，是为帮助人们研读、理解佛经而编撰的图书。

释行均（生卒年不详），辽代著名僧人，俗姓于，字广济。

苜蓿

上音目下音宿。草名也。

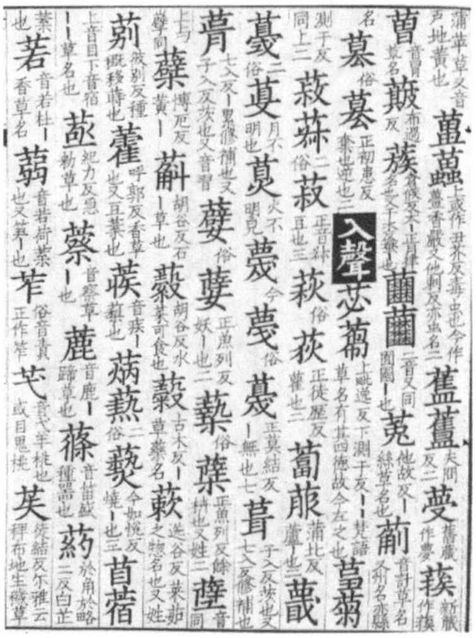

➤➤➤《龙龛手鉴》

四声篇海

《四声篇海》，金韩孝彦撰，是语言文字工具书。
韩孝彦（生卒年不详），字允中，真定（今河北正定）人。

苜荍蓿

《汉书》：罽宾国多苜蓿，苑马所嗜。本作木宿。

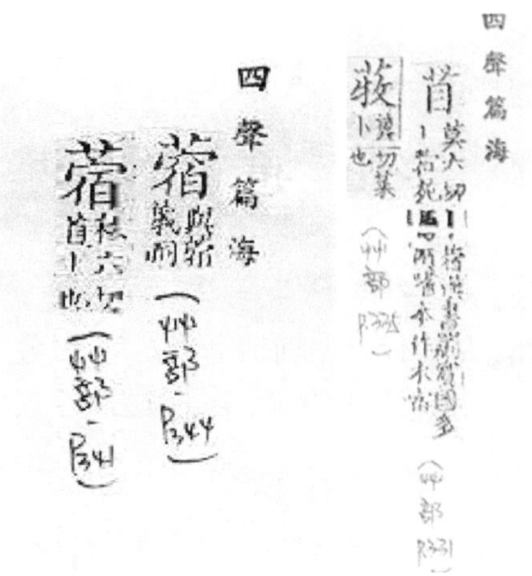
四聲篇海
苜
荍
四聲篇海
蓿
蓿

➤➤➤《四声篇海》

翻译名义集

《翻译名义集》，宋僧人释法云编写，是一部集中翻译梵文名字的著作。
释法云（1088～1158年），字天瑞，长洲（今属江苏苏州）人。

塞毕力迦

塞毕力迦，此云苜蓿。《汉书》云：罽宾国多苜蓿。

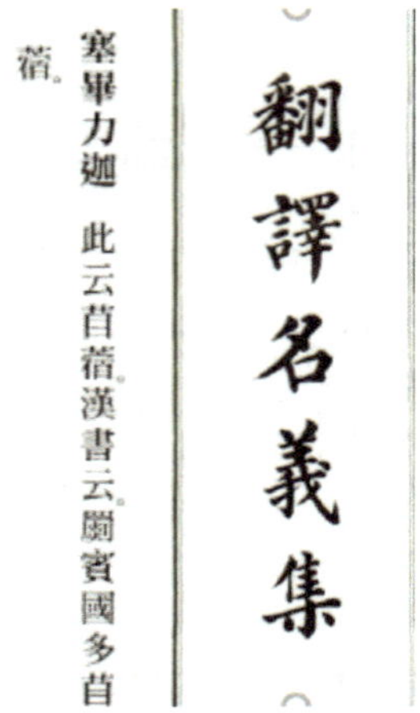
翻譯名義集

塞畢力迦　此云苜蓿。漢書云。罽賓國多苜蓿。

➤➤➤《翻译名义集》

尔雅翼

《尔雅翼》，宋罗愿撰，是古代典籍训诂书籍，共 32 卷。

罗愿（1136 ～ 1184 年），字端良，号存斋，徽州歙县（今属安徽黄山）人。南宋官员。

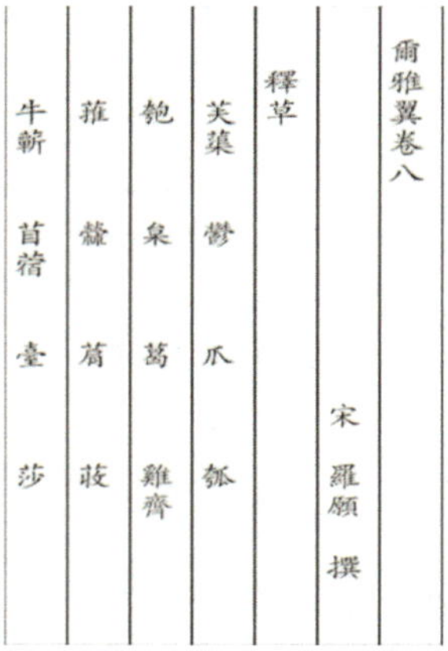
爾雅翼卷八

宋　羅願　撰

釋草

芙蕖　鬱　瓜　瓠

匏　枲　葛　雞齊

萑　蘼　蕳　菝

牛蘄　苜蓿　臺　莎

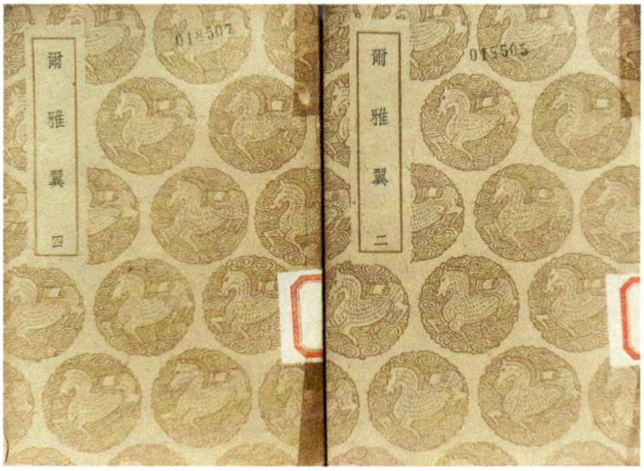

苜蓿

苜蓿本西域所产，自汉武时始入中国。《史记》曰：大宛有苜蓿，汉使取其实来，于是天子始种苜蓿，离宫别观旁尽种蒲陶、苜蓿极望。《汉书·西域传》亦曰：

罽宾国有目宿，大宛马嗜目蓿，武帝得其马，汉使采蒲陶、目宿种归，天子益种离宫馆旁。然不言所携来使者之名。《博物志》曰：张骞使西域，得蒲陶、胡葱、苜蓿，盖以汉使之中，骞最名著，故云然。而《述异记》亦曰：张骞苜蓿园，在今洛中，按今苜蓿，甚似中国灰藋，但藋苗叶作灰色，而苜蓿苗端，常有数叶深红可爱，今人谓之鹤顶草。秋后结实，黑房累累如穄，故俗人因谓之木粟。其米可为饭，亦有可以酿酒者。晋华廣免官为庶人，武帝登凌云台见廣苜蓿园阡陌甚整，依然感旧。此物虽出西域，今人家罗生等蒿蓬矣。而陶隐居乃云：长安中有苜蓿园，北人甚重此，江南人不堪食之，以无味故也，外国复别有苜蓿草以疗目，非此类也。然按此物即是自外国来又为茹甚软美，不知隐居何以言此。

苜蓿
苜蓿本西域所產自漢武時始入中國史記曰大宛有苜蓿漢使取其實來於是天子始種苜蓿離宮別觀旁盡種蒲陶苜蓿極望漢書西域傳亦曰罽賓國有目宿大宛馬耆目宿武帝得其馬漢使采蒲陶目宿種歸天子益種離宮館旁然不言所攜來使者之名博物志曰張騫使西域得蒲陶胡葱苜蓿蓋以漢使之中騫最名著故云然而述異記亦曰張騫苜蓿園在今洛中按今苜蓿甚似中國灰藋但藋苗葉作灰色而苜蓿苗端常有數葉深紅可愛今人謂之鶴頂草秋後結實黑房纍纍如穄故俗人因謂之木粟其米可為飯亦有可以醸酒者晉華廣免官為庶人武帝登凌雲臺見廣苜蓿園阡陌甚整依然感舊此物雖出西域今人家羅生等蒿蓬矣而陶隱居乃云長安中有苜蓿園北人甚重此江南人不堪食之以無味故也外國復別有苜蓿草以療目非此類也然按此物即是自外國來又為茹甚軟美不知隱居何以言此

➤➤➤《尔雅翼·卷八·释草八》

广　韵

《广韵》全称《大宋重修广韵》，是北宋时代官修的一部韵书，由陈彭年、丘雍等依照隋《切韵》修成。

陈彭年（961 ～ 1017 年），字永年，宋南城（今属江西）人，北宋大臣，官至兵部侍郎，文学家、音韵学家。

蓿 苜 荍 萺

蓿，苜蓿，《史记》云：大宛国，马嗜目宿，汉使所得，种于离宫。

苜，苜蓿。

荍，荍蓿，见《尔雅注》。

蕒，蕒蓿菜。

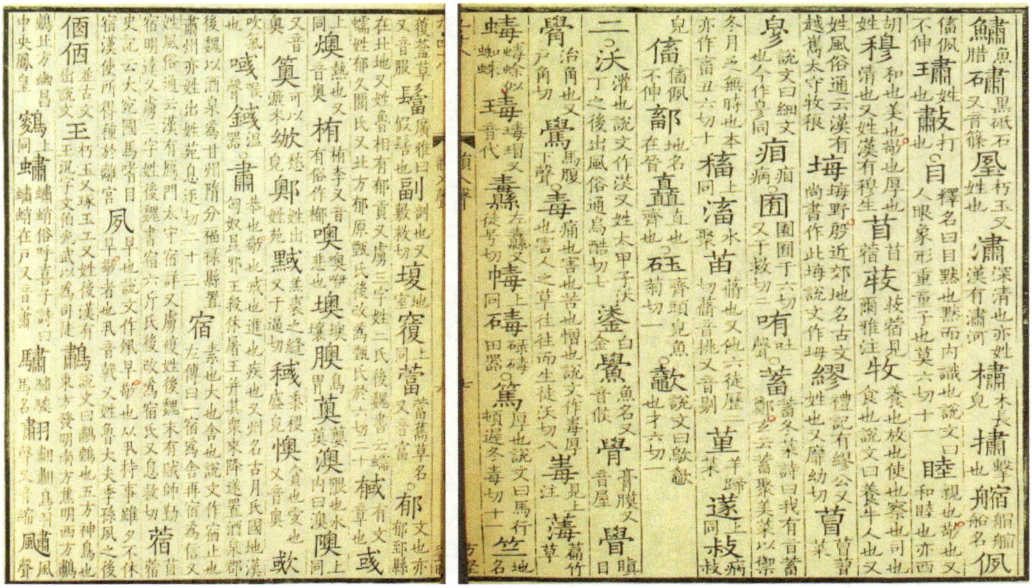

➤➤➤《广韵》

集　　韵

《集韵》，宋丁度、司马光等增修《广韵》而成，共10卷。

丁度（990～1053年），字公雅，祥符（今河南开封）人，官至端明殿学士。北宋大臣、训诂学家。

苜荍蕒蓿

苜、荍、蕒。苜蓿，草名，或从牧、从冒。

蓿，苜蓿，草名。

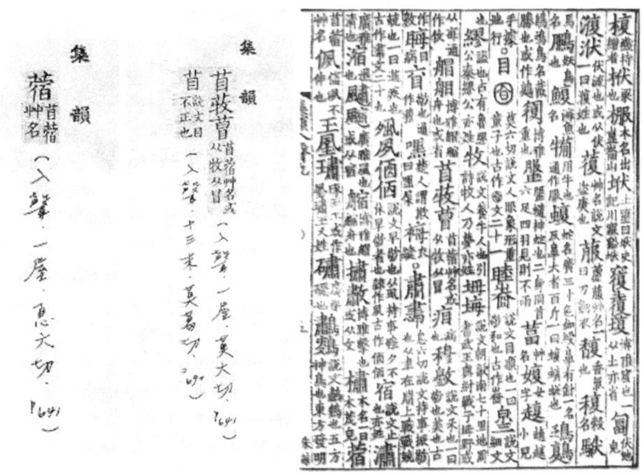

➤➤➤《集韵》

类　篇

《类篇》，宋司马光、王洙、胡宿等纂修。该书与丁度等所修的《集韵》相辅而行。

苜 蓿 莯

苜，莫六切。《汉书》：罽宾国多苜蓿，宛马所嗜。本作目宿。

蓿，私六切，苜蓿。

莯，莫卜切，菜名。

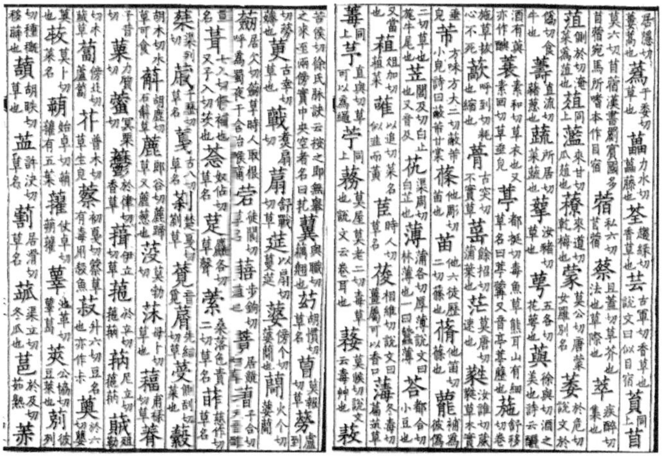

➤➤➤《类篇》

萺 苜 菽 蓿

萺，莫报切。《说文》：草也。又莫六切，苜蓿，苜或从冒，又谟沃切。文一重音二。

苜菽，莫六切。苜蓿，草名，或从牧，文二。

蓿，息六切。苜蓿，草名，文一。

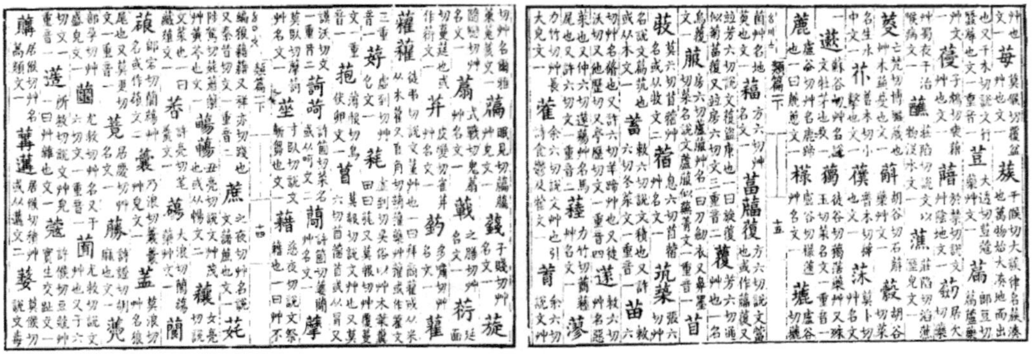

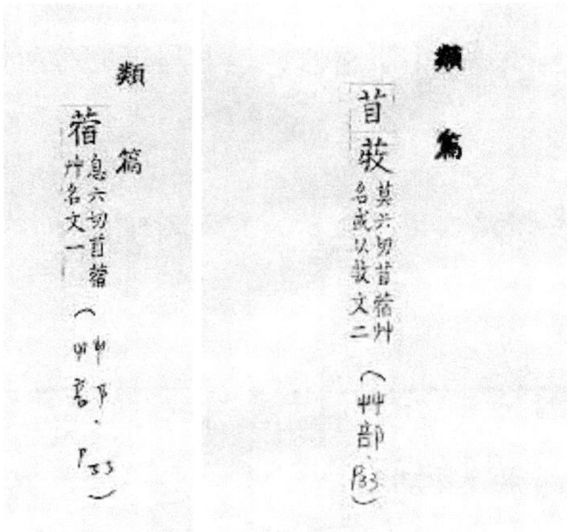

類篇
蓿 息六切苜蓿艸名文一
（艸部 P33）

類篇
苜
菽 莫六切苜蓿艸名或从牧文二
（艸部 P33）

➤➤➤《类篇》

字 鉴

《字鉴》，元李文仲撰，该书专门辨证字形、刊除俗谬。

李文仲（生卒年不详），元平江长洲（今江苏苏州）人。

苜

苜，莫六切。苜蓿，草名，从草、从目。与《广韵》苜字不同。

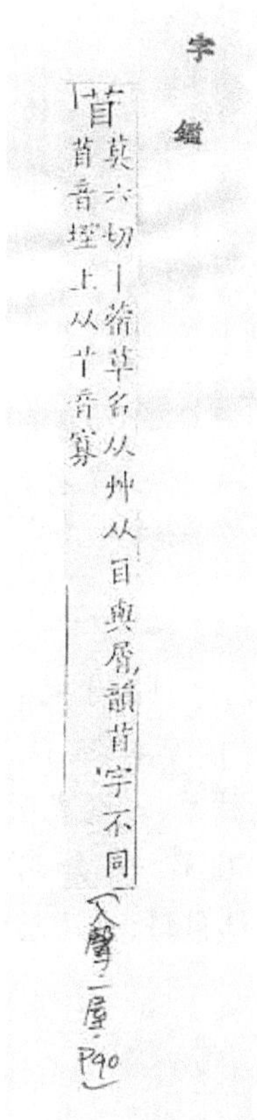

字鑑

苜 莫六切｜蓿草名从艸从目與廣韻苜字不同

苜音埋上从卝音寡

（人學一屋 P90）

➤➤➤《字鉴》

正字通

《正字通》，明张自烈撰，共 12 卷，共收 3 万余字，征引繁杂、内容丰富。

张自烈（1597 ～ 1673 年），明末清初著名学者，字尔公，号芑山，江西宜春人，论著颇丰，又以《正字通》最为有名。

苜

苜，莫卜切，音木。苜蓿二月生苗，一科数十茎。一枝三叶，叶似决明小如指顶，可茹。一年三刈，秋后结实，黑房，米如穄。俗呼木粟，陕西所在有之，用饲牛马，故俗名牧宿。一名怀风，一名光风，茂陵人谓之连枝草。《金光明经》谓之塞鼻力迦。苜蓿茎似灰藋，实非一类。《尔雅翼》误以苜蓿为鹤顶草，不知鹤顶乃红心灰藋也。《史记》云：大宛国马嗜苜蓿，汉使得之，种于离宫。杜甫诗：宛马总肥春苜蓿。《汉书》省作目宿，义同。

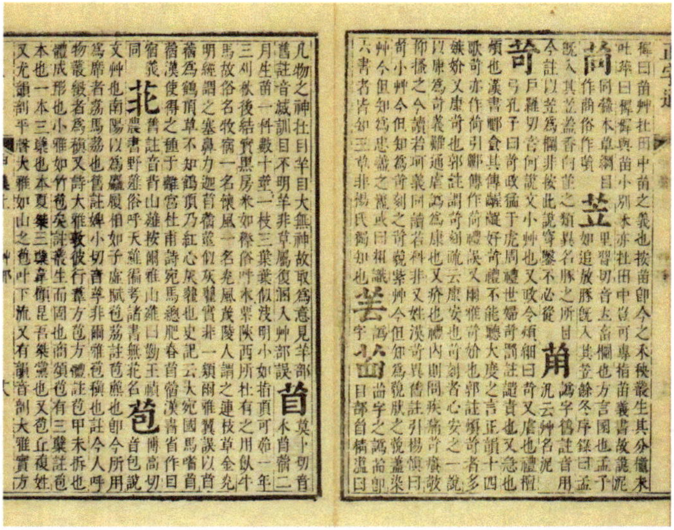

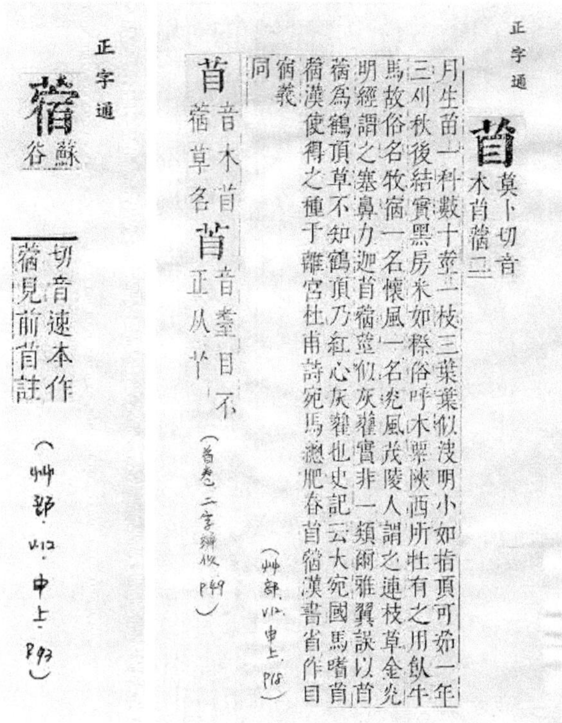
正字通

苜 莫卜切音木苜蓿二月生苗一科數十莖一枝三葉葉似決明小如指頂可染一年三刈秋後結實黑房米如穄俗呼木粟陝西所杜有之用飼牛馬故俗名牧宿一名懷風一名光風茂陵人謂之連枝草金光明經謂之塞鼻力迦苜蓿莖似灰藋實非一類爾雅翼誤以苜蓿爲鶴頂草不知鶴頂乃紅心灰藋也史記云大宛國馬嗜苜蓿漢使得之種于離宮杜甫詩宛馬總肥春苜蓿漢書省作目宿義同

（艸部·以·申上·P18）

苜 音木苜蓿草名

苜 音耋目不正从十

（苜老二字辨似 P49）

正字通

蓿 蘇谷切音速本作蓿見前苜註

（艸部·以·申上·P93）

➤➤➤《正字通·草部》

洪武正韵

《洪武正韵》，是乐韶凤等奉朱元璋之命而编撰的韵书，共16卷。

苜

苜蓿，草名，可以为菜。《汉志》作目宿，韩愈城南联句：萄苜从大漠。

蓿

苜蓿，一名光风，宛马所嗜，生罽宾国，亦作目宿。

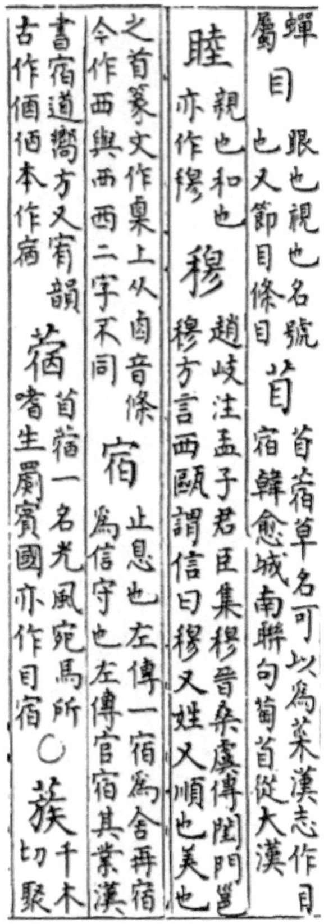
蟬目眼也視也名號苜苜蓿草名可以爲菜漢志作目
屬　也又節目條目　宿韓愈城南聯句蔔苜從大漢
睦親也和也穆趙岐注孟子君臣集穆晉桑虞傳閨門邕
亦作穋　穆方言西甌謂信曰穆又姓又順也美也
之苜篆文作臬上从囱音條宿止息也左傳一宿爲舍再宿
今作西與西西二字不同　爲信守也左傳官宿其業漢
書宿道蠲方又宥韻蓿苜蓿一名光風宛馬所○蔟千木
古作個佰本作宿　嗜生罽賓國亦作目宿　切聚

➤➤➤《洪武正韵·卷十四》

订正六书通

《订正六书通》，明闵齐伋撰，是研究汉字字体演变及书法篆刻的工具书，原名《六书通》。

闵齐伋（1580～？），字寓五，乌程（今湖州）人。

苜

苜，建苜目不正也。徒结切。

➤➤➤《订正六书通》

重订直音篇

苜 荍 蓿

苜，音木。苜蓿，草名。
荍，同上，又菜名。
蓿，音速。

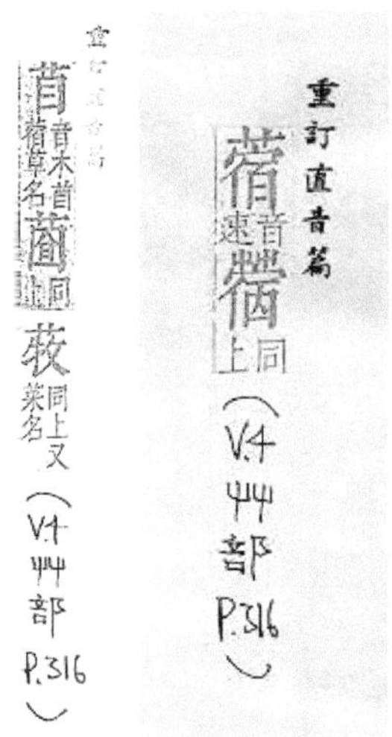

➤➤➤《重订直音篇》

字　汇

《字汇》，明梅膺祚撰，清著名学者、藏书家吴任臣对其进行增补，形成了《字汇补》。梅膺祚（生卒年不详），字诞生，安徽宣城人。著述多种。

苜莜蓿

苜，莫卜切，音木。苜蓿，草名，可为菜。

莜，同苜。

蓿，苏谷切，音速。苜蓿，草名。《史记》：大宛国，马嗜苜蓿，汉使得之，种于离宫。

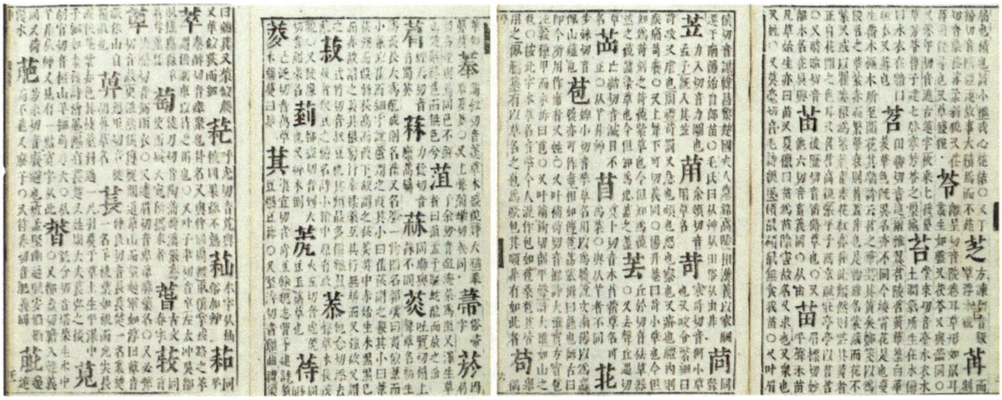

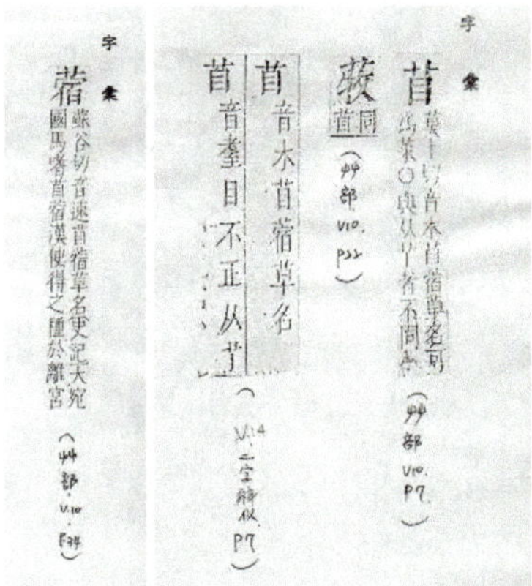
苜 莫卜切音木苜蓿草名可為菜○與从艹者不同
莜 同苜
苜 音木苜蓿草名
苜 音麦目不正从艹
蓿 蘇谷切音速苜蓿草名史記大宛國馬嗜苜蓿漢使得之種於離宮

➤➤➤《字汇》

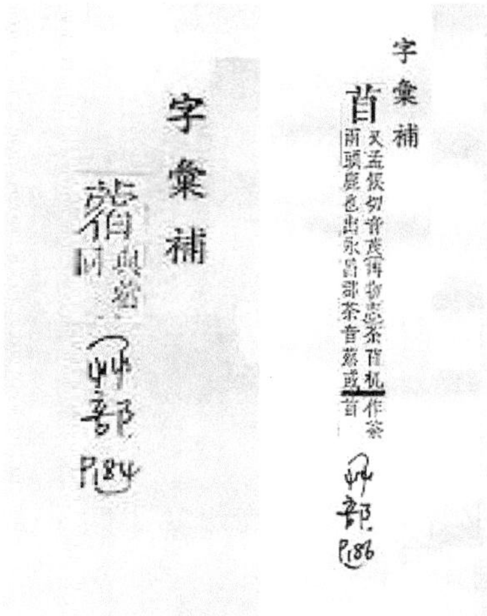

➤➤➤《字汇补》

庶物异名疏

《庶物异名疏》由明陈懋仁撰写。

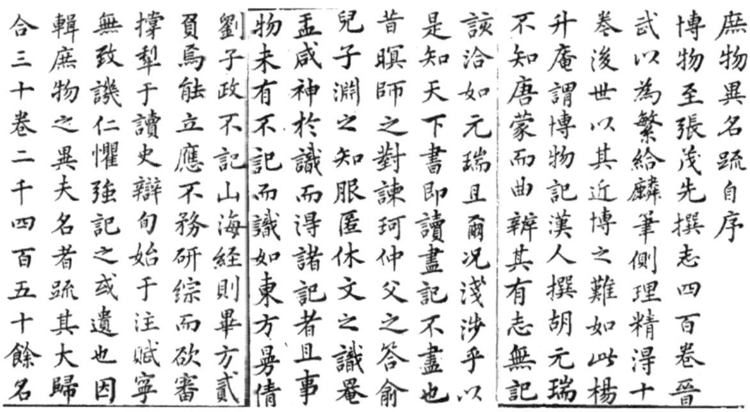

庶物異名疏自序

博物至張茂先撰志四百卷晋武以為繁給麟筆側理精浮十卷後世以其近博之難如此楊升庵謂博物記漢人撰胡元瑞不知唐蒙而曲辯其有志無記該洽如元瑞且爾況淺涉乎以是知天下書即讀盡記不盡也昔瞑師之對諫珂仲父之答俞兒子淵之知服匿休文之識蒼孟咸神於識而得諸記者且事物未有不記而識如東方朔倩劉子政不記山海經則畢方貳負烏能立應不務研綜而欲審擇犁于讀史辯句始于注賦寧無致譏仁懼強記之或遺也因輯庶物之異夫名者疏其大歸合三十卷二千四百五十餘名

怀风

《西京杂记》：苜蓿，一名怀风，或谓之光风，茂陵人谓之连枝草。韵学一名，可为菜。苜蓿，胡中菜，张骞得之西戎。仁过临济间，见其花紫而长，初枝可作羹和面。花已，则刈送驴前矣。时干燥，诸禾悉槁，唯此独茂，何大复诗“沙寒苜蓿短”，以其恶水也。

➤➤➤《庶物异名疏》

康熙字典

《康熙字典》，清张玉书等奉康熙帝命编纂。始于 1710 年，1716 年成书。初名《字典》，后改现名。是中国古代收字最多的字典。

张玉书（1642 ～ 1711 年），字素存，号润甫，江苏丹徒（今属江苏镇江）人。历任翰林院编修、国子监司业、侍讲学士，累官至文华殿大学士兼吏部尚书。

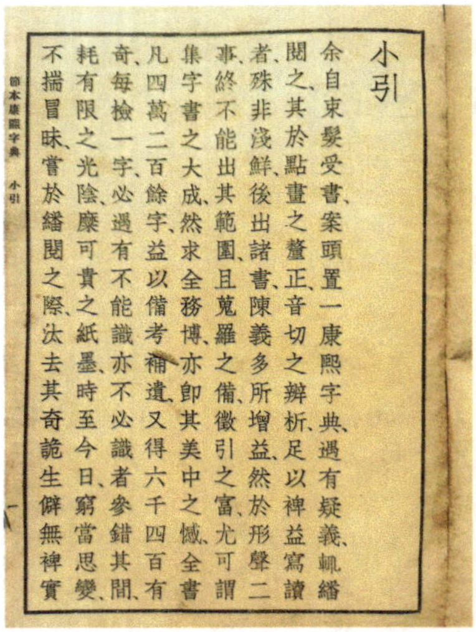

小引

余自束髮受書案頭置一康熙字典遇有疑義輒繙閱之其於點畫之釐正音切之辨析足以裨益寫讀者殊非淺鮮後出諸書陳義多所增益然於形聲二事終不能出其範圍且蒐羅之備徵引之富尤可謂集字書之大成然求全務博亦即其美中之憾全書凡四萬二百餘字益以備考補遺又得六千四百有奇每檢一字必遇有不能識亦不必識者參錯其間耗有限之光陰糜可貴之紙墨時至今日窮當思變不揣冒昧嘗於繙閱之際汰去其奇詭生僻無裨實

節本康熙字典 小引

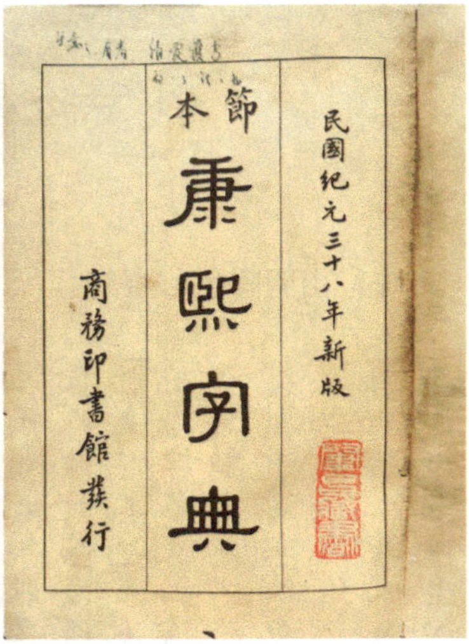

節本

康熙字典

民國紀元三十八年新版

商務印書館發行

草部

苜，《唐韵》《集韵》：莫六切。《正韵》：莫卜切，丛音牧。《本草》：苜蓿，一名牧蓿，谓其宿根自生，可饲牧牛马也。《史记·大宛列传》：马嗜苜蓿，汉使取其实来，于是天子始种苜蓿肥饶地。《西京杂记》：苜蓿，一名怀风，时人谓之光风，茂陵人谓之连枝草。《述异记》：张骞苜蓿，今在洛中。韩愈诗：萄苜从大漠。《汉书》作目宿。又《博雅》：水苜，蓿也。

荍，《唐韵》：莫六切，音目。《本草》：苜蓿，一名荍蓿。详苜字注。

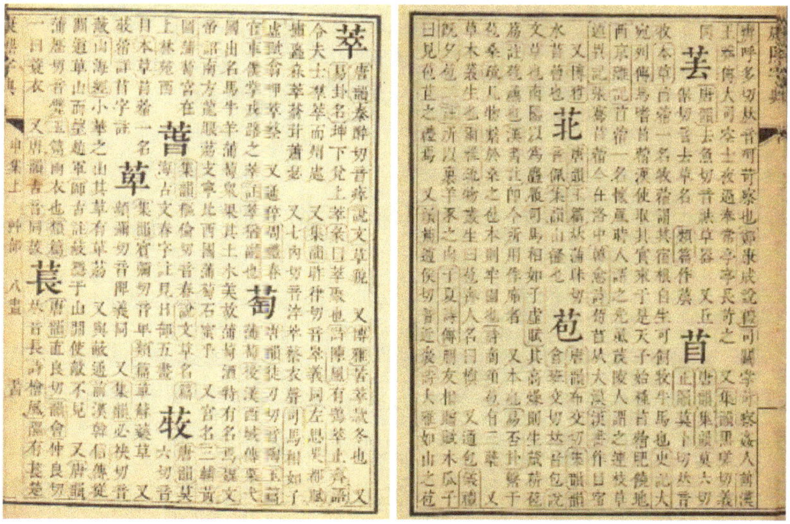

➤➤➤《康熙字典》

目部

又目宿，草名，通作苜。《前汉书·西域传》：马耆目宿。《史记·大宛传》作苜蓿。

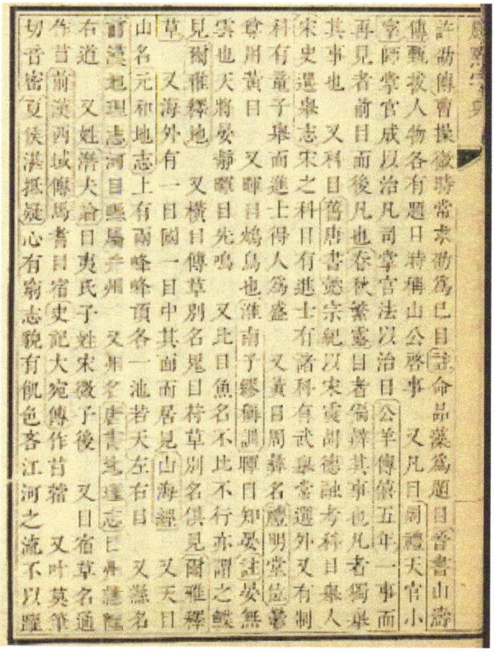

➤➤➤《康熙字典》

佩文韵府

《佩文韵府》，清张玉书等编撰，分正集、拾遗二部分，为词章家的重要参考书。

苜蓿

《史记·大宛传》：以蒲萄为酒，马嗜苜蓿。汉使取其实来，于是天子始种苜蓿、蒲萄肥饶地。《晋书·华表传》：表子廙栖迟家巷垂十载，帝登陵云台，望见廙苜蓿园，阡陌甚整，依然感旧。《唐书·百官志》：凡驿马给地四顷，莳以苜蓿。《洛阳伽蓝记》：中朝时，宣武场大夏门东北，今为光风园，苜蓿生焉。《妆楼记》：姑园戏作剪刀，以苜蓿根粉养之，裁衣则尽成。墨界不用人手而自行。《刘潜与永丰侯书》：马衔苜蓿，嘶疑故墟；人获蒲萄，归种旧里。

张正见诗：细蹀连钱马，傍趋苜蓿花。岑参题苜蓿峰寄家人诗：苜蓿峰边逢立春，胡芦河上泪沾巾。王维诗：苜蓿随天马，蒲桃逐汉臣。杜甫诗：宛马总肥春苜蓿，将军只数汉嫖姚。刘禹锡诗：初自塞垣衔苜蓿，忽行幽径破莓苔。戴叔伦诗：最怜吟苜蓿，不及向桑榆。唐彦谦诗：苜蓿穷诗味，芭蕉醉墨痕。李商隐诗：汉家天马出蒲梢，苜蓿榴花遍近郊。

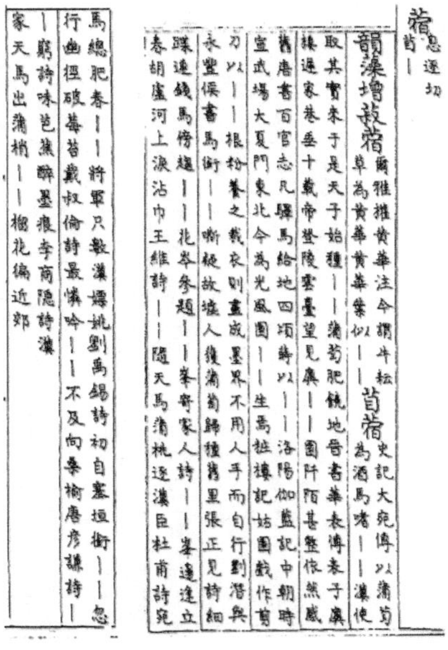
蓿 息逐切 苜丨
韻藻 增 敘 蓿
爾雅權黃華注今謂牛芸 草為黃華黃華葉似丨丨
苜蓿
史記大宛傳以蒲萄 為酒馬嗜丨丨漢使
取其實來于是天子始種丨丨蒲萄肥饒地晉書華表傳表子廙
棲遲家巷垂十載帝登陵雲臺望見廙丨丨園阡陌甚整依然感
舊唐書百官志凡驛馬給地四頃蒔以丨丨洛陽伽藍記中朝時
宣武場大夏門東北今為光風園丨丨生焉粧樓記姑園戲作剪
刀以丨丨根粉養之裁衣則盡成墨界不用人手而自行劉潛與
永豐侯書馬銜丨丨嘶秖故墟人獲蒲萄歸種舊里張正見詩細
蹀連錢馬傍趨丨丨花岑參題丨丨峯寄家人詩丨丨峯邊逢立
春胡盧河上淚沾巾王維詩丨丨隨天馬蒲桃逐漢臣杜甫詩宛
馬總肥春丨丨將軍只數漢嫖姚劉禹錫詩初自塞垣銜丨丨忽
行幽徑破莓苔戴叔倫詩最憐吟丨丨不及向桑榆唐彥謙詩丨
丨窮詩味芭蕉醉墨痕李商隱詩漢
家天馬出蒲梢丨丨榴花徧近郊

➤➤➤《御定佩文韵府·卷九十之十·蓿》

经籍纂诂

《经籍纂诂》，清阮元等编撰，汇辑古书中的文字训释而成的训诂词典。

阮元（1764 ～ 1849 年），字伯元，号芸台，江苏仪征人。乾隆进士，官至大学士。

莜

《尔雅·释草注》："叶似莜蓿"，释文本亦作目蓿。

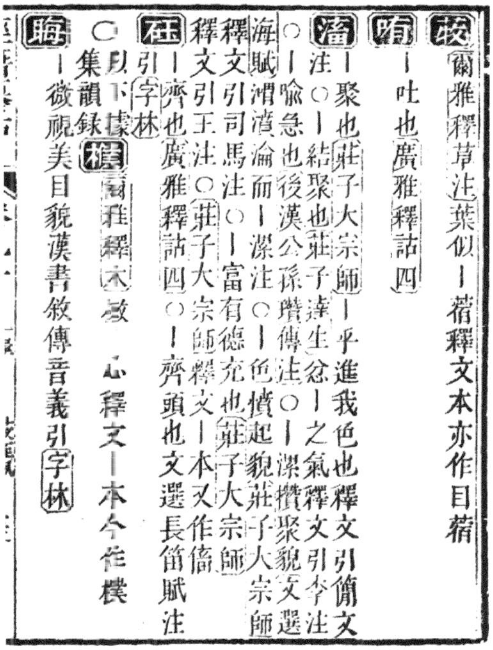
莜 爾雅釋草注葉似丨蓿釋文本亦作目蓿
昫 丨吐也廣雅釋詁四
淪 丨聚也莊子大宗師丨乎進我色也釋文引簡文注○丨結聚也莊子達生忿丨之氣釋文引李注○丨喻急也後漢公孫瓚傳注○丨潔攢聚貌文選海賦湝湝淪而丨潔注○丨色憤起貌莊子大宗師釋文引司馬注○丨富有德充也莊子大宗師釋文引王注○莊子大宗師釋文丨本又作儔
砫 丨齊也廣雅釋詁四○丨齊頭也文選長笛賦注引字林
○昳下據集韻錄 檏 爾雅釋木心釋文丨本今作樸
晦 丨微視美目貌漢書敘傳音義引字林

➤➤➤《经籍纂诂》

故训汇纂

《故训汇纂》，汇集先秦至晚清旧注的大型工具书。

荍　目宿

荍，荍蓿，菜名，亦作目。《尔雅·释草》：“权，黄华”；郭璞注：“叶似荍蓿”。目宿，苜蓿也。《别雅》卷五。

➤➤➤《故训汇纂》

经典文字辨证书

《经典文字辨证书》，清毕沅撰写。

苜部

目（正）、荍，别《尔雅注》有荍蓿，即目宿，俗又别为苜者，更非。

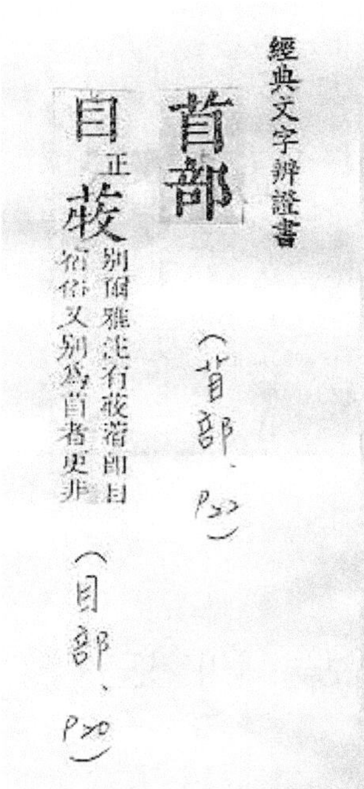
經典文字辨證書

苜部

目 正

荍 別爾雅注有荍蓿即目宿俗又別為苜者更非

（苜部、P20）

（目部、P20）

➤➤➤《经典文字辨证书》

别　雅

《别雅》，清代吴玉搢编撰，以训解双音词为主，原名《别字》。

吴玉搢（1698 ～ 1773 年），字籍五，号山夫，江苏山阳（今江苏淮安）人，古文字和考古学家。

目宿，牧蓿，苜蓿也。《汉书·西域传》：大宛国，马耆目宿。《史记·大宛传》作苜蓿。《本草》：苜蓿，一名牧蓿，谓其宿根，自生，可饲牧牛马也。

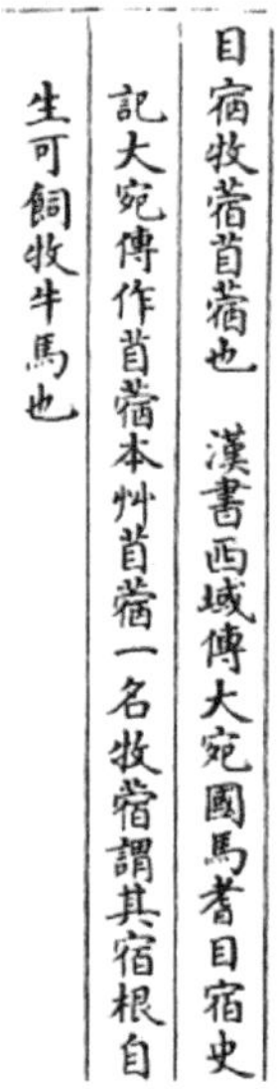
目宿牧蓿苜蓿也　漢書西域傳大宛國馬耆目宿史
記大宛傳作苜蓿本艸苜蓿一名牧蓿謂其宿根自
生可飼牧牛馬也

➤➤➤《别雅·目宿》

事物异名录

《事物异名录》，清厉荃辑、关槐增辑，词汇类书。

厉荃，生平不详。

蔬谷部上

苜蓿：怀风、光风、连枝草。《西京杂记》：苜蓿，一名怀风，一名光风，茂陵人谓之连枝草。

牧宿：木粟、塞鼻力游。《本草纲目》：苜蓿，郭璞作“牧宿”，谓其宿根自生，可饲牧牛马也。罗愿《尔雅翼》作木粟，言其米可炊饭也。《金光明经》谓之塞毕力游。

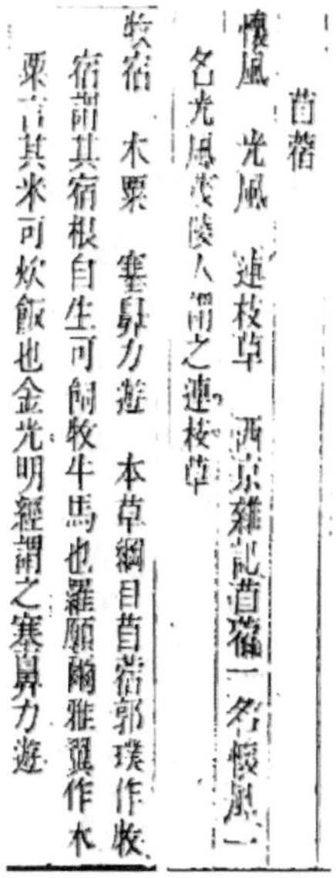
苜蓿
懷風　光風　連枝草　西京雜記苜蓿一名懷風一
名光風茂陵人謂之連枝草
牧宿　木粟　塞鼻力遊　本草綱目苜蓿郭璞作牧
宿謂其宿根自生可飼牧牛馬也羅願爾雅翼作木
粟言其米可炊飯也金光明經謂之塞鼻力遊

➤➤➤《事物异名录·卷二十三》

广雅疏证

《广雅疏证》，清王念孙著，博搜汉以前古训，由古音以求古义。

王念孙（1744 ～ 1832 年），字怀祖，清江苏高邮人。乾隆进士，官至永定河道，有《广雅疏证》《读书杂志》等著作。

释草

决明，羊角也。《郭璞注尔雅》：英光云英明也，叶锐，黄赤华，实如山茱萸，芵与决同，亦作决。《神农本草》：决明子。陶隐居注云：叶如茳芒，子形似马蹄，呼为马蹄决明，又别有草决明，是蒌蒿子。《蜀本图经》云：叶似苜蓿而阔大，夏花，秋生子，作角，皆其形状也。《御览》引《吴普本草》云：决明子，一名草决明，一名羊明，羊明当依此作羊角，因上两明字而误也。陶隐居谓草决明别是一种，吴普则谓决明子一名草决明，盖同类者亦得通称。

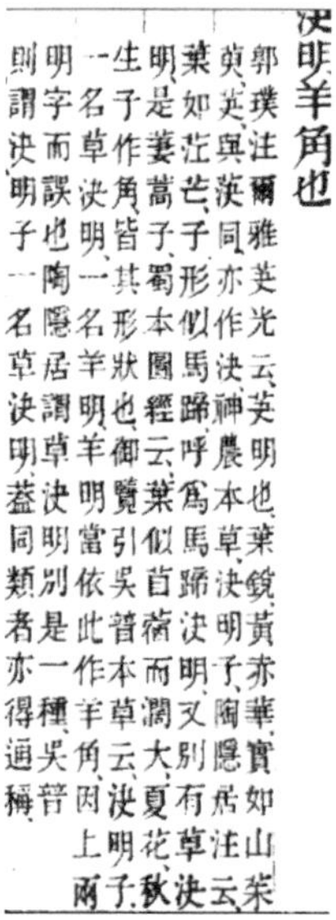
決明羊角也
郭璞注爾雅芵光云芵明也葉銳黃赤華實如山茱萸芵與茪同亦作決神農本草決明子陶隱居注云葉如茳芒子形似馬蹄呼爲馬蹄決明又別有草決明是蔞蒿子蜀本圖經云葉似苜蓿而潤大夏花秋生子作角皆其形狀也御覽引吳普本草云決明子一名草決明一名羊明羊明當依此作羊角因上兩明字而誤也陶隱居謂草決明別是一種吳普則謂決明子一名草決明蓋同類者亦得通稱

➤➤➤《广雅疏证·卷十》

通 俗 编

《通俗编》，清翟灏撰，采集日常习用之语，分天文、地理、时序等类，考辨语义，探索源流，援引详博，也有有关神话传说资料的引用及考证。

翟灏（1736～1788年），字大川，仁和（今属浙江杭州）人，乾隆十九年（1754年）进士。

一劳永逸

又《齐民要术》：苜蓿长生，种者一劳永逸。榆砍后复生，不烦耕种。所谓一劳永逸。

➤➤➤《通俗编·卷二》

马氏文通

《马氏文通》，清马建忠著，采集中国古籍中文例，与拉丁文法比类而成，为我国第一部有组织的文法书。

马建忠（1844～1900 年），字眉叔，丹徒（今属江苏镇江）人，语文学家。游学欧洲，曾任驻法使馆翻译。

《史记•大宛列传》：及天马多，外国使来众，则离宫别观旁尽种蒲陶、苜蓿极望。

➤➤➤《马氏文通 • 卷四》

辞源

《辞源》，陆尔奎、方毅等主编，探求字与词的来源，民国四年（1915 年）由商务印书馆出版的综合性辞典。中华人民共和国成立后经修订，至 1983 年出版了修订本。

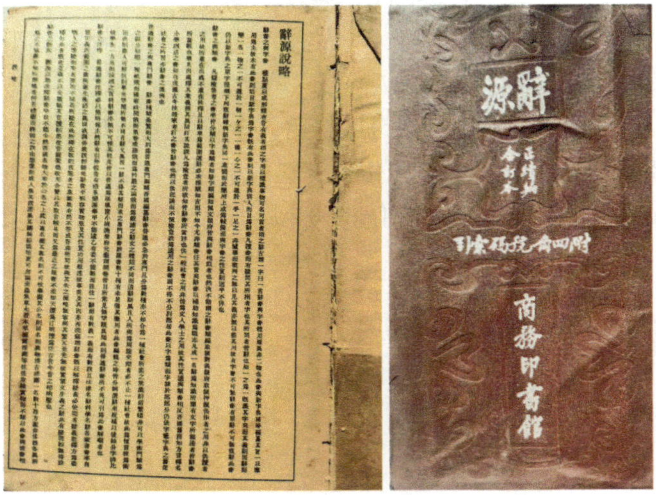

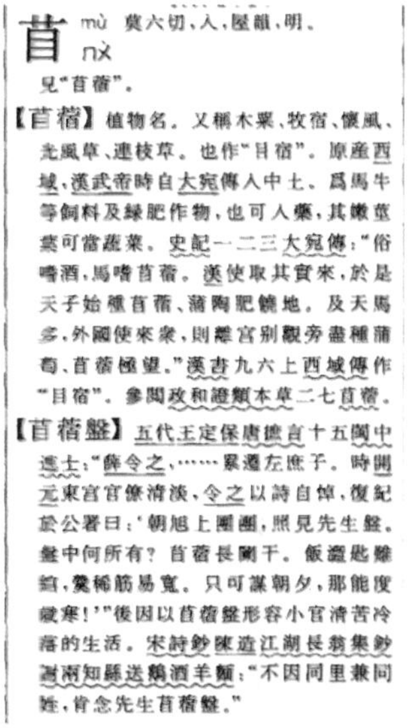

苜 mù nㄨˋ 莫六切，入，屋韻，明。

見"苜蓿"。

【苜蓿】植物名。又稱木粟、牧宿、懷風、光風草、連枝草。也作"目宿"。原產西域，漢武帝時自大宛傳入中土。爲馬牛等飼料及綠肥作物，也可入藥，其嫩莖葉可當蔬菜。史記一二三大宛傳："俗嗜酒，馬嗜苜蓿。漢使取其實來，於是天子始種苜蓿、蒲陶肥饒地。及天馬多，外國使來衆，則離宮別觀旁盡種蒲萄、苜蓿極望。"漢書九六上西域傳作"目宿"。參閱政和證類本草二七苜蓿。

【苜蓿盤】五代王定保唐摭言十五閩中進士："薛令之，……累遷左庶子。時開元東宮官僚淸淡，令之以詩自悼，復紀於公署曰：'朝旭上團團，照見先生盤。盤中何所有？苜蓿長闌干。飯澀匙難綰，羹稀筯易寬。只可謀朝夕，那能度歲寒！'"後因以苜蓿盤形容小官淸苦冷落的生活。宋詩鈔陳造江湖長翁集鈔謝兩知縣送鵝酒羊麵："不因同里兼同姓，肯念先生苜蓿盤。"

苜

见“苜蓿”。

【苜蓿】植物名。又称木粟、牧宿、怀风、光风草、连枝草。也作“目宿”。原产西域，汉武帝时自大宛传入中土。为马牛等饲料及绿肥作物，也可入药，其嫩茎叶可当蔬菜。史记一二三大宛传：“俗嗜酒，马嗜苜蓿。汉使取其实来，于是天子始种苜蓿、蒲陶肥饶地。及天马多，外国使来众，则离宫别观旁尽种蒲陶、苜蓿极望。”汉书九六上西域传作“目宿”。参阅政和证类本草二七苜蓿。

【苜蓿盘】五代王定保唐摭言十五闽中进士：“薛令之，……累迁左庶子。时开元东宫官僚清淡，令之以诗自悼，复纪于公署曰：‘朝旭上团团，照见先生盘。盘中何所有？苜蓿长阑干。饭涩匙难绾，羹稀筋易宽。只可谋朝夕，那能度岁寒！’”后因以苜蓿盘形容小官清苦冷落的生活。宋诗钞陈造江湖长翁集钞谢两知县送鹅酒羊面：“不因同里兼同姓，肯念先生苜蓿盘”。

➤➤➤《辞源·苜蓿》

辞源正续编

《辞源正续编》（合订本）1939年由商务印书馆出版。1922年，方毅和傅运森担任国文字典委员会主任，主持《辞源》续编，主要工作是增补新名词。1931 年 12 月，《辞源续编》出版。《辞源续编》既是独立的一本书，也是和 1915 年版互为补充的一本书。《辞源续编》既可单独成书，也可与正编合二为一，只是在原有基础上的增补，没有与正编完全融合，不是一次完整的修订。《辞源续编》虽是一个独立的版次，但为续编、补编性质，到了 1937 年，还是用的 1915 年初版。正编分上下两册，《续编》一册，合在一起，全三册。这种合订本，是 20 世纪 30 年代常见的一个版本。

苜蓿

【苜蓿】蔬类植物，原野自生，大别为三种。一曰紫苜蓿，茎高尺余，叶为羽状复叶，似豌豆而小，开紫花，荚宛转弯曲。一曰黄苜蓿，茎不直立，叶尖瘦，花黄三瓣，荚状如镰。二者皆产于北方。《史记・大宛传》：马嗜苜蓿，汉使取其实来，于是天子始种苜蓿。据《群芳谱》谓即紫苜蓿，南方无之，与黄苜蓿同类而异种。一曰野苜蓿，亦曰南苜蓿，土名或称金花菜，或称盘歧头、草头。茎卧地，叶为三小叶合成，小叶倒卵形。顶端凹入，花小色黄，其形状似蝶，荚作螺旋形，有刺，南方随处有之。

【苜蓿盘】【摭言】薛令之累迁左庶子，时东宫官僚清淡。令之以诗自悼有云：朝旭上团团，照见先生盘。盘中何所有，苜蓿长阑干。陈造《谢知县送鹅酒羊面诗》：不因同里兼同姓，肯念先生苜蓿盘。用此事也，后多以之嘲冷官，乃为教官故实矣。

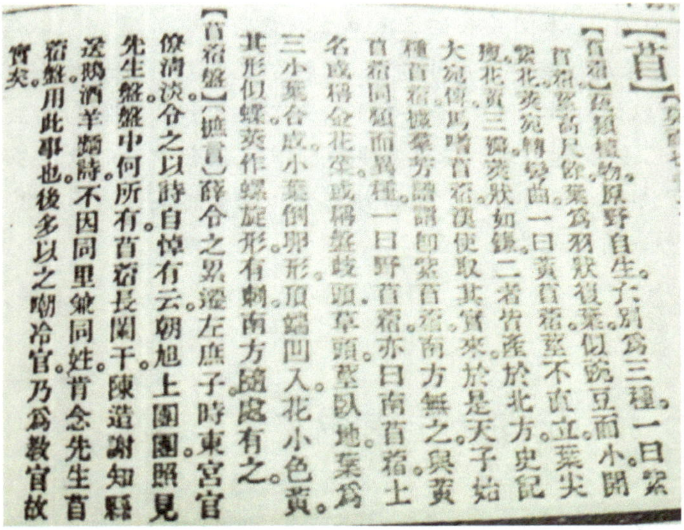
【苜】
【苜蓿】蔬類植物。原野自生。大別爲三種。一曰紫苜蓿。莖高尺餘。葉爲羽狀複葉。似豌豆而小。開紫花。莢宛轉彎曲。一曰黃苜蓿。莖不直立。葉尖瘦。花黃三瓣。莢狀如鐮。二者皆產於北方。史記大宛傳。馬嗜苜蓿。漢使取其實來。於是天子始種苜蓿。據羣芳譜謂卽紫苜蓿。南方無之。與黃苜蓿同類而異種。一曰野苜蓿。亦曰南苜蓿。土名或稱金花菜。或稱盤歧頭。草頭。莖臥地。葉爲三小葉合成。小葉倒卵形。頂端凹入。花小色黃。其形似蝶。莢作螺旋形。有刺。南方隨處有之。
【苜蓿盤】【摭言】薛令之累遷左庶子。時東宮官僚淸淡。令之以詩自悼有云。朝旭上團團。照見先生盤。盤中何所有。苜蓿長闌干。陳造謝知縣送鵝酒羊麪詩。不因同里兼同姓。肯念先生苜蓿盤。用此事也。後多以之嘲冷官。乃爲教官故實矣。

➤➤➤《辞源正续编》

中华大字典

《中华大字典》，陆费逵、欧阳溥存主编，为《康熙字典》后的另一部大字典，内容较康熙字典更为详备。

陆费逵（1886 ～ 1941 年），字伯鸿，又字少沧，浙江桐乡人，出版家、辞书编纂家。早年曾参加日知会活动，兼任《楚报》主笔。1906 年后任文明书局和商务印书馆编辑。1912 年创办中华书局，任局长、总经理，主持业务近 30 年。曾发起编纂和主持出版《辞海》，又与欧阳溥存共同主编《中华大字典》。

苜

一、苜蓿，草名。《本草纲目》杂记言：苜蓿原产于大宛，汉使张骞带归国，今处处田野有之，陕西甚多，用饲牛马，嫩时人爱食之。有宿根，刈讫复生（按陶弘景曰：长安中乃有苜蓿园，北人甚重之，外国复有苜蓿草，以疗目，非此类也。是苜蓿原有二种，今江南园圃中亦有种以充蔬者，俗呼为金花菜）。

二、水苜蓿也，见《广雅释草》。

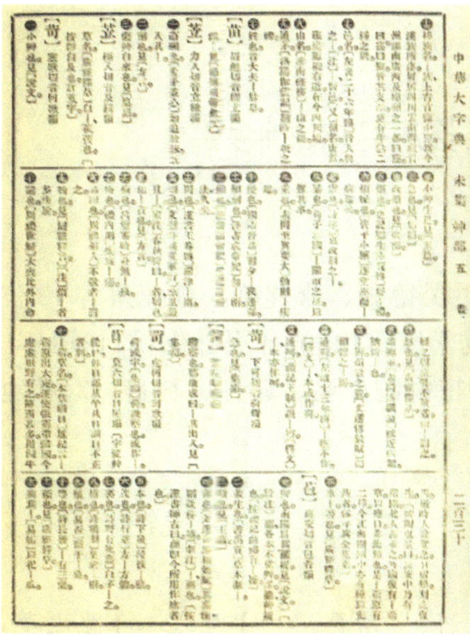

➤➤➤《中华大字典・草部》

菽

首或字，见《集韵》。

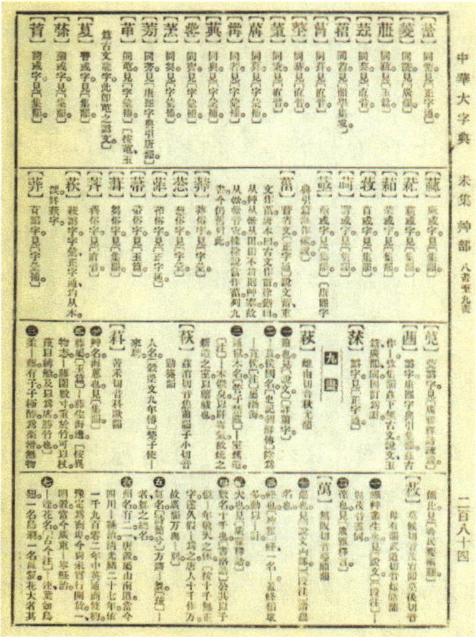

➤➤➤《中华大字典·草部》

植物学大辞典

《植物学大辞典》，由孔庆来、吴德亮、李祥麟、杜亚泉等13位学者合作完成，他们都是当时著名的农学家和植物学家。自1907年开始编撰，1918年出版，历时12年。《植物学大辞典》详细记录了各种植物的命名、属性、科目，对植物的叶片、花型、根茎等，作了详细论述。

紫苜蓿

紫苜蓿 *Medicago sativa* L.。豆科，苜蓿属。一年生或二年生之草本，茎高一二尺，直立。夏日，茎上分枝开花，为短总状花序。农家用为牧草。

紫苜蓿 Medicago sativa, L. ムラサキウマゴヤシ。

豆科。苜蓿屬。一年生或二年生之草本。莖高一二尺。直立。夏日。莖上分枝開花。爲短穗狀花序。農家用爲牧草。

>>>《植物学大辞典》

苜蓿

豆科，苜蓿属。生于原野中，二年生，草本。平卧于地上，长二尺余。叶羽状复叶，自三小叶成，无卷须，托叶细裂。叶腋出花轴，生三花至五花。花小，黄色，蝶形花冠。果实为荚，呈螺旋状，有刺，颇尖锐。此植物可制肥料，又为牧草，马甚嗜食之。且可为蔬菜，供食用。名见《名医别录》。又有木粟、光风草等名。葛洪《西京杂记》云：乐游苑多苜蓿。风在其间常萧萧然，日照其花有光采，故名怀风，又名光风。茂陵人谓之连枝草。李时珍曰：苜蓿，郭璞作牧宿，谓其宿根自生，可饲牧牛马也。处处田野有之，陕陇人亦有种者。刈苗作蔬，一年可三刈。二月生苗，一科数十茎，茎颇似灰藋。一枝三叶，叶似决明叶而小，如指顶，绿色碧艳。入夏及秋，开细黄花，结小荚，圆扁，旋转有刺，数荚累累。老则黑色，内有米如穄米，可为饭，亦可酿酒。又罗愿《尔雅翼》作木粟，亦言其米可炊饭也。

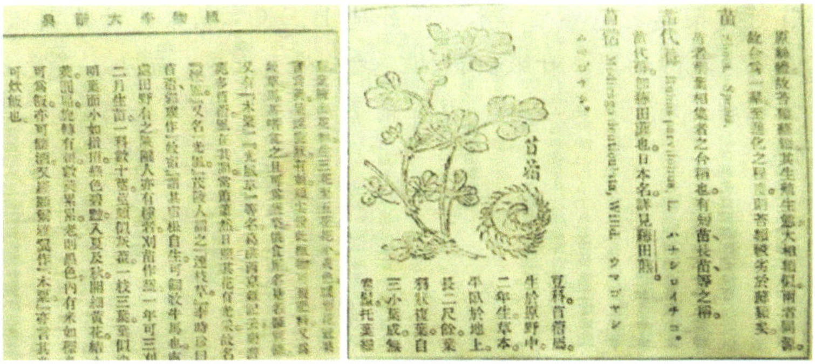
植物學大辭典

苜蓿 Medicago denticulata, Willd. ウマゴヤシ

豆科。苜蓿屬。生於原野中。二年生草本。平臥於地上。長二尺餘。

可炊飯也。

>>>《植物学大辞典》

中国药学大辞典

《中国药学大辞典》，近现代陈存仁编纂，汇集古今中外相关资料，收词约 4300 条。

陈存仁（1908 ～ 1990 年），20 世纪三四十年代的上海名医。

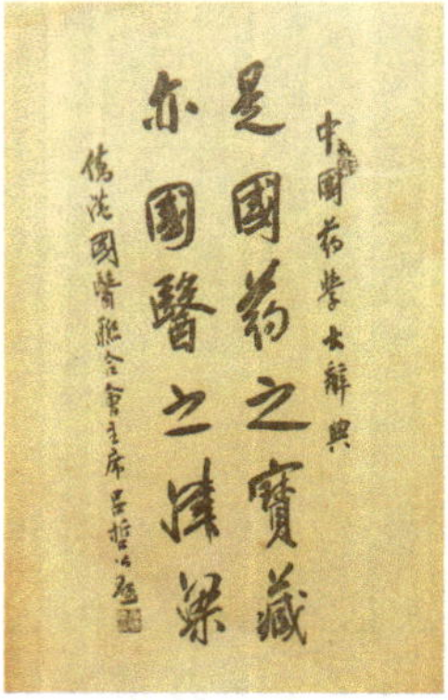

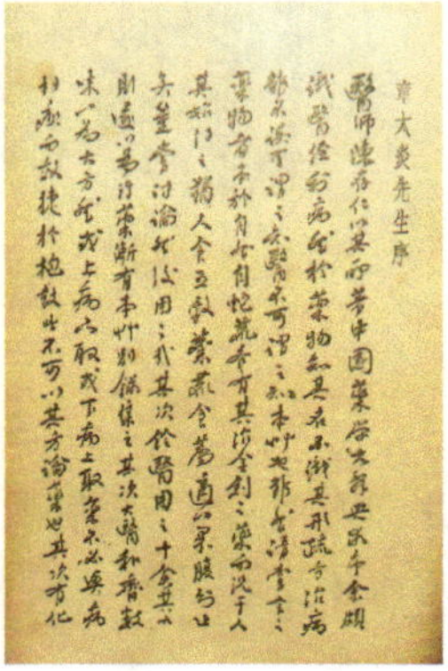
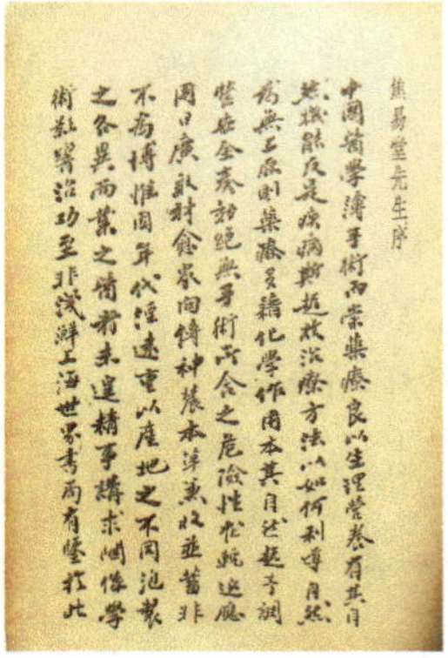

苜蓿

【苜蓿】古籍别名木粟、光风草（《纲目》）、怀风、连枝草、牧宿（郭璞）、草头、金花菜。

外国名词 *Medicago denticulata* Willd。

基本　系豆科苜蓿属，为苜蓿之茎叶。

产地　生原野间。

形态　苜蓿为菜类之越年生草本。平卧地上，长二尺余。叶作羽状复叶，自三小叶成，无卷须，托叶细裂。叶腋出花轴，生三花至五花，花小，黄色，蝶形花冠。实为荚果，呈螺状，有刺，颇尖锐。中有黑子如穄米，可作饭与酿酒。其茎叶可作菜茹与供药用。

性质　苦平涩无毒。

主治　安中利人可久食。

历代记述考证　【唐】孟诜《食疗本草》论苜蓿曰：利五脏，轻身健人。洗去脾胃间邪热气，通小肠诸恶热毒。煮和酱食，亦可作羹。【宋】寇宗奭《本草衍义》论苜蓿曰：利大小肠。【宋】苏颂《图经本草》论苜蓿曰：干食养人。

参考资料　(一) 苜蓿多食则冷气入筋中，令人瘦（孟诜）。(二) 苜蓿同蜜食，令人下利（李廷飞）。

【苜蓿根】性质　寒无毒。

主治　热病烦满、目黄赤、小便黄、酒疸，捣服令人吐利即愈。

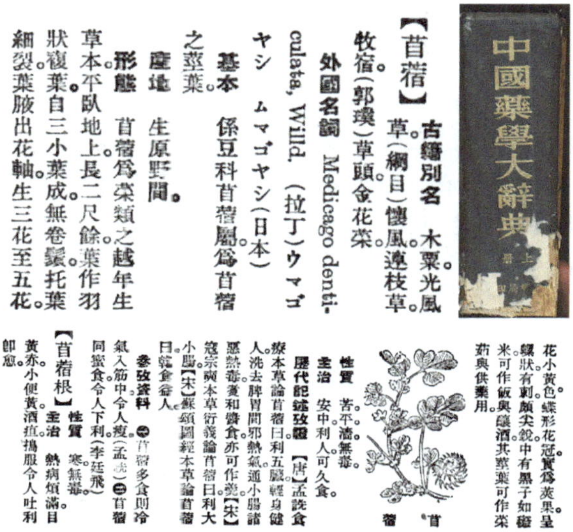

【苜蓿】古籍別名　木粟。光風草。(綱目)懷風。連枝草。牧宿。(郭璞)草頭金花菜。

外國名詞　Medicago denticulata, Willd.(拉丁)ウマゴヤシ　ムマゴヤシ(日本)

基本　係豆科苜蓿屬爲苜蓿之莖葉。

產地　生原野間。

形態　苜蓿爲菜類之越年生草本。平臥地上。長二尺餘。葉作羽狀複葉。自三小葉成。無卷鬚。托葉細裂。葉腋出花軸。生三花至五花。花小黃色。蝶形花冠。實爲莢果。呈螺狀。有刺。頗尖銳。中有黑子如穄米。可作飯與釀酒。其莖葉可作菜茹與供藥用。

性質　苦。平。濇。無毒。

主治　安中。利人。可久食。

歷代記述考證　【唐】孟詵食療本草論苜蓿曰。利五臟。輕身健人。洗去脾胃間邪熱氣。通小腸諸惡熱毒。羹和醬食。亦可作羹。【宋】寇宗奭本草衍義論苜蓿曰。利大小腸。【宋】蘇頌圖經本草論苜蓿曰。乾食益人。

參攷資料　㈠苜蓿多食則冷氣入筋中。令人瘦。(孟詵)㈡苜蓿同蜜食。令人下利。(李廷飛)

【苜蓿根】性質　寒。無毒。

主治　熱病煩滿。目黃赤。小便黃。酒疸。搗服令人吐利即愈。

➤➤➤《中国药学大辞典》

中国植物图鉴

《中国植物图鉴》，近现代贾祉璋、贾祖珊合著，1937 年出版。

贾祖璋（1901 ～ 1988 年），浙江海宁人。1920 年毕业于浙江省第一师范学校，著名科普作家与编辑家。

苜蓿

苜蓿，《名医别录》金花菜（俗）。

【形态】茎高六七分米；秋末萌生，至春日繁茂。三出复叶，小叶团扇形，托叶细裂。春日叶腋出细梗，着生小花三朵或五朵；黄色，蝶形花冠，花后结荚，呈螺旋状，有毛状突起的刺。

【生态】二年生草木。原野自生，或栽培于田亩间。欧美原产。

【应用】作绿肥或牧草用，嫩苗可充蔬菜。

《中国植物图鉴》

紫苜蓿

紫苜蓿 alfalfa（英）。

【形态】茎高六七分米，直立分枝。叶互生，三出复叶，小叶三片。夏日叶腋抽长花梗，密生青紫色蝶形花，排列成总状花序，果实为荚果，卷成螺形。

【生态】一年生或二年生草本，欧洲原产。

【应用】栽培供牧草用。

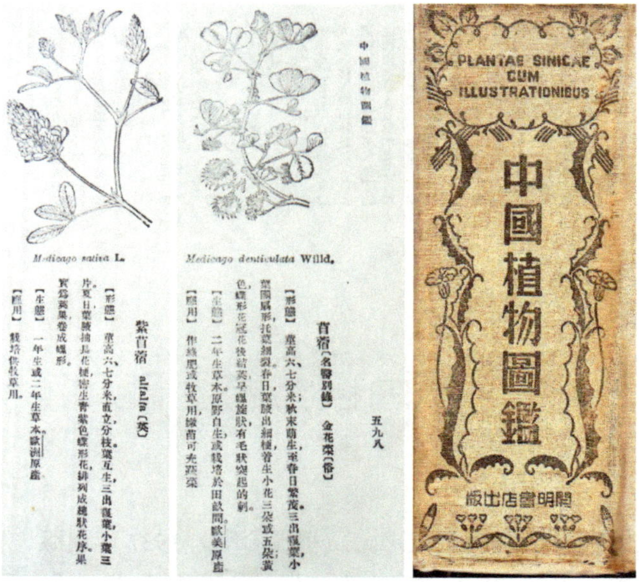

➤➤➤《中国植物图鉴》

雅言

《雅言》，连横所著。

连横（1878 ～ 1936 年），字武公，号雅堂，又号剑花，台湾台南人，原籍福建龙溪。

葡萄、苜蓿之名，译自西域，传于《汉书》。

➤➤➤《雅言》

御定骈字类编

《御定骈字类编》，清吴士玉撰。

木粟

《本草》苜蓿，释名木粟，《纲目》光风草，时珍曰：苜蓿，郭璞作牧宿，谓其宿根自生，可饲牛马也。又罗愿《尔雅翼》作木粟，言其米可炊饭也。

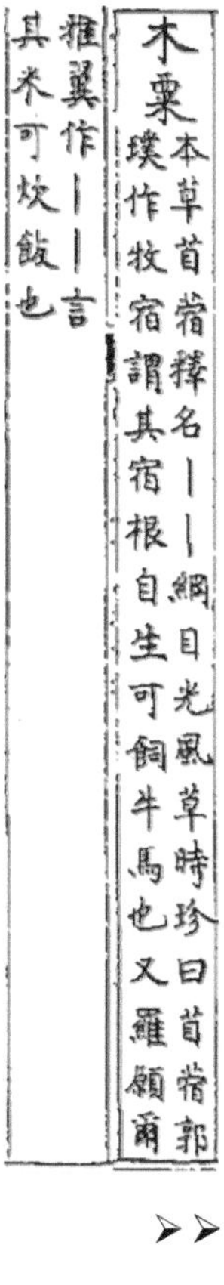
木粟本草苜蓿釋名｜｜綱目光風草時珍曰苜蓿郭璞作牧宿謂其宿根自生可飼牛馬也又羅願爾雅翼作｜｜言其米可炊飯也

➤➤➤《御定骈字类编·卷一百九十九》

六艺之一录

《六艺之一录》，清倪涛撰。

苜：上莫割翻目不正也，下莫卜翻苜蓿菜。

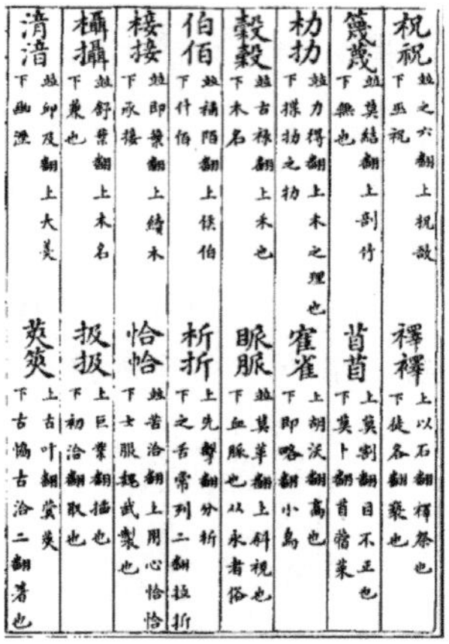
柷祝 並之六翻 上柷敔 下巫祝
襗釋 上以石翻襗祭也 下徒各翻釋也
篾蔑 並莫結翻 上剖竹 下無也
苜苜 上莫割翻目不正也 下莫卜翻苜蓿菜
朸扐 並力得翻 上木之理也 下揲扐之扐
隺雀 上胡沃翻高也 下即略翻小鳥
穀穀 並古祿翻 上禾也 下木名
眽脈 並莫革翻 上斜視也 下血脈也从永者俗
伯佰 並補陌翻 上侯伯 下什佰
析折 上先擊翻分析 下之舌常列二翻拉折
椄接 並即葉翻 上續木 下承接
恰帢 並苦洽翻 上用心恰恰 下士服魏武製也
欇攝 並舒葉翻 上木名 下兼也
扱扱 上巨業翻插也 下初洽翻取也
湇湆 並卯及翻 上大羹 下幽溼
莢筴 上古叶翻莢莢 下古協古洽二翻著也

➤➤➤《六艺之一录·卷二百四十三》

苜

莫六切，苜蓿草名，从草、从目，与肩韵首字不同，苜音坙上从丫音寡。

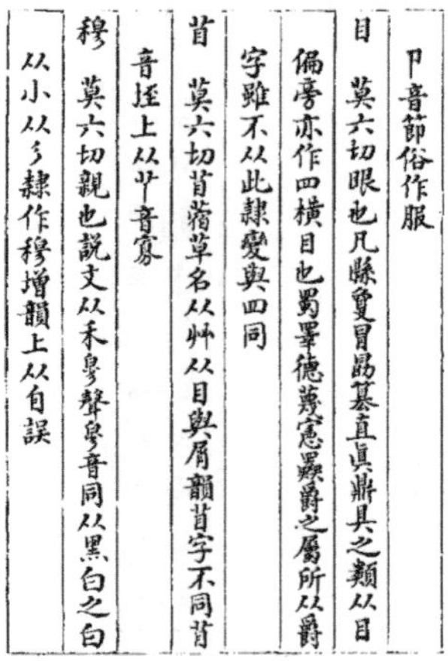
卩音節俗作服
目 莫六切眼也凡縣夐冒𥅽蔑直眞鼎具之類从目
偏旁亦作罒横目也蜀睪德蔑憲睘爵之屬所从爵
字雖不从此隸變與罒同
苜 莫六切苜蓿草名从艸从目與眉韻首字不同苜
音坙上从丫音寡
穆 莫六切親也說文从禾㣎聲㣎音同从黑白之白
从小从彡隸作穆增韻上从白誤

➤➤➤《六艺之一录·卷二百五十三》

【萺蓿】(《集韵》)。
【萺蓿】(《韵会》)。
【目宿】(《汉书》)。

木粟

【荍蓿】(《尔雅》)。

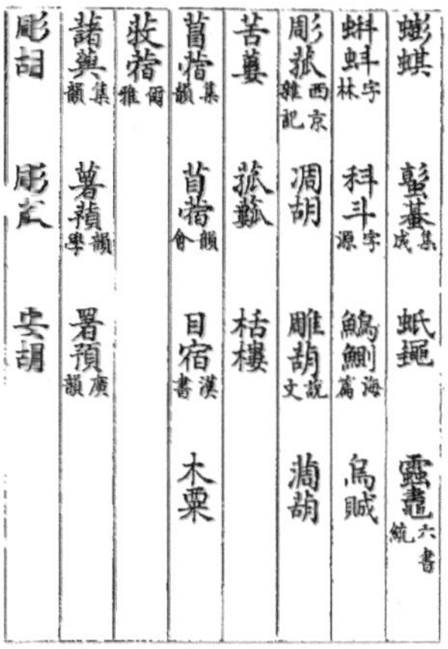
蟚蜞　蟚蟇集成　蚔蠅　蠠鼊六書統
蝌蚪字林　科斗字源　鵵鯛海篇　烏賊
彫菰西京雜記　凋胡　雕葫說文　蔛葫
苦蔞　菰蘞　枯樓
苜蓿集韻　苜蓿韻會　目宿漢書　木粟
荍蓿爾雅
諸薁集韻　薯蕷韻學　署預廣韻
彫胡　彫苽　安胡

➤➤➤《六艺之一录·卷二百五十八》

纸醉庐春灯百话

事物异实同名，灯谜家最利用之。如：方丈，宴室也、禅室也，《虎痴集》有：“阇黎饭后钟”，隐四子“食前方丈”。玉楼，仙人所居也、两肩也，失名作有：“诗赋玉楼”，隐乌名“题肩”。芙蓉，木花也、水花也、镜也、帐也、面也、山峰也，华阳杨君芸青作有：“岫绕芙蓉”，隐唐诗“山从人面起”。郎中，官名也、医士也、紧中大内也、幽室也，拙作有：“兵部郎中”，隐四子“可使有勇，且知方也”；“出入禁中”，隐唐诗“唯有幽人自来去”。此外其例尚多，如：圜室，囹圄也、道士居也；阃内、国门也、闺阁也、槛楹也、阱也；阑干，罘罳也、眼眶也、夜深也；寸田，地少也、心也；秋水，剑也、眼也；太史，天官也、翰苑也；黄门，阉人也、给事也；貂珰，贵戚也、刑余也；典刑，老成人也、大辟也；金石，文字也、交情也；图书，经史也、印章也；流黄，颜色也、机组也；琥珀，丹石也、酒也；玳瑁，美石也、龟甲也、簁席也；琅玕，美石也、竹也；六寸，笔也、算也；葳蕤，花也、锁也；苜蓿，马刍也；训士，官禄也；甲第，贵宅也、科目也；蒲卢，蒲苇也、蜃也、果蠃也（见《夏小正》注）。

➤➤➤《纸醉庐春灯百话》

古今韵会举要

《古今韵会举要》，宋末元初黄公绍编《古今韵会》，后其同乡熊忠对《古今韵会》进行删修，编成《古今韵会举要》。

苜

苜蓿，草名，或作荍，《尔雅注》荍蓿，《集韵》亦作䕷，《广韵》菜名通作目，《汉志》目宿又见蓿字注。

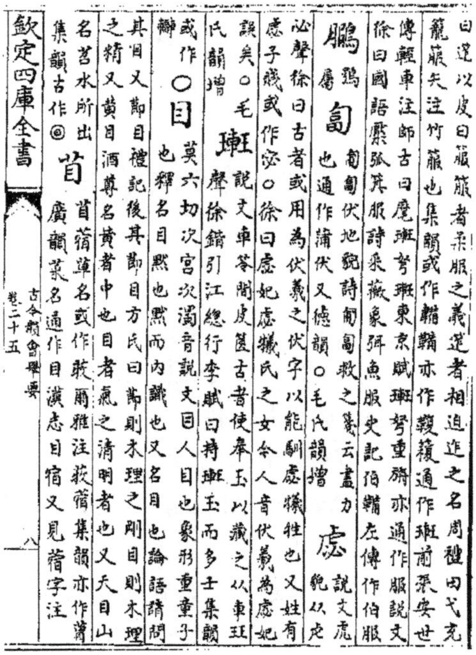

曰遝以皮曰箙箙者柔服之義遝者相迫近之名周禮田弋充
籠箙矢注竹箙也集韻或作鞴鞴亦作韇韣通作𤥭前柔安世
傳鞁車注師古曰麑𤥭弩𤥭東京賦𤥭弩重旃亦通作服說文
徐曰國語檿弧箕服詩柔薇象弭魚服史記伯鞴左傳作伯服
鵩 鵩鳥 匐 匍匐伏地貌詩匍匐救之箋云盡力
也通作蒲伏又德韻○毛氏韻增 虙 說文虎貌从虍
必聲徐曰古者或用為伏羲之伏字以能馴虙犧牲也又姓有
虙子賤或作宓○徐曰虙妃虙犧氏之女今人音伏羲為虙妃
誤矣○毛 𤥭 說文車笭間皮篋古者使奉玉以藏之从車玨
氏韻增 聲徐鍇引江總行李賦曰持𤥭玉而多士集韻
或作 ○目 莫六切次宮次濁音說文目人目也象形重童子
𨐕 也釋名目默也默而內識也又名目也論語請問
其目又節目禮記後其節目方氏曰節則木理之剛目則木理
之精又黄目酒尊名黄者中也目者氣之清明者也又天目山
名苕水所出 苜 苜蓿草名或作荍爾雅注荍蓿集韻亦作䕷
集韻古作◎ 廣韻菜名通作目漢志目宿又見蓿字注
欽定四庫全書 古今韻會舉要 卷二十五 八

➤➤➤《古今韵会举要·卷二十一》

蓿

苜蓿，草名，《史记》：大宛国，马嗜目蓿，汉使所得，种于离宫。一名光风，生罽宾国，《尔雅翼》似灰藋，今谓之鹤顶草。

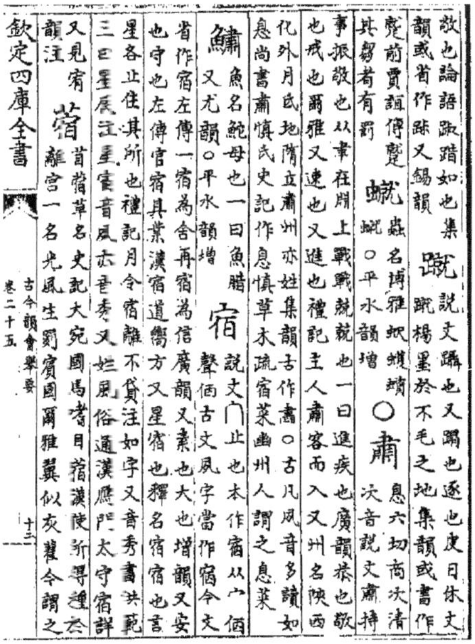
敬也論語踧踖如也集 蹴 說文躡也又蹋也逐也皮日休文
韻或省作跡又錫韻 蹴楊墨於不毛之地集韻或書作
蹵前賈誼傳蹵 蟰 蟲名博雅蚹蠨蛸 ○肅 息六切商沃清
其芻者有罰 蟰○平水韻增 次音說文肅持
事振敬也从聿在𣶒上戰戰兢兢也一曰進疾也廣韻恭也敬
也戒也爾雅又速也又進也禮記主人肅客而入又州名陝西
化外月氐地隋立肅州亦姓集韻古作肅○古凡風音多讀如
息尚書肅慎氏史記作息慎草木疏宿菜幽州人謂之息菜
鱐 魚名鮑母也一曰魚臘 宿 說文宀止也本作宿从宀佰
又尤韻○平水韻增 聲佰古文夙字當作宿今文
省作宿左傳一宿為舍再宿為信廣韻又素也大也增韻又安
也守也左傳官宿其業漢宿道嚮方又星宿也釋名宿宿也言
星各止住其所也禮記月令宿離不貸注如字又音秀書共範
三曰星辰注星宿音夙亦音秀又姓風俗通漢鴈門太守宿詳
又見宥 蓿 苜蓿草名史記大宛國馬嗜目蓿漢使所得種於
韻注 離宮一名光風生罽賓國爾雅翼似灰雚今謂之
欽定四庫全書
古今韻會舉要 卷二十五
十三

➤➤➤《古今韵会举要·卷二十五》

中文大辞典

《中文大辞典》，中文大辞典编纂委员会编纂，林尹和高明为主编，是 20 世纪六七十年代编撰出版的一部大型辞书。

林尹（1910 ～ 1983 年），字景伊，瑞安城关人。先后任河北大学、北平师范大学教授。

苜

【苜】《广韵》《集韵》，莫六切。《正韵》，莫卜切。音牧，屋去声。

草名，与荍、蓿同。《集韵》苜，苜蓿，草名，或从荍冒。韩愈、孟郊、城南联句：

蓟苜从大漠，枫槠至南荆。

水苜，水草名。《广雅释草》水苜，蓸也。

【苜蓿】(*Medicago denticulata*) 植物名，豆科。二年生草本。平卧地上，叶为羽状复叶，自三小叶而成。花轴自叶腋出。生三花至五花。花小色黄，蝶形花冠。荚果呈螺旋状，有刺。此植物可供蔬菜或饲料、肥料等用。俗称金花菜、草头、盘岐头。《史记·大宛传》：马嗜苜蓿，汉使取其实来，于是天子始种苜蓿、蒲陶肥饶地，及天马多，外国使来众，则离宫别观旁尽种蒲萄、苜蓿极望。《本草》苜蓿集解，时珍曰：《杂记》言苜蓿原出大宛，汉使张骞带归中国，然今处处田野有之，陕陇人亦有种者，年年自生，刈苗作蔬，一年可三刈，二月生苗，一科数十茎，颇似灰藋，一枝三叶，叶似决明叶而小，如指顶，绿色碧艳，入夏及秋，开细黄花，结小荚，圆扁旋转有刺，数荚累累，老则黑色，内有米，如穄，米可为饭，亦可酿酒。《西京杂记》：乐游苑自生玫瑰树，树下多苜蓿，苜蓿一名怀风，时人或谓之光风，风在其间常萧萧然，日照其花有光采，故名苜蓿为怀风，茂陵人谓之连枝草。《述异记》：张骞苜蓿园今在洛中，苜蓿本胡中菜也，张骞始于西戎得之。《梁刘孝仪北使还与永丰侯书》：马衔苜蓿，嘶立故墟。

【苜蓿长阑干】形容教师俭朴之生活也。"书言故事俭薄类苜蓿盘"：唐薛令之为东宫侍读时官署简淡，以诗者悼云：朝日上团团，照见先生盘。盘中何所有，苜蓿长阑干，饭涩匙难进，羹稀筋易宽。只可谋朝夕，何由保岁寒。

【苜蓿盘】盛苜蓿之盘。参见苜蓿长阑干条。

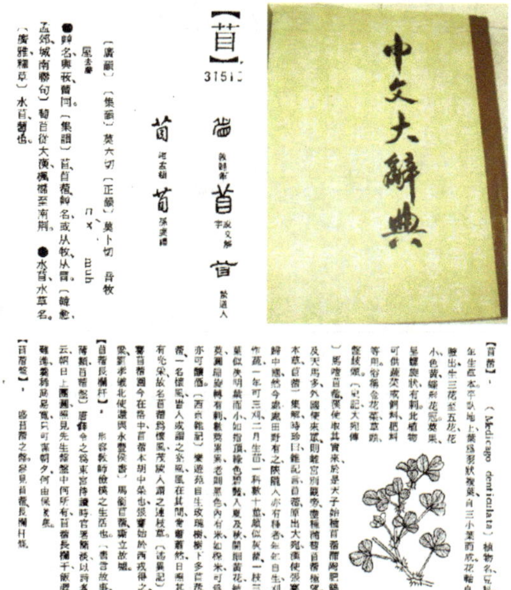

➤➤➤《中文大辞典·苜蓿》

蓿 茴

【蓿】《广韵》息逐切。《集韵》息六切，音肃。

苜蓿，草名，与宿通。《广韵》蓿，苜蓿。《史记》云：大宛国，马嗜目宿，汉使所得，植于离宫。

与蓿同。《字汇补》蓿与蓿同。

【茴】与苜同。《集韵》苜，或书作茴。

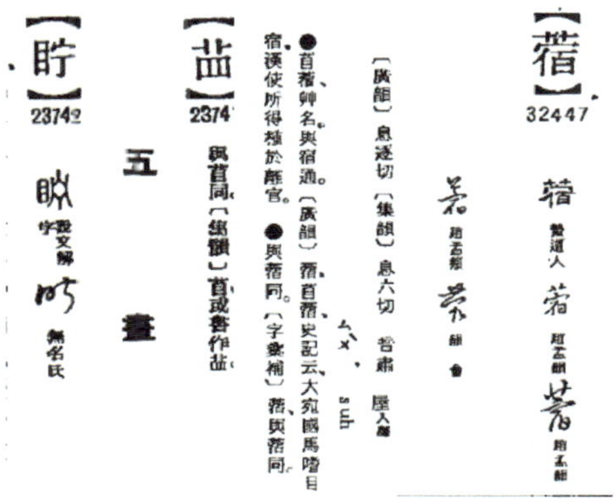

【蓿】32447 蓿 鬱道人 蓿 趙孟頫 蓿 趙孟頫 蓿 趙孟頫 蓿 顏

〔廣韻〕息逐切〔集韻〕息六切 音肅 屋入聲 ㄙㄨˋ suh

●苜蓿艸名。與宿通。〔廣韻〕蓿，苜蓿。史記云，大宛國馬嗜目宿，漢使所得，植於離宮。●與蓿同。〔字彙補〕蓿與蓿同。

【茴】23741 與苜同。〔集韻〕苜或書作茴

五畫

【眝】23742 眝 說文解字 眝 無名氏

➤➤➤《中文大辞典》

汉字源流字典

《汉字源流字典》，现代谷衍奎编，兼具古汉语字典和现代汉语字典功能的通用字典。

苜

苜（mù）（蓿）

【字形】《说文》无。今篆。

【构造】形声字。楷书苜，从艸（艹），目声。注意：与“苜”不同。

【本义】《本草》:“苜蓿。一名牧蓿，谓其宿根自生，可饲牧牛马也。”用作“苜蓿”，本义为一种牧草，多年生草本植物。叶子长圆形，花蝶形，紫色，结荚果，故也叫紫花苜蓿。是重要的牧草和绿肥植物，也可食用。原产波斯，汉代传入中国。起初仅作饲料，叫牧蓿。后来经过培植，也可作蔬菜，逐改称苜蓿。我国北方栽培甚广。

【演变】用作“苜蓿”，旧也作“牧蓿”“目宿”，是西汉时由中亚来的译音词，本义为一种牧草，（大宛）俗嗜酒，马嗜苜蓿；苜蓿随天马，蒲桃逐汉臣。

【组字】如今可单用，一般不作偏旁。现今归入艸（艹）部。

作“苹果”，指❸一种果木。落叶乔木，树高可达15米，栽培条件下一般高3～5米。树干灰褐色，单叶互生，椭圆至卵圆形，叶缘有锯齿，花瓣白色，含苞时带粉红色，果实圆形，颜色及大小因品种而异，味甜。原产欧洲东南部、小亚细亚及南高加索一带。1870年前后始传入我国烟台。喜微酸性到中性土壤：～果喜气寒，栽植不宜南。也指❹这种植物的果实，一种常见水果：香蕉～果|国光～果。又通“屏”，用作“苹车”，指❺一种用皮革四面围屏的古战车名：车仆，掌戎路之萃，广车之萃，阙车之萃，～车之萃，轻车之萃。

这样，浮萍之义便另加义符水写作“萍”来表示。参见萍。

【组字】如今既可单用，也可作偏旁。不是《说文》部首。现今归入艸（艹）部。凡从苹取义的字皆与植物等义有关。

▷以苹作声兼义符的字有：萍。

苫 shàn；shān；chān

【字形】篆

【构造】形声字。篆文从艸（艹），占声。隶变后楷书写作苫。

【本义】《说文·艸部》：“苫，盖也。从艸，占声。”本义为编茅草覆盖屋顶。

【演变】㊀shàn　本义为❶编茅草覆盖屋顶：刈茅～鹿屋，插棘护鸡栖|伐木作亭，～之以茀。引申泛指❷用席、布等遮盖：场主积薪其中，～蔽成丘|你那衣服，半边～身，半边露臂|要下雨了，把粮囤～好|～布|～盖。

㊁shān　用作名词，指❸用草编成的盖东西或垫东西的片状物：乃祖吾离被～盖，蒙荆棘，以来归我先君|织帘为笆，束茅为～|草～子。引申特指❹古人居丧时睡的草垫子：居倚庐，寝～枕块，哭昼夜无时。又用作❺姓。

㊂chān　用作“苫滞”，指❻乐声杂乱不和谐：宫为君，商为臣，角为民，徵为事，羽为物，五者不乱，则无～滞之音矣。

【组字】如今可单用，一般不作偏旁。不是《说文》部首。现今归入艸（艹）部。

苜 mù（蓿）

【字形】《说文》无。今篆

【构造】形声字。楷书苜，从艸（艹），目声。注意：与“苜”不同。

【本义】《本草》：“苜蓿，一名牧蓿。谓其宿根自生，可饲牧牛马也。”用作“苜蓿”，本义为一种牧草，多年生草本植物。叶子长圆形，花蝶形，紫色，结荚果，故也叫紫花苜蓿。是重要的牧草和绿肥植物，也可食用。原产波斯，汉代传入中国。起初仅作饲料，叫牧蓿。后来经过培植，也可作蔬菜，遂改称苜蓿。我国北方栽培甚广。

【演变】用作“苜蓿”，旧也作“牧宿”“目宿”，是西汉时由中亚来的译音词，本义为一种牧草：(大宛)俗嗜酒，马嗜～蓿|～蓿随天马，蒲桃逐汉臣。

【组字】如今可单用，一般不作偏旁。现今归入艸（艹）部。

苴 jū；zhǎ；bāo；xié

【字形】篆

【构造】形声兼会意字。篆文从艸（艹），且声，且也兼表衬垫之意。隶变后楷书写作苴。

【本义】《说文·艸部》：“苴，履中草。从艸，且声。”本义为鞋中的草垫子。

【演变】㊀jū　本义为❶鞋中的草垫子：～刈茅，长五寸束之，实于筐。用作动词，指❷衬垫：履虽鲜，不加于枕；冠虽敝，不以～履。又引申指❸填塞，补：补～罅漏，张皇幽眇|亡羊牟牢，中流～漏，悔之晚矣。又引申指❹包裹：王者封五色土为社，建诸侯则各割其方色土与之，使立社，焘以黄土，～以白茅。又引申指❺粗劣，恶劣：昔者晋文公好～服。又指❻苴麻，结子的大麻雌株（花都是雌花），也叫种麻：颜阖守陋闾，～布之衣而自饭牛。也指❼大麻的籽实：七月食瓜，八月断壶，九月叔（拾）～。又通“菹（zū）”，指❽生草的沼泽：～多螣蟆，山多虫蚊；六畜不蕃，民多夭死。又用作❾姓。

㊁zhǎ　用作“土苴”，指❿粪草，比喻微贱：其绪余以为国家，其土～以治天下。又通“柤（zhā）”，指⓫树名，即山楂：依轱之山，其上多杻橿，多～。

㊂bāo　又指⓬我国古代民族。巴人的一支：其属有濮、賨、～、共、奴、獽、夷蜑之蛮。

㊃xié　用作“羊苴咩城”，指⓭古城名。故址在今云南大理。唐代南诏国徙都于此，始建城。

【组字】如今可单用，一般不作偏旁。不是《说文》部首。现今归入艸（艹）部。

八画

苒 rǎn（荏、苉）

【字形】古　今篆

【构造】会意兼形声字。古钵从艸（艹），从冉（蓑衣），会柔弱之意，冉也兼表声。隶变后楷

➤➤➤《汉字源流大字典》

类　书

西域怀古杂咏

（清·福庆）

张骞持节出阳关，长夏披裘雪满山。
大宛归来称善马，贰师何处度沙湾。
蜀通大夏接乌孙，扼要轮台旧汉屯。
欲制匈奴断右臂，先从盐泽逐河源。
车师前后有王庭，浞野功成马不停。
才虏楼兰轻骑破，酒泉亭障玉门屏。
采将苜蓿种离宫，武帝曾夸葱岭东。

洛阳伽蓝记

《洛阳伽蓝记》，北魏杨炫之作，记载洛阳佛寺园林兴废沿革，涉及大量史实，包括北魏政治兴衰及文人轶事。

杨炫之（生卒年不详），北魏北平（今河北定州）人，担任过期城（今河南泌阳）太守、抚军府司马、秘书监等官职。

城北

禅虚寺，在大夏门御道西。寺前有阅武场，岁终农隙，甲士习战，千乘万骑，常在于此。有羽林马僧相善抵角戏，掷戟与百尺树齐等，虎贲张车渠掷刀出楼一丈。帝亦观戏在楼，恒令二人对为角戏。中朝时，宣武场大夏门东北，今为光风园，苜蓿生焉。

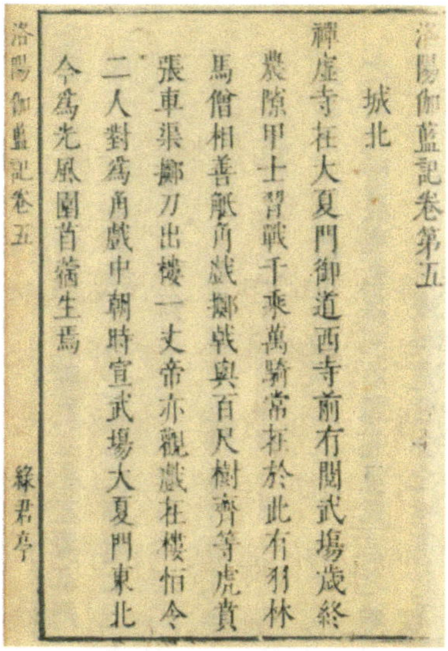
洛陽伽藍記卷第五
城北
禪虛寺在大夏門御道西寺前有閱武場歲終農隙甲士習戰千乘萬騎常在於此有羽林馬僧相善觝角戲擲戟與百尺樹齊等虎賁張車渠擲刀出樓一丈帝亦觀戲在樓恒令二人對爲角戲中朝時宣武場大夏門東北今爲光風園苜蓿生焉
洛陽伽藍記卷五　綠君亭

➤➤➤《洛阳伽蓝记·卷第五》

城北

禅虚（《说郛·四》作灵）寺，在大夏门御道西。寺前有阅武场，岁终农隙，甲士习战，千乘万骑，常在于此。有羽林马僧相善抵角戏，掷戟与百尺树齐等，虎贲张车渠（各本“乇”下皆有“渠”字。吴集证本无，云：“按《魏书·灵后补传》，太后从子都统僧敬与备身左右张车渠等数十人谋杀乂，复奉太后临朝。则此当从何本补一‘渠’字也。今从各本补）掷刀出楼一丈。帝亦观戏在楼，恒令二人对为角戏。中朝时，宣武场（在）（吴管本、汉魏本、真意堂本“场”下有“在”字。按《太平御览》九百九十六引此亦有“在”字，义较足，今据补）大夏门东北，今为光风园。《汉晋四朝洛阳宫殿图·后魏京城》作“光风殿”，按《太平御览》引亦作“光风园”，与今本同。如作“殿”，与下“苜蓿生焉”义不相符，则“殿”字当误。

➤➤➤《洛阳伽蓝记校注·卷第五》

博物志

《博物志》，西晋张华编，记载神仙方术、异镜奇物、人物传说等内容。

张华（232～300年），字茂先，西晋方城（今属河北固安）人，政治家、文学家、藏书家。伐吴有功，封广武侯。

张骞使西域

张骞使西域还，得大蒜、安石榴、胡桃、蒲桃、胡葱、苜蓿、胡荽、黄蓝，可作燕支也。

➤➤➤《博物志》

述异记

《述异记》，南朝梁任昉撰，内容冗杂，珍闻奇说、灾异变化等在书中均有所记载。

任昉（460～508年），字彦升，博昌（今属山东滨州）人，南朝文学家、方志学家、藏书家。

张骞苜蓿园

张骞苜蓿园，今在洛中。苜蓿，本胡中菜也，张骞始于西戎得之。

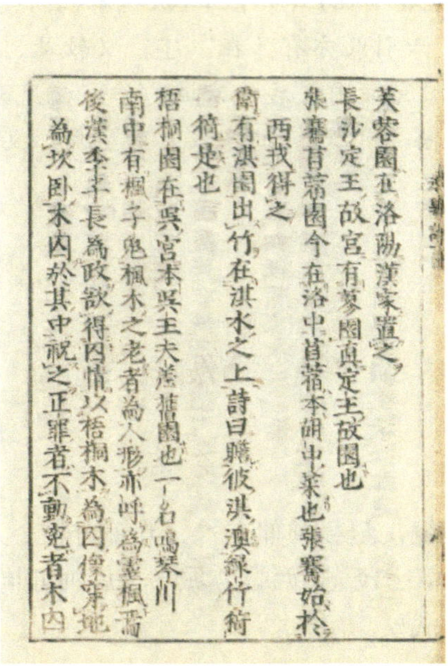
芙蓉園在洛陽漢家置之
長沙定王故宮有蓼園真定王故園也
張騫苜蓿園今在洛中苜蓿本胡中菜也張騫始於
西戎得之
衛有淇園出竹在淇水之上詩曰瞻彼淇澳綠竹猗
猗是也
梧桐園在吳宮本吳王夫差舊園也一名鳴琴川
南中有楓子鬼楓木之老者為人形亦呼為靈楓蓋
後漢李子長為政欲得囚情以梧桐木為囚像穿地
為坎臥木囚於其中視之正罪者不動冤者木囚

➤➤➤《述异记·下卷》

启 颜 录

《启颜录》，古时的一部笑话合集，原书本已遗失，仅传世部分遗文。

山东人

山东人来京，主人每为煮菜，皆不为美。常忆榆叶，自煮之。主人即戏云："闻山东人煮车毂汁下食，为有榆气。"答曰："闻京师人煮驴轴下食，虚实？"主人问云："此有何意？"云："为有苜蓿气。"主人大惭。

➤➤➤《启颜录》

颜氏家训集解

《颜氏家训集解》，北齐颜之推作《颜氏家训》，近现代王利器集解成书。

教子

赵曦明曰："《隋书·百官志》：'司农寺，掌仓市薪菜、园池果实，统平准、太仓、钩盾等署令丞；而钩盾又别领大囿、上林、游猎、柴草、池薮、苜蓿等六部丞。'"郝懿行曰："钩盾，义见《汉书·昭帝纪》。"案《昭纪》注引应劭曰："钩盾，宦者近署。"《续汉书·百官志三》：少府"钩盾令一人，六百石。本注曰：'宦者，典诸近池苑游观之处。'丞、永安丞各一人，三百石。本注曰：'宦者，永安，北宫东北别小宫名，有园、观。'苑中丞、果丞、鸿池丞、南园丞各一人，二百石。本注曰：'苑中丞，主苑中离宫。果丞，主果园。'"

➤➤➤《颜氏家训集解》

张说之文集

《张说之文集》，唐张说（字说之，封燕国公）作，30卷，有清钞本。

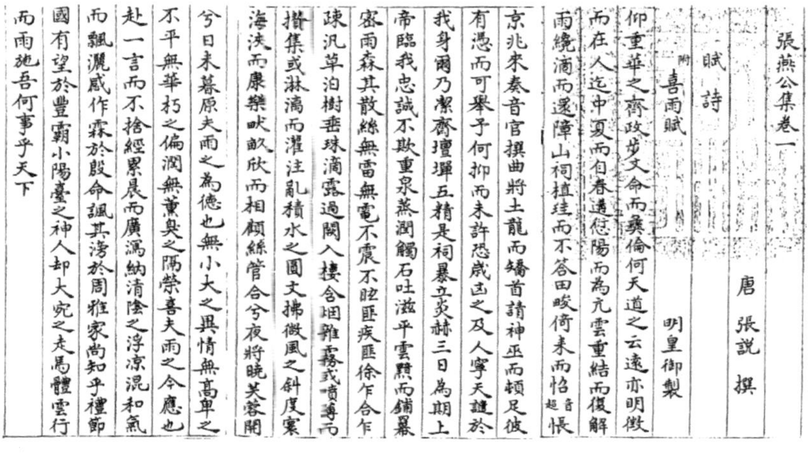
張燕公集卷一
唐 張說 撰
賦 詩
附 喜雨賦 明皇御製
仰重華之齋政步文命而彝倫何天道之云遠亦明徵
而在人迄中夏而自春逷愆陽而為亢雲重結而復解
雨纔滴而還障山祠植珪而不答田畯倚耒而恀音超悵
京兆來奏音官撰曲將土龍而矯首請神巫而頓足彼
有憑而可舉予何抑而未許恐歲凶之及人寧天譴於
我身爾乃絜齋壇墠五精是祠暴立炎赫三日為期上
帝臨我忠誠不欺重泉蒸潤觸石吐滋平雲黕而鋪羃
密雨森其散絲無雷無電不震不眩匪疾匪徐乍合乍
踈汎草泊樹垂珠滴露過闕入樓含烟雜霧或噴薄而
攢集或淋漓而灌注亂積水之圓文拂微風之斜度寨
海泱而康樂畎畝欣而相顧絲管合兮夜將曉芙蓉開
兮日未暮原夫雨之為德也無小大之異情無高卑之
不平無華朽之偏潤無薰臭之隔榮喜夫雨之令應也
赴一言而不捨經累晨而廣濡納清陰之浮涼混和氣
而飄灑感作霖於殷命諷其滂於周雅家尚知乎禮節
國有望於豐霸小陽臺之神人卻大究之走馬體雲行
而雨施吾何事乎天下

张说（667 ～ 730 年），字道济，又字说之，唐洛阳人。官至中书令，封燕国公。

大唐开元十三年陇右监牧颂德碑

《周礼》:“校人掌王马之政。天子十二闲，马六种。”闲为一厩，马二百一十六，应乾之策也。六厩成校，五良一驽，是之谓小备。校有左右，闲成十二，合月之道也。驽马三良马之数，凡三千四百五十六，是之谓大备。秦并一海内，六万骑之国马，尽归之帝家，则周制陋矣。汉孝武富文、景俭扁乏，积雄卫霍张皇之势，勒兵塞上，厩马有四十万匹。及东汉、魏、晋，国马陵夷，不可复逮武帝时矣。后魏胡马入洛，蹴蹋千里，军阵之容虽壮，和銮之仪亦阙。大唐接周、隋乱离之后，承天下征战之弊，鸠括残烬，仅得牝牡三千。从赤岸泽徙之陇右，始命太仆张万岁葺其政焉。而奕世载德，纂修其绪，肇自贞观，成于麟德，四十年间，马至七十万匹，置八使以董之，设四十八监以掌之。跨陇西、金城、平凉、天水四郡之地，幅员千里，犹为隘狭，更析八监，布于河曲丰旷之野，乃能容之。于斯之时，天下以一缣易一马，秦汉之盛，未始闻也。张氏中废，马官乱职，或戎狄外攻，或师围内寇。垂拱之后，二十余年，潜耗大半，所存盖寡。开元神武皇帝登大宝，受灵符，水瑞感而河龙出，星精应而天驷下。二年春，帝乃简心膂，善畜之，将福佑宜生之长，俾领内外闲厩，使焉即开府。霍公，其人也。

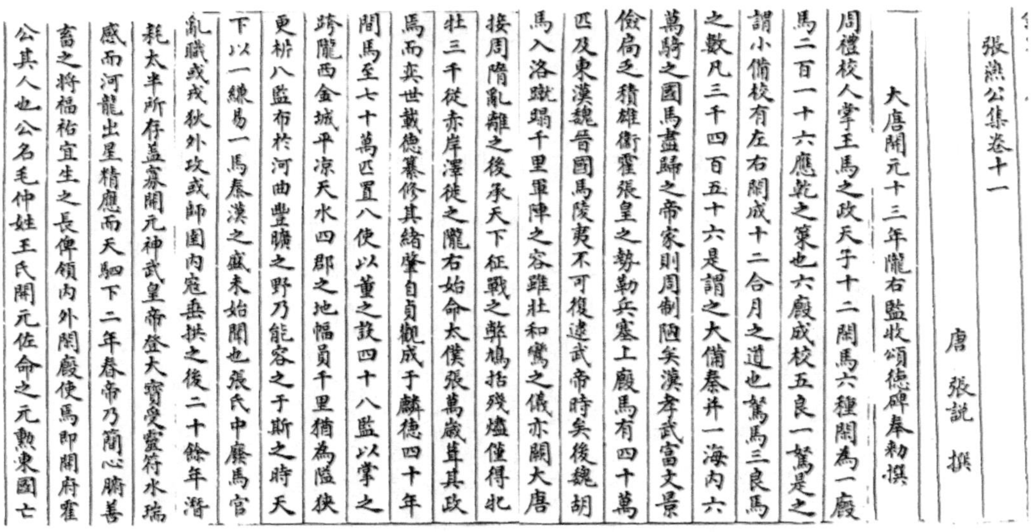
張燕公集卷十一
唐　張說　撰
大唐開元十三年隴右監牧頌德碑奉勑撰
周禮校人掌王馬之政天子十二閑馬六種閑為一廄
馬二百一十六應乾之策也六廄成校五良一駑是之
謂小備校有左右閑成十二合月之道也駑馬三良馬
之數凡三千四百五十六是謂之大備秦并一海內六
萬騎之國馬盡歸之帝家則周制陋矣漢孝武富文景
儉扁乏積雄衛霍張皇之勢勒兵塞上廄馬有四十萬
匹及東漢魏晉國馬陵夷不可復逮武帝時矣後魏胡
馬入洛蹴蹋千里軍陣之容雖壯和鸞之儀亦闕大唐
接周隋亂離之後承天下征戰之弊鳩括殘燼僅得牝
牡三千從赤岸澤徙之隴右始命太僕張萬歲葺其政
馬而奕世載德纂修其緒肇自貞觀成于麟德四十年
閒馬至七十萬匹置八使以董之設四十八監以掌之
跨隴西金城平涼天水四郡之地幅員千里猶為隘狹
更析八監布於河曲豐曠之野乃能容之于斯之時天
下以一縑易一馬秦漢之盛未始聞也張氏中廢馬官
亂職或戎狄外攻或師圉內寇垂拱之後二十餘年潛
耗太半所存蓋寡開元神武皇帝登大寶受靈符水瑞
感而河龍出星精應而天駟下二年春帝乃簡心膂善
畜之將福祐宜生之長俾領內外閑廄使馬即開府霍
公其人也公名毛仲姓王氏開元佐命之元勳東國亡

公名毛仲，姓王氏，开元佐命之元勋，东国亡王之后裔。四伯辅禹，与治水之谟；四七兴汉，在经星之列。清明虚受，察含冰鉴，筹谋先觉，虑出蓍龟。竭无私之忠，而善归天造；输不懈之力，而元同日用。故腾跃风云，攀附日月，策功第一，承恩莫二。庭罗魏绛之钟鼓，第赏堂邑之山林，文马蕃锡于晋侯，御衣亟分于韩信。庶姜如玉，则降荣彤管；众子垂髫，则抱拜朱苐。圣人之见也，必悠尔为之四顾而满志；圣人之不见也，乃恤然若无与乐其天下。仲尼所谓是必才全而德不形者也。夫处其身，则立无跛，正也；视无还，端也；听无耸，诚也；言无远，慎也。国有忧，未尝不戚；国有庆，未尝不怡。其御下，则明利害之乡，阜财求之，务使之趋善而避恶，怀德而畏威。身不离于阙庭，令远行于坰牧。亦有不学而暗合于古，未更而悬辨其事；然其从政，必问于遗训，而资于故实者也。

王之後裔四伯輔禹與治水之謨四七興漢在經星之列清明虛受察含氷鑑籌謀先覺慮出蓍龜竭無私之忠而善歸天造輸不懈之力而元同日用故騰躍風雲攀附日月策功第一承恩莫二庭羅魏絳之鐘鼓第賞京邑之山林文馬蕃錫於晉侯御衣亟分於韓信庶萋如玉則降榮彤管衆子垂髫則抱拜朱第聖人之見也必適爾為之四顧而滿志聖人之不見也乃恤然若無與樂其天下仲尼所謂是必才全而德不形者也夫處其身則立無跛正也視無還端也聽無聳誠也言無遠慎也國有憂未嘗不戚國有慶未嘗不怡其御下則明利害之鄉阜財求之務使之趨善而避惡懷德而畏威身不離於闕庭令遠行於坰牧亦有不學而暗合於古未更而懸辨其事然其從政必問於遺訓而資於故實

若夫春祭马祖，夏祭先牧，秋祭马社，冬祭马步，敬其本也；日中而入，焚原燎牧，除蓐衅厩，时其事也；洁泉美荐，庌凉栈湿，翘足而陆，交颈相靡，宣其性也；攻驹教駣，讲驭臧仆，刻之剔之，羁之策之，就其才也。不反其性，故亲人乐艺，节乐如舞之心自生；不穷其才，故闉扼鸷曼，窃辔诡衔之态不作尔。乃举其神异，则望驹騊骓騕褭，乘黄兹白，来仪外厩，呈伎内枥，朝刷阆风，夕洗天泉，圣皇一驭，长寿万年。别其种类，则有研蹄繁鬣，小领远志，曰龙曰騋，曰戎曰骥。差其毛物，则有苍白骊黄，骍紫骄皇，骓駓驒骆，駰騢骓骆，骝驳骢骍，騧骐骝騝。豪骭异足，狼尾鱼目，宗庙齐豪，戎事齐力，田猎齐足，罔不毕有。元年牧马二十四万匹，十三年乃四十三万匹；初有牛三万五千头，是年亦五万头；初有羊十一万二千口，是年亦二十八万六千口。

者也若夫春祭馬祖夏祭先牧秋祭馬社冬祭馬步敬
其本也日中而入焚原燎牧除蓐釁廏時其事也潔泉
美薦庌涼棧濕翹足而陸交頸相靡宣其性也攻駒教
駣講馭臧僕刻之剔之羈之策之就其才也不反其性
故親人樂藝節樂如舞之心自生不窮其才故闌扼鷙
曼竊轡詭銜之態不作爾乃舉其神異則望駒騟騕裊
乘黄兹白来儀外廏呈伎内櫪朝刷閬風夕洗天泉聖
皇一馭長壽萬年别其種類則有姸蹄繁鬣小頜遠志
曰龍曰駷曰戎曰驎差其毛物則有蒼白驪黃騂紫騧
皇騅駓驒駱駰騢駵駱騮駮驓駩騔騏騽驖豪骭帚足
狼尾魚目宗廟齊豪戎事齊力田獵齊足罔不畢有元
年牧馬二十四萬匹十三年乃四十三萬匹初有牛三
萬五千頭是年亦五萬頭初有羊十一萬二千口是年
亦二十八萬六千口皇帝東巡狩封岱嶽輦輅既陳羽

皇帝东巡，狩封岱岳，辇辂既陈，羽卫咸备，大驾百里，烟尘一色。其外又有闲人万夫，散马千队，骨必殊貌，毛不杂群，行如动地，止若云屯，百蛮震耸，四方抃跃，威怀纭纷，壮观挥霍。回銜饮至，朝廷宴乐，上顾谓太仆少卿兼秦州都督监牧都副使张景顺曰："吾马几何？其蕃育，卿之力也。"对曰："帝之福也，仲之令也，臣何力之有。"因具上其状，帝用嘉焉。霍公口无伐辞，貌无德色，朝髦庠齿，歆以多之。于是明威将军行右卫郎将南使梁守忠、忠武将军行左羽林中郎西使冯嘉泰、右千牛长史北使张知古、左骁卫中郎将兼盐州刺史盐州监牧使张景遵、陇州别驾循武县南东宫监牧韦衡、都使判官果毅齐琛、总监韦绩及五使长户三万一千人佥曰："自开府庇我，十三年矣，畜有娩息，人无乏匮，克厌帝心，莫匪嘉绩。且如停西南两使六顿人夫藁谷，计八十万工围石，以息人约费，其政一也；纳长户隐田税三万五千石，以俭私肥公，其政二也；减太仆长支乳酪马钱九千三百贯，以窒隙止散，其政三也；供军筋胶十万七千斤，以收绢缮工，其政四也；莳茼麦、苜蓿一千九百顷，以茇蓄御冬，其政五也；使监官料旧给库物，新奏置本牧分其利，不丧正钱二万五千贯，以实府宜官，其政六也；贯死畜贮绢八万匹，往严道市僰童千口，以出滞足人，其政七也；五侯长户数盈三万，垦田给食，粮不外资，以劝农却挽，其政八也。敢问群牧之事，孰能加于此乎？然则称伐计功，前典所贵，上以美圣主择才之得人，下以赞忠臣受任之尽节，末以道官属承风之成事，竟以示后代昭前之令闻，是四烈者，不可废也。"既而大君有命，旧史书功，吟咏环奇，篆刻金石。秦汧瀰瀰，尚想非子之风；鲁野区区，犹传史克之颂。试从此而观彼，夫何足以言哉？

衛咸備大駕百里烟塵一色其外又有閑人萬夫散馬
千隊胃必殊貌毛不雜羣行如動地止若雲屯百蠻震
聳四方抃躍威懷紜紛壯觀揮霍廻衡飲至朝廷宴樂
上顧謂太僕少卿兼秦州都督監牧都副使張景順曰
吾馬幾何其蕃育卿之力也對曰帝之福也仲之令也
臣何力之有因具上其狀帝用嘉馬霍公口無伐辭貌
無德色朝髦庠齒歆以多之於是明威將軍行右衛郎
將南使梁守忠忠武將軍行左羽林中郎西使馮嘉泰
右千年長史壯使張知古左驍衛中郎將兼鹽州刺史
鹽州監牧使張景遵隴州別駕循武縣男東宮監牧韋
衡都使判官果毅齊琛總監韋績及五使長户三萬一
千人僉曰自開府庇我十三年矣畜有娩息人無乏遺
克厭帝心莫匪嘉績且如停西南兩使六頓人夫藁穀
計八十萬工圍石以息人約費其政一也納長户隱田
稅三萬五千石以儉私肥公其政二也減太僕長支乳
酪馬錢九千三百貫以窒隙止散其政三也供軍筋膠
十萬七千斤以收絹縑工其政四也蒔蔄麥苜蓿一千

颂曰：皇天考牧兮圣之君，四十三万兮马为群。堑汧渭兮垣陇坂，飞黄早兮昆蹄苑。山崆峒兮水呜咽，泉喷玉兮草汗血。聚如花兮散如雪，性既驯兮才亦绝。维国家之大事，驾时龙兮祭天地，和銮发兮文物备。维皇帝之七德，总戎马兮威万国，彩髦翻兮金介胄。有霍公之掌政，择张氏之旧令。天王驾兮仗黄麾，太仆骖兮展辂仪。舞月驷兮蹀云螭，神倜傥兮态权奇。骐骥溢野兮牛羊日多，子孙荣位兮恩宠如何？颂皇灵兮篆石鼓，万斯年兮群玉府。

九百頃以茭蓄御冬其政五也使監官料舊給庫物新
奏置本收分其利不喪正錢二萬五千貫以實府宜官
其政六也賣死畜貯絹八萬往嚴道市㛹僮千口以出
滯足人其政七也五傑長户數盈三萬墾田給食糧不
外資以勸農卻輓其政八也敢問羣牧之事孰能加於
此乎然則稱代計功前典所貴上以美聖主擇才之得
人下以贊忠臣受任之盡節末以道官屬承風之成事
竟以示後代昭前之令聞是四烈者不可廢也既而大
君有命舊史書功吟咏瓌奇篆刻金石秦汧渺渺尚想
非子之風魯野區區猶傳史克之頌試從此而觀彼夫
何足以言哉頌曰
皇天考牧兮聖之君四十三萬兮馬爲羣塹汧渭兮垣
隴坂飛黄皁兮昆蹄苑山崆峒兮水鳴咽泉噴玉兮草
汗血聚如花兮散如雲性既馴兮才亦絶維國家之大
事駕時龍兮祭天地和鑾發矣文物備維皇帝之七德
總戎馬兮威萬國彩髦翻兮金介胄有霍公之掌政擇
張氏之舊令天王駕兮仗黄麾太僕驂兮展輅儀舞月
駟兮蹀雲螭神倜儻兮態權奇騏驥溢野兮牛羊日多
子孫榮位兮恩寵如何頌皇靈兮篆石鼓萬斯年兮羣
玉府

【简注一】 陇右　古地区名。泛指陇山以西地区。古代以西为右，故名。相当今甘肃龙山、六盘山以西，黄河以东一带。唐陇右范围扩大，兼指河西、安西、北庭广大地区，相当今新疆东部。《资治通鉴》：唐天宝十二年（753 年），“自安远门西尽唐境凡万二千里，闾阎相望，桑麻翳野，天下称富庶者无如陇右”。

陇右道　唐贞观元年（627 年）置。为十道之一。据《唐六典》，辖境“东接秦州，西逾流沙，南连蜀及吐蕃，北界朔漠”。相当于今甘肃龙山、六盘山以西，青海省青海湖以东及新疆东部地区。

➤➤➤《中国历史地名大辞典 • 陇右》

【简注二】 监牧　贞观中，自京师东赤岸泽移马牧于秦、渭二州之北，会州之南，兰州狄道县之西，置监牧使掌其事。仍以原州刺史为都监牧使，以管四使。南使在原州西南一百八十里，西使在临洮军西二百二十里，北使寄理原州城内，东宫使寄理原州城内。天宝中，诸使共有五十监：南使管十八监，西使管十六监，北使管七监，东宫使管九监。

监牧地　东西约六百里，南北约四百里。天宝十二年（753 年），诸监见在马总三十一万九千三百八十七匹，内一十三万三千五百九十八匹课马。

➤➤➤《元和郡县图志 • 卷第三》

艺文类聚

《艺文类聚》，唐欧阳询等编纂，共 100 卷，分岁时、政治、产业等 46 部，书中先引事实、后列诗文。是现存最早的一部官修类书。

欧阳询（557 ～ 641 年），字信本，唐潭州临湘（今属湖南长沙）人，著名书法家，与虞世南、褚遂良、薛稷并称“初唐四家”。

梁刘孝仪《北使还与永丰侯书》曰：足践寒地，身犯朔风，暮宿客亭，晨炊谒舍。飘飖辛苦，迄届毡乡，杂种覃花，颇慕中国。兵传李绪之法，楼拟卫律所治，而毳幕难淹，酪浆易餍，王程有限，时及玉关。射鹿胡奴，乃共归国，刻龙汉节，还持入塞。马衔苜蓿，嘶立故墟，人获蒲萄，种归旧里。稚子出迎，善邻相劳，倦握蟹螯，亟覆虾椀。未改朱颜，略多自醉，用此终日，亦以自娱。

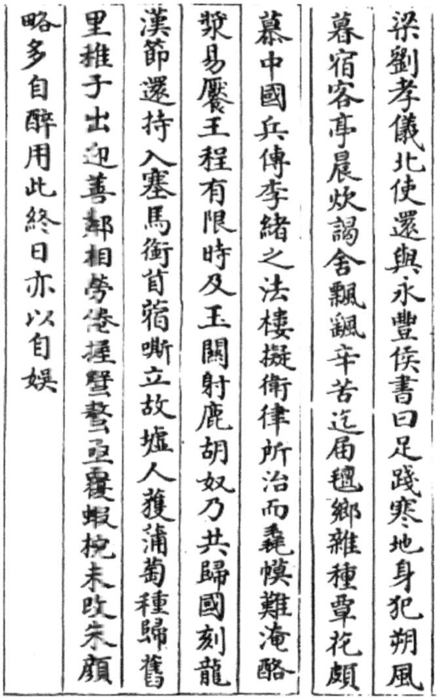
梁劉孝儀北使還與永豐侯書曰足踐寒地身犯朔風暮宿客亭晨炊謁舍飄颻辛苦迄届氊鄉雜種覃花顱慕中國兵傳李緒之法樓擬衛律所治而毳幙難淹酪漿易饜王程有限時及玉關射鹿胡奴乃共歸國刻龍漢節還持入塞馬銜苜蓿嘶立故墟人獲蒲萄種歸舊里稚子出迎善鄰相勞倦握蟹螯亟覆蝦椀未改朱顏略多自醉用此終日亦以自娱

➤➤➤《艺文类聚·卷五十三·治政部下》

又移齐，文曰：获去月二十E移，承羯寇平殄，同怀庆悦，眷言邻穆，深副情伫，夫天网之大，固无微而不擒；神武之师，本无征而不克。至如戎王倾其部落，逆竖道其乡关，非厥英图，殆难戡戮。况复洞庭遐旷，兵食殷阜，西穷版屋，北罄毡庐，声冠苻、姚，势兼聪、勒。庸蜀宝马，弥山不穷；巴汉楼船，陵波无际。我之元戎上将，协力同心，承禀朝谟，致行明罚。为风为火，殆彼蒙冲；如霆如雷，击其舟舰。羌兵楚贼，赴水沉沙，弃甲则两岸同奔，横尸则千里相枕。江川尽满，譬睢水之无流；原隰穷胡，等阴山之长哭。于是黑山叛邑，诸城洞开；白虏连群，投戈请命。长沙鹏鸟，靡复为妖；湘川石燕，自然还舞。克翦无算，缧禽不赀，欲计军俘，终难巧历。所获龙驹骥子，百千其群，更开苜蓿之园，方广駒駼之厩。于是卫、霍、甘、陈，虬髭瞋目，心驰陇路，志饮河源，乘胜长驱，未知所限。岂如桓温不武，弃彼关中；殷浩无能，长兹羌贼。方且西逾湣郡，抵我境而置边亭；东略盐池，为齐朝而反侵地。此政亦翦妖氛，未穷巢窟，便闻庆捷，愧佩良深。

又移齊文曰獲去月二十日移承羯寇平殄同懷慶悅眷言鄰穆深副情佇夫天網之大固無微而不擒神武之師本無征而不克至如戎王傾其部落逆豎遁其鄉闕非厥英圖殆難戡翦況復洞庭遐曠兵食殷阜西窮版屋北罄氈廬聲冠苻姚勢兼聰勒庸蜀寶馬彌山不窮巴漢樓船陵波無際我之元戎上將協力同心承稟朝謩致行明罰爲風爲火殪彼蒙衝如霆如雷擊其舟艦羌兵楚賊赴水沉沙棄甲則兩岸同奔橫屍則千里相枕江川盡滿譬睢水之無流原隰窮胡等陰山之長哭於是黑山叛邑諸城洞開白虜連羣投戈請命長沙鵩鳥靡復爲妖湘川石燕自然還儛克翦無算縲禽不貲欲計軍俘終難巧歷所獲龍駒騠子百千其羣更開苜蓿之園方廣騊駼之廐於是衛霍甘陳虬髭瞋目心馳隴路志飲河源乘勝長驅未知所限豈如桓溫不武棄彼關中殷浩無能長茲羌賊方且西踰酒郡抵我境而置邉亭東略墮池爲齊朝而反侵地此政亦翦妖氛未窮巢窟便聞慶捷愧佩良深

➤➤➤《艺文类聚·卷五十八·杂文部四》

蒲萄

《广志》曰：蒲萄有黄、白、黑三种。《本草》曰：蒲萄益气强志，令人肥健少饥，延年轻身。《史记》曰：大宛以蒲萄为酒，富人藏酒至万余石，久者数十岁不败。《汉书》曰：且末国、无雷国、罽宾国，皆有蒲萄。《汉武内传》曰：西王母常下，帝设蒲萄酒。《敦煌张氏家传》曰：扶风孟他，以蒲萄酒一升遗张让，即擢凉州刺史。《博物志》曰：西域蒲萄酒，传云可至十年。又曰：张骞使西域还，得蒲萄。《晋宫阁名》曰：华林园蒲萄百七十八株。《魏文帝诏群臣》曰：旦说蒲萄解酒，宿醒，掩露而食，甘而不饴，脆而不酸，冷而不寒，味长汁多，除烦解郁，又酿以为酒，甘于鞠蘖，善醉而易醒，道之固已，流涎咽唾，况亲食之耶。他方之果，宁有匹之者。《秦州记》曰：秦野多蒲萄。杜恕《笃论》曰：汉匈奴，取胡麻、蒲萄、大麦、苜蓿，示广地。龟兹国胡人奢侈，家有至千斛蒲萄，汉使取其实来，离宫别馆旁尽种。

蒲萄

廣志曰蒲萄有黄白黑三種

本草曰蒲萄益氣強志令人肥健少飢延年輕身

史記曰大宛以蒲萄為酒富人藏酒至萬餘石久者數十歲不敗

漢書曰且末國無雷國罽賓國皆有蒲萄

漢武內傳曰西王母常下帝設蒲萄酒

燉煌張氏家傳曰扶風孟他以蒲萄酒一升遺張讓即擢涼州刺史

博物志曰西域蒲萄酒傳云可至十年又曰張騫使西域還得蒲萄

晉宮閣名曰華林園蒲萄百七十八株

魏文帝詔羣臣曰且說蒲萄解酒宿醒掩露而食甘而不飴脆而不酸冷而不寒味長汁多除煩解餶又釀以為酒甘於麴糵善醉而易醒道之固已流涎咽唾況親食之耶他方之果寧有匹之者

秦州記曰秦野多葡萄

杜恕篤論曰漢匈奴取胡麻蒲萄大麥苜蓿示廣地

龜茲國胡人奢侈家有至千斛蒲萄漢使取實來離宮別館傍盡種

➤➤➤《艺文类聚·卷八十七·果部下》

北堂书钞

《北堂书钞》，唐虞世南辑，共160卷，摘抄唐代以前群书，汇集可供作诗文时参考、采用的辞藻、典故，是现存很早的一部类书。

虞世南（558～638年），字伯施，越州余姚（今浙江余姚）人，精通书法，与欧阳询、褚遂良、薛稷并称“初唐四家”。

奉使

周流绝域十有余年。《王逸子》云，或问：“张骞可谓名使者欤？周流绝域十有余年，自京师以西，安息以东，方数万里，有余国，或逐水草，或逐城郭，骞经历之，知其习，始得大蒜、蒲萄、苜蓿也”。

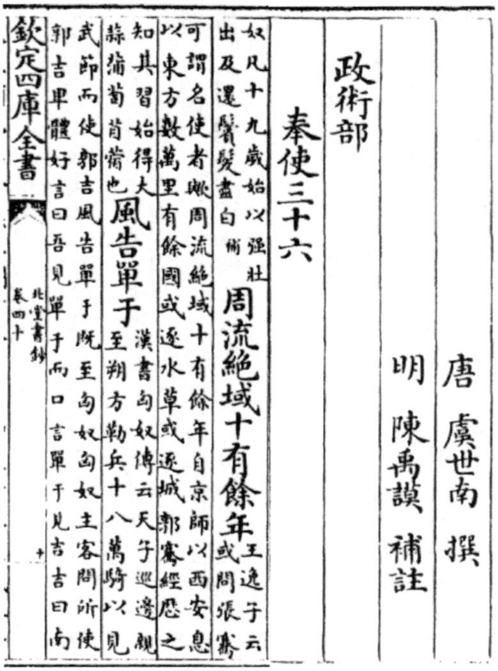
唐 虞世南 撰
明 陳禹謨 補註
政術部
奉使三十六
奴凡十九歲始以强壯出及還鬚髮盡白 補 周流絕域十有餘年 王逸子云或問張騫可謂名使者歟周流絕域十有餘年自京師以西安息以東方數萬里有餘國或逐水草或逐城郭騫經歷之知其習始得大蒜蒲萄苜蓿也 風告單于 漢書匈奴傳云天子巡邊親至朔方勒兵十八萬騎以見武節而使郭吉風告單于既至匈奴匈奴主客問所使郭吉卑體好言曰吾見單于而口言單于見吉吉曰南
欽定四庫全書 北堂書鈔 卷四十

➤➤➤《北堂书钞·政术部》

北 户 录

《北户录》，唐段公路著，唐代岭南中国风土录。

段公路（生卒年不详），生平不详。

山花燕支

《古今注》云：燕支，叶似苏，花似蒲。云出西方，土人以染，名为燕支。中国人亦谓红蓝。以染粉为妇人面色，谓之燕支粉（《博物志》云：张骞使西域还，得大蒜、安石榴、胡桃、蒲桃、沙葱、苜蓿、胡荽、黄蓝可作燕支也，红花而出波斯踈勒河禄国，今梁汉最上，每岁贡二万斤于织染署）。

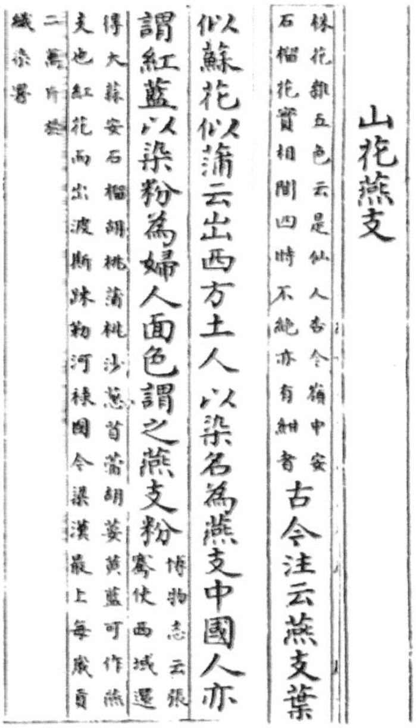

山花燕支

株花雜五色云是仙人杏今嶺中安石榴花實相間四時不絕亦有紺者 古今注云燕支葉似蘇花似蒲云出西方土人以染名爲燕支中國人亦謂紅藍以染粉爲婦人面色謂之燕支粉 博物志云張騫使西域還得大蒜安石榴胡桃蒲桃沙葱苜蓿胡荽黄藍可作燕支也紅花而出波斯疎勒河祿國今梁漢最上每歲貢二萬斤抵織染署

➤➤➤《北户录·卷第三》

初学记

《初学记》，唐徐坚等奉敕撰，共30卷，综合性类书。

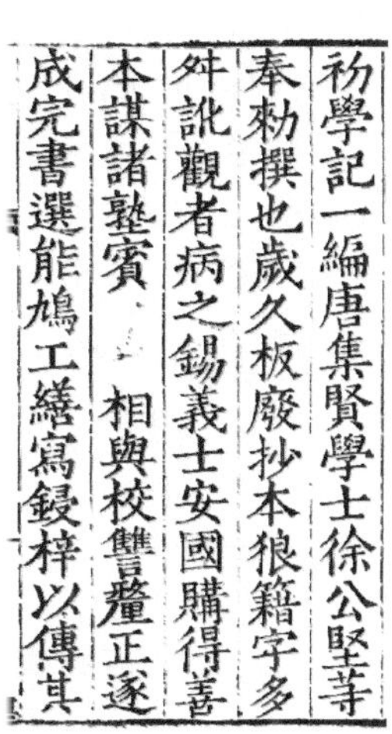

初學記一編唐集賢學士徐公堅等奉勅撰也歲久板廢抄本狼籍字多舛訛觀者病之錫義士安國購得善本謀諸塾賓相與校讐釐正遂成完書選能鳩工繕寫鋟梓以傳其

徐坚（660～729年），字元固，以文行于世，唐玄宗时重臣。

梁刘孝仪北使还与永丰侯书

足践寒地，身犯朔风；暮宿客亭，晨炊谒舍。飘飖辛苦，迄届毡乡；杂种毕化，颇慕中国，而毳幕难淹，酪浆易厌，王程有限，时及玉关。射鹿外徼，乃共归国，刻龙汉节，还持入塞。马衔苜蓿，嘶立故墟，人获蒲萄，归种旧里。少子出迎，善邻相劳，倦握蟹螯，亟覆虾椀。未改朱颜，略多自醉，用此终日，亦以自娱。

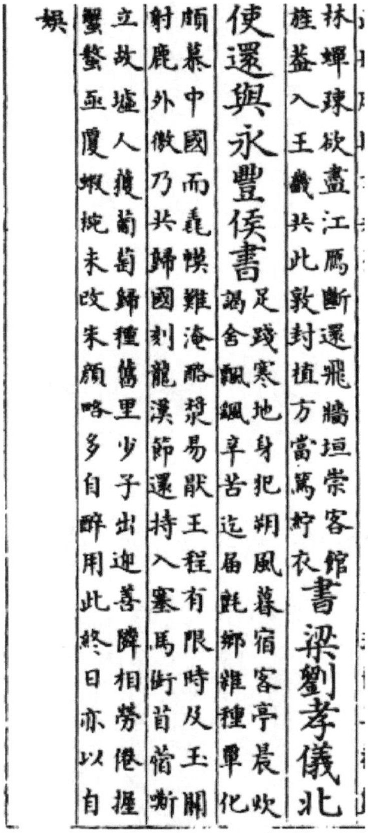
林蟬踈欲盡江鴈斷還飛牆垣崇客館
旌蓋入王畿共此敦封植方當萬紵衣
書梁劉孝儀北使還與永豐侯書足踐寒地身犯朔風暮宿客亭晨炊謁舍飄颻辛苦迄届氈鄉雜種畢化
頗慕中國而毳幙難淹酪漿易厭王程有限時及玉關
射鹿外徼乃共歸國刻龍漢節還持入塞馬銜苜蓿嘶
立故墟人獲蒲萄歸種舊里少子出迎善鄰相勞倦握
蟹螯亟覆蝦椀未改朱顔略多自醉用此終日亦以自
娛

➤➤➤《初学记·卷二十·政理部》

蒲萄 苜蓿

《晋宫阁名》曰：洛阳宫有琼圃园、灵芝石祠园，邺有鸣鹄园、蒲萄园。郭仲产《仇池记》曰：城东有苜蓿园。

仙蕙 靈芝已具敘事王子年拾遺記曰崑崙山第三層下有芝田蕙圃皆數萬頃羣仙種耨焉 蒲萄

苜蓿 晉宮闕名曰洛陽宮有瓊圃園靈芝石祠園鄴有鳴鵠園蒲萄園郗仲産仇池記曰城東有苜蓿園

➤➤➤《初学记·卷二十四·居处部》

事对入梦戏园

《庄子》曰：昔者庄周梦为蝴蝶，栩栩然蝴蝶，自逾适志与，不知周也。俄然觉，则蘧蘧然周也。不知周之梦为蝴蝶，与蝴蝶之梦为周欤。《古乐府》歌词：蛱蝶行，蛱蝶之遨戏东园，奈何卒逢三月养子燕，接我苜蓿间。

➤➤➤《初学记·卷三十·虫部》

封氏闻见记

《封氏闻见记》，唐封演撰，共 10 卷。

封演（生卒年不详），唐渤海蓨县（今河北省景县）人，唐朝官员。

蜀无兔鸽

汉代张骞自西域得石榴、苜蓿之种，今海内遍有之。太宗朝，远方咸贡珍异草木。今有马乳、蒲萄，一房长二丈余，叶（一作万）余国所献也。娑婆树一名菩提，叶似白杨，摩伽陀那国所献也。黄桃名金桃，大如鹅卵，康国所献也。波罗拔藻，叶似红蓝，实如蒺藜，泥婆罗国所献也。又有醏菜似慎火，苦菜似苣，胡芹、浑提葱之属，并自西域而来，色类甚众。异方禽兽，象出南越，驼出北极。今皆育于中国，然不如本土之宜也。

鴿來巢然則禽獸草木中土所無異方而來者衆矣漢代張騫自西域得石榴苜蓿之種今海内遍有之太宗朝遠方咸貢珍異草木今有馬乳蒲萄一房長二丈餘葉（一作萬）余國所獻也娑婆樹一名菩提葉似白楊摩伽陀那國所獻也黃桃名金桃大如鵞卵康國所獻也波羅拔藻葉似紅蘭實如蒺蔾泥婆羅國所獻也又有醏菜似慎火苦菜似苣胡芹渾提葱之屬並自西域而來色類甚衆異方禽獸象出南越駞出北極今皆育於中國然不如本土之宜也

➤➤➤《封氏闻见记·卷七》

唐摭言

《唐摭言》，五代南汉王定保撰，全书共 15 卷，详细记载唐代贡举制度和士人参加贡举的活动，以及与此有关的逸闻轶事。

王定保（870 ～ 954 年），字翊圣，吴融之婿，南昌（今属江西）人。光化三年（900 年）举进士及第。

唐摭言卷第六
唐光化進士瑯琊王定保撰
公薦 門生爲坐主師友相薦附
崔郾侍郎既拜命於東都試舉人三署公卿皆祖於長
樂傳舍冠蓋之盛罕有加也時吳武陵任太學博士策
蹇而至郾聞其來微訝之乃離席與言武陵曰侍郎以
峻德偉望爲明天子選才俊武陵敢不薄施塵露向者
偶見太學生十數輩揚袂抵掌讀一卷文書就而觀之
乃進士杜牧阿房宮賦若其人具王佐才也侍郎官重
必恐未暇披覽於是搢笏朗宣一遍郾大奇之武陵曰

闽中进士

薛令之，闽中长溪人，神龙二年及第，累迁左庶子。时开元东宫官僚清淡，令之以诗自悼，复纪于公署曰："朝旭上团团，照见先生盘。盘中何所有？苜蓿长阑干。饭涩匙难绾，羹稀筋易宽。无以谋朝夕，何由保岁寒。"上因幸东宫览之，索笔判之，曰"啄木嘴距长，凤凰羽毛短。若嫌松桂寒，任逐桑榆暖。"令之因此谢疾东归。诏以长溪岁赋资之，令之计月而受，余无所取。

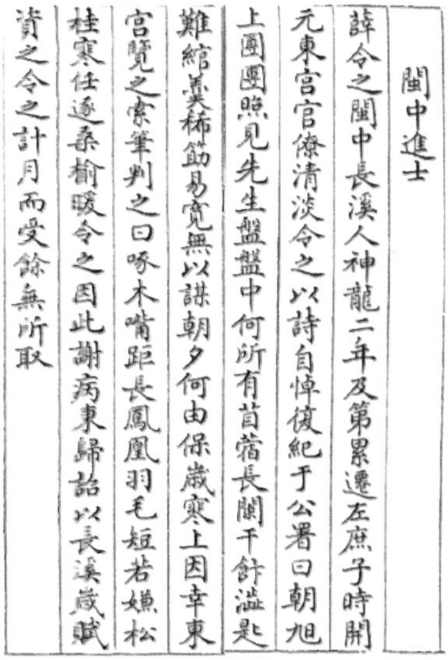
閩中進士
薛令之閩中長溪人神龍二年及第累遷左庶子時開
元東宮官僚清淡令之以詩自悼復紀于公署曰朝旭
上團團照見先生盤盤中何所有苜蓿長闌干飰澁匙
難綰羮稀筯易寛無以謀朝夕何由保歲寒上因幸東
宮覽之索筆判之曰啄木嘴距長鳳凰羽毛短若嫌松
桂寒任逐桑榆暖令之因此謝病東歸詔以長溪歲賦
資之令之計月而受餘無所取

刘宾客嘉话录

《刘宾客嘉话录》为笔记小说集，唐韦绚撰。

韦绚（生卒年不详，约840年前后在世），字文明，京兆（今陕西西安）人。

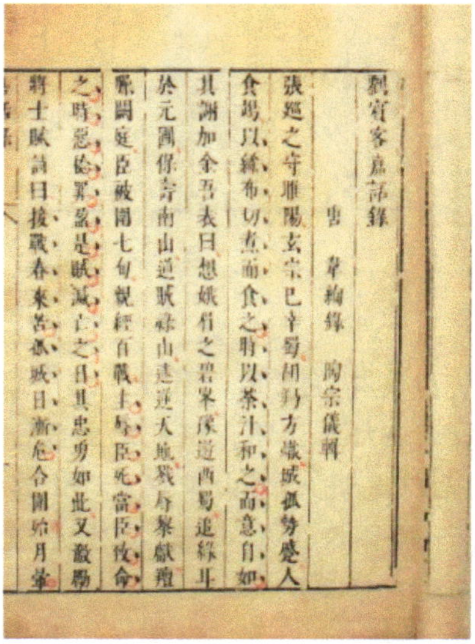
劉賓客嘉話錄
唐 韋絢錄　陶宗儀輯
張巡之守雎陽玄宗巳幸蜀胡羯方熾賊孤勢蹙人
食竭以紙布切煮而食之時以茶汁和之而意自如
其謝加金吾表曰想娥眉之碧峯豫遊西蜀追綠耳
於元圃保壽南山逆賊祿山迷逆天地戮辱黎獻羶
穢闕庭臣被圍七旬親經百戰主辱臣死當臣效命
之時惡踰累緊是賊滅亡之日其忠勇如此又嘗勵
將士賦詩曰接戰春來苦孤城日漸危合圍侔月暈

李丞相绛，先人为襄州督邮，方赴举，求乡荐。时樊司徒泽为节度使，张常侍正甫为判官，主乡荐。张公知丞相有前途，启司徒曰："举人悉不如李某秀才，请只送一人，请众人之资以奉之。"欣然允诺。

菜之菠棱，本西国中有，僧将其子来，如苜蓿、蒲萄，因张骞而至也。绚曰："岂非颇棱国将来，而语讹为菠棱耶"。

➤➤➤《刘宾客嘉话录》

集　异　记

《集异记》，传奇小说集，唐薛用弱作，3卷，多记载隋唐两代奇闻逸事，间杂文人轶事。

薛用弱（生卒年不详），字中胜，河东（今山西永济西）人。

刘禹锡

唐连州刺史刘禹锡，贞元ヨ，寓居荥泽。首夏独坐林亭，忽然间大雨，天地昏黑，久方开霁。独亭中杏树，云气不散。禹锡就视，树下有一物形如龟鳖，腥秽颇甚，大五斗釜。禹锡因以瓦砾投之，其物即缓缓登阶，止于檐柱。禹锡乃退立于床下，支策以观之。其物仰视柱杪，款以前趾，抉去半柱。因大震一声，屋瓦飞纷乱下，亭内东壁，上下罅裂丈许。先是亭东紫花苜蓿数亩，禹锡时于裂处，分明遥见。雷既收声，其物亦失，而东壁之裂，亦已自吻合矣。禹锡亟视之，苜蓿如故，壁曾无动处。

劉禹錫

唐連州刺史劉禹錫，貞元中，寓居滎澤。首夏獨坐林亭，忽然間大雨，天地昏黑，久方開霽。獨亭中杏樹，雲氣不散。禹錫就視，樹下有一物，形如龜鱉，腥穢頗甚，大五斗釜。禹錫因以瓦礫投之，其物即緩緩登階，止于簷柱。禹錫乃退立於牀下，支策以觀之。其物仰視柱杪，款以前趾，抉去半柱。因大震一聲，屋瓦飛紛亂下，亭內東壁，上下罅裂丈許。先是亭東紫花苜蓿數畝，禹錫時於裂處分明遥見。雷既收聲，其物亦失，而東壁之裂亦已自吻合矣。禹錫亟視之，苜蓿如故，壁曾無動處。《廣記》卷四二三

东雅堂韩昌黎集注

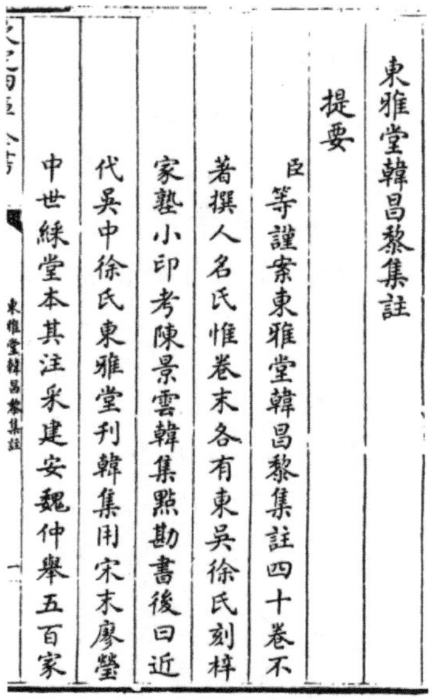

東雅堂韓昌黎集註

提要

臣等謹案東雅堂韓昌黎集註四十卷不著撰人名氏惟卷末各有東吳徐氏刻梓家塾小印考陳景雲韓集點勘書後曰近代吳中徐氏東雅堂刊韓集用宋末廖瑩中世綵堂本其注采建安魏仲舉五百家

東雅堂韓昌黎集註

城南联句

萄苜从大漠（愈，《汉》：李广利伐大宛，采蒲萄、苜蓿种归，种于离宫馆旁。萄音陶。苜音目）。

➤➤➤《东雅堂韩昌黎集注·卷二》

震川先生集

《震川先生集》，明归有光（后人称震川先生）作，共 40 卷，正集 30 卷，别集 10 卷，另有附录 1 卷。

归有光（1507 ～ 1571 年），字熙甫，又字开甫，别号震川，又号项脊生，世称“震川先生”。苏州府昆山县（今江苏昆山）人。明朝中期散文家、官员。

马政志

先是，天子发书，易云：“神马当从西北来。”得乌孙马，好，名曰天马。及得大宛汗血马，益壮，更名乌孙马曰西极，名大宛马曰天马云。宛，俗嗜酒，马嗜苜蓿，汉使取其实来，于是天子始种苜蓿、蒲萄肥饶地。及天马多，外国使来众，则离宫别观旁尽种蒲萄、苜蓿，极望。

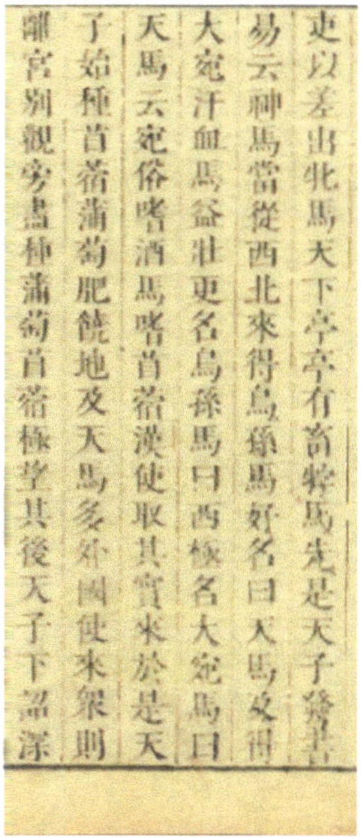
吏以差出牝馬天下亭亭有畜牸馬先是天子發書
易云神馬當從西北來得烏孫馬好名曰天馬及得
大宛汗血馬益壯更名烏孫馬曰西極名大宛馬曰
天馬云宛俗嗜酒馬嗜苜蓿漢使取其實來於是天
子始種苜蓿蒲萄肥饒地及天馬多外國使來衆則
離宮別觀旁盡種蒲萄苜蓿極望其後天子下詔深

➤➤➤《震川先生集·别集·卷四》

邢州叙述三首（其一首）

为令既不卒，稍迁佐邢州。虽称三辅近，不异湘水投。过家葺先庐，决意返田畴。所以泣歧路，进止不自由。亦复恋微禄，俶装戒行舟。行行到齐鲁，园花开石榴。舍舟遵广陆，梨枣列道周。始见栽苜蓿，入郡问骅骝。维当抚雕瘵，天马不可求。闾阎省征召，上下无怨尤。汝南多名士，太守称贤侯。戴星理民政，宣风达皇猷。郡务日稀简，吾得藉余休。闭门少将迎，古书得校雠。自能容吏隐，退食每优游。但负平生志，莫分圣世忧。伫待河冰泮，税驾归林丘。

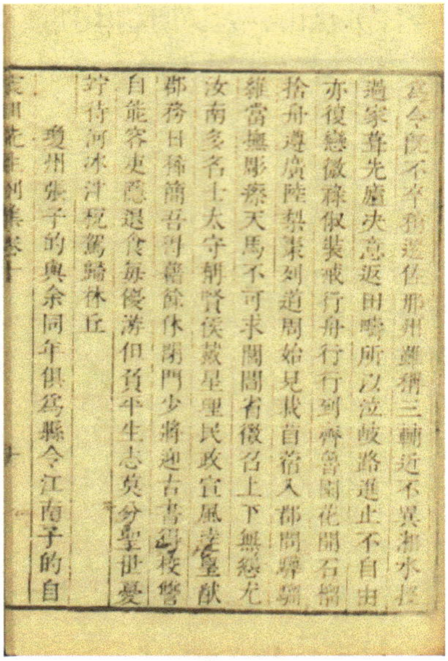
爲令詎不卒獨遷任邢州苜蓿三輔近不異淇水接
過家尊先廬決意返田疇所以泣歧路進止不自由
亦復戀微祿假裝戒行舟行行到齊魯園花開石榴
捨舟遵廣陸梨棗列道周始見長苜蓿入郡問驊騮
維當撫彫瘵天馬不可求閭閻有徵召上下無怨尤
汝南多名士太守朝賢侯歲星運民政宣風詩皇猷
郡務日稀簡吾得藉餘休閉門少將迎古書得校讐
自能容吏懲退食每優游但負平生志莫分聖世憂
竚待河冰泮從駕歸林丘
夔州張子的與余同年俱爲縣令江南子的自
震川先生別集卷十

➤➤➤《震川先生集·别集·卷十》

文镜秘府论

《文镜秘府论》，唐日本僧人遍照金刚（即弘法大师空海）作，讲述六朝至唐前期诗歌体制和声韵、对偶等方面的理论。

直置体

直置体者，谓直书其事置之于句者是。诗云："马衔苜蓿叶，剑莹鸊鹈膏。"又曰："隐隐山分地，沧沧海接天。"（此即是直置之体）。

➤➤➤《文镜秘府论》

法 苑 珠 林

《法苑珠林》，唐释道世编，佛教类书、典籍，书中广引故事、传说，除佛经外还引用了大量其他资料。

释道世，京兆（西安）人，俗姓韩，字玄恽。

唐殿中侍医孙回璞，济阴人也。至贞观十三年，从车驾幸九成宫三善谷，与魏太师邻家。尝夜二更闻外有人唤孙侍医声。璞起出看，谓是太师之命。既出，见两人谓璞曰：“官唤。”璞曰：“我不能步行。”即取璞马乘之。随二人行，乃觉天地如昼日光明。璞怪讶而不敢言。二人引璞出谷，历朝堂东，又东北行六七里，至苜蓿谷。遥见有两人持韩凤方行，语所引璞二人曰：“汝等错追，我所得者是。汝宜放彼人。”即放璞。璞循路而还，了了不异平生行处。既至家，系马，见婢当户眠。唤之不应。

➤➤➤《法苑珠林·第九十四卷》

太平广记

《太平广记》，北宋李昉等编辑，小说总集。因成于宋太宗太平兴国年间，故名。500 卷，另有目录 10 卷，按性质分为 92 大类。采录汉至宋初的小说、笔记、稗史等 400 多种，保存了大量的古代小说资料。其中引用的图书，有很多已经散佚、残缺或被后人窜改。

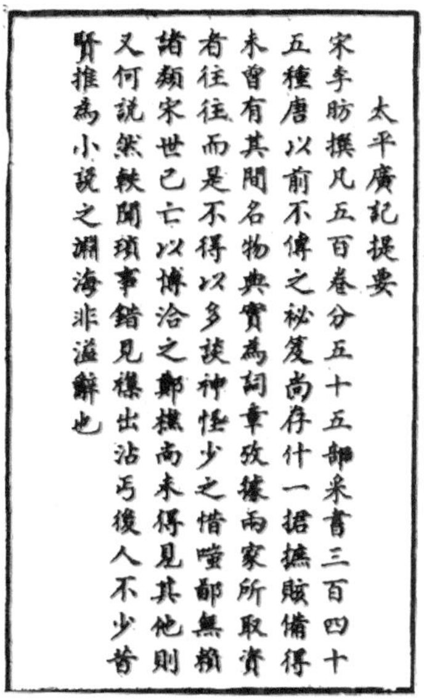
太平廣記提要
宋李昉撰凡五百卷分五十五部采書三百四十
五種唐以前不傳之秘笈尚存什一捃摭賅備得
未曾有其間名物典實為詞章攷據兩家所取資
者往往而是不得以多談神怪少之惜噫鄙無稽
諸類宋世已亡以博洽之鄭樵尚未得見其他則
又何說然軼聞瑣事錯見襍出沾丐後人不少昔
賢推為小說之淵海非溢辭也

类书

李昉（925～996年），字明远，深州饶阳（今河北饶阳县）人。

山东人

山东人来京，主人每为煮菜皆不为美。常忆榆叶，自煮之。主人即戏云："闻山东人煮车毂汁下食，为有榆气。"答曰："闻京师人煮驴轴下食，虚实？"主人问云："此有何意？"云："为有苜蓿气。"主人大惭。（出《启颜录》）

➤➤➤《太平广记·卷第二百五十七·嘲诮五》

孙回璞

唐殿中侍医孙回璞，济阴人也。贞观十三年，从车驾幸九成宫三善谷，与魏征邻家。尝夜二更，闻外有一人，呼孙侍医者。璞谓是魏征之命，既出，见两人谓璞曰："官唤。"璞曰："我不能步行。"即取马乘之。随二人行，乃觉天地如昼日光明，璞怪而不敢言。出谷，历朝堂东，又东北行六七里，至苜蓿谷。遥见有两人，持韩凤方行。语所引璞二人曰："汝等错追，所得者是，汝宜放彼。"人即放璞。璞循路而还，了了不异平生行处。既至家，系马，见婢当户眠，唤之不应。越度入户，见其身与妇并眠，欲就之而不得。

但著南壁立，大声唤妇，终不应。屋内极光明，壁角中有蜘蛛网，中二蝇，一大一小。并见梁上所著药物，无不分明，唯不得就床。自知是死，甚忧闷，恨不得共妻别。倚立南壁，久之微睡，忽惊觉，身已卧床上，而屋中暗黑，无所见。唤妇，令起然火，而璞方大汗流。起视蜘蛛网，历然不殊。见马亦大汗。凤方是夜暴死。后至十七年，璞奉敕，驿驰往齐州，疗齐王佑疾。还至洛州东孝义驿，忽见一人来问曰："君是孙回璞？"曰："是。君何问为？"答："我是鬼耳，魏太师追君为记室。"因出书示璞。璞视之，则魏征署也。璞惊曰："郑公不死，何为遣君送书？"鬼曰："已死矣，今为太阳都录太监，令我召君回。"璞引坐共食，鬼甚喜谢。璞请曰："我奉敕使未还，郑公不宜追。我还京奏事毕，然后听命，可乎？"鬼许之。于是昼则同行，夜便同宿，遂至阌乡。鬼辞曰："吾今先行，度关待君。"次日度关，出西门，见鬼已在门外。复同行，到滋水。鬼又与璞别曰："待君奏事讫，相见也。君可勿食荤辛。"璞许诺。既奏事毕，访征已薨。校其薨日，则孝义驿之前日也。璞自以必死，与家人诀别。而请僧行道，造像写经，可六七夜。梦前鬼来召，引璞上高山，山巅有大宫殿。既入，见众君子迎谓曰："此人修福，不得留之，可放去。"即随璞堕山，于是惊悟。遂至今无恙矣。（出《冥祥记》）

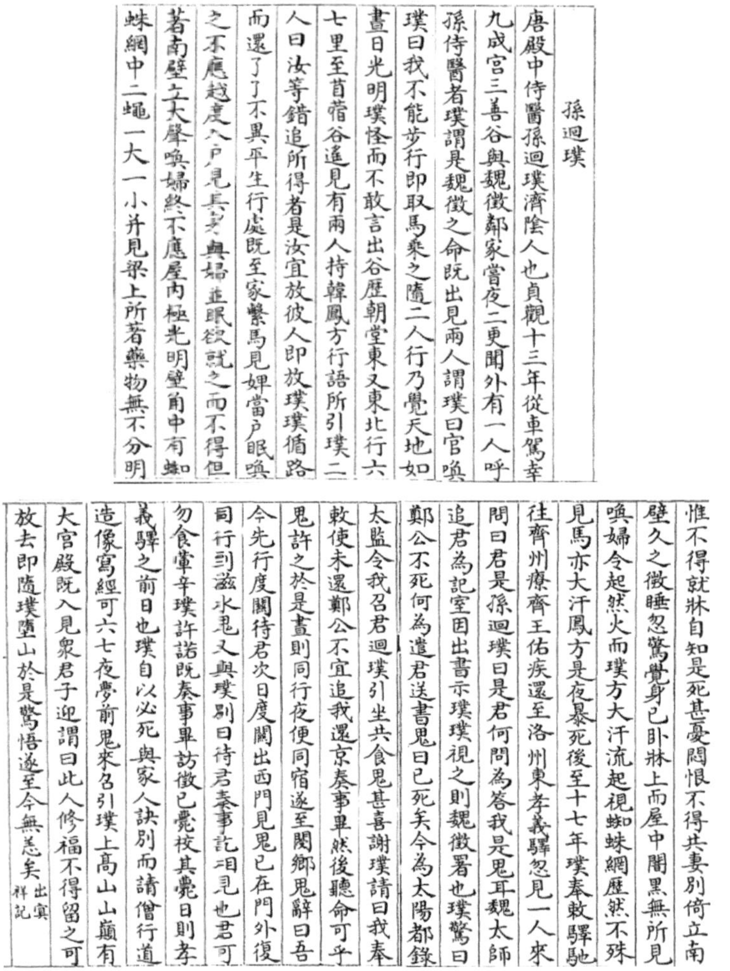
孫迴璞

唐殿中侍醫孫迴璞濟陰人也貞觀十三年從車駕幸九成宮三善谷與魏徵鄰家嘗夜二更聞外有一人呼孫侍醫者璞謂是魏徵之命既出見兩人謂璞曰官喚璞曰我不能步行即取馬乘之隨二人行乃覺天地如晝日光明璞怪而不敢言出谷歷朝堂東又東北行六七里至苜蓿谷遙見有兩人持韓鳳方行語所引璞二人曰汝等錯追所得者是汝宜放彼人即放璞璞循路而還了了不異平生行處既至家繫馬見婢當戶眠喚之不應越度入戶見其身與婦並眠欲就之而不得但著南壁立大聲喚婦終不應屋內極光明壁角中有蜘蛛網中二蠅一大一小并見梁上所著藥物無不分明惟不得就牀自知是死甚憂悶恨不得共妻別倚立南壁久之微睡忽驚覺身已卧牀上而屋中闇黑無所見喚婦令起然火而璞方大汗流起視蜘蛛網歷然不殊見馬亦大汗鳳方是夜暴死後至十七年璞奉敕驛馳往齊州療齊王佑疾還至洛州東孝義驛忽見一人來問曰君是孫迴璞曰是君何問為答我是鬼耳魏太師追君為記室因出書示璞璞視之則魏徵署也璞驚曰鄭公不死何為遣君送書鬼曰已死矣今為太陽都錄太監令我召君迴璞引坐共食鬼甚喜謝璞請曰我奉敕使未還鄭公不宜追我還京奏事畢然後聽命可乎鬼許之於是晝則同行夜便同宿遂至閿鄉鬼辭曰吾今先行度關待君次日度關出西門見鬼已在門外復同行到滋水鬼又與璞別曰待君奏事訖相見也君可勿食葷辛璞許諾既奏事畢訪徵已薨校其薨日則孝義驛之前日也璞自以必死與家人訣別而請僧行道造像寫經可六七夜夢前鬼來召引璞上高山山巔有大宮殿既入見衆君子迎謂曰此人修福不得留之可放去即墮璞墜山於是驚悟遂至今無恙矣 出冥祥記

➤➤➤《太平广记·卷第三百七十七·再生三》

怀风花

乐游苑自生玫瑰树，下多苜蓿。一名怀风，时人或谓之光风。风在其间常肃然，日照其花有光采，故名曰苜蓿怀风。茂陵人谓之连枝草。（出《西京杂记》）

➤➤➤《太平广记·卷第四百九·草木四》

菠薐

菜之菠薐者，本西国中有，僧自彼将其子来，如苜蓿、蒲萄，因张骞而至也。

菠薐本是颇陵国将来，语讹耳，多不知也。（出《嘉话录》）

➤➤➤《太平广记·卷第四百一十一·草木六》

刘禹锡

唐连州刺史刘禹锡，贞元中，寓居荥泽。首夏独坐林亭，忽然间大雨，天地昏黑，久方开霁。独亭中杏树，云气不散。禹锡就视树下，有一物形如龟鳖，腥秽颇甚，大五斗釜。禹锡因以瓦砾投之，其物即缓缓登阶，止于檐柱。禹锡乃退立于床下，支策以观之。其物仰视柱杪，即以前趾，抉去半柱。因大震一声，屋瓦飞纷乱下，亭内东壁，上下罅裂丈许。先是亭东紫花苜蓿数亩，禹锡时于裂处，分明遥见。雷既收声，其物亦失，而东壁之裂，亦已自吻合矣。禹锡亟视之，苜蓿如故，壁曾无动处。（出《集异记》）

唐連州刺史劉禹錫貞元中寓居滎澤首夏獨坐林亭忽然間大雨天地昏黑久方開霽獨亭中杏樹雲氣不散禹錫就視樹下有一物形如龜鱉腥穢頗甚大五斗釜禹錫因以瓦礫投之其物即緩緩登階止于簷柱禹錫乃退立於牀下支策以觀之其物仰視柱杪即以前趾抉去半柱因大震一聲屋瓦飛紛亂下亭內東壁上下罅裂丈許先是亭東紫花苜蓿數畝禹錫時於裂處分明遙見雷既收聲其物亦失而東壁之裂亦已自吻合矣禹錫亟視之苜蓿如故壁曾無動處出集異記

➤➤➤《太平广记·卷第四百二十二·龙五》

薛令之

神龙二年间，长溪人薛令之登第。开元中，为东宫侍读。时宫僚闲淡，以诗自悼，书于壁曰："朝日上团团，照见先生盘。盘中何所有？苜蓿上阑干。饭涩匙难绾，羹稀箸易宽。只可谋朝夕，何由度岁寒。"上因幸东宫，见焉。索笔续之曰："啄木嘴距长，凤凰毛羽短。若嫌松桂寒，任逐桑榆暖。"令之因此引疾东归。肃宗即位，

诏征之，已卒。（出《闽川名仕传》）

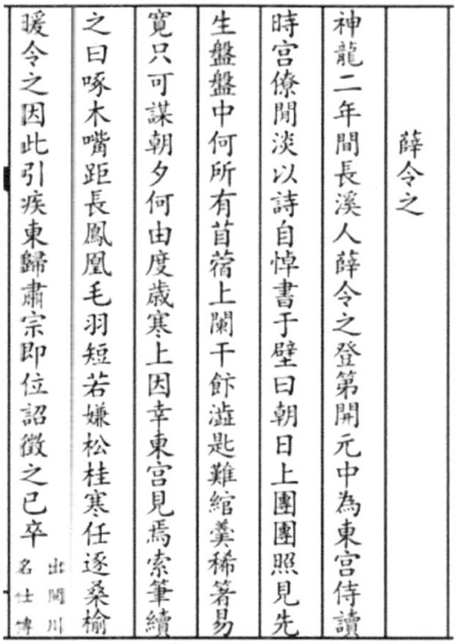
薛令之

神龍二年閩長溪人薛令之登第開元中為東宮侍讀時宮僚閒淡以詩自悼書于壁曰朝日上團團照見先生盤盤中何所有苜蓿上闌干飰澁匙難綰羹稀箸易寬只可謀朝夕何由度歲寒上因幸東宮見焉索筆續之曰啄木嘴距長鳳凰毛羽短若嫌松桂寒任逐桑榆暖令之因此引疾東歸肅宗即位詔徵之已卒（出閩川名仕傳）

➤➤➤《太平广记·卷第四百九十四·杂录二》

太平御览

《太平御览》，宋李昉等辑。初名《太平总类》，后经太宗按日阅览，改题《太平御览》。始于太平兴国二年（公元977年），成于太平兴国八年。1000卷，分55门。

居处部

《西京杂记》曰：广陵王胥有勇力，恒于别囿学格熊罴，后遂能空手搏之。

又曰：乐游苑自生玫瑰树，树下多苜蓿。

➤➤➤《太平御览·卷第一百九十六·居处部二十四·苑圃》

《晋书》曰：范汪好学，外氏家贫，无以资给。汪乃庐于园中，布衣蔬食，燃薪写书，写毕，诵读亦遍，遂博学多通，善谈名理。

又曰：华廙既废黜，武帝后又登陵云台，望见廙苜蓿园，阡陌甚整，依然感旧。

太康初，大赦，乃得袭封。久之，拜城门校尉，迁左卫将军。数年，以为中书监。

……

《西京杂记》曰：茂陵富人袁广汉，藏镪巨万，家童八九百人。于邙山下筑园。东西五里，激流水注其内。构石为山，高十余丈，连延数里。养白鹦鹉、紫鸳鸯、旄牛、青兕，奇禽怪兽，委积其间。聚沙为洲，激水为波潮，其中江鸥海鹤，孕雏产鷇，延漫林池。奇树异草，靡不具植。屋皆徘徊连属，重阁修廊，行之，移晷不能偏。广有罪诛，没入为宫园，鸟兽草木皆移上林苑中。

又曰：乐游园自生玫瑰树，树下多苜蓿。苜蓿亦名怀风，时人或谓光风，风在其间常肃肃然，日照其花有光彩，故名苜蓿曰怀风。茂陵谓之连枝草。

……

郭仲产《仇池记》，城东有苜蓿园。

➤➤➤《太平御览·卷第一百九十七·居处部二十五·苑圃》

奉使下

《王逸子》曰，或问："张骞可谓名使者欤？"曰："周流绝域，东西数万里，其中胡貊皆知其习俗，始得大蒜、葡萄、苜蓿等"。

➤➤➤《太平御览·卷第七百七十九·奉使部三》

梁刘孝仪《北使还与永丰侯书》曰：足践寒地，身犯朔风，暮宿客亭，晨炊谒舍。飘摇辛苦，迨留毡乡，杂种覃化，颇慕中国。兵传李绪之法，楼拟卫律所治。而毳幕难淹，酪浆易厌，王程有限，时反玉关。射鹿胡奴，乃共归国，刻龙汉节，还持入塞。马衔苜蓿，嘶逗故墟。人获蒲萄，归种旧里。稚子出迎，善邻相劳，倦握蟹螯，亟覆虾椀。每取朱颜，略多自醉，用此终日，亦多自娱。

➤➤➤《太平御览·卷第七百七十九·奉使部三》

罽宾

《汉书》曰：罽宾国，王治循鲜城，去长安万二千二百里。地平、温和，有目宿，杂草奇木，檀、槐、梓、漆，种五谷、葡萄，有金、银、铜、锡。以金银为钱，文为骑马，幕为人面（师古曰：幕即漫也）。出封牛、水牛、象、大狗、沐猴、孔爵、珠玑、珊瑚、虎珀、壁、琉瑙。自武帝始通。

➤➤➤《太平御览·卷第七百九十三·四夷部十四·西戎二》

大宛

《汉书》曰：大宛国，王治贵山城，去长安万二千五百五十里。以葡萄为酒，富人藏酒至万余石，久者至数十岁不败。俗嗜酒，马嗜目宿。宛别邑七十余城，多善马，马汗血，言其先天马子也（孟康曰：言大宛国有高山，其上有马，不可得，因取五色母马置其下，与集生驹，皆汗血，因号曰天马子云）。张骞始为武帝言之，上遣使持金马以请，宛王不肯。于是天子遣贰师将军李广利将兵伐宛，连四年，宛人斩其王毋寡首，献马三千匹，汉军乃还。

又曰：宛王蝉封与汉约，岁献天马二匹。汉使采葡萄、苜蓿种归。天子以天马多，益种葡萄、目蓿，离宫馆旁极望焉。

➤➤➤《太平御览·卷第七百九十三·四夷部十四·西戎二》

园

《晋书》曰：华廙免官后，栖迟家巷。武帝登凌云台，望见廙苜蓿园，阡陌甚整，依然感旧。太康初，大赦，乃得袭封。

《仇池记》曰：城东有苜蓿园，园中有三水碓。

➤➤➤《太平御览·卷第八百二十四·资产部四》

斫木

《闽中名士传》曰：薛令之，唐开元中为左补阙兼太子侍讲。时东宫官冷落，久次难进。令之题诗曰："明月夜团团，照见先生盘。盘中何所有？苜蓿长阑干。饭涩匙难绾，羹稀箸易宽。只可谋朝夕，那能度岁寒？"明皇因幸春宫，见之，不悦，命笔酬之曰："啄木嘴距长，凤凰毛羽短。既嫌松桂寒，任逐桑榆暖。"令之遂投簪谢爵，徒步东还。

➤➤➤《太平御览·卷第九百二十三·羽族部十》

蒲萄

杜笃《边论》曰：汉征匈奴，取其胡麻、稗麦、苜蓿、蒲萄，示广地也。

➤➤➤《太平御览·卷第九百七十二·果部九》

蒜

《正部》曰：张骞使还，始得大蒜、苜蓿。

➤➤➤《太平御览·卷第九百七十七·菜茹部二》

芸香

《说文》曰：芸草，似苜蓿。

➤➤➤《太平御览·卷第九百八十二·香部二》

苜蓿

《史记》曰：大宛有苜蓿草，汉使取其实来，于是天子始种苜蓿。离宫别观旁尽种蒲陶、苜蓿，极望。

《汉书·西域传》曰：罽宾国有苜蓿，大宛马嗜苜蓿。武帝得其马，汉使采蒲桃、苜蓿种归，天子益种离宫别馆旁。

《晋书》曰：华廙免官为庶人。晋武帝登凌云台，见廙苜蓿园，阡陌甚整，依然感旧。太康初，大赦，乃得袭爵。

《西京杂记》曰：乐游苑中自生玫瑰树，下多苜蓿，一名怀风。时或谓光风在其间，常肃肃然照其光彩，故曰苜蓿怀风。茂陵人谓为连枝草。

《博物志》曰：张骞使西域，所得蒲桃、胡葱、苜蓿。

《述异记》曰：张骞苜蓿园，在今洛中。苜蓿，本胡中菜，骞始于西国得之。

杨炫之《洛阳伽蓝记》曰：宣武场在大夏门东北，今为光风园，苜蓿生焉。

➤➤➤《太平御览·卷第九百九十六·百卉部三》

文苑英华

《文苑英华》，宋李昉、扈蒙、徐铉、宋白、苏易简等奉敕编，1000卷，是“宋四大书”之一，辑集南朝梁末至唐代诗文，为以后《古诗纪》《全唐诗》《全唐文》等重要总集所取材。

乐府

【少年行】张正见

洛阳美年少，朝日正开霞。
细蹀连钱马，傍趋苜蓿花。
扬鞭却还望，春色满东家。
井桃映水落，门柳杂风斜。
绵蛮弄清绮，蛱蝶绕承华。
欲往飞廉馆，遥驻季伦车。
石榴传玛瑙，兰肴奠象牙。
聊持自娱乐，未是斗豪奢。
莫嫌龙驭晚，扶桑复浴鸦。

➤➤➤《文苑英华·卷第一百九十四》

【紫骝马】李爕

紫燕忽踟蹰，红尘起路隅。
圉人移苜蓿，骑士逐蘼芜。
三边追黠虏，一鼓定强胡。
安用珂为玉，自有汗成珠。

➤➤➤《文苑英华·卷第二百九》

古今事文类聚

《古今事文类聚》，宋祝穆等撰，综合性类书。
祝穆（约 1198 ～ 1258 年），少名丙，字伯和，又字和甫，祖籍江西婺源。

张骞得种

张骞奉使还，始得大蒜、苜蓿。

苜蓿为馈

齐地多寒，春深未笋甲，方立春，有村老挈苜蓿一筐以馈艾子，且曰：“此物初生，未敢尝，谨先以荐。”艾子喜曰：“烦汝致新。然我享之后，次及何人？”曰：“献罢即割以喂驴也”。

➤➤➤《古今事文类聚·卷六》

梦溪笔谈

《梦溪笔谈》，北宋科学家、政治家沈括撰，是一部涉及古代中国自然科学、工艺技术及社会历史现象的综合性笔记体著作。

沈括（1031～1095年），北宋科学家、政治家，钱塘（今浙江杭州）人。博学多闻，对天文、地理、典制、律历、音乐、医药等均有研究。曾参与王安石变法。

苜蓿

择肥地斫令熟，作垅种之，极益人。还须从一头剪，每剪加粪，锄土拥之。

➤➤➤《梦溪笔谈·梦溪忘怀录》

梦溪笔谈校证

《梦溪笔谈校证》，宋沈括著，胡道静校证。

胡道静（1913～2003年），安徽泾县人，生于上海。古文献学家、科技史学家。1956年后著有《梦溪笔谈校证》《沈括研究论集》《中国古代的类书》《农书与农史论集》《种艺必用校录》等。

宋王钦臣王氏谈录：芸，香草也，旧说谓可食，今人皆不识。文丞相自秦亭得其种，分遗公（即钦臣之父王洙），乡种之。公家庭砌下，有草如苜蓿，摘之尤香。公曰：此乃牛芸，尔雅所谓“杈，黄华”者。校之，香烈于芸。食与否皆未试也。

➤➤➤《梦溪笔谈校证》

艾子杂说

《艾子杂说》，宋苏轼撰，共38则。

苏轼（1036～1101年），字子瞻，又字和仲，号铁冠道人、东坡居士，世称苏东坡、苏仙。汉族，眉州眉山（今四川省眉山市）人，祖籍河北栾城，北宋文学家、书法家、画家。

苜蓿[1]

齐地多寒，春深未芋甲[2]。方立春，有村老挈[3]苜蓿一筐，以与于艾子，且曰：此物初生，未敢尝，乃先以荐[4]。艾子喜曰：烦汝致新。然我享之后，次及何人？曰：献公罢，即刈以喂驴也[5]。

【注释】①苜蓿：豆科植物名，古以之饲养马驴，称紫苜蓿。苜蓿系古大宛语buksuk的译音，汉武帝时张骞出使西域，从大宛带回紫苜蓿种子。《史记•大宛列传》云：俗嗜酒，马嗜苜蓿，汉使取其实来，于是天子始种苜蓿、蒲陶（葡萄）肥饶地。这里是用以形容教官或学馆之生活清苦，常以马食苜蓿为蔬菜。

②未芋甲：指芋头尚未生长的外皮。甲，指草木萌芽时的外皮。

③挈：提携。

④荐：献、进。

⑤刈：割。用于草或谷类。

【译文】齐国多寒流，在春深的时候，芋头尚未萌芽长好外皮。春意盎然，有一位村老提着一筐子苜蓿菜，来送给艾子，并说道：这个东西刚刚生长出来，自己还没敢贪馋尝过，就先奉献给您来了。艾子非常高兴地说：烦劳您送来了鲜物。但不知送我享用之后，您下面将再送给谁人呢？村老说：奉献您老之后，我就割了去喂驴啦。

【简评】人与驴同。这则寓言尖刻地讽谕了朝廷对学馆知识分子的薄俸待遇。他们把学人当驴马看待，可谓鄙薄轻视之极。东坡此时正被贬逐南荒蛮地，与幼子过着苦行僧般的贫困生活。他写此寓言，可以想见其内心的愤懑之情。

➤➤➤《艾子杂说·苜蓿》

事物纪原

《事物纪原》，宋高承编，类书，共10卷。

高承，生平不详。

苜蓿

本自西域，彼人以秣马，张骞使大夏得其种以归，与葡萄同种于离宫馆旁，极茂盛焉，盖汉始至中国也。

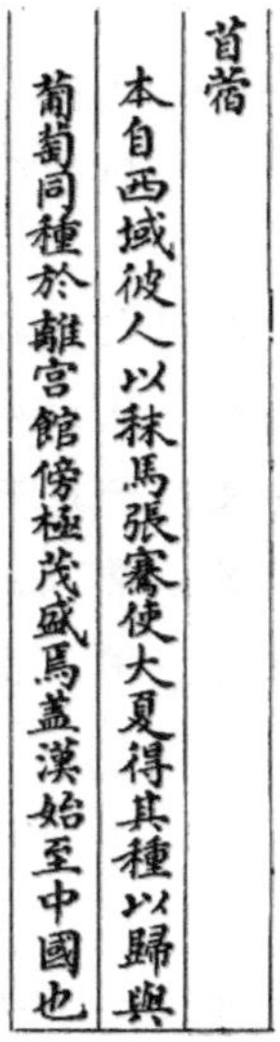
苜蓿
本自西域彼人以秣馬張騫使大夏得其種以歸與
葡萄同種於離宮館傍極茂盛焉蓋漢始至中國也

➤➤➤《事物纪原·卷十》

安石榴

其生自西域，汉武时，博望侯穷河源，回得其种，遂传中国也。《陆机与弟书》曰：张骞为汉使外国十八年，得涂林盖安石榴也。《博物志》曰：张骞使西域回所得。

葡萄

亦出于大夏盖与石榴同来中土,《汉书•西域传》曰:汉使归,葡萄、苜蓿种来是也。《酉阳杂俎》曰:庾信谓魏使尉瑾曰,在邺大得葡萄奇有滋味。瑾曰:此物实出于大宛,张骞所致,有黄、白、黑三种。西域酿以为酒,在汉似亦不久,杜陵田五十亩,中有葡萄百树。

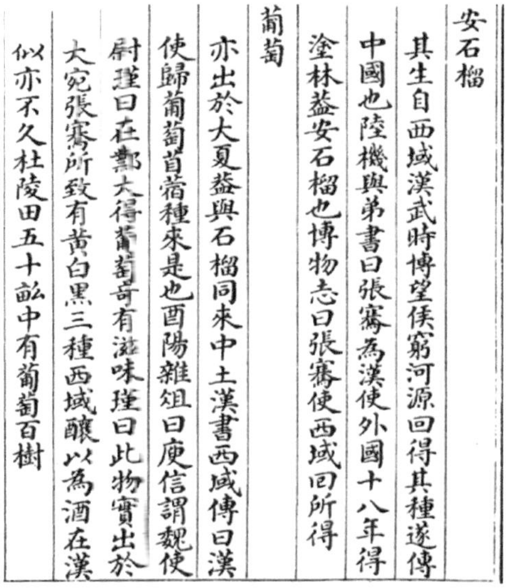

安石榴
其生自西域漢武時博望侯窮河源回得其種遂傳中國也陸機與弟書曰張騫為漢使外國十八年得塗林蓋安石榴也博物志曰張騫使西域回所得

葡萄
亦出於大夏蓋與石榴同来中土漢書西域傳曰漢使歸葡萄首蓿種来是也酉陽雜俎曰庾信謂魏使尉瑾曰在鄴大得葡萄奇有滋味瑾曰此物實出於大宛張騫所致有黃白黑三種西域釀以為酒在漢似亦不久杜陵田五十畝中有葡萄百樹

➤➤➤《事物纪原·卷十》

云笈七签

《云笈七签》，宋张君房辑录自其所编的大型道教类书《大宋天宫宝藏》。

服紫霄法

玉珉山人《养生方论》云：病甴口入，节宣方也；生劳败静，养道性也；酸咸以时，礼医具也；补泻以性，草经明也。性调乎食，命延乎药，断可知也。苽蓼害筋，蒜韭伤血，生荤损气，葱膘炙神，理生之炯戒也。白蒿、苄（音下）苗（地黄苗也)、恶实（牛蒡)、苜蓿四物，济身之要也。退与不退，寡之于思虑；进与不进，在康之常志。凡一切五辛皆害于药力，又薰人神气。凡桃李芸苕蒜韭等，不宜丈夫，妇人亦宜少食渐断。

➤➤➤《云笈七签·卷三十五·杂修摄部》

尹真人服元气术

如能至心，三七日中，可以内视五脏，历历在目，神清形静。行之七日，其效验也，已自知之，更须专精，二十日来不食，即腹中尽。腹中尽之后，吃一两杯煮菜、苜蓿、芥菘、蔓菁及枸杞、叶葵等，并著少苏油、酱、醋取味食之，勿著米、面，所欲腹中谷气尽耳。更四五日，除菜吃汁，又三数日后，即总停之。可三十日，即自见矣，所谓不寒不热，不渴不饥，修行至此，世为神人，即吾道成矣。

➤➤➤《云笈七签·卷五十八·诸家气法部三》

服气问答诀法

问曰："如何得似吃食时一种？""初学只合如此，久久即共吃食一种。""所云运气偏得从顶及四肢出，有妨碍不？"

答曰："非有妨碍，始令出，任其自出耳。但运遍身即休，不假以意令出，他气自出，如行人事。气少即咽，亦不须候时。攻击病及与人疗病，久行气得通始得，如何初学即有所望？内视肠中粪尽讫，闭目内视，即自见肠中粪极难尽，从断食二十余日始尽。初断食三七日，即须别吃一两顿煮菜，推宿粪令下。如得每顿吃一碗苜蓿、芥、姜、蔓、菁、菘、芜，在炼若苦汁，著少油酥最好，任少著盐、酱汁作味，勿著米面等。且欲肠中谷气尽，吃菜可四五日，已后即除却菜吃汁。又数日，然后总须停。每须吃少酒任性，肠中空讫，即吃一顿酒，令吐心胸中痰，极精"。

➤➤➤《云笈七签·卷六十二·诸家气法部七》

六帖补

《六帖补》，宋杨伯嵒辑，20卷。

苜蓿园

张骞苜蓿园今在洛中。苜蓿本胡中菜也，张骞始于西戎得之。西戎乃月氏国。

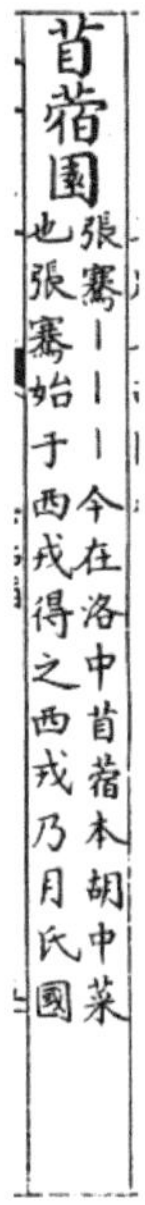
苜蓿園張騫｜｜｜今在洛中苜蓿本胡中菜也張騫始于西戎得之西戎乃月氏國

➤➤➤《六帖补·九卷·园囿》

类　说

《类说》，宋曾慥编，是宋代笔记小说总集，共60卷，从250种笔记小说集中选录而成。

曾慥（？～1155年），南宋人，字端伯，号至游居士，晋江（今属福建泉州）人。官至尚书郎，值宝文阁。

连枝草

乐游苑自生玫瑰树，树下多苜蓿。一名怀风，又曰光风。风在其间常萧萧然，日照其花光采。茂陵人谓之连枝草。

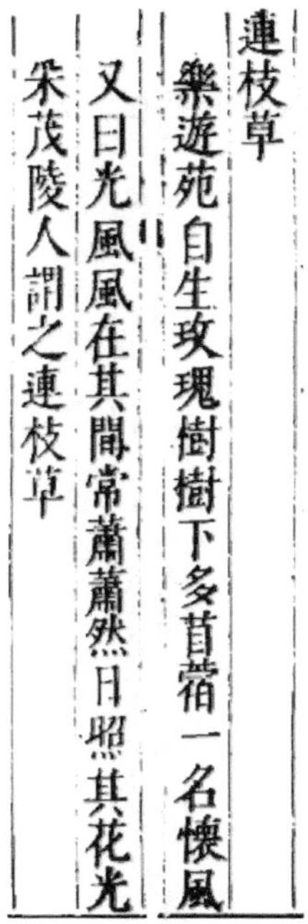
連枝草
樂遊苑自生玫瑰樹樹下多苜蓿一名懷風
又曰光風風在其間常蕭蕭然日照其花光
采茂陵人謂之連枝草

➤➤➤《类说·卷四》

居家必用事类全集

《居家必用事类全集》，古籍，共有10卷。

种苜蓿

地宜良熟，七月种水浇。一如韭法，亦一剪一上粪，铁把搂土令起，然后下水。旱种者，重楼耩地，使垄深阔，窍瓠下子，批契曳之。每至正月，烧去枯叶、地液，辄耕垄，以铁齿鎘揍之，更以鲁砍斸其科土，则滋茂，不尔瘦矣。一年三刈其苗，留子者可一刈则止。春初亦中（别本作既中），生啖为羹，甚香美。偏宜饲马，马尤嗜之。此物长生，种者一劳永逸。都邑负郭，所宜种之。

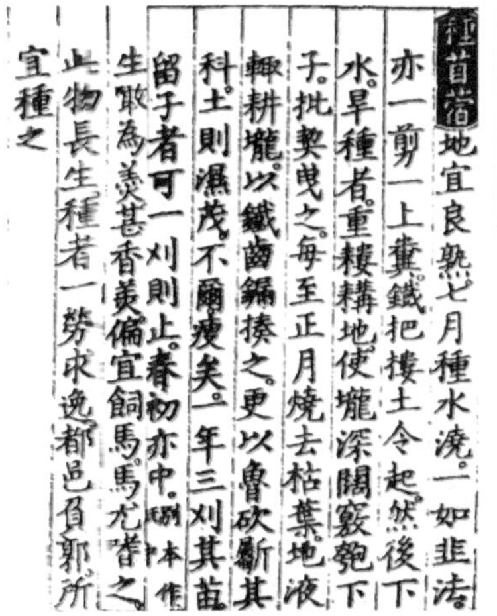

種苜蓿地宜良熟七月種水澆一如韭法
亦一剪一上糞鐵把摟土令起然後下
水旱種者重摟耩地使壠深闊竅瓠下
子批契曳之每至正月燒去枯葉地液
輒耕壠以鐵齒鍋揍之更以魯砍斸其
科土則滋茂不爾瘦矣一年三刈其苗
留子者可一刈則止春初亦中刈本作
生啖為羹甚香美偏宜飼馬馬尤嗜之
此物長生種者一勞求逸都邑負郭所
宜種之

➤➤➤《居家必用事类全集戊集·种菜类》

玉 海

《玉海》，南宋王应麟编撰的一部类书，204卷，分天文、地理、官制、食货等。

王应麟（1223～1296年），宋末庆元人，字伯厚，官至礼部尚书，学问渊博，著有《深宁集》《困学纪闻》《小学绀珠》《玉海》等。

牧师苑

《景纪》：中六年六月，匈奴入雁门，至武泉，入上郡取苑马。注：如淳曰：《汉仪注》，太仆牧师诸苑三十六所，分布北边、西边，以郎为苑监，官奴婢三万人养马三十万匹。师古曰：养鸟兽者通名为苑，故谓牧马处为苑（留侯曰：关中北有胡苑之利）。《食货志》：景帝始造苑马以广用（师古曰：为苑以牧马）。武帝时，告缗没入奴婢，分诸苑养马。《昭纪》：元凤二年六月，诏颇省乘舆马及苑马，防补边郡三辅传马（传马，驿马也）。令郡国毋敛今年马口钱。《元纪》：初元二年六月，省苑马以振困乏。《地理志》：武威以西，水草宜畜牧，故凉州之蓄为天下饶。安定郡参防有主骑都尉。《和纪》：永元五年二月戊戌，诏有司省减内外厩及凉州诸苑马。注：《汉官仪》曰：未央六厩，长乐、承华等厩，令皆秩六百石。又云：牧师诸苑三十六所，分置西北边，分养马三十万头。《安纪》：永初六年春正月庚申，诏越巂，置长利、高望、始昌三苑。又令益州郡置万岁苑，犍为置汉平苑。《续志》：太仆有牧师苑，皆令官主养马，分在河西六郡界中（六郡，陇西、天水、安定、上郡、北地、西河）。中兴皆省，唯汉阳有流马苑，但以羽林郎监领，未央厩令一人（六百石），长乐厩丞一人（注：《汉官》曰：苜蓿苑官田所一人守之。汉阳即天水，永平十七年更名）。《尔雅注》：秦有騉蹄苑。《周官》：牧师掌牧地，下士四人（主牧放马而养之）。《高纪》：至阳城收军中马骑。四年八月，北貉燕人来致枭骑助汉。八年三月，令贾人毋得乘骑马。

➤➤➤《玉海·马政·卷一百四十八·汉苑马》

观马牧 八使监坊七坊 群牧着籍 六十五监 监牧使

《百官志》：诸牧监，监各一人，副监各二人，丞二人，主簿一人，掌群牧孳课。凡马五千为上监，三千为中监，不及为下监。马牛之群，有牧长，有尉。马之驽良皆着籍，良马称左，驽马称右。三岁别群。孳生过分有赏，死耗亦以率除之。每岁孟秋，群牧使以诸监之籍合为一，以仲秋上于寺。岁终，监牧使巡按以功过相除为考课。注：麟德中，置八使分总监坊，秦、兰、原、渭四州及河西之地凡监四十八，南使有监十五，西使有监十六，北使有监七，盐州使有监八，岚州使有监二。自京师西属陇右有七马坊，置陇右三使领之。又有沙苑楼烦天马监，沙苑监掌畜陇右牛羊，给宴祭及尚食所用（《会要》有东使九，末云其后益置八监于盐州，三监于岚州，而陇右三使领坊七。《兵志》云：岚州三监与此不同，东使监九无，陇右三使又不同。《李岘传》有凤翔七马坊押官。《地理志》同州冯翊有沙苑，宪州本楼烦监牧，岚州刺史领之，贞元十五年别置监牧使）。《太宗纪》：贞观二十年八月庚辰，次泾州。丙戌，逾陇山关，次瓦亭观马牧（太宗遣使赍金帛诸国市马，魏征谏，遂止）。《兵志》：马者，兵之用也。监牧所以蕃马也，其制始于近世（《隋志》：陇右牧置总监、副监、丞以统诸牧。其骅骝牧及二十四军马牧，每牧置仪同及尉、大都督、帅都督等员）。唐之初起，得突厥马二千匹，又得隋马三千于赤岸泽，徙之陇右，监牧之制始于此。其官领以太仆，其属有牧监、副监，监有丞，有主簿、直司、团官、牧尉、排马、牧长、群头，有正有副，岁课功，进排马。又有掌闲，调马习上。又有尚乘，掌天子之御。左右六闲，一曰飞黄，二曰吉良，三曰龙媒，四曰騊駼，五曰駃騠，六曰天苑。总十二闲为二厩，一曰祥麟，二曰凤苑，以系饲之。其后，禁中又增置飞龙厩。初，用太仆少卿张万岁领群牧。自贞观至麟德四十年间，马七十万六千，置八坊，岐、豳、泾、宁间，地广千里，一曰保乐，二曰甘露，三曰南普润，四曰北普润，五曰岐阳，六曰太平，七曰宜禄，八曰安定。八坊之田，千二百三十顷，募民耕之，以给刍秣。八坊之马为四十八监（张说云：置八使以董之，设四十八监以掌之）。而马多地狭不能容，又析八监列布河西丰旷之野。

凡马五千为上监，三千为中监，余为下监。监有左右，因地为之名。其时，天下以一缣易一马。万岁掌马久，恩信行于陇右。后以太仆少卿鲜于匡俗检校陇右牧监。仪凤中，以太仆少卿李思文检校陇右诸牧监使，监牧有使自此始。又有群牧都使、闲厩使，使皆置副（王䜣为太仆少卿、陇右群牧使。玄宗，兼知内外闲厩、检校陇右群牧大使，押左右万骑，进封平王）。又立四使，南使十五，西使十六，北使七，东使九。诸坊若泾川、亭川、阙水、洛、赤城，南使统之；清泉、温泉，西使统之；乌氏，北使统之；木硖、万福，东使统之。他皆失其传。其后益置八监于盐州，三监于岚州。盐州使八，统白马等坊；岚州使三，统楼烦、玄池、天池之监（元和十一年九月丙戌，以楼烦监马百五十匹给昭义军）。凡征伐而发牧马，先尽强壮，不足则取其次。录色、岁、肤第印记、主名送军，以帐驮之，数上于省。自万岁失职，马政颇废。永隆中，夏州牧马失亡者，十八万四千九百九十。景云二年，诏群牧岁出高品，御史按察之。开元初（二年九月），国马益耗，太常少卿姜晦乃请以空名告身市马于六胡州，率三十匹雠一游击将军。命王毛仲领内外闲厩，马稍稍复，始二十四万，至十三年乃四十三万（王毛仲为辅国大将军、内外闲厩知监使，持法不避权贵为可喜事。两营万骑及闲厩官吏，畏之无敢犯。虽官田草莱，樵敛不敢欺。于牧事尤力，娩息不訾。初监马二十四万，后至四十三万，牛羊皆数倍。莳茼麦、苜蓿二千九百顷以御冬。后从东封取牧马数万匹，每色一队，相间如锦绣，天子才之。十三年十一月癸巳，加毛仲仪同三司）。其后突厥款塞，玄宗厚抚之，岁许朔方军西受降城为互市，以金帛市马，于河东、朔方、陇右牧之。既杂胡种，马乃益壮。

➤➤➤《玉海·马政·卷一百四十九·唐八坊 四十八监》

汉乐游苑

《宣纪》：神爵三年春，起乐游苑。注：师古曰：《三辅黄图》在杜陵西北。又《关中记》云：宣帝立庙于曲池之北，号乐游（在秦为宜春苑。《黄图》曲池，汉武所造，周回五里）。案其处则今之所呼乐游庙者是也，其余基尚可识焉。盖本为苑，后因立庙。《西京杂记》：乐游苑内生玫瑰木，木下多苜蓿，名怀光。时人或谓之光风，风在其间常肃肃然，日照其花有光采，故曰苜蓿为怀风。茂陵人谓之连枝草。《两京新记》：宣帝乐游庙，亦名乐游苑，亦名乐游原。基地最高，四望宽敞。《文选》颜延之《谳曲水诗》。注：《水经注》曰：日乐游苑，宋元嘉十一年以其地为曲水。范晔《乐游应诏诗》。注：《丹阳图经》曰：乐游苑，官城北三里，晋时药园。梁亦有乐游苑。天监元年八月癸卯，鸾鸟见乐游苑。大同四年九月，阅武于乐游苑（丘迟侍宴乐游苑）。

漢樂游苑

宣紀神爵三年春起樂遊苑注師古曰三輔黃圖在杜陵西北又關中記云宣帝立廟於曲池之北號樂游在秦為宜春苑黃圖曲池漢武所造周迴五里案其處則今之所呼樂游廟者是也其餘基尚可識焉蓋本為苑後因立廟 西京雜

欽定四庫全書 玉海

記樂游苑内生玫瑰木木下多苜蓿名懷光時人或謂之光風風在其間常肅肅然日照其花有光采故曰苜蓿為懷風茂陵人謂之連枝草 兩京新記宣帝樂遊廟亦名樂遊苑亦名樂遊原基地最高四望寬敞

文選顏延之讌曲水詩注水經注曰舊樂游苑宋元嘉十一年以其地為曲水 范曄樂游應詔詩注丹陽圖經曰樂游苑官城北三里晉時藥園 梁亦有樂游苑天監元年八月癸卯鸞鳥見樂游苑大同四年九月閱武于樂游苑丘遲侍宴樂游苑 唐玄宗樂游園宴詩云地入南山近城分北斗餘

➤➤➤《玉海·宫室卷一百七十一》

永乐大典

《永乐大典》，明初解缙等奉明成祖命编纂，初名《文献大成》，后广收各类图书七八千种，辑成 22 877 卷，凡例、目录 60 卷，改为现名，是中国古代最大的一部类书。

解缙（1369～1415年），字大绅，一字缙绅，号春雨、喜易，江西吉安府吉水（今江西吉水）人，明代大臣、文学家。

汪藻浮溪集

偶成

幽卧一禅榻，无人共白云。山泉与溪水，偏遣夜深闻。

杂诗

古屋清寒雪未消，小窗晴日展芭蕉。酸甘荔子尝春酒，更展青芽荐菊苗。碧窗凉簟唯便睡，露井无尘荫绿槐。梦入醉乡犹病渴，辘轮声到枕边来。

咏古四首

相士如相马，灭没深天机。区区铜马法，徒识牝与骊。人言当途公，恶人知其微。如何许邵语，受之不复疑。知人固不易，人亦未易知。痴妍在水镜，铅粉徒自欺。孰为仁义人，未假已不归。伯乐不可作，思兴曹瞒期。

世事如大弩，人若材官然。乘势易发机，非时劳控弦。又如大水中，置彼万斛船。虽有帆与樯，亦须风动天。不见周公谨，弱龄已飞骞。不见师尚父，膺扬在华颠。彼非生而材，此岂晚乃贤？磁基喻智慧，要必有待焉。叹息狂驰子，尝为愚者怜。

昆山有璞玉，外质而内美。唯其不自炫，故与顽石齿。和也速于售，再献甘灭趾。在玉庸何伤，惜君两足耳。

堂堂明堂柱，根节几岁寒。使与蒲柳同，抚厦良亦难。我衣敝缊袍，我饭苜蓿盘。天公方试我，剑铗勿妄弹。

➤➤➤《永乐大典·卷之八百九十九》

冯时行诗

赠故人二首

一日如三秋，属君情所专。晨风吹初春，绕屋鹊声干。得非造物意，怜我徒侣单。放晴速君归，一笑不作难。起携化龙竹，消散枯体酸。矫首东山云，行人为我言。言君骑紫马，近在十里间。溪边古松堤，柳破梅飞残。疾走落巾履，欢迎讯平安。津津眉间黄，顾我一灿然。颇云万貔虎，秋戈卧西关。

元戎坐帷幄，花幕清昼闲。井络天一涯，可以加饭餐。复出群公诗，字字冰雪寒。穷探到深渠，老语觉险难。一读重惊叹，再读醒昏顽。嗟我平生心，文阵无左旃。遽拭涓滴眼，窥此瀛海寰。并驱吾岂敢，愧负百且千。尚能督租赋，用博沽酒钱。日日与君醉，高歌易长叹。

再和

煌煌六艺学，兀兀门亦专。耕道宜有秋，而我适旱干。疏鬓日月迈，破裘霜雪单。谁谓四海宽，已觉一饱难。失计堕簿领，署判手为酸。皇家挈天纲，昨下如纶言。冷眼看匠手，雌黄英俊间。华堂玉尘动，绣帘香鸭残。为国得一人，可使天下安。当时呼画师，我愧宁不然。策勋径投笔，守志甘抱关。渥洼万里心，束刍老厩闲。岂无苜蓿盘，可以羞晨餐。岂无芰荷衣，可以备祁寒。天地日莽苍，逢辰谅多艰。世既不吾与，不去良亦顽。摇摇故山心，长风动旌旃。君今门下士，良匠满人寰。与我各相去，何啻一小千。异时白云底，仰君分酒钱。富贵无相忘，勿徒况永叹。

➤➤➤《永乐大典·卷之三千五》

王沂伊滨集

上京诗

离宫金碧郁岧嶤，袛隔滦河一水遥。知是上林来进果，铃声隐隐转山腰。
黄金布地宝陈华，香漾蔷薇洗佛牙。甘露穴中遗舍利，神光五色莹无瑕。
曼衍鱼龙杂梵仪，金仙来降凤城时。都人稽首瞻雕辇，漠漠祥云护彩旗。
白面王孙家五陵，朝回新赐雪毛鹰。金沟芳草沿堤绿，蹀躞花骢骄不胜。
龙绡衣薄怯新凉，银叶烟消换日香。休画修蛾斗双绿，柳风吹淡汉宫黄。
滇池细马四蹄风，白玉雕鞍绣结鬃。争把珊瑚鞭指点，飞尘先入建章宫。
铁旛竿下散灯回，茜褐高僧夜咒雷。明日皇家赐酺燕，秋云漠漠晓光开。
辘轳金井促晨妆，珠帽红靴小作行。争向银床拾梧叶，夜来秋意到长杨。
黄须年少羽林郎，宫锦缠腰角觝装。得隽每蒙天一笑，归来驺从亦辉光。
龙沙白草望参差，苜蓿蒲桃记种时。待诏词臣已华发，梨园休奏玉交枝。
又和魏伯时滦京秋兴薇垣书事二首
秋着龙沙白草织，周庐击柝令霜严。珊瑚铁网枝应老，仙掌金茎露又添。
驰道属车回豹尾，天门虎士尽虬髯。仙郎持橐归来早，马上寻诗吏隐兼。

➤➤➤《永乐大典·卷之七千七百二》

寿亲养老新书

苜蓿：择肥地斫令熟，作垄种之，极益人。还须从一头剪，每剪加粪，锄土拥之。

➤➤➤《永乐大典·卷之一万一千六百十九》

连州物产

五谷：早稻（俗谓百日早）、红稻、白稻、八月稻（迟稻，纯白）、粳禾、糯禾、粳粟、糯粟、黄麻、黑麻、绿豆、赤小豆、乌豆（大小各种）、紫豆、白豆、麦（不种）、青芥、紫芥、白菜、萝卜、莙荙、菠薐、茼蒿、莴苣、苦荬、茄、苋、芸苔、枸杞、香菜、辣蓼、蒜、蕈、荇、春不老、桑麻、柘桑（养大蚕）、黄桑（养小蚕）、蕉（为絺绤，葛同）。右农家各赡其用，不售他境，内纻布稍精密者，岁贡于朝。金钱、地棠、水仙、酴醾、蔷薇、一丈红、绣带、真珠、长春（一名月桂）、海棠（垂丝）、石葱、萱草、瑞香、麝脐、玉廷春（一名醉杨妃）、棠凤尾、鸡冠、碧桃、鸳鸯桃、绯花、百合、千叶石榴（红白各种）、莲（红白双头）、蜀葵、刺桐、木犀、含笑、素馨、茉莉、芙蓉、白菊、黄菊、万点金、佛头菊、腊梅、小梅、雪梅、千叶梅、青梅、杏梅（石梅）、横枝李、牛心李、黄管李、樱桃、枇杷、杨梅、金桃、红桃、青消梨、鹅梨、金椎梨、密梨、菱角、藕、林檎、荔枝（阳山）、龙眼（阳山）、金瓜、楂、毛豆、角豆、扁豆、栗、榛、山蒲萄、橄榄、锥子、乳柑、面柑、香橼、山药、茨菇、甘蔗、蕉子、香橙、柚、橘（颗大味甘，比诸处殊胜）。连山钟乳、石斛、自然铜、蜜陀僧、无名异、生地黄、紫苏子、香附子、天门冬、麦门冬、槐花、槐角、松节、佛指甲、桑寄生、黄精、远志、金银花草、蜀葵（花子叶皆入药）。菱消花、当归、樟柳眼、菊花、牛膝、卷柏、独活、黄连、沙参、决明子、丹参、续断、杜黄蓍、五味子、蛇床子、茵陈蒿、旋覆花、葛根、前胡、元参、狗脊、萆薢、通草、百合、苦参、紫参、仙灵脾、牡丹、芍药、百部、莎草、艾、海藻、莳罗、茅香、青黛、荜拨、史君子、补骨脂、水萍、桔梗、亭历、芫花、藜芦、羊蹄草、常山、苎根、夏枯草、刘寄奴、萆麻子、白附子、骨碎补、葳灵仙、鹤虱、五倍子、仙茅、茯苓、蔓荆、枫脂、五加皮、山茱萸、吴茱萸、秦皮、栀子、食茱萸、桑白皮、天竺黄、皇荚、郁李仁、穿山甲、木鳖子、鳖甲、白胶香、羚羊角、虎骨、狸骨、乌蛇、白僵蚕、白花蛇、蜈蚣、斑猫、苦荬、莱复（一名萝蔔）、松芥、苜蓿、蓼、葱、蒜、韭、薤、苦瓠、水芹、芸苔、夜明砂、金星草、乌豆、赤小豆、蛤粉、干莲房、露蜂房、藕节、蓬莱述、冬瓜、白扁豆、干莲肉。

➤➤➤《永乐大典·卷之一万一千九百七》

张元干归来集

屏迹苕溪少往还，时危尤觉故人欢。相期腊尽屠苏酒，速享春来苜蓿盘。雪夜剧谈金贼入，风江绝叹铁衣寒。何年天上旄头落，并灭穹庐旧契丹。

➤➤➤《永乐大典·卷之一万三千四百五十》

朱晦庵集

蒙恩许遂休致，陈昭远大以诗见贺。已和答之，复赋一首。

阑干苜蓿久空槃，未觉清羸带眼宽。老去光华奸党籍，向来羞辱侍臣冠。极知此道无终否，且喜闲身得暂安。汉祚中天那可料，明年大岁又涒（汤昆反）滩。

➤➤➤《永乐大典·卷之一万三千四百九十五》

小鸣稿

《小鸣稿》，明朱诚泳撰。

朱诚泳（1458～1498年），明太祖朱元璋四世孙，陕西西安长安（今陕西西安）人。

送少司马王表伦赴京（二首）

简书分陕羡贤劳，几见巡边树节旄。
战马不嘶饶苜蓿，耕农无事醉蒲萄。
三春雨露滋三辅，六籍经纶济六韬。
八座登庸还有待，好将忠赤答恩褒。

遥持玉节镇长安，百辟严趋仰豸冠。
私谒不通霜满面，秋毫无犯铁为肝。
一封丹诏来春殿，三品清衔贰夏官。
幸际升平戎事少，委蛇日日侍金銮。

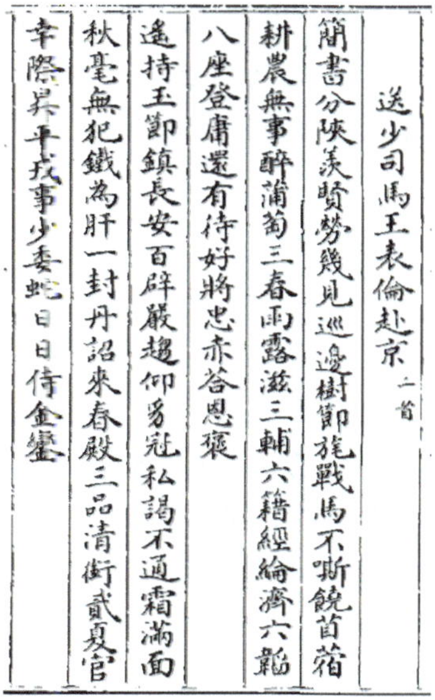
送少司馬王表倫赴京 二首
簡書分陝羡賢勞幾見巡邊樹節旄戰馬不嘶饒苜蓿
耕農無事醉蒲萄三春雨露滋三輔六籍經綸濟六韜
八座登庸還有待好將忠赤荅恩褒
遙持玉節鎮長安百辟嚴趨仰豸冠私謁不通霜滿面
秋毫無犯鐵為肝一封丹詔來春殿三品清銜貳夏官
幸際昇平戎事少委蛇日日侍金鑾

➤➤➤《小鸣稿》

枣林杂俎

《枣林杂俎》，明末清初谈迁撰，分逸典、先正流闻、技余、名胜等类。

谈迁（1594～1657年），明末清初史学家。

南京贡船

司礼监制帛二十扛（船五）。笔料（船二）。内守备鲜梅、枇杷、杨梅各四十扛或三十五扛（各船八，俱用冰）。尚膳监鲜笋四十五扛（船八）。鲥鱼先后各四十四扛（各船七，俱用冰）。内守备鲜橄榄等物五十五扛（船六）。鲜笋十二扛（船四）。木犀花十二扛（船二）。石榴柿四十五扛（船六）。柑橘甘蔗五十扛（船一）。尚膳监天鹅等物二十六扛（船三）。腌菜苔等物百有三坛（船七）。笋如上（船三）。蜜煎樱桃等物七十坛（船四）。二鲥等百三十盒（船七）。紫苏糕等物二百四十八坛（船八）。木犀花煎百有五坛（船四）。鸬鹚、鸨等物十五扛（船二）。司苑局荸荠七十扛(船四)。姜种芋苗等物八十扛(船五)。苗姜百扛(船六)。鲜藕六十五扛(船五)。

十样果百四十扛（船六）。内府供应库香稻五十扛（船六）。苗姜等物百五十五扛（船六）。十样果百十五扛（船五）。御马监苜蓿种四十扛（船二）。共船百六十六只，龙衣、板方、黄鱼等船不预焉。兵部马快船六百只，俱供进贡。

➤➤➤《枣林杂俎》

御史试豆芽菜赋

汉家丘嫂之铄，冰壶先生之虀。至若钱塘之茭苩，商山之紫芝，大宛之苜蓿，二蜀之鸡栖，拣择加精，调脼得宜，香闻爽臆，味适开眉。当举案之顷，会称觞之时。饮此嘉品，喜溢厥颐。顾翳桑之徒饿，笑首阳之空饥。视彼蔓菁何物，萝卜奚为。”客曰：“子若徒知异之为美，而不知近之为奇。”主人瞠焉语塞，拱手戏噫，曰：“然则子所言美者，请备言而述之。”客曰：“有彼物兮，冰肌玉质。子不入于淤泥，根不资于扶植。

➤➤➤《枣林杂俎》

北 游 录

《北游录》是谈迁记述他 1653 ～ 1656 年去北京期间的经历见闻，全书共 9 卷。

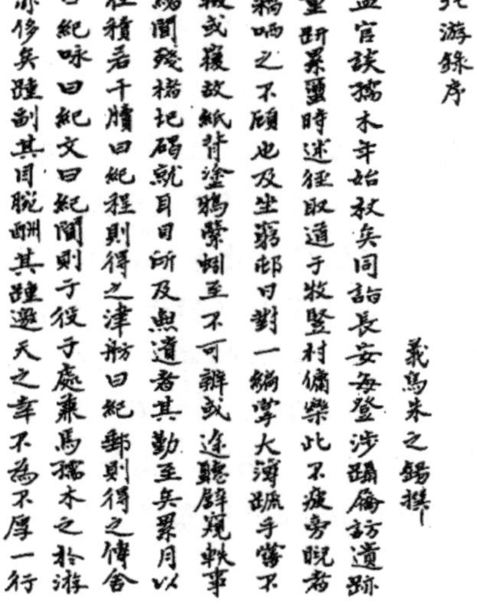
北游録序
義烏朱之錫撰
鹽官談孺木年始杖矣同詣長安每登涉踽踽訪遺跡
重斵累累時迷徑取道于牧豎村傭嵝此不疲旁睨者
竊哂之不顧也及坐窮邸日對一編掌大薄蹏手嘗不
輟或覆故紙背塗鴉蠅至不可辨或途聽僻覽輒事
緒聞殘楮圯碣就目所及與遺者其勤至矣累月以
往積若干牘曰紀程則得之津舫曰紀郵則得之傳舍
曰紀咏曰紀文曰紀聞則于役于處兼焉孺木之於游
亦侈矣雖剗其同脫删其雖遝天之幸不爲不厚一行

纪邮上

乙酉六月，别于钱塘。今除光禄寺良酝署正，闻其至幸甚，相见劳苦。知高相国已葬，二孙能自力胜寝邱负薪者，良足慰也。光禄清约，不敌一苜蓿。起自收籍，畴为堪之。

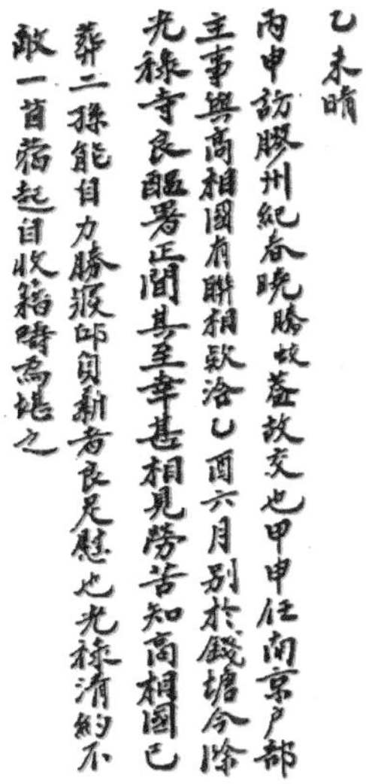
乙未晴
丙申訪膠州紀春晚勝岐蓋故交也甲申任南京户部
主事與高相國有聯相歎洽乙酉六月別於錢塘今除
光祿寺良醖署正聞其至幸甚相見勞苦知高相國已
葬二孫能自力勝寢邱負薪者良足慰也光祿清約不
敢一苜蓿起自收籍畤為堪之

➤➤➤《北游录》

纪邮下

云飘短麈旃檀屑，杯泛绿醅苜蓿香。

➤➤➤《北游录》

古今事物考

苜蓿

苜蓿，张骞使大宛，得其和。

➤➤➤《古今事物考·卷七》

艺苑卮言

《艺苑卮言》，明王世贞撰，共12卷，其中8卷评述诗文，附录4卷，分论词曲、书画等。

王世贞（1526～1590年），字元美，号凤洲，又号弇州山人，太仓（今属江苏）人。明嘉靖二十六年（1547年）进士，官至南京刑部尚书。

七言律

唐愚士："葡萄引蔓青缘屋，苜蓿垂花紫满畦"。

顾观《送人》："重经白下桥边路，颇忆玄都观里花。"又《吴江》："鸿雁一声天接水，蒹葭八月露为霜"。

➤➤➤《艺苑卮言·卷五》

四偃蹇

李杜沦落吴蜀；孟浩然以禁中忤旨，放还终老；薛令之以苜蓿致嫌夺官；萧颖士及第三十年，才为记室；王昌龄诗名满世，栖迟一尉；贾岛温飞卿皆以龙鳞鱼服，颠踬不振；孟郊、公乘亿、温宪、刘言史、潘贲之徒，老困名场，仅得一第，或方镇一辟，憔悴以死，至其诗所谓"鬓毛如雪心如死，犹作长安下第人""十上十年皆下第，一家一半已成尘""一领青衫消不得，着硃骑马是何人"，又有"揶揄路鬼""憔悴波臣""猕猴骑土牛""鲇鱼上竹竿"之喻。噫！其穷甚矣。胡仲申、聂大年、刘钦谟、卞华伯、李献吉、康德涵、王敬夫、薛君采、常明卿、王稚钦、皇甫子安、子循、王道思，皆迩时之偃蹇者。

➤➤➤《艺苑卮言·卷八》

夜航船

《夜航船》，明末清初张岱所著百科类图书。

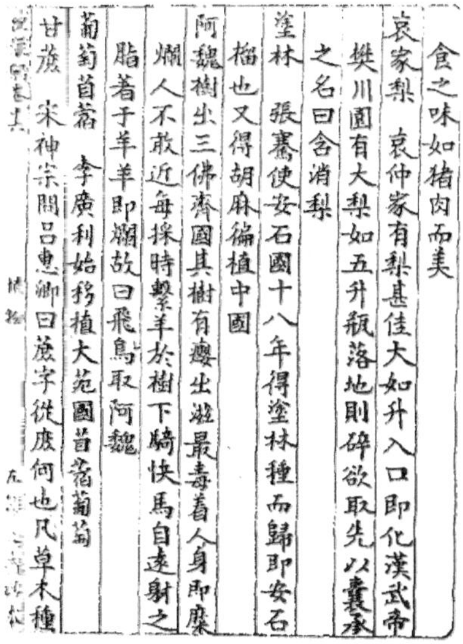
食之味如豬肉而美
哀家梨　哀仲家有梨甚佳大如升入口即化漢武帝樊川園有大梨如五升瓶落地則碎欲取先以囊承之名曰含消梨
塗林　張騫使安石國十八年得塗林種而歸即安石榴也又得胡麻徧植中國
阿魏　樹出三佛齊國其樹有癭出滋最毒着人身即糜爛人不敢近每採時繫羊於樹下騎快馬自遠射之脂着于羊羊即爛故曰飛鳥取阿魏
葡萄苜蓿　李廣利始移植大苑國苜蓿葡萄
甘蔗　宋神宗問呂惠卿曰蔗字從庶何也凡草木種

张岱（1597～1680年），明末清初文学家，字宗子、石公，号陶庵，浙江山阴（今绍兴）人，侨寓杭州。清兵南下，入山著书。

草木

葡萄、苜蓿。李广利始移植大苑国苜蓿、葡萄。

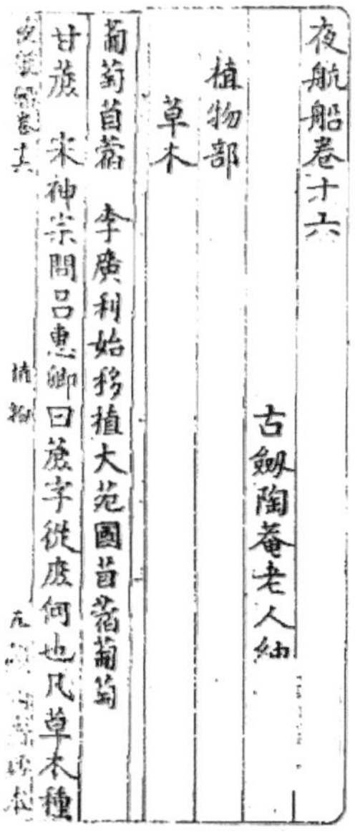
夜航船卷十六
古劍陶菴老人著
植物部
草木
葡萄苜蓿　李廣利始移植大苑國苜蓿葡萄
甘蔗　宋神宗問呂惠卿曰蔗字從庶何也凡草木種

七修类稿

《七修类稿》，明郎瑛撰，51 卷，又续稿 7 卷，因正续都分 7 类，即按“因类立义，刊修经时”之义命名。

郎瑛（1487 ～ 1566 年），明文学家，字仁宝，仁和（今浙江杭州）人。

待友厚薄

弘治初，教职彭民望，湖广人也，有学而老贫。谒故友于京，不遇，回。阁老李西涯以诗寄云：“斫地哀歌兴未阑，归来长铁尚须弹。秋风布褐衣犹短，夜雨江湖梦亦寒。木叶下时惊岁晚，人情阅尽见交难。长安旅食淹留地，惭愧先生苜蓿盘。”彭读之，潸然泪下。西涯载之己集。嘉靖末，客有与成国公厚者，然特与饮食而已。予友俞院判见客衣敝，寄诗云：“长安车马自肥轻，独尔鹑衣冷不胜。闻说孟尝多好客，好将心事托平生。”成国闻诗，特送衣一箧。又陆参政孟昭，尝送客出门，偶见丐者于道侧，公熟视，令阍人引进，语夫人曰：“门外丐者，绝似吾少时友某人。”令人问其姓名，果其人也。公即出，持其手曰：“子何一贫如此乎？”遂令其浴，易其衣，与之共饮食者旬余。其人感谢去，公亲送至一室曰：“吾为子置此矣。”室中器用俱备，又遗米十石，白金十两，语之曰：“聊以此为生，毋浪费也。”吴人至今传为胜事。予以成国武人，尚能义激与衣，西涯身处禁院，岂不能扶持一友哉？彭必不与之厚，亦有激而云也。若参政公之事，古今少其人。尝亲目宦客，见故亲戚朋友贫贱者，不能振拔，反耻笑之，是无仁义之心者哉。噫！

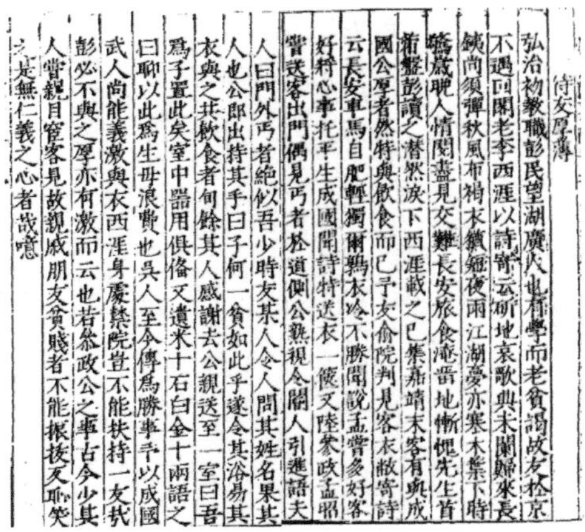
待友厚薄
弘治初教職彭民望湖廣人也有學而老貧謁故友於京不遇回閣老李西涯以詩寄云斫地哀歌興未闌歸來長鋏尚須彈秋風布褐衣猶短夜雨江湖夢亦寒木葉下時驚歲晚人情閱盡見交難長安旅食淹留地慚愧先生苜蓿盤彭讀之潸然淚下西涯載之己集嘉靖末客有與成國公厚者然特與飲食而已予友俞院判見客衣敝寄詩云長安車馬自肥輕獨爾鶉衣冷不勝聞說孟嘗多好客好將心事托平生成國聞詩特送衣一篋又陸參政孟昭嘗送客出門偶見丐者於道側公熟視令閽人引進語夫人曰門外丐者絕似吾少時友某人令人問其姓名果其人也公即出持其手曰子何一貧如此乎遂令其浴易其衣與之共飲食者旬餘其人感謝去公親送至一室曰吾為子置此矣室中器用俱備又遺米十石白金十兩語之曰聊以此為生毋浪費也吳人至今傳為勝事予以成國武人尚能義激與衣西涯身處禁院豈不能扶持一友哉彭必不與之厚亦有激而云也若參政公之事古今少其人嘗親目宦客見故親戚朋友貧賤者不能振拔反恥笑之是無仁義之心者哉噫

➤➤➤《七修类稿·卷四十·事物类》

天中记

《天中记》，明陈耀文撰，万历年间的著名类书。

陈耀文（1524～1605年），字晦伯，号笔山，河南确山县人。

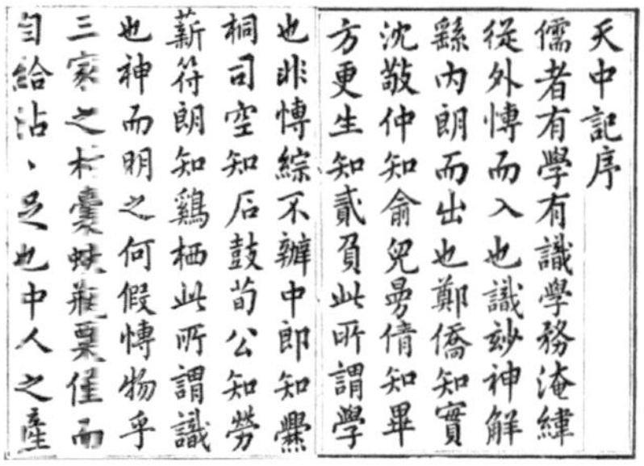

天中記序
儒者有學有識學務淹緯
從外慱而入也識玅神解
繇內朗而出也鄭僑知實
沈敬仲知俞兒曼倩知畢
方更生知貳負此所謂學
也非慱綜不辨中郎知爨
桐司空知后鼓荀公知勞
薪符朗知鷄栖此所謂識
也神而明之何假慱物乎
三家之木[illegible]蚨蜚粟佳而
自給沾沾足也中人之產

乐游

神爵三年春，起乐游苑（《宣纪》）。乐游苑自生玫瑰树，树下多苜蓿。苜蓿，一名怀风，昔人或谓之光风，风在其间常萧萧然，日照其花有光采，故名苜蓿为怀风。茂陵人谓之连枝草(《西京杂记》)。宣帝乐游庙，亦名乐游苑，亦名乐游原。基地最高，四望宽敞（《西京杂记》）。

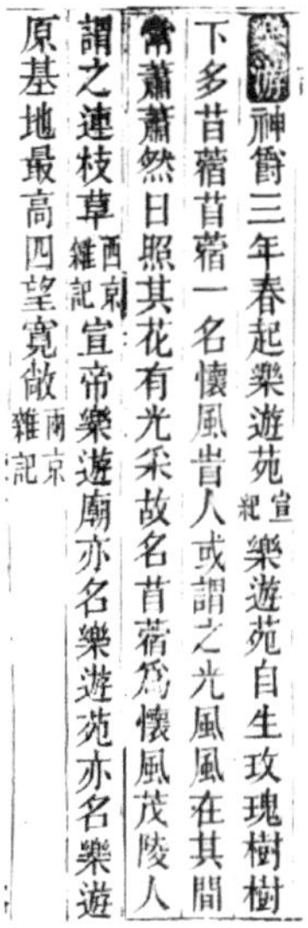

樂游 神爵三年春起樂遊苑宣紀樂遊苑自生玫瑰樹樹
下多苜蓿苜蓿一名懷風昔人或謂之光風風在其間
常蕭蕭然日照其花有光采故名苜蓿爲懷風茂陵人
謂之連枝草西京雜記宣帝樂遊廟亦名樂遊苑亦名樂遊
原基地最高四望寬敞西京雜記

遵闻录

太祖征陈友谅，王师至潇湘，赋诗云："马渡沙头苜蓿香，片云片雨渡潇湘。东风吹醒英雄梦，不是咸阳是洛阳。"天葩睿藻，豪宕英迈有如此。

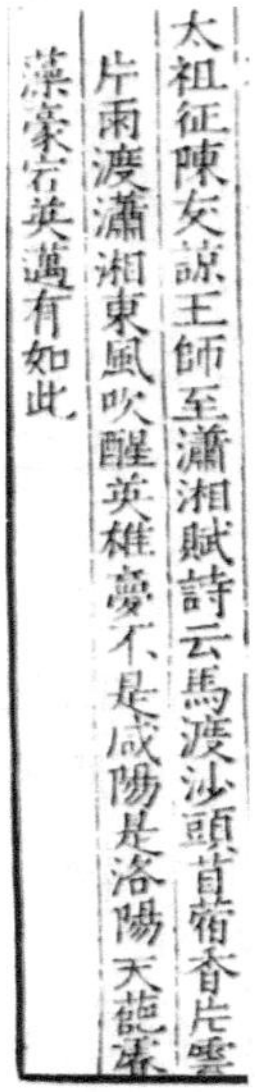
太祖征陳友諒王師至瀟湘賦詩云馬渡沙頭苜蓿香片雲片雨渡瀟湘東風吹醒英雄夢不是咸陽是洛陽天葩睿藻豪宕英邁有如此

➤➤➤《遵闻录》

垂训朴语

陈其德自序

明陈其德撰。其德字太华，桐乡人。据卷中灾荒纪事，称生于万历初年，而作记于崇祯十四、十五年，则明末之人。自序称苜蓿多年，则尝为学官也。是书皆劝善格言，附以遗诗十首。卷首题同里后学编校，而劖去其名，未喻何故。

➤➤➤《垂训朴语·一卷》（出自《四库全书·卷一百二十五》）

万历野获编

《万历野获编》，明沈德符撰，为明人笔记，30卷，补遗4卷。

沈德符（1578～1642年），明文学家，字景倩，又字虎臣，浙江秀水（今属浙江嘉兴）人。万历举人。

南京贡船

南都入贡船，大抵俱属龙江广洋等卫水军撑驾。掌之者为车驾司副郎，专给关防行军，入贡抵潞河，则前运俱归。周而复始，每年必往还南北不绝，岁以为常。闻系文皇帝初迁北平所设，定制有深虑存焉。其贡名目不一，每纲必以宦官一人主之，其中不经者甚多。稍可纪者，在司礼监则曰神帛笔料，守备府则曰橄榄茶橘等物，在司苑局则曰荸荠芋藕等物，在供用库则曰香稻苗姜等物，御用监则铜丝纸帐等物，御马监则唯（唯字据写本补）苜蓿一物，印绶监则诰敕轴，内官监则竹器，尚膳监则天鹅鹧鸪樱菜等物。其最急冰鲜，则尚膳监之，鲜梅枇杷鲜笋鲥鱼等物，然诸味尚可稍迟，唯鲜鲥则以五月十五日进鲜于孝陵，始开船，限定六月末旬到京，以七月初一日荐太庙，然后供御膳。其船昼夜前征，所至求冰易换，急如星火。然实不用冰，唯折干而行，其鱼皆臭秽不可响迩。

➤➤➤《万历野获编·卷十七·兵部》

幼学琼林

《幼学琼林》，明末程登吉撰，是儿童启蒙读物，书名早期为《幼学须知》，又称《成语考》《故事寻源》。

程登吉（生卒年不详），字允升，明末西昌人，为《幼学琼林》的编撰者。

师生

马融设绛帐，前授生徒，后列女乐；孔子居杏坛，贤人七十，弟子三千。称教馆曰设帐，又曰振铎；谦教馆曰糊口，又曰舌耕。师曰西宾，师席曰函丈；学曰家塾，学俸曰束修。桃李在公门，称人弟子之多；苜蓿长阑干，奉师饮食之薄。冰生于水而寒于水，比学生过于先生；青出于蓝而胜于蓝，谓弟子优于师傅。未得及门，曰宫墙外望；称得秘授，曰衣钵真传。人称杨震为关西夫子，世称贺循为当世儒宗。负笈千里，苏章从师之殷；立雪程门，游杨敬师之至。弟子称师之善教，曰如坐春风之中；学业感师之造成，曰仰昌时雨之化。

➤➤➤《幼学琼林·卷二》

格致镜原

《格致镜原》，清康熙年间陈元龙辑，100卷，分30类，类书名。

陈元龙（1652～1736年），字广陵，号乾斋，海宁盐官人。清康熙二十四年（1685年）进士（榜眼），授翰林院编修，入直南书房。雍正七年（1729年），授文渊阁大学士，兼礼部尚书。

苜蓿

《史记》：大宛国马嗜苜蓿，汉使得之种于离宫。《西京杂记》：苜蓿，一名怀风，一名光风，风在其间尝萧萧然，茂陵人谓之连枝草。《庶物异名疏》：苜蓿，胡中菜，张骞得之西戎。予过临济间，见其花紫而长，初枝可作羹和面。花已，则刈送驴前矣。时干燥，诸禾悉槁，惟此独茂，何大复诗："沙寒苜蓿短"以其恶水也。《词林海错》：苜蓿《尔雅注》作荍蓿，《汉志》作目宿。《正字通》：苜蓿二月生苗，一科数十茎，一枝三叶，叶似决明，小如指，顶可茹。秋后结实，黑房米如穄，俗呼木粟。《本草》：苜蓿北人甚重，江南人不甚食，以其无味也。陆深《蜀都杂抄》：古称黎杖，黎即苜蓿，养之历霜雪，经一、二岁，其本修直，生鬼面，可杖，取其轻而坚。

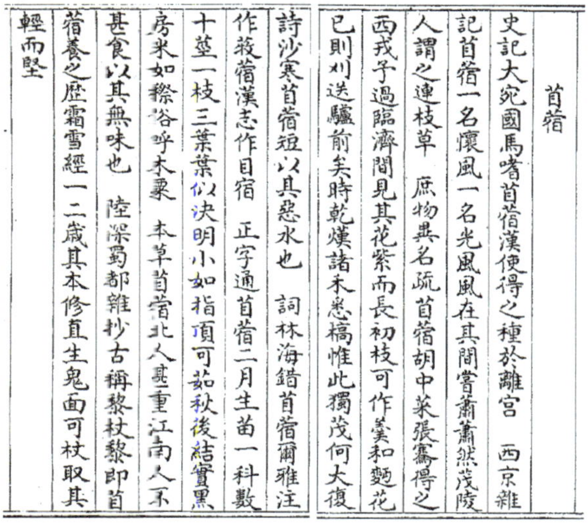

苜蓿

史記大宛國馬嗜苜蓿漢使得之種於離宮　西京雜記苜蓿一名懷風一名光風風在其間常蕭蕭然茂陵人謂之連枝草　庶物異名疏苜蓿胡中菜張騫得之西戎予過臨濟間見其花紫而長初枝可作羹和麪花已則刈送驢前矣時乾熯諸禾悉槁惟此獨茂何大復詩沙寒苜蓿短以其惡水也　詞林海錯苜蓿爾雅注作蓚蓿漢志作目宿　正字通苜蓿二月生苗一科數十莖一枝三葉葉似決明小如指頂可茹秋後結實黑房米如穄俗呼木粟　本草苜蓿北人甚重江南人不甚食以其無味也　陸深蜀都雜抄古稱藜杖藜即苜蓿養之歷霜雪經一二歲其本修直生鬼面可杖取其輕而堅

➤➤➤《格致镜原・卷六十二・蔬类》

古今图书集成

《古今图书集成》，清陈梦雷等原辑，雍正年间蒋廷锡等奉雍正帝命重辑，并改现名。全书 10 000 卷，目录 40 卷，分 6 编、32 典、6109 部。每部按汇考、总论、图表、列传、纪事等阐述中国历代史料和有关人物。有 1934 年中华书局影印缩印本

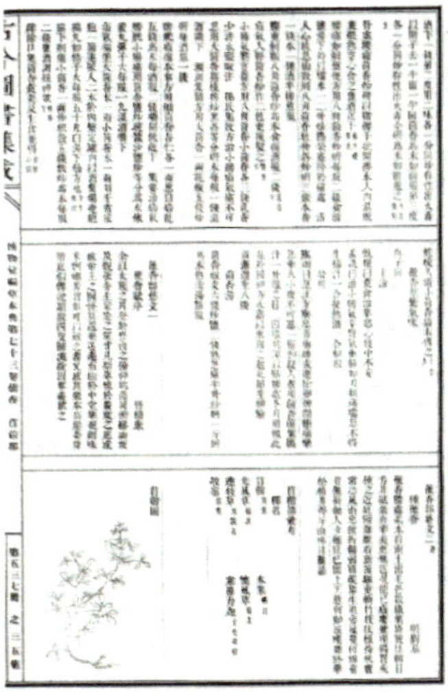

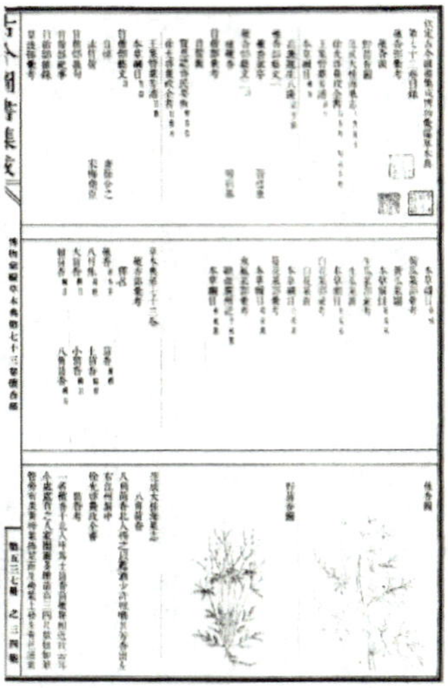

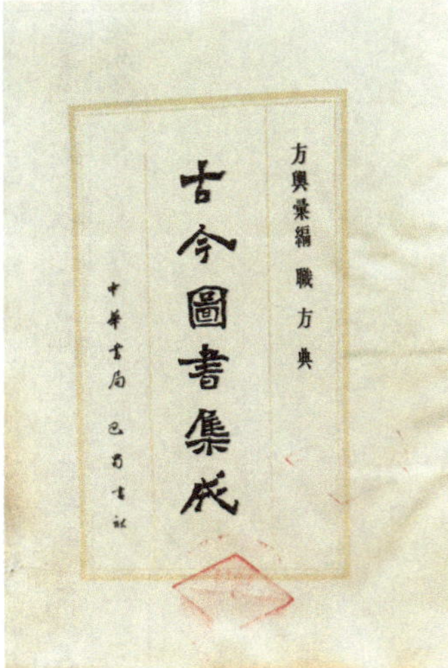

和 1986 年缩印本。

陈梦雷（1650 ～ 1741 年），清朝大臣，字则震，号省斋，号天一道人，晚号松鹤老人，福建闽县人，著名学者、文献学家。

苜蓿部录考

释名　苜蓿（《别录》）、木粟（《纲目》）、光风草（葛洪）、怀风草（葛洪）、连枝草（茂陵名）、塞鼻力迦（《金光明经》）、牧宿（郭璞）。

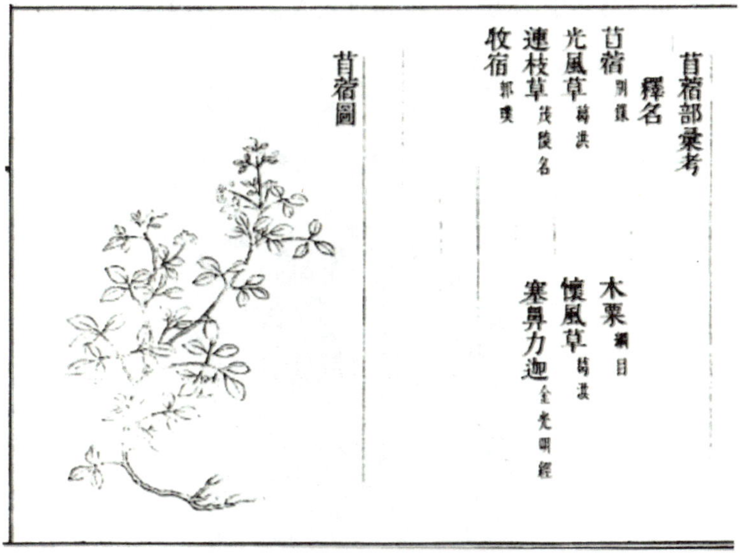
苜蓿部彙考
釋名
苜蓿 別錄　木粟 綱目
光風草 葛洪　懷風草 葛洪
連枝草 茂陵名　塞鼻力迦 金光明經
牧宿 郭璞
苜蓿圖

贾思勰 齐民要术

种苜蓿

《汉书西域传》曰：罽宾有苜蓿。大宛马，武帝时得其马，汉使采苜蓿种归。

《陆机与弟书》曰：张骞使外国十八年，得苜蓿归。

《西京杂记》曰：乐游苑自生玫瑰树，上下多苜蓿。苜蓿，一名怀风，时人或谓光风，风在其间常萧萧然，日照其花有光采，故名苜蓿为怀风。茂陵人谓之连枝草。

地宜良熟，七月种之，畦种水浇，一如韭法。早（注：应为旱）种者重耧耩地，使垄深阔，窍瓠下子，批契曳之。每至正月，烧去枯叶、地液，辄耕垄，以铁齿镉榛镉榛之，更以鲁斫斸其科土，则滋茂矣；不尔则瘦。

一年则三刈；留子者，一刈则止。春初既中生噉，为羹甚香；长宜饲马，马尤嗜此物。长生，种者一劳永逸。都邑负郭，所宜种之。

崔寔曰：七月八月可种苜蓿。

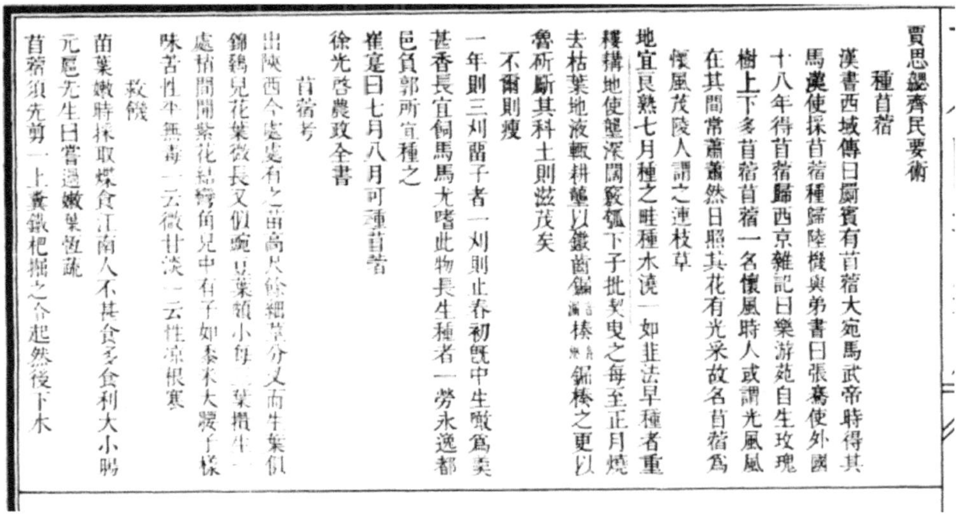
賈思勰齊民要術
種苜蓿
漢書西域傳曰罽賓有苜蓿大宛馬武帝時得其馬漢使採苜蓿種歸陸機與弟書曰張騫使外國十八年得苜蓿歸西京雜記曰樂游苑自生玫瑰樹上下多苜蓿苜蓿一名懷風時人或謂光風風在其間常蕭蕭然日照其花有光采故名苜蓿爲懷風茂陵人謂之連枝草
地宜良熟七月種之畦種水澆一如韭法早種者重耬耩地使壟深闊竅瓠下子批契曳之每至正月燒去枯葉地液輒耕壟以鐵齒鍋棒鍋棒之更以魯斫斸其科土則滋茂矣
不爾則瘦
一年則三刈留子者一刈則止春初既中生噉爲羹甚香長宜飼馬馬尤嗜此物長生種者一勞永逸都邑負郭所宜種之
崔寔曰七月八月可種苜蓿
徐光啓農政全書
苜蓿考
出陝西今處處有之苗高尺餘細莖分叉而生葉似錦鷄兒花葉微長又似豌豆葉頗小每三葉攢生一處梢間開紫花結彎角兒中有子如黍米大腰子樣味苦性平無毒一云微甘淡一云性凉根寒
救饑
苗葉嫩時採取煠食江南人不甚食多食利大小腸
元扈先生曰嘗過嫩葉恒蔬
苜蓿須先剪一上彝鐵杷掘之令起然後下水

徐光启 农政全书

苜蓿考

苜蓿出陕西，今处处有之。苗高尺余，细茎分叉而生，叶似锦鸡儿，花叶微长，又似豌豆，叶颇小，每三叶攒生一处，梢间开紫花，结弯角儿，中有子，如黍米大，腰子样。味苦性平，无毒。一云微甘、淡，一云性凉，根寒。

救饥。苗叶嫩时，采取煠食，江南人不甚食，多食利大小肠。

玄扈先生曰："尝过嫩叶恒蔬"。

苜蓿须先剪一，上粪，铁杷掘之令起，然后下水。苜蓿七八年后，根满，地亦不旺，宜别种之。根亦中为薪。

王象晋 群芳谱

苜蓿，夏月取子和荞麦种，刈荞时，苜蓿生根，明年自生，止可一刈，三年后便盛，每岁三刈，欲留种者，止一刈，六七年后垦去根，别用子种。若效两浙种竹法，每一亩今年半去其根，至第三年去另一半，如此更换，可得长生，不烦更种。

本草纲目

苜蓿释名。李时珍曰：苜蓿，郭璞作牧宿，谓其宿根自生，可饲牧牛马也。又罗愿《尔雅翼》作木粟，言其米可炊饭也。

葛洪《西京杂记》云：乐游苑多苜蓿，风在其间常萧萧然，日照其花有光采，故名怀风，又名光风，茂陵人谓之连枝草，《金光明经》谓之塞鼻力迦。

集解。陶弘景曰：长安中乃有苜蓿园，北人甚重之，江南不甚食之，以无味故也。外国复有苜蓿草，以疗目，非此类也。

孟诜曰：彼处人采其根，作土黄耆也。

寇宗奭曰：陕西甚多，用饲牛马，嫩时人兼食之，有宿根，刈讫复生。

李时珍曰:《杂记》言，苜蓿原出大宛，汉使张骞带归中国，然今处处田野有之。陕陇人亦有种者，年年自生，刈苗作蔬，一年可三刈，二月生苗，一科数十茎，茎颇似灰藋，一枝三叶，叶似决明叶，而小如指顶，绿色碧艳。入夏及秋，开细黄花，结小荚，圆扁，旋转有刺，数荚累累，老则黑色。内有米如穄，米可为饭，亦可酿酒。罗愿以此为鹤顶草，误矣。鹤顶，乃红心灰藋也。

气味。苦、平、涩，无毒。

寇宗奭曰：微甘、淡。

孟诜曰：凉少食，好多食令冷，气入中筋即瘦人。

李廷飞曰：同蜜食令人下利。

主治。《别录》曰：安中利人，可久食。

孟诜曰：利五脏，轻身健人，洗去脾胃间邪热气，通小肠诸恶热毒，煮和酱食，亦可作羹。

寇宗奭曰：利大小肠。

苏颂曰：干食益人。

根。气味，寒，无毒。

主治。苏恭曰：热病烦满，目黄赤，小便黄，酒疸，捣服一升，令人吐利即愈。

李时珍曰：捣汁煎饮，治沙石淋痛。

苜蓿部艺文诗

自悼［唐］薛令之

朝日上团团，照见先生盘。盘中何所有，苜蓿长阑干。

饭涩匙难绾，羹稀箸易宽。无以谋朝夕，何由保岁寒。

咏苜蓿［宋］梅尧臣

苜蓿来西域，蒲萄亦既随。胡人初未惜，汉使始能持。

宛马当求日，离宫旧种时。黄花今自发，撩乱牧牛陂。

苜蓿部选句

［唐］李白诗：天马常衔苜蓿花。

杜甫诗：秋山苜蓿多；又：宛马总肥春苜蓿，将军只数汉嫖姚。

王维诗：苜蓿随天马。

温庭筠诗：刘公春尽芜菁色，华廙愁深苜蓿花。

［宋］司马光诗：苜蓿花犹短。

王安石诗：苜蓿阑干放晚花。

唐庚诗：绛纱谅无有，苜蓿聊可嚼。

陆游诗：秋风枯苜蓿；又：苜蓿堆盘莫笑贫。

［元］郭钰诗：沙苑晴烟苜蓿肥。

苜蓿部纪事

《史记·大宛传》：宛左右以蒲陶为酒，富人藏酒至万余石，久者数十岁不败。俗嗜酒，马嗜苜蓿。汉使取其实来，于是天子始种苜蓿、蒲陶肥饶地，及天马多，外国使来众，则离宫别观旁尽种蒲陶、苜蓿极望。

《汉书·西域传》：罽宾地平、温和，有苜蓿、杂草。

《述异记》：张骞苜蓿园，在洛阳中，苜蓿本胡中菜，骞始于西域得之。

《晋书·华表传》：表子廙，削爵土，栖迟家巷垂十载。与陈勰共造猪阑于宅侧，帝尝出视之，问其故，左右以实对，帝心怜之。帝后又登陵云台，望见廙苜蓿园，阡陌甚整，依然感旧。太康初大赦，乃得袭封。

《妆楼记》：姑园戏作剪刀，以苜蓿根粉养之，裁衣则尽成。墨界不用人手而自行。

《唐书·百官志》：驾部掌舆辇、车乘、传驿、厩牧马牛杂畜之籍。凡驿马，给地四顷，莳以苜蓿。

《东坡诗注》：闽川长溪县薛令之登第，开元中为东宫侍读官，作苜蓿诗以自叹。玄宗至东宫见其诗，举笔续之"啄木嘴距长，凤凰毛羽短。若嫌松桂寒，任逐桑榆煖。"遂谢病归。

《西使记》：纳商城，草皆苜蓿，藩篱以柏。

《元史·食货志》：至元七年，颁布农桑之制，令各社布种苜蓿，以防饥年。

苜蓿部杂录

《西京杂记》：乐游苑自生玫瑰树，树下多苜蓿。苜蓿一名怀风，时人或谓之光风，风在其间常萧萧然，日照其花有光采，故名苜蓿为怀风。茂陵人谓之连枝草。

《洛阳伽蓝记》：宣武场在大夏门东北，今为光风园，苜蓿生焉。

《山家清供》：开元中，东宫官僚清淡，薛令之为左庶子，以诗自悼曰："朝日上团团，照见先生盘。盘中何所有，苜蓿长阑干。饭涩匙难绾，羹稀箸易宽。以此谋朝夕，何由保岁寒。"上幸东宫，因题其旁有"若嫌松桂寒，任逐桑榆煖"之句。令之惶恐归。每诵此诗，偶同宋雪岩（伯仁）访郑埜野（钥），见取种者，因得其种并法。其叶绿紫色而茎灰，长或丈余。采用汤焯、油炒，姜、盐随意，作羹茹之，皆为风味。本不恶，令之何为厌苦如此？东宫官僚当极一时之选，而唐时诸贤见于篇什皆为左选。令之寄思恐不在此盘，宾僚之选，至起食无鱼之叹。上之人乃讽以去，吁！薄矣。

➤➤➤《古今图书集成·博物汇编·草本典·第三十七卷》

种苜蓿

《汉书·西域传》曰：罽宾有苜蓿。大宛马，武帝时得其马。汉使采苜蓿种归。陆机《与弟书》曰：张骞使外国十八年，得苜蓿归。《西京杂记》曰：乐游苑自生玫瑰树，下多苜蓿。苜蓿，一名怀风，时人或谓光风；风在其间，肃然自照其花，有光采，故名苜蓿怀风。茂陵人谓之连枝草。

地宜良熟。七月种之。畦种水浇，一如韭法。旱种者，重楼耩地，使垄深阔，窍瓠下子，批契曳之，每至正月烧去枯叶、地液，辄耕垄……。

一年则三刈。留子者，一刈则止。春初既中生噉，为羹甚香。长宜饲马，尤嗜此物。长生，种者一劳永逸。都邑负郭，所宜种之。

崔寔曰："七月、八月，可种苜蓿"。

種苜蓿
漢書西域傳曰罽賓有苜蓿大宛馬武帝時得其
馬漢使採苜蓿種歸陸機與弟書曰張騫使外國
十八年得苜蓿歸西京雜記曰樂游苑自生玫瑰
樹下多苜蓿苜蓿一名懷風時人或謂光風在風
其間肅然自照其花有光采故名苜蓿懷風茂
陵人謂之連枝草
地宜良熟七月種之畦種水澆一如韭法早種者重
樓構地使甚深闊竅瓠下子批契曳之每至正月燒
去枯葉地液輒耕壟以鐵齒鍋楱鍋楱之更以魯斫
斸其科土則滋茂矣
不爾則瘦
一年則三刈留子者一刈則止春初既中生噉爲羹
甚香長宜飼馬尤嗜此物長生種者一勞永逸都邑
負郭所宜種之
崔寔曰七月八月可種苜蓿

➢➢➢《古今图书集成·食货典·第三十卷·种苜蓿》

【简注】 沙苑，一名沙阜，在县（冯翊县）南二十里。东西八十里，南北三十里。后魏文帝大统三年(537 年)，周太祖为相国，与高欢战于沙苑，大破之。其时太祖兵少，隐伏与沙草之中，以奇胜之。后于兵立之处，人栽一树，以表其功，今树往往犹存。仍于战处立忠武寺。今以其处宜六畜，置沙苑监。

➢➢➢《元和郡县图志·卷第二·关内二道·冯翊县》

御定分类字锦

《御定分类字锦》，清康熙年间，皇帝钦定编撰，共 64 卷。

苑囿第十五

苜蓿园。《述异记》：张骞苜蓿园，今在洛中，苜蓿本胡中菜也，张骞始于西戎得之。

➢➢➢《御定分类字锦·卷二十四·宫室》

兵部第八

蒔苜蓿。《唐书·百官志》：驾部郎中、员外郎各一人，掌舆辇、车乘、传驿、厩牧、马牛杂畜之籍。凡驿马，给地四顷。

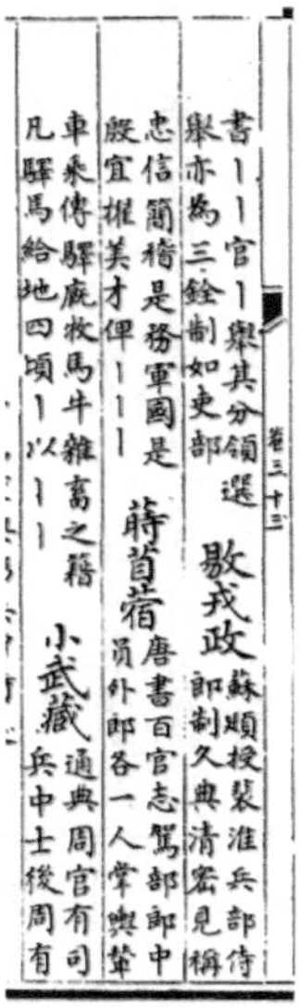
卷三十三
書丨丨官丨舉其分領選　敷戎政 蘇頲授裴漼兵部侍
聚亦爲三銓制如吏部　郎制久典清密見稱
忠信簡楷是務軍國是　蒔苜蓿 唐書百官志駕部郎中
賴宜擢美才俾丨丨丨　員外郎各一人掌輿輦
車乘傳驛廄牧馬牛雜畜之籍　小武藏 通典周官有司
凡驛馬給地四頃丨以丨丨　兵中士後周有

➤➤➤《御定分类字锦·卷三十三·职官》

奉使第十三

马衔苜蓿。

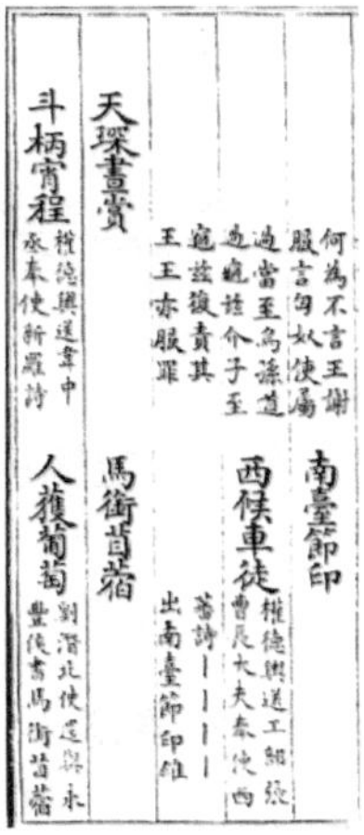
何為不言王謝服言匈奴使屬　南臺節印 權德輿送王知緩曹長大夫奉使西
過當至烏孫道過龜茲介子至　西候車徒 蕃詩丨丨丨丨
龜茲復責其王王亦服罪　出南臺節印雄
天璪畫賞　馬銜苜蓿
斗柄宵程 權德輿送韋中丞奉使新羅詩　人獲蒲萄 劉滄北使送李豐使書馬銜苜蓿

➤➤➤《御定分类字锦·卷三十七·政教》

菜第十一

怀风。《西京杂记》：苜蓿，一名怀风，时人或谓之光风，风在其间常萧萧然，日照其花有光采，故名苜蓿为怀风。茂陵人谓之连枝草。

光风。见上注。

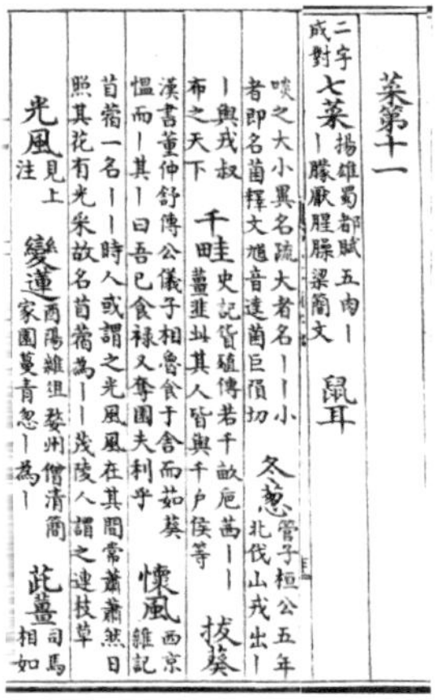
菜第十一
二字成對 七菜 揚雄蜀都賦五肉丨丨朦厭腥臊梁簡文 鼠耳
啖之大小異名疏大者名丨丨小者即名菌釋文䕴音遶菌巨殞切 冬葱 管子桓公五年北伐山戎出丨
丨布之天下丨與戎菽 千畦 史記貨殖傳若千畝卮茜丨丨薑韭此其人皆與千戶侯等 拔葵
漢書董仲舒傳公儀子相魯食于舍而茹葵慍而丨其丨曰吾已食祿又奪園夫利乎 懷風 西京雜記
苜蓿一名丨丨時人或謂之光風風在其間常蕭蕭然日照其花有光采故名苜蓿為丨丨茂陵人謂之連枝草
光風 見上注 變蓮 酉陽雜俎婺州僧清簡家園蔓青忽丨為丨 茈薑 司馬相如

➤➤➤《御定分类字锦·卷四十八·黍粟》

葡萄第二十一

种来西域。宋祁右史院《蒲桃赋》：昔炎汉之遣使道西域，而始通得蒲桃之异种，皆苜蓿以来东。

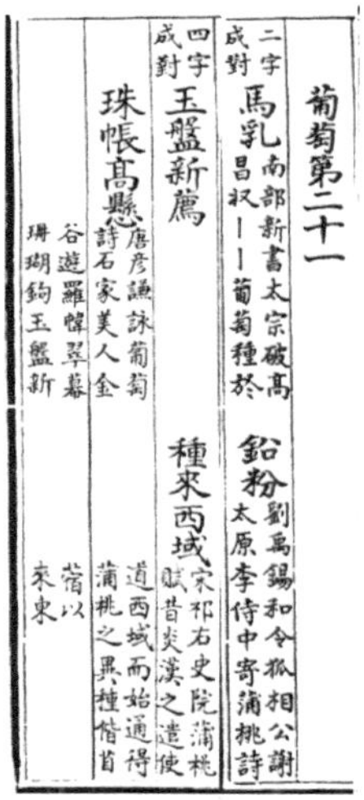
葡萄第二十一
二字成對 馬乳 南部新書太宗破高昌収丨丨葡萄種於 鉛粉 劉禹錫和令狐相公謝太原李侍中寄蒲桃詩
四字成對 玉盤新薦 種來西域 宋祁右史院蒲桃賦昔炎漢之遣使道西域而始通得蒲桃之異種皆苜
珠帳高懸 唐彥謙詠葡萄詩石家美人金谷遊羅幃翠幕珊瑚鉤玉盤新 蓿以來東

➤➤➤《御定分类字锦·卷五十二·果木》

山家清供

《山家清供》，南宋林洪撰，博采广收，收录山野物产，涉猎广泛。

林洪（生卒年不详），南宋文人、美食家，福建泉州人。

苜蓿盘

开元中，东宫官僚清淡，薛令之为左庶子，以诗自悼曰："朝日上团团，照见先生盘。盘中何所有？苜蓿长栏干。饭涩匙难滑，羹稀箸易宽。以此谋朝夕，何由保岁寒"。

上幸东宫，因题其旁曰"若嫌松桂寒，任逐桑榆暖"之句。令之皇恐归。

每诵此，未知为何物。偶同宋雪岩（伯仁）访郑埜野（钥），见所种者，因得其种并法。其叶绿紫色而灰，长或丈余。采用汤焯、油炒，姜、盐随意，作羹茹之，皆为风味。

本不恶，令之何为厌苦如此？东宫官僚当极一时之选，而唐世诸贤见于篇什皆为左迁。令之寄思恐不在此盘。宾僚之选，至起"食无鱼"之叹。上之人乃讽以去，吁！薄矣。

《山家清供·卷之上》

【简注】 ①东宫：古时皇太子所居之地，引申代称皇太子。官僚：官吏、官事。官僚清淡，指待遇冷淡清苦。

②左庶子：教皇太子读书或皇太子侍从的官职名。

③自悼：自我伤感。诗的大意是：早上太阳团团升起，照着教书先生的菜盘。菜盘中有些什么呢？满盘苜蓿纵横杂乱。饭清涩得连匙子都不滑畅了，菜汤稀得使筷子也挟不起东西。用这个饭菜过日子，哪能维持困苦的晚年。

④团团：圆形，行起状。南梁简文帝《咏朝日诗》有"团团出天外"句，就是本诗用意。苜蓿：豆科植物，旧时教馆生活清苦，常以苜蓿佐食，因此旧常用此作为教馆清苦的象征。如唐庚《除凤州教授非所欲也作此自宽》诗中的"绛纱谅无有，苜蓿聊可嚼"。栏干：纵横错乱的样子。岁寒：指困苦的晚年。

⑤上幸东宫：皇帝来到东宫。上，指皇上。幸，皇帝到某处，叫"幸"某处。

⑥若嫌松桂寒，任逐桑榆暖：假如认为东宫生活清苦，那就随你回家享受晚年之福去吧。松桂：自诩东宫清高华贵。桑榆：晚暮之年。

⑦皇恐归：惊慌害怕起来，辞官回乡了。

⑧茹：吃。

⑨当极一时之选：极选，上选，拔尖的。指东宫任职的官吏，在当时都是拔尖的优秀人才。

⑩唐世诸贤：唐代许多有道德、有学问的人。左迁：贬官降职。

⑪宾僚之选：对门下官员的选用。

⑫食无鱼：典出于《战国策》（上）中齐国冯谖的故事。当时冯谖到孟尝君门下没被重用，受到粗饭淡食待遇，冯倚柱敲剑唱道："长铗归来兮，食无鱼（长剑啊，我们回去吧，这里连鱼都不给吃）！"孟尝君听到后，改变了待遇，礼贤下士，后来冯谖的才能在治国中发挥了很好的作用。旧时常用"食无鱼"来表达怀才不遇，受冷落不被重用的愤慨。

程瑶田全集

《程瑶田全集》，4册，黄山书社出版，共110万字，内容包括训诂、象数、名物、制度、天文、地理、历算、声律、金石、书法、篆刻等。

程瑶田（1725～1814年），清代著名学者、徽派朴学代表人物之一。

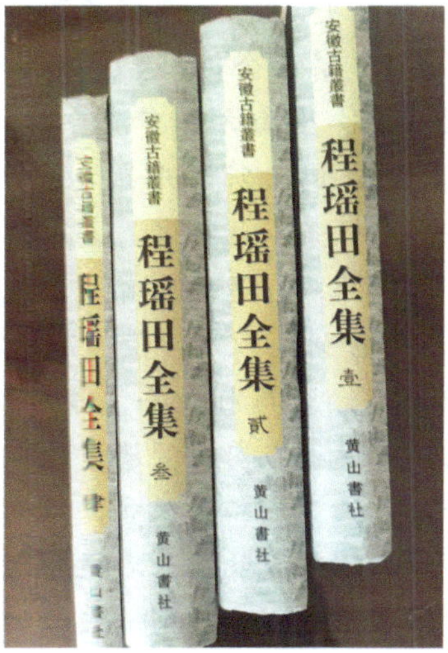

莳苜蓿纪讹兼图草木樨

曩年于六月见香草白花呼九里香者，考之为《月令》仲冬始生之芸。经四季而察之，乃得明白。始生于十一月，正月可采食，二月生花，皆与《月令》《太傅》礼合。唯其花初开者皆黄色，至六月开者，乃皆白色，而八月以后开者，或杂黄花于白花中。宋明以来著录者多，但曰白花，此非目验不能知也。案:《说文》“芸似目宿”,《尔雅》“权,黄华”,郭璞注“今谓牛芸草为黄华。华黄,叶似苜蓿”,《梦溪笔谈》言“类豌豆”，而《群芳谱》亦言“苜蓿叶似豌豆”。因诸说，乃逐兼考苜蓿焉。

《本草纲目》李时珍曰:“《杂记》言‘苜蓿原出大宛，汉使张骞带归中国’（时珍所引止此,下乃其所自言)。然后处处有之,陕陇人亦有种者。年年自生。刈苗作蔬，一年可三刈。三月生苗，一科数十茎，茎颇似灰。一枝三叶，叶似决明，而小如指顶，绿色碧艳。入夏及秋，开细黄花。结小荚，圆扁旋转，有刺累累，老则黑色。内有米如穄子，可为饭，亦可酿酒”。

《群芳谱》亦云:“张骞带归。苗高丈余，细茎分叉而生。叶似豌豆，每三叶攒生一处。梢间开紫花,结弯角,有子黍米大,状如腰子。三晋为盛,秦、齐、鲁次之,燕、赵又次之，江南人不识也。夏月取子和荞麦种。刈荞时，苜蓿生根，明年自生，止可一刈。三年后便盛，每岁三刈。欲留种者，止一刈。六七年后，垦去根，别用子种。若效两浙种竹法，每一亩，今年半去其根，至第三年去另一半，如此更换，可得长生，不烦更种。若垦后次年种谷，谷必倍收，为数年积叶坏烂，垦地复深，故三晋人刈草三年，即垦作田，亟欲肥地种谷也”。

案：上二说略同，唯一开黄花，一开紫花，则大异。适儿子蓝玉客都中，令其求苜蓿子寄来。大如黍，圆扁而稍尖，皂色，不坚不滑。甲寅花朝节种之，匝月始生。六月作黄花，环绕一茎，茎寸许，着十余花，茎直上而花下垂。即吾南方之草木樨，女人束之压髻下，以解汗湿者也。生南方者有清香。此较大，无气味。开花匝月。七月渐结子，黑色，亦离离下垂。时珍所谓开黄花者，检所绘图，即此物。时珍黄州人，当亦求子于北方，而得木樨子以试种者。盖木樨、苜蓿，北人声音相似，李氏讹言是听，而二物又皆一枝三叶，有适然同者，于是图其状而笔之书，而不知其大误也。且若果黄花，不应《群芳谱》独以为紫，乃复寄书令蓝玉询之山西人。

丙辰秋，乃以真苜蓿子寄来，则与前大异，形如腰子，似豆，又似沙苑蒺藜，而极小，仅如粟大。有薄衣，黄色。衣内肉，淡牙色。中坚而外光。衣肉相著，如麦之著皮，非若他谷有壳含米也。丁巳二月布种，谷雨后始生，采其嫩者，瀹而炮食之，有野菜味。其梗细甚，然已觉微硬。长者梗硬如铁线，屈曲横卧于地。间有一二挺出者，则其短者也，体柔而质刚。叶则一枝三出，叶末有微齿。初生时，掘其根视之，一条独行。是年未开花。折取草木樨一茎，又取此一茎，两相较，几不能辨。唯分别观之，则木樨如树成枝干，此则长茎百十为丛。互相缭结，竟区一片，如乱发然。因其久不作花，乃于初秋仿《群芳谱》和荞麦复种之。明年戊午春，宿根生苗。四月廿一日，芒种前二日，见其作花，如鸭儿花而较小，连跌约长三分许，淡紫色,四出。一出大者,专向一方,三小出相对向一方。小出之本,以大出之本包之,跌作小苞含之，苞之末亦分四出。花中有心，作硬须靠大出，末有黄蕊。其作花也，于大茎每节叶尽处，生细茎如丝，攒生花四五枝，一簇顺垂，不四向错出。其花自下节生起，次第而上，下节花落，上节渐始生花。此则与《群芳谱》大合。而李氏秋开黄花之说,信为误认草木樨而为之辞。至其所谓“一科数十茎”“结荚员扁”“一年三刈”者，则又拾取古人之说苜蓿者而言之。是非杂糅，均为考之未审也。其茎分叉，诚如《群芳谱》所云。细察之，自根而上，一茎分两叉，渐上，一股又分为两，如此又上至五六成皆然。长者二三尺。五月廿四日小满,厥后花渐结荚。荚形曲而员，末与本相凑，如小荷包。数荚攒聚，如其作花时。余六月初旬，有杭州之行。七月归，则处暑节矣。荚已黄落，留一二荚，寻得之。剥开，含二子，如所求北方之种焉。因说而图之，以正李氏《纲目》之讹而还其真。草木樨，亦附图于后。

苜蓿，春夏两发。初发，雨水后生苗，清明后渐长，立夏之末、小满前放勃。后十余日花大放，芒种始结角，夏至后荚渐老，茎叶渐枯黄。生花由近本处始，枯黄则由末渐及于本，故茎叶已枯，而近本之茎犹有绿叶，或犹开花。立秋后，则枯烂尽矣。再发，生苗于芒种、夏至，作花于小暑后。处暑、白露间，亦有结角者。其枯黄次第，与初发同。立冬犹有绿叶未尽萎者。初年结单角，但如小荷包。明年则一荚旋绕，有叠至二三四五环者。兹复图以明之。

苜蓿　　草木樨　　苜蓿荚果

蒲松龄集

《蒲松龄集》，分上下两集，共120多万字，内容分为诗、词、赋、散文等。该书是研究蒲松龄及其著作的重要资料。

蒲松龄（1640～1715年），清文学家，字留仙，一字剑臣，别号柳泉居士，淄川（今属山东淄博）人。

苜蓿

野外有硗田，可种以饲畜。初生嫩苗，亦可食。四月结种后，芟以喂马，冬积干者亦可喂牛、驴。宜于七八月种。一年三刈，留种者一刈。

➤➤➤《蒲松龄集·农经·二月》

魏源全集

《魏源全集》，20册，岳麓书社出版，收录了清末著名思想家魏源的著述。

魏源（1794～1857年），原名远达，字默深，湖南邵阳人。清末思想家、史学家、文学家。

二植物

瓜菜蔬斋，薇蕨菲葑。堇荼荠藿，葵薁莱菘。蒟蓣薑芥，韭蒜薤葱。苋莼蕈蒿，菰瓞瓠匏。苜蓿莴苣，莼茗菹芼。

➤➤➤《魏源全集·蒙雅·物篇》

御定韵府拾遗

《御定韵府拾遗》，清康熙年间按皇帝命令编撰，共120卷。

芥

葵芥，《齐民要术》：正月可作种，瓜、瓠、葵芥、薤、大小葱、蒜、苜蓿。种芥，《齐民要术》：六月大暑、中伏后，可收芥子，七月、八月可种芥。

➤➤➤《御定韵府拾遗·卷六十九》

苜蓿深

刘敞诗：御酒葡萄远，离宫苜蓿深。

➤➤➤《御定韵府拾遗·卷二十七》

马衔

戴嵩诗：马衔苜蓿叶，剑莹鸊鹈膏。

➤➤➤《御定韵府拾遗·卷三十》

苜蓿地

马臻诗：春回苜蓿地，笛怨鹧鸪天。

➤➤➤《御定韵府拾遗·卷六十三》

初学晬盘

《初学晬盘》，清邬仁卿撰，上下两卷。

十四寒

青琐闼，玉阑干。芙蓉镜，苜蓿盘。乌带云归树，潮随月上滩。空庭草色和烟暖，午夜书声带月寒。月挂山头，何处飞来玉镜；星沉水面，谁家抛落金丸。

➤➤➤《初学晬盘·上卷》

四豪

鲛绡帐，兽锦袍。羌苜蓿，宛葡萄。风穿灯影乱，寒逼雁声高。画龙笔底生鳞甲，刺凤针尖长羽毛。螺结青浓，楼外远山含晓色；鸭头绿腻，溪中流水涨春涛。

➤➤➤《初学晬盘·下卷》

枢垣记略

《枢垣记略》，清梁章钜撰，16卷，分训谕、除授、恩叙、规制、题名、诗文、杂记7门。

梁章钜（1775～1849年），字闳中，祖籍福建长乐（今福建省福州市长乐区）。

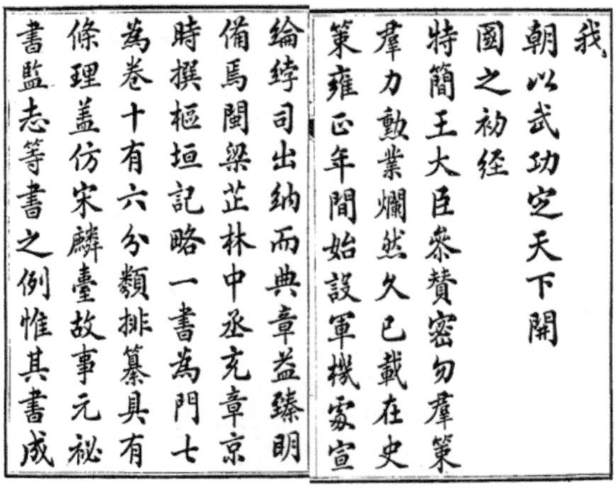

我

朝以武功定天下開

國之初經

特簡王大臣參贊密勿羣策羣力勳業爛然久已載在史策雍正年間始設軍機處宣綸綍司出納而典章益臻明備馬閣梁芷林中丞充章京時撰樞垣記略一書為門七為卷十有六分類排纂具有條理蓋仿宋麟臺故事元祕書監志等書之例惟其書成

求骏图

八月二十九日奉，敕恭题，御笔《求骏图》，敬成七言古诗一章。

燕山秋高苜蓿长，骅骝伏枥思超骧。九重蒿目念吴楚，风尘千里弧矢张。睹兹神骏怀远略，安得名将扫八荒。绘图意在安天下，凛如朽索驭六马。见蝗有诏恤群黎，忧旱命官巡四野。宵旰勤劳圣主心，霜蹄入厩岂从禽。早嗤赤水湟中产，何事瑶池域外寻。挥毫尺幅英姿壮，屹立阊阖依天仗。功成应向华山归，群空先自金台访。由来致治重求贤，驺虞官备风诗传。果有王良能执辔，何劳祖逖著先鞭。朝廷经纬兼文武，元戎十乘骖如舞。莲叶千旗画鸟蛇，桃花万骑驱貔虎。何时薄伐归南仲，早奏肤公燕吉甫。年年西塞贡蒲萄，天闲十二扬玉镳。凯旋还欲康侯锡，恩赉荣酬汗马劳。

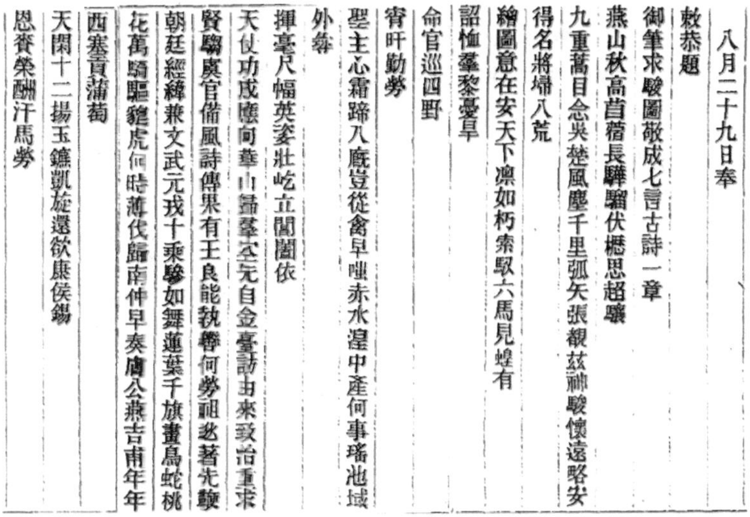
八月二十九日奉
敕恭題
御筆求駿圖敬成七言古詩一章
燕山秋高苜蓿長驊騮伏櫪思超曠
九重萬目念吳楚風塵千里弧矢張覩兹神駿懷遠略安
得名將埽八荒
繪圖意在安天下凜如朽索馭六馬見蝗有
詔恤羣黎憂旱
命官巡四野
宵旰勤勞
聖主心霜蹄八廐豈從禽早嘆赤水渥中產何事瑤池域
外尋
揮毫尺幅英姿壯屹立閶闔依
天仗功成應向華山歸羣空冀自金臺訪由來致治重求
賢騶虞官備風詩傳果有王良能執轡何勞祖逖著先鞭
朝廷經緯兼文武元戎十乘驂如舞蓮葉千旗畫鳥蛇桃
花萬騎驅貔虎何時薄伐歸南仲早奏膚公燕吉甫年年
西塞貢蒲萄
天閑十二揚玉鑣凱旋還欲康侯錫
恩賚榮酬汗馬勞

➤➤➤《枢垣记略·卷二十五·诗文六》

唐文拾遗

《唐文拾遗》，清陆心源编集而成，收录文章2500余篇。

陆心源（1838～1894年），清末藏书家，字刚甫（一作刚夫），晚号潜园老人，浙江吴兴（今属浙江湖州）人。

答柳正元条陈利病敕

正元条陈利病，实谓推公，所请割属留守，及停废职员，并依，粮并宜停。其新差知院郑镒，亦是冗员，宜勒赴任。仍委留守于见在职事人中，差补勾当。郢州每年送苜蓿丁资钱，并请全放，实利疲甿，宜依。

➤➤➤《唐文拾遗·卷七》

柳正元

正元，开成四年为闲厩宫苑使，终大理评事。放停宫苑使料钱奏。

当使东都留后知院官郑镒，每月院司给料钱三十四贯文，兼请本官房州司马料钱。今请于使司所给料钱数克减十千，添给所由二十人粮课。巡官二人，请勒全停。郢州旧因御马，配给苜蓿丁三十人，每人每月纳资钱二贯文，都计七百二十贯文。其州司先以百姓凋残阙本额，量送三百九十六贯文，今请全放。当管修武马坊田地，伏准太和二年河阳节度使杨元卿奏，请权借耕佃，充给闲用。今缘安利一军，伏请永配主管。伏以当司应属东都宫苑闲厩事务管，系旧额，名数尚多，苟在影占之门，是启非违之路。但系务繁地远，访察尤难，况推禁罪人，动经旬月，因缘流滞，移牒用情事务，委留守主管。曹司烦职，官吏冗名，俾无尸素之员，又去申报之滞。其东都院每年合送宫苑使加给钱一百二十千文，亦请停送。当司方图羡余，自备课料。伏乞圣慈，允臣所奏（《唐会要》六十五）。

➤➤➤《唐文拾遗・卷二十九》

清稗类钞

《清稗类钞》，清徐珂撰，汇辑野史和当时新闻报刊中清代朝野遗闻及社会经济、学术、文化的事迹。

徐珂（1869 ～ 1928 年），原名徐昌，字仲可，浙江杭县（今浙江杭州）人。

投笔集

《投笔集》诸诗有全首指斥者，《有学集》诋諆各语，所言皆剃发、满语二事也。文如《高会堂酒阑杂咏序》云:“歌闻敕勒，祇足增悲，天似穹庐，何妨醉倒。”诗如《次韵赠别友沂》云:“髡钳疑剃削，坏服觅俦侣。”《袁节母寿诗》云:“碣石已镌铜狄徒，天留一媪挽颓纲。”又云:“马沃市场余苜蓿，婢膏胡妇剩燕支。”《吴期生生日》云:“春酒酌来成一笑，黄龙曾约醉深卮”。

➤➤➤《清稗类钞・狱讼类》

苜蓿

苜蓿为蔬类植物，叶为三小叶所合成，似豌豆而小，茎卧地。南方土人呼曰金花菜，以其花色黄也。产于秦、陇者，花色紫，叶为羽状复叶，茎高尺余。

苜蓿玉蜀黍之根独长

草木之根，有长有短，有本性短而不能长者，有本性长而不能短者，唯苜蓿及玉蜀黍、鱼麦两种之根，其长莫比，然农人多不知之。玉蜀黍根长可四五尺，苜蓿根长可三尺许。盖以此二物之根，须得地中之水而生，然地形高，凡水平时滴注土中，此根在地面浅处；如不能得水，则必蔓至有水处取之方止。或土面硗瘠，无肥料，所有肥料藏深土中，则玉蜀黍及苜蓿辄自伸送其根，至肥料处吸之，然后滋生。有此二故，故其根独长，他物则不需此也。

➤➤➤《清稗类钞·植物类》

师也过商也不及

全椒金棕亭博士兆燕广文游，当教授扬州时，四方往来知名之士无不接见，文酒流连，殆无虚日。且肴馔至丰，或有诮其过侈类于鹾商不似广文苜蓿者。桐城吴太守逢圣时为兴化教谕，则笑而言曰：“师也过，商也不及”。

➤➤➤《清稗类钞·诙谐类》

周莘仲座客常满

周长庚，字莘仲，侯官人。未冠，举同治壬戌乡试，选建阳教谕，调彰化。爱士弥至，士有为人中伤者，必争诸长官，无所惮。尤喜宾接士大夫，讲经济词章之学。闽中士大夫之有名者，至台，必主彰化，车马辐辏，座客常满，台之南北无不知有周教谕矣。有与其友宴者，谓珍错杂陈，灯炬如昼，非苜蓿荒斋所得有也。

➤➤➤《清稗类钞·豪侈类》

近代笔记过眼录

《近代笔记过眼录》，作者徐一士，介绍近代学者所著的笔记原著、版本等内容。

徐一士（1890～1971年），原名徐仁钰，字相甫，号蹇斋。出身仕宦家庭，祖籍江苏宜兴。

瓜棚闲话

曾氏自序而外，书端并列有题词若干则，如王树枏题云：苜蓿阑干寄此身，谑言庄语座生春。闲来一卷瓜棚话，汉朔齐髡有替人。赢得宽闲岁月多，不知身世有风波。占晴课雨瓜棚下，便是君家安乐窝。

➤➤➤《近代笔记过眼录》

天　演　论

《天演论》由严复翻译英国生物学家赫胥黎的著作而来，宣传了“物竞天择，适者生存”的观点，于1897年12月在天津出版的《国闻汇编》刊出。

严复（1854～1921年），原名宗光，字又陵，后改名复，字几道，汉族，福建侯官县（今属福建福州市和闽侯县）人。

人为

至如植物，则中国之薯蓣来自吕宋，黄占来自占城，蒲桃、苜蓿来自西域，薏苡载自日南，此见诸史传者也。南美之番百合，西名哈敦，本地中海东岸物，一经移种，今南美拉百拉达，往往蔓生数十百里，弥望无他草木焉。余则由欧洲以入印度、澳斯地利，动植尚多，往往十年以外，遂遍其境，较之本土，繁盛有加。夫物有迁地而良如此，谁谓必本土固有者而后称最宜哉。嗟乎！岂唯是动植而已，使必土著最宜，则彼美洲之红人，澳洲之黑种，何由自交通以来，岁有耗减；而伯林海之甘穆斯噶加，前土民数十万，晚近乃仅数万，存者不及什一，此俄人亲为余言，且谓过是恐益少也。物竞既兴，负者日耗，区区人满，乌足恃也哉！乌足恃也哉！

➤➤➤《天演论·导言四》

王氏谈录

芸

芸，香草也。旧说为不食，今人皆不识。文丞相自秦亭得其种，分遗公。岁种之，公家庭砌下，有草如苜蓿，揉之尤香。公曰："此乃牛芸，《尔雅》所谓'权，黄华'者，校之尤烈于芸。食与否，皆未可试也"。

芸

芸香草也舊說為不食今人皆不識文丞相自秦亭得

其種分遺公歲種之公家庭砌下有草如苜蓿揉之

尤香公曰此乃牛芸爾雅所謂權黃華者校之尤烈

於芸食與否皆未可試也

➤➤➤《王氏谈录》

通　雅

《通雅》，明方以智撰，52卷，辨证词语训诂，取材于先秦诸子、史籍、方志、小说，考证古音古义，论及方言俗语。

方以智（1611 ～ 1711 年），字密之，号曼公，自号龙眠愚者等。南直隶安庆府桐城（今安徽桐城）人，是明清之际思想家、哲学家、科学家。

草

鹤虱出波斯者良，盖如苜蓿出西域，而中国饲马皆是。

➤➤➤《通雅·卷四十一·植物》

《说文》曰：芸似苜蓿。《杜阳编》言：芸出于阗国，元载《造芸辉堂》是也。《梦溪》曰：辟蠹用芸，今七里香，叶类豌豆，丛生，秋间微白如粉污，辟蠹殊验。南人采置席下，能去蚤虱。《王氏谈录》曰：文丞相秦亭，分遗种之家庭如苜蓿，尤香，此乃牛芸。《尔雅》所谓权，黄华者。

可謂此即揚州之瓊花豈可謂此斷不可名瓊花乎說文曰芸似苜蓿杜陽編言芸出于闐國元載造芸輝堂是也夢溪曰辟蠹用芸今七里香葉類豌豆叢生秋間微白如粉汚辟蠹殊驗南人採置席下能去蚤虱王氏談録曰文丞相秦亭分遺種之家庭如苜蓿尤香此乃牛芸爾雅所謂權黃華者東壁曰山礬有七里梔柘音鄭

➤➤➤《通雅·卷四十二·植物》

谷蔬

薛令之之苜蓿乎，即如今江南北之所谓破破衲……。

➤➤➤《通雅·卷四十四·植物》

广博物志

《广博物志》，明董斯张撰，考证事物起源的专门性类书，共50卷。

董斯张（1587～1628年），字然明，号遐周，浙江乌程（今属浙江湖州）人。

居处明堂

张骞苜蓿园，今在洛中。苜蓿本胡中菜也，张骞始于西戎得之。

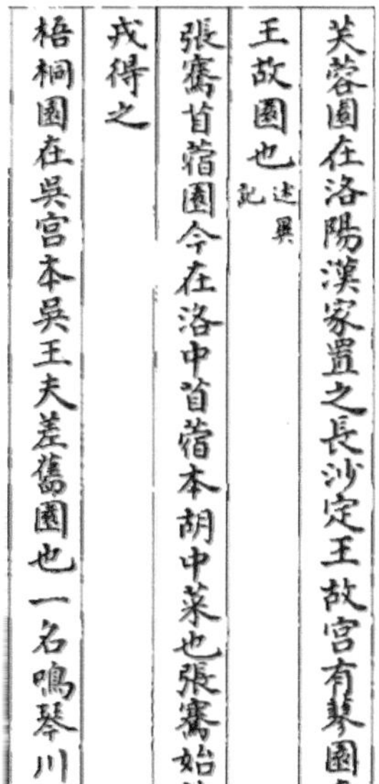
芙蓉園在洛陽漢家置之長沙定王故宮有琴園真定王故園也述異記
張騫苜蓿園今在洛中苜蓿本胡中菜也張騫始於西戎得之
梧桐園在吳宮本吳王夫差舊園也一名鳴琴川並上

➤➤➤《广博物志·卷三十六》

草木

乐游苑，自生玫瑰树，树下多苜蓿。苜蓿一名怀风，时人或谓之光风。风在其间常萧萧然，日照其花有光采，故名苜蓿为怀风。茂陵人谓之连枝草（《西京杂记》）。

樂遊苑自生玫瑰樹樹下多苜蓿苜蓿一名懷風時人或謂之光風風在其間常蕭蕭然日照其花有光采故名苜蓿爲懷風茂陵人謂之連枝草西京雜記

➤➤➤《广博物志·卷四十二》

五礼通考

《五礼通考》，清秦蕙田撰，是研究中国古代礼学的著作，共262卷。

秦蕙田（1702～1764年）字树峰，号味经，江苏金匮（今江苏无锡）人，清朝官员、学者。

大都留守司

上林署：养种园、花园、苜蓿园……。

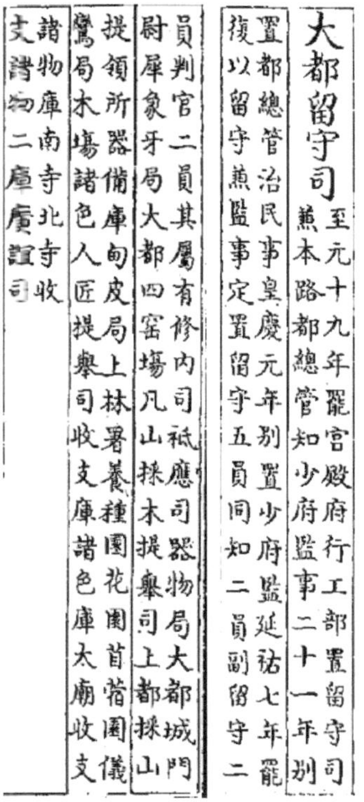
大都留守司至元十九年罷宮殿府行工部置留守司兼本路都總管知少府監事二十一年别置都總管治民事皇慶元年别置少府監延祐七年罷復以留守兼監事定置留守五員同知二員副留守二員判官二員其屬有修内司祗應司器物局大都城門尉犀象牙局大都四窰場凡山採木提舉司上都採山提領所器備庫甸皮局上林署養種園花園苜蓿園儀鸞局木場諸色人匠提舉司收支庫諸色庫太廟收支諸物庫南寺北寺收支諸物二庫廣誼司

➤➤➤《五礼通考·卷二百十九》

马政上

宛王蝉封与汉约，岁献天马二匹。汉使采蒲陶、目宿种归。天子以天马多，又外国使来众，益种蒲陶、目宿离宫馆旁，极望焉。师古曰：“今北道诸州，旧安定、北地之境，往往有目宿者，皆汉时所种也”。

➤➤➤《五礼通考·卷二百四十四》

南雷文案

《南雷文案》，清初黄宗羲作，共10卷，另有外集1卷。

黄宗羲（1610～1695年），明清之际思想家、史学家，人称梨洲先生，浙江余姚人。

田草赋

继刨田刨其纵秋，既莳以苜蓿即黄草子兮，夏复溉之，以马通既肥土，与溃根兮自尔，类其难容苜蓿肥土，江箴野皃茨见马粪根溃相彼山田兮……。

➤➤➤《南雷文案·卷一》

李太白集注

《李太白集》是唐代诗文别集名，李白撰，因李白字太白而得名。《李太白集注》为注解性质诗集，由清王琦编。

《史记》：大宛左右以蒲萄为酒，俗嗜酒，马嗜苜蓿。汉使取其实来，于是天子始种苜蓿、葡萄肥饶地。及天马多，外国使来众，则离宫别观旁尽种葡萄、苜蓿极望。

與萬方同一作何必向回中一作何必在回中上林賦盧橘夏熟郭璞註今蜀中有給客橙似橘而非若柚而芬香冬夏華實相繼或如彈丸或如拳通歲食之即盧橘也史記索隱應劭云伊尹書云果之美者箕山之東青馬之所有盧橘夏熟晉灼曰此雖賦上林博引異方珍奇不係於一也按廣州記云盧橘皮厚大小如甘酢多九月結實正赤明年二月更青黑夏熟吴錄云建安有橘冬月樹上覆裹明年夏色變青黑其味甚甘美盧即黑色是也史記大宛左右以蒲萄為酒俗嗜酒馬嗜苜蓿漢使取其實來於是天子始種苜蓿蒲萄肥饒地及天馬多外國使來衆則離宮别觀旁盡種蒲萄苜蓿極望沈約詩烟花繞層曲馬融笛賦近世雙笛從羌起羌人伐竹未及已龍鳴水中不見己截竹吹之聲相似張銑註羌西戎也其人伐竹未畢之間有龍鳴水中不見其身羌人旋即截竹吹之聲與龍相似也水中道詩笙隨山上鶴笛奏水中龍萄子鳳凰秋秋

➤➤➤《李太白集注·卷五》

补注杜诗

赠田九判官

宛马总肥春苜蓿。洙曰：大宛国，汉时通，人嗜蒲桃酒，马嗜苜蓿。后二师至宛取善马，遂采蒲桃、苜蓿种而归师，与赵曰“苜蓿所以饲马”。

补注：鹤曰，按唐《百官志》，驾部郎中员外郎掌按马，凡驿马给地四顷，莳以苜蓿。闽中名士传薛令之诗云，初日上团团，照见先生盘。盘中何所有？苜蓿长阑干。谓苜蓿之穗，如阑干星之长，春生而秋成，今云总肥春苜蓿，谓去年所收者，非食其苗也。

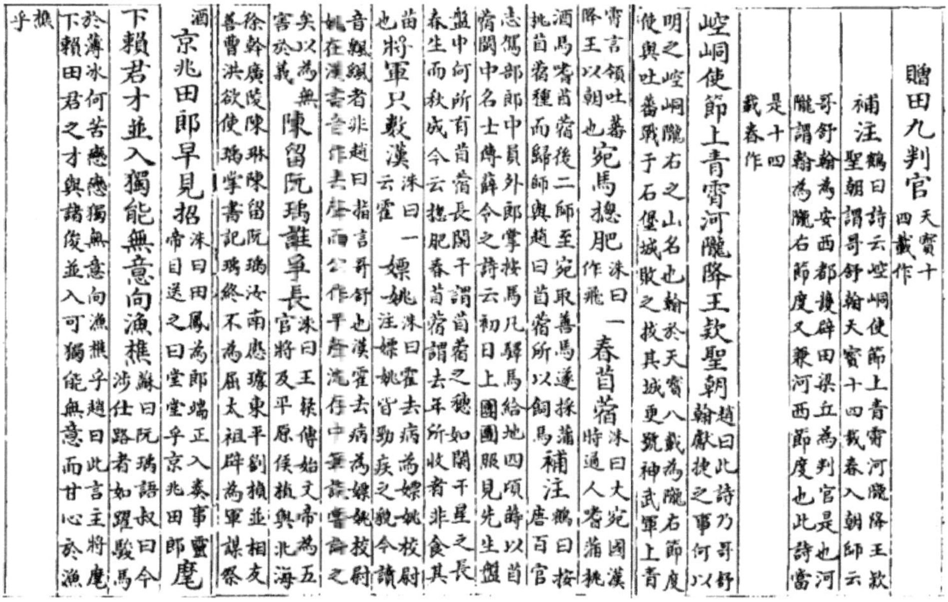

贈田九判官 天寶十四載作
補注 鶴曰詩云崆峒使節上青霄河隴降王款聖朝謂哥舒翰天寶十四載春入朝師云
哥舒翰為安西都護辟田梁丘為判官是也河隴謂翰為隴右節度又兼河西節度也此詩當
是十四載春作
崆峒使節上青霄河隴降王款聖朝 趙曰此詩乃哥舒翰獻捷之事何以
明之崆峒隴右之山名也翰於天寶八載為隴右節度使與吐蕃戰于石堡城敗之拔其城更號神武軍上青
霄言領吐蕃降王以朝也 宛馬總肥 洙曰一作飛 春苜蓿 洙曰大宛國漢時通人嗜蒲桃
酒馬嗜苜蓿後二師至宛取善馬遂採蒲桃苜蓿種而歸師與趙曰苜蓿所以飼馬 補注 鶴曰按唐百官
志駕部郎中員外郎掌按馬凡驛馬給地四頃蒔以苜蓿閩中名士傳薛令之詩云初日上團團照見先生盤
盤中何所有苜蓿長闌干謂苜蓿之穗如闌干星之長春生而秋成今云總肥春苜蓿謂去年所收者非食其
苗也 將軍只數漢 洙曰一云霍 嫖姚 洙曰霍去病為嫖姚校尉注嫖姚勁疾之貌今讀
音飄飄者非趙曰指言哥舒也漢霍去病為嫖姚校尉嫖姚在漢書舍作去聲而公作平聲流俗中筆讀書論之
矣以為無害於義 陳留阮瑀誰爭長 洙曰王粲傳始文帝為五官將及平原侯植與北海
徐幹廣陵陳琳陳留阮瑀汝南應璩東平劉楨並相友善曹洪欲使瑀掌書記瑀終不為屈太祖辟為軍謀祭
酒 京兆田郎早見招 洙曰田鳳為郎端正入奏事靈帝目送之曰堂堂乎京兆田郎 麾
下賴君才並入獨能無意向漁樵 蘇曰阮瑀語叔曰今涉仕路者如躍駿馬
於薄冰何苦戀戀獨無意向漁樵乎趙曰此言主將麾下賴田君之才與諸俊並入可獨能無意而甘心於漁
樵乎

➤➤➤《补注杜诗·卷十八》

寓目

秋山苜蓿多。洙曰：西域人好饮葡萄酒，马食苜蓿，贰师伐宛，将种归中国。沈曰：神农本草云，苜蓿味苦，平，无毒。主安中，利人，可久食。

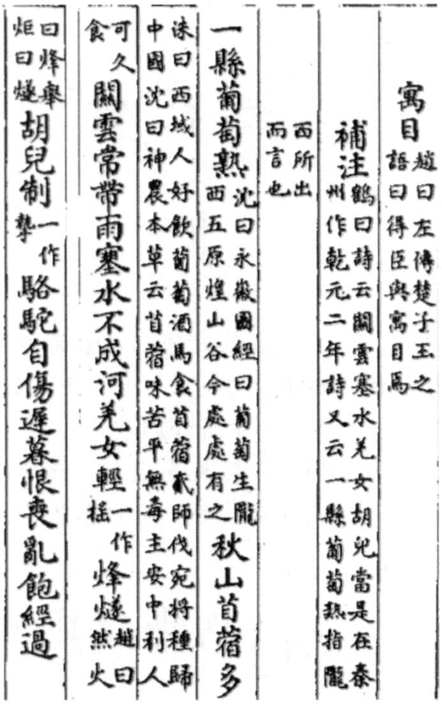
寓目趙曰左傳楚子玉之語曰得臣與寓目焉
補注鶴曰詩云關雲塞水羌女胡兒當是在秦州作乾元二年詩又云一縣蒲萄熟指隴西所出而言也
一縣葡萄熟沈曰永徽圖經曰葡萄生隴西五原煌山谷今處處有之秋山苜蓿多洙曰西域人好飲葡萄酒馬食苜蓿貳師伐宛將種歸中國沈曰神農本草云苜蓿味苦平無毒主安中利人可久食關雲常帶雨塞水不成河羌女輕一作搖烽燧趙曰然火曰烽舉炬曰燧胡兒制一作掣駱駝自傷遲暮恨喪亂飽經過

➤➤➤《补注杜诗·卷二十》

宛陵集

《宛陵集》，宋梅尧臣的作品集。

梅尧臣（1002 ～ 1060 年），字圣俞，世称宛陵先生，宣州宣城（今安徽宣州）人。

咏苜蓿

苜蓿来西域，蒲萄亦既随。
胡人初未惜，汉使始能持。
宛马当求日，离宫旧种时。
黄花今自发，撩乱牧牛陂。

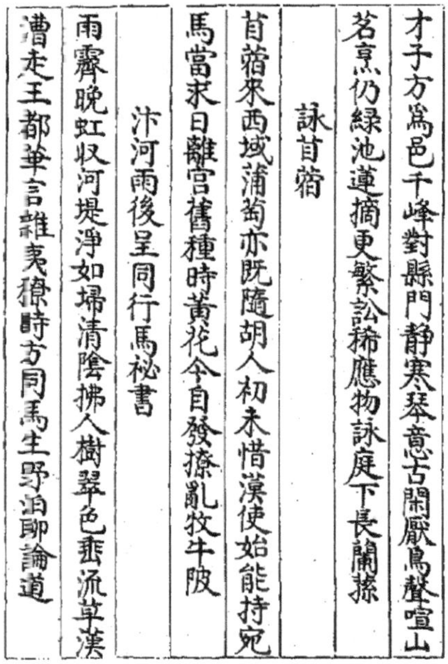

才子方爲邑千峰對縣門靜寒琴意古閑厭鳥聲喧山
茗烹仍綠池蓮摘更繁訟稀應物詠庭下長蘭蓀

詠苜蓿

苜蓿來西域蒲萄亦既隨胡人初未惜漢使始能持宛
馬當求日離宮舊種時黃花今自發撩亂牧牛陂

汴河雨後呈同行馬祕書

雨霽晚虹收河堤淨如埽清陰拂人樹翠色垂流草漢
漕走王都華言雜夷獠時方同馬生哥洎卿論道

➤➤➤《宛陵集·卷五》

宋艺圃集

《宋艺圃集》，明李蓘编，共计 22 卷。

送曹辅赴闽漕

曹子本儒侠，笔势翻涛澜。
往来戎马间，边风裂儒冠。
诗成横槊里，楮墨何曾干。
一日事远游，红尘隔岩滩。
平生羊炙口，并海搜酸咸。
一从荔枝饮，岂念苜蓿盘。
我亦江海人，市朝非所安。
常恐青霞志，坐随白发阑。
渊明赋归去，谈笑便解颜。

紫骝马

黄金络头玉为饅，蜀锦障泥乱云叶。
花间顾影骄不行，万里龙驹空汗血。
露床秋粟饱不食，青刍苜蓿无颜色。
君不见，
东郊瘦马百战场，天寒日暮乌啄疮。

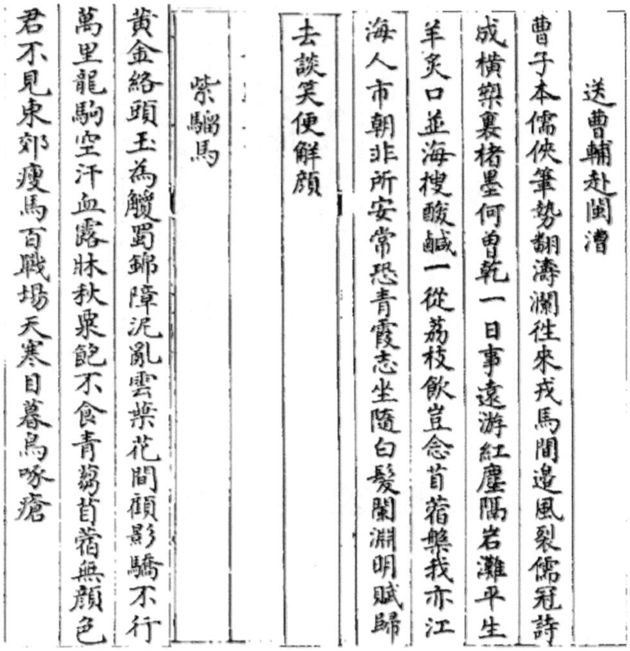
送曹輔赴閩漕
曹子本儒俠筆勢翻濤瀾往來戎馬間邊風裂儒冠詩
成横槊裏楮墨何曾乾一日事遠游紅塵隔岩灘平生
羊炙口並海搜酸鹹一從荔枝飲豈念苜蓿槃我亦江
海人市朝非所安常恐青霞志坐隨白髮闌淵明賦歸
去談笑便解顏
紫騮馬
黃金絡頭玉為饅蜀錦障泥亂雲葉花間顧影驕不行
萬里龍駒空汗血露牀秋粟飽不食青芻苜蓿無顏色
君不見東郊瘦馬百戰場天寒日暮烏啄瘡

➤➤➤《宋艺圃集·卷十二》

湛园札记

寓目

一县蒲萄熟，秋山苜蓿多。蒲萄、苜蓿皆来自西戎，故题云“寓目”寄慨深矣。

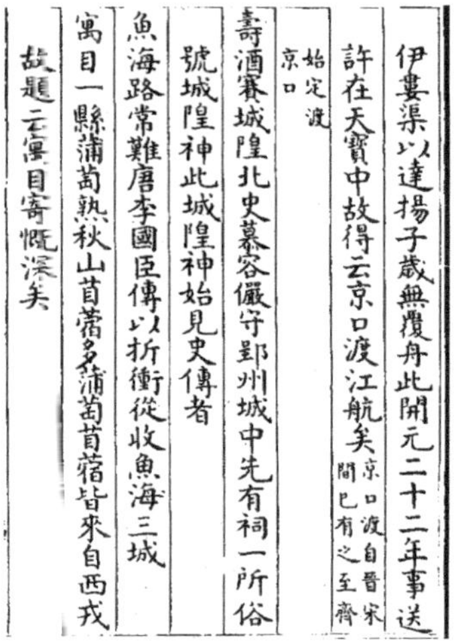

伊婁渠以達揚子歲無覆舟此開元二十二年事送許在天寶中故得云京口渡江航矣京口渡自晉宋間已有之至齊始定渡京口

壽酒賽城隍北史慕容儼守郢州城中先有祠一所俗號城隍神此城隍神始見史傳者

魚海路常難唐李國臣傳以折衝從收魚海三城

寓目一縣蒲萄熟秋山苜蓿多蒲萄苜蓿皆來自西戎故題云寓目寄慨深矣

➤➤➤《湛园札记·卷四》

闽诗话

薛令之

薛令之，字君珍。……令之题诗壁间，曰："明月上团团，照见先生盘。盘中何所有，苜蓿长阑干。饭涩匙难绾，羹稀筯易宽。只可谋朝夕，何由度岁寒？"玄宗幸东宫见之，索笔题其傍："啄木嘴距长，凤凰毛羽短。若嫌松桂寒，任逐桑榆暖。"令之因谢病。

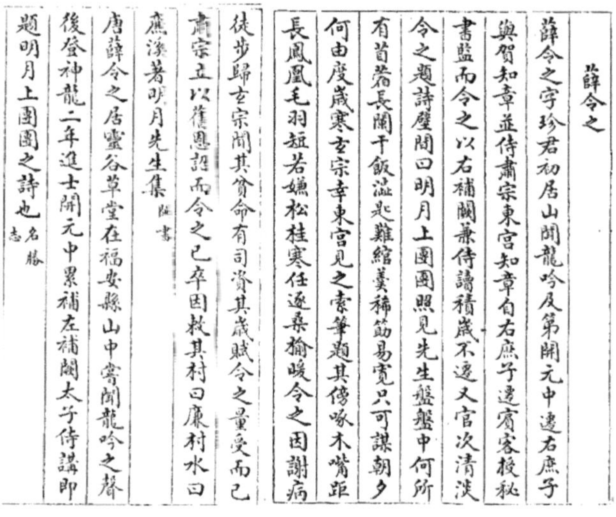

薛令之

薛令之字珍君初居山間龍吟及第開元中遷右庶子與賀知章並侍肅宗東宮知章自右庶子遷賓客授秘書監而令之以右補闕兼侍讀積歲不遷又官次清淡令之題詩壁間曰明月上團團照見先生盤盤中何所有苜蓿長闌干飯澁匙難綰羹稀筯易寬只可謀朝夕何由度歲寒玄宗幸東宮見之索筆題其傍啄木嘴距長鳳凰毛羽短若嫌松桂寒任逐桑榆暖令之因謝病徒步歸玄宗聞其貧命有司資其歲賦令之量受而已肅宗立以舊恩詔而令之已卒因敕其村曰廉村水曰廉溪著明月先生集陆書

唐薛令之居靈谷草堂在福安縣山中常聞龍吟之聲後登神龍二年進士開元中累補左補闕太子侍講即題明月上團團之詩也名勝志

类书

苜蓿，一名光风，生罽宾国。《尔雅翼》：似灰翟，今谓之鹤顶。贰师伐宛，将种归中国。《西京杂记》：乐游苑中自生玫瑰树，树下多苜蓿。一名怀风，时或谓之光风，茂陵人谓之连枝草。长安中有苜蓿园，北人极重此味。既老，则以饲马。唐广文叹有："盘中何所有，苜蓿长阑干。"阑干横斜貌，言既老而食之不已，为可叹也。汉贵武，则以饲马，唐贱文，则以养士，一物足以观世矣（《坚瓠集》）。

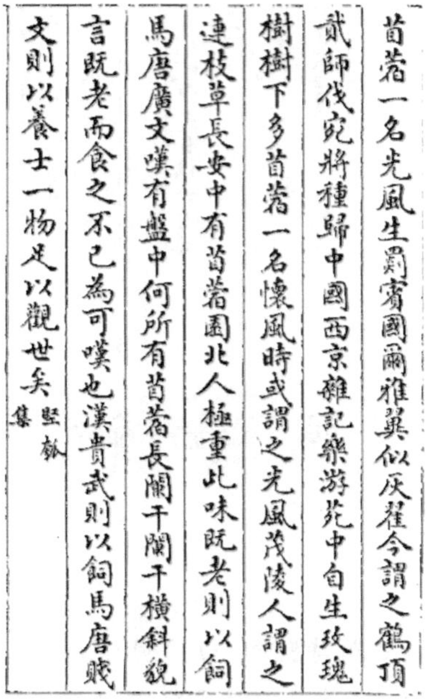
苜蓿一名光風生罽賓國爾雅翼似灰翟今謂之鶴頂貳師伐宛將種歸中國西京雜記樂游苑中自生玫瑰樹樹下多苜蓿一名懷風時或謂之光風茂陵人謂之連枝草長安中有苜蓿園北人極重此味既老則以飼馬唐廣文嘆有盤中何所有苜蓿長闌干闌干橫斜貌言既老而食之不已為可嘆也漢貴武則以飼馬唐賤文則以養士一物足以觀世矣堅瓠集

➤➤➤《闽诗话·卷一》

事类赋

《事类赋》，宋吴淑著，并自加注释，30卷，内容起天文、终虫部，分14部，子目100篇。

苜蓿怀风而披靡

《西京杂记》曰：乐游苑中，自生玫瑰树，树下多苜蓿。一名怀风，或谓光风。风在其间萧萧然，日照有光彩。故曰苜蓿怀风，茂林人谓为连枝草。

於百畝離騷曰既滋蘭之九畹兮又樹蕙之百畝苜蓿懷風而披靡西京雜記曰樂遊苑中自生玫瑰樹樹下多苜蓿一名懷風或謂光風風在其間蕭蕭然日照有光彩故曰苜蓿懷風茂林人謂為連枝草蘘荷依陰而繁茂潘岳閒居賦曰蘘荷依陰時藿向陽葛覃既施於中谷詩曰葛之覃兮施於中谷維葉萋萋蘭生亦羅乎堂下

➤➤➤《事类赋·卷二十四·草部》

元明事类钞

《元明事类钞》，清史学家姚之骃创作，共40卷。

种苜蓿

《元史》：至元中颁农桑之制，令各社布种苜蓿，以防饥年。

苜蓿提领

《元史》：苜蓿园提领三员，掌种苜蓿，以饲马驼、膳羊。

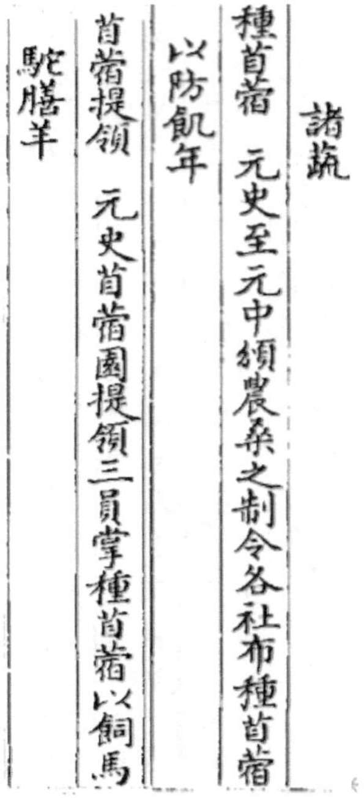
諸蔬
種苜蓿　元史至元中頒農桑之制令各社布種苜蓿以防飢年
苜蓿提領　元史苜蓿園提領三員掌種苜蓿以飼馬駝膳羊

➤➤➤《元明事类钞·卷三十二·蔬谷门》

山堂肆考

《山堂肆考》，明彭大翼编撰，228 卷，补遗 12 卷，分 5 集、45 门。

彭大翼，字云举，又字一鹤，南直隶通州吕四（现江苏省南通市启东市吕四港镇）人，早年科场不顺。明嘉靖年间曾任广西梧州通判，后任云南沾益州知州，最后官衔为奉训大夫。

菠薐

《格物论》：菠薐，茎微紫，叶圆而长、绿色，性冷，食之利五脏、通肠胃。与蛆鱼同食佳。刘禹锡曰：菜之菠薐，本西国中有，僧将其子来，如苜蓿、葡萄，因张骞而至也。韦绚曰：岂非颇棱国将来，而语讹为菠薐耶？姜叶似竹箭叶而长，两两相对，苗青根黄，无花实。

菠薐 附薑

格物論菠薐莖微紫葉圓而長綠色性冷食之利五臟通腸胃與蛆魚同食佳劉禹錫曰菜之菠薐本自西國中有僧將其子來如苜蓿葡萄因張騫而至也韋絢曰豈非頗稜國將來而語訛為菠薐耶薑葉似竹箭葉而長兩兩相對苗青根黃無花實

➤➤➤《山堂肆考（第五册）· 卷一百九十六 · 蔬菜》

连枝

《西京杂记》：乐游苑中自生玫瑰树，树下多苜蓿，一名怀风，茂陵人谓为连枝草。

草

博物志黃帝問師曠吾欲知歲之苦樂善惡可乎對曰歲欲豐甘草先生甘草薺也歲欲苦苦草先生苦草葶藶也歲欲惡惡草先生惡草水藻也歲欲旱旱草先生旱草蒺藜也歲欲疫病草先生病草謂艾也

又草之總名曰卉

連枝

西京雜記樂遊苑中自生玫瑰樹樹下多苜蓿一名懷風茂陵人謂為連枝草

苜蓿

罽宾国多苜蓿草，宛马所嗜也。张骞奉使西域采归。或曰菜名。又《西京杂记》：苜蓿，一名怀风，一名光风。风在其间常萧萧然，日照其花有光彩。故名光风，茂陵人谓之连枝草。

苜蓿
罽賔國多苜蓿草宛馬所嗜也張騫奉使西域採歸或
曰菜名又西京雜記苜蓿一名懷風一名光風風在其
欽定四庫全書　山堂肆考
間常蕭蕭然日照其花有光彩故名光風茂陵人謂之
連枝草

➤➤➤《山堂肆考（第五册）• 卷二百二 • 草卉》

三才图会

《三才图会》，明王圻与其子王思义共同编撰，106卷、14门，全书以图画为主，附加说明文字；内容取材广泛，涵盖天文、地理与人物，故称为“三才”。

苜蓿

木粟，光风草，塞鼻力迦（佛经）。

《本纲》：苜蓿，汉张骞自大宛国带归中国，今田野有之，人亦有种者，年年自生，刈苗作蔬。一年可三刈，二月生苗，一科数十茎，茎颇似灰藋，一枝三叶，叶似决明叶而小如指顶，绿色，碧艳。入夏及秋，开细黄花，结小荚，圆扁，旋转有刺，数荚累累，老则黑色，内有米如穄，米可为饭，其叶用饲牛马。风在其间常萧萧然，日照其花有光采。

《农政全书》云：苜蓿苗高尺余，细茎分叉而生。叶似豌豆，叶颇小，每三叶攒生一处。梢间开紫花，结弯角儿，中有子如黍米，味苦。

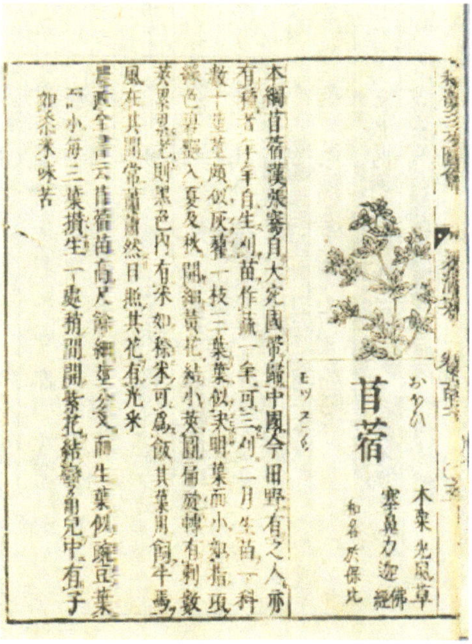

苜蓿 おほひ

木栗 光風草

塞鼻力迦 佛經

和名 於保比

モツスク

本綱苜蓿漢張騫自大宛國帶種中國今田野有之人亦有種者一年自生刈苗作蔬一年可三刈二月生苗一科數十莖莖頗似灰藋一枝三葉葉似決明葉而小如指頂綠色碧艷入夏及秋開細黃花結小莢圓扁旋轉有刺數莢累累老則黑色內有米如穄米可爲飯其葉用飼牛馬風在其間常蕭蕭然日照其花有光采

農政全書云苜蓿苗高尺餘細莖分叉而生葉似豌豆葉亦小每三葉攢生一處梢間開紫花結彎角兒中有子如黍米味苦

➤➤➤《三才图会·卷第百二》

大唐开元礼

《大唐开元礼》，唐开元中敕撰，150卷，此书由徐坚等创始，萧嵩等完成。

荐新于太庙

冬鱼、蕨、笋、蒲白、韭、荁、胥豆、小豆、蘘荷、菱人、子姜、菱索、春酒、桑落酒、竹根、梁米、黄米、粳米、糯米、稷米、茄子、甘子、甘蔗、藕、芋子、鸡头人、苜蓿、蔓菁、胡瓜、冬瓜、瓠子、春鱼、水苏、枸杞、茨子、藕、油麻、樱桃、麦子、椿头、莲子、粟米、榛、李、杏、林檎、橘、椹、庵罗果、枣、兔脾、獐、鹿、野鸡。

荐新物皆以品物时新，堪供进者所司先送太常令尚食相与简择，仍以滋味与新物相宜者配之，以荐皆如上仪。

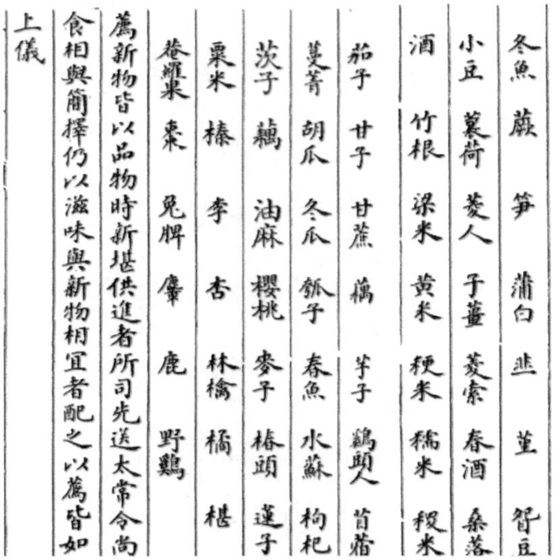
冬魚 蕨 笋 蒲白 韭 堇 智豆
小豆 蘘荷 菱人 子薑 菱索 春酒 桑落
酒 竹根 粱米 黄米 粳米 穤米 稷米
茄子 甘子 甘蔗 藕 芋子 鷄頭人 苜蓿
蔓菁 胡瓜 冬瓜 瓠子 春魚 水蘇 枸杞
茨子 藕 油麻 櫻桃 麥子 椿頭 蓮子
粟米 榛 李 杏 林檎 橘 椹
菴羅果 棗 兔髀 麞 鹿 野鷄
薦新物皆以品物時新堪供進者所司先送太常令尚
食相與簡擇仍以滋味與新物相宜者配之以薦皆如
上儀

➤➤➤《大唐开元礼·卷五十一》

古今合璧事类备要别集

《古今合璧事类备要别集》，宋谢维新撰。

苜蓿

《格物总论》：苜蓿，北人甚重，江南人不甚食，以其无味也然，此菜名，外国别有，所谓苜蓿草也非此。

《事类张骞采》：大宛，马嗜苜蓿，汉使张骞因采葡萄、苜蓿归种（《博物志》）。

薛令诗：闽川长溪县，薛令之登第，开元中，为东宫侍读，官作苜蓿诗以自叹，元宗至东宫见其诗，举笔续之：啄木嘴距长，凤凰毛羽短。若嫌松桂寒，任逐桑榆暖。

薛遂谢病归（坡诗注）。

诗集天马衔：天马常衔苜蓿花（李白）。

宛马肥：宛马总肥春苜蓿，还同，楚客咏江蓠（李商隐）。

苜蓿多：秋山苜蓿多（杜）。

苜蓿长：朝日上团团，照见先生盘。盘中何所有，苜蓿长阑干。饭涩匙难绾，羹稀箸觉宽。只宜谋旦夕，何由保岁寒（薛令之）。

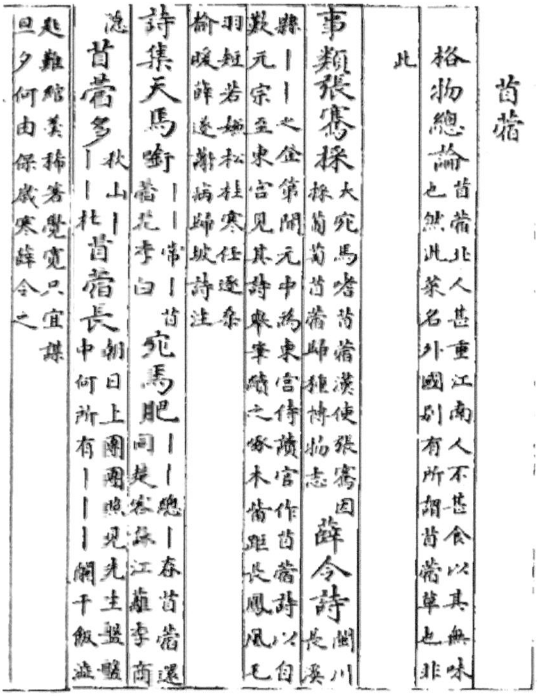
苜蓿

格物總論 苜蓿北人甚重江南人不甚食以其無味也然此菜名外國別有所謂苜蓿草也非此

事類 張騫採 大宛馬嗜苜蓿漢使張騫因採葡萄苜蓿歸種博物志

薛令詩 閩川長溪縣｜｜之登第開元中為東宮侍讀官作苜蓿詩以自歎元宗至東宮見其詩舉筆續之啄木嘴距長鳳凰毛羽短若嫌松桂寒任逐桑榆暖薛遂謝病歸坡詩注

詩集天馬銜 ｜｜常｜苜蓿花李白 宛馬肥 ｜｜總｜春苜蓿還同楚客詠江蘺李商隱

苜蓿多 秋山｜｜杜 苜蓿長 朝日上團團照見先生盤盤中何所有｜｜｜闌干飯澀匙難綰羹稀箸覺寬只宜謀旦夕何由保歲寒薛令之

➤➤➤《古今合璧事类备要别集·卷六十》

书画汇考

《书画汇考》，清卞永誉撰。

忆昔唐家全盛日，四十万匹屯平川。
龙媒散落在何处，苜蓿秋风生暮烟。

憶昔唐家全盛日四十萬匹屯平川龍媒散落在
何處苜蓿秋風生暮烟東皐妙聲

➤➤➤《书画汇考·卷四十八》

说 郛

《说郛》，元陶宗仪撰，100卷。

献苜蓿

齐地多寒，春深求笋甲。方立春，有村老挈苜蓿一筐，以与于艾子，且曰：“此物初生，未敢尝，乃先以荐。”艾子喜曰：“烦汝致新。然我享之，后次及何人？”曰：“献公罢，即刈以喂驴也”。

獻苜蓿
齊地多寒春深求笋甲方立春有村老挈苜蓿一筐以
與於艾子且曰此物初生未敢嘗乃先以薦艾子喜曰
煩汝致新然我享之後次及何人曰獻公罷即刈以餵
驢也

➤➤➤《说郛·卷三十四·上》

乐游苑

乐游苑自生玫瑰树，树下多苜蓿。苜蓿，一名怀风，时人或谓之光风，风在其间常萧萧然，日照其花有光采，故名苜蓿为怀风，茂陵人谓之连枝草。

樂遊苑

樂遊苑自生玫瑰樹樹下多苜蓿苜蓿一名懷風時人或謂之光風風在其間常蕭蕭然日照其花有光采故名苜蓿為懷風茂陵人謂之連枝草

➤➤➤《说郛·卷六十六·上》

丹铅余录

《丹铅余录》，明杨慎撰。

苜蓿烽

岑参诗：苜蓿烽边逢立春，葫芦河上泪沾巾。皆纪塞上之地也。唐三藏《西域志》：塞上无驿亭，又无山岭，止以烽火为识，玉门关外有五烽，苜蓿烽其一也，葫芦河上狭下广，洄波甚急，深不可渡，上置玉门关，即西域之襟喉也。

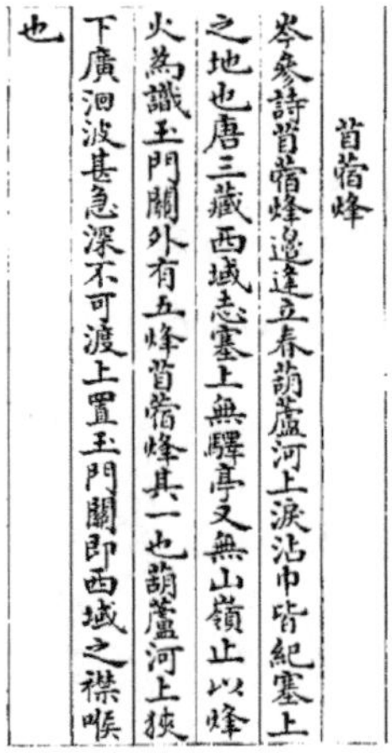
苜蓿峰
岑參詩苜蓿峰邊逢立春葫蘆河上淚沾巾皆紀塞上之地也唐三藏西域志塞上無驛亭又無山嶺止以烽火為識玉門關外有五烽苜蓿烽其一也葫蘆河上狹下廣洄波甚急深不可渡上置玉門關即西域之襟喉也

➤➤➤《丹铅余录·卷二》

白孔六帖

《白孔六帖》，唐白居易原本，宋孔传续撰。

凡驿马给地四顷，莳以苜蓿。

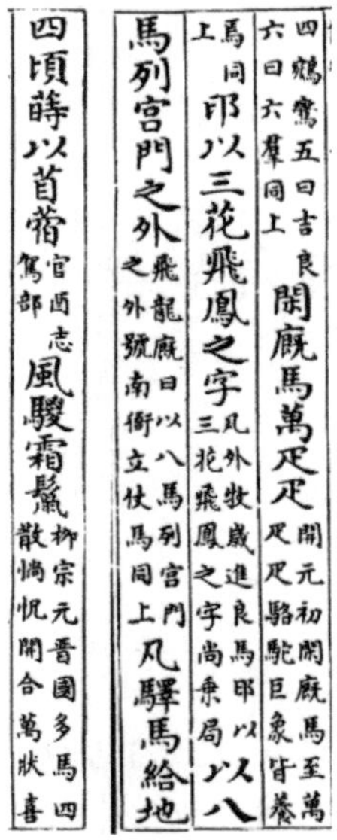
四鵰鷺五曰吉良六曰六羣同上　閑廄馬萬疋　開元初閑廄馬至萬疋駱駝巨象皆養馬同上　印以三花飛鳳之字　凡外牧歲進良馬印以三花飛鳳之字尚乘局　以八馬列宮門之外　飛龍廄日以八馬列宮門之外號南衙立仗馬同上　凡驛馬給地四頃蒔以苜蓿　官百志駕部　風騣霜鬣　柳宗元晉國多馬四散犄忯開合萬狀喜

➤➤➤《白孔六帖·卷九十六》

王右丞集笺注

《王右丞集笺注》，王维著，清赵殿成笺注。

送刘司直赴安西

绝域阳关道，胡烟与塞尘（烟，顾元纬本凌本《文苑英华》唐诗品汇俱作沙）。

三春时有雁，万里少行人。

苜蓿随天马，蒲桃逐汉臣（汉凌本作使）。

当令外国惧，不敢觅和亲。

司直：《唐书·百官志》，大理寺有司直六人，从六品上。

安西：杜氏《通典》，安西都护府本龟兹国也。大唐明庆中置，东接焉耆，西连疏勒，南邻吐蕃，北拒突厥。

绝域：《汉书·陈汤传》，讨绝域不羁之，君系万里难制之虏。

苜蓿：《史记》，大宛左右以蒲桃为酒，富人藏酒至万余石，久者十数岁不败。俗嗜酒马嗜苜蓿，汉使取其实来，于是天子始种苜蓿、蒲桃肥饶地。及天马多，外国使来众，则离宫别馆旁尽种蒲桃、苜蓿极望。

天马：《史记》，初，天子发书《易》云“神马当从西北来”，得乌孙马好，名曰“天马”。及得大宛汗血马，益壮，更名乌孙马曰“西极”，名大宛马曰“天马”云。

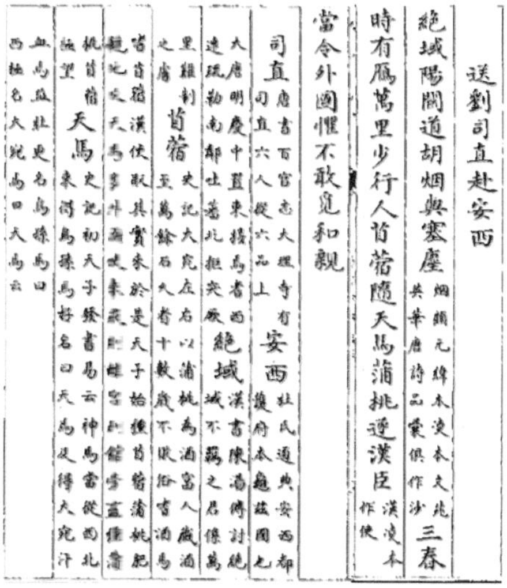
送劉司直赴安西

絶域陽關道胡烟與塞塵 烟顧元緯本凌本文苑英華唐詩品彙俱作沙 三春時有鴈萬里少行人苜蓿隨天馬蒲桃逐漢臣 漢凌本作使 當令外國懼不敢覓和親

司直 唐書百官志大理寺有司直六人從六品上 安西 杜氏通典安西都護府本龜兹國也大唐明慶中置東接焉耆西連疏勒南鄰吐蕃北拒突厥 絶域 漢書陳湯傳討絶域不羈之君係萬里雖制之虜 苜蓿 史記大宛左右以蒲桃為酒富人藏酒至萬餘石久者十數歲不敗俗嗜酒馬嗜苜蓿漢使取其實來於是天子始種苜蓿蒲桃肥饒地及天馬多外國使來衆則離宮别館旁盡種蒲桃苜蓿極望 天馬 史記初天子發書易云神馬當從西北來得烏孫馬好名曰天馬及得大宛汗血馬益壯更名烏孫馬曰西極名大宛馬曰天馬云

类书

五百家注昌黎文集

《五百家注昌黎文集》，唐韩愈撰，魏仲举编。

萄苜从大汉

愈孙曰：萄，蒲萄。苜，苜蓿。汉武帝遣李广利伐大宛，采葡萄、苜蓿种归，种于离宫馆旁。韩曰：萄，音陶，苜，音目，汉一作漠，苜，一作首，非是。

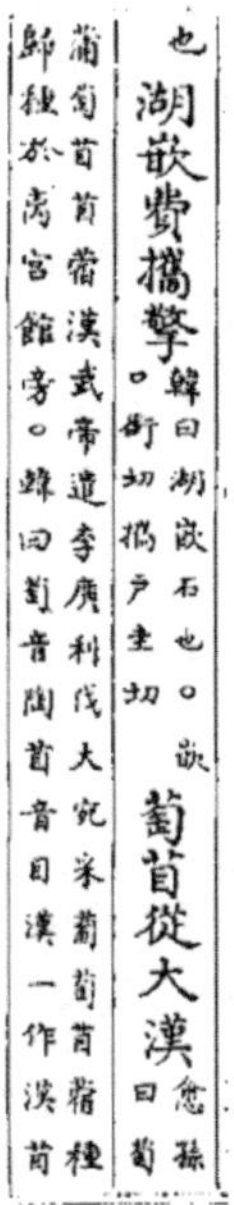
也
湖嵌贲擒擎韓曰湖嵌石也○嵌○齗切擒戶圭切
萄苜從大漢愈孫曰萄
蒲萄苜苜蓿漢武帝遣李廣利伐大宛采蒲萄苜蓿種
歸種於离宫館旁○韓曰萄音陶苜音目漢一作漠苜

➤➤➤《五百家注昌黎文集·卷八》

东坡诗集注

《东坡诗集注》，宋王十朋撰。

诗翁憔悴老一官，厌见苜蓿堆青盘。任开州长溪人薛令之登第，开元中，为东宫侍读。官僚闲谈，以诗自悼，云“朝日上团团，照见先生盘。盘中何所有，苜蓿长阑干”。

归来羞涩对妻子，自比鲇鱼缘竹竿。冕梅圣俞以诗知名仕宦，三十年终不得一馆职及受一。敕修书语其妻刁氏曰“吾之修书，可谓胡孙入布袋矣。”妻对曰：“君之仕宦，亦何异鲇鱼缘竹竿乎！闻者以为名对”。

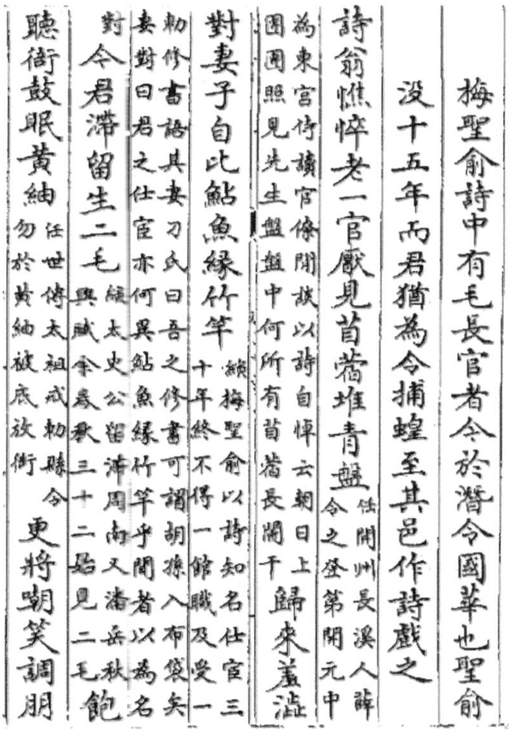
梅聖俞詩中有毛長官者今於潛令國華也聖俞
没十五年而君猶為令捕蝗至其邑作詩戲之
詩翁憔悴老一官厭見苜蓿堆青盤任開州長溪人薛令之登第開元中
為東宮侍讀官僚閒談以詩自悼云朝日上團團照見先生盤盤中何所有苜蓿長闌干歸來羞澁
對妻子自比鮎魚緣竹竿緘梅聖俞以詩知名仕宦三十年終不得一館職及受一
勅修書語其妻刁氏曰吾之修書可謂胡猻入布袋矣妻對曰君之仕宦亦何異鮎魚緣竹竿乎聞者以為名
對令君滯留生二毛緘太史公留滯周南又潘岳秋興賦余春秋三十二始見二毛飽
聽衙鼓眠黄紬任世傳太祖戒勅縣令勿於黄紬被底放衙更將嘲笑調朋

➤➤➤《东坡诗集注·卷二十一》

戏用晁补之韵

昔我尝陪醉翁醉，今君但吟诗老诗。次公醉翁欧阳永叔也，诗老梅圣俞也。

清诗咀嚼那得饱，瘦竹潇洒令人饥；试问凤凰饥食竹。演庄子鹓雏，非梧桐不止，非练实不食，练实竹实也。

何如驽马肥苜蓿。次公苜蓿草名，本出西域。《史记》，大宛马嗜苜蓿，盖草之美者，张骞得其种来，中原亦可，以为菹，薛令之，所谓苜蓿盘者是已。

知君忍饥空诵诗，口颊澜翻如布谷。厚《后汉冯衍书》云：词如循环口如布，谷次公退之诗，挛携陬维口澜翻。

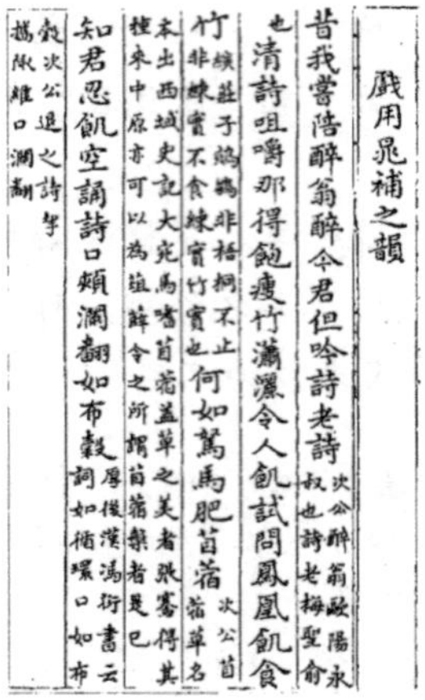

戲用晁補之韻

昔我嘗陪醉翁醉今君但吟詩老詩次公醉翁歐陽永叔也詩老梅聖俞也清詩咀嚼那得飽瘦竹瀟灑令人飢試問鳳凰飢食竹續莊子鵷鶵非梧桐不止非竦實不食竦實竹實也何如篤馬肥苜蓿次公苜蓿草名本出西域史記大宛馬嗜苜蓿蓋草之美者張騫得其種來中原亦可以為蔬蘇令之所謂苜蓿槃者是已知君忍飢空誦詩口頰瀾翻如布穀厚後漢馮衍書云詞如循環口如布穀次公退之詩竽揭敔雖口瀾翻

➤➤➤《东坡诗集注·卷二十一》

元修菜

张骞移苜蓿。演《汉书》，大宛马嗜苜蓿，张骞始为武帝言之，遣使持千金，请宛善马，采苜蓿种归，种之离宫馆傍云。

适用如葵菘。次公，苜蓿亦可为菜，茹故云如葵菘。

马援载薏苡。厚《后汉马援传》，初援在交趾，常饵薏苡，实用能轻身、省欲，以胜瘴气，及军还，载之一车欲以为种，后人有谮之者，以为前所载还皆明珠文犀。

罗生等蒿蓬。

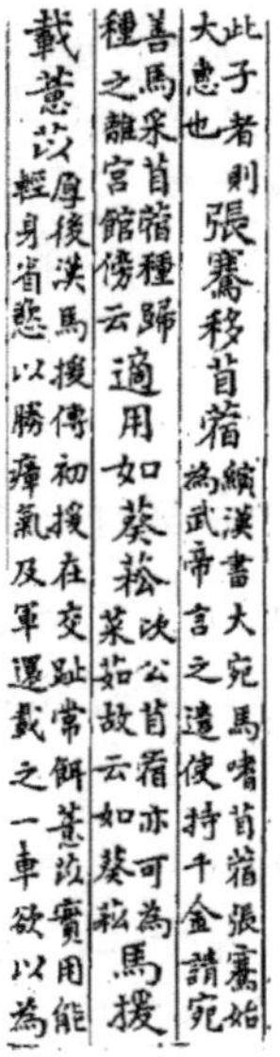

此子者則大患也張騫移苜蓿續漢書大宛馬嗜苜蓿張騫始為武帝言之遣使持千金請宛善馬采苜蓿種歸種之離宮館傍云適用如葵菘次公苜蓿亦可為菜茹故云如葵菘馬援載薏苡厚後漢馬援傳初援在交趾常餌薏苡實用能輕身省慾以勝瘴氣及軍還載之一車欲以為

➤➤➤《东坡诗集注·卷三十》

施注苏诗

《施注苏诗》，宋苏轼撰，清施元之注。

戏用晁补之韵

昔我尝陪醉翁醉，今君但吟诗老诗。
清诗咀嚼那得饱，瘦竹潇洒令人饥。
试问凤凰饥食竹，何如驽马肥苜蓿。
知君忍饥空诵诗，口颊澜翻如布谷。

王注：醉翁欧阳永叔也，诗老梅圣俞也，庄子秋水鵷雏，非梧桐不止，非练实不食（注：练实竹实也），《本草》：苜蓿出西域，汉大宛列传，马嗜苜蓿，汉使取其实来，于是天子始种苜蓿，又杜子美诗，宛马总肥春苜蓿，布谷澜翻注已见。

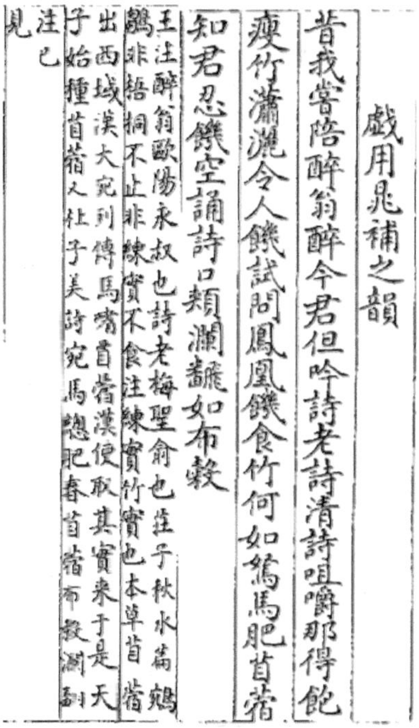
戲用晁補之韻
昔我嘗陪醉翁醉今君但吟詩老詩清詩咀嚼那得飽
瘦竹瀟灑令人饑試問鳳凰饑食竹何如駑馬肥苜蓿
知君忍饑空誦詩口頰瀾翻如布穀
王注醉翁歐陽永叔也詩老梅聖俞也莊子秋水鵷鶵非梧桐不止非練實不食注練實竹實也本草苜蓿出西域漢大宛列傳馬嗜苜蓿漢使取其實来于是天子始種苜蓿又杜子美詩宛馬總肥春苜蓿布穀瀾翻注已見

类书

王荆公诗注

《王荆公诗注》，南宋李壁笺注的王安石诗文著作。

招约之职方并示正甫书记
尚复有野物，与公新听瞩。
金钿拥芜菁，翠被敷苜蓿。
虾蟆能作技，科斗似可读。

韩诗：黄黄芜菁花，花黄故比金钿。公以翠被形容苜蓿之青，苜蓿草也，《本草》附菜部，以其可食故也。又《西京杂记》：苜蓿，一名怀风，或谓光风，在其间尝肃然，照其光彩。故曰苜蓿怀风。

菜之總名尚復有野物與公新聽矚金鈿擁蕪菁翠被敷苜蓿蝦蟇能作技科斗似可讀韓詩黃黃蕪菁花花黃故比金鈿○公以翠被形容苜蓿之青苜蓿草也本草附菜部以其可食故也又西京雜記苜蓿一名懷風或謂光風在其間常肅然照其光彩故曰苜蓿懷風○爾雅科斗蝦蟇子也一名活東頭圓尖而尾細古文似之槁軒俯北渚

➤➤➤《王荆公诗注 • 卷一》

石洞集

《石洞集》，明叶春及撰。

李广文署夜谈

十年苜蓿吾怜汝，客舍端州喜屡过。
白雪江湖知己少，青毡天地误人多。
春回门下看桃李，日暮尊前对薜萝。
痛饮忘形谁得似，鬼神何处且高歌。

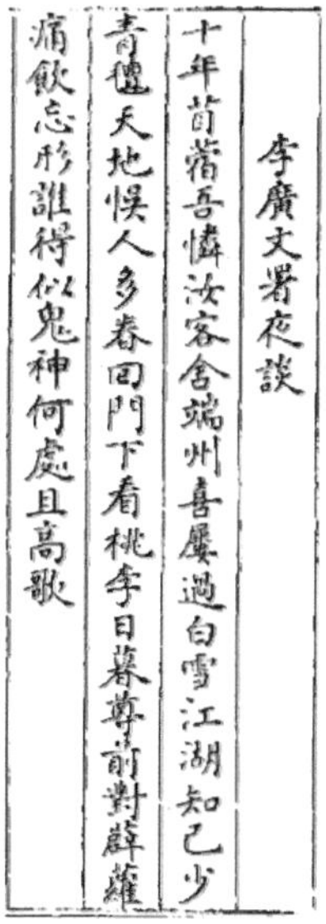
李廣文署夜談
十年苜蓿吾憐汝客舍端州喜屢過白雪江湖知己少
青氈天地悞人多春回門下看桃李日暮尊前對薜蘿
痛飲忘形誰得似鬼神何處且高歌

➤➤➤《石洞集·卷十八》

御制乐善堂全集定本

《御制乐善堂全集定本》，清高宗乾隆年轻时的诗集。

题高其佩指头画八骏图

苜蓿平川数十里，几株杨柳秋风里。
两驹并驰若惊鸿，一匹龁草闲且喜。
卧者有二立者一，老马磨痒如龙视。
就中紫骝独称神，滚地烟尘幅上起。
奚官无事但立望，两人容与疏林底。
古人画马用秋毫，铁岭老人用十指。
腕下生风何足云，指头随意传神髓。
悬之高堂秋意多，哂余兴在南海子。

➤➤➤《御制乐善堂全集定本·卷十五》

九家集注杜诗

《九家集注杜诗》，宋郭知达辑收的诗集。

赠田九判官（梁丘）

崆峒使节上青霄，

河陇降王款圣朝。

款，纳款也。赵云此诗乃哥舒翰献捷之事。崆峒，陇右之山名也，翰于天宝八载为陇右节度使，与吐蕃战于石堡城，号神武军，军上青霄宫，入朝见天子也，盖领吐蕃降王以朝矣。

宛马总肥春苜蓿，

大宛国汉时通，人嗜蒲萄酒，马嗜苜蓿，后贰师至宛取善马，遂采蒲萄、苜蓿种而归。

将军祇数汉嫖姚。

汉一作霍，霍去病为嫖姚校尉（注：嫖音类妙；姚音羊，召反）……。

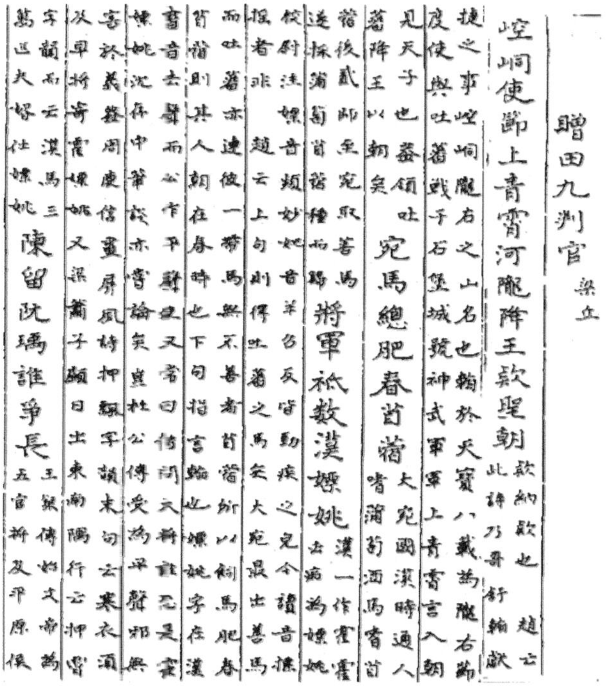

一

贈田九判官 梁丘

崆峒使節上青霄河隴降王款聖朝 款納款也 此詩乃哥舒翰獻 趙云

捷之事崆峒隴右之山名也翰於天寶八載爲隴右節

度使與吐蕃戰于石堡城號神武軍軍上青霄言入朝

見天子也蕃領吐

蕃降王以朝矣 宛馬總肥春苜蓿 大宛國漢時通人

嗜蒲萄酒馬嗜苜

蓿後貳師取宛取善馬

送採蒲萄苜蓿種而歸 將軍祇數漢嫖姚 漢一作霍霍

去病爲嫖姚

校尉注嫖音頻妙姚音羊召反皆勁疾之皃今讀音標

搖者非 趙云上句則得吐蕃之馬矣大宛最出善馬

而吐蕃亦連彼一帶馬無不善者苜蓿所以飼馬肥春

苜蓿則其人朝在春時也下句指言翰也嫖姚字在漢

書音去聲而公作平聲史又嘗曰傳聞天將註忍是霍

嫖姚況係中筆然亦嘗論矣豈杜公傳受爲平聲邪與

客於義無害周庾信畫屏風詩押飄字韻末句云寒衣須

及早將寄霍嫖姚又梁蕭子顯日出東南隅行云押嘗

字韻而云漢馬三

萬匹夫婿仕嫖姚 陳留阮瑀誰爭長 王粲傳始文帝爲

五官將及平原侯

➤➤➤《九家集注杜诗·卷一》

李义山诗集注

《李义山诗集注》，四库全书中收录的李商隐诗集笺注。

茂陵。《汉书》，武帝葬茂陵（注：在长安西北八十里）。

汉家天马出蒲梢。《史记》：武帝伐大宛得千里马，名曰“蒲梢”，作天马之歌。

苜蓿榴花遍近郊。《汉书》：大宛马嗜苜蓿，上遣使者持千金请宛马，采苜蓿归，种之离宫。《尔雅翼》，苜蓿似灰藋，秋后结实，黑房累累如穄米，可为饭，亦可酿酒。陆机《与弟书》，张骞为汉使西域十八年，得涂林安石榴。

茂陵 漢書武帝葬茂陵注在長安西北八十里

漢家天馬出蒲捎 史記武帝伐大宛得千里馬名曰蒲捎作天馬之歌 苜蓿榴花

遍近郊 漢書大宛馬嗜苜蓿上遣使者持千金請宛馬采苜蓿歸種之離宮爾雅翼苜蓿似灰藋秋後結實黑房纍纍如穄米可為飯亦可釀酒陸機與弟書張騫為漢使西域十八年得塗林安石榴 內苑

只知含一作銜鳳觜 十洲記仙家煮鳳喙麟角作膠名為續絃膠能連弓弩斷絃仙傳拾遺武帝幸華林苑射虎兕弩絃斷以鸞膠續之武士數人對引不脫 鸞車無復插雞翹 後漢

➤➤➤《李义山诗集注・卷二・上》

农书

送沈钦叔屯种苜蓿

（元·凌云翰）

苜蓿能肥马，曾闻汉苑夸。
送迟讥艾子，见远感榴花。
既有躬耕地，宁辞著处家。
圣朝多雨露，不久在天涯。

四民月令

《四民月令》，东汉崔寔著，仿《礼记·月令》体裁，逐月记叙以洛阳为代表的中原地区士、农、工、商人家生产生活概况，叙述田庄从正月到十二月中的农业活动，对谷类、瓜菜的种植时令和栽种方法有详述，亦记载了苜蓿的播种刈割时间等内容。

崔寔（约 103 ～约 170 年），一名台，字元始，东汉农学家、文学家，冀州安平（今河北安平）人。

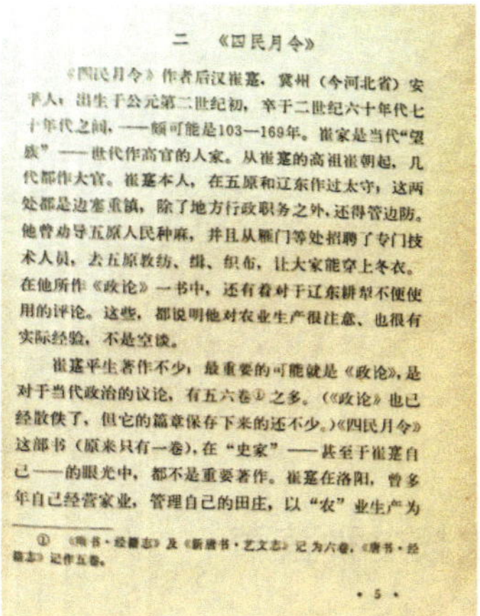

二　《四民月令》

《四民月令》作者后汉崔寔，冀州（今河北省）安平人，出生于公元第二世纪初，卒于二世纪六十年代七十年代之间，——颇可能是103—169年。崔家是当代"望族"——世代作高官的人家。从崔寔的高祖崔朝起，几代都作大官。崔寔本人，在五原和辽东作过太守，这两处都是边塞重镇，除了地方行政职务之外，还得管边防。他曾劝导五原人民种麻，并且从雁门等处招聘了专门技术人员，去五原教纺、绩、织布，让大家能穿上冬衣。在他所作《政论》一书中，还有着对于辽东耕犁不便使用的评论。这些，都说明他对农业生产很注意、也很有实际经验，不是空谈。

崔寔平生著作不少，最重要的可能就是《政论》，是对于当代政治的议论，有五六卷①之多。（《政论》也已经散佚了，但它的篇章保存下来的还不少。）《四民月令》这部书（原来只有一卷），在"史家"——甚至于崔寔自己——的眼光中，都不是重要著作。崔寔在洛阳，曾多年自己经营家业，管理自己的田庄，以"农"业生产为

① 《隋书·经籍志》及《新唐书·艺文志》记为六卷，《唐书·经籍志》记作五卷。

·5·

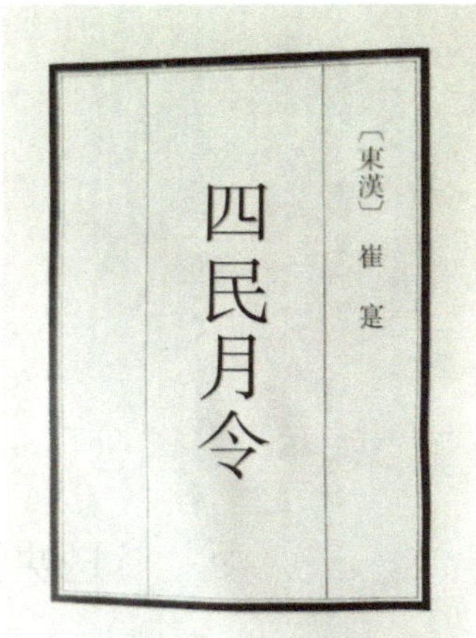

正月

可种春麦，豍豆，尽二月止。可种瓜、瓠、芥、葵、大小葱、蓼、苏、牧宿及杂蒜（亦可种此二物，皆不如秋）、芋。

➤➤➤《四民月令·正月》（石汉声．四民月令校注，1965）

七月

是月也，可种芜菁及芥、牧宿、大小葱子、小蒜、胡葱。藏韭菁。刈刍茭。菑麦田。收柏实。

➤➤➤《四民月令·七月》（石汉声．四民月令校注，1965）

八月

是月也，可纳妇，可断瓠作蓄。干地黄，作末都。刈萑苇及刍茭。收韭菁，作捣齑。可干葵，收豆藿。种大小蒜、芥菜。可种牧宿。

➤➤➤《四民月令·八月》（缪启愉.四民月令辑释，1981）

【简注】 缪启愉释一。“牧宿”即“苜蓿”，《要术》均作“苜蓿”，兹均从《要术》改。其所指是紫花苜蓿（*Medicago sativa*），不是南苜蓿（*Medicago hispida*）。

缪启愉释二。刍茭：《尚书》：“峙乃刍茭。”郑玄注：“干草”“刈刍茭”，指刈割杂草，备作干饲料。

➤➤➤《四民月令·八月》（缪启愉.四民月令辑释，1981）

齐民要术

《齐民要术》，北魏贾思勰著，是中国现存最早、最完整的一部综合性农书，全书92篇，分10卷。系统总结了黄河中下游地区劳动人民长期积累的生产经验，介绍了谷物、蔬菜、果树、林木的栽培方法，家禽、家畜和鱼类的饲养方法，以及农产品的加工方法。

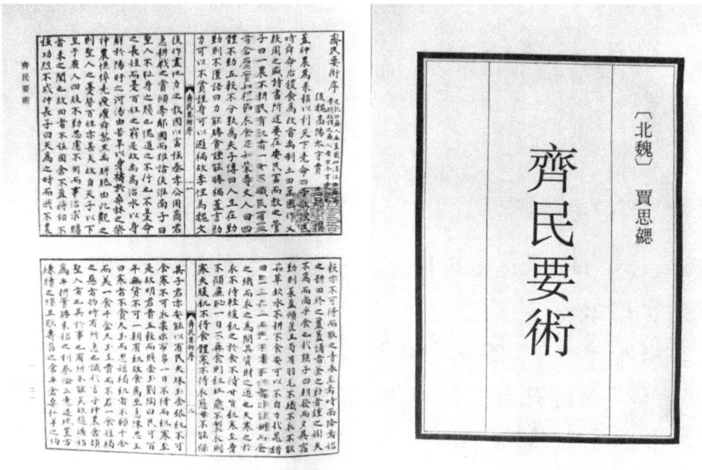

贾思勰（生卒年不详），北魏农学家，齐郡益都（治今山东寿光南）人，曾任北魏高阳郡（今属河北）太守。

种葵

《广雅》曰："葿，丘葵也"。

《广志》曰："胡葵，其花紫赤"。

《博物志》曰："人食落葵，为狗所啮，作疮则不差，或至死"。

……

崔寔曰："正月，可种瓜、瓠、葵、芥、薤、大小葱、苏。苜蓿及杂蒜，亦可种（此二物皆不如秋）。六月六日可种葵，中伏后可种冬葵。九月，作葵菹、干葵"。

《家政法》曰："正月种葵"。

➤➤➤《齐民要术·种葵·第十七》

泽蒜附出

《说文》曰："蒜，荤菜也"。

《广志》曰："蒜有胡蒜、小蒜。黄蒜，长苗无科，出哀牢"。

王逸曰："张骞周流绝域，始得大蒜、葡萄、苜蓿"。

《博物志》曰："张骞使西域，得大蒜、胡荽"。

延笃曰："张骞大宛之蒜"。

潘尼曰："西域之蒜"。

……

➤➤➤《齐民要术·种蒜第十九》

种苜蓿

《汉书·西域传》曰："罽宾有苜蓿、大宛马（武帝时，得其马），汉使采苜蓿种归，天子益种离宫别馆旁"。

陆机《与弟书》曰："张骞使外国十八年，得苜蓿归"。

《西京杂记》曰："乐游苑自生玫瑰树，下多苜蓿。苜蓿，一名'怀风'，时人或谓'光风'；光风在其间，常肃然，日照其花，有光彩，故名苜蓿'怀风'。茂陵人谓之

‘连枝草’”。

地宜良熟。七月种之。畦种水浇，一如韭法（亦一剪一上粪，铁耙耧土令起，然后下水）。旱种者，重耧耩地，使垅深阔，窍瓠下子，批契曳之。每至正月，烧去枯叶、地液，辄耕垅，以铁齿镉楱镉楱之，更以鲁斫斸其科土，则滋茂矣（不尔，瘦矣）。一年三刈。留子者，一刈则止。春初既中生啖，为羹甚香。长宜饲马，马尤嗜此物。长生，种者一劳永逸。都邑负郭，所宜种之。

崔寔曰：“七月、八月，可种苜蓿”。

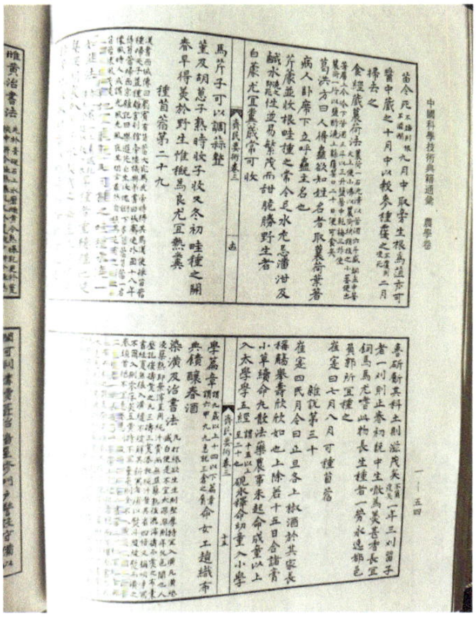

➤➤➤《齐民要术·种苜蓿第二十九》

【简注】 缪启愉释一。苜蓿：古大宛语 buksuk 的音译。有紫花和黄花二种。此指紫花苜蓿（*Medicago sativa*），豆科，多年生宿根草本，比较耐寒、耐旱，适宜于北方栽培。《要术》所指即此种，即张骞出使西域所引进者，古代所称苜蓿专指紫苜蓿。现在我国北方栽培很广，为重要绿肥和牧草。《要术》用作蔬菜和饲料，还没有作为绿肥。

缪启愉释二。罽宾：古西域国名。汉代疆域在今喀布尔河下游及克什米尔一带。

缪启愉释三。大宛：古西域国名，在今中亚费尔干纳盆地，盛产葡萄、苜蓿，又以汗血马著名。自张骞通西域后，与汉往来逐渐频繁，汉武帝时曾一度降汉。

➤➤➤《齐民要术校释·种苜蓿第二十九》

玉烛宝典

《玉烛宝典》，北齐杜台卿著，为按月令排序记录古代礼仪及社会风俗的著作，共12卷。

杜台卿（生卒年不详），字少山，博陵曲阳（今属河北保定）人。

二月

尽二月上，可种瓜、瓠、芥、葵、韭、大小葱（夏葱曰小，冬葱曰大）。藜蘈、牧宿子及杂蒜、芋（今案《说文》曰：芋，大叶，实根，骜人者也，故谓之芋草。于声《字林》曰：芋，葬也，王句反。《史记》卓王孙曰：岷山之下有凌野。匡曰：供有嘉菜，于是日满。孔晁注云：嘉，善也。谓蘆芋之属牧宿或作苜，曾名作目宿，今古字并通也可）。

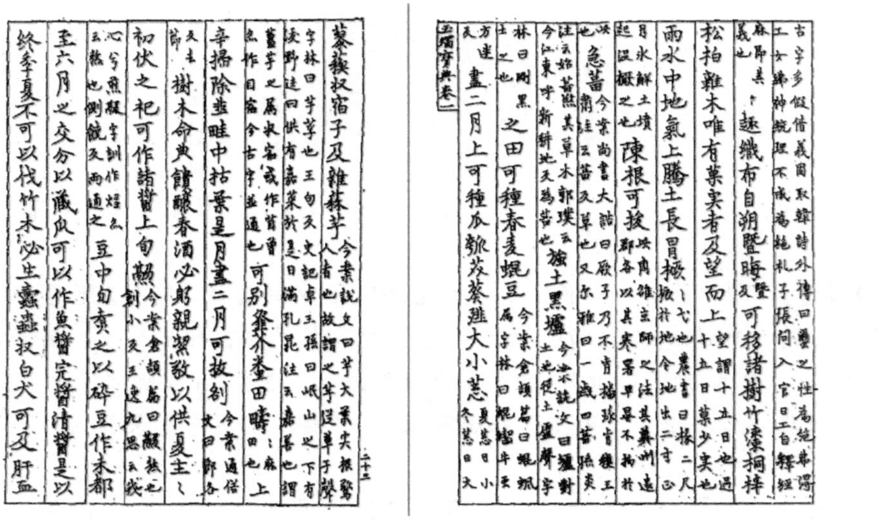
古字多假借義固取韓詩外傳曰蠶之性爲絲弗得工女縑神絖理不成爲絲札子張問入官曰工自釋經
義也麻即其々趣織布自朔暨晦暨及可移諸樹竹漆桐梓
松柏雜木唯有葉實者及望而上望謂十五日也過十五日葉少實也
雨水中地氣上騰土長冒橛橛々弋也農書曰椓二尺埋於地令地出二寸正
月冰解土墳起沒橛之也陳根可拔陝東郡各以其寒暑早晚不拘於陝角雖京師之法其冀州遠
陝也急菑今案尚書大誥曰厥子乃不肯播鄭注云菑反草也又尓雅曰一歲曰菑
注云始菑煞其草木郭璞云今江東呼新耕地反爲菑也強土黑壚今案說文曰壚黑土也從土盧聲
林曰剛黑土之也之田可種春麥䖵豆今案倉頡篇曰䖵豍屬字林曰䖵豍
方逮反盡二月上可種瓜瓠芥葵韭大小葱夏葱曰小冬葱曰大
玉燭寶典卷一

藜蘈牧宿子及雜蒜芋今案說文曰芋大葉實根駭人者也故謂之芋
字林曰芋葬也王句反史記卓王孫曰岷山之下有淩野匡曰供有嘉菜於是日滿孔晁注云嘉善也謂
藘芋之屬牧宿或作苜蓿名作目宿今古字並通也可別䪥芥薹田疇疇田也麻上
辛掃除韭畦中枯葉是月盡二月可拔剝今案通俗文曰郎各
反主節樹木命典饋釀春酒必躬親絜敬以供夏主々
初伏之祀可作諸醬上旬鬻今案倉頡篇曰鬻熬也
心兮煮擬字訓作焬炙云熬也側鈍反兩通之豆中旬煑之以碎豆作末都
至六月之交分以藏瓜可以作魚醬完醬清醬是以
終季夏不可以伐竹木必生蠹蟲叔白犬可及肝血
二十三

➤➤➤《玉烛宝典·卷一·二月》

七月

是月也，可种芜菁及芥、牧宿、大小葱子、小蒜、胡葱、别韭、藏韭、菁，刈刍茭。

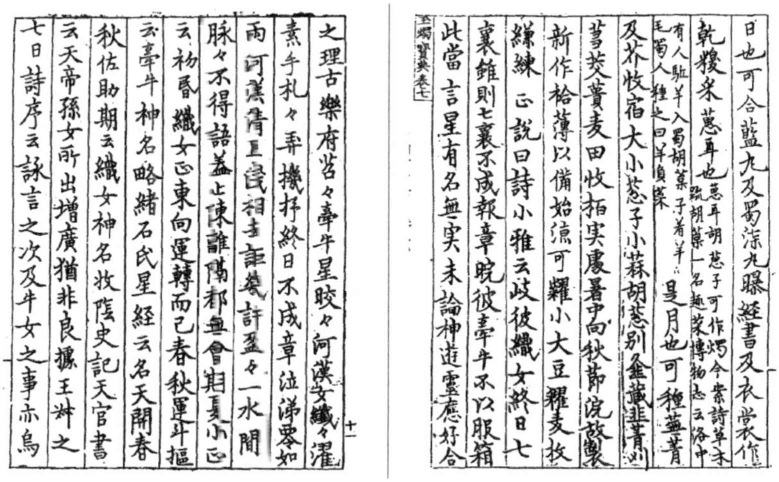

玉燭寶典卷七

日也可合藍丸及蜀漆丸服經書及衣裳作
乾糗采葸耳也葸耳胡葸子可作燭今案詩草木疏胡葸一名趣菜博物志云洛中有人駈羊入蜀胡葸子著羊毛蜀人種之曰羊負菜是月也可種蕪菁
及芥牧宿大小葱子小蒜胡葱別薤藏韭菁以
蔓菁々黄麦田收柘實處暑中向秋節浣故製
新作袷薄以備始涼可糶小大豆糴麦收
縑練 正說曰詩小雅云跂彼織女終日七
襄雖則七襄不成報章睆彼牽牛不以服箱
此當言星有名無實未論神遊靈應好合

之理古樂府迢々牽牛星皎々河漢女纖々濯
素手札々弄機杼終日不成章泣涕零如
雨河漢清且淺相去詎幾許盈々一水間
脉々不得語蓋止陳離隔都無會期夏小正
云初昏織女正東向運轉而已春秋運斗樞
云牽牛神名略緒石氏星經云名天開春
秋佐助期云織女神名收陰史記天官書
云天帝孫女所出增廣猶非良據王逸之
七日詩序云詠言之次及牛女之事亦烏

十一

➤➤➤《玉烛宝典·卷七·七月》

四时纂要

《四时纂要》，唐末五代初期韩鄂（一作谔）撰，逐月列举应做的主要农事，对农村居民的生产活动及后世农家历的编纂有较大影响。

韩鄂（生卒年不详），唐末五代时农学家。

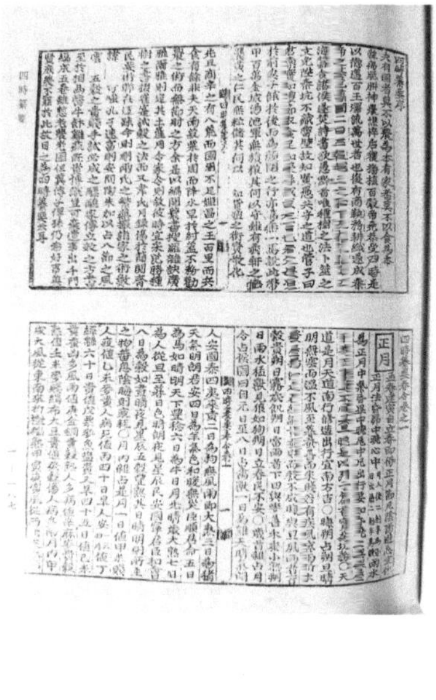

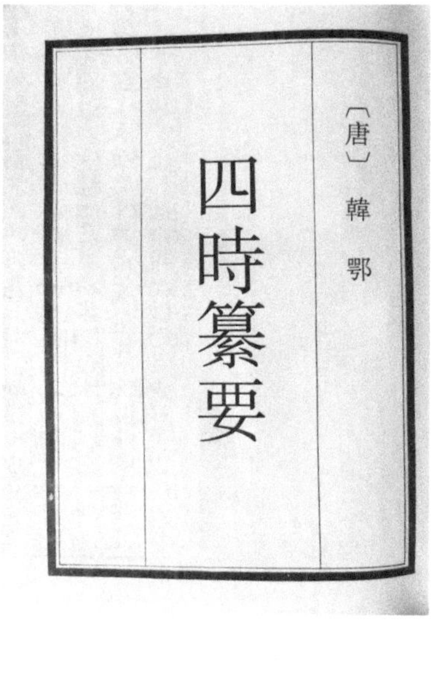

〔唐〕韓鄂

四時纂要

杂事

命女工织绸绢。草茂，烧蓼灰。染绀、青杂色。收芥子（中秋后种）、收花药子（便种之）、收李核（便种之）、收苜蓿、收槐花（曝干）。

➤➤➤《四时纂要·卷三·六月》

种苜蓿

畦种，一如韭法，亦剪一遍，加粪，耙起，水浇。

➤➤➤《四时纂要·卷四·七月》

苜蓿

苜蓿若不作畦种，即和麦种之不妨，一时熟。

➤➤➤《四时纂要·卷四·八月》

烧苜蓿

苜蓿之地，此月烧之，讫二年一度，耕垅外，根斩，覆土掩之，即不衰。

凡苜蓿，春食，作干菜，至益人。紫花时，大益马。六月已后，勿用喂马，马吃著蛛网，吐水损马。

是月燒荒正月開之○漑冬葵汲水澆之有雪即不用○燒苜蓿苜蓿之地此月燒之訖二年一度耕壠外根斬覆土掩之即不衰凡苜蓿春食作乾菜至益人紫花時大益馬六月已後勿用餵馬馬喫著蛛網吐水損馬○掃蔥去其枯葉不去則至春不茂○嫁果樹同正月○瘞果栽貯桃李之核此月瘞之至春深芽生出後移之○劚樹栽此月為佳斫桑樹剝桑皮此月為上時○斬楮取皮此月為上時四月為中時非此兩月即枯死至正月燒之○屠蘇酒大黃蜀椒桔梗桂心防風各半兩白朮虎杖各一兩烏頭半分右八味剉以絳囊貯歲除日薄晚掛井中令至泥正旦出之和囊浸於酒中東向飲之從少起至大逐人各

➤➤➤《四时纂要·卷四·十二月》

【简注】 缪启愉释。从“紫花”可知《纂要》所说是紫花苜蓿（*Medicago sativa*），耐寒、耐旱，栽培于北方，即张骞通西域后引种进来。另有黄花苜蓿（*M. falcata*）（注：可能是 *M. hispida*），在南方栽培，亦名南苜蓿，现在逐渐向徐汇地区拓展。

➤➤➤《四时纂要校释》

【按】缪先生此处南苜蓿学名应为 *M. hispida* 或 *M. denticulate*。

全芳备祖

《全芳备祖》，宋陈景沂撰，花谱类著作，专辑植物（特别是栽培植物）资料，故称“芳”。

陈景沂（生卒年不详），号愚一子、肥遯子，宋台州（今属浙江）人。

决明

事实祖。

碎录。决明，夏初生苗，根带紫色，叶似苜蓿。至六七月有花，黄、白，其子作穗，似青菉豆（《本草》）。

杂著。决明，嘉蔬也，食之能决去眼昏，以益其明（杜诗注）。

苜蓿

事实祖。

碎录。北人甚重，江南人不甚食，以其无味也（《本草》）。

纪要。大宛马嗜苜蓿，汉使张骞因采葡萄、苜蓿种归（《博物志》）。闽川长溪县薛令之登第，开元中，为东宫侍读官。作苜蓿诗以自叹，玄宗至东宫见其诗，举笔续云：啄木嘴距长，凤凰毛羽短。若嫌松桂寒，任逐桑榆暖。薛遂谢病归（坡诗注）。

赋咏祖。

五言散句：秋山苜蓿多（杜）。

七言散句：天马常衔苜蓿花（李白）。宛马总肥春苜蓿，还同楚客咏江蓠（李商隐）。

五言古诗：朝日上团团，照见先生盘。盘中何所有？苜蓿长阑干。饭涩匙难绾，羹稀箸觉宽。只宜谋旦夕，何由保岁寒（薛令之）。

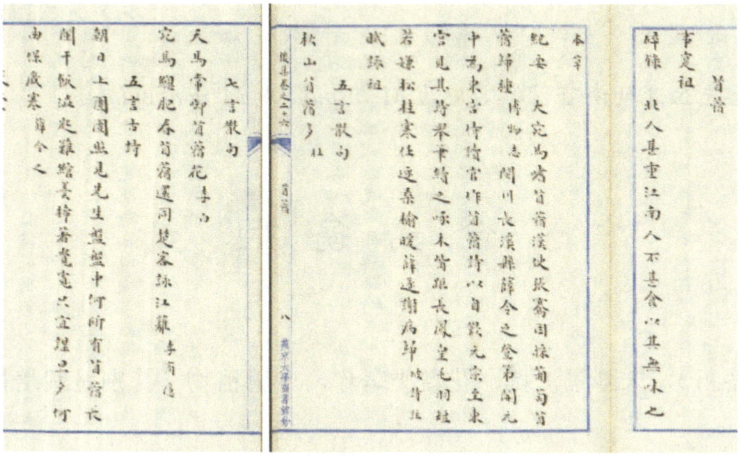
苜蓿
事類祖
碎錄 北人甚重江南人不甚食以其無味之
本草
紀要 大宛馬嗜苜蓿漢使張騫因採葡萄苜
蓿歸種 博物志 閑川長濱排薛令之登第閑元
中爲東宮侍讀官作苜蓿詩以自嘆元宗幸東
宮見其詩索筆續之啄木觜距長鳳凰毛羽短
若嫌松桂寒任逐桑榆暖薛遂謝病歸
賦詠祖
五言散句
秋山苜蓿多 杜
七言散句
天馬常銜苜蓿花 李白
宛馬總肥春苜蓿還同楚客詠江蘺 李商隱
五言古詩
朝日上團團照見先生盤盤中何所有苜蓿長
闌干飯澁匙難綰羹稀箸覺寬只宜謀旦夕何
由保歲寒 薛令之

➤➤➤《全芳备祖·卷二十六·蔬部》

种艺必用及补遗

《种艺必用及补遗》，宋吴怿撰，元张福补遗，为摘抄前人著作中农业技术等的

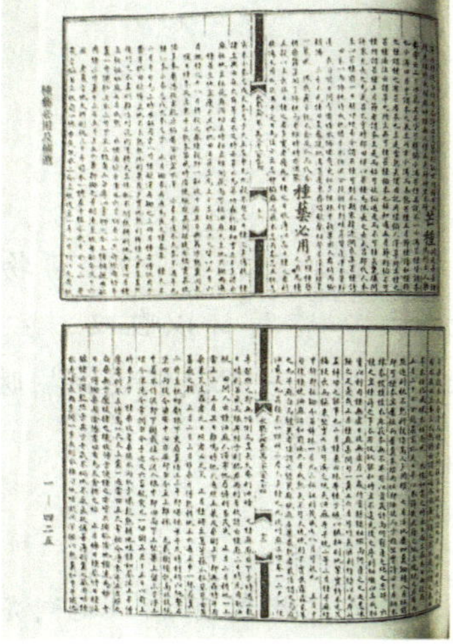

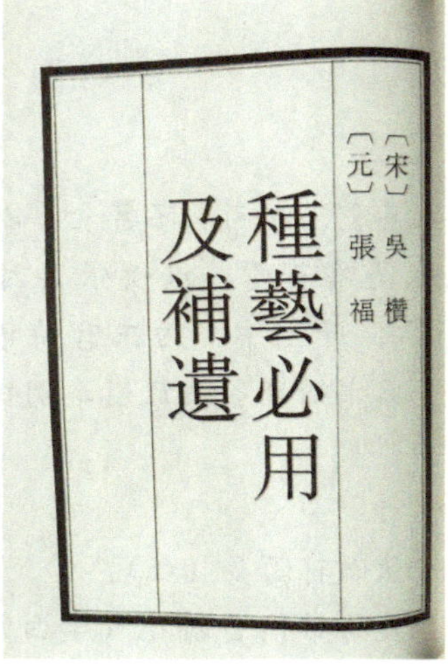
〔宋〕吳懌
〔元〕張福
種藝必用
及補遺

农书。

吴怿，生平不详。

正月

正月、二月耕地，一工当五工。正月旦日鸡鸣时，把火遍照五果及桑树上下，即无虫。时年有桑果灾生虫者，元日照着必免灾。

正月种豍豆、葱、芋、蒜、瓜、葵、蓼、苜蓿、蔷薇之类。

➤➤➤《种艺必用及补遗》

寿亲养老新书

《寿亲养老新书》，宋陈直撰，后人又有增补，是详述修身养性、药物与食治调理、按摩腧穴等内容的一部中医养生图书。

陈直（生卒年不详），曾为泰州兴化（今之江苏省兴化市）县令。

苜蓿

择肥地斫令熟，作垄种之，极益人。还须从一头剪，每剪加粪，锄土拥之。

➤➤➤《养老奉亲书·卷之三·种植》

农 桑 辑 要

《农桑辑要》，元大司农司编纂，参加编写、修订或补充的有孟祺、畅师文、苗好谦等。7卷，分别论述各种作物的栽培及家畜、家禽、鱼、蚕、蜂的饲养。

司农司，中国元朝掌管劝课农桑、水利、乡学、义仓诸事的中央官署。

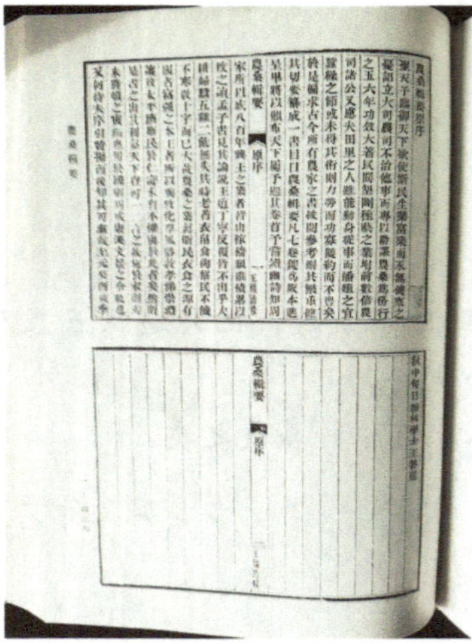

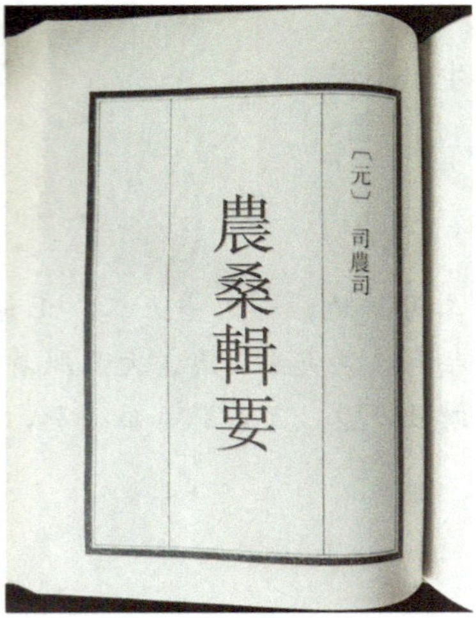
〔元〕司農司
農桑輯要

苜蓿

《齐民要术》：地宜良熟，七月种之。畦种水浇，一如韭法（亦一剪一上粪，铁杷耧土令起，然后下水）。一年三刈。留子者，一刈则止。春初既中生啖，为羹甚香。长宜饲马，马尤嗜之。此物长生，种者一劳永逸。都邑负郭，所宜种之。

崔寔曰：七月、八月，可种苜蓿。

《四时类要》：苜蓿，若不作畦种，即和麦种之不妨。

烧苜蓿之地，十二月烧之讫，二年一度。耕垄外根，即不衰。凡苜蓿，春食，作干菜，至益人。

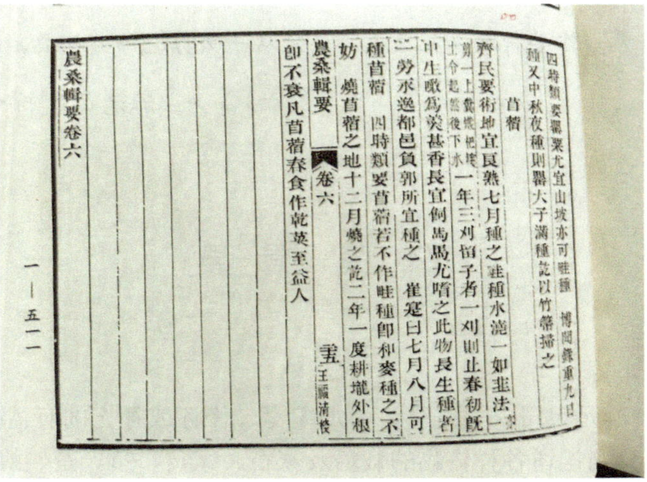
四時類要罌粟尤宜山坡亦可畦種 博聞錄重九日
種又中秋夜種則罌大子滿種訖以竹帚掃之
苜蓿
齊民要術地宜良熟七月種之畦種水澆一如韭法亦一剪一上糞鐵杷耬土令起然後下水一年三刈留子者一刈則止春初既
中生噉爲羹甚香長宜飼馬馬尤嗜之此物長生種者
一勞永逸都邑負郭所宜種之 崔寔曰七月八月可
種苜蓿 四時類要苜蓿若不作畦種即和麥種之不
妨 燒苜蓿之地十二月燒之訖二年一度耕壠外根
即不衰凡苜蓿春食作乾菜至益人
農桑輯要 卷六
農桑輯要卷六
一一五一一

➤➤➤《农桑辑要·卷六·药草》

四时类要

六月，命女工织绸绢，收荞子（中秋后种），收花药子（便种之），收李核（便种），收苜蓿，收槐花（曝干），斫竹（此月及八月不蛀），沤麻，晒毡褥、书、裘，种小蒜（同七月）、萝卜。

➤➤➤《农桑辑要·卷七·岁用杂事》

王祯农书

《王祯农书》，元王祯撰，大型综合性农书，分 3 部分，涉及农桑通诀、百谷谱和农器图谱。

王祯（1271 ～ 1368 年），字伯善，元代东平（今山东东平）人，元农学家，活版印刷术的改进者。

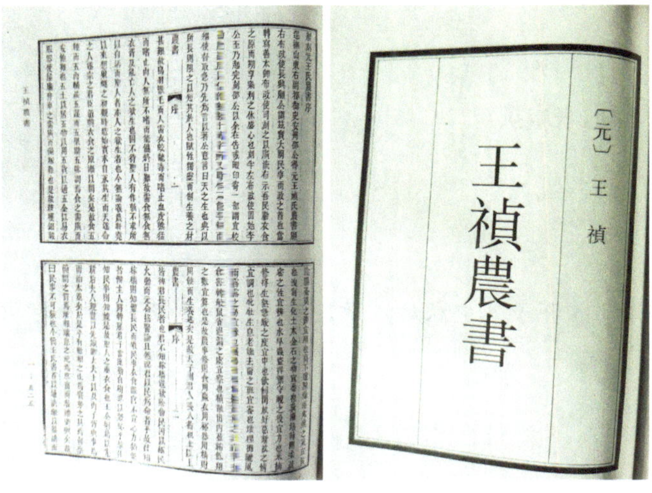

授时指掌活法之图（苜蓿农事）

月份	节气	物候	农事操作
正月 孟春	立春节 雨水中	东风解冻、蛰虫始振、鱼上冰、獭祭鱼、候雁北、草木萌动	修农具、粪田、耕地、嫁树、烧苜蓿、烧荒、葺园庐、垄瓜田、修种诸果木、栽榆柳、织箔

➤➤➤《王祯农书·农桑通诀集之一·授时尺图》

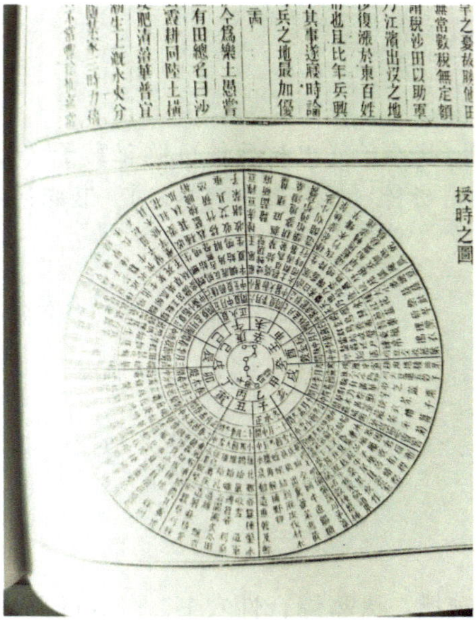

➤➤➤《王祯农书·农桑通诀集之一·授时尺图》

田家历

《田家历》，元俞宗本撰。

俞宗本，生平不详。

六月

命女工织绸绢，收芥子（中秋后）、收花药子（便种之）、收李核（便种）、收苜蓿、收槐花（曝干）。

➤➤➤《田家历》

善俗要义

《善俗要义》，元王结撰，33条为1卷，共6卷。

王结（1275～1336年），字仪伯，易州定兴（今属河北保定）人，官至中书左丞。

九曰治园圃

谷麦充饥，蔬菜助味，皆民生日用不可阙者。昔龚遂守渤海，劝民每口种薤百本、葱五十本、韭一畦，及课农桑、畜牧之事，吏民渐皆富实。张忠定公为崇阳令，遏农夫买菜出城者，执而笞之，谕使自种。今农民虽务耕桑，亦当于近宅隙地种艺蔬菜，省钱转卖。且韭之为物，一种即生，力省味美，尤宜多种。其余瓜、茄、葱、蒜等物，随宜栽植，少则自用，多则货卖。如地亩稍多，人力有余，更宜种芋及蔓菁、苜蓿，此物收数甚多，不唯滋助饮食，又可以救饥馑、度凶年也。

➤➤➤《善俗要义》

多能鄙事

《多能鄙事》，明初刘基撰，分 11 个门类收录了人们日常生活必备知识。

刘基（1311 ～ 1375 年），明初著名开国大臣，字伯温，浙江青田人，辅佐明太祖朱元璋平定天下，官至御史中丞，兼太史令，封诚意伯。

种苜蓿

七月种之。畦种水浇，悉如韭法，一剪一上粪，耙搂立起，然后下水。每至正月，烧去枯叶、地液，即搂，更斫劚其科土，则不瘦。一年三刈，其留子者，一刈即止。此物长生，种不必再，尤宜食。

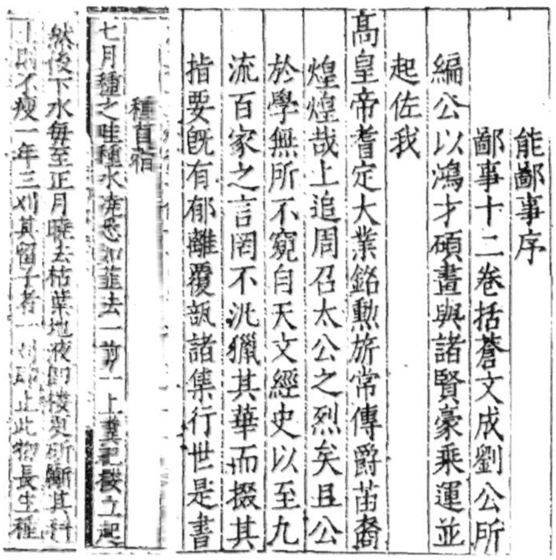
能鄙事序
鄙事十二卷括蒼文成劉公所
編公以鴻才碩畫與諸賢豪乘運並
起佐我
高皇帝耆定大業銘勳旂常傳爵苗裔
煌煌哉上追周召太公之烈矣且公
於學無所不窺自天文經史以至九
流百家之言罔不洮獵其華而掇其
指要旣有郁離覆瓿諸集行世是書

種苜蓿
七月種之畦種水澆悉如韭去一剪一上糞耙樓立起
然後下水每至正月燒去枯葉地液即樓更斫斸其科
土則不瘦一年三刈其留子者一刈即止此物長生種

➤➤➤《多能鄙事・农圃类》

农书

救荒本草

《救荒本草》，明朱橚撰，是一部专讲地方性植物并结合食用方面内容的以救荒为主的植物志，全书分上下两卷，记载植物 414 种，每种都配有精美的木刻插图。

朱橚（1361 ～ 1425 年），安徽凤阳人，明太祖朱元璋第五子，明成祖朱棣的胞弟。洪武三年（1370 年）封吴王，洪武十一年（1378 年）改封为周王，十四年（1381 年）就藩开封。

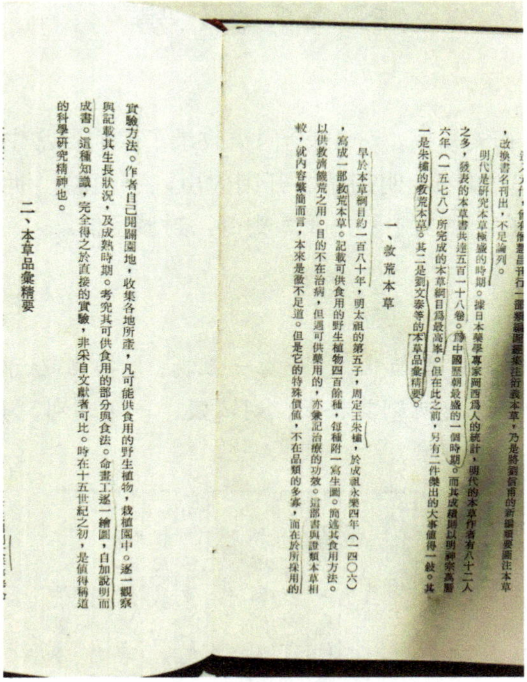
曾有僞書刊行一部類編圖經集注衍義本草，乃是將劉信甫的新編類要圖注本草，改換書名刊出，不足論列。

明代是研究本草極盛的時期。據日本藥學專家岡西爲人的統計，明代的本草作者有八十二人之多，發表的本草書共達五百一十八卷。爲中國歷朝最盛的一個時期。而其成績則以明神宗萬曆六年（一五七八）所完成的本草綱目爲最高峯。但在此之前，另有二件傑出的大事値得一敍。其一是朱橚的救荒本草。其二是劉文泰等的本草品彙精要。

一、救荒本草

早於本草綱目約一百八十年，明太祖的第五子，周定王朱橚，於成祖永樂四年（一四〇六），寫成一部救荒本草。記載可供食用的野生植物四百餘種，每種附一寫生圖。簡述其食用方法。以供救濟饑荒之用。目的不在治病，但遇可供藥用的，亦兼記治療的功效。這部書與證類本草相較，就內容繁簡而言，本來是微不足道。但是它的特殊價値，不在品類的多寡，而在於所採用的實驗方法。作者自己開闢園地，收集各地所產，凡可能供食用的野生植物，栽植園中。逐一觀察與記載其生長狀況，及成熟時期。考究其可供食用的部分與食法。命畫工逐一繪圖，自加說明而成書。這種知識，完全得之於直接的實驗，非采自文獻者可比。時在十五世紀之初，是値得稱道的科學研究精神也。

二、本草品彙精要

草零陵香

又名芫香，人家园圃中多种之。叶似苜蓿叶，而长大微尖，茎叶间开小淡粉紫花，作小短种，其子小如粟粒。苗叶味微苦，性平。

救饥：采苗叶炸熟，换水淘净，油盐调食。

治病：今人遇零陵香缺，多以此物代用。

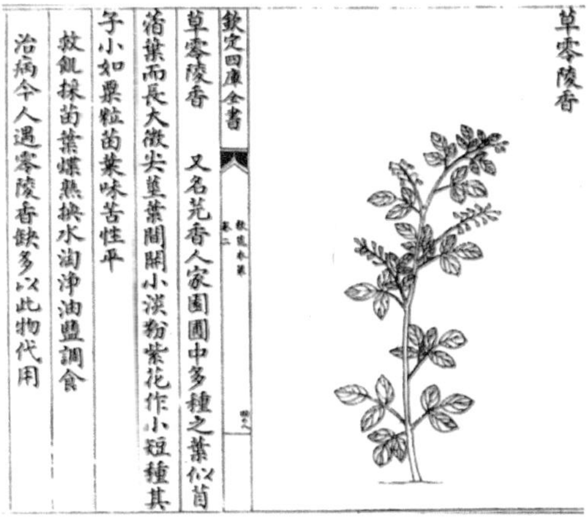
草零陵香
欽定四庫全書
救荒本草 卷二
草零陵香　又名芫香人家園圃中多種之葉似苜
蓿葉而長大微尖莖葉間開小淡粉紫花作小短穜其
子小如粟粒苗葉味苦性平
救飢　採苗葉煠熟換水淘淨油鹽調食
治病　今人遇零陵香缺多以此物代用

➤➤➤《救荒本草·卷二·草部》

小虫儿卧草

一名铁线草，生田野，苗搨地生，叶似苜蓿叶而极小，又似鸡眼草叶亦小，其茎色红，开小红花，苗味甜。

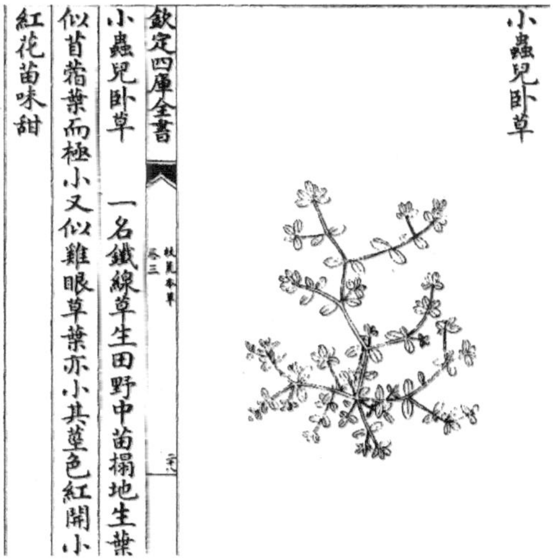
小蟲兒臥草
欽定四庫全書
救荒本草 卷三
小蟲兒臥草　一名鐵線草生田野中苗搨地生葉
似苜蓿葉而極小又似雞眼草葉亦小其莖色紅開小
紅花苗味甜

➤➤➤《救荒本草·卷三·草部》

铁扫帚

生荒野中，就地丛生。一本二三十茎，苗高三四尺。叶似苜蓿叶而细长，又似细叶胡枝子叶亦短小，开小白花，其叶味苦。

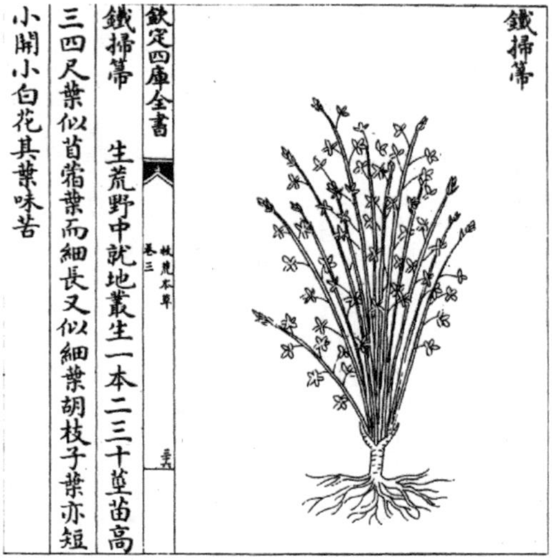
欽定四庫全書　救荒本草　卷三

鐵掃箒　生荒野中就地叢生一本二三十莖苗高三四尺葉似苜蓿葉而細長又似細葉胡枝子葉亦短小開小白花其葉味苦

➤➤➤《救荒本草·卷三·草部》

胡枝子

俗亦名随军茶，生平泽中。有二种，叶形有大小。大叶者，类黑豆叶；小叶者，茎类蓍草，叶似苜蓿叶而长大。花色有紫、白。结子如粟，粒大，气味与槐相类，性温。

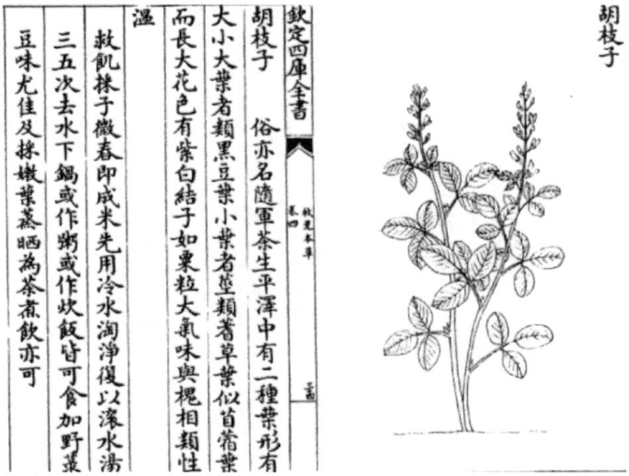
欽定四庫全書　救荒本草　卷四

胡枝子　俗亦名隨軍茶生平澤中有二種葉形有大小大葉者類黑豆葉小葉者莖類蓍草葉似苜蓿葉而長大花色有紫白結子如粟粒大氣味與槐相類性温

救饑採子微舂即成米先用冷水淘淨復以滚水湯三五次去水下鍋或作粥或作炊飯皆可食加野菉豆味尤佳及採嫩葉蒸晒為茶煮飲亦可

➤➤➤《救荒本草·卷四·草部》

野豌豆

生田野中，苗初就地，拖秧而生，后分生茎叉，苗长二尺余，叶似胡豆，叶稍大，又似苜蓿叶亦大，开淡粉紫花，结角似家豌豆角，但秕（音比）小，味苦。

救饥：采角煮食，或收取豆煮食，或磨面制造食用，与家豆同。

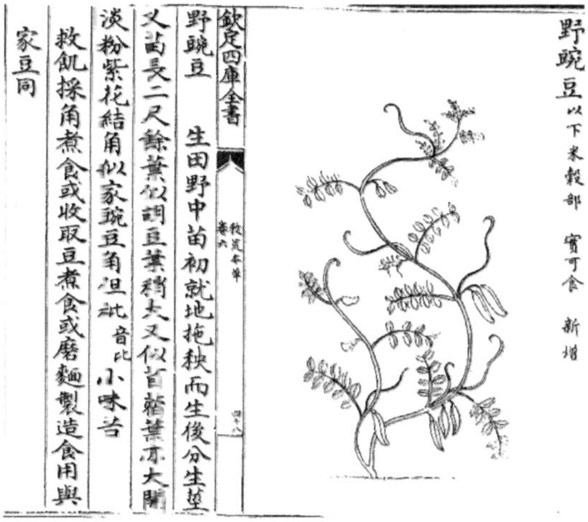
野豌豆 以下米穀部 實可食 新增

欽定四庫全書 救荒本草 卷六

野豌豆　生田野中苗初就地拖秧而生後分生莖又苗長二尺餘葉似胡豆葉稍大又似苜蓿葉亦大開淡粉紫花結角似家豌豆角但秕音比小味苦

救飢採角煮食或收取豆煮食或磨麵製造食用與家豆同

➤➤➤《救荒本草・卷六・米谷部・实可食》

山扁豆

生田野中，小科苗高一尺许，稍叶似蒺藜叶微大，根叶比苜蓿叶颇长，又似初生豌豆叶。开黄花，结小扁角儿，味甜。

【救饥】采嫩角炸食，其豆熟时，收取豆煮食。

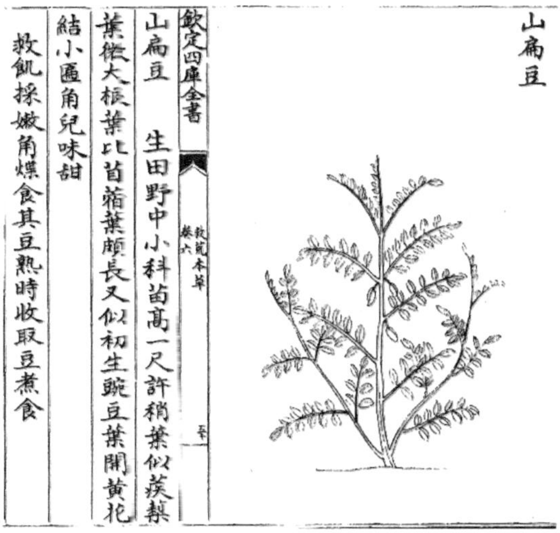
山扁豆

欽定四庫全書 救荒本草 卷六

山扁豆　生田野中小科苗高一尺許稍葉似蒺藜葉微大根葉比苜蓿葉頗長又似初生豌豆葉開黃花結小匾角兒味甜

救飢採嫩角煠食其豆熟時收取豆煮食

➤➤➤《救荒本草・卷六・木部・实可食》

苜蓿

出陕西，今处处有之。苗高尺余，细茎，分叉而生，叶似锦鸡儿，花叶微长，又似豌豆叶颇小，每三叶攒生一处。梢间开紫花。结弯角儿，中有子如黍米大，腰子样。味苦，性平，无毒。一云微甘淡，一云性凉。根寒。

救饥：苗叶嫩时，采取炸食。江南人不甚食，多食利大小肠。

治病：文具《本草》菜部条下。

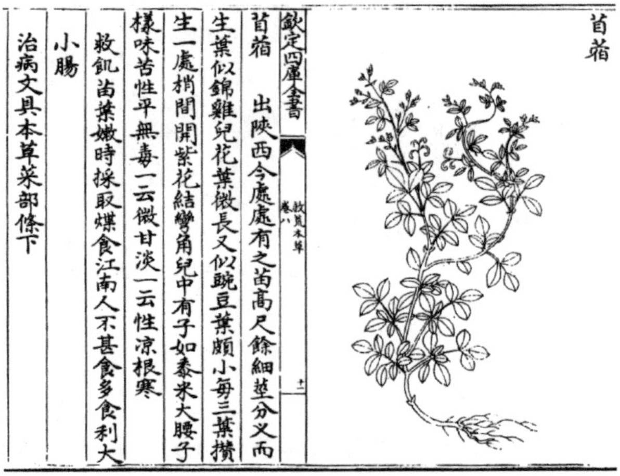

欽定四庫全書　救荒本草 卷八

苜蓿　出陝西今處處有之苗高尺餘細莖分叉而生葉似錦雞兒花葉微長又似豌豆葉頗小每三葉攢生一處梢間開紫花結彎角兒中有子如黍米大腰子樣味苦性平無毒一云微甘淡一云性涼根寒

救飢苗葉嫩時採取煠食江南人不甚食多食利大小腸

治病文具本草菜部條下

➤➤➤《救荒本草 • 卷八 • 菜部》

【简注】 苜蓿。《别录》上品，《衍义》云："苜蓿，唐李白诗云，天马常衔苜蓿花，是此。陕西甚多，饲牛马，嫩时人兼食之，微甘淡，不可多食，利大小肠。有宿根，刈讫又生"。苜蓿为张骞从西域带回，有黄花、紫花两种，黄花苜蓿为豆科植物 *Medicago falcate* L.，本书开紫花者为同属植物苜蓿 *M. sativa* L.。《农政》卷五十八云："尝过，嫩时恒蔬"。

➤➤➤《救荒本草 • 卷八 • 菜部》（[明] 朱橚 . 救荒本草校释与研究 . 王家葵，张瑞贤，李敏校注，2007.）

群芳谱

《群芳谱》，明王象晋撰，30 卷，论述蔬果、茶、药、花木等物，全名为《二如

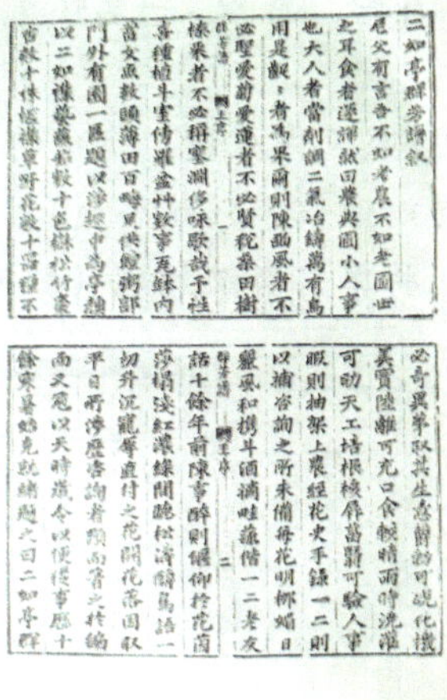

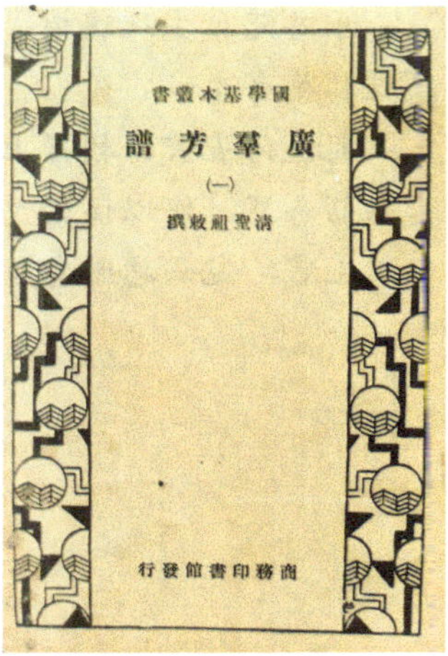

堂群芳谱》。

王象晋（1561 ～ 1653 年），字荩臣、子进，又字三晋，自号名农居士。文人、官吏、农学家，旁通医学。新城（今属山东）人。

卉谱

苜蓿，一名木粟，一名怀风，一名光风草，一名连枝草。张骞自大宛带种归，今处处有之。苗高尺余，细茎分叉而生。叶似豌豆颇小，每三叶攒生一处，梢间开紫花。结弯角，中有子，黍米大，状如腰子。三晋为盛，秦、鲁次之，燕、赵又次之，江南人不识也。味苦，平，无毒。安中，利五脏，洗脾胃间诸恶、热毒。

种植。夏月取子，和荞麦种。刈荞时，苜蓿生根，明年自生，止可一刈，三年后便盛。每岁三刈，欲留种者，止一刈，六七年后垦去根，别用子种。若效两浙种竹法，每一亩今年半去其根，至第三年去另一半，如此更换，可得长生，不烦更种。若垦后次年种谷，必倍收，为数年积叶坏烂，垦地复深，故今三晋人刈草三年即垦作田，亟欲肥地种谷也。

制用。叶嫩时炸作菜，可食，亦可作羹。忌同蜜食，令人下利。采其叶，依蔷薇露法蒸取，馏水甚芬香。开花时，刈取喂马、牛，易肥健，食不尽者，晒干，冬月剉喂。

疗治。热病烦满，目黄赤，小便黄，捣汁一升顿服，吐利即愈。沙石淋痛，捣汁煎饮。

典故。宛左右以蒲萄为酒，富人藏酒至万余石，久者数十岁不败。俗嗜酒，马嗜苜蓿。汉使取其实来，于是天子始种苜蓿、蒲萄肥饶地。及天马多，外国使来众，则离宫别观傍尽种苜蓿、蒲萄极望（《史记·大宛列传》）。

世祖初，令各社布种苜蓿，防饥年（《元史·食货志》）。

乐游苑自生玫瑰树，下多苜蓿。苜蓿，一名怀风，或谓光风草，其间常萧然自照，风过其花有光采。

丽藻诗五言。朝日上团团，照见先生盘。盘中何所有，苜蓿长阑干。饭涩匙难绾，羹稀筋易宽。何以谋朝夕，何以保岁寒（薛令之）。

七言。宛马总肥春苜蓿，将军只数汉嫖姚（杜甫）。

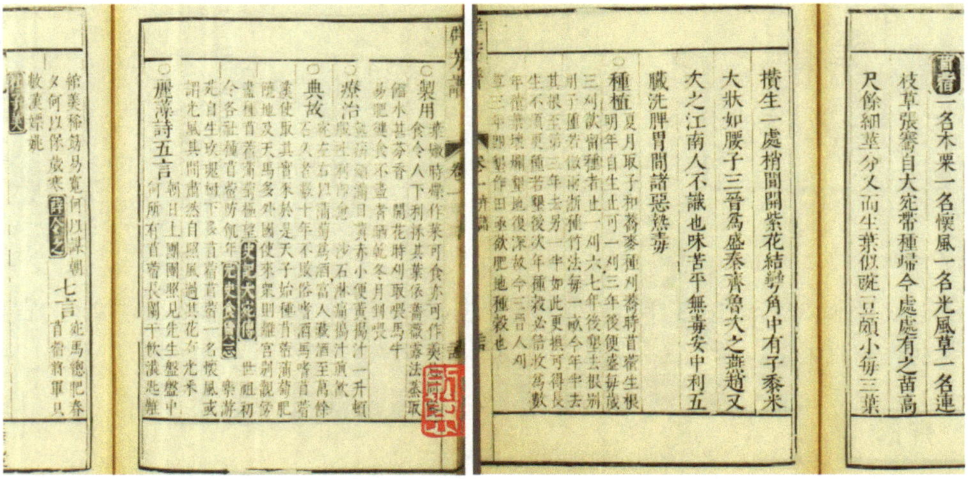
苜蓿 一名木栗一名懷風一名光風草一名連枝草張騫自大宛帶種歸今處處有之苗高尺餘細莖分叉而生葉似豌豆頗小每三葉攢生一處梢間開紫花結彎角中有子黍米大狀如腰子三晉爲盛秦齊魯次之燕趙又次之江南人不識也味苦平無毒安中利五臟洗脾胃間諸惡熱毒

種植 夏月取子和蕎麥種刈蕎時苜蓿生根明年自生止可一刈三年後便盛每歲三刈欲留種者止一刈六七年後墾去根別用子種若效兩浙種竹法每一畝今年半去其根至第三年去另一半如此更換可得長生不須更種若墾後次年種穀必倍收爲數年積葉壞爛墾地復深故今三晉人刈草三年即墾作田亟欲肥地種穀也

製用

療治

典故

麗藻 詩五言 朝日上團團照見先生盤盤中何所有苜蓿長闌干飯澀匙難綰羹稀筯易寬何以謀朝夕何以保歲寒（薛令之）

七言 宛馬總肥春苜蓿將軍只數漢嫖姚

➤➤➤《群芳谱·第二十二册》

【简注】 苜蓿（《名医别录》）、苜蓿根（《唐本草》），学名：*Medicago sativa*。

历史：《群芳谱》中云“苜蓿，苗高尺余，细茎，分叉而生，叶似豌豆，每三叶生一处，梢间开紫花，结弯角，有子黍米大，状如腰子。三晋为盛，秦、齐、鲁次之”，燕、赵又次之，江南人不识也。”按所说的苜蓿为紫花者，确为本种，与苜蓿正品黄花是不同的。

分布：东北、华北、西北、山东、江苏、浙江、江西、安徽、福建、湖北、广西、云南。

➤➤➤《新华本草纲要·苜蓿属》

农政全书

《农政全书》，明徐光启撰，徐光启逝世后，由陈子龙等整理编定，全书60卷，

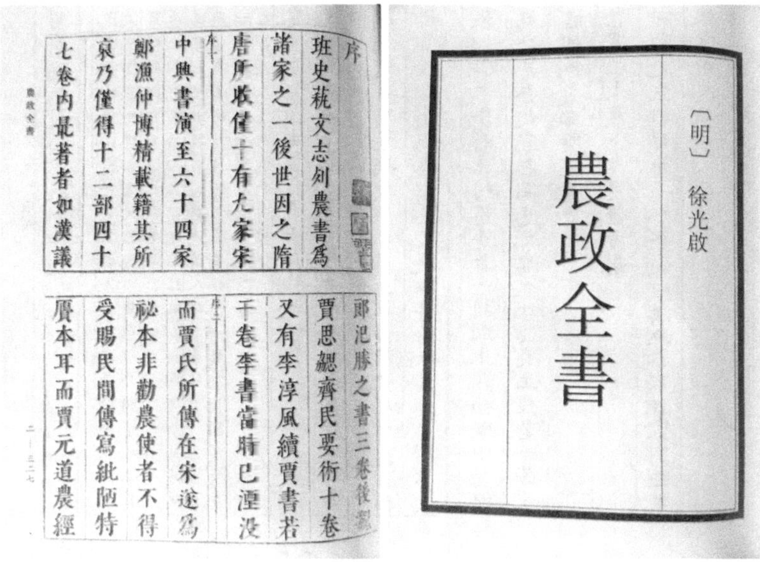
〔明〕徐光啟

農政全書

序

班史藝文志列農書爲諸家之一後世因之隋唐庫收僅十有九家宋中興書演至六十四家鄭漁仲博精載籍其所哀乃僅得十二部四十七卷內最著者如漢議郎氾勝之書三卷後魏賈思勰齊民要術十卷又有李淳風續賈書若干卷李書當時已湮沒而賈氏所傳在宋遂爲祕本非勸農使者不得受賜民間傳寫紕陋特贋本耳而賈元道農經

70 多万字，分为农本、田制、农事、水利等 12 门。

徐光启（1562 ～ 1633 年），字子先，号玄扈，上海人，明末杰出的科学家。

苜蓿

《尔雅翼》曰：“木粟”。言其米可炊饭也。郭璞作“牧宿”，谓其宿根自生，可饲牧牛马也。《汉书·西域传》曰：罽宾有苜蓿、大宛马。武帝时，得其马，汉使采苜蓿种归。陆机《与弟书》曰：张骞使外国十八年，得苜蓿归。《西京杂记》曰：乐游苑自生玫瑰树，下多苜蓿。苜蓿一名怀风，时人或谓光风草，风在其间萧萧然，日照其花有光采，故名怀风。茂陵人谓之连枝草。李时珍曰：二月生苗，一科（棵）数十茎。叶绿色。入夏及秋，开细黄花。结小荚，圆扁旋转，有刺。内有米如穄米，可为饭，亦可酿酒。

《齐民要术》曰：地宜良熟。七月种之。畦种水浇，一如韭法。玄扈先生曰：苜蓿，须先剪一，上粪。铁杷掘之，令起，然后下水。旱种者，重耧耩地，使垄深阔，窍瓠下子，批契曳之。每至正月，烧去枯叶、地液，辄耕垄，以铁齿䦆楱䦆楱之，更以鲁斫斸其科土，则滋茂矣。不尔，则瘦。一年三刈。留子者，一刈则止。春初既中生啖，为羹甚香。长宜饲马，马尤嗜之。此物长生，种者一劳永逸。都邑负郭，所宜种之。

崔寔曰：七月八月，可种苜蓿。

玄扈先生曰：苜蓿，七八年后，根满，地亦不旺。宜别种之。根亦中为薪。

苜蓿爾雅翼曰木粟言其米可炊飯也 郭璞作牧宿謂其宿根自生可飼牧牛馬也

漢書西域傳曰罽賓有苜蓿大宛馬武帝時得其馬漢使採苜蓿種歸陸機與弟書曰張騫使外國十八年得苜蓿歸西京雜記曰樂遊苑自生玫瑰樹下多苜蓿苜蓿一名懷風時人或謂光風草風在其間蕭蕭然日照其花有光彩故名懷風茂陵人謂之連枝草 李時珍曰二月生苗一科數十莖莖綠色入夏及秋開細黃花結小莢圓扁旋轉有刺內有米如穄米可為飯亦可釀酒

齊民要術曰地宜良熟七月種之畦種水澆一如韭法玄扈先生曰苜蓿須先剪一上糞鐵杷摇之令起然後下水 早種者重耬耩地使壟深潤竅瓠下子批契曳之每至正月燒去枯葉地液輒耕壟以鐵齒鍋楱鍋楱之更以魯斫斸其科土則滋茂矣不爾則瘦一年則三刈留子者一刈則止春初既中生噉為羹甚香長宜飼馬馬尤嗜之此物長生種者一勞永逸都邑負郭所宜種之

崔寔曰七月八月可種苜蓿

玄扈先生曰苜蓿七八年後根滿地亦不旺宜別種之根亦中為薪

➤➤➤《农政全书·卷之二十七·树艺》

苜蓿

出陕西，今处处有之。苗高尺余，细茎分叉而生。叶似锦鸡儿花叶微长，又似豌豆叶颇小，每三叶攒生一处。梢间开紫花，结弯角儿，中有子如黍米大，腰子样。味苦，性平，无毒。一云微甘，淡；一云性凉。根寒。

救饥：苗叶嫩时，采取炸食。江南人不甚食，多食利大小肠。

玄扈先生曰：尝过。嫩叶恒蔬。

苜蓿

苜蓿 出陝西今處處有之苗高尺餘細莖分叉而生葉似綿雞兒花葉微長又似豌豆葉頗小每三葉攢生一處稍間開紫花結彎角兒中有子如黍米大腰子樣味苦性平無毒一云微甘淡一云性涼根寒

救飢 苗葉嫩時採取煠食江南人不甚食多食利大小腸

玄扈先生曰嘗過嫩葉恒蔬

➤➤➤《农政全书·卷之五十八荒政·菜部》

徐光启全集

《徐光启全集》，当代学者朱维铮和李天纲主编的徐光启著作集，上海古籍出版社出版。

粪壅规则

真定人云每亩壅二三大车，问其粪，则秋时锄苜蓿、楂子，载回与六畜垫脚土积上田也。

山东东昌用杂粪，每亩一大车，约四十石，一壅肥三年，彼地薄故。

济南每亩用杂粪三小车，约十五六石，每年一壅。

➤➤➤《徐光启全集·北耕录》

【简注】 垫脚土：是指牲畜圈里经牲畜踩踏过的土与垃圾、粪尿等充分混合而成的一种厩肥。

养余月令

《养余月令》，明戴羲撰，分 12 个月列出农事，每月又分艺种、烹制、调摄、畜

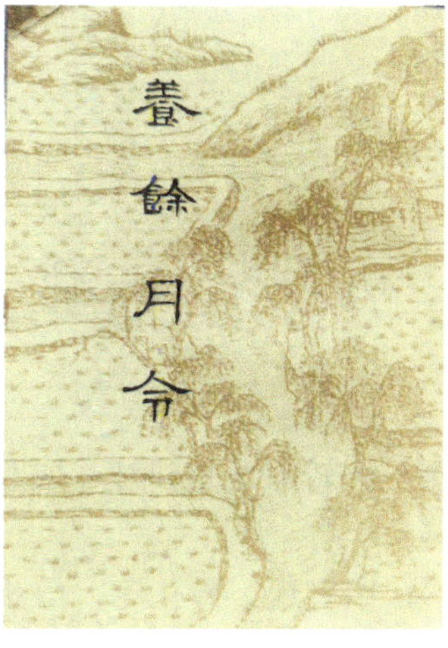

牧等细目。

戴羲，生平不详。

四月

苜蓿。是月取子,和荞麦种之。刈荞时,苜蓿生根,明年自生,三年极盛。留种者，每年止可一刈，或种二畦，以一畦今年一刈，柳为明年地，以一畦三刈。如此更换，可得长生，不须更种。

➤➤➤《养余月令·卷八》

畜牧。是月（注：四月）之后，天气渐燥，凡用牛者，役使困乏，气喘涎流。或放之山，或逐之水。牛困得水，动辄移时，毛窍塞脉，因而乏食，以致疾病。其放山者，筋力疲竭，频蹶而僵，仆往往有之。皆不善养者也。苜蓿花，刈取喂马牛，易肥健。食不尽者，晒干，冬月剉喂。

➤➤➤《养余月令·卷八》

秋七月

艺种。种苜蓿，地宜良熟，七月种。水浇，一如韭法，亦一剪一上粪，铁杷耧土令起，然后下水。旱种者，重耧耩地，使垄深阔，窍瓠下子，批契曳之。每至正月，烧去枯叶、地液，辄耕垄，以铁齿鎘楱鎘楱之，更砍斸其科土，则滋茂。不尔，瘦矣。一年三刈其苗，留子者，可一刈则止。春初既中生噉，为羹甚香美。偏宜饲马，马尤嗜之。此物长生，种者一劳永逸。都邑负郭，所宜种之（居家必用）。

➤➤➤《养余月令·卷十三》

新刻马书

《新刻马书》，明杨时乔撰，比较系统地讲述了古代中国马政问题及兽医方面的成就。

杨时乔（1531～1609年），字宜迁，号止庵，信州上饶（今属江西上饶）人。

青草部

木樨草，布种之草地。与葱韭之类同，割而复发。河南、河北多种之。其形，枝高、叶密。味甘、性凉、无毒。祛脏腹热，泻三焦火，生膘，和血，无不甚嘉。

➤➤➤《新刻马书·卷之一·养马法》

【简注】 木樨草，恐为苜蓿草。凡放牧。春月，诸群趁茂草劫膘。同陂牧放。至气候极暄，即各归棚。遇盛热大暑，于辰时上棚，迎风系行，打苜蓿、嫩草贴喂，至晚凉下棚。如云阴及气凉，更不上棚。凡值大风雨，即时上棚。若遇雪寒苦冷，即入暖棚，应上棚以白草、茭荳，依时喂秣，即当早、午、晚三时饮水。如大暑，酌度量加饮数。每遇饮马，就便看验有无病患，交点匹数。每三日次，专上棚、系行，作轮次抓洗口、鼻、眼目、胸膊。令兽医遍看口色，有病者灌啖，甚者，别槽医治。逐群每番轮，兵士四人当番，随群照管，不往往来，挨撵、搅拨、驱喝，无致群聚立卧，务要透风，以免承罨生病。若冬寒雪压草苗，不可放牧，即归监。

➤➤➤《新刻马书·卷之一·养马法·放牧》

野菜博录

《野菜博录》，明鲍山撰，论述野菜的食用和性状等内容。

鲍山，生平不详。

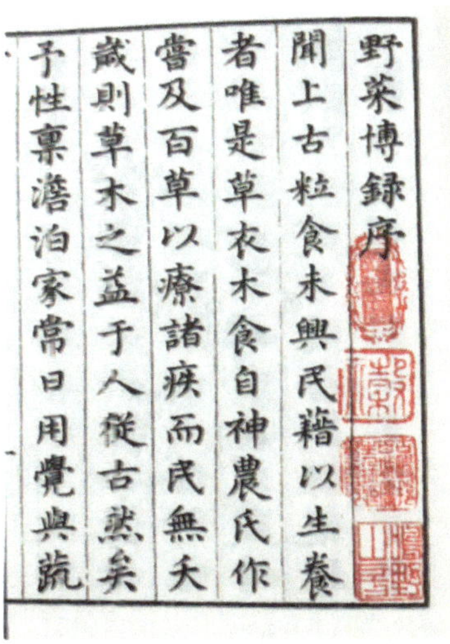
野菜博録序
聞上古粒食未興民藉以生養
者唯是草衣木食自神農氏作
嘗及百草以療諸疾而民無夭
歲則草木之益于人從古然矣
予性稟澹泊家常日用覺與蔬

小虫儿卧单

小虫儿卧单：一名铁线草，生田野中，苗搨地生，叶似苜蓿叶极小，其茎色红，开小红花，苗叶味甜。

食法：采苗叶炸熟，水浸淘净，油盐调食。

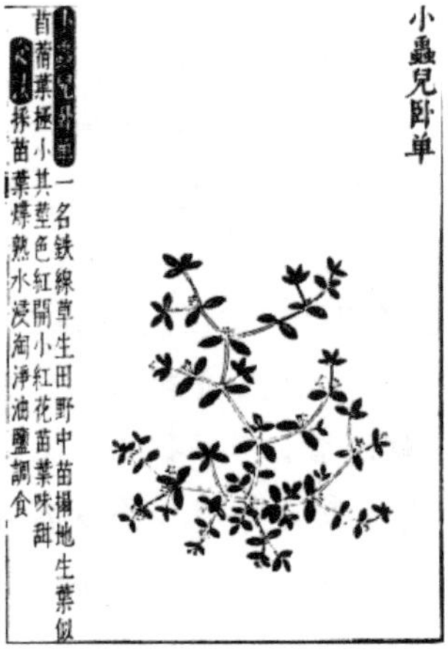

➤➤➤《野菜博录·卷一》

草零陵香

草零陵香：一名芫香，人家园圃中亦种之，叶似苜蓿，叶长微尖，茎叶间开淡粉紫花，作小短穗，其子小如粟粒，苗叶味苦，性平。

食法：采苗叶炸熟，换水淘净，油盐调食。

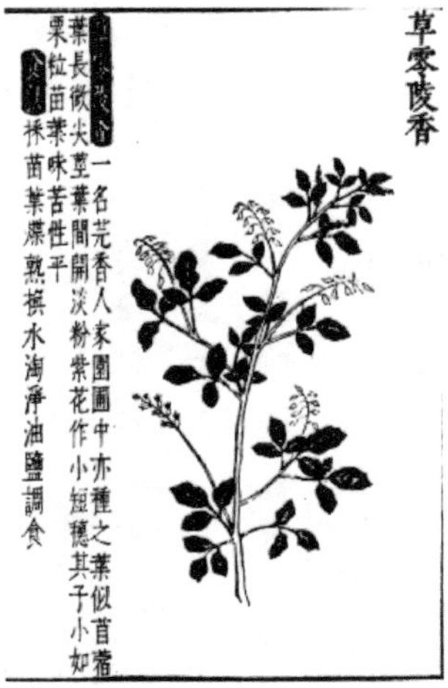

➤➤➤《野菜博录·卷一》

苜蓿

苜蓿：苗高尺余，细茎分叉生，叶似锦鸡儿花叶微长，每三叶攒生一处，梢间开紫花，结弯角儿，中有子如黍米大。味苦，性平，无毒。

食法：采嫩苗叶，炸熟，油盐调食。

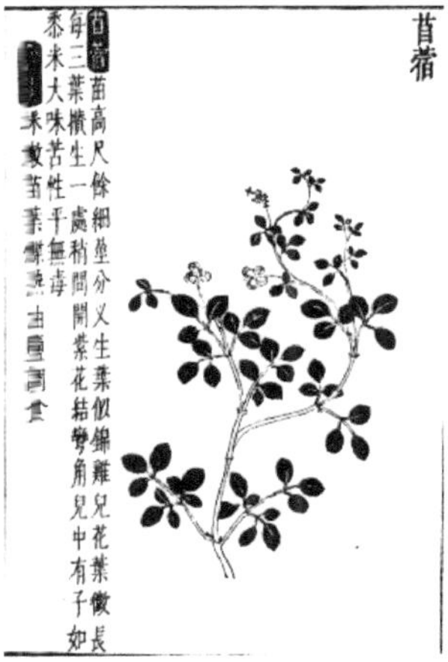

➤➤➤《野菜博录·卷一》

野 菜 赞

《野菜赞》，清顾景星著，记述了40余种野菜的名称、性状与吃法等。

顾景星（1621～1687年），字赤方，号黄公，明末清初文学家，蕲州（今属湖北蕲春）人。

金花

金花，本名南苜蓿，二月繁兰，叶如酸浆而五聚。三月开黄花，作子匾如螺旋。北产叶尖，花紫。

宠命苜蓿，字曰金花，玉泺瑶柱，厥誉何加？宛马总肥，堆盘非奢。薄言采之，雁碛龙沙。

➤➤➤《野菜赞·第四十七卷·苜蓿》

花　镜

《花镜》，清陈淏子撰，园艺学专著，阐述了花卉栽培及园林动物养殖的知识，全书6卷。

陈淏子（约1612年生，卒年不详），园艺学家，字扶摇。

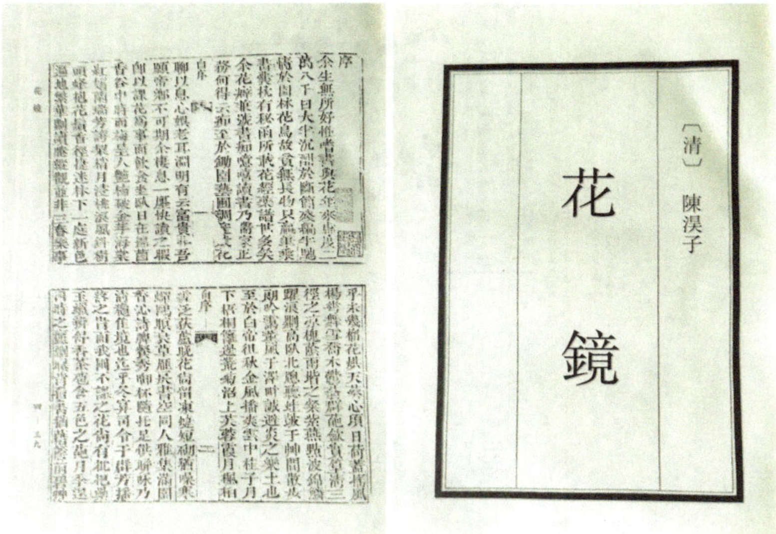

七月事宜

下种：蜀葵、望仙、苜蓿、水仙。猪粪和泥种。

➤➤➤《花镜·卷一·花历新栽》

八月事宜

下种：罂粟、洛阳花、苜蓿。宜中秋夜。芰、芡，此二物取坚黑者，撒池内，来年自生。

➤➤➤《花镜·卷一·花历新栽》

决明

决明，一名马蹄决明，俗名望江南，随处有之。二月取子畦种，夏初生苗，叶似苜蓿，大而粗疎，根带紫色。七月开淡黄花，间有红白花，昼开夜合者。

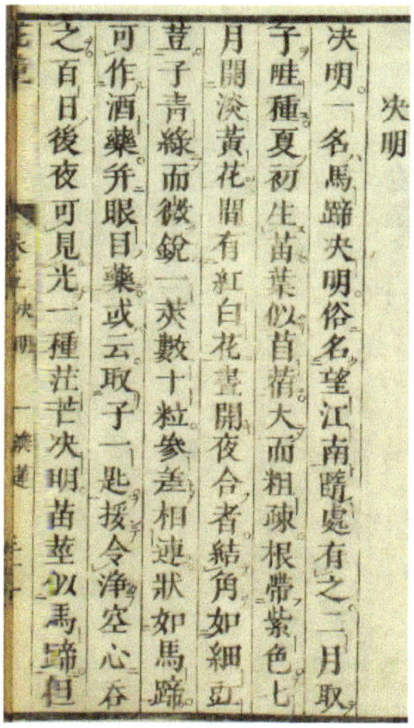
決明
決明一名馬蹄決明俗名望江南隨處有之二月取子畦種夏初生苗葉似苜蓿大而粗疎根帶紫色七月開淡黃花間有紅白花晝開夜合者結角如細豇豆子青綠而微銳一莢數十粒參差相連狀如馬蹄可作酒麯弁眼目藥或云取子一匙挼令淨空心吞之百日後夜可見光一種茳芒決明苗莖似馬蹄但

➤➤➤《花镜·卷五·花草类考》

广群芳谱

《广群芳谱》，清康熙四十七年（1708 年）汪灏等奉敕撰，由明王象晋《群芳谱》删改增扩而成，每物先释名状，后征引事实，再以诗文题咏，并附制用移植诸法。

汪灏（生卒年不详），字文漪，号天泉，山东临清人。

苜蓿

【原】苜蓿，一名木粟，《尔雅翼》作木粟，言其米可炊饭也。一名怀风，一名光风草，《西京杂记》云：风在其间常萧萧然，日照其花有光彩，故名怀风，又名光风。一名连枝草。《西京杂记》云：茂陵人谓之连枝草。

【增】《本草》：苜蓿，一名牧宿，郭璞作牧宿，谓其宿根自生，可饲牧牛马也。一名塞鼻力迦，见《金光明经》。

【原】张骞自大宛带种归，今处处有之。苗高尺余，细茎分叉而生。叶似豌豆颇小，每三叶攒生一处，梢间开紫花，结弯角，角中有子，黍米大，状如腰子。三晋为盛，秦、齐、鲁次之，燕、赵又次之，江南人不识也。味苦，平，无毒。安中，利五脏，洗脾胃间诸恶热毒。

【汇考】

【原】《史记•大宛传》：宛左右以蒲萄为酒，富人藏酒至万余石，久者数十岁不败。俗嗜酒，马嗜苜蓿。汉使取其实来，于是天子始种苜蓿、蒲萄肥饶地。及天马多，外国使来众，则离宫别观傍尽种蒲萄、苜蓿极望。

【增】《汉书 • 西域传》：罽宾地平温和，有目宿杂草。《唐书 • 百官志》：凡驿马，给地四顷，莳以苜蓿。

【原】《元史 • 食货志》：至元七年，颁农桑之制，令各社布种苜蓿，以防饥年。《西京杂记》：乐游苑自生玫瑰树，树下多苜蓿。

【增】《述异记》：张骞苜蓿园，今在洛中。苜蓿，本塞外菜也。《西使记》：纳商城，草皆苜蓿，藩篱以柏。

【集藻】

五言古诗

【原】唐薛令之《自悼》：朝日上团团，照见先生盘。盘中何所有，苜蓿长阑干。饭涩匙难绾，羹稀筋易宽。无以谋朝夕，何由保岁寒。

五言律诗

【增】宋梅尧臣《咏苜蓿》：苜蓿来西域，蒲萄亦既随。蕃人初未惜，汉使始能持。宛马当求日，离宫旧种时。黄花今自发，撩乱牧牛陂。

诗散句

【增】宋唐庚：绛纱谅无有，苜蓿聊可嚼。

【原】唐杜甫：宛马总肥秦苜蓿，将军只数汉嫖姚。王维：苜蓿随天马。杜甫：秋山苜蓿多。宋司马光：苜蓿花犹短。陆游：秋风枯苜蓿。唐李白：天马常衔苜蓿花。宋王安石：苜蓿阑干放晚花。陆游：苜蓿堆盘莫笑贫。元郭钰：沙苑晴烟苜蓿肥。

【别录】

【增】《妆楼记》：姑园戏作剪刀，以苜蓿根粉养之，裁衣则尽成，墨界不用人手而自行。《东坡诗注》：闽川长溪县薛令之登第，开元中为东宫侍读官，作苜蓿诗以自叹。太宗至东宫见其诗，举笔续之：“啄木嘴距长，凤凰毛羽短。若嫌松桂寒，任逐桑榆暖。”遂谢病归。

【原】种植。夏月取子，和荞麦种。刈荞时，苜蓿生根，明年自生，止可一刈，三年后便盛，每岁三刈，欲留种者，止一刈，六七年后垦去根，别用子种。若效两浙种竹法，每一亩今年半去其根，至第三年去另一半，如此更换，可得长生，不须更种。若垦后次年种谷，必倍收，为数年积叶坏烂，垦地复深，故今三晋人刈草三年即垦作田，亟欲肥地种谷也。

制用。叶嫩时炸作菜，可食，亦可作羹，忌同蜜食，令人下利。采其叶，依蔷薇露法蒸取，馏水甚芬香。开花时刈取喂马、牛，易肥健，食不尽者，晒干，冬月剉喂。

➤➤➤《广群芳谱·第一十四卷·蔬谱》

授时通考

《授时通考》，清鄂尔泰和张张廷玉等奉命编写，是辑录前人有关农事的文献记载的农书，共78卷。

鄂尔泰（1677～1745年），西林觉罗氏，字毅庵，满洲镶蓝旗人。清朝中期大臣。

张廷玉（1672～1755年），字衡臣，号砚斋，安徽桐城人。清朝著名政治家。

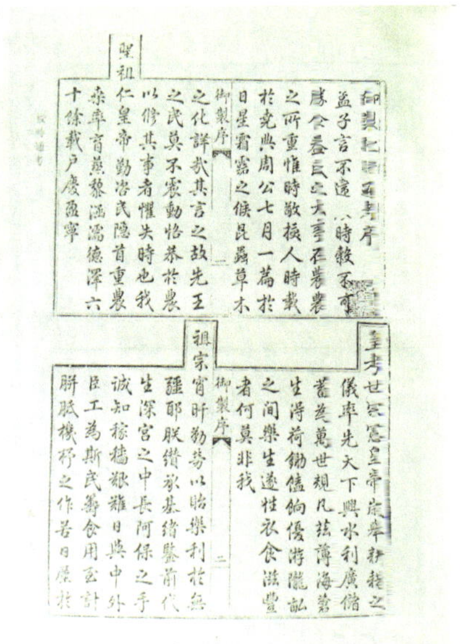
御製授時通考序
孟子言不違農時穀不可
勝食蓋民之大事在農農
之所重惟時敬授人時載
於堯典周公七月一篇於
日星霜露之候昆蟲草木
之化詳哉其言之故先王
之民莫不震動恪恭於農
以修其事者懼失時也我
聖祖仁皇帝勤恤民隱首重農
桑率育蒸黎涵濡德澤六
十餘載户慶盈寧
御製序 一

皇考世宗憲皇帝[illegible][illegible]耕耤之
儀率先天下興水利廣儲
蓄美萬世規凡茲薄海蒸
生浮荷鋤儈餉優游隴畝
之間樂生遂性衣食滋豐
者何莫非我
祖宗宵旰勤勞以貽樂利於無
疆耶朕纘承基緒鑒前代
生深宮之中長阿保之手
誠知稼穡艱難日與中外
臣工為斯民籌食用[illegible]計
胼胝機杼之作若日度於
御製序 二

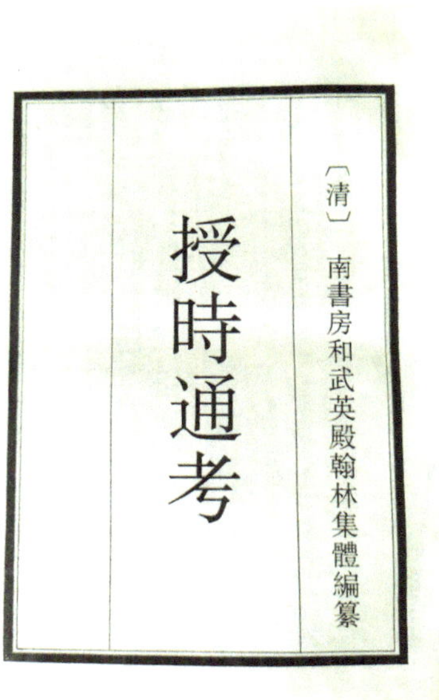
〔清〕南書房和武英殿翰林集體編纂
授時通考

苜蓿

苜蓿一名木粟，《尔雅翼》作木粟，言其米可饮饭也。一名怀风，一名光风草，《西京杂记》云：风在其间常萧萧然，日照其花有光彩，故名怀风，又名光风。一名连枝草，《西京杂记》云：茂陵人谓之连枝草。一名牧宿，《本草》云：郭璞作牧宿，谓其宿根自生，可饲牧牛马也。一名塞鼻力迦，见《金光明经》。张骞自大宛带种归，今处处有之。苗高尺余，细茎分叉而生，叶似豌豆颇小，每三叶攒生一处。梢间开紫花，结弯角，角中有子，黍米大，状如腰子。三晋为盛，秦、齐、鲁次之，燕、赵又次之，江南人不识也。味苦，平，无毒，安中利五脏，洗脾胃间诸恶热毒。长宜饲马，尤嗜此物。

《元史·食货志》：至元七年，颁农桑之制，令各社布种苜蓿，以防饥年。

《四月民令》：七月、八月可种苜蓿。

《齐民要术》：地宜良熟，七月种之，畦种水浇，一如韭法。春初既中生噉，为羹甚香。此物长生，种者一劳永逸。都邑负郭，所宜种之。

《群芳谱》，种植：夏月取子和荞麦种。刈荞时，苜蓿生根，明年自生。止可一刈，三年后便盛。每岁三刈，欲留种者止一刈。六七年后垦去根，别用子种。若效两浙种竹法，每一亩今年半去其根，至第三年去另一半，如此更换，可得长生，不烦更种。若垦后次年种谷，必倍收，为数年积叶坏烂，垦地复深。故今三晋人刈草，三年即垦作田，亟欲肥地种谷也。

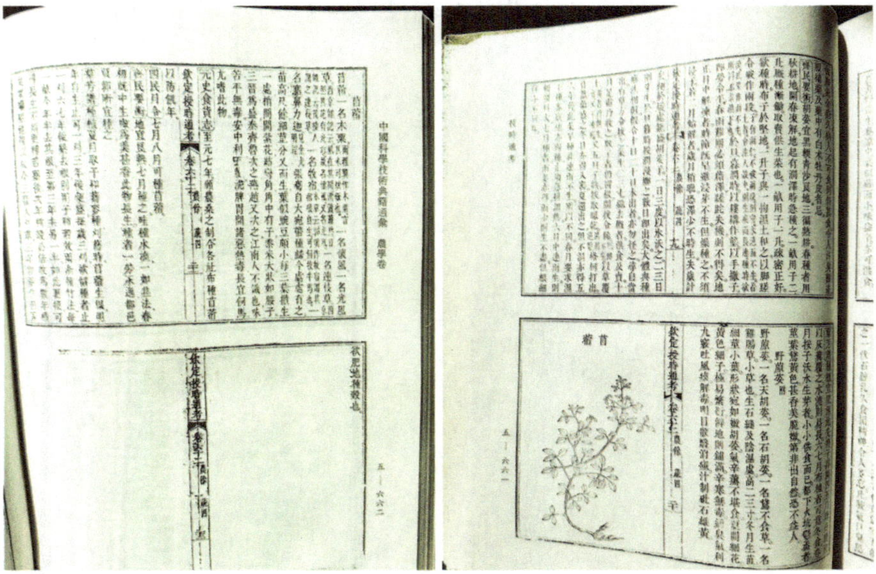

➤➤➤《授时通考·卷六十二·蔬四》

豳风广义

《豳风广义》，清杨屾撰，地方性劝民植桑养蚕农书，蚕桑丝绸为主要内容以介绍北方地区的农副业生产的技术专著，大力提倡在牛、羊、猪饲料中应用苜蓿，全书共分 3 卷。

杨屾（1687 ～ 1758 年），字双山，陕西兴平桑家镇人，清代农学家。

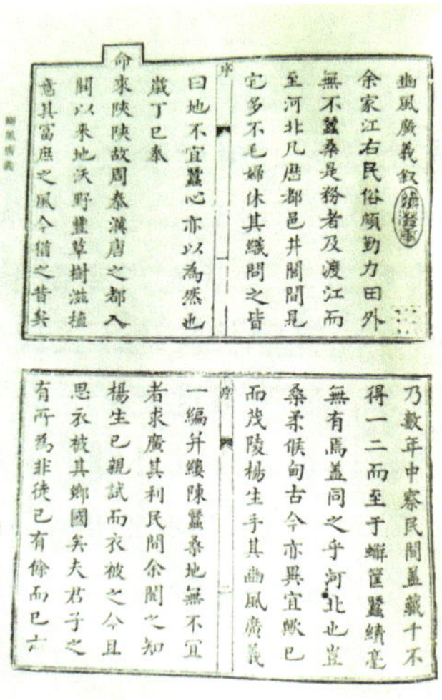

豳風廣義叙

余家江右民俗頗勤力田外無不蠶桑是務者及渡江而至河北凡歷都邑井閭間見宅多不毛婦休其織問之皆曰地不宜蠶心亦以為然也

歲丁巳奉命來陝陝故周秦漢唐之都入關以來地沃野豊草樹滋植意其富庶之風今猶之昔矣乃數年中察民間蓋藏十不得一二而至于蠶筐蠶績毫無有焉蓋同之乎河北也豈桑柔候甸古今亦異宜歟已而茂陵楊生手其豳風廣義一編并縷陳蠶桑地無不宜者求廣其利民間余聞之知楊生已親試而衣被之今且思衣被其鄉國矣夫君子之有所為非徒已有餘而已亦

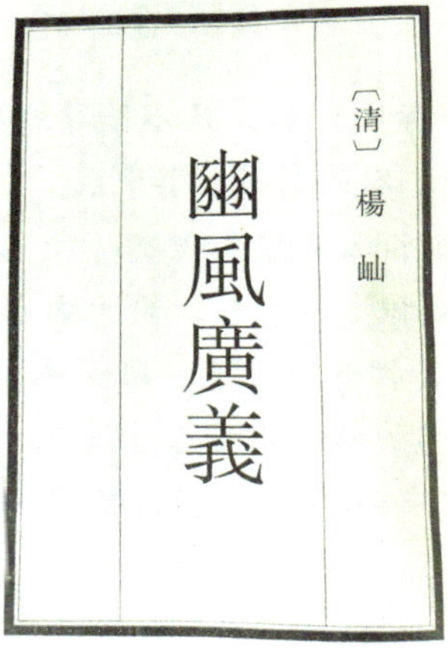

畜牧大略

畜者养也，牧者守也。养而守之，如郡县之亲民，慈爱之，珍惜之，以身测其寒热，以腹节其饥饱，自然生息日蕃，资财渐广。昔陶朱公语人曰：欲速富，五畜牸。五牸者，牛、马、猪、羊、驴五牝者也。西安诸州县，无山泽旷土，不便杂畜（五畜家户皆有，但地狭便广畜也），舍三畜而专言猪、羊、鸡、鸭，亦资生之一法也。大约不过两万钱之资，而数年之间，其利百倍。唯多种苜蓿，广畜四牝，使二人掌管，遵法饲养，谨慎守护，必致蕃息。

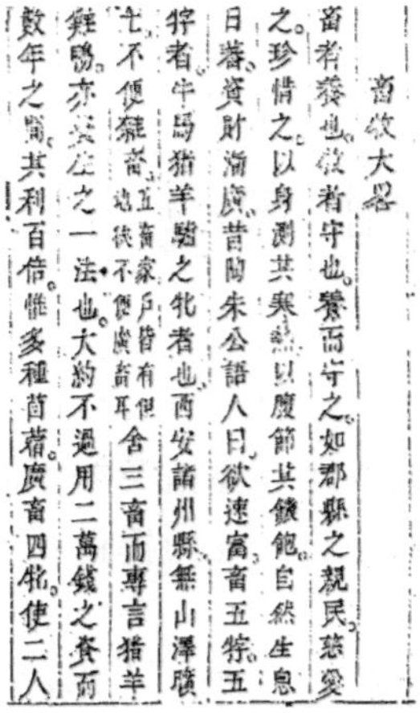

畜牧大畧

畜者蓄也。牧者守也。蓄而守之。如郡縣之視民。慈愛之。珍惜之。以身測其寒熱。以度節其饑飽。自然生息日蕃。資財漸廣。昔陶朱公語人曰。欲速富畜五牸。五牸者。牛馬猪羊驢之牝者也。西安諸州縣無山澤曠土。不便雜畜。（五畜家戶皆有但不便廣畜耳）舍三畜而專言猪羊雞鶩。亦致富之一法也。大約不過用二萬錢之資。而數年之間。其利百倍。惟多種苜蓿。廣畜四牝。使二人

➤➤➤《豳风广义 · 卷之下》

收食料法

养猪以食为本，若纯买麸糠则无利。凡水陆草叶根皮无毒者，猪皆食之，唯苜蓿最善，采后复生，一岁数剪，以此饲猪，其利甚广，当约量多寡种之。春夏之间，长及尺许，割来细切，以米泔水或酒糟豆粉水，浸入大瓦窖内或大蓝瓮内令酸黄，拌麸杂物饲之（亦可生喂）。欲积冬月食料，须于春夏之间，待苜蓿长尺许，俟天气晴明，将苜蓿割倒，转入场中，摊开晒极干，用碌碡碾为细末，密筛筛过收贮。待冬月合糠麸之类，量猪之大小肥瘦，或二八相合，或三七相合，或四六，或停对，斟酌损益而饲之。且饲牧之人，宜常采杂物以代麸糠，拾得一分遂省一分食。稍有空闲之处，即可放牧，放得一日，即省一日之费。总要殷勤细心掌管，自然其利百倍矣。

收食料法

養猪以食爲本。若純買麩糠飼之則無利。大凡水陸草葉根皮無毒者。猪皆食之。唯苜蓿最善。採後復生。一歲數剪。以此飼猪。其利甚廣。當約量多寡種之。春夏之間。長及尺許。割來細切。以米泔水或酒糟豆粉水浸入大甕窖內。或大藍瓮內。令酸黃。拌麩雜物飼之。（亦可生餧）若欲積冬月食料。須於春夏之間。待苜蓿長尺許。俟天氣晴明。將苜蓿割倒。載入場中。攤開。曬極乾。用碌碡碾爲細末。密篩篩過收貯。待冬月合糠麩之類。量猪之大小肥瘦。或二八相合。或三七相合。或四六。或停對。斟酌損益而飼之。且飼牧之人。宜常採雜物以代麩糠。拾得一分遂省一分食。稍有空閒之處。即可牧放。放得一日。即省一日之費。總要慇懃細心掌管。自然其利百倍矣。

➤➤➤《豳风广义 · 卷之下》

一收食料

畜羊必积食料，若不预算，以至冬雪满地，或大雨连绵，不能出方，无物饲养，以致饿损，不唯不孳息，往往有断种者。须在三四月间以羊只多少，预种大豆，或小黑豆、杂谷，并草留之。不须锄治，八九月间带青色获取晒干，多积苜蓿亦好。

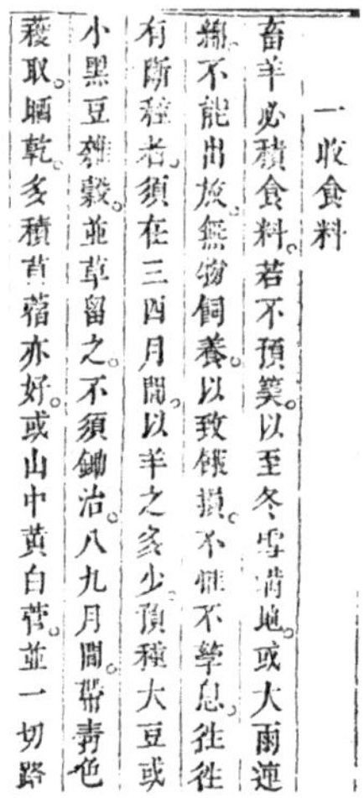
一收食料
畜羊必積食料。若不預筭。以至冬雪滿地。或大雨連
綿。不能出放。無物飼養。以致餓損。不惟不孳息。往往
有斷種者。須在三四月間。以羊之多少。預種大豆或
小黑豆雜穀。並草留之。不須鋤治。八九月間。帶青色
穫取。晒乾。多積苜蓿亦好。或山中黃白蓿。並一切路

➤➤➤《豳风广义·卷之下》

农圃便览

《农圃便览》，清丁宜曾撰，月令体裁的地方性农书。

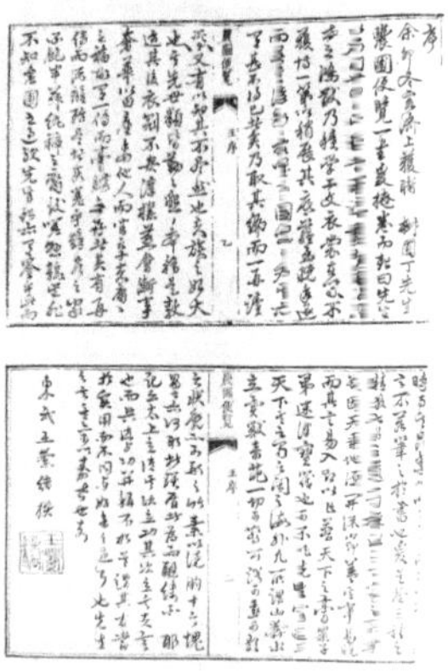

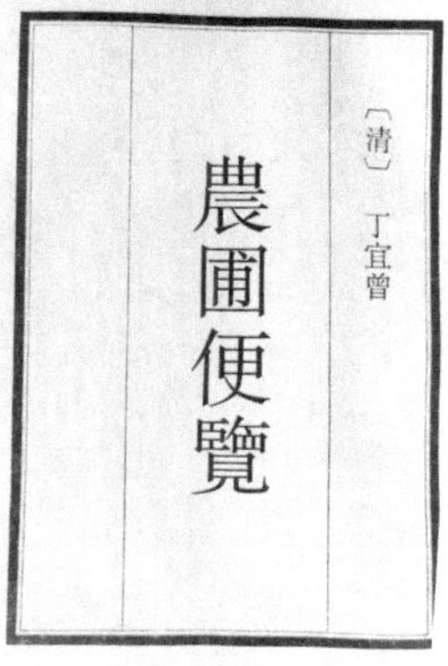

农书

丁宜曾（生卒年不详），字椒圃，山东日照人。

夏

苜蓿，能洗脾胃诸恶热毒。开花时刈取喂马，易肥。夏月取子，和荞麦种之。刈荞麦时，苜蓿生根。

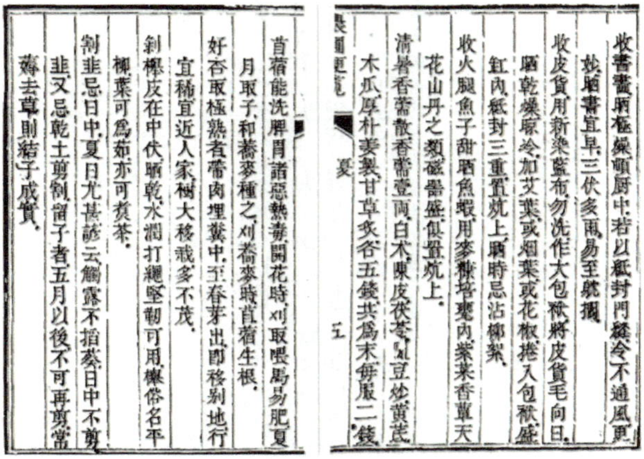

收書畫晒極燥頓厨中若以紙封門縫令不通風更
妙晒書宜早三伏多雨易至潮濕
收皮貨用新染藍布勿洗作大包袱將皮貨毛向日
晒乾燥晾冷加艾葉或烟葉或花椒捲入包袱盛
缸内紙封三重置炕上晒時忌沾柳絮
收火腿魚子甜晒魚蝦用麥糠培甕内紫菜香蕈天
花山丹之類磁罌盛但置炕上
清暑香薷散香薷壹兩白术陳皮茯苓扁豆炒黃芪
木瓜厚朴姜製甘草炙各五錢共爲末每服二錢

農圃便覽　夏　五

苜蓿能洗脾胃諸惡熱毒開花時刈取喂馬易肥夏
月取子和蕎麥種之刈蕎麥時苜蓿生根
好杏取極熟者帶肉埋糞中至春芽出即移栽地行
宜稀宜近人家樹大移栽多不茂
剝欅皮在中伏晒乾水潤打繩堅韌可用欅俗名平
柳葉可爲茹亦可煮茶
割韭忌日中夏日尤甚諺云觸露不掐葵日中不剪
韭又忌乾土剪割留子者五月以後不可再剪當
薅去草則結子成實

➤➤➤《农圃便览·夏》

三农纪

《三农纪》，清张宗法撰，综合性的农学著作。

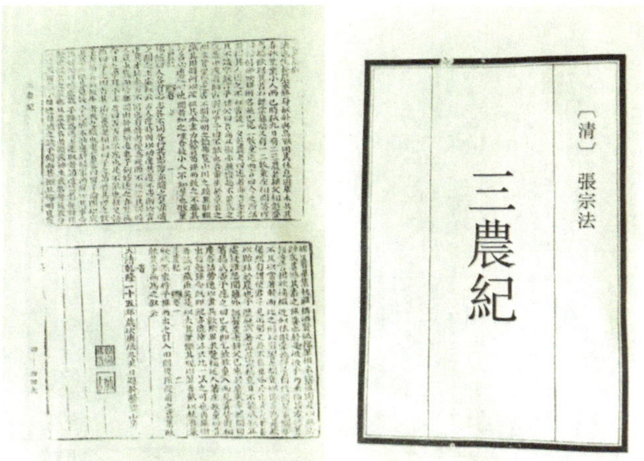

张宗法（1714～1803年），字师古，别号未了临，四川什邡人。

苜蓿

《图经》云：春生苗，一棵数十茎，一枝三叶，叶似决明而小，绿色碧艳。夏深及秋，开细黄花，结小荚，圆扁，旋转有刺，数茎累累，老变黑色，内米如穄子，可饭可酒。农家夏秋刈苗饲畜，冬春锄根剁碎，育牛马甚良。叶嫩可蔬。《尔雅翼》云：木粟。葛洪云怀风草。《杂记》云：光风草。郭璞云牧宿。《方志》云：连枝草。《金光明经》云：塞鼻力迦。种出大宛，汉使张骞带入华中。一年可三刈，易茂草也。隔一宿而长盛，起人之目也；隔十宿而援茂，快人之目也，故名苜蓿。芟之不歇。其根深，耐旱，盛产北方高厚之土，卑湿之处不宜其性也。

植艺。夏月收子，和荞并种，刈荞苗生。来年只可一刈，三年后更茂，每岁三刈，留种者只一刈，五六年后根结，宜垦去另植。法当用：每亩分三段，今年锄根一段，明年锄一段，至三年锄一段。去一段，长一段，不烦更种。每牲得种一亩，一岁足用。宜捕鼠除虫，其苗可茂。

本性。味甘，性平。健脾宽中，清热利水。子可壮目，叶可充饥。忌与蜜同食。

效方。烦满、溺赤，绞汁服。

典故。《元史》：世祖命民种苜蓿，各社植之，以防年凶。叶与子可以充饥，茎根可以饲牲，大益于农家。

《西京杂记》：乐游苑中自生玫瑰树，树下多苜蓿，在其间常晶晶然，照其光彩。

《唐书》：薛令之为东宫侍读，官署简淡，题壁云：朝旭上团团，照见先生盘。此中何所有，苜蓿长阑杆。玄宗见之，续云：啄木嘴距长，凤凰毛羽短。若嫌松桂寒，任逐桑榆暖。令之见诗，谢病以归。

➤➤➤《三农纪·卷十七·草属》

苜蓿

邹介正【按语】苜蓿，豆科苜蓿属草本植物。苜蓿是古大宛语buksuk的音译，并非如原文所说因“快人之目”而得名。

现在我国栽植的紫花苜蓿（*Medicago sativa* L.）是汉武帝时由张骞出使西域，从大宛国带回种子，在陕西沙苑国家牧场上种植，现在已分散到全国，仍以陕甘两省栽培较多。紫花苜蓿耐旱，植株蛋白质含量高，为多年生优良牧草。

黄花苜蓿（*Medicago falcata* L.），又名野苜蓿、花苜蓿，野生于我国黄河以北地区。南苜蓿（*Medicago hispida* Gaertn.），又名母鸡头、金花菜、黄花草子，野生于长江下游各省，为一年生草本。天蓝苜蓿（*Medicago lupulina* L.），又名颖筋草，为一年生草本，野生于旷野草丛中。以上三种苜蓿的植株小，20 ～ 60 cm，无人栽培。

播种苜蓿，夏秋间与荞麦混播，可增加一茬荞麦收益，对苜蓿的发芽成苗没有影响。

➤➤➤《三农纪校释·卷十七·草属》

三省边防备览

《三省边防备览》，清严如熤辑，记述四川、陕西、湖北三省边区形势。

严如熤（1759 ～ 1826 年），清地理学家。

苜蓿

李白诗云“天马常衔苜蓿花”，是此。味甘淡，不可多食。有宿根，刈讫复生。

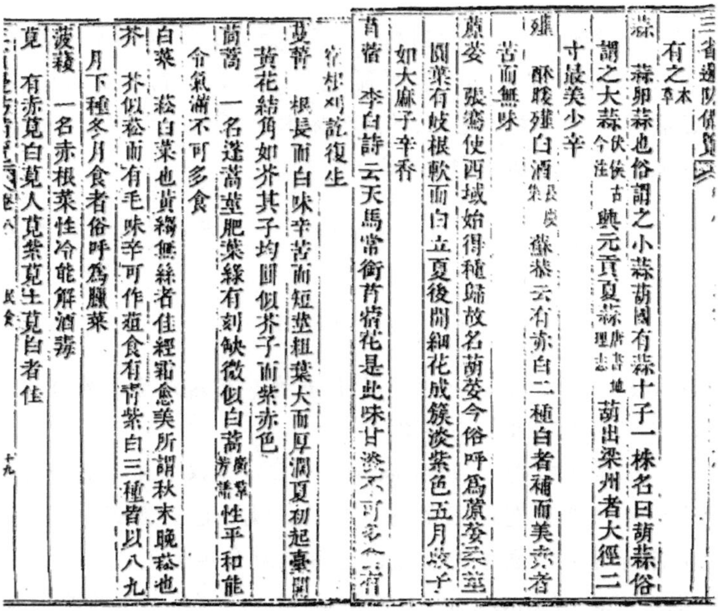

三省邊防備覽 卷八

有之（本草）

蒜 蒜卵蒜也俗謂之小蒜葫國有蒜十子一株名曰葫蒜俗謂之大蒜（伏侯古今注）興元貢夏蒜（唐書地理志）葫出梁州者大徑二寸最美少辛

薤 酥醆薤白酒（長慶集） 蘇恭云有赤白二種白者補而美赤者苦而無味

蒝荽 張騫使西域始得種歸故名葫荽今俗呼為蒝荽芫荽圓葉有岐根軟而白立夏後開細花成簇淡紫色五月收子如大麻子辛香

苜蓿 李白詩云天馬常銜苜蓿花是此味甘淡不可多食有宿根刈訖復生

莙薘 根長而白味辛苦而短莖粗葉大而厚潤夏初起薹開黃花結角如芥其子均圓似芥子而紫赤色

茼蒿 一名蓬蒿莖肥葉綠有刻缺微似白蒿（廣群芳譜）性平和能令氣滿不可多食

白菜 菘白菜也黃矮無絲者佳經霜愈美所謂秋末晚菘也

芥 芥似菘而有毛味辛可作葅食有青紫白三種皆以八九月下種冬月食者俗呼為臘菜

菠薐 一名赤根菜性冷能解酒毒

莧 有赤莧白莧人莧紫莧生莧白者佳

三省邊防備覽 卷八 民食 十九

➤➤➤《三省边防备览·卷八·民食》

增订教稼书

《增订教稼书》，清盛百二撰，描述农业活动的农书。

盛百二（1720 ～？），字秦川，号柚堂，浙江秀水（今浙江嘉兴）人。

碱地

碱地有泉水可引者，宜种粳稻。否则，则先种苜蓿，岁夷其苗食之，四年后犁去其根，改种五谷蔬果，无不发矣。苜蓿能暖地也。

➤➤➤《增订教稼书》

植物名实图考

《植物名实图考》，清吴其濬编撰，清道光二十八年（1848 年）刊行，分两部分：《植物名实图考长编》，22 卷，收植物 838 种，分谷类、蔬类等 11 类；《植物名实图考》，38 卷，收载植物 1714 种，共分 12 类（除见于长编的 11 类外，另增群芳 1 类）。

吴其濬（1789 ～ 1847 年），字瀹斋，别号雩娄农，河南固始人，嘉庆进士，后从翰林院修撰官至湖南等省巡抚。

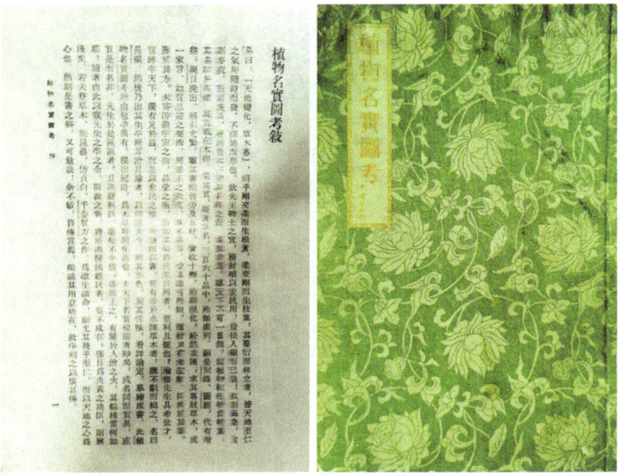

山扁豆

《救荒本草》：山扁豆生田野中。小科苗高一尺许，叶似蒺藜叶微大，根叶比苜蓿叶颇长，又似初生豌豆叶，开黄花，结小匾角儿。味甜，采嫩角炸食。其豆熟时，收取豆煮食。

➤➤➤《植物名实图考·卷三·蔬类》

苜蓿

苜蓿，《别录》上品。西北种之畦中，宿根肥雪，绿叶早春与麦齐浪，被陇如云，怀风之名，信非虚矣。夏时紫萼颖竖，映日争辉。《西京杂记》谓花有光采，不经目验，殆未能作斯语。《释草小记》：艺根审实，叙述无遗，斥李说之误，褒《群芳》之核，可谓的矣。但李说黄花者，亦自是南方一种野苜蓿，未必即水木樨耳。亦别图之。滇南苜蓿，穞生圃园，亦以供蔬，味如豆藿，讹其名为龙须。

雩娄农曰：按《史记·大宛列传》只云马嗜苜蓿，《述异记》始谓张骞使西域得苜蓿菜。晋华廙苜蓿园，阡陌甚整，其亦以媚盘飧耶？山西农家，摘茹其稚，亦非常馐，大利在肥牧耳。土人谓刍秣壮于栈豆，谷量牛马者，其牧必有道矣。《元史》：世祖初，令各社防饥年，种苜蓿，未审其为騋牝、为黔黎也。陶隐居云：南人不甚食之，以其无味。唐薛令之苜蓿阑干诗：清况宛然。《山家清供》谓羹茹皆可，风味不恶，膏粱刍豢，济以野蔌，正如败鼓、靴底，皆可烹饪，岂其本味哉？阶前新绿，雨后繁葩，忽诵“宛马总肥秦苜蓿”句，令人有挞伐之志。

➤➤➤《植物名实图考·卷三·蔬类》

【简注】①《西京杂记》：晋葛洪撰。记载了西汉的许多遗闻轶事。

②《述异记》：南朝梁任昉撰。任昉字彦升，著名文学家。该书为神怪小说类著作。

③晋华廙苜蓿园：见《晋书·卷四十四·华廙列传》。

④骒牝：骒牝骊牡的省称，即雌雄骏马。

⑤薛令之苜蓿阑干诗：薛令之，唐代诗人，有“咏苜蓿”以自况穷苦书生：“朝日上团团，照见先生盘。盘中何所有，苜蓿长阑干。饭涩匙难进，羹稀箸易宽。只可谋朝夕，何由保岁寒”。

⑥刍豢：刍，吃草的牲口。豢，食谷的牲口。刍豢指牛、羊与犬、猪等。《孟子·告子》（上）：“理义之悦我心，犹刍豢之悦我口。”《史记·货殖列传》（序）：“耳目欲极声色之好，口欲穷刍豢之味”。

⑦宛马总肥秦苜蓿：杜甫《赠田九判官梁丘》中诗句，“宛马总肥秦苜蓿，将军只数汉嫖姚”，阐述汉武帝离宫种苜蓿事。

野苜蓿

野苜蓿，俱如家苜蓿而叶尖瘦，花黄三瓣，干则紫黑，唯拖秧铺地，不能植立，移种亦然。《群芳谱》云紫花，《本草纲目》云黄花，皆各就所见为说。《释草小记》斥李说，以为黄花是水木犀。按水木犀，园圃所植，妇稚皆知，李氏不应孤陋如此，或程征君偶为人以水木犀相诳耳。

野苜蓿又一种

野苜蓿，生江西废圃中，长蔓拖地，一枝三叶，叶圆有缺，茎际开小黄花，无摘食者。李时珍谓苜蓿黄花者，当即此，非西北之苜蓿也。宜为《释草小记》所诃。

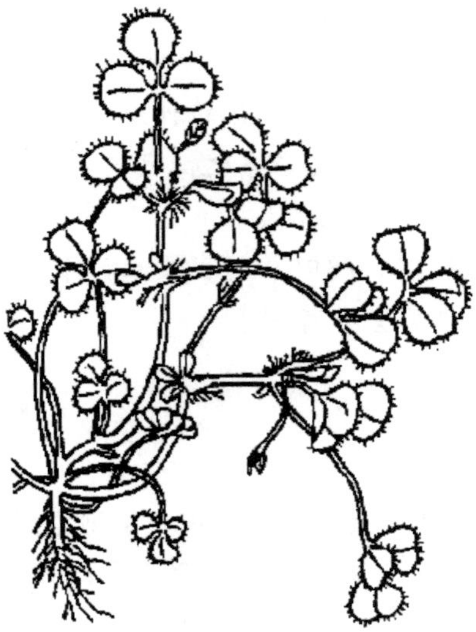

➤➤➤《植物名实图考·卷三·蔬类》

芜菁

芜菁，忆昔武侯，时逢逐鹿，居南阳而就顾者，三表北征而未解者六。方其志燮中原，先以威戡南服，地入不毛，士持半菽。怨春日兮祁蘩，牧秋原兮苜蓿。碧鸡滇海，谁备襄荷？

➤➤➤《植物名实图考·卷三·蔬类》

灰藋

灰藋，《嘉祐本草》始著录，即灰色菜。其红心者为藜；一种圆叶者名叫尚头，味逊。《尔雅》：厘，蔓华。说者云：厘即莱。陆玑《诗疏》：莱即藜也，其子可为饭。《救荒本草》谓之舜芒谷。藜藿之羹，昔贤所甘。唐宋诗人，犹形歌咏，而后人或以为落帚。《蓬窗续录》乃以为苜蓿，何其陋也。

➤➤➤《植物名实图考·卷三·蔬类》

甘薯

苜蓿、葡萄、天马偕来；胡麻、胡瓜，相传携于凿空之使。

➤➤➤《植物名实图考·卷三·蔬类》

党参附

《山西通志》谓党参今无产者，殆晓然于俗医之误，而深嫉药市之售伪也。余饬人于深山掘得，莳以盆盎，亦易繁衍。细察其状，颇似初生苜蓿，而气味则近黄耆。昔人有以野苜蓿误作黄耆者，得非此物耶？举世服饵，虽经核辨，其孰信从？但太行脉厚泉甘，此草味甜有汁，养脾助气亦应功亚黄耆。无甚感郁之人，藉以充润肠胃，当亦小有资补。若伤冒时疫，以此横塞中焦。羸尪杂症，妄冀苏起沉疴，未睹其益，必蒙其害。世有良工，其察鄙言。

➤➤➤《植物名实图考·卷三·蔬类》

杜蘅

雩娄农曰：《山海经》云杜蘅可以走马。《注》谓佩香草能令马疾走。其语不详，岂物类相制，如《淮南万毕术》，而今不传耶？否则马食杜蘅而有力善走，如宛马嗜苜蓿耳。圣人格物，本于尽性，若予草木鸟兽，虞廷以命柏翳，此岂寻常委琐事哉？

➤➤➤《植物名实图考·卷三·蔬类》

和血丹即胡枝子

按《救荒本草》：胡枝子俗名随军茶，生平泽中。有二种，叶形有大小。大叶者黑豆叶；小叶者茎类蓍草。叶似苜蓿叶而长大，花色有紫、白，结子如粟粒大，气味与槐相类。

➤➤➤《植物名实图考·卷三·蔬类》

铁扫帚

《救荒本草》：铁扫帚生荒野中。就地丛生，一本二三十茎，苗高三四尺，叶似苜蓿叶而细长，又似细叶胡枝子叶亦短小，开小白花。

➤➤➤《植物名实图考·卷三·蔬类》

辟汗草

辟汗草，处处有之。丛生，高尺余，一枝三叶，如小豆叶，夏开小黄花如水桂花，人多摘置发中辟汗气。

按《梦溪笔谈》：芸草叶类豌豆，秋间叶上微白如粉污。《说文》：芸似苜蓿，或谓即此草。形状极肖，可备一说。

➤➤➤《植物名实图考·卷三·蔬类》

【简注】 辟汉草。《中国植物志·第四十二卷·第二分册》记载：草本犀（《释草小记》）、辟汉草（《植物名实图考》）、黄香草木犀（《江苏植物志》）。在我国古时用以夹于书中，称芸香。

芸

《尔雅》：权，黄华。《注》：今谓牛芸草为黄华。华黄叶似苜蓿。《疏》：权，一名黄华。郭云：今谓牛芸草为黄华，华黄叶似苜蓿。《说文》亦云：芸草也，似苜蓿。《淮南子》说：芸草可以死复生。《月令注》云：芸，香草也。《杂礼图》曰：芸，蒿也，叶似邪蒿，香美可食。然则牛芸者，亦芸类也，郭以时验而言之，故云今谓牛芸草为黄华也。

宋梅尧臣：有芸如苜蓿，生在蓬藋中。草盛芸不长，馥烈随微风。我来偶见之，乃稚彼翳蒙。上当百雉城，南接文昌宫。借问此何地，删修多钜公。天喜书将成，不欲有蠹虫。是产兹弱本，蒨尔发荒丛。黄花三四穗，结实植无穷。岂料凤阁人，偏怜葵蕊红。

《梦溪笔谈》：古人藏书辟蠹用芸。芸，香草也。今人谓之七里香者是也。叶类豌豆，作小丛生，其叶极芬香，秋后叶间微白如粉污，辟蠹殊验。南人采置席下，能去蚤虱。予判昭文馆时，曾得数株于潞公家，移植秘阁后，今不复有存者。香草之类，大率多异名。所谓兰荪，荪即今菖蒲是也；蕙，今零陵香是也；茝，今白芷是也。

《说文解字注》：芸草也，似目蓿。《夏小正》：正月采芸，为庙采也。二月荣芸。《月令》：仲冬芸始生。《注》：芸，香草。高注《淮南》《吕览》皆曰：芸，芸蒿，菜名也。《吕览》曰：菜之美者，阳华之芸。《注》：芸，芳菜也。贾思勰引《仓颉解诂》曰：

芸蒿似斜蒿，可食。沈括曰：今谓之七里香者是也。叶类豌豆，其叶极芬香。古人用以藏书辟蠹，采置席下能去蚤虱。从草，云声，王分切，十三部。淮南王说：芸草可以死复生。淮南王，刘安也；可以死复生，谓可以使死者复生，盖出《万毕术》《鸿宝》等书，今失其传矣。

➤➤➤《植物名实图考·卷三·蔬类》

植物名实图考长编

《植物名实图考长编》，清吴其濬撰，为《植物名实图考》的姊妹篇，收载植物838种，共22卷。

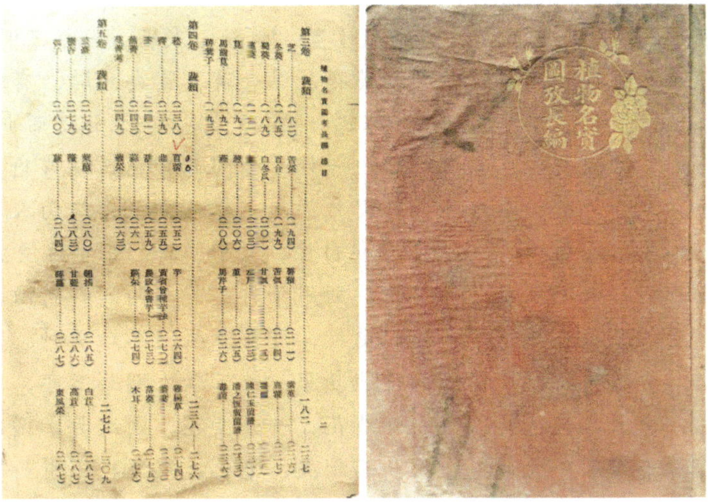

苜蓿

《别录》：苜蓿，味苦，平，无毒。主安中，利人，可久食。陶隐居云：长安中乃有苜蓿园，北人甚重此，江南人不甚食之，以无味故也。外国复别有苜蓿草，以疗目，非此类也。

《唐本草注》：苜蓿，茎叶平，根寒。主热病、烦满、目黄赤、小便黄、酒疸。捣取汁，服一升，令人吐利，即愈。

《本草衍义》：苜蓿，唐李白诗云“天马常衔苜蓿花”，是此。陕西甚多，饲牛马。

嫩时人兼食之，味甘淡，不可多食，利大小肠。有宿根，刈讫又生。

《齐民要术》:《汉书·西域传》曰：罽宾有苜蓿、大宛马。武帝时得其马，汉使采苜蓿种归。陆机《与弟书》曰:张骞使外国十八年，得苜蓿归。《西京杂记》曰:乐游苑自生玫瑰树，树下多苜蓿。苜蓿一名怀风，时人或谓光风，风在其间常肃肃然，日照其花有光采，故名苜蓿为怀风。茂陵人谓之连枝草。种苜蓿，地宜良熟，七月种之。畦种水浇，一如韭法。旱种者，重耧耩地，使垄深阔，窍瓠下子，批契曳之。每至正月，烧去枯叶、地液，辄耕垄，以铁齿镉楱镉楱之，更以鲁斫斸其科土，则滋茂矣。不尔，则瘦。一年则三刈，留子者一刈则止。春初既中生噉，为羹甚香。长宜饲马，马尤嗜此物。长生，种者一劳永逸。都邑负郭，所宜种之。崔寔曰：七月八月，可种苜蓿。《救荒本草》：苜蓿出陕西，今处处有之。苗高尺余，细茎，分叉而生。叶似锦鸡儿花叶，微长;又似豌豆叶，颇小。每三叶攒生一处，梢间开紫花。结弯角儿，中有子，如黍米大，腰子样。苗叶嫩时，采取炸食，江南人不甚食，多食利大小肠。《释草小记》:《本草纲目》李时珍曰，《杂记》言苜蓿原出大宛，汉使张骞带归中国，时珍所引止此，下乃其所自言。然今处处有之。陕、陇人亦有种者，年年自生，刈苗作蔬，一年可三刈。三月生苗，一科数十茎，茎颇似灰藋。一枝三叶，叶似决明，而小如指顶，绿色碧艳。入夏及秋开细黄花，结小荚，圆扁旋转，有刺累累，老则黑色，内有米，如穄米，可为饭，亦可酿酒。《群芳谱》亦云:张骞带归，苗高尺余，细茎，分叉而生。叶似豌豆，每三叶攒生一处，梢间开紫花。结弯角，有子，黍米大，状如腰子。三晋为盛，秦、齐、鲁次之，燕、赵又次之，江南人不识也。夏月取子，和荞麦种。刈荞时，苜蓿生根，明年自生，止可一刈。三年后便盛，每岁三刈，欲留种者，止一刈。六七年后，垦去根，别用子种。若效两浙种竹法，每一亩，今年半去其根，至第三年去另一半，如此更换，可得长生，不烦更种。若垦后次年种谷，谷必倍收，为数年积。叶坏烂，垦地复深，故三晋人刈草三年，即垦作田，亟欲肥地种谷也。按上二说略同，唯一开黄花，一开紫花，则大异。适儿子蓝玉客都中，令其求苜蓿子寄来，大如黍，圆扁而稍尖，皂色，不坚、不滑。甲寅花朝节种之，匝月始生，六月作黄花，环绕一茎，茎寸许，着十余花，茎直上而花下垂，即吾南方之草木樨，女人束之压髻下以解汗湿者也。生南方者有清香，此较大，无气味，开花匝月，七月渐结子，黑色，亦离离下垂。时珍所谓开黄花者，检所绘图，即此物。时珍黄州人，当亦求子于北方，而得木樨子以试种者。草木樨、苜蓿，北方声音相似，李氏讹言是听。而二物又皆一枝三叶，有适然同者，于是图其状而笔之书，而不知其大误也。且若果黄花，不应《群芳谱》独以为紫，乃复寄书令蓝玉询之山西人，丙辰秋乃以真苜蓿子寄来，则与前大异。形如腰子，似豆，又似沙苑蒺藜而极小，仅如粟大，有薄衣，黄色，衣内肉淡牙色，中坚而外光，衣肉相著，如麦之著皮，非若他谷有壳含米也。丁巳二月布种，谷雨后始生，采其嫩者，沦而炮食之，有野菜味。其梗细甚，然已觉微硬，长者梗硬如铁线，屈曲横卧于地，开有一二挺出者，则其短者也。体柔而质刚，叶则一枝三出，叶末有微齿。初生时掘其根视之，一条独行。是年未开花，折取草木樨一茎，又取此一茎，两相较，几不能辨。唯分别观之，则木樨如树，成枝干，此则长茎百十为丛，互相缭结，竟区一片如乱发。然因其久不作花，乃于初秋仿《群芳谱》，和荞麦复种之，明年戊午春，宿根生苗，四月廿一日芒种前二日，见其作花，如鸭儿花而较小，连趺约长三分许，淡紫花，四出，一出大者，专向一方，三小出相对向一方。小出之本，以大出之本包之，趺作小包含之。包之末亦分四出，花中有心，作硬鬓，靠大出末有黄蕊。其作花也，于大茎每节叶尽处，生细茎如丝，攒生花四五枝，一簇顺垂，不四向错出。其花自下节生起，次弟而上，下节花落，上节渐始生花，此则与《群芳谱》大合。而李氏秋开黄花之说，信为误认草木樨而为之辞。至其所谓一科数十茎，结荚圆扁，一年三刈者，则又拾取古人之说苜蓿者而言之，是非杂糅，均之为考之未番也。其茎分叉，诚如《群芳谱》所云。细察之，自根而上，一茎分两叉，渐上一股，又分为两，如此又上至五六成皆然，长者二三尺。五月廿四日小满，厥后花渐结荚，荚形曲而圆，末与本相凑，如小荷，包数荚，攒聚如其作花时。余六月初旬，有杭州之行，七月归，则处暑节矣。荚已黄落，留一二荚，寻得之，剥开含二子，如所求北方之种焉。因说而图之，以正李氏《纲目》之讹而还其真。草木樨亦附图于后。

➤➤➤《植物名实图考长编·卷四·蔬类》

中国植物志

紫苜蓿

紫苜蓿（《重要牧草栽培》）苜蓿（《植物名实图考》）

Medicago sativa L.

多年生草本，高 30 ～ 100cm。根粗壮，深入土层，根颈发达。茎直立、丛生以至平卧，四棱形，无毛或微被柔毛，枝叶茂盛。羽状三出复叶；托叶大，卵状披针形，先端锐尖，基部全缘或具 1 ～ 2 齿裂，脉纹清晰；叶柄比小叶短；小叶长卵形、倒长卵形至线状卵形，等大，或顶生小叶稍大，长（5 ～）10 ～ 25（～ 40）mm，宽 3 ～ 10mm，纸质，先端钝圆，具由中脉伸出的长齿尖，基部狭窄，楔形，边缘三分之一以上具锯齿，上面无毛，深绿色，下面被贴伏柔毛，侧脉 8 ～ 10 对，与中脉成锐角，在近叶边处略有分叉；顶生小叶柄比侧生小叶柄略长。花序总状或头状，长 1 ～ 2.5cm，具花 5 ～ 30 朵；总花梗挺直，比叶长；苞片线状锥形，比花梗长或等长；花长 6 ～ 12mm；花梗短，长约 2mm；萼钟形，长 3 ～ 5mm，萼齿线状锥形，比萼筒长，被贴伏柔毛；花冠各色，淡黄、深蓝至暗紫色，花瓣均具长瓣柄，旗瓣长圆形，先端微凹，明显较翼瓣和龙骨瓣长，翼瓣较龙骨瓣稍长；子房线形，具柔毛，花柱短阔，上端细尖，柱头点状，胚珠多数。荚果螺旋状紧卷 2 ～ 4（～ 6）圈，中央无孔或近无孔，径 5 ～ 9mm，被柔毛或渐脱落，脉纹细，不清晰，熟时棕色；有种子 10 ～ 20 粒。种子卵形，长 1 ～ 2.5mm，平滑，黄色或棕色。花期 5 ～ 7 月，果期 6 ～ 8 月。

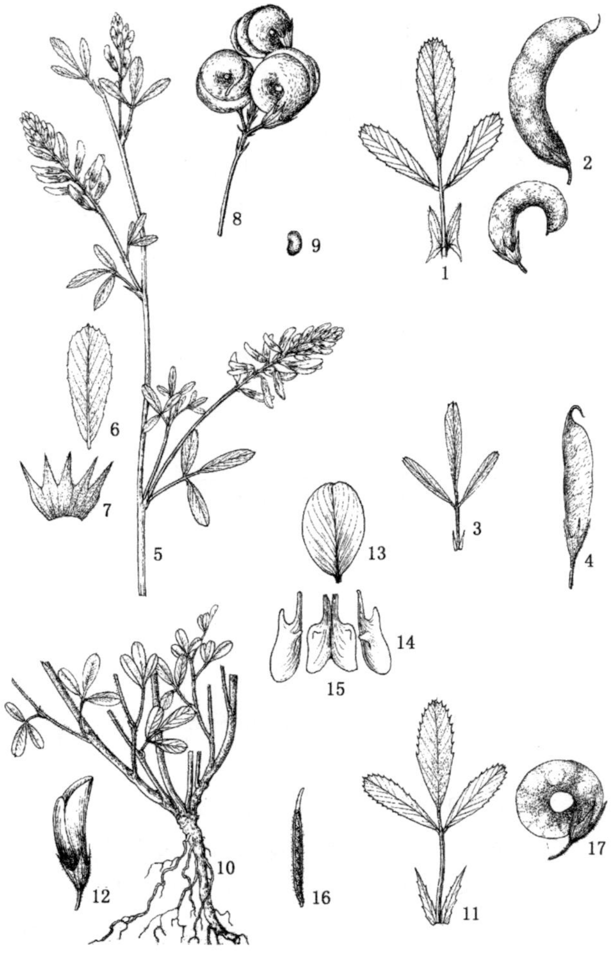

图版(引自《中国植物志》) 1—2. **野苜蓿**(原变种) **Medicago falcata** Linn. var. **falcata**: 1. 复叶; 2. 荚果。3—4. **草原苜蓿** **Medicago falcata** Linn. var. **romanica** (Brandza) Hayek: 3. 复叶; 4. 荚果。5—9. **紫苜蓿** **Medicago sativa** Linn.: 5. 花枝; 6. 小叶片(示毛); 7. 花萼(展开背面观); 8. 荚果; 9. 种子。10—17. **杂交苜蓿** **Medicago varia** Martyn: 10. 植株基部; 11. 复叶; 12. 花; 13. 旗瓣; 14. 翼瓣; 15. 龙骨瓣; 16. 雌蕊(纵剖面示胚珠); 17. 荚果。(何冬泉绘)

全国各地都有栽培或呈半野生状态。生于田边、路旁、旷野、草原、河岸及沟谷等地。欧亚大陆和世界各国广泛种植为饲料与牧草。

本种性状因栽培类型与生境不同，差别较大。

野苜蓿

野苜蓿（《重要牧草栽培》）

Medicago falcata L.

野苜蓿（原变种）

var. *falcata*

多年生草本，高（20～）40～100（～120）cm。主根粗壮，木质，须根发达。茎平卧或上升，圆柱形，多分枝。羽状三出复叶；托叶披针形至线状披针形，先端长渐尖，基部戟形，全缘或稍具锯齿，脉纹明显；叶柄细，比小叶短；小叶倒卵形至线状倒披针形，长（5～）8～15（～20）mm，宽（1～）2～5（～10）mm，先端近圆形，具刺尖，基部楔形，边缘上部四分之一具锐锯齿，上面无毛，下面被贴伏毛，侧脉12～15对，与中脉成锐角平行达叶边，不分叉；顶生小叶稍大。花序短总状，长1～2（～4）cm，具花6～20（～25）朵，稠密，花期几不伸长；总花梗腋生，挺直，与叶等长或稍长；苞片针刺状，长约1mm；花长6～9（～11）mm；花梗长2～3mm，被毛；萼钟形，被贴伏毛，萼齿线状锥形，比萼筒长；花冠黄色，旗瓣长倒卵形，翼瓣和龙骨瓣等长，均比旗瓣短；子房线形，被柔毛，花柱短，略弯，胚珠2～5粒。荚果镰形，长（8～）10～15mm，宽2.5～3.5（～4）mm，脉纹细，斜向，被贴伏毛；有种子2～4粒。种子卵状椭圆形，长2mm，宽1.5mm，黄褐色，胚根处凸起。花期6～8月，果期7～9月。

产东北、华北、西北各地。生于砂质偏旱耕地、山坡、草原及河岸杂草丛中。欧洲盛产，俄罗斯、哈萨克斯坦、乌兹别克斯坦、土库曼斯坦、吉尔吉斯斯坦、塔吉克斯坦、蒙古国、伊朗等亚洲地区分布也很广泛，世界各国都有引种栽培。

本变种适应能力强，耐寒抗旱，耐盐碱，抗病虫害，是营养价值很高的野生牧草。但荚果熟时自然开裂，种子收获量低，故在大田栽植尚有一些技术问题，目前主要是用来和紫苜蓿杂交培育优良的地区性新品系。

草原苜蓿（变种）

var. *romanica*

本变种茎直立，密被黄色绒毛。小叶线形，先端急尖或截形，叶缘仅具2～3锯齿，叶上面被稀疏贴伏毛，下面被密毛，侧脉5～7对。荚果挺直。与原变种不同。

产新疆。生于偏旱的山坡、草原。欧洲东部至中亚、西伯利亚西部均有分布。

南苜蓿

南苜蓿（《重要牧草栽培》）［黄花草子、金花菜（江苏、浙江）］

Medicago polymorpha L.

一二年生草本，高 20 ～ 90cm。茎平卧、上升或直立，近四棱形，基部分枝，无毛或微被毛。羽状三出复叶；托叶大，卵状长圆形，长 4 ～ 7mm，先端渐尖，基部耳状，边缘具不整齐条裂，成丝状细条或深齿状缺刻，脉纹明显；叶柄柔软，细长，

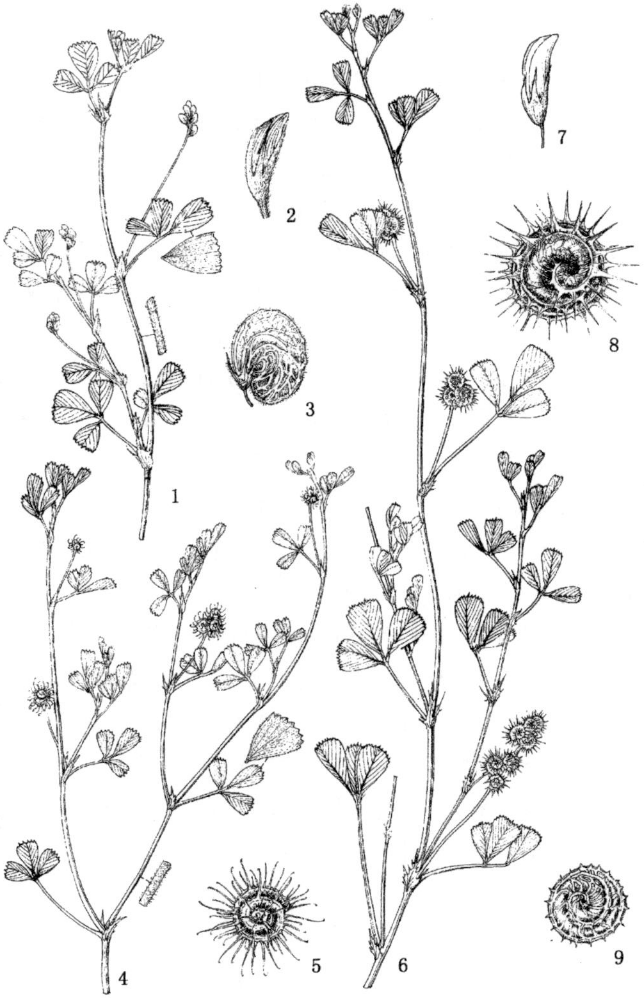

图版(引自《中国植物志》) 1—3. 天蓝苜蓿 **Medicago lupulina** Linn.: 1. 花枝; 2. 花; 3. 荚果。 4—5. 小苜蓿 **Medicago minima** (Linn.) Grufb.: 4. 果枝; 5. 荚果。6—9. 南苜蓿 **Medicago polymorpha** Linn.: 6. 果枝; 7. 花; 8—9. 不同类型的荚果。(何冬泉绘)

长 1 ～ 5cm，上面具浅沟；小叶倒卵形或三角状倒卵形，几等大，长 7 ～ 20mm，宽 5 ～ 15mm，纸质，先端钝，近截平或凹缺，具细尖，基部阔楔形，边缘在三分之一以上具浅锯齿，上面无毛，下面被疏柔毛，无斑纹。花序头状伞形，具花（1 ～）2 ～ 10 朵；总花梗腋生，纤细无毛，长 3 ～ 15mm，通常比叶短，花序轴先端不呈芒状尖；苞片甚小，尾尖；花长 3 ～ 4mm；花梗不到 1mm；萼钟形，长约 2mm，萼齿披针形，与萼筒近等长，无毛或稀被毛；花冠黄色，旗瓣倒卵形，先端凹缺，基部阔楔形，比翼瓣和龙骨瓣长，翼瓣长圆形，基部具耳和稍阔的瓣柄，齿突甚发达，龙骨瓣比翼瓣稍短，基部具小耳，呈钩状；子房长圆形，镰状上弯，微被毛。荚果盘形，暗绿褐色，顺时针方向紧旋 1.5 ～ 2.5（～ 6）圈，直径（不包括刺长）4 ～ 6（～ 10）mm，螺面平坦无毛，有多条辐射状脉纹，近边缘处环结，每圈具棘刺或瘤突 15 枚；种子每圈 1 ～ 2 粒。种子长肾形，长约 2.5mm，宽 1.25mm，棕褐色，平滑。花期 3 ～ 5 月，果期 5 ～ 6 月。

产长江流域以南各省（自治区），以及陕西、甘肃、贵州、云南。常栽培或呈半野生状态。欧洲南部、西南亚，以及整个旧大陆均有分布，并引种到美洲、大洋洲。

➤➤➤《中国植物志 • 第四十二卷（第二分册）• 豆科 • 苜蓿属》

重要牧草栽培

紫苜蓿

分布与种类。紫苜蓿因开紫花，所以又叫作“紫花苜蓿”。它的学名是：*Medicago sativa*，英文名是：alfalfa，lucerne。它的来源当是古代的米甸国或波斯。中国也有野生的。现今世界各国都有紫苜蓿，栽培面积日渐扩大。在我国的东北、华北和西北等地栽培很盛。河北省小五台山已呈野生状态。

苜蓿种类很多，在欧、亚、非三洲共有 65 种，且多是野生草本植物，其中仅有少数种是用作饲料的。俄罗斯的欧洲部分即有 28 种，它的栽培即有 7 种之多。苜蓿是多年或一年生的，多是草本，少有木质的。从经济栽培来说，总括可分作三大系统，紫花种、黄花种和杂花种。后两者抗寒性比第一种远强，但是紫花种栽培得最普遍，经济价值较高，是栽培区域最广的一种。

➤➤➤《重要牧草栽培·紫苜蓿》

野苜蓿

学名：*M. falcata* L.

多年生草本，茎高 30 ～ 60cm，半直立性，稍有毛，花为 12 ～ 20 朵簇生短总状花序，荚果扁长形，或稍带弯形，光滑，种子 5 ～ 10 粒。抗旱抗寒性很强，可做牧草。我国新疆，在乌鲁木齐白杨沟附近和吐鲁番以西都有野生。华北区、内蒙古都有生长。西北区（晋、新、甘、陕）都有生长。

➤➤➤《重要牧草栽培·野苜蓿》

南苜蓿

学名：*M. hispida* G. = *M. denticulata* W.

即南京称为“母齐头”，上海叫作“草头”“金花菜”“草子”“黄花草籽”“磨盘草子”（浙江）。长江下游有野生和栽培供食用的。日本和印度都有生长的。日本用它饲马，称为“马肥”。为一年生或越年生草本；茎高 30 ～ 100cm，多匍匐性或直立，茎光滑或有毛。叶有三小叶。小叶倒卵形，或倒心形，先端稍圆或凹入；托叶有细锯齿；花由叶腋间伸出花梗，在上部成头状花序，具有少数花朵，花黄色。荚果螺旋形，没有深沟，边缘毛状，疏刺突起，含种子 3 ～ 7 粒。种子肾形，黄褐色。种子北移，在保定开花期是 7 月上旬，10 月下旬收子。

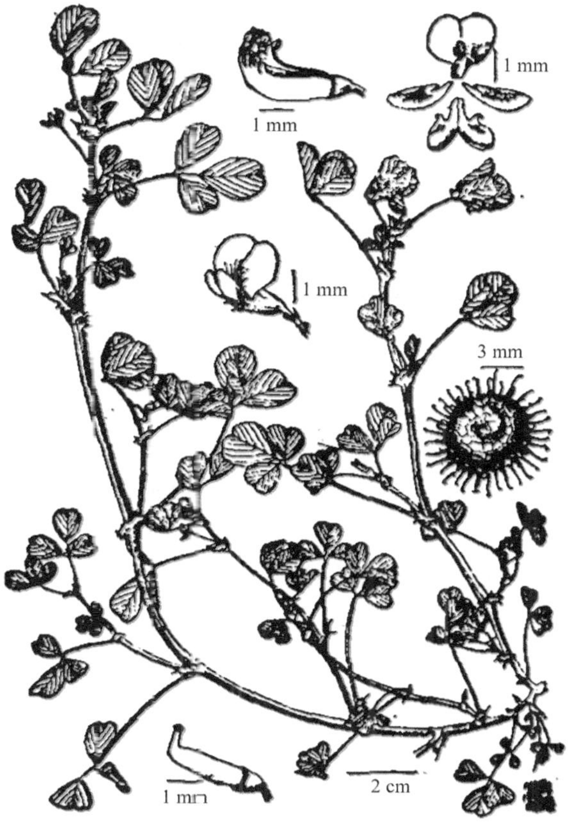

南苜蓿

➤➤➤《重要牧草栽培·南苜蓿》[南苜蓿图引自《中国高等植物图鉴》(第二册)]

冶城蔬谱

《冶城蔬谱》，清龚乃保等撰，叙述南京蔬菜的著作。

龚乃保（生卒年不详），江苏江宁人。

苜蓿

《史记》：大宛国马嗜苜蓿，汉使得之，种于离宫。一作荍蓿。《西京杂记》：又名怀风。阑干新绿，秀色照人眉宇。自唐人咏之，遂为广文先生雅馔。

农桑经

《农桑经》，清蒲松龄撰，包括农经和蚕经两部分，农经总结了农户依月安排农事活动的经验，蚕经则包括养蚕与栽桑法，该书内容通俗易懂，多为具有地方特色的农村实用技术。

二月耕田

苜蓿，野外有硗田，可种以饲畜。初生嫩苗，亦可食。四月结种后，芟以喂马，冬积干者，亦可喂牛、驴。

宜于七八月种。一年三刈，留种者一刈。

➤➤➤《农桑经·农经》

六月

苜蓿，合荞麦种。荞刈，苜蓿生根，明年自生。可一刈，三年盛，岁三刈。欲留种，止一刈，六七年去根另种。若垦而种谷，必大收。

➤➤➤《农桑经残稿·六月》

牧令书

《牧令书》，清徐栋撰，全面研究清代府县功能及运作方式的历史学专著。

徐栋（1792～1865年），字笑陆，号致初，安肃（今河北徐水）人。

地利

盖《周礼》所谓“一易再易之田”也，耕种所获不偿所费，遂或置为闲田。余往见直隶地方，民间沙地有栽柳一法，可编柳器，不但为薪。又为种草一法，其一，种苜蓿者，嫩可采食，老可饲马。又一种形如苜蓿，牛马不食者，名曰地丁，密茂成丛，足佐薪束，且其根深入地中，枝叶间又能挂土，种之数年，积土沙上，地性可变，亦因势利导之一法也。余欲以上陈，适奉委赈饥，又因河道淤塞、堤防坍颓，遂请修河以清岁饥之源，而浚墨筑沂，大工紧繁，不敢多渎矣。

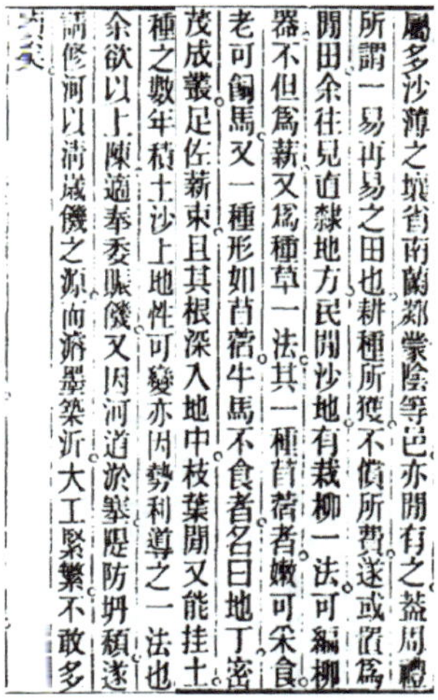
屬多沙薄之壤省南蘭鄭蒙陰等邑亦間有之蓋周禮所謂一易再易之田也耕種所獲不償所費遂或置爲閒田余往見直隸地方民間沙地有栽柳一法可編柳器不但爲薪又爲種草一法其一種苜蓿者嫩可采食老可飼馬又一種形如苜蓿牛馬不食者名曰地丁密茂成叢足佐薪束且其根深入地中枝葉間又能挂土種之數年積土沙上地性可變亦因勢利導之一法也余欲以上陳適奉委賑饑又因河道淤塞隄防坍頹遂請修河以清歲饑之源而濬墨築沂大工緊繁不敢多瀆矣

➤➤➤《牧令书·卷十·农桑下》

营田辑要

《营田辑要》，清黄辅辰撰，分卷首和内外篇，卷首简述营田历史和写书目的、方法，

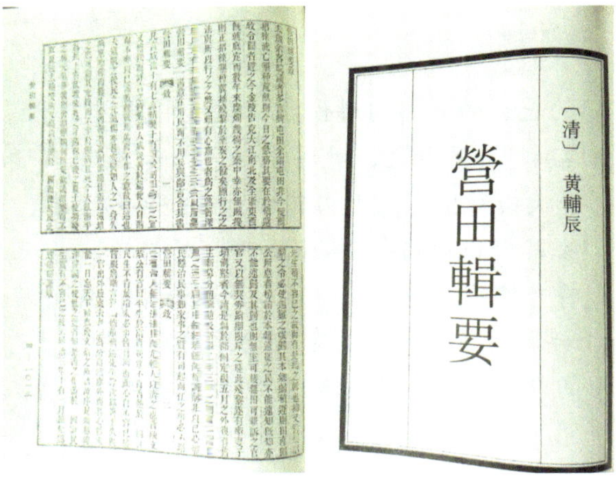

内篇介绍营田经验、水利，外篇专讲农业生产技术，包括垦辟、造田技术等。

黄辅辰（1798 ～ 1866 年），字琴坞，贵州贵筑人，原籍湖南醴陵。

种蔬

苜蓿，一名怀风，《尔雅翼》作木粟，言其米可炊饭也。叶似豌豆，每三叶一攒，紫花结角，子大如黍。

七八月种，春初可生啖、熟食。岁可三刈，欲留种者止一刈。此物长生，一种之后，明年自生，可一刈，久则三刈，六七年后，去其繁根便茂，若以种地必倍收。西北多种此以饲畜，以备荒，南人惜不知也。

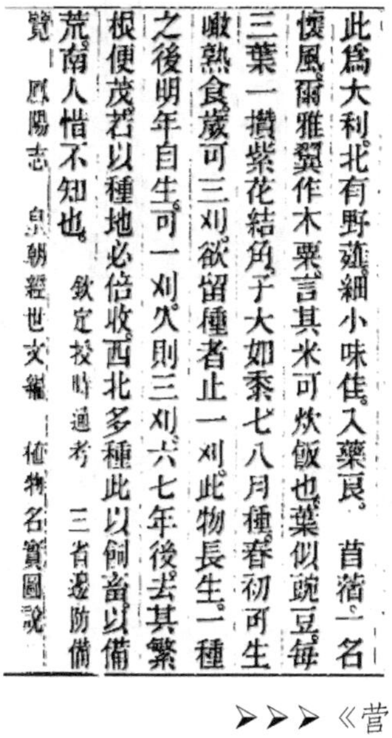

此爲大利北有野蔬細小味佳入藥良 苜蓿一名
懷風爾雅翼作木粟言其米可炊飯也葉似豌豆每
三葉一攢紫花結角子大如黍七八月種春初可生
噉熟食歲可三刈欲留種者止一刈此物長生一種
之後明年自生可一刈久則三刈六七年後去其繁
根便茂若以種地必倍收西北多種此以飼畜以備
荒南人惜不知也 欽定授時通考 三者邊防備
覽 鳳陽志 皇朝經世文編 植物名實圖說

➤➤➤《营田辑要·种蔬四十二·苜蓿》

【简注】 ① 苜蓿为优良的豆科饲料作物，故文中仅言其子“可”炊饭。

② 《齐民要术》言：“七月种之，畦种水浇，一如韭法。”春初即可生啖，当系指园圃种植之苜蓿，非大田种植者。大田苜蓿，第一年初生者，苗细弱，不宜采食。

③ “六七年后，去其繁根便苗”“不烦更种”的说法，源于《群芳谱》，是使苜蓿复壮的一种方法，将老根砍掉一部分，可以产生新根，使苜蓿发旺。

④ 连续种植六七年的苜蓿地，若将苜蓿挖掉用来种冬麦，不仅可倍收，所产小麦的品质亦佳，关中的农民称之为“子参”，蛋白质含量高，常用来做挂面。

➤➤➤《营田辑要校释·种蔬四十二·苜蓿》

中外农学合编

《中外农学合编》，清末杨巩撰，采辑诸书而成，类似《授时通考》，但规模和精细程度不如官修的《授时通考》，内容已涉及西洋农学之领域。

杨巩（生卒年不详），长沙人。

苜蓿

苜蓿，一名木粟。张骞自大宛带种归，今处处有之。苗高尺余，细茎分叉而生。叶似豌豆颇小，每三叶攒生一处，梢间开紫花，结弯角，角中有子，黍米大，状如腰子。三晋为盛，秦、齐、鲁次之，燕、赵又次之，江南人不识也。味苦，平，无毒。安中，利五脏，洗脾胃间诸恶热毒。长宜饲马，尤嗜此物（《尔雅翼》《本草》）。

地宜良熟。七月种之。畦种水浇，一如韭法。春初既中生噉，为羹甚香。此物长生，种者一劳永逸。都邑负郭，所宜种之（《齐民要术》）。

种植，夏月取子，和荞麦种。刈荞时，苜蓿生根，明年自生，只可一刈，三年后便盛。每岁三刈，欲留种者，只一刈，六七年后垦去根，别用子种。若效两浙种竹法，每一亩，今年半去其根，至第三年去另一半，如此更换，可得长生，不烦更种。若垦后次年种谷，必倍收，为数年积叶坏烂，垦地复深，故今三晋人刈草，三年即垦作田，亟欲肥地种谷也（《群芳谱》）。

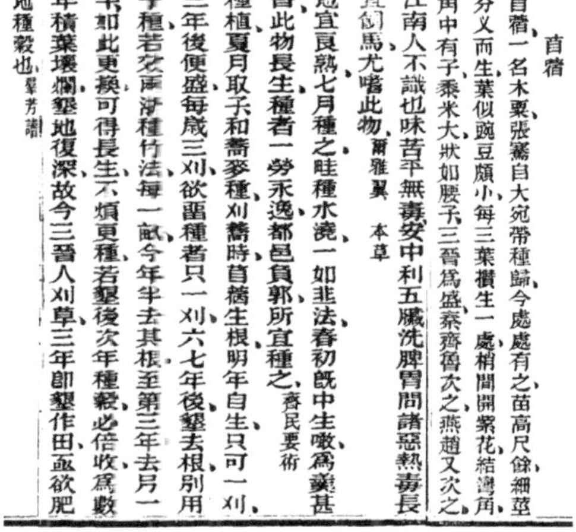
苜蓿

苜蓿、一名木粟、張騫自大宛帶種歸、今處處有之、苗高尺餘、細莖分乂而生、葉似豌豆頗小、每三葉攢生一處、梢間開紫花、結彎角、角中有子、黍米大、狀如腰子、三晉爲盛、秦齊魯次之、燕趙又次之、江南人不識也味苦平無毒安中利五臟洗脾胃間諸惡熱毒長宜飼馬、尤嗜此物、爾雅翼　本草

地宜良熟、七月種之、畦種水澆、一如韭法、春初既中生噉、爲羹甚香、此物長生、種者一勞永逸、都邑負郭、所宜種之、齊民要術

種植、夏月取子和蕎麥種、刈蕎時苜蓿生根、明年自生、只可一刈、三年後便盛、每歲三刈、欲留種者只一刈、六七年後墾去根、別用子種、若效兩浙種竹法、每一畝今年半去其根、至第三年去另一半、如此更換、可得長生、不煩更種、若墾後次年種穀、必倍收、爲數年積葉壞爛、墾地復深、故今三晉人刈草、三年即墾作田、亟欲肥地種穀也、羣芳譜

农书

农言著实

《农言著实》，清杨秀元著，为经营农业生产的实录，属家训类图书。

杨秀元（生卒年不详），字一臣，本名恒孝，清嘉靖、道光年间陕西三原人。

正月

节气若早，苜蓿根可以喂牛。……伙计挖苜蓿，咱家地多，年年有种的新苜蓿，年年就有开的陈苜蓿。况苜蓿根喂牛，牛也肯吃，又省料又省秸，牛又肥而壮。倘若迟延至苜蓿高了，根就不好了，牛也不肯吃了。

➤➤➤《农言著实》

二月

叫人锄麦，地内草多者，要细心锄。再锄苜蓿，然后看时候或锄菜子、扁豆子、豌豆，可以渐次锄了。豌、扁豆，先用碾子一碾，然后再锄，此无一定时刻。或二月，或三月，看节气迟早可也……。

挖苜蓿根要细心，叫伙计靠镢子挖。有苜蓿处，不待言也。即无苜蓿处，亦要用心挖。有土墼，务必打碎拨平，总似用糖糖过底方妥。所以然者，何也？得雨后，就要种秋田禾。不如，日晒风吹，地不收墒，兼之没挖到处，定行不长田禾。牢记！牢记！

➤➤➤《农言著实》

三月

苜蓿花开园，教人割苜蓿。先将冬月干苜蓿积下，好喂牲口。但割晒苜蓿，总要留心。午后以前苜蓿，经日一晒，就可以捆了。午右以后的苜蓿，水气未干，再到第二日收拾。再者，当日捆，当日就要积，还要积在无雨处方妥，倘一经雨，则瞎矣。且当日积下的苜蓿，到底总是绿的，牲口亦肯吃。如果积在廖野处，风吹日晒雨又淋，将来大半是不好的，岂不可惜！所以然者，以其性不敢经风雨也。

➤➤➤《农言著实》

五月

与牲口吃苜蓿，麦前不论长短，都可以将就，总以剉短为主。唯至麦后，苜蓿不宜长，长则牛马俱不肯吃，剩下殊觉可惜。且要看苜蓿的多少，宁可有余，将头次地拖过，万一不足，牲口正在出力，非喂料不得下来。

➤➤➤《农言著实》

十月

苜蓿地经冬，先用拖犁在地上下乱拖几十回，省旁人冬月在地内扫柴火，不大要紧，第二年苜蓿定不旺矣。至于锄，须到来年春暖再教人锄。……

冬月天气喂牛，和合草最好，兼之省料。所谓和合草者，荞麦秆子、谷草秆子、豆衣子，并夏天晒下的干苜蓿，俱用铡子铡碎，搅在一处，晚间添着喂牛，岂不省事。

➤➤➤《农言著实》

救荒简易书

《救荒简易书》，清郭云升撰，晚清时期重要救荒农书，书中吸收了中国传统及西方相关农业知识，以河南为中心介绍了多种实用农业减灾措施。

郭云升（生卒年不详），字浩霖，河南滑县人，著有多部有实用价值的农业类等的图书。

苜蓿正月重解。苜蓿菜（《史记》云：大宛国马嗜苜蓿，汉使得之，种于离宫；王象晋《群芳谱·苜蓿解》云：张骞自大宛带种归，今处处有之），一名牧宿，一名木粟（李时珍《本草纲目》云：苜蓿，郭璞作牧宿，谓其宿根自生，可饲牧牛马也。又罗愿《尔雅翼》作木粟，言其米可炊饭也），一名怀风，一名光风，一名连枝草，一名塞鼻力迦（葛洪《西京杂记》云：乐游苑多苜蓿，风在其间常萧萧然，日照其花有光彩。故名怀风，又名光风，茂陵人谓之连枝草。《金光明经》谓之塞鼻力迦），今名苜蓿。《庶物异名疏》曰：苜蓿，胡中菜，张骞得之西戎。子过临济间，见其花紫而长，初枝可作羹，花已则刈送驴前矣。时干烂诸禾悉槁，唯此独茂。何大复诗“沙寒苜蓿短”，以其恶水也。王象晋《群芳谱·苜蓿解》曰：三晋为盛，秦、齐、鲁次之，燕、赵又次之，江南人不识也。《元史·食货志》曰：世祖初，令各社种苜蓿以防饥年。（云）以为，苜蓿菜若正月种，月月可食，直到大冰大雪方止。次年二月，宿根复生，又月月可食如前。丰年能肥牛马，欠年能以养人，亦救荒之奇菜也。

救荒簡易書 卷一 月令 十三

苜蓿菜正月種解。苜蓿菜。史記云大宛國馬嗜苜蓿漢使得之種於離宮。王象晉羣芳譜苜蓿解云張騫自大宛帶種歸今處處有之。一名牧宿。一名木粟。李時珍本草綱目云苜蓿郭璞作牧宿謂其宿根自生可飼牧牛馬也又羅願爾雅翼作木粟言其米可炊飯也。一名懷風。一名光風。一名連枝草。一名塞鼻力遊。葛洪西京雜記云樂遊苑多苜蓿風在其間常蕭蕭然日照其花有光采故名懷風又名光風茂陵人謂之連枝草金光明經謂之塞鼻力遊今名苜蓿。庶物異名疏曰。苜宿胡中菜。張騫得之西戎。子過臨濟間。見其花紫而長。初枝可作藥。花已則刈送驢前矣。時乾熯。諸禾悉槁。惟此獨茂。何大復詩。沙寒苜蓿短。以其惡水也。王象晉羣芳譜苜蓿解曰。三晉為盛。秦齊魯次之。燕趙又次之。江南人不識也。元史食貨志曰。世祖初。令各社種苜蓿。以防饑年。（云）以為。苜蓿菜若正月種。月月可食。直到大氷大雪方止。次年二月。宿根復生。又月月可食如前。豐年能肥牛馬。歉年能以養人。亦救荒之奇菜也。

➤➤➤《救荒简易书·卷一·月令·正月》

苜蓿菜二月种解。（云）以为苜蓿菜二月种，三月即可食也。

➤➤➤《救荒简易书·卷一·月令·二月》

苜蓿菜三月种解。苜蓿菜三月种，据《农政全书》而种之。

➤➤➤《救荒简易书·卷一·月令·三月》

苜蓿菜四月种解。苜蓿菜四月种，据《农政全书》而种之。

➤➤➤《救荒简易书·卷一·月令·四月》

苜蓿菜五月和黍种解。五月和黍种，闻直隶老农曰，苜蓿五月种，必须和黍种之，使黍为苜蓿遮阴，以免烈日晒杀。

➤➤➤《救荒简易书·卷一·月令·五月》

苜蓿菜六月和荞麦种解。六月和荞麦种，闻直隶老农曰，苜蓿菜六月种，必须和荞麦种之，使荞麦为苜蓿遮阴，以免烈日晒杀。

➤➤➤《救荒简易书·卷一·月令·六月》

苜蓿菜七月和秋荞麦种解。七月和荞麦种，闻直隶老农曰，苜蓿七月种，必须和秋荞麦而种之，使秋荞麦为苜蓿遮阴，以免烈日晒杀。

➤➤➤《救荒简易书·卷一·月令·七月》

苜蓿菜八月种解。苜蓿菜八月种，据《农政全书》而种之。

➤➤➤《救荒简易书·卷一·月令·八月》

苜蓿菜九月种解。苜蓿菜九月种，据《农政全书》而种之。

➤➤➤《救荒简易书·卷一·月令·九月》

苜蓿菜十月种解。苜蓿菜十月种，能在地过冬。苜蓿菜十月种，为其嫩苗深冬方尽，宿根早春即生也。

➤➤➤《救荒简易书·卷一·月令·十月》

苜蓿救荒宜土

苜蓿菜宜种碱地解。祥符县老农曰，苜蓿菜性耐碱，宜种碱地，并且性能吃碱，久种苜蓿能使碱地不碱。

苜蓿菜宜种沙地解。苜蓿菜沙地能成，冀州及南宫县有种苜蓿于沙地者。

苜蓿菜宜种石地解。苜蓿菜性喜唅寒，宜种于又唅又寒石地。

苜蓿菜宜种淤地解。一劳永逸，生生不穷，苜蓿菜有此力量，种于刚硬淤地，刚硬不能为害也。

苜蓿菜宜种虫地解。苜蓿菜芽上无糖，虫不愿食也。

苜蓿菜宜种草地解。苜蓿菜宜于五六月种，假借草之阴凉以免烈日晒杀，使其因祸为福，化害为利。

苜蓿菜宜种阴地解。田地向阴，或山所遮，或林所蔽，农民辄叹棘手，若种苜蓿必能茂盛。

➤➤➤《救荒简易书·卷二·土宜》

苜蓿宜荒种植

苜蓿菜四时皆可种解。田地背阴，四时可种苜蓿菜。

➤➤➤《救荒简易书·卷四·种植》

农学纂要

《农学纂要》，清陈恢吾撰，共4卷，内容大多采自新译农学书报等，记载了当时许多从西方传入中国的农学知识。

陈恢吾，生平不详。

轮栽停种

将各种植物轮流栽种，则地中天然元质取胜无尽。

凡轮栽，当先栽深根之物，以吸下层养质，次栽中根、浅根。凡豆类为深根，根菜（莱菔、甘薯之类）为中根，禾类为浅根。小麦、寒麦、萝生、苜蓿及捶油之菜，皆吸食深土之质，大麦、番薯、莱菔皆吸食浅土之质。深根为浅根者吸淡（氮）气，引土脉（刈时必留其根），而浅根者遗其根干于地，亦可为深根植物之助。亦有连种而愈佳者，棉、蓝、甘薯是也。

豆、苜蓿后，宜麦粟类，后宜萝、薯蓣等，谷禾前宜豆。树棉之地，初年种棉，次年禾麦，三年复种棉，皆得益。

轮种之法，或三年一周。先停种，次小麦，次雀麦与豆（瘠土宜）。或四五年一周，或七年一周。大率第一年莱菔或各种根菜，次年大麦，次苜蓿，次小麦。或第一年莱菔，次小麦，次大麦，次苜蓿，次小麦。或先莱菔，次大麦，次苜蓿，次雀麦，次番薯，次小麦，均得法。

輪栽停種

將各種植物輪流栽種，則地中天然元質，取用無盡。

凡輪栽當先栽深根之物，以吸下層養質，次栽中根淺根。凡豆類為深根，根菜（萊菔甘薯之類）為中根，禾類為淺根。小麥寒麥難生苜蓿及搾油之菜，皆吸食深土之質，大麥番薯萊菔皆吸食淺土之質。深根為淺根者吸淡氣，引土脈（刈時必留其根），而淺根者遺其根幹於地，亦可為深根植物之助。亦有連種而愈佳者，棉藍甘薯是也。

豆苜蓿後宜麥粟類，後宜蘿蔔薯蕷等。穀禾前宜豆，樹棉之地，初年種棉，次年禾麥，三年復種棉，皆得益。

稻田收後間種油菜，次年種稻可豐收（此非隔年）。

輪種之法，或三年一周，先停種，次小麥，次雀麥與豆（宜瘠土），或四五年一周，或七年一周。大率第一年萊菔或各種根菜，次年大麥，次苜蓿，次小麥；或第一年萊菔，次小麥，次大麥，次苜蓿，次小麥；或先蘆菔，次大麥，次苜蓿，次雀麥，次番薯，次小麥，均得法。

每輪種一周，必深掘一次，深掘必在秋時。此地春日不宜重犁濕土，則俟春犁之。

➤➤➤《农学纂要·轮栽停种》

素食说略

《素食说略》，清薛宝辰撰，共 4 卷，记述清朝末年比较流行的素食制作方法。

薛宝辰（1850 ～ 1916 年），原名秉辰，陕西长安（今陕西西安）人。

菜脯

干菜曰菹，亦曰诸。桃诸、梅诸是也。《说文》：脯干肉，呼菜脯亦可。如胡豆、刀豆、邪蒿、香椿、萱花、荠菜、苋菜、白蒿、苜蓿、菠菜、胡菜、茭白之类，皆可作脯。

➤➤➤《素食说略·卷一》

榆荚

嫩榆线，拣去葩蒂，以酱油、料酒焯汤，颇有清味。有和面蒸作糕饵或麦饭者，亦佳。秦人以菜蔬和干面加油、盐拌匀蒸食，名曰麦饭。香油须多加，不然，不腴美也。麦饭以朱藤花、楮穗、邪蒿、因陈、同蒿、嫩苜蓿为最上，余可作麦饭者亦多，均不及此数种也。

➤➤➤《素食说略·卷二》

御定月令辑要

《御定月令辑要》，清李光地等奉勅编纂，共 24 卷，主要论述农时等内容。

种苜蓿

【增】《齐民要术》崔寔曰：七月八月可种苜蓿。《尔雅翼》按：今苜蓿甚似中国灰藋，但藋苗叶作灰色，而苜蓿苗端常有数叶深红可爱，今人谓之鹤顶草，秋后结实，黑房累累如稴，故俗人因谓之木粟，其米可为饭，亦有可以酿酒者。

作种

【增】《四民月令》：正月，可作种瓜、瓠、葵、芥、薤、大小葱、蒜、苜蓿及杂蒜亦种。

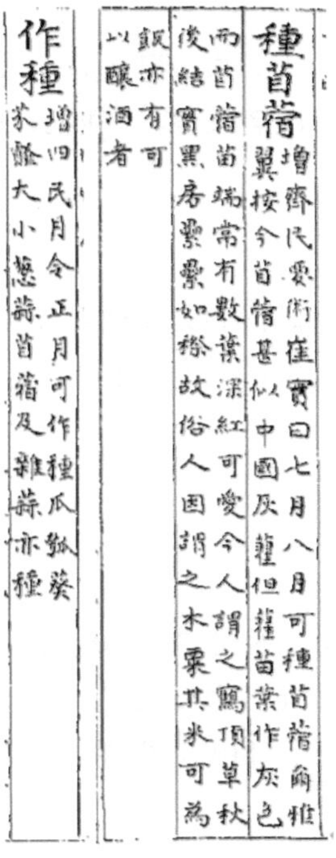

種苜蓿 增齊民要術崔寔曰七月八月可種苜蓿爾雅翼按今苜蓿甚似中國灰藋但藋苗葉作灰色而苜蓿苗端常有數葉深紅可愛今人謂之鶴頂草秋後結實黑房纍纍如稴故俗人因謂之木粟其米可為飯亦有可以釀酒者

作種 增四民月令正月可作種瓜瓠葵芥薤大小葱蒜苜蓿及雜蒜亦種

➤➤➤《御定月令辑要卷十三·秋令》

本　草

苜蓿

（清·汤贻汾）

吾官亦云冷，苜蓿餐自宜。
肯以牧吾马，马肥吾当饥。
农家不肯食，朽以粪亩洼。
乃知真率味，如人与时违。
兼恐乘槎人，亦未咀得之。

神农本草经

《神农本草经》，东汉前成书，主要记载中国古代药物，收药物365种，所记事物以草类居多，故称此名。

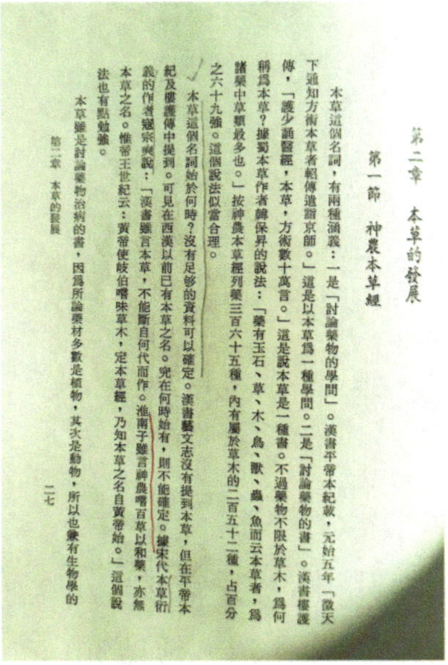
第二章 本草的發展

第一節 神農本草經

本草這個名詞，有兩種涵義：一是「討論藥物的學問」。漢書平帝本紀載，元始五年「徵天下通知方術本草者軺傳遣詣京師。」這是以本草爲一種學問。二是「討論藥物的書」。漢書樓護傳，「護少誦醫經，本草，方術數十萬言。」這是說本草是一種書。不過藥物不限於草木，爲何稱爲本草？據蜀本草作者韓保昇的說法：「藥有玉石、草、木、鳥、獸、蟲、魚而云本草者，爲諸藥中草類最多也。」按神農本草經列藥三百六十五種，內有屬於草木的二百五十二種，占百分之六十九強。這個說法似當合理。

本草這個名詞始於何時？沒有足够的資料可以確定。漢書藝文志沒有提到本草，但在平帝本紀及樓護傳中提到。可見在西漢以前已有本草之名。究在何時始有，則不能確定。據宋代本草衍義的作者寇宗奭說：「漢書雖言本草，不能斷自何代而作。淮南子雖言神農嚐百草以和藥，亦無本草之名。惟帝王世紀云：黃帝使岐伯嚐味草木，定本草經，乃知本草之名自黃帝始。」這個說法也有點勉強。

本草雖是討論藥物治病的書，因爲所論藥材多數是植物，其次是動物，所以也兼有生物學的

第二章 本草的發展 二七

黄耆

味甘微温，主痈疽，久败创，排脓止痛，大风癞疾，五痔鼠，补虚小儿百病，一名戴糁，生山谷。通理三焦，甘先五变，赤白流同，短长形辨，细韧柔绵，缓抽修箭，苜蓿根坚，岂容托援。

➤➤➤《神农本草经·卷一·上经》

华氏中藏经

《华氏中藏经》，汉华佗著，联系脏腑生成及其病理以分析病症的综合性医学著作。

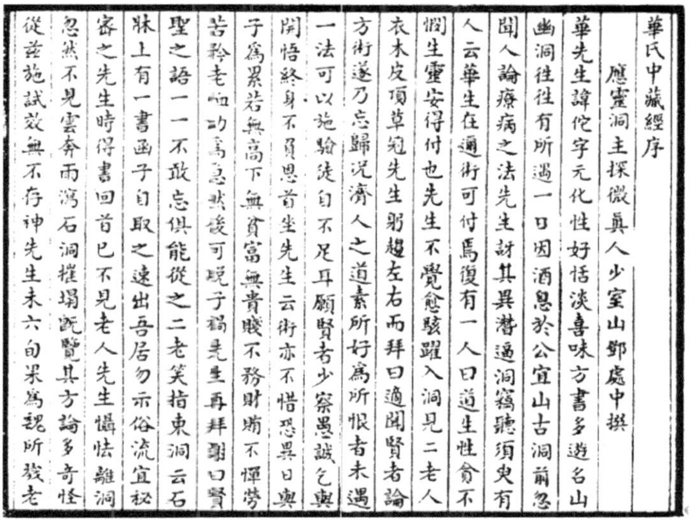
華氏中藏經序
應靈洞主探微眞人少室山鄧處中撰
華先生諱佗字元化性好恬淡喜味方書多遊名山
幽洞往往有所遇一日因酒息於公宜山古洞前忽
聞人論療病之法先生訝其異潛逼洞竊聽須臾有
人云華生在邇術可付焉復有一人曰道生性貪不
憫生靈安得付也先生不覺愈駭躍入洞見二老人
衣木皮頂草冠先生躬趨左右而拜曰適聞賢者論
方術遂乃忘歸況濟人之道素所好爲所恨者未遇
一法可以施驗徒自不足耳願賢者少察愚誠乞與
開悟終身不負恩首坐先生云術亦不惜恐異日與
子爲累若無高下無貧富無貴賤不務財賄不憚勞
苦矜老恤幼爲急然後可脫子禍先生再拜謝曰賢
聖之語一一不敢忘俱能從之二老笑指東洞云石
牀上有一書函子自取之速出吾居勿示俗流宜秘
密之先生時得書回首已不見老人先生懾怯離洞
忽然不見雲奔雨瀉石洞摧塌既覽其方論多奇怪
從茲施試效無不存神先生未六旬果爲魏所戮老

华佗（约 145 年～ 208 年），字元化，沛国谯县（今安徽亳州）人；医术高超，尤精通外科；曾创用麻沸散，给病人麻醉后施行外科手术。

用苜蓿，火烧令坑子极热，以醋五升沃令气出，内铺衣被盖坑。以酒化下一丸，与病患服之。后令病患卧坑内，盖覆。少时汗出，即扶病者令出无风处盖覆，令病患四肢温、心下软，即渐去衣被，令通风，然后看虚实调补。

➤➤➤《华氏中藏经》

名医别录

《名医别录》，南朝陶弘景撰，总结了汉代至魏晋时期的用药经验。

陶弘景（452 ～ 536 年），字通明，南朝丹阳秣陵（今属江苏南京）人，著名医药家。

苜蓿

味苦，平，无毒。主安中，利人，可久食。

➤➤➤《名医别录 • 上品 • 卷第一》

本草经集注

《本草经集注》，陶弘景在《神农本草经》的基础上，增加魏晋及以前名医记录的资料注释而成。

苜蓿

味苦，平，无毒。主安中，利人，可久食。长安中乃有苜蓿园，北人甚重此，江南人不甚食之，以无气味故也。外国复别有苜蓿草，以治目，非此类也。

➤➤➤《本草经集注·菜部药物·上品》

新修本草

《新修本草》，唐苏敬等编撰，官修药物文献，中国第一部药典。广收各地药物知识，采用药物自然来源分类法，且集全国郡县所产的药物标本，描绘成图，为最早的药物图谱。

苏敬（599 ～ 674 年），陈州淮阳（今属河南周口）人，唐代药学家。

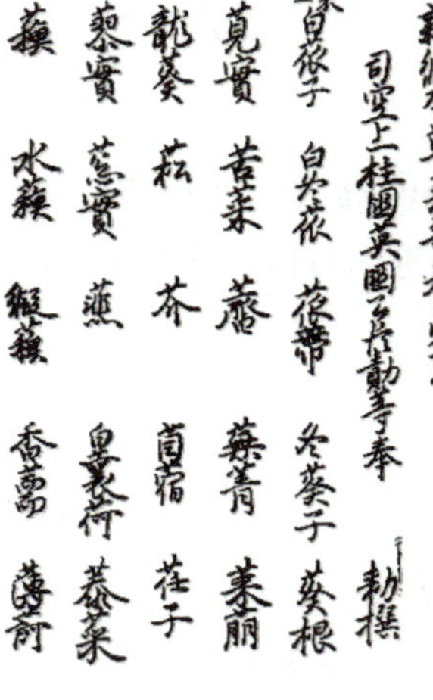
新修本草菜部卷第十八
司空上柱國英國公臣勣等奉 勅撰
白瓜子 白冬瓜 瓜蒂 冬葵子 葵根
莧實 苦菜 薺 蕪菁 萊菔
龍葵 菘 芥 苜蓿 荏子
蓼實 葱實 薤 白蘘荷 菾菜
蘇 水蘇 假蘇 香薷 薄荷

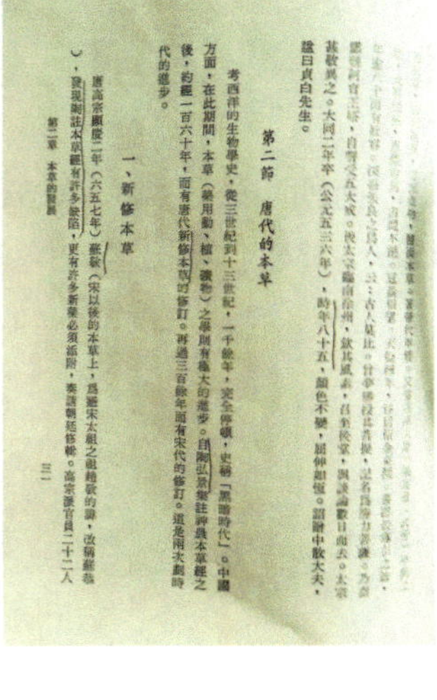
甚敬異之。大同二年卒（公元五三六年），時年八十五，顏色不變，屈伸如恆。詔贈中散大夫，諡曰貞白先生。

第二節 唐代的本草

考西洋的生物學史，從三世紀到十三世紀，一千餘年，完全停頓，史稱「黑暗時代」。中國方面，在此期間，本草（藥用動、植、礦物）之學則有極大的進步。自陶弘景集註神農本草經之後，約經一百六十年，而有唐代新修本草的修訂。再過三百餘年而有宋代的修訂。這是兩次劃時代的進步。

一、新修本草

唐高宗顯慶二年（六五七年）蘇敬（宋以後的本草上，為避宋太祖之祖敬的諱，改稱蘇恭），發現陶註本草經有許多缺陷，更有許多新藥必須添附，奏請朝廷修輯。高宗派官員二十二人

第二章 本草的發展 三一

菜上

苜蓿，味无毒，主安中，利人，可久食。长安中乃有苜蓿园，北人甚重此，江南人不甚食之，以无气味故也。外国复别有苜蓿草，以疗目，非此类也。谨案：苜蓿茎叶平，根寒。主热病，烦满，目黄赤，小便黄，酒疸。捣取汁一升，令吐利，即愈也。

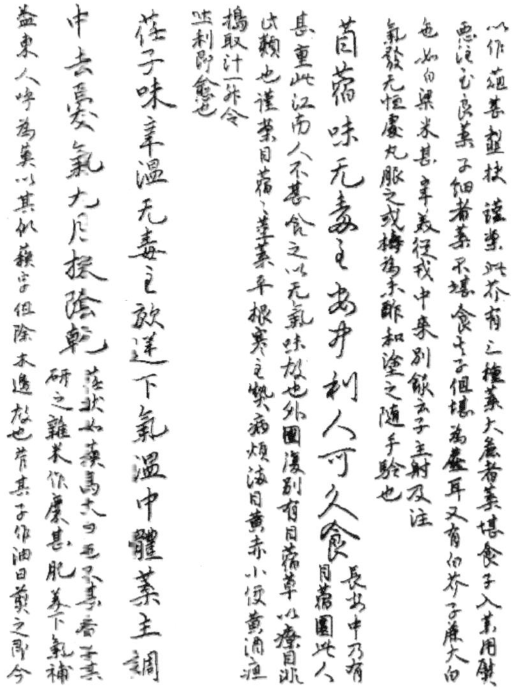
以作菹甚辣快 謹案此芥有三種葉大麁者葉堪食子入藥用驗
悪況么良葉子细者葉不堪食其子但堪為虀耳又有白芥子麁大白
色如白粱米甚辛美從戎中來別錄云子主射及注
氣發无恒處丸服之或擣為末醋和塗之隨手驗也
苜蓿味无毒主安中利人可久食 長安中乃有苜蓿園北人甚重此江南人不甚食之以无氣味故也外國復別有苜蓿草以療目非此類也謹案苜蓿茎葉平根寒主熱病煩滿目黃赤小便黃酒疸擣取汁一升令吐利即愈也
荏子味辛溫无毒主欬逆下氣溫中補體 葉主調中去臭氣九月採陰乾 荏狀如蘇高大白色不甚香子葉研之雜米作糜甚肥美下氣補益東人呼為蘇以其似蘇字但除本邊故也其子作油日煎之即今

➤➤➤《新修本草·卷第十八》

千金翼方

《千金翼方》，唐孙思邈著，中医典籍，记载孙思邈晚年所收集的药方，共30卷。

孙思邈（541～682年），京兆华原（今属陕西铜川）人，唐代医药学家、道士，被后人尊称为“药王”。

药名

白瓜子、白冬瓜、芥、苜蓿、荏、苦瓠、水靳、麻。

➤➤➤《千金翼方·卷第一·药录纂要》

菜部

苜蓿，味苦，平，无毒。主安中，利人，可久食。

➤➤➤《千金翼方·卷第四·本草下》

论一首方三十九首

又方：麝香（二分）、猪胰（两具）、大豆黄卷（一升五合）、桃花（一两）、菟丝子（三两）、冬葵子（五合，一云冬瓜子）、白附子（二两）、木兰皮（三两）、葳蕤（二合）、栀子花（二两）、苜蓿（一两），以水浸猪胰，三、四度易水，血色及浮脂尽，乃捣诸味为散，和令相得，曝，捣筛，以洗手面，面净光润而香。一方若无前件可得者，直取苜蓿香一升，土瓜根、商陆、青木香各一两，合捣为散。洗手、面大佳。

➤➤➤《千金翼方·卷第五·妇人面药第五》

方六首

衣香衣：沉香、苜蓿香（各五两），丁香、甘松香、藿香、青木香、艾纳香、鸡舌香、雀脑香（各一两），麝香（半两），白檀香（三两），零陵香（十两），上一十二味，各捣令如黍粟麸糠等物令细末，乃和令相得，若置衣箱中，必须绵裹之，不得用纸，秋冬犹着，盛热暑之时令香速，凡诸草香不但须新，及时乃佳，若欲少作者，准此为大率也。

➤➤➤《千金翼方·卷第五·熏衣衣香第六》

种苜蓿法

老圃多解，但肥地令熟，作垄种之，极益人。还须从一头剪，每一剪加粪，锄土拥之。

➤➤➤《千金翼方·卷第十四·退居·种造药第六》

论二首方三十八首

看初灸二三日，若灸疮发脓者易瘥，五六日乃发者难瘥。唯得食白饭、苜蓿、苦苣、蔓荆菜，香浆少许烧盐，瘥后百日，乃可得依常食。

➤➤➤《千金翼方·卷第二十四·疮廱下·甘湿第六》

食疗本草

《食疗本草》，唐孟诜撰、张鼎改编，3 卷，食疗专著，为现存最早的中医食疗图书。

孟诜（621 ～ 713 年），汝州梁（今河南临汝）人，唐朝大臣，著名的医药学家、食疗学家。

苜蓿

（一）患疸黄人，取根生捣，绞汁服之，良（嘉）。

（二）又，利五脏，轻身；洗去脾胃间邪气、诸恶热毒。少食好，多食当冷气入筋中，即瘦人。亦能轻身健人，更无诸益（嘉）。

（三）彼处人采根作土黄耆也。又，安中，利五脏，煮和酱食之，作羹亦得（证）。

苜蓿：《嘉祐》《证类》未引药性。独《纲目》云“（诜曰）凉”。按唐以前本草药名下均无“凉”性，此恐时珍将《日华子》语移入。

诸恶热毒：《纲目》此四字前增“通小肠”，恐取自《日华子》。

➤➤➤《食疗本草·卷下》

外台秘要

《外台秘要》，唐王焘编著，又名《外台秘要方》，40 卷，辑录唐以前医学家对各科疾病的理论和方药。共分 1104 门，载方 6000 余首。

王焘（670 ～ 755 年），唐代著名医学家，今陕西眉县常兴镇车圈村王家台人。

消渴

苜蓿、白蒿、牛蒡、地黄苗甚益人。长吃苜蓿虽微冷，益人，堪久服。凡菜皆取熟吃，不可生吃，损人。

➤➤➤《外台秘要·第十一卷·叙菜等二十二件》

骨蒸之病

此病宜食煮饭、盐豉、豆酱、烧姜、葱韭、枸杞、苜蓿、苦菜、地黄、牛膝叶，并须煮烂食之。

➤➤➤《外台秘要·第十三卷·传尸方四首》

眼疾

疗眼中一切诸疾盲翳，天行风冷热，胎赤泪出，常漠漠不多见物，唯不疗睛破，余悉主之方。……十二味，草石药合捣筛，睢似粉，仍以重绢罗重筛讫，以白蜜于火上微暖，去上沫，取下清者，和之作块，更捣千杵，以油腊纸裹之，亦取瓷瓶子盛贮，勿使见风，可得多年不败。每欲着以两米许，硬，和少许蜜稀，捣如熟面，以篦子头分置两眼眦，至夜仰卧枕之，合眼至明，不漱口，含清浆和一豆许盐，盐消，吐洗眼，不避风日，未差之前，忌食面、羊肉、酱果子、生菜、齑汁、苜蓿、莴苣，唯羊头、蹄、肝，冷盐下，余并不得食。至着后复更七日，慎之，过此，一任与食。每日一度着药，甚妙。

➤➤➤《外台秘要·第二十一卷·眼暗令明方一十四首》

瘿瘤咽喉疬瘘

患疮，唯宜煮饭，苜蓿盐酱，又不得多食之。

➤➤➤《外台秘要·第二十三卷·诸方一十五首》

面部面脂药头膏发鬓衣香澡豆

又生发膏方：胡麻油一升，雁脂一合，丁子香、甘松香各一两半，吴藿香、细辛、椒各二两，泽兰、白芷、牡荆子、苜蓿香、大麻子各一两，芎劳、防风、莽草、杏仁各三两（去皮），竹叶（切）五合。

➤➤➤《重订唐王焘先生外台秘要方·第三十二卷目录·面部面脂药头膏发鬓衣香澡豆等三十四门》

沉香、苜蓿香各五两，白檀香三两，丁香、藿香、青木香、甘松香各一两，鸡舌香一两，零陵香十两，艾纳香二两，雀头香一两，麝香半两。

➤➤➤《重订唐王焘先生外台秘要方·第三十二卷目录·面部面脂药头膏发鬓衣香澡豆等三十四门》

又方：泽兰香、甘松香、麝香各二两，沉香、檀香各四两，苜蓿香五两，零陵香六两，丁香十两。上八味，粗捣，绢袋盛，衣箱中贮之。

➤➤➤《重订唐王焘先生外台秘要方·第三十二卷目录·面部面脂药头膏发鬓衣香澡豆等三十四门》

裹糖火炮令热用冷即易之

取醋草熟捣，以敷螫处，仍将腻袱头裹之，数易。其醋草似初生短嫩苜蓿苗是。

➤➤➤《外台秘要·第四十卷·崔氏疗被蛇螫验方》

太平圣惠方

《太平圣惠方》，宋王怀隐等奉敕编写，传统中医药典，记载众多药方。

王怀隐（生卒年不详），宋州睢阳（今河南商丘）人，医学家，精通医药。

治黄胆诸方

治黄胆，有多时不瘥者，令人烦闷不食，四肢俱痛方。茵陈（五两）上件药，捣筛为散。每服四钱，以水一中盏，煎至六分，去滓，温服，日三、四服。治黄胆，精神昏乱，不食，言语倒错方。上以萱草根，捣取汁一小盏。服之，日三、四服。如无，取苜蓿根汁，亦得。治黄胆，内伤积热，毒发出于皮肤，宜服麻黄汤发汗方。麻黄（一两去根节，捣碎）上以水一大盏，煎至五分，去滓，温服，以汗出为效，如人行十里汗未出，即再服。治黄胆，热毒在内，闷乱，坐卧不安方。

➤➤➤《太平圣惠方·卷第五十五》

本草图经

《本草图经》，宋苏颂等编撰，又名《图经本草》，收录各地草药图，并参考各家学说整理而成。

苏颂（1020 ～ 1101 年），字子容，泉州（今属福建）人，北宋天文学家、药物学家，官至刑部和吏部尚书，晚年入阁拜相。

黄耆

黄耆，生蜀郡山谷、白水、汉中，今河东、陕西州郡多有之。根长二、三尺以来。独茎，作丛生，枝秆去地二、三寸。其叶扶疏作羊齿状，又如蒺藜苗。七月中开黄紫花。其实作荚子，长寸许。八月中采根用。其皮折之如绵，谓之绵黄耆。然有数种，有白水耆，有赤水耆，有木耆，功用并同，而力不及白水耆。木耆，短而理横。今人多以苜蓿根假作黄耆，折皮亦似绵，颇能乱真。但苜蓿根坚而脆，黄耆至柔韧，皮微黄褐色，肉中白色，此为异耳。唐许裔宗，初仕陈为新蔡王外兵参军，时柳太后感风不能言，脉沉而口噤，裔宗曰：既不能下药，宜汤气熏之，药主腠理，周时可瘥。乃造黄耆防风汤数斛，置于床下，气如烟雾，其夕便得语。药力熏蒸，其效如此，因附着之。使善医者，知所取法焉。

➤➤➤《本草图经・草部上品之下・卷第五》

决明子

生龙门川泽，今处处有之。人家园圃所莳。夏初生苗，高三、四尺许，根带紫色，叶似苜蓿而大。七月有花，黄白色。其子作穗，如青绿豆而锐。十月十日采，阴干百日。按《尔雅翼》，释曰：药草，决明也。郭璞注云：叶黄锐，赤华，实如山茱萸。关西谓之薢茩，与此种颇不类。又有一种马蹄决明，叶如茳芏，于形似马蹄，故得此名。又萋蒿子亦谓之草决明，未知孰为入药者。然今医家但用子如绿豆者。其石决明，是蚌蛤类，当在虫兽部中。

决明子

➤➤➤《本草图经·草部上品之下·卷第五》

重修政和经史证类备用本草

《重修政和经史证类备用本草》，宋唐慎微编撰，原名《经史证类备急本草》，是中国本草学中的一部重要文献，全书 30 卷，收载药物共 1700 余种。

唐慎微（1056 ~ 1136 年），字审元，成都人，北宋著名医药学家。

苜蓿

味苦，平，无毒。主安中，利人，可久食。陶隐居云：长安中乃有苜蓿园，北人甚重此，江南人不甚食之，以无味故也。外国复别有苜蓿草，以疗目，非此类也。《唐本注》云：苜蓿茎、叶平，根寒。主热病、烦满、目黄赤、小便升，令人吐利，即愈。臣禹锡等谨按孟诜云：患疸黄人，取根生捣，绞汁服之，良。又，利五脏，轻身，洗去脾胃间邪气、诸恶热毒。少食好，多食当冷气入健人，更无诸益。日华子云：凉，去腹脏邪气、脾胃间热气，通小肠。食疗：彼处人采根，作土黄耆也。又，安中，利五脏，煮和酱食之，作羹亦得。衍义曰：苜蓿，唐李白诗云“天马常衔苜蓿花”，是此。陕西甚多，饲牛、马。嫩时，人兼食之，微甘淡，不可多食，利大小肠。有宿根，刈讫又生。

➤➤➤《重修政和经史证类备用本草·卷第二十七》

本草衍义

《本草衍义》，宋寇宗奭撰，药论性本草著作；把证类本草所载药物的功用、效验作了补充，品种作了鉴别；共20卷。

寇宗奭（生卒年不详），宋代药物学家，对本草学尤有研究，尤重视药性之研究，曾任澧洲（湖南澧县）县吏。

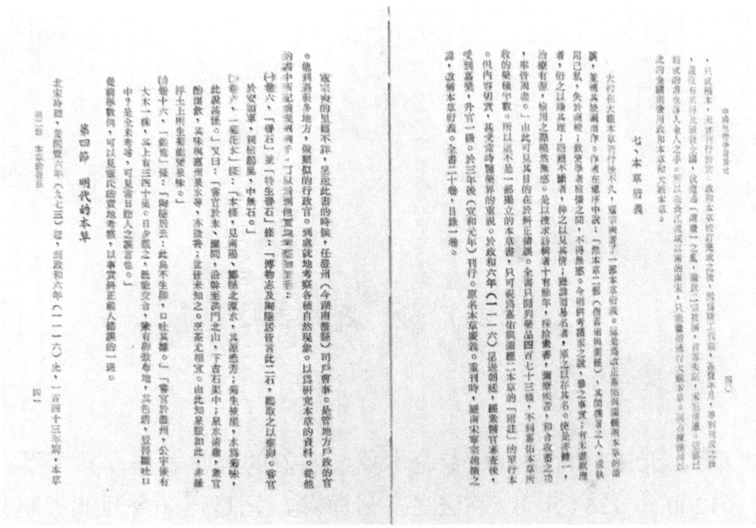
七、本草衍義

第四節 明代的本草

决明子

苗高四五尺，春亦为蔬，秋深结角。其子生角中，如羊肾。今湖南北人家园圃所种甚多，或在村野成段种。《蜀本·图经》言：叶似苜蓿而阔大，甚为允当。

➤➤➤《本草衍义·卷八》

苜蓿

唐李白诗云“天马常衔苜蓿花”，是此。陕西甚多，饲牛马，嫩时人兼食之。微甘淡，不可多食，利大小肠。有宿根，刈讫又生。

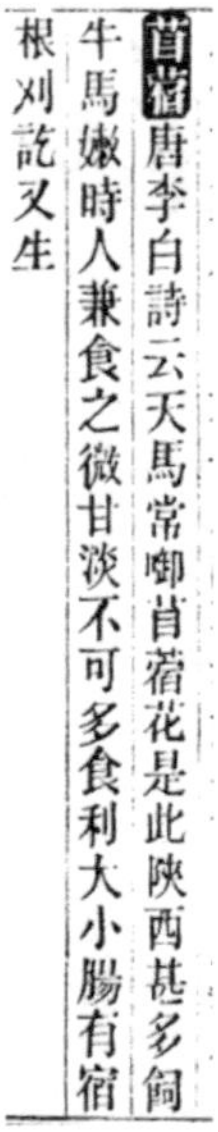
苜蓿唐李白詩云天馬常啣苜蓿花是此陝西甚多飼
牛馬嫩時人兼食之微甘淡不可多食利大小腸有宿
根刈訖又生

➤➤➤《本草衍义·卷十九》

汤液本草

《汤液本草》，元王好古撰，是专论本草、汤液的药学著作，共 3 卷。

王好古（1200 ～ 1264 年），字进之，号海藏，元赵州（今河北省赵县）人。

黄耆

小儿百病，妇人子藏风邪气，逐五脏间恶血，补丈夫虚损，五劳羸瘦，腹痛泄痢。

益气，利阴气。有白水耆、赤水耆、木耆，功用皆同。唯木耆茎短而理横，折之如绵，皮黄褐色，肉中白色，谓之绵黄耆。其坚脆而味苦者，乃苜蓿根也。又云，破症癖，肠风，血崩，带下，赤白痢，及产前、后一切病，月候不调，消渴痰嗽。又治头风热毒，目赤，骨蒸。生蜀郡山谷、白水、汉中，今河东、陕西州郡多有之。

➤➤➤《汤液本草·卷之三·草部》

离骚草木疏

《离骚草木疏》，宋吴仁杰撰，共4卷。

吴仁杰（生卒年不详），字斗南，一字南英，博学洽闻，尤精汉史，历任罗田县令等职。

茹

《尔雅疏》云：权一名黄华。郭注云，今谓牛芸草，为黄华，叶似苜蓿。《说文》亦云：芸，草也，似苜蓿，然则牛芸云者，亦芸类也，郭以时验而言之，存中之言，殆此类耳。

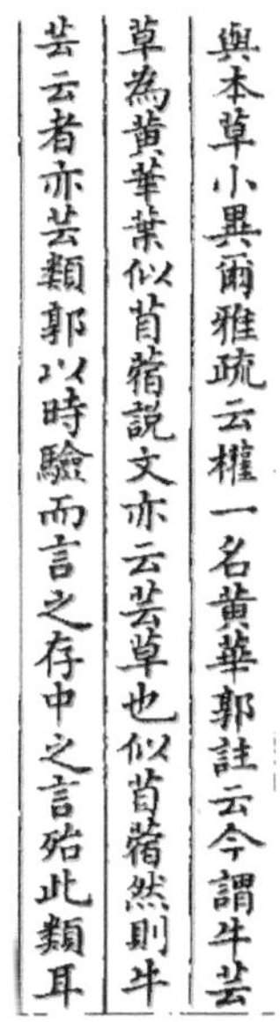
與本草小異爾雅疏云權一名黃華郭註云今謂牛芸草為黃華葉似苜蓿說文亦云芸草也似苜蓿然則牛芸云者亦芸類郭以時驗而言之存中之言殆此類耳

➤➤➤《离骚草木疏·卷二》

三元参赞延寿书

《三元参赞延寿书》，元李鹏飞撰，养生著作。
李鹏飞，生平不详。

菜蔬

苜蓿，利在小肠。蜜食下痢，多食瘦人。

➤➤➤《三元参赞延寿书・卷之三》

饮食须知

《饮食须知》，元末明初贾铭撰，养生学著作，共 8 卷。
贾铭（1269 ～ 1374 年），字文鼎，号华山老人，海昌（今属浙江嘉兴）人。

菜类

苜蓿，味苦涩，性平。多食令冷气入筋中，即瘦人。同蜜食，令人下痢。

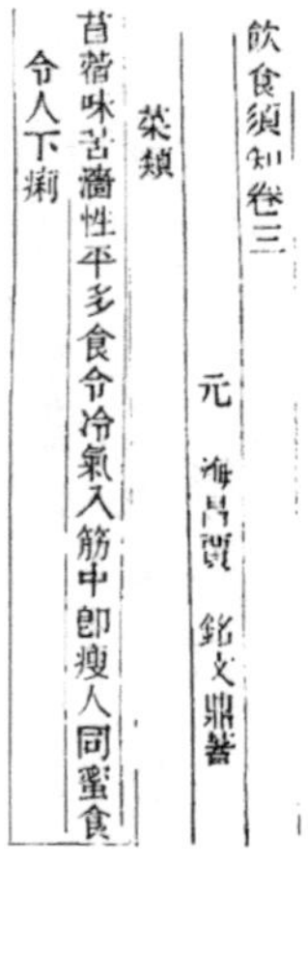
飲食須知卷三
元 海昌賈 銘文鼎著
菜類
苜蓿味苦澀性平多食令冷氣入筋中即瘦人同蜜食
令人下痢

➤➤➤《饮食须知・卷三》

普济方

《普济方》，明代朱橚等撰，大型医学方书，广泛辑集明以前的医籍和其他有关著作而成。

百合香

沉水香（五两），丁子香、鸡骨香、兜娄婆香、甲香（各三两），熏陆香、白檀香、熟犍香炭末（各三两），零陵香、雀头香、苏合香、安息香、麝香、燕香、青桂香、青木香、甘松香、白笺香、藿香（各一两），上为末。酒洒令软，再宿，酒气歇。以白蜜和纳瓷器中，蜡纸封，勿令气泄。冬月间，取用火佳。浥衣香、丁子香（一两），苜蓿香（二两），甘松香、茅香（各三两），藿香、零陵香（各四两），上各捣，粗下筛，用之极美。又方（出海上方）：零陵香（二两），藿香、甘松香、苜蓿香、煎香、白檀香、沉水香（各一两），上各捣。加麝香（半两），粗下筛，用如前法。

➤➤➤《普济方·卷二百六十七·诸汤香煎门·诸香》

鲫鱼散出杨氏家藏方治痔疮

鲫鱼（七枚长二寸者）、苜蓿子（三钱），上件，将鲫鱼取去肠肚，净洗了，用苜蓿子均入在七调下空心。千金散（出《杨氏家藏方》），鼠野狼一枚，自死者，不拘大小，置砂瓶内，叶包定瓶口，次用盐泥固，又用硬炭一十斤簇热，酒调下食，空服。

➤➤➤《普济方·卷二百九十七·痔漏门·痔漏附论》

本草品汇精要

《本草品汇精要》，明刘文泰等奉敕撰，官修的本草图书。

刘文泰，生平不详，明代太医院判。

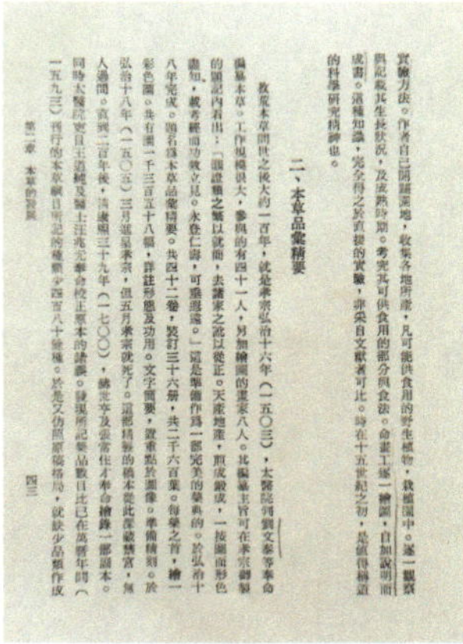

實驗方法。作者自己開闢園地，收集各地所產，凡可能供食用的野生植物，栽植園中。逐一觀察與記載其生長狀況，及成熟時期。考究其可供食用的部分與食法。命畫工逐一繪圖，自加說明而成書。這種知識，完全得之於直接的實驗，非采自文獻者可比。時在十五世紀之初，是值得稱道的科學研究精神也。

二、本草品彙精要

救荒本草問世之後大約一百年，就是孝宗弘治十六年（一五〇三），太醫院判劉文泰等奉命編纂本草。工作規模很大，參與的有四十一人，另加繪圖的畫家八人。此編纂主旨可在孝宗御製的序記內看出：「删證類之繁以就簡，去諸家之訛以從正。天產地產，頃成觳成，一按圖而形色盡知，載考經而功效立見。永登仁壽，可垂遐遠。」這是準備作爲一部完美的藥典的。於弘治十八年完成。題名爲本草品彙精要。共四十二卷，裝訂三十六册，共二千六百葉。每藥之首，繪一彩色圖。共有圖一千三百五十八幅，詳註形態及功用。文字簡要，敘重點於圖像。準備精刻。於弘治十八年（一五〇五）三月進呈孝宗，但五月孝宗就死了。這部精錄的稿本從此深藏禁宮，無人過問。直到二百年後，清康熙三十九年（一七〇〇），總管亨及張常住才奉命繪錄一部副本。同時太醫院吏目王道純及醫士汪兆元奉命校正原本的謬誤。發現所記藥品數目比已在萬曆年間（一五九三）刊行的本草綱目所記的種類少四百八十餘種。於是又仿照原稿格局，就缺少品類作成

第二章　本草的發展　四三

菜之草

苜蓿，无毒，丛生。苜蓿主安中利人，可久食（名医所录）。【苗】陶隐居云：长安中乃有苜蓿园，北人甚重之，江南人不甚食，以其无味故也。外国别有苜蓿草以疗目疾，盖非此类。《衍义》曰：唐李白诗云“天马常衔苜蓿花”，是此。陕西甚多，以饲牛马，嫩时人亦食之。微甘淡，不可多食，利人大小肠。有宿根，刈讫，又生其根，酷似黄芪。故土人采之以乱黄芪也。【时】（生）春生苗。（采）夏秋取。【收】阴干。【用】茎叶及根。【色】绿。【味】苦。【性】平、泄。【气】味厚于气，阴中之阳。【臭】腥。【治】（疗）《唐本注》云：茎、叶、根，治热病、烦满、目黄赤、小便黄、酒疸，捣汁服一升，令人吐利，即愈。日华子云：去腹脏邪气、脾胃间热气，通心肠。孟诜云：患黄疸人，取根生捣，绞汁服之，良；又利五脏，洗去脾胃间邪气及诸恶热毒。（补）孟诜云：能轻身健人。【合治】和酱作羹食之，安中，利五脏。【禁】不宜多食，多则冷气入筋，瘦人。又利大小肠。

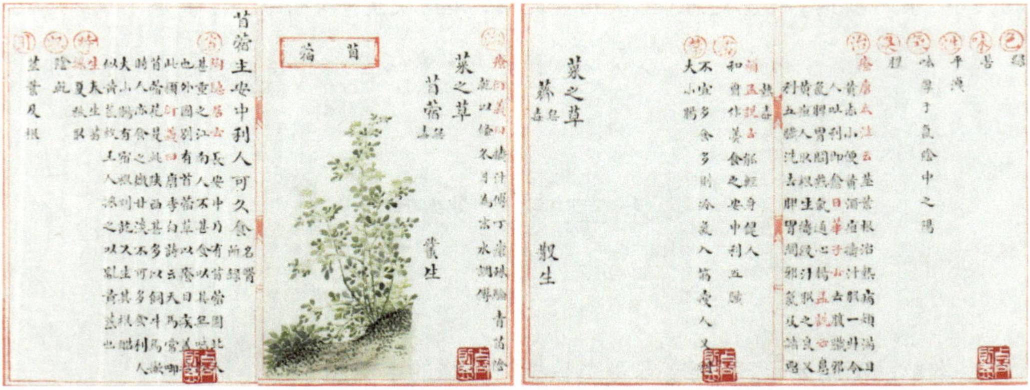

➤➤➤《本草品汇精要·卷之三十七·菜部上品》

食物本草

《食物本草》，元李杲编写，明李时珍修订，后明姚可成汇辑，是一部中医食疗类著作。

苜蓿

味苦，平，涩，无毒。主安中，利人，可久食，利五脏，轻身健人，洗去脾胃间邪热气，通小肠诸恶热毒。煮和酱食，亦可作羹。利大小肠，干食益人。根味寒，无毒。主热病、烦满、目黄赤、小便黄、酒疸，捣服一升，令人吐利即愈。捣汁煎饮，治沙石淋痛。苜蓿不可同蜜食，令人下利。

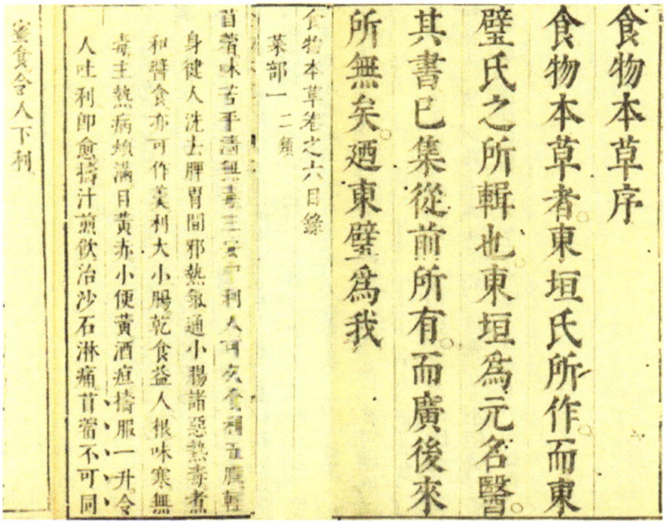
食物本草序
食物本草者東垣氏所作而東
壁氏之所輯也東垣爲元名醫
其書已集從前所有而廣後來
所無矣迺東壁爲我

食物本草卷之六目錄
菜部一 二類
苜蓿味苦平濇無毒主安中利人可久食利五臟輕
身健人洗去脾胃間邪熱氣通小腸諸惡熱毒煮
和醬食亦可作羹利大小腸乾食益人根味寒無
毒主熱病煩滿目黃赤小便黃酒疸擣服一升令
人吐利即愈擣汁煎飲治沙石淋痛苜蓿不可同
蜜食令人下利

➤➤➤《食物本草（第四册）·卷之六·菜部》

苜蓿

味甘，淡，嫩采食之，利大小肠，煮羹，甚香美，干食益人。

➤➤➤《食物本草·卷上·菜类》

苜蓿

苜蓿，如灰藋头而高大。长安中乃有苜蓿园。北人甚重之，江南不甚食之，以无味故也。陕西甚多，用饲牛马，嫩时人兼食之。有宿根，刈讫复生。李时珍曰：苜蓿原出大宛，汉使张骞带归中国。然今处处田野有之（陕、陇人亦有种者），年年自生。刈苗作蔬，一年可三刈。二月生苗，一科数十茎，茎颇似灰藋。一枝三叶，叶似决明叶，而小如指顶，绿色碧艳。入夏及秋，开细黄花。结小荚，圆扁，旋转有刺，数荚累累，老则黑色。内有米如穄米，可为饭，亦可酿酒。

苜蓿味苦，平，涩，无毒。主安中，利人，可久食，五利藏，轻身健人，洗去脾胃间邪热气，通小肠诸恶热毒。煮和酱食，亦可作羹。利大小肠，干食益人。

根味苦，寒，无毒。主热病、烦满、目黄赤、小便黄、酒疸，捣取汁服一升，令人吐利即愈。捣汁煎饮，治沙石淋痛。苜蓿不可同蜜食，令人下利。

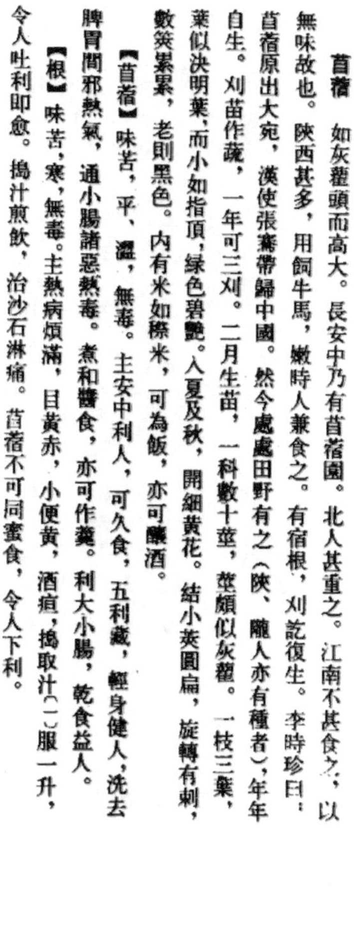

《食物本草》點校本　卷之六　　三五〇

苜蓿　如灰藋頭而高大。長安中乃有苜蓿園。北人甚重之。江南不甚食之，以無味故也。陝西甚多，用飼牛馬，嫩時人兼食之。有宿根，刈訖復生。李時珍曰：苜蓿原出大宛，漢使張騫帶歸中國。然今處處田野有之（陝、隴人亦有種者），年年自生。刈苗作蔬，一年可三刈。二月生苗，一科數十莖，莖頗似灰藋。一枝三葉，葉似決明葉，而小如指頂，綠色碧艷。入夏及秋，開細黄花。結小莢圓扁，旋轉有刺，數莢纍纍，老則黑色。內有米如穄米，可為飯，亦可釀酒。

【苜蓿】味苦，平，澀，無毒。主安中利人，可久食，五利藏，輕身健人，洗去脾胃間邪熱氣，通小腸諸惡熱毒。煮和醬食，亦可作羹。利大小腸，乾食益人。

【根】味苦，寒，無毒。主熱病煩滿，目黄赤，小便黄，酒疸，搗取汁(一)服一升，令人吐利即愈。搗汁煎飲，治沙石淋痛。苜蓿不可同蜜食，令人下利。

本草蒙筌

《本草蒙筌》，明陈嘉谟撰，草、木、谷、菜、果、石等10部，共12卷。

陈嘉谟（1486～1570年），字廷采，号月朋，明朝著名医学家。

绵耆

西沁州绵上（乡名有巡检司），此品极佳（此为上品），咸因地产签名，总待秋采入药。久留易蛀，勤曝难侵。务选单服不歧，直如箭干，皮色褐润，肉白心黄。折，柔软类绵；嚼，甘甜近蜜。如斯应病，获效如神。市多采苜蓿根假充，谓之土黄耆媒利。殊不知此坚脆（音翠）味苦，能令人瘦；耆柔软味甘，易致人肥。每被乱真，尤宜细认。夫耆者，恶白鲜、龟甲，制去头、刮皮。生用治痈疽，蜜炙补虚损。入手少阳，入足太阴。

➤➤➤《本草蒙筌·卷之一·草部上》

决明子

决明子，味咸、苦、甘，气平，微寒，无毒。川泽多生，苗高数尺。叶类苜蓿阔大，堪作菜蔬；子如绿豆锐圆，可入药剂。冬月采曝，捣碎才煎。恶火麻，使蓍实。除肝热，尤和肝气；收目泪，且止目疼。诚为明目仙丹，故得决明美誉。仍止鼻衄，水调末，急贴脑心；更益寿龄，蜜为丸，空心吞服。治头风，须筑枕卧；消肿毒，亦调水敷。头痛兼驱，蛇毒可解。

➤➤➤《本草蒙筌·卷之一·草部上》

古今医统大全

《古今医统大全》，明徐春甫撰，又名《医统大全》，系医学全书，书中除引古说外，在医理、方药上均有阐述。

徐春甫（1520～1596年），字汝元，号东皋，明代著名医学家。

草零陵香

又名芫香。人家园圃中多种之。叶似苜蓿叶而长大微尖，茎叶间开小淡粉紫花，作小短穗，其子小如粟粒。苗叶味微苦，性平。【救饥】采苗叶炸熟，水浸淘净，以油盐调食。【治病】具见本草。

➤➤➤《古今医统大全・卷之九十六・救荒本草・草部》

铁扫帚

生荒野中，就地丛生。一本二三十茎，苗高三四尺。叶似苜蓿叶而细长，又似细叶胡枝子叶亦短小，开小白花。其叶味苦无毒。【救饥】采嫩苗叶炸熟，换水浸去苦味，油盐调食。【治病】具见本草。

➤➤➤《古今医统大全・卷之九十六・救荒本草・草部》

山扁豆

生田野中，小科苗高一尺许，梢叶似蒺藜叶微大，根叶比苜蓿叶颇长，又似初生豌豆叶，开黄花，结小扁角儿，味甜。【救饥】采嫩角炸食，其豆熟时，收取豆煮食。【治病】具见本草。

➤➤➤《古今医统大全・卷之九十六・救荒本草・谷部》

野豌豆

生田野中，苗初就地拖秧而生，后分生茎叉，苗长二尺余，叶似胡豆叶稍大，又似苜蓿叶亦大，开淡紫花，结角似家豌豆角，但秕小，味苦。【救饥】采用煮食，或收取豆煮食，或磨面制造食用，与家豌豆同。【治病】具见本草。

➤➤➤《古今医统大全・卷之九十六・救荒本草・谷部》

胡豆

生田野中，其苗初就地生，后分茎叉，叶似苜蓿叶而细，茎叶梢间开葱白褐色花，结子角，有豆如虜豆状，味甜。【救饥】采豆煮食，或磨面食皆可。【治病】具见本草。以上实可食。

➤➤➤《古今医统大全・卷之九十六・救荒本草・谷部》

医学入门

《医学入门》，明李梴撰，分内外集，是给医学人士阅读的著作，共 7 卷。

苜蓿

甘，苦，平，无毒。北人甚重，江南不甚食之，以无味故也。去脏腑邪气、脾胃间热气，通小肠，治酒疸。多食令人吐利，少食则安。根名土黄耆，安中利五脏。

➤➤➤《医学入门·卷二·食治门》

本草纲目

《本草纲目》，明李时珍撰，本草学、博物学巨著，记载药物 1892 种，其中植物药

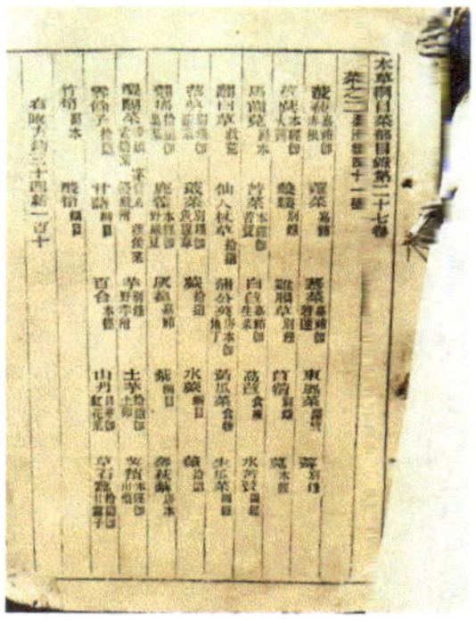

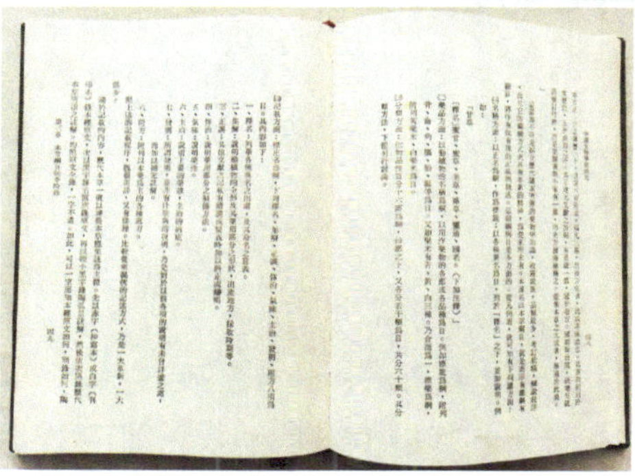

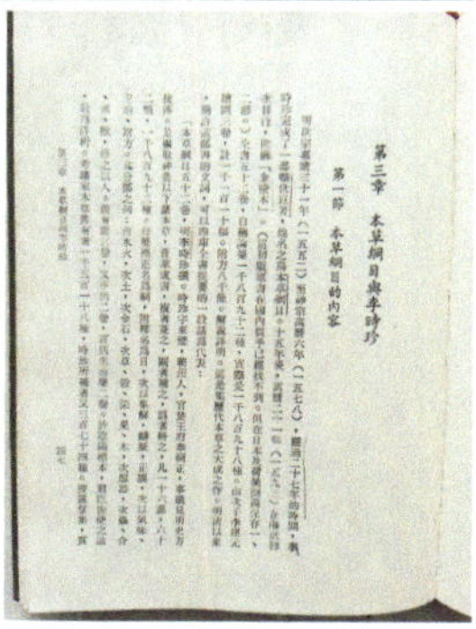

1094种，其余为矿物和其他类药物。书中附有药物图1109幅，方剂11 096首。共52卷。

李时珍（1518～1593年），字东璧，号濒湖，湖北蕲州（今湖北蕲春）人，家庭世代为医。

苜蓿

苜蓿（《别录·上品》）。

【释名】木粟（《纲目》）、光风草（时珍曰苜蓿。郭璞作牧蓿，谓其宿根自生，可饲牧牛马也。又罗愿《尔雅翼》作木粟，言其米可炊饭也。葛洪《西京杂记》云：乐游苑多苜蓿，风在其间常萧萧然，日照其花有光采，故名怀风，又名光风。茂陵人谓之连枝草。《金光明经》谓之塞鼻力迦）。

【集解】弘景曰：长安中乃有苜蓿园。北人甚重之。江南人不甚食之，以无味故也。外国复有苜蓿草，以疗目，非此类也。诜曰：彼处人采其根作土黄耆也。宗奭曰：陕西甚多，用饲牛马，嫩时人兼食之。有宿根，刈讫复生。时珍曰：《杂记》言苜蓿原出大宛，汉使张骞带归中国。然今处处田野有之，陕、陇人亦有种者，年年自生。刈苗作蔬，一年可三刈。二月生苗，一科数十茎，茎颇似灰藋。一枝三叶，叶似决明叶，而小如指顶，绿色碧艳。入夏及秋，开细黄花。结小荚圆扁，旋转有刺，数荚累累，老则黑色。内有米如穄米，可为饭，亦可酿酒。罗愿以此为鹤顶草，误矣。鹤顶乃红心灰藋也。

【气味】苦，平，涩，无毒。宗奭曰：微甘、淡。诜曰：凉，少食好，多食令冷气入筋中，即瘦人。李廷飞曰：同蜜食，令人下利。

【主治】安中利人，可久食（《别录》）。利五脏，轻身健人，洗去脾胃间邪热气，通小肠诸恶热毒，煮和酱食，亦可作羹（孟诜）。利大小肠（宗奭）。干食益人（苏颂）。根（气味）寒，无毒。（主治）热病、烦满、目黄赤、小便黄、酒疸，捣服一升，令人吐利即愈（苏恭）。捣汁煎饮，治沙石淋痛（时珍）。

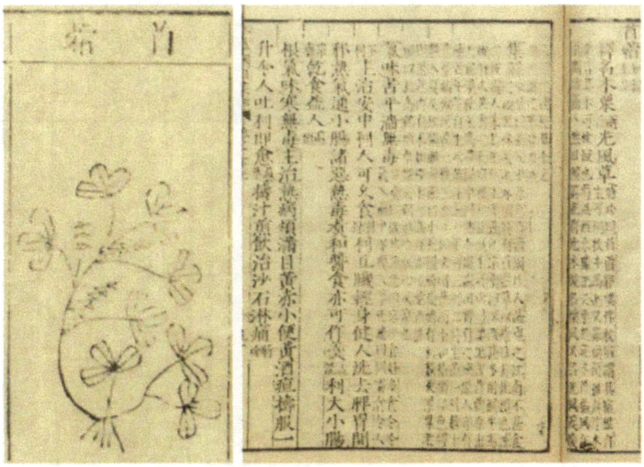

➤➤➤《本草纲目·菜部第二十七卷·菜之二》

黄耆

【集解】《别录》曰：黄耆生蜀郡山谷、白水、汉中，二月、十月采，阴干。……颂曰：今河东、陕西州郡多有之。根长二、三尺以来。独茎，或作丛生，枝干去地二、三寸。其叶扶疏作羊齿状，又如蒺藜苗。七月中开黄紫花。其实作荚子，长寸许。八月中采根用。其皮折之如绵，谓之绵黄耆。然有数种，有白水耆、赤水耆、木耆，功用并同，而力不及白水耆。木耆，短而理横。今人多以苜蓿根假作黄，折皮亦似绵，颇能乱真。但苜蓿根坚而脆，黄耆至柔韧，皮微黄褐色，肉中白色，此为异耳。承曰：黄耆本出绵上者为良，故名绵黄耆，非谓其柔韧如绵也。今《图经》所绘宪州者，地与绵上相邻也。

➤➤➤《本草纲目·第十二卷·草部（一）·草之一·山草类三十一种》

【简注一】 南苜蓿（《中国主要植物图说：豆科》）、野苜蓿（《植物名实图考》）

Medicago hispida，*M. denticulata*

历史:《本草纲目》始载之，但仍以苜蓿为其名，李氏认为本种即为最早之苜蓿。《西京杂记》言：“苜蓿出大宛，汉使张骞带归中国，然今田野处处有之，陕陇人也有种者。年年自生，刈苗作蔬，一年三刈。二月生苗，一科十茎，茎颇似黄华，结小荚圆扁，旋转有刺，数荚累累，老则黑色，内有米如穄米，可为饭，又可酿酒。”本种也为黄花，但不同于正种的原植物 *Medicago falcata*，《植物名实图考》也有收载。

分布：江苏、浙江、安徽、江西。

➤➤➤《新华本草纲要·苜蓿属》

【简注二】 南苜蓿、母齐头、草头、黄花草子

Medicago hispida

草本，茎匍匐或稍直立，高约 30cm，基部有多数分枝。叶具 3 小叶；小叶宽倒卵形，尖端钝圆或凹入，上部具锯齿，长 1 ～ 1.5cm，宽 0.7 ～ 1cm，上面无毛，下面有疏毛，两侧小叶略小；小叶柄长约 5mm，有柔毛；托叶卵形，长约 7mm，宽约 3mm，边缘具细锯齿。花 2 ～ 6 朵聚生成总状花序，腋生；花萼钟形；深裂，萼齿披针形，尖锐，有疏柔毛；花冠黄色，略伸出萼外。荚果螺旋形，边缘具疏刺，刺端钩状，荚果无深沟，含种子 3 ～ 7 粒；种子肾形，黄褐色。

我国各地普遍栽培，在长江下游亦有野生，适生于排水良好的壤土和沙质壤土上，耐寒力强。主要用作绿肥和牲畜饲料，其嫩叶可供食用。

➤➤➤《中国高等植物图鉴（第二册）》

本草发明

《本草发明》，明皇甫嵩撰，总结药物配伍使用方法等，全书6卷。

苜蓿

苜蓿，味苦，平，无毒。主安中利人，可久食。又云：凉，去腹脏邪气、脾胃间热气，通小肠。注云：苜蓿茎叶平，根寒。主热病、烦满、目黄赤、小便赤、酒疸病，取根生捣绞汁一升，服之，良。长安中乃有苜蓿园，北人甚重。

➤➤➤《本草发明·卷之五》

神农本草经疏

《神农本草经疏》，明缪希雍撰，注解《神农本草经》的重要本草文献。

缪希雍（约 1546 ～ 1627 年），字仲淳，号慕台，海虞（今属江苏常熟）人，精研本草，颇有著述。

苜蓿

酒疸非此不愈。

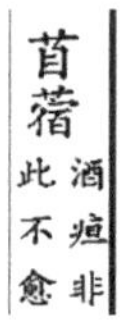
苜蓿

酒疸非此不愈

➤➤➤《神农本草经疏·卷二》

脾胃虚寒者忌之

苜蓿，味苦，平，无毒。主安中利人，可久食。

疏。苜蓿，草也，嫩时可食，处处田野中有之，陕陇人亦有种者。《木经》云：苦，平，无毒。主安中利人，可久食。然性颇凉，多食动冷气，不益人。根苦，寒。主热病烦满、目黄赤、小便黄、酒疸，捣汁一升，服令人吐利，即愈。其性苦，寒，大能泄湿热，故耳以其叶，煎汁多服，专治酒疸大效。

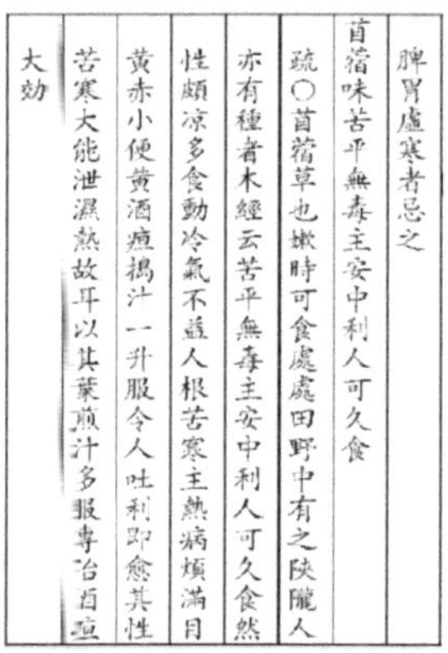
脾胃虚寒者忌之

苜蓿味苦平無毒主安中利人可久食

疏〇苜蓿草也嫩時可食處處田野中有之陝隴人亦有種者木經云苦平無毒主安中利人可久食然性頗凉多食動冷氣不益人根苦寒主熱病煩滿目黄赤小便黄酒疸搗汁一升服令人吐利即愈其性苦寒大能泄濕熱故耳以其葉煎汁多服專治酒疸大効

➤➤➤《神农本草经疏·卷二十七》

本草乘雅半偈

《本草乘雅半偈》，明卢之颐撰，本草药学著作。

卢之颐（1599～1664年），字子繇，一作子由，浙江钱塘（今浙江杭州）人。

黄耆

今不复采。唯白水、原州、华原山谷者最胜，宜、宁二州者亦佳。春生苗，独茎丛生，去地二三寸。作叶扶疏，状似羊齿，七月开黄紫色花，结小尖角，长寸许。八月采根，长二三尺，紧实若箭干，皮色黄褐，折之柔韧如绵，肉理中黄外白，嚼之甘美可口。若坚脆味苦者，即苜蓿根也，勿误用。木耆草，形类真相似，只是生时叶短根横耳。修治去头上皱皮，蒸半日，劈作细条，槐砧锉用。茯苓为之，使恶龟甲。先人云：黄耆，一名戴糁、戴椹，百本。

➤➤➤《本草乘雅半偈·第一帙·黄耆》

泽漆

四肢面目浮肿，丈夫阴气不足。

【核】曰：泽漆，出太山川泽，今江湖平陆有之。春生苗，一科分枝，丛生，柔茎，色碧绿，如马齿苋、苜蓿叶辈，圆黄且绿，颇似猫睛，一名猫儿眼草。茎头五叶，中抽小茎五枝，每枝作细花，色青绿，复有小叶承之，齐整如一，一名五凤草，一名六叶绿花草。茎有白汁黏人，根亦白，中心劲硬如骨。《本草》为大戟、乌头苗者，谬矣。

➤➤➤《本草乘雅半偈·第一帙·黄耆》

决明子

决明子（本经上品）。

【气味】咸平，无毒。

【主治】主青盲，目淫，肤赤，白膜，眼赤，泪出。久服益精光，轻身。

【核】曰：生龙门川泽者良。今处处有之。为园圃所莳。四月生苗，高三四尺。本小末大，叶似苜蓿，昼开夜合，两两相贴。七月开花，淡黄五出，结角如初生豇豆，长二三寸，角内列青碧子数十粒，参差相连，状如马蹄，下大上锐。一种本小末尖，叶不夜合者，茳芒也。蓍实为之使。恶大麻子。

➤➤➤《本草乘雅半偈·第三帙·决明子》

轩岐救正论

《轩岐救正论》，明肖京撰，医论著作，6卷。

伪药必辨

今病者既择名手，复得好方，而药非地道，杂以伪者，非唯无功，适足取害耳。如沙参之假人参，苜蓿根之假黄耆，本头之伪川芎，浙贝母之伪川贝母，广黄连之伪川黄连，紫棟根之伪巴戟，南当归之充秦归，浙地之充怀地，建山药之充怀山药，丁茄叶之伪藿香，染独活之伪当归，粗鹅管之伪钟，金莲根之伪肉苁蓉，浙枸杞之伪甘枸杞，黄丝子之伪菟丝，西五味之乱北五味，杜蘅之乱细辛，枫香之杂乳香，黑束之乱沉香，沙石之杂灵脂。

➤➤➤《轩岐救正论》

医灯续焰

《医灯续焰》，明王绍隆撰，医学诊断著作，21卷。

王绍隆（1565～1624年），名纶鼎，号负笈先生，定居武林（今浙江杭州），医学家。

医范

陈嘉谟曰：医学贸易，多在市家。谚云：卖药者，一眼；用药者，两眼；服药者，无眼。非虚语也。古圹灰云死龙骨，苜蓿根为土黄耆，麝香捣荔核搀，藿香采茄叶杂，煮半夏为玄胡索，盐松梢为肉苁蓉，草仁充草豆蔻，西呆代木香，熬广胶入荞麦作阿胶，煮鸡子及鱼枕为琥珀，枇杷蕊代款冬花，驴脚胫作虎骨，松脂混麒麟，番硝和龙脑香。巧诈百般，甘受其侮，甚至杀人，归咎用药，乃大关系，非比寻常，不可不慎也。

➤➤➤《医灯续焰·卷二十》

香乘

《香乘》，明周嘉胄撰，研究香料的重要著作，共28卷。

周嘉胄（1582～1658年），字江左，中国香学研究代表人物。

芸香

《说文》云：芸香，草也，似苜蓿。《尔雅翼》云：仲春之月芸始生。

➤➤➤《香乘·卷十九·熏佩之香》

合香泽法

鸡舌香、藿香、苜蓿、兰香，凡四种，以新绵裹而浸之，夏一宿，春秋二宿，冬三宿。

➤➤➤《香乘·卷四·香品》

本草崇原

《本草崇原》，清张志聪等撰，共3卷。

张志聪（1616～1674年），字隐庵，钱塘（今浙江杭州）人，清代医学家。

决明子

气味咸平，无毒。主治青盲、目淫、肤赤、白膜、眼赤泪出。久服益精光，轻身。决明子处处有之，初夏生苗，茎高三四尺，叶如苜蓿，本小末大，昼开夜合，秋开淡黄花，五出，结角如细缸豆，长二三寸，角中子数十粒，色青绿而光亮，状如马蹄，故名马蹄决明，又别有草决明，乃青葙子也。

➤➤➤《本草崇原·卷上·本经上品》

泽漆

气味苦，微寒，无毒。主治皮肤热、大腹水气、四肢面目浮肿、丈夫阴气不足。

泽漆，《本经》名漆茎。李时珍云：《别录》、陶氏皆言泽漆是大戟苗。日华子又言是大戟花，其苗可食。然大戟苗泄人，不可为菜。今考《土宿本草》及《宝藏论》诸书并云：泽漆是猫儿眼睛草，一名绿叶绿花草，一名五凤草。江湖、原泽、平陆多有之。春生苗，一科分枝成丛，柔茎如马齿苋，绿叶如苜蓿叶，叶圆而黄绿，颇似猫睛，故名猫儿眼。茎头凡五叶中分，中抽小茎五枝，每枝开细花，青绿色，复有小叶承之，齐整如一，故又名五凤草、绿叶绿花草。茎有白汁黏人，其根白色，有硬骨，以此为大戟苗者，误也。据此则泽漆是猫儿眼睛草，非大戟苗也。今方家用治水蛊、香港脚有效，尤与《神农》本文相合，自汉人集《别录》，误以名大戟苗，故诸家袭之尔。

➤➤➤《本草崇原·卷上·本经上品》

本草详节

《本草详节》，清闵钺撰，本草类中医著作，分草、木、谷、菜、果、金、石、水等17部，共12卷。

苜蓿

苜蓿，味苦，涩，气平。生各处，田野刈苗作蔬，一年可三刈。二月生苗，一科数十茎，一枝三叶，似决明叶而小，秋开细黄花，结小荚圆扁，老则黑色，内有米如穄米，可为饭酿酒。

主利五脏，去脾胃间邪热气，通小肠诸恶热毒，根捣服，治黄疸，煎饮，治沙石淋痛。

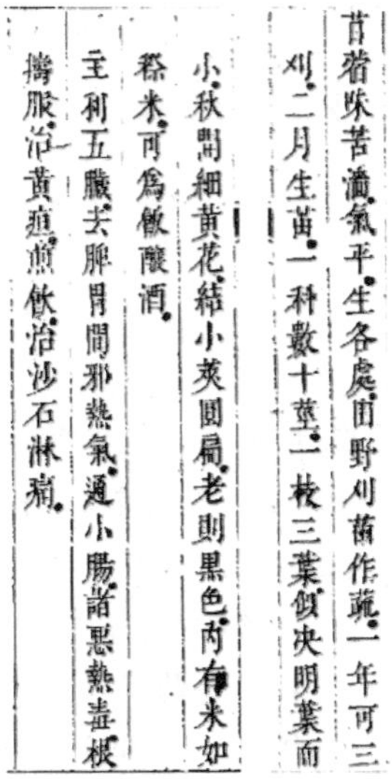
苜蓿味苦澁氣平生各處田野刈苗作蔬一年可三刈二月生苗一科數十莖一枝三葉似決明葉而小秋開細黄花結小莢圓扁老則黒色內有米如穄米可爲飯釀酒
主利五臟去脾胃閒邪熱氣通小腸諸惡熱毒根擣服治黄疸煎飲治沙石淋痛

➤➤➤《本草详节·卷之七》

古今医案按

《古今医案按》，清俞震撰，选择历代诸家医案进行论述、分析，内容较精辟。俞震（1709 ～ 1799），字东扶，号惺斋，浙江嘉善县人。

泄泻

丹溪云：叔祖年七十，禀甚壮，形甚瘦，夏末患泻利，至秋深。百方不效。病虽久而神不悴，小便涩少而不赤。两手脉俱涩而颇弦，自言膈微闷，食亦减。此必多年沉积，僻在肠胃。询其平生喜食何物。曰：我喜食鲤鱼，三年无一日缺。予曰：积痰在肺。肺为大肠之藏，宜大肠之不固也。当与澄其源则流自清。以茱萸、青葱、陈皮、苜蓿根、生姜煎浓汤，和以沙糖，饮一碗许。自以指探喉中，至半时，吐痰半升许，如胶。是夜减半，次早又饮，又吐痰半升而利止。又与平胃散加白术、黄连，旬日十余帖而安。

➤➤➤《古今医案按・卷二》

本经疏证

《本经疏证》，清邹澍（润安）撰，本草著作，收集药物170余种，共26卷。

邹澍（1790～1844年），字润安，晚号闰庵，江苏武进人，药用植物学家。

泽漆

泽漆，一名猫儿眼睛草，一名绿叶绿花草，一名五凤草。江湖原泽平陆多有之。春生苗，一科分枝成丛，柔茎如马齿苋，绿叶如苜蓿叶，叶圆而黄绿，颇似猫睛，故名猫儿眼。茎头凡五叶中分，中抽小枝五茎，每枝开细花青绿色，复有小叶承之，齐整如一，故名五凤草、绿叶绿花草。掐茎有白汁黏人，其根白色，有硬骨，方家用治水蛊、脚气有效，尤与《神农本经》文合。自《别录》以茎有白汁，误以为大戟苗，故诸家袭之尔（《纲目》）。

➤➤➤《本经疏证・卷十一》

本草述钩元

《本草述钩元》，清杨时泰撰，医药学著作，为对清刘若金《本草述》删繁节要而成。

杨时泰（生卒年不详），字贞颐、穆如，武进（今属江苏常州）人。

黄耆

本出蜀郡、汉中，今唯白水、原州、华原山谷者最胜，宜、宁二州者亦佳。八月采根，长二三尺，紧实若箭干，皮色黄褐，折之柔韧如绵，肉理中黄外白，嚼之甘美可口、若坚脆味苦者，即苜蓿根也，勿误用（别说出绵上者为良，盖以地产言也。若以柔韧为绵，则伪者亦柔韧，但当以坚脆而味苦者为别耳）。木耆草，形类真相似，只是生时叶短根黄耳（之颐）。味甘，气微温，气浓于味。可升可降，阴中阳也。入手足太阴气分，又入手少阳、足少阴命门。

➤➤➤《本草述钩元·卷七·山草部》

神农本草经赞

《神农本草经赞》，清叶志诜撰，共3卷。

叶志诜（1779～1863年），字东卿，湖北汉阳人，精于养生，亦通针灸。

黄耆

味甘，微温。主痈疽，久败创，排脓止痛，大风癞疾，五痔鼠，补虚小儿百病。一名戴糁，生山谷。通理三焦，甘先五变，赤白流同，短长形辨，细韧柔绵，缓抽修箭。苜蓿根坚，岂容托援。《易》：君子黄中通理。王好古曰：是上中下内外三焦之药。《淮南子》：味有五变，甘其主也。

日华子曰：赤水耆、白水耆，功用并同。苏颂曰：今河东、陕西州郡多有之。根长二三尺，木短而理横，其皮折之如绵。李时珍曰：以坚实如箭竿者良。王好古曰：苜蓿根味苦，坚脆，宜审。

➤➤➤《神农本草经赞·卷一上经》

药症忌宜

《药症忌宜》，清陈三山撰。

茵陈蒿、黄连、苜蓿（酒疸非此不愈）、栀子、紫草、滑石、栝蒌根、秦艽、车前子、白鲜皮、黄芩、茯苓、仙人对坐草、连钱草（一名蟹靥草，一名九里香。取汁入姜汁少许，饮之良）。

➤➤➤《药症忌宜》

本草易读

《本草易读》，清汪讱庵撰，本草著作，8卷。

决明子

甘，苦，咸，平，无毒。入厥阴肝经。泻肝明目，退热除风。一切目疾皆疗，头风肿毒悉医。有二种：一种马蹄决明，茎高三四尺，叶大如苜蓿，而本小末大，昼开夜合，两两相帖，秋开淡黄花五出，结角如初生细豇豆，长五六寸，角中子数十粒，参差相连，状如马蹄，青绿色，入眼目药最良；一种茳芏决明，苗茎似马蹄决明，但叶之本小末尖，正似槐叶，夜亦不合，秋开黄花五出，结角如小指，长二寸许，角中子如黄葵子，《救荒本草》所谓山扁豆是也。

➤➤➤《本草易读・卷四》

本草害利

《本草害利》，清凌奂撰，专论药物安全性问题的本草学著作。

凌奂（1822～1893年），字晓五，一字晓邬，归安（今属浙江湖州）人，师从吴古年，清代医学家。

黄耆

（利）甘，微温，补脾胃三焦而实肺，生用固表敛汗，熟用益气补中。（修治）八月采根，阴干。达表生用或酒炒，补气水炙捶扁，以蜜水涂炙数次，以熟为度。亦有以盐水汤润透熟切用。产山西沁州绵上者，温补。陕西同州白水耆，凉补。味甘，柔软如绵，能令人肥。今人多以苜蓿根假作黄耆。折皮亦似绵，颇能乱真。但坚而脆，俗呼土黄耆，能令人瘦，用者宜审。

➤➤➤《本草害利・肺部药队（补肺猛将）》

本草经考注

《本草经考注》，日本森立之撰，成于日本安政五年（1858 年），对《神农本草经》收集的药物的药品、性味、产地、功用等进行考证。

森立之（1807 ～ 1885 年），号枳园居士，日本著名医学家。

云实

黑字云：一名员实，一名云英，一名天豆。十月采，暴干。陶云：今处处有，子细如葶苈子而小黑，其实亦类莨菪，烧之致鬼。未见其法术。《吴氏本草经》云：云实，一名员实，一名天豆。神农：辛，小温。黄帝：咸。雷公：苦。叶如麻，两两相值，高四五尺，大茎空中，六月花，八月、九月实，十月采。《御览》引《广雅》云：天豆，云实也。苏云：云实，大如黍及大麻子等，黄黑似豆，故名天豆。丛生泽傍，高五六尺，叶如细槐，亦如苜蓿。枝间微刺，俗谓苗为草云母。陶云:似葶苈，非也。

➤➤➤《本草经考注》

黄耆

《图经》云：其实作荚子，长寸许。八月中采根，用其皮，折之如绵，谓之绵黄耆。今人多以苜蓿根假作黄耆，折皮亦似绵，颇能乱真。但苜蓿根坚而脆，黄耆至柔韧，皮微黄褐色，肉中白色，此为异耳。立之案：《本草和名》训也，波良久佐，又加波良佐佐介，今诸州所出即是此物也。波良久佐者，即根软如绵之义。小野氏曰：京北山中所生者，叶似槐，茎柔弱，偃地如蔓。夏月叶间有花，浅黄色。他州生者，或有淡紫花者，形如豆花而小，数朵成穗。后结角如小豆，而狭小中有一隔，子满其中，形至小，淡褐色。秋后苗枯，春自旧根丛生。叶味甘，根味微苦而硬，即是木耆也。丰后下野、信浓所产者，叶味苦，根味甘而软，未出于肆中。加州白山、越中立山、和州金刚山所出亦同，但安艺广岛所出花户呼唐种，是形状同前，唯是茎干直上三四尺，似苦参而圆，有毛，叶亦有毛。余形状同前条木耆。以上并为绵黄耆。今以广岛种栽河州、和州者，根软而白肉黄心，味甘厚，上品，与舶来物不异。陈承别说以为绵黄蓍出绵上，恐非是《本草启蒙》。又案：黄蓍，古但云耆字，又作蓍。

➤➤➤《本草经考注》

本草图谱

《本草图谱》，日本岩崎常正撰，在 1830 年至 1844 年之间创作完成。岩崎常正（1786 ～ 1842 年），字灌园，日本江户时代著名本草学者。

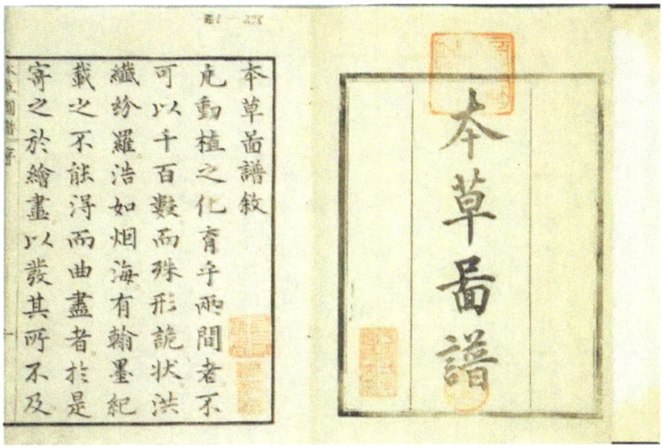

本草畵譜

本草畵譜敘
凡動植之化育乎兩間者不可以千百數而殊形詭狀洪纖紛羅浩如烟海有翰墨紀載之不能得而曲盡者於是寄之於繪畫以蔟其所不及

苜蓿

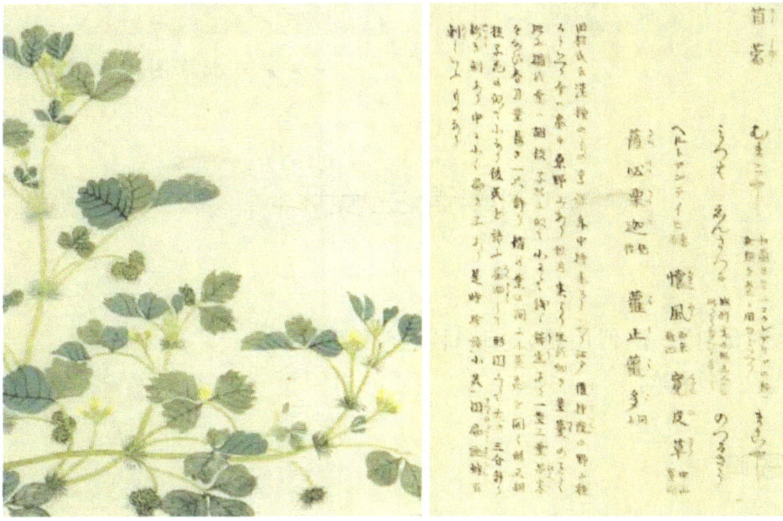

➤➤➤《本草图谱·卷之四十八·菜部》

本草图说

《本草图说》,日本高木春山编撰,成书于江户时代,其内容依照中国《本草纲目》,由作者加入动植物等的图像编辑而成。

高木春山，生平不详。

苜蓿

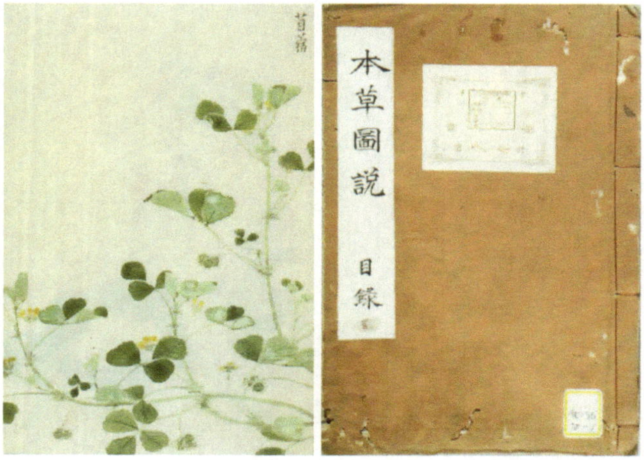

➤➤➤《本草图说·卷之十七·苜蓿》

傅青主女科

《傅青主女科》，清傅山撰，妇产科医学名著。

傅山，生平不详。

妊娠子鸣

人参（一两）、黄耆（一两，生用）、麦冬（一两，去心）、当归（五钱，酒洗）、橘红（五分）、甘草（一钱）、花粉（一钱）水煎服。一剂而啼即止，二剂不再啼。此方用人参、黄耆、麦冬以补肺气，使肺气旺，则胞胎之气亦旺，胞胎之气旺，则胞中之子气有不随母之气以为呼吸者，未之有也。眉批：黄耆用嫩黄，不可用箭，箭系北口外苜蓿根。歌括：妊妇怀胎七八月，忽然儿在腹中鸣。腰间隐隐常作痛，母气虚甚此病生。扶气止啼人参烹，黄耆当归麦门冬。橘红甘草天花粉，肺气健旺子无声。

➤➤➤《傅青主女科》

奇效简便良方

《奇效简便良方》，清丁尧臣撰，4 卷。

丁尧臣（生卒年不详），字又香，浙江会稽（今浙江绍兴）人。

半身不遂

红花七撮、艾七撮（炒）、苜蓿根七根、山楂七片、凤眼草（即樟树子）七根（去两尖）、旧簸箕上缠口藤（指顶大）七块、梨七片、红枣七个，煎水冲白糖一两服，盖被出汗，渣用布包夹腋（男左女右），极多七剂必痊。

➤➤➤《奇效简便良方·卷二杂症》

毛对山医话

《毛对山医话》，清毛对山撰。

经云：五谷为养，五蔬为充。蔬者疏也，所以佐谷气而疏通壅滞也。时珍曰：凡草木之可茹者，为韭、芥、葵、葱、藿五菜，然菜固不止于五。《说原》蔬植三百有六十，《纲目》仅收一百五种，余俱不可考。今民生日用之常，更不及十之三四耳。按蔬品，唯蒜、胡荽、苜蓿，汉时得之西域。唐贞观中，泥婆罗国又献菠棱菜、浑提葱，至今传种不绝。

➤➤➤《毛对山医话》

中华本草

《中华本草》，国家中医药管理局主持完成的著作，34卷，共2400万字，收录中医药物达8980味。

野苜蓿

野苜蓿（《内蒙古中草药》）

【异名】镰荚苜蓿、豆豆苗（《内蒙古中草药》）。

【来源】为豆科植物黄花苜蓿的全草。

【原植物】黄花苜蓿 *Medicago falcata*，又名：连花生（《中国高等植物图鉴》）。

多年生草本。根粗壮，木质化。茎斜升或平卧，长30～60（～100）cm，分枝多，被短柔毛。三出复叶；托叶卵状披针形或披针形，长3～6mm，下部与叶柄合生；小叶倒披针形、条状倒披针形，稀倒卵形或长圆状卵形，长1～2cm，宽3～5mm，先端圆钝或微凹，具小刺尖，基部楔形，边缘上部有锯齿，下部全缘，上面近无毛，下面被长柔毛。总状花序密集成头状，腋生，通常有花5～20朵，总花梗长，超出叶；花萼钟状，密被柔毛，萼齿狭三角形；花黄色，长6～9mm，旗瓣倒卵形，翼瓣比旗瓣短，耳较长，龙骨瓣与翼瓣近等长，具短耳及爪；雄蕊10，二体；子房宽条形，稍弯曲或近直立，花柱弯曲，柱头头状。荚果稍扁，镰刀形，稀近于直，长7～12mm，被伏毛。种子2～3颗。花期7～8月，果期8～9月。

生于海拔3000～4100m的山坡林下、草原、丘陵、沟谷及低湿处，分布于东北、华北、西北及西藏等地。

【采收加工】夏季、秋季采收全草，晒干备用。

【化学成分】全草含皂苷（saponins）、叶黄素酯（xanthophyll esters）、叶黄素（xanthophyll-lutein）50%～52%，叶黄素-5, 6-环氧化物（xanthopyll-epoxide）、菊黄质（chrysanthemax-anthin）9%～10%，毛茛黄质（flavoxanthin）7%～8%，小麦黄素-5-*O*-葡萄糖苷（tricin-5-*O*-glucoside），小麦黄素-5-2-*O*-葡萄糖苷（tricin-5-di-*O*-glucoside），小麦黄素-5, 7-二葡萄糖苷（tricin-5, 7-di-*O*-glucoside）。并含有维生素 B_1（thiamin）和 B_2（riboflavin）、精氨酸（arginine）、天冬氨酸（aspartic acid）、谷氨酸（glutamic acid）等。此外，尚含有微量元素锰、铁、锌、铜。

花含有β-胡萝卜素（β-carotene）、δ-胡萝卜素（δ-carotene）、羟基-α-胡萝卜素

(hydroxy-α-carotene)、新黄质（neoxanthin）、异堇黄质（auroxanthin）和毛茛黄质。

种子中含有半乳甘露聚糖（galactomannan）。

【药性】味甘、微苦，性平。

1.《宁夏中草药手册》："苦，温"。

2.《内蒙古中草药》："味甘、微苦，性平"。

【功能与主治】健脾补虚，利尿退黄，舒筋活络。主治脾虚腹胀、消化不良、水肿、黄疸、风湿痹痛。

1.《宁夏中草药手册》："舒筋活络，利尿。主治坐骨神经痛，风湿筋骨痛，劳伤疼痛，黄疸型肝炎，白血病"。

2.《内蒙古中草药》："宽中下气，健脾补虚，利尿。主治胸腹胀满，消化不良，浮肿"。

【用法用量】内服：煎汤，9 ～ 15g；研末，3 ～ 4.5g。

【附方】1. 治消化不良，胸腹胀满。黄花苜蓿 3 ～ 4.5g。为末冲服，每日 2 次（《内蒙古中草药》）。

2. 治黄疸型肝炎。野苜蓿、茵陈各 15g。水煎服。

3. 治坐骨神经痛，风湿筋骨痛，劳伤疼痛。野苜蓿 15g。水煎服。

4. 治白血病。野苜蓿 15g。水煎服。

（2 ～ 4 方出自《宁夏中草药手册》）

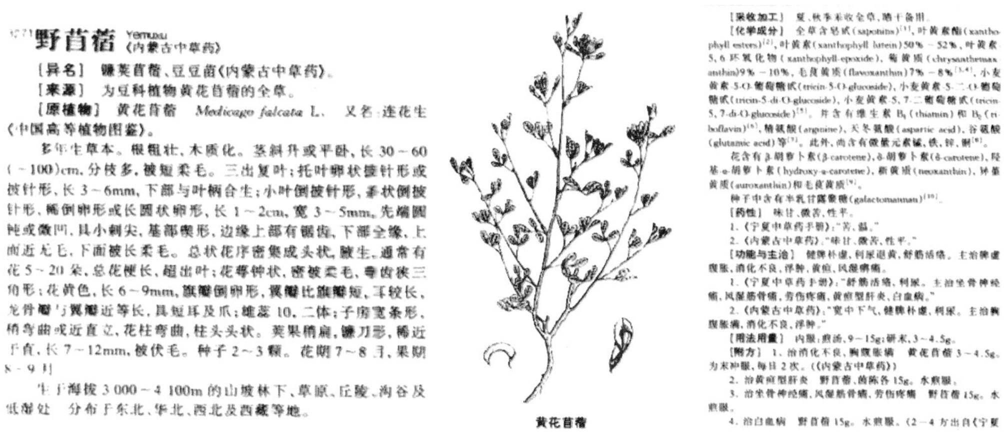

3271 **野苜蓿** Yemuxu 《内蒙古中草药》

［异名］ 镰荚苜蓿、豆豆苗《内蒙古中草药》。

［来源］ 为豆科植物黄花苜蓿的全草。

［原植物］ 黄花苜蓿 *Medicago falcata* L.，又名：连花生《中国高等植物图鉴》。

多年生草本。根粗壮，木质化。茎斜升或平卧，长 30～60(～100)cm，分枝多，被短柔毛。三出复叶；托叶卵状披针形或披针形，长 3～6mm，下部与叶柄合生；小叶倒披针形、条状倒披针形、稀倒卵形或长圆状卵形，长 1～2cm，宽 3～5mm，先端圆钝或微凹，具小刺尖，基部楔形，边缘上部有锯齿，下部全缘，上面近无毛，下面被长柔毛。总状花序密集成头状，腋生，通常有花 5～20 朵，总花梗长，超出叶；花萼钟状，密被柔毛，萼齿狭三角形；花黄色，长 6～9mm，旗瓣倒卵形，翼瓣比旗瓣短，耳较长，龙骨瓣与翼瓣近等长，具短耳及爪；雄蕊 10，二体；子房宽条形，稍弯曲或近直立，花柱弯曲，柱头头状。荚果稍扁，镰刀形，稀近于直，长 7～12mm，被伏毛。种子 2～3 颗。花期 7～8 月，果期 8～9 月。

生于海拔 3 000～4 100m 的山坡林下、草原、丘陵、沟谷及低湿处。分布于东北、华北、西北及西藏等地。

黄花苜蓿

［采收加工］ 夏、秋季采收全草，晒干备用。

［化学成分］ 全草含皂甙(saponins)[1]，叶黄素酯(xanthophyll esters)[2]，叶黄素(xanthophyll lutein)50%～52%，叶黄素-5,6-环氧化物(xanthophyll-epoxide)，菊黄质(chrysanthemaxanthin)9%～10%，毛茛黄质(flavoxanthin)7%～8%[3,4]，小麦黄素-5-O-葡萄糖甙(tricin-5-O-glucoside)，小麦黄素-5-二-O-葡萄糖甙(tricin-5-di-O-glucoside)，小麦黄素-5,7-二葡萄糖甙(tricin-5,7-di-O-glucoside)[5]。并含有维生素 B_1(thiamin)和 B_2(riboflavin)[6]，精氨酸(arginine)、天冬氨酸(aspartic acid)、谷氨酸(glutamic acid)等[7]。此外，尚含有微量元素锰、铁、锌、铜[8]。

花含有 β-胡萝卜素(β-carotene)、δ-胡萝卜素(δ-carotene)、羟基-α-胡萝卜素(hydroxy-α-carotene)、新黄质(neoxanthin)、异堇黄质(auroxanthin)和毛茛黄质[9]。

种子中含有半乳甘露聚糖(galactomannan)[10]。

［药性］ 味甘、微苦，性平。

1.《宁夏中草药手册》："苦，温。"

2.《内蒙古中草药》："味甘、微苦，性平。"

［功能与主治］ 健脾补虚，利尿退黄，舒筋活络。主治脾虚腹胀、消化不良、浮肿、黄疸、风湿痹痛。

1.《宁夏中草药手册》："舒筋活络，利尿。主治坐骨神经痛，风湿筋骨痛，劳伤疼痛，黄疸型肝炎，白血病。"

2.《内蒙古中草药》："宽中下气，健脾补虚，利尿。主治胸腹胀满，消化不良，浮肿。"

［用法用量］ 内服：煎汤，9～15g；研末，3～4.5g。

［附方］ 1. 治消化不良，胸腹胀满 黄花苜蓿 3～4.5g。为末冲服，每日 2 次。(《内蒙古中草药》)

2. 治黄疸型肝炎 野苜蓿、茵陈各 15g。水煎服。

3. 治坐骨神经痛，风湿筋骨痛，劳伤疼痛 野苜蓿 15g。水煎服。

4. 治白血病 野苜蓿 15g。水煎服。(2～4 方出自《宁夏

➤➤➤《中华本草·第十卷·豆科·野苜蓿》

苜蓿

苜蓿（《别录》）。

【异名】牧蓿（《尔雅》郭璞注），木粟（《尔雅翼》），怀风、光风、连枝草（《西

京杂记》)，光风草（《纲目》)。

【释名】苜蓿，古大宛语“buksuk”的音译。《纲目》云：“苜蓿，郭璞作牧蓿，谓其宿根自生，可饲牧牛马也；又罗愿《尔雅翼》作木粟，言其米可炊饭也。”是后世以其用途附会译音。《纲目》又曰：“葛洪《西京杂记》云：乐游苑多苜蓿。风在其间常萧萧然，日照其花有光采，故名怀风，又名光风”。

【品种考证】苜蓿始载于《别录》，弘景曰：“长安中乃有苜蓿园。北人甚重之。江南人不甚食之，以无味故也。外国复有苜蓿草，以疗目，非此类也。”宗奭曰：“陕西甚多，用饲牛马，嫩时人兼食之。有宿根，刈讫复生。”《纲目》载：“《杂记》言苜蓿原出大宛，汉使张骞带归中国。然今处处田野有之，陕、陇人亦有种者，年年自生。刈苗作蔬，一年可三刈。二月生苗，一科数十茎，茎颇似灰藋。一枝三叶，叶似决明叶而小如指顶，绿色碧艳。入夏及秋，开细黄花。结小荚圆扁，旋转有刺，数荚累累，老则黑色。内有米如穄米，可为饭，又可酿酒。”《植物名实图考》也有记载：“西北种之畦中，宿根肥，绿叶早春，与麦齐浪，被陇如云……。”除上述苜蓿花为黄花外，《群芳谱》还载一种紫花苜蓿：“苜蓿苗高尺余，细茎，分叉而生，叶似豌豆，每三叶生一处，梢间开紫花，结弯角，有子黍米大，状如腰子……江南人不识也。”按上所述黄花者原植物应为南苜蓿，紫花者应为紫苜蓿。

【原植物】为豆科植物南苜蓿和紫苜蓿的全草。

【来源】1. 南苜蓿 *Medicago hispida*（*M. denticulata*）又名：黄花草子、磨盘草子(《中药大辞典》)，苜齐头、草头、金花菜（江苏)。

一年生或多年生草本。茎匍匐或梢直立，高约 30cm，基部多分枝。三出复叶；

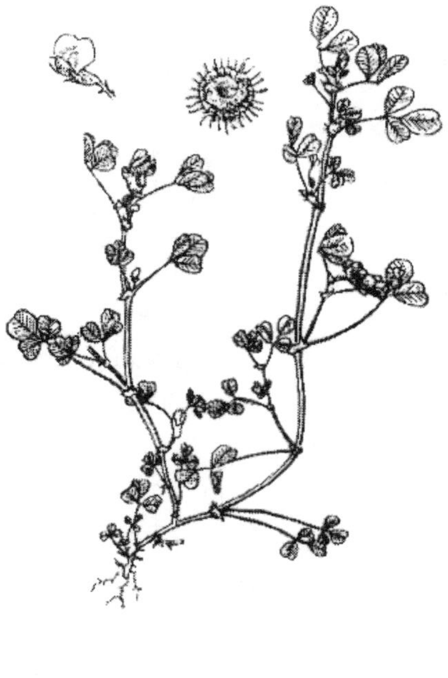

小叶柄长约5mm，有柔毛；托叶卵形，长约7mm，宽约3mm，边缘有细裂锯齿。叶片阔倒卵形或倒心形，长1～1.5cm，宽0.7～1cm，先端钝圆或微凹，有细锯齿，基部楔形，上面无毛，下面被疏柔毛，两侧小叶略小。总状花序腋生，有花2～6朵；花萼钟状，深裂，萼齿披针形，有疏柔毛；蝶形花冠，黄色，旗瓣倒卵形，翼瓣椭圆形，龙骨瓣直立；雄蕊10，二体。荚果螺旋形，直径约0.6cm，边缘具有钩的刺。种子3～7颗，肾形，黄褐色。花期4～5月，果期5～6月。

栽培或生于排水良好的土壤。分布于江苏、安徽、浙江、江西等地。

2. 紫苜蓿 *Medicago sativa*

多年生草本，高30～100cm。根粗而长。茎直立或有时斜升，多分枝，无毛或疏生柔毛。三出复叶；托叶狭披针形或锥形，长5～10mm，全缘或稍有齿，下部与叶柄合生；小叶长圆状倒卵形、倒卵形或倒披针形，长7～30mm，宽3.5～13mm，先端钝或圆，具小刺尖，基部楔形，叶缘上部有锯齿，中下部全缘，上面无毛或近无毛，下面疏生柔毛。短总状花序腋生，具5～20多朵花，花通常较密集；苞片小，条状锥形；花萼筒状钟形，有毛，萼齿锥形或狭披针形；花紫色或蓝紫色。荚果螺旋形，通常卷曲1～2.5圈，密被毛，无刺。种子小，肾形，1～10颗。花期6～7月，果期7～8月。

生于旷野和田间，我国大部分地区有栽培。分布于黄河中下游及西北地区。

【采收加工】夏、秋间收割，鲜用或切段晒干备用。

【药材及产销】1. 南苜蓿产于江苏、安徽、浙江、江西等地。自产自销。

2. 紫苜蓿产于我国大部分地区。多自产自销。

【药材鉴别】性状鉴别。(1) 南苜蓿。缠绕成团。茎多分枝，三出复叶，多皱缩，完整小叶宽倒卵形，长1～1.5cm，宽0.7～1cm，两侧小叶较小；叶端钝圆或凹入，上部有锯齿，下部楔形；上面无毛，下面具疏柔毛，小叶柄长约5mm，有柔毛，托叶大，卵形，边缘具细锯齿。总状花序腋生；花2～6朵，花萼钟形，萼齿披针形，尖锐，花冠皱缩，棕黄色，略伸出萼外。荚果螺旋形，边缘具疏刺。种子3～7颗，肾形，黄褐色。气微，味淡。

(2) 紫苜蓿。茎长30～100cm，有蔓生茎，多分枝，光滑。三出复叶，多皱缩卷曲，完整小叶倒卵形或倒披针形，长1～2.5cm，宽约0.5cm，仅上部叶缘有锯齿，两面均有白色长柔毛；小叶柄长约1mm；托叶披针形，长约5mm。总状花序腋生。花萼有柔毛，萼齿狭披针形，急尖，花冠暗紫色，长于花萼。荚果螺旋形，2～3绕不等，黑褐色，稍有毛。种子1～10颗，肾形，小，黄褐色。气微，味淡。

【化学成分】1. 南苜蓿种子含胡萝卜素（carotene）。本品还分得南苜蓿三萜皂苷（hispidacin）、大豆皂苷（soyasaponin）、植物甾醇（phytosterol）、植物甾醇酯（phytosterol ester）、游离脂肪酸（free fatty acid）。

2. 紫苜蓿全草含皂苷（saponin）、卢瑟醇（lucernol）、苜蓿二酚（sativol）、香豆雌酚（coumestrol）、刺芒柄花素（formononetin）、大豆素（daidzein）等异黄酮衍生物、小麦黄素（tricin）、瓜氨酸（citrulline）、刀豆酸（canaline）。腐草含双香豆酚（dicoumarol）。叶含β-甲基-D-葡萄糖苷（β-methyl-D-glucoside）、4-*O*-甲基内消旋肌醇（ononitol）、I-半乳庚酮糖（I-galactoheptulose）。花含花色苷：本种的蓝色和紫色花主要含飞燕草素3, 5二葡萄糖苷（delphinicin-3, 5-diglucoside）、矮牵牛素（petunidin）和锦葵花素（malvidin）。花中挥发油成分有：芳樟醇（linalool）、月桂烯（myrcene）及柠檬烯（limonene）。种子含高水苏碱（homostachydrine）、水苏碱（stachy drine）及唾液酸（sialic acid）。叶茎含果胶酸（pecticacid）。

此外，本品还含4种苜蓿皂苷。

【药理】1. 抗动脉粥样硬化作用。本品地上部分制得的总皂苷有显著的降血脂、抗动脉粥样硬化作用，对于兔、大鼠及猴的实验性高脂血症和动脉粥样硬化均有明显防治效果，还可使猴冠脉和主动脉病变明显消退。对于高胆固醇饲料家兔血清脂质、喂饲苜蓿皂苷1.2g/只及2.4g/只可使血清总胆固醇（TC）明显降低，对高密度脂蛋白胆固醇（HDL-C）无明显影响而HDL-C/TC明显增高，主动脉内膜粥样斑块面积明显缩小，主动脉壁中TC及胆固醇酯（CE）沉积明显减少，但对三酰甘油（TG）及肝内TC无明显影响。2.4g/只还可显著抑制高脂血症家兔冠状动脉内膜下平滑肌细胞的增生，改善右冠脉主干及大支的阻塞程度。另有实验表明苜蓿皂苷1g/kg能使高胆固醇血症大鼠血清TC及低密度脂蛋白胆固醇（LDL-C）均明显下降，也不影响HDL-C水平。苜蓿皂苷降脂作用机制可能与其能防止内源性、外源性胆固醇在肠中的吸收，促进胆固醇降解成胆酸排出，以及增强网状内皮系统（RES）功能从而加速LDL的非受体途径清除等有关。本品所含皂苷用酸处理可使其预防高胆固醇血症的能力至少增强5倍，于大鼠及猴均可抑制其对肠内胆固醇吸收的能力。此外，用苜蓿蛋白饲料喂饲1.5个月的大鼠，其血清总胆固醇和高密度脂蛋白水平显著高于其他豆类蛋白饲料组，粪便中胆固醇的排出量也较高。临床上服用本品种子8天，可使血浆总胆固醇、低密度脂蛋白胆固醇、阿朴脂蛋白B等显著降低，停止服用后所有的脂蛋白浓度均回升至药前水平，表明种子确有明显降脂效果。

2. 对免疫功能的影响。苜蓿皂苷1g/kg饲服，可显著增强大鼠RES对血中炭粒的吞噬廓清，使吞噬系数a明显增高，$t_{1/2}$时间明显缩短。从本品根中提得的苜蓿多糖具有显著的免疫增强效果，体外试验于31～500μg/ml浓度可显著增强植物血凝素（PHA）、刀豆蛋白A（ConA）、脂多糖（LPS）及美洲商陆（PWM）诱导的淋巴细胞增殖反应。125mg/kg和250mg/kg腹腔注射5天，可使小鼠脾淋巴指数明显增大，使脾淋巴细胞显著增多，并可部分或完全拮抗环磷酰胺所致脾淋巴细胞数的显著减少；上述剂量也能使小鼠淋巴细胞对ConA的反应分别提高60%和156%，对PWM诱导的IgM生成分别提高51%和78%，并完全拮抗环磷酰胺对LPS刺激所致抗体生成的抑制。本品皂苷所含苜蓿酸钠盐及其苷均可抑制淋巴细胞的分裂指数、存活率、生长率及生存时间。

3. 其他作用。曾有报道从本品中提得的小麦黄素有轻度的雌激素样作用及抗氧化作用，可防止肾上腺素的氧化。分得的槲皮素也有抗氧化活性。从本品中分得的4个苜蓿苷每日10mg/kg灌服，可增强大鼠体力，延长游泳时间。小麦黄素还能抑制离体肠平滑肌，可显著抑制离体兔小肠收缩，小麦黄素也能抑制离体豚鼠肠管，4mg小麦黄素注入在位兔小肠腔可使其蠕动收缩减慢。此外，本品全草的提取物可抑制结核杆菌生长，对小鼠脊髓灰质炎有效。从本品根中分得一种化合物对10种酵母菌的最低抑菌浓度（MIC）为3～15μg/ml，最低杀菌浓度为6～24μg/ml。本品种子和地上部分对胰蛋白酶有较强的抑制作用。

4. 毒性。苜蓿皂苷2.4g/只喂饲家兔3.5个月未见对体重增长、肝功能、肾功能、造血功能等有明显毒性，小鼠灌服的LD_{50}为（26.6±3.6）g/kg，相当于生药（90.3±12.4）g/kg，胃内过度膨胀使膈肌上抬可能是死因之一。

【药性】味苦、涩、微甘、性平。

1.《别录》："味苦、平、无毒"。

2.《千金食治》："味苦、平、涩"。

3.《日华子》："凉"。

4.《本草衍义》："微甘、淡"。

5.《宝庆本草折衷》："味苦、微甘、淡、平、凉"。

6.《本草省常》:“性微寒”。

7.《青岛中草药手册》:“性温,平,味微苦”。

8.《河北中草药》:“苦涩而降”。

【功能与主治】清热凉血,利湿退黄,通淋排石。主治热病烦满、黄疸、肠炎、痢疾、水肿、尿路结石、痔疮出血。

1.《别录》:“主安中,利人,可久食”。

2.《食疗本草》:“利五脏,轻身,洗去脾胃间邪气、诸恶热毒”。

3.《日华子》:“去腹藏邪气、脾胃间热气,通小肠”。

4.《本草衍义》:“利大小肠”。

5.《本草药性大全》:“祛诸恶,解热毒,退酒疸,利通小肠,安中益气”。

6.《现代实用中药》:“治尿酸性膀胱结石”。

7.《内蒙古中草药》:“开胃,利尿排石,治尿路结石、浮肿”。

8.《广西本草选编》:“清热凉血,利尿通淋。主治黄疸、小便不通、痔疮出血”。

9.《青岛中草药手册》:“健胃,利尿。主治痢疾、肠炎”。

【用法用量】内服:煎汤,15～30g;或捣汁,鲜品90～150g;或研末,3～9g。

【使用注意】1.《食疗本草》:“少食好,多食当冷气入筋中,即瘦人”。

2. 姚可成《食物本草》:“苜蓿不可同蜜食,令人下利”。

【附方】1. 治热病烦满、目黄赤、小便黄,酒疸。(苜蓿)捣汁,服一升,令人吐利即愈(《新修本草》)。

2. 治各种黄疸。苜蓿、茵陈、车前草、萹蓄各15g,大枣10个,水煎服(《青岛中草药手册》)。

3. 治黄疸、膀胱结石、小便不通、痔疮出血。苜蓿全草15～30g,水煎服;或用鲜全草60～90g,捣烂取汁服(《广西本草选编》)。

4. 治肠炎。苜蓿15～30g,水煎服。或鲜草60～90g,捣汁服(《秦岭巴山天然药物志》)。

5. 治细菌性痢疾。苜蓿30g,水煎,加蜂蜜30g,分2次冲服(《青岛中草药手册》)。

6. 治水肿。苜蓿叶15g(研末),豆腐1块,猪油90g。炖熟,1次服下,连续服用(《吉林中草药》)。

7. 治尿路结石。苜蓿、金钱草、穿山甲、木通、五灵脂各9g。水煎服(《青岛中草药手册》)。

【集解】1.《史记·大宛列传》:“(大宛)俗嗜酒,马嗜苜蓿,汉使取其实来,于是天子始种苜蓿、蒲萄肥饶地。及天马多,外国使来众,则离宫别观旁尽种蒲萄、苜蓿极望”。

2.《救荒本草》:“苜蓿出陕西,今处处有之,苗高尺余,细茎,分叉而生。叶似锦鸡花叶，微长；又似豌豆叶，颇小。每三叶攒生一处，梢间开紫花。结弯角儿，中有子，如黍米大，腰子样。苗叶嫩时，采取煠食，江南人不甚食，多食利大小肠”。

苜蓿根

苜蓿根（《新修本草》）

【来源】为豆科植物南苜蓿 *Medicago hispida* Gaertn. 和紫苜蓿 *M. sativa* L. 的根。

【原植物】参见“苜蓿”条。

【采收加工】夏季采挖，洗净，鲜用或晒干。

【药材及产销】紫苜蓿根产于我国大部分地区。多自产自销。

【药材鉴别】性状鉴别。根圆柱细长，直径 0.5 ～ 2cm，分枝较多。根头部较粗大，有时具地上茎残基。表面灰棕色至红棕色，皮孔少且不明显。质坚而脆，断面刺状。气微弱，略具刺激性，味微苦。

【化学成分】紫苜蓿的根含糖类。根的分泌物中含 2- 氨基己二酸（2-aminoadipic acid）及另两种未知氨基酸。

【药性】味苦，性寒。

1.《新修本草》：“寒”。

2. 宁源《食鉴本草》：“无毒”。

3.《全国中草药汇编》：“苦、微涩、寒”。

4.《浙江药用植物志》：“苦，凉”。

【功能与主治】清热利湿，通淋排石。主治热病烦满、黄疸、尿路结石。

1.《新修本草》：“主热病烦满、目黄赤、小便黄、酒疸”。

2.《纲目》：“治砂石淋痛”。

3.《药性考》：“通淋泻热，除烦”。

4.《内蒙古中草药》：“治尿路结石”。

5.《河北中草药》：“除湿热”。

6.《浙江药用植物志》：“主治夜盲症”。

【用法用量】内服：煎汤，15 ～ 30g；或捣汁。

【附方】1. 治黄疸、尿路结石。南苜蓿根 15 ～ 30g。水煎服（苏医《中草药手册》）。

2. 治尿路结石。鲜苜蓿根捣汁温服，每次半茶杯，日服 2 次（《吉林中草药》）。

3. 治夜盲症。鲜苜蓿根 30g。切碎，水煎服（《浙江药用植物志》）。

中药大辞典

《中药大辞典》，南京中医药大学编著，阐述药物的基本信息、相关特性等内容。

苜蓿

【出处】《别录》。

【拼音】Mù Xu。

【别名】牧蓿（《尔雅》郭璞注），木粟（《尔雅翼》），怀风、光风、连枝草（《西京杂记》），光风草（《纲目》）。

【基源】为豆科苜蓿属植物紫苜蓿或南苜蓿的全草。

【原植物】1. 南苜蓿（*Medicago hispida* 或 *M. denticulata*）。

一年生或多年生草本。茎匍匐或梢直立，高约30cm，基部多分枝。三出复叶；小叶柄长约5mm，有柔毛；托叶卵形，边缘有细裂锯齿。叶片阔倒卵形或倒心形，

南苜蓿

长 1 ～ 1.5cm，宽 0.7 ～ 1.0cm，先端钝圆或微凹，有细锯齿，基部楔形，上面无毛，下面被疏柔毛，两侧小叶略小。总状花序腋生，有花 2 ～ 6 朵；花萼钟状，深裂，萼齿披针形，有疏柔毛；蝶形花冠，黄色，旗瓣倒卵形，翼瓣椭圆形，龙骨瓣直立；雄蕊 10，二体。荚果螺旋形，直径约 0.6cm，边缘具有钩的刺。种子 3 ～ 7 颗，肾形，黄褐色。花期 4 ～ 5 月，果期 5 ～ 6 月。

栽培或生长于排水良好的土壤，分布于江苏、浙江、安徽和江西等地。

2. 紫苜蓿（*Medicago sativa*）。

多年生草本，高 30 ～ 100cm。根粗而长。茎直立或有时斜升，多分枝，无毛或疏生柔毛。三出复叶；托叶狭披针形或锥形，全缘或稍有齿，下部与叶柄合生；小叶长圆状倒卵形、倒卵形或倒披针形，长 7 ～ 30mm，宽 3.5 ～ 13mm，先端钝或圆，具小刺尖，基部楔形，叶缘上部有锯齿，中下部全缘，上面无毛或近无毛，下面疏生柔毛。短总状花序腋生，具 5 ～ 20 多朵花，花通常较密集；苞片小，条状锥形；花萼筒状钟形，有毛，萼齿锥形或狭披针形；花紫色或蓝紫色。荚果螺旋形，通常卷曲 1 ～ 2.5 圈，密被毛，无刺。种子小，肾形，1 ～ 10 颗。花期 6 ～ 7 月，果期 7 ～ 8 月。

生于旷野和田间，我国大部分地区有栽培。分布于黄河中下游及西北地区。

【药性】苦、甘，平。

1.《别录》：“味苦、平，无毒”。

紫苜蓿

2.《千金方》:“味苦、平，涩”。

3.《日华子本草》:“凉”。

【功用主治】清热，利湿，通淋排石。主治湿热黄疸、泄泻、痢疾、水肿、砂淋、石淋、痔疮出血。

1.《别录》:“主安中，利人，可久食”。

2.《食疗本草》:“利五脏，轻身，洗去脾胃间邪气、诸恶热毒”。

3.《日华子》:“去腹藏邪气、脾胃间热气，通小肠”。

4.《本草药性大全》:“祛诸恶，解热毒，退酒疸，利通小肠，安中益气”。

5.《现代实用中药》:“治尿酸性膀胱结石”。

【用法用量】内服：煎汤，15 ～ 30g；或捣汁，鲜品 90 ～ 150g；或研末，3 ～ 9g。

【宜忌】1.《食疗本草》:“少食好，多食当冷气入筋中”。

2. 姚可成《食物本草》:“苜蓿不可同蜜食，令人下利”。

【选方】治热病烦满、目黄赤、小便黄，酒疸。(苜蓿）捣汁，服一升，令人吐利即愈（《新修本草》)。

➤➤➤《中药大辞典》

考　古

苜蓿

（清·祁韵士）

欲随青草斗芳菲，求牧偏宜野龁肥。

几处嘶风声不断，沙原日暮马群归。

敦煌汉简

《敦煌汉简》，一般指甘肃敦煌出土的汉代木简，其内容多为边戍文书，包括来往公文、烽燧纪事等，也有古书片段，如医方、技艺等。

释文

恐牛不可用，今致卖目宿养之。目宿大贵，束三泉。

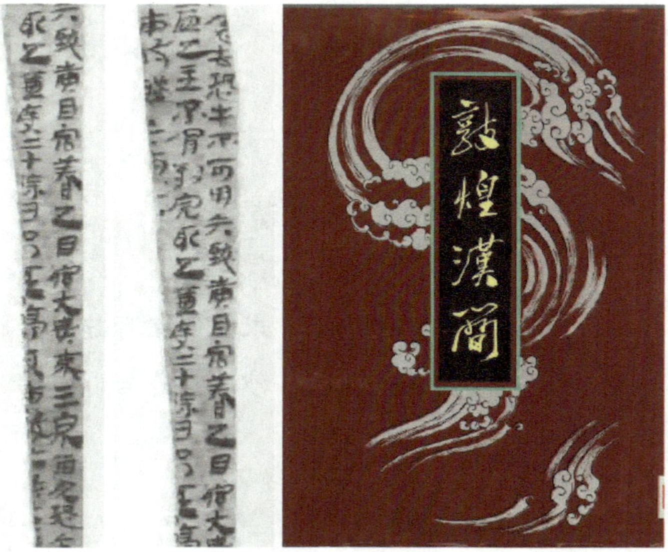

➤➤➤《敦煌汉简》

沙海古卷

《沙海古卷》，林梅村著，记录在新疆民丰县尼雅遗址出土的佉卢文书所记载的信息。

佉卢文书

佉卢文书（编号214底牍正面）。国王敕谕：现在朕派奥古侯阿罗耶出使于阗。为处理汝州之事，朕还嘱托奥古侯阿罗耶带去一匹马，馈赠于阗大王。务必提供该马从莎阇到精绝之饲料。由莎阇提供面粉十瓦查厘，帕利陀伽饲料十瓦查厘和紫苜蓿两份，直到累弥那为止。再由精绝提供谷物饲料十瓦查厘，帕利陀伽饲料十五瓦查厘，三叶苜蓿和紫苜蓿三分，直到打弥为止。

➤➤➤《沙海古卷·中国所出佉卢文书》

佉卢文书（编号272皮革文书正面）。国王敕谕：应征收kuvana，tsamgina和koyi……谷物并……于城内。是时，若有信差因急事来皇廷，应允许彼从任何人处取一头牲畜，租金应按规定租价由国家支付。国事无论如何不得疏忽。饲料、柴、苜蓿亦在城内征收。camdri、kamamta、茜草和curoma均应日夜兼程，速送皇廷。据传闻，汝州之百姓正为旧账相互敌仇，应阻止富人纠缠负债者。

➤➤➤《沙海古卷·中国所出佉卢文书》

吐鲁番考古记

伊吾军屯田残籍

按折，罗漫山即哈密北之天山。伊州疑即今哈密西之三堡。现尚有土墩及旧墟遗址。伊吾军既在州西北三百里，以形势计之，疑在今巴勒库尔一带。附近有小海子，名巴勒库尔，地亦以此名，汉代名蒲类海。《元和郡县志》云：绕海多良田，汉将赵充国所屯也，俗名婆悉厥海。（同上）此一带土地肥沃，故汉唐两代均在此屯垦。据残纸，种有豆、有麦，又有苜蓿，文云："菁蓿烽地五亩近屯"，"菁"当即"苜"之别体。唐岑参诗有"苜蓿烽边逢立春"之句，是苜蓿烽为一地名，盖因种苜蓿而得名。

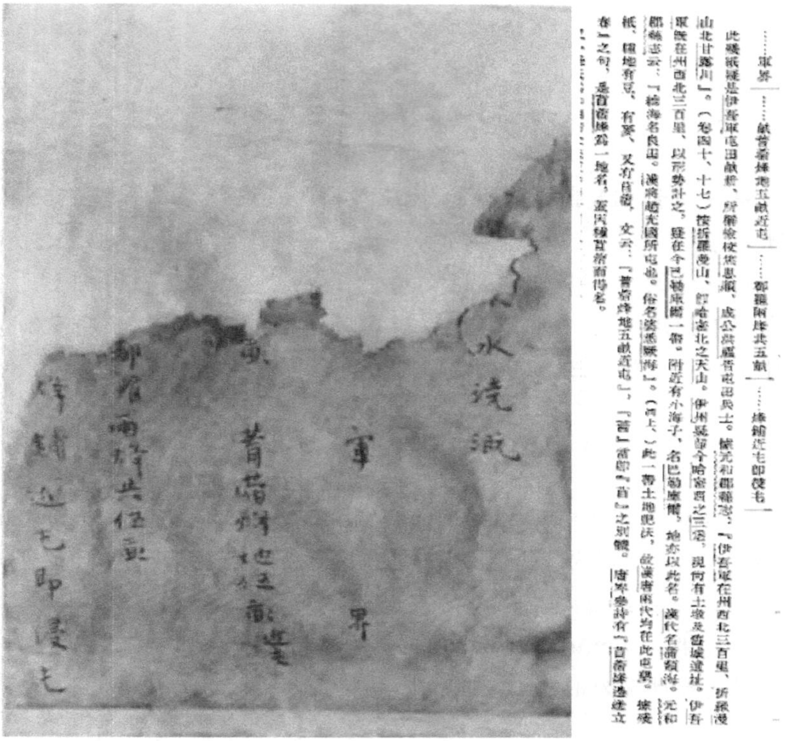

……軍界」……獻苜蓿烽地五畝近屯」……鄯耀兩烽共五畝」……烽鋪近屯即佊屯」

此殘紙疑是伊吾軍屯田畝數，所稱檢校某思爾，或公孫爲晉屯田兵士。據元和郡縣志：『伊吾軍在州西北三百里，折羅漫山北甘露川』。（卷四十、十七）按折羅漫山，約今巴里坤北之天山。伊州疑即今哈密吾之三堡。現尚有土墩及舊墟遺址。伊吾軍既在州西北三百里，以形勢計之，疑在今巴裡坤一帶。附近有小海子，名巴勒庫爾，地亦以此名。漢代名蒲類海。元和郡縣志云：『蒲類海名良田。漢宣趙充國所屯也。俗名婆悉厥海』。（同上、）此一帶土地肥沃，故漢唐兩代均在此屯墾。據殘紙，種地有豆，有麥，又有苜蓿。文云：『苜蓿烽地五畝近屯』，『蓿』當即『首』之別體。唐岑參詩有『苜蓿烽邊逢立春』之句，是苜蓿烽爲一地名，蓋因種苜蓿而得名。

➤➤➤《吐鲁番考古记·古文书写本》

吐鲁番出土十六国时期的文书

《吐鲁番出土十六国时期的文书——吐鲁番阿斯塔那 382 号墓》，新疆吐鲁番地区文管所撰，1983 年发表于《文物》期刊。记载了 1979 年 4 月，阿斯塔纳古墓群发现的一座十六国时期墓葬的相关发掘情况。

差刈苜蓿文书

内学司成令狐嗣［白］□□□辞如右，称名堕军部，当刈菠（苜）蓿。长在学，偶即书，承学桑役。投辞□差检，信如所列，请如辞差刈菠蓿。事诺付曹存记奉行。

4、差刈苜蓿文书　存墨书八行（图版壹:3）。

内学司成令狐嗣〔白〕〔□

辞如右，称名堕军部，當刈莜（苜）蓿。

长在学，偶即书，承学桑役。投辞

□差检，信如所列，请如辞差

刈莜蓿。事诺付曹存记奉

行。

四月十六日白

【简注】 这是一件公文，书写在上一文书的背面。上文书的纪年为“真兴七年正月廿日”，该件为“四月十六日”，当同属真兴七年或稍晚一些。文中大意是讲某人名在军籍，现该服劳役收割苜蓿。因其一向承担着学馆的桑役，所以办理此事与“典学主簿”和“内学司成”等官吏有关。文书中有蓝笔勾勒，表示事已办理完毕。

➤➤➤《文物》期刊，1983（1）:《吐鲁番出土十六国时期的文书——吐鲁番阿斯塔那382号墓清理简报》

阚氏高昌杂差科帐

高昌王国处于“丝绸之路”的交通要道之上，往来客使的供物、差役等杂差科是阚氏高昌赋役制度非常重要的组成部分。

阚氏高昌永康年间供物差役帐

供物差役帐中与苜蓿相关的内容主要有以下记载：

1. □□宝致莜（苜）宿（蓿）（1/2行）
2. □□□致莜（苜）宿（蓿）（2/7行）
3. 樊同伦致莜（苜）宿（蓿）（5/4行）
4. 左巳兴致莜（苜）宿（蓿）（5/6行）
5. 张兴宗致莜（苜）宿（蓿）（5/8行）
6. □致莜（苜）蓿（6/3行）
7. 路阿奴致高宁□（8/2行）

8. 董轩和致苽（苜）宿（蓿）（9/2 行）
9. □宗兴致苽（苜）宿（蓿）（13/3 行）
10. ▭□多致（苜）宿（蓿）（13/8 行）
11. ▭儿致高宁苽（苜）▭（13/10 行）
12. □以兴致苽（苜）宿（蓿）（14/3 行）
13. 令狐卑子致宿（蓿）（14/4 行）
14. 令狐阿渚致苽（苜）宿（蓿）（14/6 行）
15. ▭驹致苽（苜）宿（蓿）（15/3 行）
16. 张保双致苽（苜）宿（蓿）（15/7 行）
17. 张益致苽（苜）宿（蓿）（16/8 行）
18. □乘奴子致苽（苜）蓿（16/17 行）
19. 张酉兴致苽（苜）宿（蓿）（16/19 行）
20. □□致苽（苜）蓿（17/2）
21. □太宗致苽（苜）蓿（17/13 行）
22. □习致苽（苜）蓿（19/6 行）
23. □□致苽（苜）蓿（19/7 行）
24. ▭弥致苽（苜）蓿（20/8 行）
25. ▭□兴致苽（苜）蓿 ▭（21/2 行）
26. 刘元都致苽（苜）宿（蓿）（26/2 行）
27. □□致苽（苜）宿（蓿）（26/4 行）
28. 车法绣致苽（苜）宿（蓿）（27/2 行）
29. □□□致苽（苜）宿（蓿）（28/1 行）
30. □□兴致苽（苜）宿（蓿）（28/2 行）
31. 张寅虎致高宁苽（苜）宿（蓿）（30/4 行）
32. □□致高宁苽（苜）宿（蓿）（30/5 行）

➤➤➤《敦煌学辑刊》期刊，2015（2）:《阚氏高昌杂差科帐研究》

中国古代籍帐

《中国古代籍帐》，日本池田温著，研究我国古代户籍制度的名作。

唐天宝二年（743 年）交河郡市估案

在大谷 3049 号《唐天宝二年（743 年）交河郡市估案》有记载:“苜蓿春茭一束，上直钱六文，次五文，下四文”。

➤➤➤《中国古代籍帐研究》

大谷文书集成

《大谷文书集成》，日本小田义久主编，是吐鲁番研究的重要著作，共 4 卷。

安西（龟兹）差科簿

大谷文书中的 8074 号文书《安西（龟兹）差科簿》对苜蓿有如下记录：

（前欠）

1. 张遊艺、窦常清。
2. 六人锄苜蓿。

➤➤➤《大谷文书集成》

从敦煌吐鲁番文书看唐代地方机构行用的状

刈得苜蓿秋茭数事

状称：收得上件苜蓿、秋茭具束数如前，请处分者。秋刈得苜蓿、茭数，录。

➤➤➤《中华文史论丛》期刊，2010（2）：《从敦煌吐鲁番文书看唐代地方机构行用的状》

唐代安西之帛练

唐支用钱练帐

支付手段	支付额	事由
铜钱	六文	买苜蓿
铜钱	八文	买四束苜蓿
铜钱	三文	买三束苜蓿

➤➤➤《敦煌研究》期刊，2004（4）:《唐代安西之帛练——从吐火罗B语世俗文书上的不明语词Kaum谈起》

其　他

苜蓿

（近现代·张采庵）

花开苜蓿送残春，马邑龙城任虏尘。
汉室中兴宜战伐，宋家南渡竟和亲。
深闺有梦将军老，故垒无声燕雀驯。
何日重申平寇令，横戈空觉胆轮囷。

农 学 报

《农学报》1897 年 5 月由上海农学会负责人罗振玉主持创办，是近代中国最早传播农业科技知识的专业性科技期刊，初名《农学》，第 15 期以后改名《农学报》，亦称《农会报》。1898 年改为旬刊。

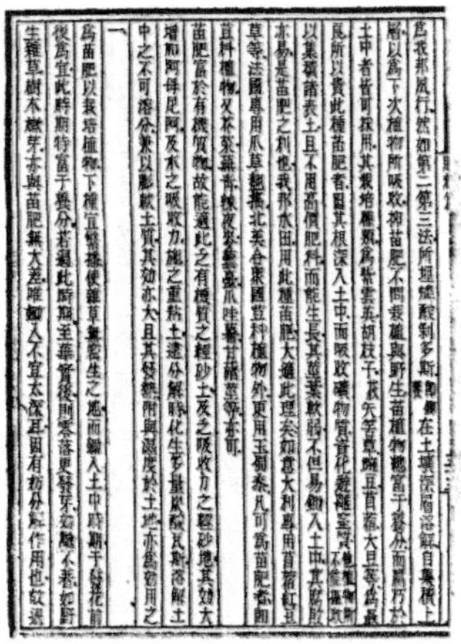

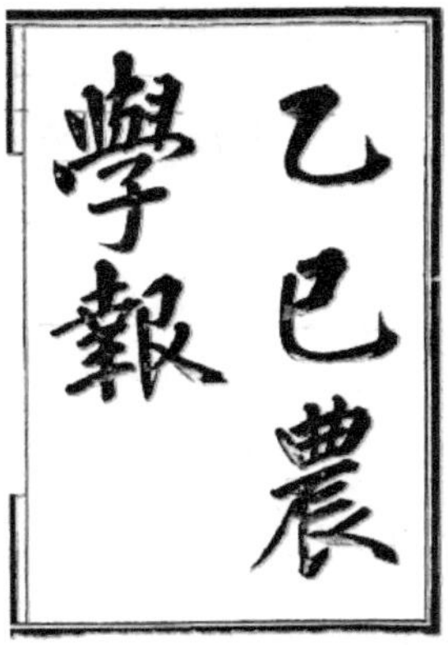

罗振玉创办《农学报》最根本的目的便是引进并广泛传播欧美及日本的先进农业科技，选取西方优良的物种（品种）移植本国以改良国内物种（品种），并建立农事试验场进行实践检验。

僻地粪田说

古人有言，粪多而力勤者为上农。是农田者，固须以人力肥粪保持其土地生产力者也。然在僻远之区，人烟稀少，以村落之粪，粪其田而不足，又无川流以输入肥粪之来自远方者，于是地力年瘠一年，必成石田而后已。然则僻地粪田之术，不可不持地讲求矣。今案中国肥粪以人粪为大宗，而辅之以烬肥，是均非附近通都大邑，不便取求。若在僻远之区，非授人粪烬肥之代用品不可矣。试略举四端于后，一曰种牧草以兴牧业，今试分农地为二。半植牧草，半种谷类，以牧草饲牲，而取其粪。地为牧场，沤溺所至，肥沃日增，必岁易其处今年之牧场为明岁之田亩，如是不数年瘠地沃矣。至所畜之品，以牛羊猪鸡为宜，而猪鸡之用途尤广，粪亦最良，但饲草以外须兼饲秕糠耳。二曰种豆而兴制油业。豆科植物，叶多膛管，能吸取空中氮气，培养土膏。故不施肥料，亦能生长。但所种之豆，宜就地制油，而留取豆粕既可直以肥培，且可饲牲，而以畜粪粪田，利尤厚也。三曰用绿肥。大凡肥粪原料不出三者，曰动物，曰植物，曰矿物。绿肥者，取植物枝叶，沤腐以供肥壅，一切植物皆可用，而以豆科植物为尤，若豌豆，若紫云英，若苜蓿之类是也。然天然植物，随在可取。若草木落叶根荄虽腐化较迟，然以人造尿水浴场、池淤等浸而腐之，亦资利用。又苹之为物，繁衍甚速，谚谓一夜苹生九子，其证也。若于小沟洫及低洼水地皆散布苹种，待成长，捞取粪田，腐化速于他物，其益尤洪也。四曰用土肥。此有烧土垒土二法。烧土者，削表土约二三寸，处处堆积，和以残株败梗，徐徐烧之，于黏土最宜。垒土者，谓抟土为击岁垒数堵，每逾一二年，随而培田，功等他肥，盖新土垒壁，则土面吸受大气中养分，兼受日热又经严冰朔雪融解而松，土性一时顿化熟土也。夫粪田一事，为农事要端，而其术颇繁多，在僻土致粪杂尤，宜精究其事，顷有以此来质者，为亲编书之，还以质之我农。

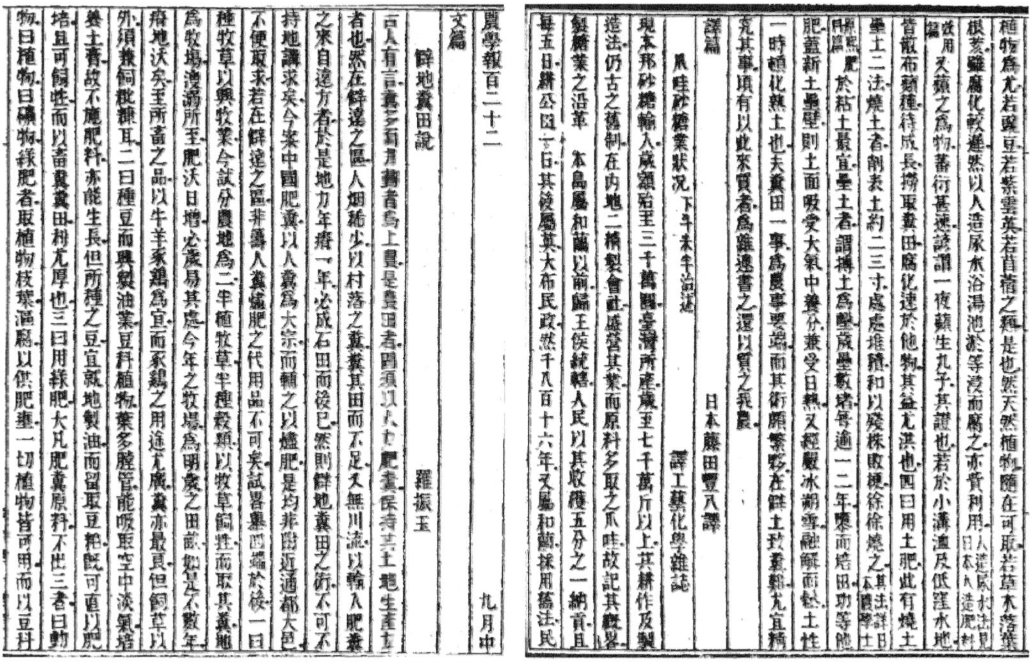

➤➤➤《农学报》期刊，1990（12）

苜蓿说

苜蓿与爪草辨。苜蓿者，植物学上属豆科越年生之草也，俗间往往与白爪草及红爪草混杂不辩。红白爪草者，其形状略似紫云英。花梗长，其末端簇生多花，其色或白或红与苜蓿颇不同。苜蓿花梗短小,其末端簇生小花,三五其色。黄花后扁荚，螺转出于其外侧，边缘有柔刺。然俗间往往指彼白红爪草误以为苜蓿者，真知苜蓿者罕矣。

栽培苜蓿最盛之地。从来栽培豆科植物为稻之肥料，各地皆行之，不足为奇。紫云英、大豆、蚕豆等均多栽培于岐阜、滋贺等。紫云英最著名，其他全国所至植之。然未见栽培苜蓿以供肥料用者，唯于农事试验场山阴支场所在地出云国簸川郡见之而已。簸川郡栽培苜蓿颇盛，其所栽田地逾二千町步，然其由来茫然不详。相传元禄年间，本郡旧小山村农五左衙门者创栽培之。该郡农作，地质概卑湿，于栽培苜蓿颇适宜。

苜蓿之特性及肥料主要成分。苜蓿与他豆科植物同，吸取空气中游离室素（注：氮素，余同），其间于吸取游离室素之根瘤块，于苜蓿颇著。瘤块状如佛手薯，有长及二三分者。苜蓿比紫云英较适于湿润土地，故在紫云英不能十分生育之地，而苜蓿能繁茂是自然之理也。苜蓿忌连年植于一地，较紫云英为甚。苜蓿种实如肾形，长七八厘，中有种粒四五，其荚强韧不易开裂，故有不得已而连荚播之者。不免种子容积大，颇不便，此栽培苜蓿一缺点。苜蓿所含肥料主要成分由其繁茂程度，而有差异。即充分繁茂者，含水分多，主要成分百分比例少。生育不良者，含水分少，主要成分百分比例大。也于农事试验场，山阴支场花井技师所分析成绩如下。

	水分	氮素	磷酸	加里
充分生育苜蓿一千贯目中	七九八贯、〇	六贯、二	一贯、四	三、五
生育中等苜蓿同	七四一、五	八、四	〇、八	四、四
生育不育苜蓿同	七〇九、〇	八、八		
平均	七四九、五	七、八	一、一	四、〇

注：表中顿号等同于小数点。下同。

今揭紫云英一千贯成分比较之如下。

	水分	氮素	磷酸	加里
岐阜县产森农学士分析	八二〇、〇	四、八	〇、九	三、八
北陆支场产山下技师分析		三、〇		
山阴支场产花井技师分析	八一七、〇	五、〇	一、〇	三、五
平均	八一九、〇	四、三	一、〇	三、七

据两表比较其含有主要成分，于磷酸及加里量不著差异，于氮素量则大差，平均一千贯目中苜蓿含氮素量较紫云英多三贯五百目。虽最劣等之苜蓿，较最优等之紫云英尚多一贯二百多也。

前表中充分繁茂之苜蓿，每一段步收获一千二百六十贯目许者。后表中山阴支场紫云英，每一段步收获九百四十贯目许也。

栽培苜蓿法。栽培苜蓿较紫云英稍烦其法如下。

一、于二毛田栽培法。于秋分，即九月十日候，点播稻株间，约二尺平方植一株，播种时削其处之表土，除草且令土壤膨软，播种量每株约四五勺，第一段步须一石二三斗。播种者浸水一昼夜，布藁灰为直径五寸之圆形，而压蹈之，散烧土于上，每株合计薄被种子可也。追肥于刈稻后三十日以内，每段步施藁灰一石许，春分即三月二十日候，再施藁灰五石许，播种后若遇干燥则灌之。且生育不良，则微雨时施以稀薄人粪尿少量。其他施磷酸肥料少量，有著效。但施肥须随各地质，经实验取舍而增减之。

二、于水田栽培法。水田因不能直播种，宜别设苗床播种之。刈稻后耕起作高畦移种植于上，苗床对水田高畦面积一段步约需四十步，九月上旬，于烟地每距一尺二三寸间造床施以稀薄人粪尿少许。第十步三斗许，每步连播种子一升，薄散布烧土类而压蹈之，或先播种蹈之后施薄人粪及尿，更散布烧土于上，亦可于播种前浸种于水布藁灰等如前述。如斯播种后以藁薄被其上防为雨冲出种子。于至发芽后乃除之，自十一月中旬，迄翌春三月中旬。除寒中移植以早行之为良，移植法先除生苗间杂草，次以唐锹分连续业生之苗群，为七八寸长株，勿剥落其所著附之土，运于本田而豫设高畦，以适宜距离（阔二尺之畦距，三四尺为一列），旁方一尺许之浅孔，施以人尿与藁灰或米糠与藁灰混合物，每孔凡三合许，置苗株于上，充分压蹈，其后四月上旬施二番肥（藁灰每株四五合许），以稀薄人粪尿，助其成长或施磷酸肥料等，于各地须适宜酌斟如前述。

收获及采种法。苜蓿收获期如他豆科植物，不可于花时行之，而于花略终时行之刈，即通常五月下旬也。收获量生育中等者，每段步得七八百贯目。于农事试验场山阴支场实验，最少者自二三百贯目，最多至一千二百六十贯目云。欲得种子，则俟花全终，种子稍带褐色时，集各株延蔓于地上之蔓，令直立，以藁束其上部，种子充分成熟时，刈而曝以日光，以连枷类打之，去茎叶、除芥尘。用劳力，一面吸取为植物养分之大贵重品之窒素于无限空气中，询为有益之事业矣。然苜蓿较紫云英栽培较难，忌连植于一处，而利则优于紫云英，若与簸川郡相似之土地，必得利益无疑也。

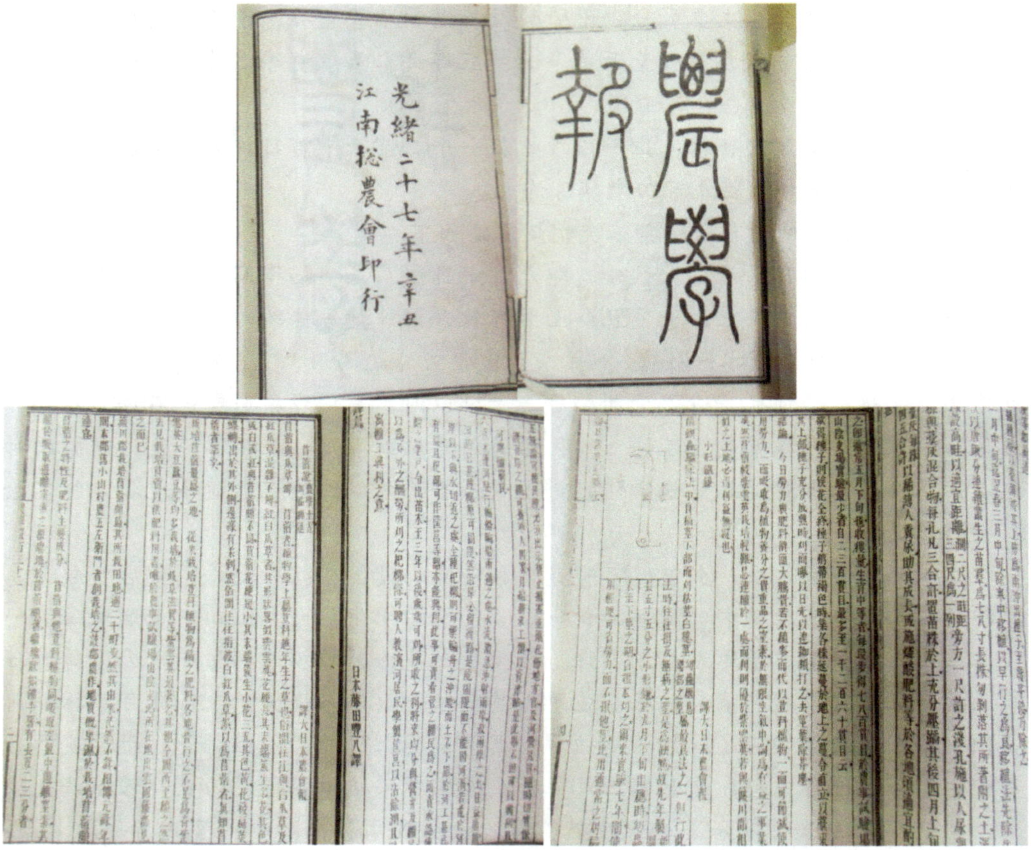
光緒二十七年辛丑
江南總農會印行

農學報

➤➤➤《农学报》期刊，1901（133）

论栽培苜蓿之有利

苜蓿者，绿肥中最有益之物，也以为牧草故。一名马蓿，世或有误指诘草为苜蓿者，不知二者决非一物。诘草乃多年生植物，其茎匍匐。自接近地上之茎部而生根，叶柄长，叶大，花梗亦长，其前端有花如球，无数簇生，结荚者罕。而苜蓿乃二年生植物，长至三四尺，虽亦分生多枝，然不自枝间而生根，叶柄短，叶小，花梗亦短小，其前端有三五小花簇生，其色黄，结荚扁平而作螺旋状，有柔刺，其他相异处尚多。凡栽培紫云英、苜蓿、大豆、蚕豆、豌豆、诘草等豆科植物，以为稻田之里作，则因其根部所寄生之植物，以为媒介，而摄取空气中之游离窒素，故用是为肥料，价少而利多，最为合算。此于学理上、实验上，所皆证明无误者也。至问此等豆科植物中，以选用何者为宜，则各有所长。必须于各地实验后，始能定之，然窃自诸方面观察之，而知栽培苜蓿之为最优，请言其故。

一、栽培易。

二、不择地。

三、耐湿气之力强。

四、耐寒气之力强。

五、收量多。

六、含有窒素之量多。

有谓苜蓿难于栽培者，然是因不知栽培法也。余经验有年，而知其栽培之容易。有移植法，有直播法。又分移植法为二,一、湿田亩田移植法，二、湿田小堆移植法。分直播法为三,一、亩地直播法，二、湿田亩田直播法，三、干田直播法，而干田直播法中又有点播法、撒播法之别。点播法者，岛根县地方向来用之，然多需劳力，且不便，故不如撒播法，栽培易而收量多。按干田撒播法者，以脱荚之种实，如种紫云英之法而撒播之。凡栽培紫云英之地不问何处,皆可栽培苜蓿。且其耐湿气之力，较紫云英为强，故适于栽培之区域更广。如彼滋贺县、岐阜县地方盛栽紫云英，然往往隔一年或二三年，而易植苜蓿一次，则两者收量必俱多。据山阴试验支场之成绩则种苜蓿一反步，有一千三百贯目以上之数量，而苜蓿一千贯目中，含有窒素八贯六百多，故所含窒素比紫云英在一倍半以上，几近二倍。今若一反步得一千贯目之收量，则茎叶根中所含窒素总量在十三贯目以上。除自土壤中、雨水中所吸收之窒素及种子肥料中所原含之窒素外，尚有十贯目零系摄自空气中也。即以窒素一贯目之价，略为二圆五十钱，则一反步亦可得二十五元。假若以本邦耕地为五百万町，而以五十分之一栽培苜蓿，则其自空气中所摄取之窒素总量有五千万贯目，而价值一亿二千五百万元，其为额讵不巨哉? 近因农业发达，而肥料之需用益增，然在内地，则肥料之产额有逐年减少之势。故需用之与供给，两者不均，而肥料之市价乃更胜贵。购窒素一贯目，至需金三圆之多，不得已自海外输入大豆粕及其他肥料，每年漏肥数百万元。然则当此之时，若农家畜然而兴，栽培豆科植物就中尤多栽苜蓿，则不需多额之金，而得贵价之窒素肥料，岂非一举两得之良法欤。况今者世运日进，诸业齐兴，劳工薪俸益见增昂，故佃户有转事他业者，有对田主而请减租米者，以致骚乱争议之事，时有所闻，此无他，一以农之利薄耳。然此等地方，如果栽培苜蓿，则薄积之农业，变为厚利之农业，将不但无佃户骚扰之举，或且群跻于鼓腹声坏之乐境矣。且如岛根县簸川郡地方，本瘠恶之地也，向来一反步之收量，只在一石五斗内外。然其后栽培苜蓿，以生草三百贯目，作为稻作肥料，而年年施用之。自是以来，每一反步年可增收二石，即每一反步平均收获量三石五六斗。而苜蓿一反步之生草收量，可供给三四反步之肥料。故假如本邦水田二百八十五万町中，以其五分之一栽培苜蓿，则可得百七十一万町之肥料。而每一反步，增收一石五斗，则全国可增收二千五百六十五万石，值价二亿五千六百五十万元。其利之厚如此，盖不待智者而明矣。

國堂武辟承辦添調曾紳內閣中書曹中成寄居晉省戶部學習主事姚世儀該二員熟諳商務肆應多才堪以委用會同辦理其東路墾務公司查有前由奴才會同岑春煊奏調之分省試用道曹受培爲守兼優素識信義自調委以來派充各差均能綜理精密措置裕如且籍隸粵東於官商著款情形尤稱熟悉又刑部候補主事宋乃顯分省補用通判左松珍分省補用通判李年慶該員等才具開展在通商口岸有年素爲商情所信服均擬調赴晉邊委令與曹受培會同承辦 如蒙 俞允再由奴才恭訪各省礦務鐵路公司集股章程悉心妥議再中書曹中成主事姚世儀宋乃顯均係京職候補人員可否援照前次奴才調委差遣成案免扣資俸出自逾格 鴻慈所有擬設立墾務公司並派員經辦緣由理合恭摺具陳伏乞 皇太后皇上聖鑒訓示再豐甯墾務業已開辦綏遠城八旗牧廠亦經派員履勘衡次開辦合併聲明謹 奏奉 硃批著照所議該部知道欽此

譯篇

論栽培苜蓿之有利

譯新農報

苜蓿者綠肥中最有益之物也以爲牧草故一名馬蓿世咸有誤指詰草爲苜蓿者不知二者决非一物詰草乃多年生植物其莖匍匐自接近地上之莖部而生根葉柄長葉大花梗亦長其前端有花如毬纖敷簇生結莢者罕而苜蓿乃二年生植物長至三四尺雖亦分生多枝然不自枝間而生根莖柄短葉小花梗亦短小其前端有三五小花簇生其色黃結莢扁平而作螺旋狀有柔刺其他相異處尚多凡栽培紫雲英苜蓿大豆蠶豆豌豆詰草等荳科植物以爲稻田之裏作則因其根部所寄生之植物以爲媒介而攝取空氣中之游離窒素故用是爲肥料價少而利多最爲合算此于學理上實驗上所皆證明無誤者也至問此等荳科植物中以選用何者爲宜則各有所長必須于各地實驗後始能定之然竊自諸方面觀察之而知栽培苜蓿之爲最優請言其故

一栽培易

二不擇地

三耐濕氣之力强

四耐寒氣之力强

五收量多

六含有窒素之量多

有謂苜蓿難於栽培者然是因不知栽培法也余經驗有年而知其栽培之容易有移植法有直播法又分移植法爲二一濕田畝田移植法二濕田小堆移植法分直播法爲三一如地直播法二濕田畝田直播法三乾田直播法而乾田直播法中又有點播法撒播法之別點播法者島根縣地方向來用之然多需勞力且不便故不如撒播法栽培易而收量多按乾田撒播法者以脫莢之種實如種紫雲英之法而撒播之凡栽培紫雲英之地不問何處皆可栽培苜蓿且其耐濕氣之力較紫雲英爲强故適于栽培之區域更廣如彼滋賀縣岐阜縣地方盛栽紫雲英然往往隔一年或二三年而易植苜蓿一次則兩者收量必俱多據山陰試驗支場之成蹟則種苜蓿一反步有一千三百貫目以上之收量而苜蓿一千貫目中含有窒素八貫六百匁故所含窒素比紫雲英在一倍半以上殆近二倍今若一反步得一千貫目之收量則莖葉根中所含窒素總量在十三貫目以上除自土壤中雨水中所吸收之窒素及種子肥料中所原含之窒素外尚有十貫目率係攝自空氣中也即以窒素一貫目之價略爲二圓五十錢則一反步亦可得二十五元假若以本邦耕地爲五百萬町而以五十分之一栽培苜蓿則其自空氣中所攝取之窒素總量有五千萬貫目而價值一億二千五百萬元其爲額詎不巨哉近因農業發達而肥料之需用益增然在內地則肥料之產額有逐年減少之勢故需用之與供給兩者不均而肥料之市價乃更騰貴購窒素一貫目至需金三圓之多不得已自海外輸入大豆粕及其他肥料每年漏卮數百萬元然則當此之時若農家奮然而興栽培荳科植物就中尤多栽苜蓿則不需多額之金而得貴價之窒素肥料豈非一舉兩得之良法歟況今者世運日進諸業蔚興勞工薪俸益見增昂故佃戶有轉事他業者有對田主而謀減租米者以致騷亂爭議之事時有所聞此無他一以農之利薄耳然此等地方如果栽培苜蓿則薄利之農業變爲厚利之農業將不但無佃戶騷擾之患或且歡騰于鼓腹擊壤之樂境矣且如島根縣簸川郡地方本瘠惡之地也向來一反步之收量祇在一石五斗內外然其後栽培苜蓿以生草三百貫目作爲稻作肥料而年年續用之自是以來每一反步年可增收二石即每一反步平均收穫量三石五六斗而苜蓿一反步之生草收量可供給三圓反步之肥料故假如本邦水田二百八十五萬町中以其五分之一栽培苜蓿則可得百七十一萬町之肥料而每一反步增收一石五斗則全國可增收二千五百六十五萬石值價二億五千六百五十萬元其利之厚如此蓋不待智者而明矣

由蛋白質製絹絲法

譯化學雜誌

晚近世界用絹布之途益多工業家爭研新法以人工製成各種絹絲如由鷄卵血

豆科植物之研究

此研究之宗旨，就各种豆科植物查究其从土壤及空气中吸收室素之量。供研究者一、蚕豆，二、豌豆，三、紫云英，四、苜蓿。

研究用亚铅板所制之植木钵，面积有二万分段步之一。底部铺粗砂一升，上加本地之心土六升，上更加表土七升。就四种植物而设二区，一为无室素区，一为室素加用区。无室素区用磷酸加里（以一段步各五贯五百目计算），室素加用区用室素磷酸加里（以一段步氮素五百目磷酸加里加各二贯五百目计算），室素用盐化安母尼亚，磷酸用磷酸曹达，加里用硫酸加里，均为溶液，分作原肥、二番肥，两次等量施之。各区耕种之梗概表列如下。

		肥料施用期（月.日）		播种量	播种期	发芽期	间引	开花期	收获期
		元肥	二番肥						
蚕豆	无室素	10.11	12.25	5 粒	10.11	10.18	10.19　3 茎	3.25	5.22
	室素加用	同	同	5 粒	同	同	同	同	同
豌豆	无室素	10.26	同	5 粒	10.26	11.3	11.5 日四茎	4.20	同
	室素加用	同	同	5 粒	同	同	同	4.19	同
紫云英	无室素	9.28	同	60 粒	9.26	10.4	10.31 日四茎	4.20	5.10
	室素加用	同	同	60 粒	同	同	同	4.16	同
苜蓿	无室素	同	同	40 荚	同	同	同	4.1	同
	室素加用	同	同	40 荚	同	同	同	同	同

前表中，收获先从地上之部刈取，其后则地下之根亦掘取、洗净、晒干，成绩如下。

试验区别		草长 / 尺	生草收量除根 / 瓦	干草收量 / 瓦		
				茎叶荚实	根	全收获物
蚕豆	无室素	1.25	229.6	50.6	12.1	62.7
	室素加用	1.30	223.5	49.1	13.3	62.4
豌豆	无室素	2.63	212.4	58.7	5.7	64.4
	室素加用	2.70	212.3	61.0	4.5	65.5
紫云英	无室素	1.56	317.3	64.6	4.7	69.3
	室素加用	1.55	316.8	67.8	4.8	72.6
苜蓿	无室素	0.85	274.3	80.0	6.2	86.2
	室素加用	0.88	279.5	81.8	5.5	87.3

观上表无室素区之收量与室素区之收量，无甚参差，尔后专采无室素区之收获物供研究，次就无室素区之收获物及种子行室素之定量分析，成绩如下。

植物名	收获物全量/瓦	同上百分中室素量/瓦	同上含有室素总量/瓦	播种量		种子百分中室素/瓦	种子中室素含量/瓦	从空气、土壤吸收之室素量/瓦	
								一植本钵	一段步
蚕豆	62.7	2.354	1.4760	3 粒	1.8967	3.369	0.0639	1.4121	7.532
豌豆	64.4	2.436	1.5688	4 粒	1.0712	3.647	0.0391	1.5297	8.159
紫云英	69.3	2.409	1.6694	40 粒	0.1533	5.227	0.0080	1.6614	8.862
苜蓿	86.2	2.820	2.4308	40 荚	0.9120	3.084	0.0281	2.4027	12.816

观上表从土壤及空气中所吸收之室素量，苜蓿最优，紫云英、豌豆次之，蚕豆最劣。可知以豆科植物为稻田里作，宜采用苜蓿。

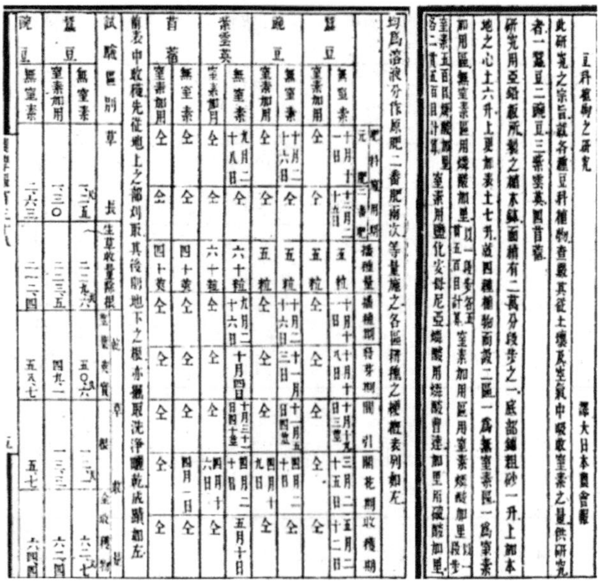
豆科植物之研究　譯大日本農會報
此研究之宗旨試各種豆科植物查驗其從土壤及空氣中吸收窒素之量供研究者一蠶豆二豌豆三紫雲英四苜蓿
研究用亞鉛版所製之箱木箱面積有二萬分段步之一底部鋪粗砂一升上鋪本地之心土六升上更加表土七升就四種植物而設二區一爲無窒素區一爲窒素加用區無窒素區用燐酸加里以一段步各五貫五百目計算 窒素加用區用窒素燐酸加里以一段步各二貫五百目計算 窒素用鹽化安母尼亞燐酸用燐酸曹達加里用硫酸加里均爲溶液分作原肥二番肥兩次等量施之各區栽種之種類表列如左

前表中收穫先從地上之部刈取其後則地下之根亦掘取洗淨曬乾成績如左

➤➤➤《农学报》期刊，1901（138）

绿肥植物之一种

无肥料则无农业，诚哉是言也。原本土壤之中，其营养作物力未能取之不竭，故为农家者，不得不别给作物以营养分。然肥料之效力大者，购之需多金，殊不合算，故近年以来有栽培豆科植物以求室素之给源者，各地争效行之。诚可幸之事也，然今之栽培绿肥者，不过紫云英、苜蓿、大豆、蚕豆等而已。有一种植物名曰阿尔发伐，其效力盖有更优于此者，而人罕栽培之，斯则不无遗憾尔。

栽培紫云英、苜蓿等以为绿肥之用，非不甚佳，然栽培上多烦手工，又多占地面，而其收获只限于一次。然阿尔发伐除湿地外，不问何地，俱善生育。一次播种，则年年发芽而不已。每发芽后，印刈取之，则年可刈三四次，种此植物一亩，与种紫云英、苜蓿一亩者所得生草之量，殆相伯仲。即其所含成分之量，亦无大差，故若种此植物而年刈三次，是较种紫云英、苜蓿者，其利三倍矣。农民之有志者尽试植之。

等一斤計一元七角中等一斤計一元二角八分下等一斤計一元等八分今該地
產茶之區倘能以竟臺縣爲限然據實業家所言則高加索一帶地方無不適于種
茶也

綠肥植物之一種　譯新農報

無肥料則無農業誠哉是言也原來土壤之中其營養作物力未能取之不竭故爲
農家者不得不別給作物以營養分然肥料之効力大者購之必需多金殊不合算
故近年以來有栽培荳科植物以求窒素之給源者各地爭做行之誠可幸之事也
然今之栽培綠肥者不過紫雲英苜蓿大豆蠶豆等而已有一種植物名曰阿爾發
伐其効力蓋有更優于此者而人罕栽培之斯則不無遺憾爾

栽培紫雲英苜蓿等以爲綠肥之用非不甚佳然栽培上多煩手工又多佔地面而
其收穫祗限于一次然阿爾發伐除濕地外不問何地俱善生育一次播種則年年
發芽而不已每發芽後即刈取之則年可刈三四次種此植物一畝與種紫雲英苜
蓿一畝者所得生草之量殆相伯仲即其所含成分之量亦無大差故若種此植物
而年刈三次是較種紫雲英苜蓿者其利三倍矣農民之有志者盡試植之

➤➤➤《农学报》期刊，1903（214）

第九章

土内常见有无数细根须，又有根须腐烂，目不能见，其土变为黑色者，此种土最肥，因其内生物质最多。故遇瘠土，有停种数年，令生荒草或种苜蓿及别样植物，长成后用犁耕之翻转入土，令其腐烂，此肥田之法。

……

生物本系植物，食土内消化之料，腐烂后其料仍在土内，用之培养其他植物更为合宜。有人先种苜蓿加粪肥之，有多根散布土内，次年耕犁此田，另种别样植物，则苜蓿根渐烂，将其所存之肥料吐出以培之，不必浇粪。初时嫩其过多，一经雨水冲洗，至将结实时较不得粪力，此将苜蓿变作肥田之料，为种植最宜之法。

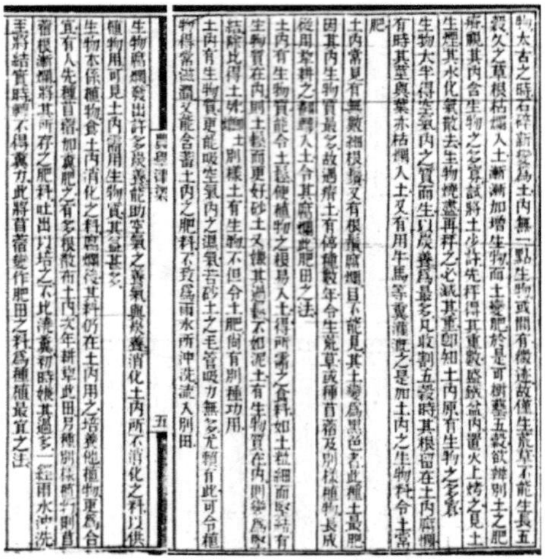

>>>《农学报》期刊，1905（280）：农学津梁

第十二章

土有轻重之分，每一立方尺干砂土重约一百十磅，干罗末约九十五磅，干泥土约七十五磅，干土煤（西名比得）约三十至五十磅。

人以为砂土轻于泥土，因其松而易耕，不知砂土之粒粗硬无粘力，泥土粒细而有粘力，故胶粘犁上，故知其磨阻力甚大也。

泥土细结，须令松散，种以苜蓿，则其根布土内，能令土变松，有用白石粉或相同之别料填入土内，欲将土粒分开。

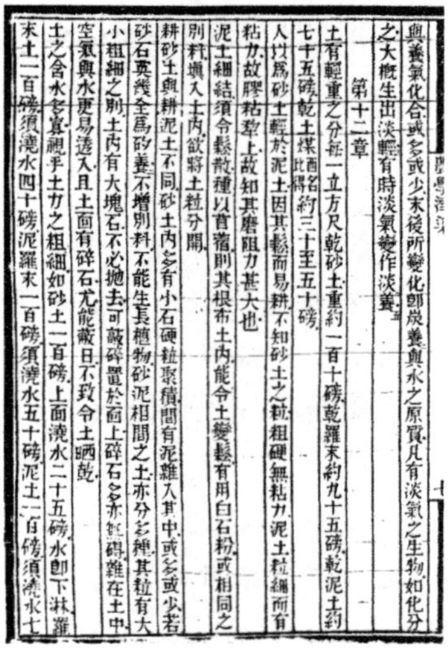

與養氣化合或多或少末後所變化即炭養與水之原質凡有淡氣之生物如化分
之大概生出淡輕有時淡氣變作淡養
第十二章
土有輕重之分每一立方尺乾砂土重約一百十磅乾羅末約九十五磅乾泥土約
七十五磅乾土煤西名比得約三十至五十磅
人以爲砂土輕於泥土因其鬆而易耕不知砂土之粒粗硬無粘力泥土粒細而有
粘力故膠粘犂上故知其磨阻力甚大也
泥土細結須令鬆散種以苜蓿則其根布土內能令土變鬆有用白石粉或相同之
別料塡入土內欲將土粒分開
耕砂土與耕泥土不同砂土內多有小石硬粒聚積間有泥雜入其中或多或少若
砂石甚幾全爲砂養不增別料不能生長植物砂泥相間之土亦分多種其粒有大
小粗細之別土內有大塊石不必抛去可敲碎置於面上碎石多亦無礙雜在土中
空氣與水更易透入且土面有碎石尤能蔽日不致令土晒乾
土之含水多寡視乎土力之粗細如砂土一百磅上面澆水二十五磅水即下淋灑
末土一百磅須澆水四十磅泥羅末一百磅須澆水五十磅泥土一百磅須澆水七

>>>《农学报》期刊，1905（280）：农学津梁

第十六章

植物发苗时，其根分三叉入土，即由根吸土内之食料，斯时土宜松，及生长，又要土坚以培其根，但土质各不同，须察看土之情形与所种之植物，令松紧得宜。有种土须先种豆与菜，来年方可种麦；有先宜种苜蓿，后种麦方佳；又有一种土用力翻犁，须再压过，旋即散布麦种乃为最好。凡难耕之土，宜斟酌用何法治之。

种子在土内发苗，有宜深有宜浅者。若种最细，不将大块之土敲碎，则布种时必落入土块下，埋之过深。有将土耕好，过十余日后，土觉滋润，然后布种，有将土耕至松碎，愈干愈好，然后布种，但土润发苗最速，土干虽不即发苗，一经雨则发生甚易。如种法国苜蓿，土又不宜过松，耕过后不用耙，以木棍压之坚实，然后布种。

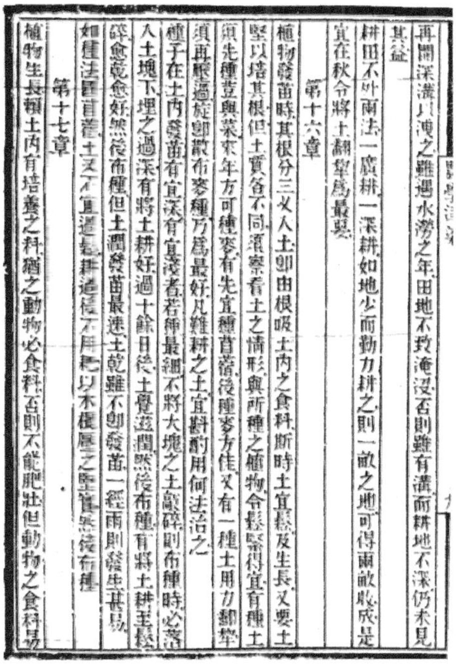
再開深溝以洩之雖遇水澇之年田地不致淹沒否則雖有溝而耕地不深仍未見其益

耕田不外兩法一廣耕一深耕如地少而勤力耕之則一畝之地可得兩畝收成是宜在秋令將土翻犂爲最要

第十六章

植物發苗時其根分三叉入土即由根吸土內之食料斯時土宜鬆及生長又要土堅以培其根但土質各不同須察看土之情形與所種之植物令鬆緊得宜有種土須先種荳與菜來年方可種麥有先宜種苜蓿後種麥方佳又有一種土用力翻犂須再壓過旋即散布麥種乃爲最好凡難耕之土宜斟酌用何法治之

種子在土內發苗有宜深有宜淺者若種最細不將大塊之土敲碎則布種時必落入土塊下埋之過深有將土耕好過十餘日後土覺滋潤然後布種有將土耕至鬆碎愈乾愈好然後布種但土潤發苗最速土乾雖不即發苗一經雨則發生甚易

如種法國苜蓿土又不宜過鬆耕過後不用耙以木棍壓之堅實然後布種

第十七章

植物生長賴土內有培養之料猶之動物必食料否則不能肥壯但動物之食料易

➤➤➤《农学报》期刊，1905（280）：农学津梁

第二十一章

淡（注：氮，余同）气为植物最不可少者，用化分之法即显明植内必有淡气，淡气最多之植物莫如苜蓿。欲加增土内淡气，有人常种苜蓿烂在土内，或从空气内得淡，轻之，淡气使耕田之入，斟酌用何法为宜。

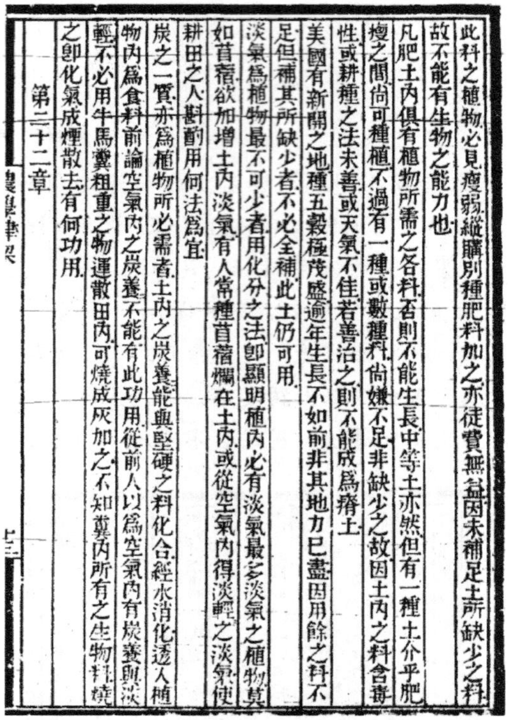
此料之植物必見瘦弱縱購別種肥料加之亦徒費無益因未補足土所缺少之料故不能有生物之能力也

凡肥土內俱有植物所需之各料否則不能生長中等土亦然但有一種土介乎肥瘦之間尚可種植不過有一種或數種料尚嫌不足非缺少之故因土內之料含蓄性或耕種之法未善或天氣不佳若善治之則不能成為瘠土

美國有新闢之地種五穀極茂盛逾年生長不如前非其地力已盡因用餘之料不足但補其所缺少者不必全補此土仍可用

淡氣為植物最不可少者用化分之法即顯明植內必有淡氣最多淡氣之植物莫如苜蓿欲加增土內淡氣有人常種苜蓿爛在土內或從空氣內得淡輕之淡氣使耕田之人斟酌用何法為宜

炭之一質亦為植物所必需者土內之炭養能與堅硬之料化合經水消化透入植物內為食料前論空氣內之炭養不能有此功用從前人以為空氣內有炭養與淡輕不必用牛馬糞粗重之物運散田內可燒成灰加之不知糞內所有之生物料燒之即化氣成煙散去有何功用

第二十二章

農學津梁

➤➤➤《农学报》期刊，1905（281）：农学津梁

第二十四章

人以为种麦易用尽土内之料，兹将萝匐、苜蓿与麦比较，俱每一爱克所用之料有多寡之别（每一爱克合中国六亩有零）。

植物名	钾养	磷养	硫养	钠氯	钙养	钠养
萝匐	二百一磅	五十九磅	七十九磅	六十六磅	一百七磅	三十九磅
麦	二十五磅	十九磅	六磅	八磅	千磅	二磅
苜蓿	五十二磅	二十磅	十三磅	无	一百十一磅	七磅

观此表可见萝匐与苜蓿比麦用料俱多，如土内之料不足，应有耕种之善法，使未变化之料预备足用。本处所种苜蓿仍在本处用之，纵非原种之地，但补足此地

之缺少者亦无妨碍，若割而售之别处，不但此地失其肥料，即本处相连之地亦俱有损。

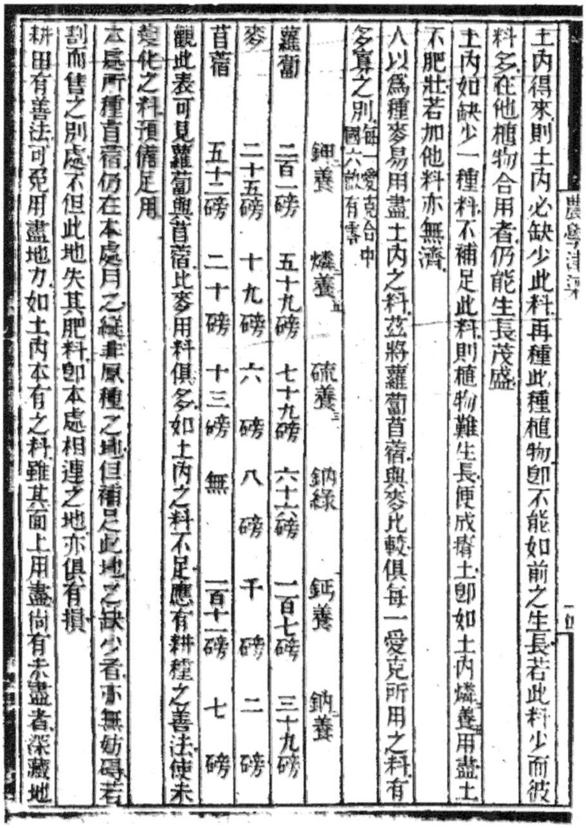

農學津梁　一四

土內得來則土內必缺少此料再種此種植物即不能如前之生長若此料少而彼料多在他植物合用者仍能生長茂盛

土內如缺少一種料不補足此料則植物雖生長便成瘠土即如土內燐養用盡土不肥壯若加他料亦無濟

人以為種麥易用盡土內之料茲將蘿蔔苜蓿與麥比較俱每一愛克所用之料有多寡之別（每一愛克合中國六畝有零）

	鉀養	燐養	硫養	鈉綠	鈣養	鈉養
蘿蔔	二百一磅	五十九磅	七十九磅	六十六磅	一百七磅	三十九磅
麥	二十五磅	十九磅	六磅	八磅	千磅	二磅
苜蓿	五十二磅	二十磅	十三磅	無	一百十一磅	七磅

觀此表可見蘿蔔與苜蓿比麥用料俱多如土內之料不足應有料種之善法使未變化之料預備足用

今處所種苜蓿仍在本處用之縱非原種之地但補足此地之缺少者亦無妨礙若割而售之別處不但此地失其肥料即本處相連之地亦俱有損

耕田有善法可免用盡地力如土內本有之料雖其面上用盡尚有未盡者深藏地

➤➤➤《农学报》期刊，1905（281）：农学津梁

第二十七章

有先种苜蓿，食粪饱足，等其长成，埋入土内，则粪变作苜蓿，无虑被水冲去，另种别植物，能渐吸其肥料，以至生长结实。因砂土内难存粪料，用此法虽瘠土可变肥，宜于种麦。须将牛马粪变成黑色稀质，浇在苜蓿上，则淡轻不易化气，虽经日晒，失去无多。如是，苜蓿生长更速，有先割去一次售之，虽可得价，而地力究形不足，所收获之麦必歉，得失自判然矣。

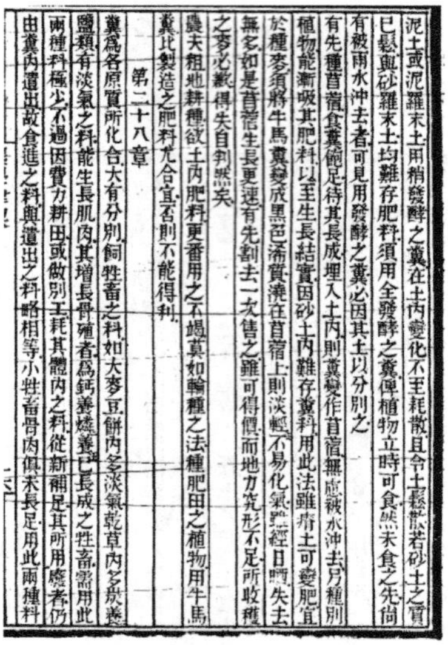

泥土或泥羅末土用稍發酵之糞在土內變化不至耗散且令土鬆散若砂土之質
已鬆與砂雜末土均難存肥料須用全發酵之糞俾植物立時可食然未食之先倘
有被雨水沖去者可見用發酵之糞必因其土以分別之
有先種苜蓿食糞飽足待其長成埋入土內則糞變作苜蓿無慮被水沖去另種別
植物能漸吸其肥料以至生長結實因砂土內難存糞料用此法雖瘠土可變肥宜
於種麥須將牛馬糞變成黑色稀質澆在苜蓿上則淡輕不易化氣然經日曬失去
無多如是苜蓿生長更速有先割去一次售之雖可得價而地力究形不足所收穫
之麥必歉得失自判然矣
農夫粗地耕種欲土內肥料更番用之不竭莫如輪種之法種肥田之植物用牛馬
糞比製造之肥料尤合宜否則不能得利

第二十八章

糞為各原質所化合大有分別飼牲畜之料如大麥豆餅內多淡氣乾草內多炭養
鹽類有淡氣之料能生長肌肉其增長骨殖者為鈣養燐養已長成之牲畜需用此
兩種料極少不過因費力耕田或做別工耗其體內之料從新補足其所用廢者仍
由糞內遺出故食進之料與遺出之料略相等小牲畜骨肉俱未長足用此兩種料

➤➤➤《农学报》期刊，1905（281）：农学津梁

第三十章

砂土虽存肥料，即使将全发酵之粪，于临布种时埋在土内，但植物初发苗，用粪无几，恐在此时已失去肥料不少，所以前论先种苜蓿，是砂土最宜之法。

种麦之地，大概不宜用粪，恐稭长而粒稀。种豆不妨多用粪箕，长可剪去，即无碍于结粒，种苜蓿等类用粪无一定，看其情形而酌之。

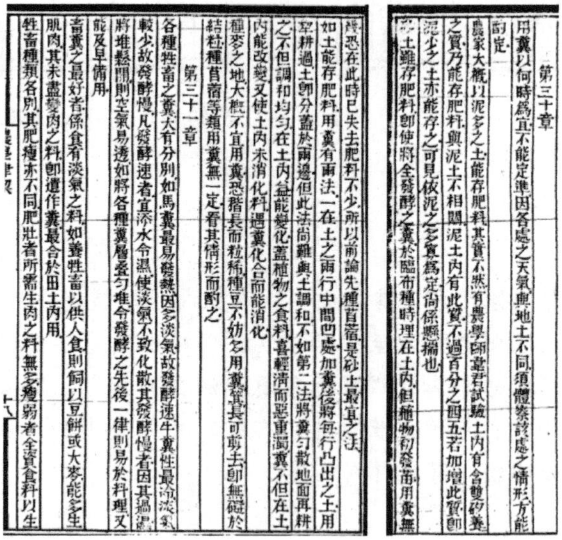

第三十章

用糞以何時為宜不能定準因各處之天氣與地土不同須體察該處之情形方能
酌定
農家大概以泥多之土能存肥料其實不然有農學師韋君試驗土內有含雙矽養
之質乃能存肥料與泥土不相關泥土內有此質不過百分之四五若加增此質即
泥少之土亦能存之可見依泥之多寡為定尚係懸揣也
砂土雖存肥料即使將全發酵之糞於臨布種時埋在土內但植物初發苗用糞無
幾恐在此時已失去肥料不少所以前論先種苜蓿是砂土最宜之法
如土能存肥料用糞有兩法一在土之兩行中間凹處加糞後將每行凸出之土用
犁耕過土即分蓋於兩邊但此法尚難與土調和不如第二法將糞勻散地面再耕
之不但調和均勻在土內益能變化蓋植物之食料喜輕清而惡重濁糞不但在土
內能改變又使土內未消化料遇糞化合而能消化
種麥之地大概不宜用糞恐稭長而粒稀種豆不妨多用糞箕長可剪去即無礙於
結粒種苜蓿等類用糞無一定看其情形而酌之

第三十一章

各種牲畜之糞大有分別如馬糞最易發熱因多淡氣故發酵速牛糞性最冷淡氣
較少故發酵慢凡發酵速者宜添水令濕使淡氣不致化散其發酵慢者因其過濕
將堆鬆開則空氣易透如將各種糞層叠勻堆令發酵之先後一律則易於料理又
能及早備用
畜糞之最好者係食有淡氣之料如養牲畜以供人食則飼以豆餅或大麥能多生
肌肉其未盡變肉之料即遺作糞最合於田土內用
牲畜種類各別其肥瘦亦不同肥壯者所需生肉之料無多瘦弱者全賴食料以生

➤➤➤《农学报》期刊，1905（281）：农学津梁

第三十三章

草内有以磷养为配之质，大概能补动物之体，其淡气料多从粪内遗出，草愈肥淡气愈多，如苜蓿之类及野生之短草有甜味者，食之其粪最肥，制造之食料，如豆饼等类亦然。

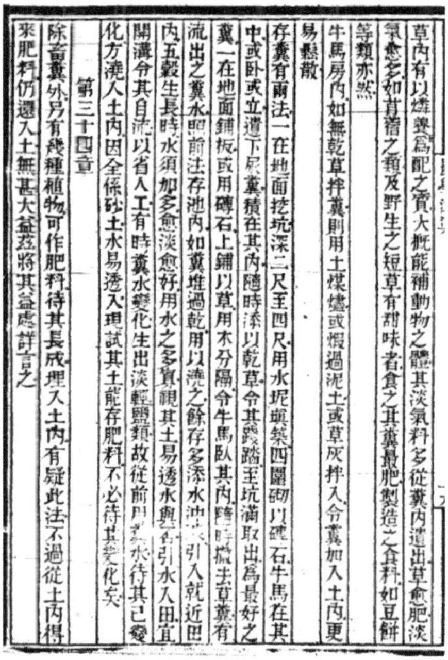
草內有以燐養爲配之質大概能補動物之體其淡氣料多從糞內遺出草愈肥淡氣愈多如苜蓿之類及野生之短草有甜味者食之其糞最肥製造之食料如豆餅等類亦然

牛馬房內如無乾草拌糞則用土煤燼或煆過泥土或草灰拌入令糞加入土內更易鬆散

存糞有兩法一在地面挖坑深二尺至四尺用水泥與築四圍砌以磚石牛馬在其中或卧或立遺下屎糞積在其內隨時添以乾草令其踐踏至坑滿取出爲最好之糞一在地面鋪板或用磚石上鋪以草用木分隔令牛馬卧其內隨時掃去草糞有流出之糞水照前法存池內如糞堆過乾用以澆之餘存多添水沖[illegible]引入就近田內五穀生長時水須加多愈淡愈好用水之多寡視其土易透水與否引水入田宜開溝令其自流以省人工有時糞水變化生出淡輕鹽類故從前用[illegible][illegible]水待其已變化方澆入土內因全係砂土水易透入理試其土能存肥料不必待其變化矣

第三十四章

除畜糞外另有幾種植物可作肥料待其長成埋入土內有疑此法不過從土內得來肥料仍還入土無甚大益茲將其益處詳言之

➤➤➤《农学报》期刊，1905（281）：农学津梁

第三十四章

种苜蓿为人常用之法，无论砂土、泥土或砂泥相间之土，用此法为肥料，不独土质改变，且能生长茂盛。

种为肥料之植物，一要生长速，二要根深，能吸土内之各料，三叶大而多，能夺得空气内之生物料，以助五谷生长。大概有淡气多之植物最相宜，如地能种苜蓿尤佳。苜蓿生长较慢，因土面之茎叶与下面之根须同长，多寡适相配，欲其多生根，必俟茎叶长足，开花时方可割。有云留在田内不如割两次，下面之根愈多，试将根化分内有淡气，使土内多淡气，较之地面加粪尤好。

➤➤➤《农学报》期刊，1905（281）：农学津梁

第三十五章

苜蓿根在土内，能使松土坚结，胶土松散，俱宜于种麦。另有一种如山芋之类，其根可食，其梗与叶亦可为肥料，有以之喂羊得粪肥田，然不如埋其根叶在土内腐烂比粪力尤足，泥土内用之最宜。

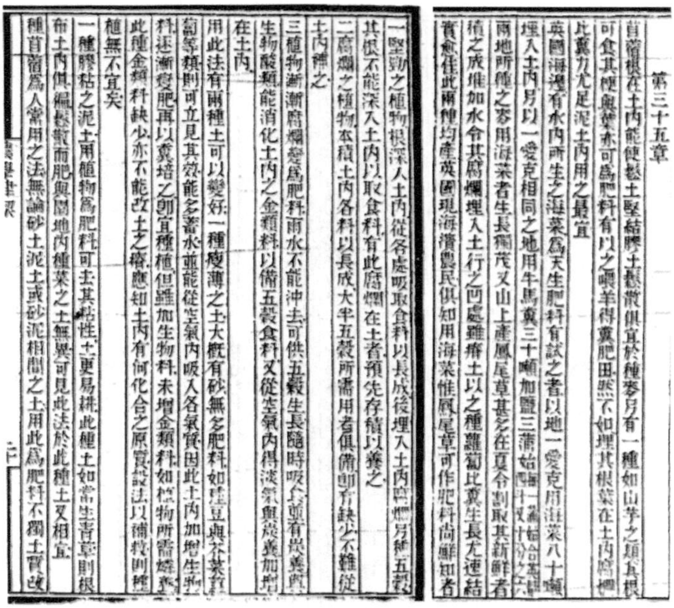
第三十五章

苜蓿根在土內能使鬆土堅結膠土鬆散俱宜於種麥另有一種如山芋之類其根可食其梗與葉亦可爲肥料有以之喂羊得糞肥田然不如埋其根葉在土內腐爛比糞力尤足泥土內用之最宜

英國海邊有水內所生之海菜爲天生肥料有試之者以地一愛克用海菜八十噸埋入土內另以一愛克相同之地用牛馬糞三十噸加鹽三藩始[illegible]兩地所種之麥用海菜者生長獨茂又山上產鳳尾草甚多在夏令割取其新鮮者積之成堆加水令其腐爛埋入土行之凹處雖瘠土以之種蘿蔔比糞生長尤速結實愈佳此兩種均產英國現海濱農民俱知用海菜惟鳳尾草可作肥料尚鮮知者

一堅勁之植物根深入土內從各處吸取食料以長成後埋入土內腐爛另種五穀其根不能深入土內以取食料有此腐爛在土者預先存積以養之

二腐爛之植物本積土內各料以長成大半五穀所需用者俱備即有缺少不難從土內補之

三植物漸漸腐爛變爲肥料雨水不能沖去可供五穀生長隨時吸食並有炭養與生物酸類能消化土內之金類料以備五穀食料又從空氣內得淡氣與炭養加增在土內

用此法有兩種土可以變好一種瘦薄之土大概有砂無多肥料如種豆與芥菜苜蓿等類則可立見其效能多蓄水並能從空氣內吸入各氣質因此土內加增生物料逐漸變肥再以糞培之即宜種植但雖加生物料未增金類料如植物所需燐養此種金類料缺少亦不能改土之瘠應知土內有何化合之原質設法以補救則種植無不宜矣

一種膠粘之泥土用植物爲肥料可去其粘性土更易耕此種土如常生青草則根布土內俱偏鬆散而肥與園地內種菜之土無異可見此法於此種土又相宜

種苜蓿爲人常用之法無論砂土泥土或砂泥相間之土用此爲肥料不獨土質改

➤➤➤《农学报》期刊，1905（281）：农学津梁

第六十章

种苜蓿为农家所最要紧者。苜蓿非专指一类，凡从生三叶者，俱可名之。又有似豆之几种植物亦可包括在内。

苜蓿生长不好，有云所需土内之几种料已用尽。但另有别故。查第二十章与二十四章可知，种苜蓿食去土内之金类料甚多，即使土内尚有食料，而土之颗粒粗硬，不能使根透入土内，亦难以生长。

苜蓿有在发苗后忽然枯萎者，因购热地所生之种柔，不能经严寒。有在上年秋令所种苜蓿，纵羊践食，其中心经雨淋入则伤坏。若禁羊践食，不但茎叶生长极茂，而根须在土内亦同此生长。不以之喂牲畜，留其叶腐烂入土能加增其肥，培养植物更有力。

苜蓿与麦同种，如天气暖而雨水多，则生长太速，植于麦之中间，其茎瘦而长，下面无多根须，直立不能坚固。再经牲畜践，必伤，须于割麦后加意获之。

种苜蓿于各样土俱有益，如泥土或泥罗末土。其根能将土松散，又根烂在土内，能加增肥料。如砂土或砂罗末土，其根烂在土内，能变坚结，可存积肥料不致为雨冲洗。有人于种苜蓿时加增畜粪，使生长时更有力，可见种苜蓿以肥土比加增粪尤有益。能使土内常存肥料，俾植物可用，不比别样肥料，初加时嫌其过多，待需用时反觉其少。

苜蓿长成割两次，再翻犁种麦比割一次者，其麦尤多而好，虽多割一次，未免多耗土内肥料，不知其根在土内增长力量更足，实能补其所耗之料。

种苜蓿原为存淡气在土内，但人不明其理，必待苜蓿长成方割，其耗去许多料，尽以之饲牲畜，不如不待结子即割，可得两样益处。故种苜蓿为耕种田地最得利之法也。

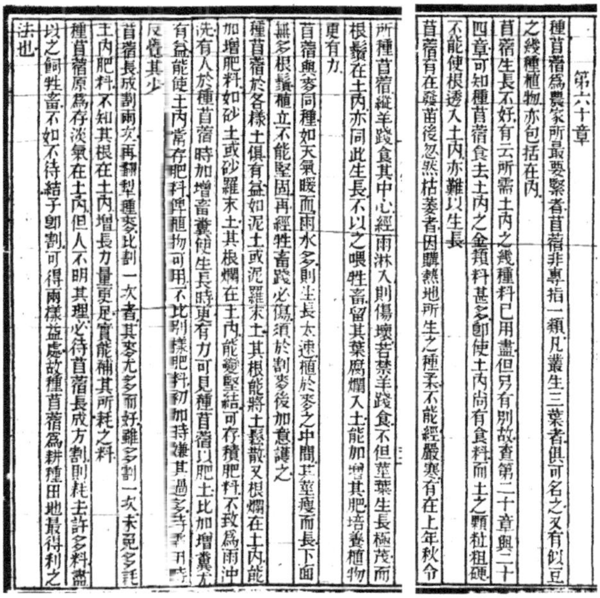

第六十章

種苜蓿爲農家所最要緊者苜蓿非專指一類凡叢生三葉者俱可名之又有似豆之幾種植物亦包括在內

苜蓿生長不好有云所需土內之幾種料已用盡但另有別故查第二十章與二十四章可知種苜蓿食去土內之金類料甚多即使土內尚有食料而土之顆粒粗硬不能使根透入土內亦難以生長

苜蓿有在發苗後忽然枯萎者因購熱地所生之種柔不能經嚴寒有在上年秋令所種苜蓿縱羊踐食其中心經雨淋入則傷壞若禁羊踐食不但莖葉生長極茂而根鬚在土內亦同此生長不以之喂牲畜留其葉腐爛入土能加增其肥培養植物更有力

苜蓿與麥同種如天氣暖而雨水多則生長太速植於麥之中間其莖瘦而長下面無多根鬚植立不能堅固再經牲畜踐必傷須於割麥後加意護之

種苜蓿於各樣土俱有益如泥土或泥羅末土其根能將土鬆散又根爛在土內能加增肥料如砂土或砂羅末土其根爛在土內能變堅結可存積肥料不致爲雨沖洗有人於種苜蓿時加增畜糞使生長時更有力可見種苜蓿以肥土比加增糞尤有益能使土內常存肥料俾植物可用不比別樣肥料初加時嫌其過多等到用時反覺其少

苜蓿長成割兩次再翻犁種麥比割一次者其麥尤多而好雖多割一次未免多耗土內肥料不知其根在土內增長力量更足實能補其所耗之料

種苜蓿原爲存淡氣在土內但人不明其理必待苜蓿長成方割則耗去許多料盡以之飼牲畜不如不待結子即割可得兩樣益處故種苜蓿爲耕種田地最得利之法也

➤➤➤《农学报》期刊，1905（281）：农学津梁

农事私议

《农事私议》，近代罗振玉所著，阐述开发利用国土资源，因地制宜发展多种农业经营，吸收并推广外国农业科技经验等的著作。

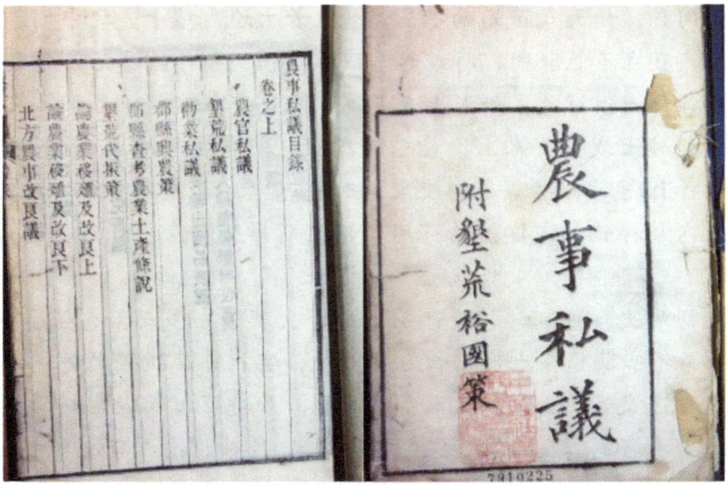

论农业移植及改良（上）

天生农品有遍产于大地者，有特产于一处者，有产此方而优彼方而劣者，此固造物者之憾事，然可以人工弥其缺也。人工为何，移植改良是已。试就日本之往事，稽之明治维新以后，殖产数倍于昔，今读其今世农史，其经营缔造之迹，可略言焉。考明治三年，民部省颁美国棉种及西洋牧草等，种于诸县。四年，颁荷兰棉种及美国大小麦种于诸州，试种中国天津之水蜜桃。五年，大藏省试育美国绵羊。七年，购美国牧草赤头草，及瑞典芜菁燕麦林间草等，试育美种羊，颁美国烟草种。八年，购甜橙、柠檬、园莓、蛇麻草种，于美国之桑港遣人之中国，购羊驴及谷菜蔬果种子，以谟传殖，试种加非于琉球。九年，从中国人仇金宝、陆享瑞习人工孵卵术，集生徒习中国制茶术，求法国葡萄苗，求中国莲耦。十年，试养美国鳟鱼，及中国之鲢、鲭、鲴鱼，饲意大利蜂。十一年，试种物俄国麻、法国恭，求中国之野虫种卵及麦种于芝罘，求荻谟（中国译称）、橡皮、阿利袜洋（中国译称），种橄榄于印度，求羊种于澳洲，求赤白二种小麦于英。十二年，求蔗苗于中国之香港。十六年，购种马于匈牙利以谋改良。以上之所陈，皆为日本之陈绩，其君若臣经营于三十年之前，而收大利于三十年之后，今推其农商务统计表，其输出物品半皆为以上，所称之移植改良者，其效之捷如是，故不吝数典以告我政府我同志，盍亦从事于斯也夫。

➤➤➤《农事私议》

论农业移植及改良（下）

农业移植改良，日本之成效固昭昭矣。我国及宜加意于此，而祈农业之进步。

今举移植及改良之尤要者如下。一曰麦，近来外国麦粉进口者多。初则因西人憎华麦调制不精，输入以供西人之食，今则华人亦嗜食之。由商埠而转输入内地者日有所增，夫华麦因调制不精而粉量亦不如美麦，尽种烦之异矣。宜求美国嘉种，传布内地以祈改良，如此非但可阻外麦之输入，且可输出矣。去年寿州孙君首试种美国小麦于扬州，结实壮于华麦殆倍，不仅质良，收量亦增，且欧美之麦有红皮、白皮二种，白皮者适燥地，红皮者适湿润地。是地无论燥湿均可择种而植，其便利孰甚焉。二曰棉，美棉之质软丝长，华棉则质刚丝短。夫人知之矣往者。周玉山廉访在直隶，曾劝民植美棉甚适其土，所收之棉质与美产无殊，而去岁湖北农学堂所试种亦然。夫湖北与直隶相去颇远，气候顿殊而植之无不宜，可见美棉之适吾土矣。但美棉移植于华，成熟之期稍后于吾棉，而畏霜特甚，宜早种，且棉质上仰，畏雨浸渍，此其所短。若取通州棉种与之交配，必可改其上仰之性，短其成熟之期矣。迩来各处纱厂日增，而细纱仍仰给东西洋各国，若不早图移植美种，则欲塞此漏卮末由矣。三曰牛，欧洲各国乳酪之利最饶，中国饮食嗜好殊于西人，似牛乳非所及，然今者口岸日辟，外人之来者众，而饲中国之牛以取乳，其利啬甚，而荷兰乳牛之良者，则日可得乳湩二斗，是宜移殖荷兰、瑞士等佳种以兴酪业，但此业宜兴于附近商埠之地耳。四曰马，马之为物，不仅在服役，尤为战阵所必须，而中国之马类皆驽下，此及宜求西域良种而讲求牧莖，移植欧美良品牧草以资刍养，而强我守御，此今之急务矣。五曰鸡，家禽之繁育，中国为最，非因饲养之善及选种之优也，地大产多故也。近鸡卵之输出者日益众，而价亦日昂，此莫妙之机也，宜选嘉种而奖励养鸡业，考欧洲鸡有名列古吽者，富产卵力，岁可得卵二百七八十至三百，长成极速，五月即产卵，宜求此类之种而配以华种，而事移殖改良，则利莫大焉。此外若中国之果品质良价贱，宜改良向者贮藏之法，而习罐藏之术，以远输欧美，绍兴而徧育于各行省，此亦改良之最要者也。其他尚多，不遑枚举，是在热心农业家之隅反矣。

➤➤➤《农事私议》

僻地粪田说

新宿试验场内之农事，修学场于驹场，野寻改称农学校，是岁，内务省购美国牝牡牛马以谋繁殖，又购意国蜜蜂饲之于新宿试验场，以验内外蜂种之得失，出云国仁多郡大谷村设植物试验场，并开农产物展览场，以供纵览。十一年正月，劝农局设制红茶场，募集府县生徒，颁传习规则，本年每府系募五人驹场，野农学校成，车驾临幸行开校典礼，大臣参议以下及外国公使悉参，集勒日联维农为邦本物产由以殖生，民由以富，是斯学不可不讲也。本校建筑竣，联甚嘉之。兹躬临举开校之典翼，此后我国产日益繁，国民日益富，联有厚望焉。内务卿大久保利通为祝词，答勒日本校建筑竣，龙驾亲临，举开校典本校，荣幸何以加之。恭唯本邦农事徒未，专门讲肄，陆下聪明睿哲知农学为急务，创建此校徽，万国之实验，究蔗物之性质俾富民殖产之道大兴，隆实生民之大幸，国家之洪福。臣利通钦奉圣旨，岂敢不勉，从事猗欤休哉。我邦农事骎骎乎日开月进，物产益繁，殖民生益富饶，其自今日始劝农局，令各地方有名谷菜种互相交换，以谋增殖于三田育种场，每年四月、十月开大市二次，每月开小市数次，以流通之，劝农局行农事通信法定为三等。曰临时报，曰月报，曰年报，以考察内外农事之实况以联络，其气派计较，其利害俾质问应答，以谋农产改良农业进步，颁规则十七条，寻绩增七条，参议兼内务卿大久保利通，以其俸金五千四百二十三圆捐入劝农局驹场野农学校，其款项永存银行，以其息金充学校诸生褒赏金，三月内务省议贷金三百余万圆，于民间为垦辟原野疏通水利之费，以谋物产增殖，劝农局刊行农事月报，四月于和歌山县开农事通信委员会，讨议植物改良方法，劝农局定种苗交换规则，颁之各府县，五月，曩举劝业博览会，内务省特颁条教于府县，地方官今具陈关劝业之现状，及将来施行之意见，至是地方官，上陈查考各事项，于劝业博览会事务局，参议内务卿大久保利通薨利通夙虑，物产不殖，国力不旺，谓时势之急要，无过殖产厚生之术，故专力于劝农兴业，其功甚伟，内务省贷金二万四千二百四十圆，于山形县管内充增殖桑楮之费，爱知县三河国北设乐郡，数村人民始开农谈会，六月，地理局置官司林作业课，先是大别内国山林为五大林区，至七月，更增为六大林区，七月，劝农局购英国小麦、马铃薯、苜蓿等佳种，改驹场农学校试业科生徒称农事见习生，九月，爱知县开博览会，三重县开管内物产博览会，十月，内务省购羊种千五百余头，于澳洲移之下，总牧羊场岐阜县，假设农事讲习所募集生徒肄习农学，十二月，劝农局以赤白二种小麦，颁大坂府及静冈爱知兵库界冈山等处播植之，是岁劝农局应府县人民请求颁贷谷菜牧草用材等，种子七石一斗七升二合，果树用林之穉苗十二万三千五百七十八本，牛二十四头，马六头，羊十八头，于民间调查官林从前调查，仅查林位、面积二项而已。

➤➤➤《农事私议》

东方杂志

《东方杂志》，商务印刷馆创办，初创于 1904 年 3 月，中国杂志历史上著名的综合性刊物；1911 年的第一期曾刊登黄以仁的《苜蓿考》一文。

黄以仁（生卒年不详），江苏无锡人，早年（大约 1909 年稍早些时候）留学日本，

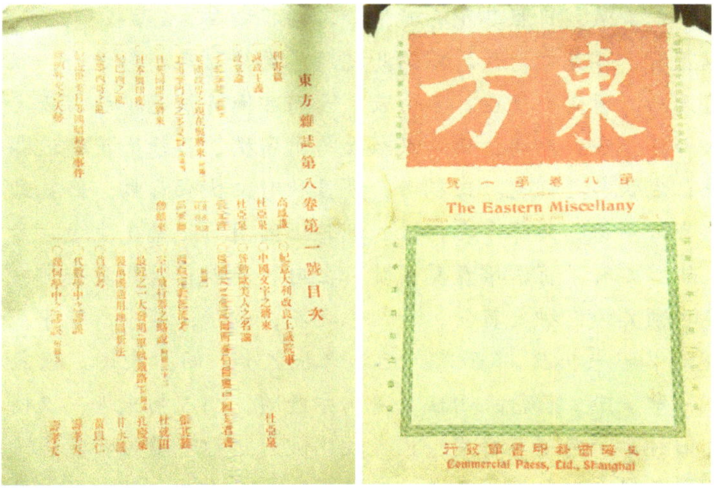

在东京大学攻读植物学。

苜蓿考

苜蓿之入中国也，二千余年。顾其种仅播于秦、晋、齐、鲁、燕、赵，而未及乎大江以南。今江南俗称为金花菜而佐盘食，而以壅田者，乃苜蓿属之一种，非西北之苜蓿也，请证之。《史记・大宛列传》：马嗜苜蓿，汉使取其实来，于是天子始种苜蓿肥饶地。离宫别馆旁，苜蓿极望。《汉书・西域传》：一则曰罽宾地平温和，有苜蓿、杂草、奇木，檀、櫰、梓、竹、漆；再则曰天子以天马多，又外国使来众，益种蒲陶、苜蓿离宫馆旁，极望焉。据此，知苜蓿之原产地，为西域之大宛与罽宾。武帝时，始由使者移种于中国，第不言使者之名。晋张华《博物志》云：张骞使西域，得蒲陶、胡葱、苜蓿。陆机《与弟书》云：张骞使外国十八年，得苜蓿归。梁任昉《述异记》亦云：张骞苜蓿园，在今洛中，是知携苜蓿种归之使者为张骞。晋、梁去汉不远，所闻当无大谬。且如《述异记》之说，则武帝时，特种苜蓿于长安（西汉都长安，移种苜蓿必始于此），又种于洛阳焉。《晋书・华表传》：表子廙，栖迟家巷垂十载。帝登陵云台，望见廙苜蓿园，阡陌甚整，依然感旧。晋都洛阳，是又洛阳栽培苜蓿之一证。汉刘歆《西京杂记》曰：乐游苑自生玫瑰树，树下有苜蓿，苜蓿，一名怀风，时人或谓之光风。风在其间常萧萧，日照其花有光采，故名苜蓿为怀风，茂陵人谓之连枝草。梁陶隐居曰：长安中有苜蓿园，北人甚重之。唐颜师古《汉书注》曰：今北道诸州，旧安定、北地之境，往往有苜蓿者，皆汉时所种也，是《史记》《汉书》外，种苜蓿于长安及其附近各地之证也。就中如《西京杂记》，非第言其播种之地，并花之形态而略状之，虽其色之为紫为黄，未及明言，然为幽雅之草本。而有显著之蹼鄂，可由“风在其间常萧萧然，日照其花有光采”二语推之矣。《唐书·百官志》：凡驿马给地四顷，莳以苜蓿。可见栽培苜蓿以饲马之风，至唐犹存。唐之士，以诗鸣者也。王维云：苜蓿随天马，蒲陶出汉臣。李白云：天马常衔苜蓿花。杜甫云：宛马总肥秦苜蓿。又云：秋山苜蓿多。李商隐云：汉家天马出蒲梢，苜蓿榴花遍近郊。是苜蓿广布于山野，而成自生状态之证也。曰秋者，谓虽秋时，犹青青焉，舒花结实也。杜甫深知物类，其立言必不苟。又薛令之诗云：朝日上团团，照见先生盘。盘中何所有，苜蓿长阑干。宋陆游亦有“苜蓿堆盘莫笑贫”之句。是以苜蓿为贫士常食之蔬，而不仅为肥马之具矣。顾其为何种之苜蓿，开何色之花，黄乎，紫乎，绿乎，青乎，抑半黄半紫乎，上述诸书皆未状及。《西京杂记》略状之矣，而亦未详。独宋之诗人梅尧臣有《咏苜蓿》一章，曰：苜蓿来西域，蒲陶亦既随。胡人初未惜，汉使始能持。宛马当求日，离宫旧种时。黄花今自发，撩乱牧牛陂。始称苜蓿为黄花，确乎，否乎？不知其人，匪可得而定也。仁案：圣俞《宛陵集》中，咏物之什独多，非至笃好，曷克若是。是诗作于居池州时，池州在大江以南（隶安徽省），其地有真苜蓿生存乎否？虽不可知，然移种栽培，昔之雅人，皆优为之。况圣俞尝游西京，官河南，目睹其地苜蓿之形态。后至池州，见有同然之种，蔓衍于原野蔬圃间，因吟此诗，或回忆旧游地之植物而作，亦未可知也。盖西域原产之苜蓿，原有黄花、紫花之二种（说详于后），圣俞所见者，为黄花之种，故敢云然，圣俞诗又有“有芸如苜蓿，生在蓬藋中”及“黄花三四穗，结实植无穷”等句。芸似苜蓿，其说甚古。许慎《说文解字》曰：芸，草也，似苜蓿。《尔雅》：权，黄华。晋郭璞注曰：今谓牛芸草为黄华；华黄，叶似菽蓿。可见圣俞之学，非唯通今，抑又博古，苜蓿黄花之说，亦必有据矣。明代本草家辈出，洪武初，周宪王《救荒本草》曰：苜蓿出陕西，今处处有之。苗高尺余，细茎分叉而生，叶似锦鸡儿花叶，微长，又似豌豆叶颇小，第三叶攒生一处，梢间开紫花，结弯角儿，中有子，如黍米大，腰子样。凡苜蓿之茎、叶、花、实与种子，莫不状其大略，非经目验，而能言之凿凿若是乎？其所究之种，为紫花，故曰“梢间开紫花”。犹之圣俞所见者为黄花，而曰黄花者焉（*Medicago falcata* L.）（是学名，松田定久氏所考定）余称之曰黄苜蓿，紫花苜蓿（*Medicago sativa* L.）余称之曰紫苜蓿，合黄苜蓿、紫苜蓿二者曰苜蓿。来自西域之苜蓿，既合黄苜蓿、紫苜蓿二种者也。后起诸儒，不明乎此，于是见紫曰紫，见黄曰黄，聚讼之端开，而苜蓿之古义晦矣。圣俞、宪王而后，言苜蓿黄花者，以《本草纲目》为一大宗，日本近三百年之本草家言属之。言苜蓿紫花者，以《群芳谱》为一大宗，前之《庶物类纂》，后之《释草小记》同之。综合而研究之者，著《植物名实图考》之吴其浚，与日本植物家松田定久氏（松田氏为松村博士之高弟，现奉职于理科大学，兼擅歌诗）及西欧诸博物大家也。今著于篇，世之学者，可以观焉。《本草纲目》李时珍曰：苜蓿，一科数十茎，茎似灰藋，一枝三叶，叶似决明而小。入夏及秋，开细黄花，结小荚，圆扁，旋转有刺，数荚累累，老则黑色，内有米如穄米。

仁按东壁此节，半本于罗愿《尔雅翼》，半本之于目验，特不知彼所验者，果为何种之苜蓿。彼曰“开细黄花，结小荚，圆扁，旋转有刺”，是合乎今南人所谓之金花菜，余改称野苜蓿（*Medicago denticulata* Willd），而与西域原产之黄苜蓿（*M. falcata* L.）不相符矣。至观其所绘图，虽拙，不可认知为何种，仍稍似乎黄苜蓿及紫苜蓿，而于野苜蓿，去之愈远。岂图袭旧本而说自己出耶？抑撰述之时，偶然失检，遂误野苜蓿为苜蓿耶？间尝考之，东壁之著《本草纲目》，凡三易稿，稿成，未敢自信，会请质于当代大儒王弇州。王弇州者，明七子之一人，即著《庶物类纂》之王世贞也。然余观《庶物类纂》有引陈懋仁《庶物异名疏》云：仁过临济间，见其花（谓苜蓿花）紫而长。初枝可作羹和面，花已，则刈送驴前矣，时干燥，诸禾悉槁，唯此独茂（仁按此二语可与杜甫“秋山苜蓿多”句相发明）。何大复曰：沙寒苜蓿短，以其恶水也。言苜蓿紫花，与《救荒本草》不谋而合。东壁曷不以苜蓿之形态，一质于弇州而后认定耶？余欲求其致误之源，乃乞张菊生先生发涵芬楼秘藏之金刻《政和经史证类备用本草》（《四库全书目录》：《证类本草》三十七卷，宋唐慎微撰，有宋金两刻，刻于宋者名《大观本草》，刻于金者名《政和本草》，其增附寇宗奭《本草衍义》者，金刻也）读之，其第二十七卷菜部有苜蓿一条，然亦仅引《陶隐居集》《唐本草注》及宋寇宗奭《本草衍义》（按《本草衍义》苜蓿条，有“陕西甚多”“饲牛马”“嫩时人兼食之”等语）所述各项无异说，亦无苜蓿图书。然后知《纲目》所载之图乃东壁自为，图与说不相符合，今人不可解者，莫此甚矣。故明末王荩臣著《群芳谱》，独于苜蓿之条不采《纲目》，而真本于《救荒本草》，曰：张骞自大宛带种归，今处处有之。苗高尺余，细茎分叉而生，叶似豌豆颇小，每三叶攒生一处，梢间开紫花，结弯角，角中有子，黍米大，状如腰子。三晋为盛，秦齐鲁次之，燕赵又次之，江南人不识也。王氏家新城，新城隶今直隶省保定府，其于紫花之苜蓿（即紫苜蓿）屡见之而常食之矣。曰“三晋为盛，秦齐鲁次之，燕赵又次之，江南人不识也”者，乃积验之结言，非凿空也。后程瑶田见《本草纲目》与《群芳谱》说之互异，令其子匡玉，求苜蓿子于燕京及山西，种而验之。一开黄花，一开紫花。程氏曰：开黄花者，茎着十余花，茎直上而花下垂，即吾南方之草木樨，女人束之，以解汗湿者也，时珍所谓开黄花者即此物。开紫花者，花如鸭儿花而较小，连跗约长三分许，淡紫色，四出，一出大者，专向一方，三小出相对向一方，小出之本，以大出之本包之，跗作小苞含之，苞之末，亦分四出，花中有心，作硬须，靠大出，末有黄蕊，其作花也。于大茎每节叶尽处，生细茎如丝，攒生花，四五枝一簇，顺垂，不四向错出，其花自下节生起，次第而上，下节花落，上节渐始生花，厥后花渐结荚，荚形曲而圆，末与本相凑，如小荷包，数荚攒聚，此则与《群芳谱》大合，而李氏“秋开黄花”之说，信为误认草木樨而为之辞（并见《释草小记》）。仁观程氏所绘草木樨图，即日本俗称之品川萩（*Melilotus suaveolens* Ledeb.），虽与苜蓿同科，而不同属，其实不作螺旋状，亦无刺，谓李氏所谓“开黄花者”即此物，失之过断。李氏虽未见西北之紫苜蓿，岂有以草木樨为苜蓿之理乎？至其详状紫苜蓿之外部形态，斥李氏之讹，褒《群芳谱》之核（按：言苜蓿为紫花者，始于《救荒本草》，程氏未见其书，故独褒《群芳谱》）。俾后之学者，有所式从，其功固甚伟也。是皆第见紫花苜蓿，未见黄花苜蓿者之说也。至著《植物名实图考》之吴其濬出，其说益为该论，吴氏图苜蓿三种，一曰苜蓿（紫苜蓿），夏时紫花颖竖，映日争辉；二曰野苜蓿（黄苜蓿），俱如家苜蓿，而叶尖瘦，花黄、三瓣，干则紫黑，唯拖秧铺地，不能直立；三曰野苜蓿一种（今称野苜蓿），生江西废圃中，长蔓拖地，一枝三叶，叶圆有缺，茎际开小黄花。李时珍谓"苜蓿黄花"者当即此，非西北之苜蓿也。仁按：吴氏苜蓿三图，俱极精详，第一图即紫苜蓿，第二图即黄苜蓿，二者皆来自西域者也。其书虽只许前种为家苜蓿，名后种为野。而吾辈今日，犹得按图索之，不致为所蒙也。第三图为金花菜（据江南俗称），余改定之曰野苜蓿。洵是李氏所谓"荚圆扁，旋转有刺"之种，不知吴氏何修而能洞知物类若此。后百年而松田定久氏又崛起于东邦焉，氏见彼邦三百年来本草家，皆宗李氏，以吾南方之野苜蓿（金花菜）为苜蓿，而不合乎《植物名实图考》等书所持之说也。乃于丙午之秋，博考中日两国由来之图籍，照之于实物，参之于番志，著为详论（见《植物学》杂志第二十一卷及第二十二卷），而苜蓿之名乃定。据松田氏之考说，吴氏所谓苜蓿（紫苜蓿）有 *Medicago sativa* L. 之学名，茎直立，高可一二尺，多分枝，每三小叶，攒生一处，小叶为倒卵状长椭圆形（凡 12 ～ 32mm），边有齿，中肋之端微尖，托叶为披针形，有微齿，花序总状（20 ～ 40mm），花在同属中，较为大形（10mm），萼略似圆筒形，五裂，裂片尖锐，比筒部为长，旗瓣比萼片更长，常超越翼瓣与龙骨瓣，花后结荚，其色绿褐（即橄榄褐色），荚弯曲而成蜗牛壳状（通常二回转半直径约 7mm），微有网纹。种子平滑，脐有深凹，与《救荒本草》《群芳谱》《释草小记》《植物名实图考》之说与图并合，且理科大学暨其附属植物园之标本与种子，悉采自吾国陕西、甘肃、山西等省，其为二千年前张骞携来之种，灼然不可疑矣。吴氏所谓野苜蓿（黄苜蓿），学名为 *Medicago falcata* L.，欧人如达维大氏《书翰》及赫姆胥黎《中国植物目录》皆载之，谓野生之黄花苜蓿（*M. falcata* L.）与栽培之紫花苜蓿（*M. sativa* L.）有别。仁按：黄苜蓿（*M. falcata*）荚镰形，或为一回转，花长 8mm（比紫苜蓿花略小），总花梗与花轴同长，小花梗较花为短，小叶长椭圆形，余之形态并类紫苜蓿，其为吴氏所图之野苜蓿，无疑也。松田氏曰：苜蓿属中，并与紫苜蓿（*M. sativa*）有别，独黄苜蓿（*M. falcata*），一切形态，易与紫苜蓿混淆。谓余不信，请证诸欧人之说。宝康笃儿曰：紫苜蓿（*M. sativa*）通常紫色，然间有变色者。苏尔壁曰：紫苜蓿（*M. sativa*）有黄花之变种，形与原种甚似。麦葛希穆曰：分布于欧亚两洲之黄苜蓿（*M. falcata*），通常黄花。然北京附近，曾见有青花之品，苏尔壁氏书，更载黄苜蓿（*M. falcata*）之亚种，名亚苜蓿（*M. sylvestris* Fries）。其花始也黄，继也暗绿，终于花之顶部，变为紫色，而是亚种，实为紫苜蓿与黄苜蓿之间种（间种者，杂种也)。费新古者，尝研究土耳其斯坦植物者也。其言曰：土耳其斯坦地方，紫苜蓿（*M. sativa*）与黄苜蓿（*M. falcata*）二种并存，且是二种也。各有二三之变种，其位乎中间之品，遂不能别其属甲属乙。可见紫苜蓿与黄苜蓿，亲缘甚近，所可区以别之者，紫苜蓿茎直立，荚殆为三回转，黄苜蓿茎不直立，荚镰状，或为一回转，如是而已。晚近植物学大家富嘉氏（J. D. Hooker）曰：紫苜蓿者，由黄苜蓿所化生之栽培特种也。其荚之旋转倍于黄苜蓿，而其花常为紫色（"*M. sativa* L. is probably a cultivated race of *M. falcata*，characterised by the pod forming a double spiral，and flowers usually purple"，见所著《印度植物录》中)。卓哉言乎！古人未发之秘，富氏一言启之矣。唯是特种之生成，果何时耶？谓在未入吾国以前，则汉使所持来者，或为本种（谓黄苜蓿）与特种（谓紫苜蓿）混合之种子，栽培数十、数百年而后，花黄者占一方面，花紫者占一方面。于是见花黄者曰苜蓿黄花（如梅圣俞是)，见花紫者曰苜蓿紫花（如周宪王是)，而不知皆汉使所持来也。谓在既入吾国而后，则汉使所携来者，为本种之黄苜蓿，栽培数十、数百年，始生特种之紫苜蓿，特无确实之史乘可稽，其实际之属前说与属后说，遂莫得而定耳。松田氏之《苜蓿篇》，从前说立柱者也。故吾亦从苜蓿未入中国以前，而特种已成之旨立论。吴氏所谓野苜蓿一种（今称野苜蓿)，学名为 *Medicago denticulata* Willd.。海姆胥黎氏《中国植物目录》载有是名，为原野自生草本，茎卧地，不能直立，叶为三小叶合成，小叶倒卵形，顶端凹入，有托叶，细裂。春末，叶腋抽生花轴，上缀三五之小花，其色黄，形似蝶，花后结荚，荚作螺旋形，有刺，是无他，即李氏《本草纲目》所谓"黄花"之苜蓿，亦即日本近三百年间本草家通称之苜蓿也。今真苜蓿出，此名不可复假，而《植物名实图考》之野苜蓿，余既考定其为西域苜蓿之本种，赐以黄苜蓿之嘉名矣。所余野苜蓿之名，以异此种，庶乎可耳。而是种（species）也，广布于大江以南各行省，为蔬为肥，由来者久，都会之人称之曰金花菜（如无锡、常州、苏州、松江、太仓、上海、杭州等处均然)。乡间各有土名，无锡曰盘歧头，松江、上海同又曰草头，宁波、绍兴曰草子。草子者，野苜蓿、紫云英二者之总称也。又特称野苜蓿曰黄花草子，而是诸土名，果何自来耶？余欲探其语原，取数府州县志检之。于《松江府志》（嘉庆时修）见有金花菜之名。曰《郭志》（按：《郭志》者，康熙二年郭太守所修之《松江府志》也)。春时丛生田畔间，开小黄花，一名盘歧头，俗呼草头。春初，周文襄公往乡访蒋给事检庵，留饭，出菜一碟，文襄食而甘之，问何物，以金花菜对。比回郡，复索，无以应。问蒋之侍者，知为草头，乃知其名实始于此。《上海县志》亦载之，谓金花菜一名草子头，又名盘歧头，圆叶头歧，每茎三出，开小黄花，从生田陇。春初，撷头作蔬，故俗呼草头。而《太仓州志》（康熙时修）又有田草之称，曰：田草一名金花菜，九月种，清明后生青叶嫩枝，土人摘食，呼草头，立夏开小黄花（今年三月初，仁在上海附近，已采得开花者数茎)。小满结子，即刈作堆，以粪田。由是以观，则知金花菜之名，流传已数百年。而盘歧头、草头、田草等异名，亦各有数百年历史，非今人之所创也。余尝摘野苜蓿一茎，问野老曰：此何名？其答者，不曰金花菜，则必曰盘岐头或草头矣，不曰盘岐头，则必曰草头或金花菜矣。名此为苜蓿者，必其人稍治生物学者也。而其误也滋甚，然则李时珍、吴其浚外，竟无名此为苜蓿者乎？曰：否否不然。顾景星黄公者，湖北荆州（属黄州府）之一儒士也。时丁饥馑，藜藿不给，偕其妇采食野菜四十四种以续生命，野苜蓿亦在其中焉。其言曰：金花，本名南苜蓿，三月开黄花，作子匾如螺旋（见所著《野菜赞》）。据此知二百年前，早有南苜蓿之名。黄公与东壁同乡（东壁亦黄州人），其所食南苜蓿，即东壁所见之种。黄公又曰：北产叶尖花紫，是于北方之紫苜蓿与南苜蓿间辨别甚明，贤于东壁远矣。抑吾国之苜蓿属植物，非仅紫苜蓿、黄苜蓿、野苜蓿三种已也。近者，日本理科大学植物学教室，又在吾国采得苜蓿属植物二种，一曰小苜蓿（*Medicago minima* Lamk.），采自陕西省西安南门外，全形似野苜蓿（*M. denticulata*）而小，叶亦为三小叶合生之复叶，小叶顶不凹入，有全边之托叶（与野苜蓿分别处在此）。春末，叶腋抽乙花梗，上缀花少许，黄色，蝶形，后结螺旋状之荚，荚有刺。二曰粒苜蓿（*Medicago lupulina* L.），采自甘肃省兰州附近之田间及江苏省宝山县吴淞附近，形比野苜蓿（*M. denticulata*）稍小，而有毛茸，花梗较野苜蓿为长，上缀短总花序，花黄色，花后结荚，荚无刺，其形亦不似螺旋（与野苜蓿及小苜蓿分别处在此）。由是观之，吾国苜蓿属植物，已知者有五种，即紫苜蓿（*M. sativa*）、黄苜蓿（*M. falcata*），此二种合而称曰苜蓿，野苜蓿（*M. denticulata*），即金花菜，即盘岐头，小苜蓿（*M. minima*）和粒苜蓿（*M. lupulina*）是也。后四者，皆黄花，独紫苜蓿为紫花，吾师松村博士曰：凡花黄者为劣，紫者为优，凡物劣者先出，优者后生，然则紫苜蓿为同属中最后生之种。可由师说而审知其然，况有富嘉氏名言为之证佐乎。呜呼，不可撼矣。五种中，余之三种，皆与紫苜蓿有别，独黄苜蓿难以细分，其始为一种，后渐变化。可由达尔文（Darwin）自然淘汰与人为淘汰之大例推知其当然，况费新古氏，于土耳其斯坦地方，实见有是二种（即紫苜蓿与黄苜蓿）及其中间之种存乎。今之土耳其斯坦，昔之西域也，今之苜蓿，犹昔之苜蓿也。吾谓汉使携来之苜蓿，实兼黄苜蓿（*M. falcata*）与紫苜蓿（*M. sativa*）二者，其犹不可信矣乎。吾尝戏谓友生曰：汉使携来之苜蓿，或竟是今之黄苜蓿，栽培而后，始生紫花之特种（即紫苜蓿）。刘歆《西京杂记》谓“日照其花有光采”，是亦似状黄花之语。至梅圣俞时，本种之黄苜蓿尚多。及乎明初，特种之紫苜蓿，始称霸于西北诸州也。无征不信，姑录于斯，以待后之考察。虽然，栽培植物之花色，易由黄而变为紫，或互相变，或变为余之各色，吾师三好博士，亦尝由荪（Iris 离骚之荪，即今之鸳尾属植物）与樱二者，极深研几，而证知其然矣（知二百年前句，二字衍）。

苜蓿秋来没已深，空余宛马过相寻。
无因心赏存知己，弹尽平沙落雁音。

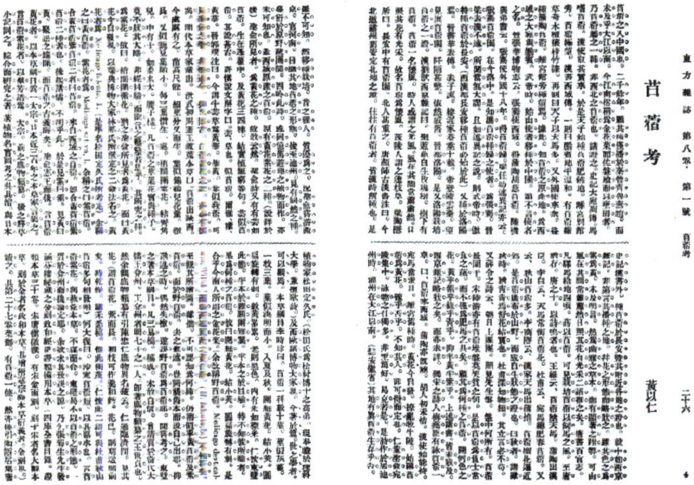
東方雜誌 第八卷 第一號 苜蓿考 二十六

苜蓿考

黃以仁

東方雜誌 第八卷 第一號 苜蓿考 二十七

➤➤➤《东方杂志》，1911（1）

牧草图谱

《牧草图谱》，民国时期的畜牧业类著作。

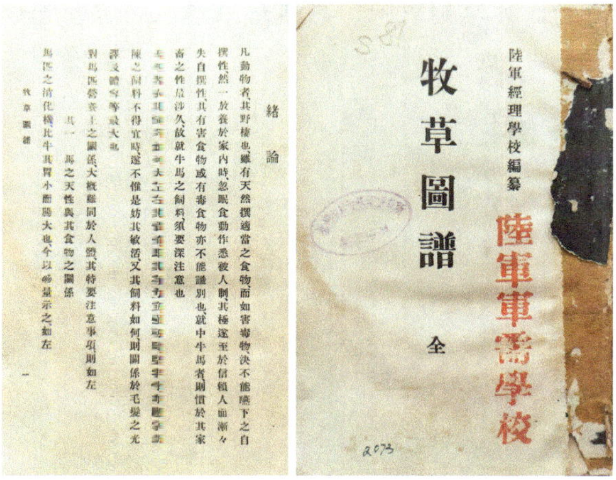
緒論

凡動物者，其野棲也，雖有天然撰適當之食物，而如害毒物，決不能嚥下之自撰性，然一放養於家內時，忽眠食動作悉被人制，其極遂至於信賴人而漸々失自撰性，其有害食物或有毒食物亦不能識別也，就中牛馬者，則慣於其家畜之性最涉久，故就牛馬之飼料，須要深注意也

[illegible]陳之飼料不得宜時，遂不僅是妨其敏活，又其飼料如何則關係於毛髮之光澤及體之等最大也

對馬匹營養上之關係，大概雖同於人體，其特要注意事項，則如左

其一　馬之天性與其食物之關係

馬匹之消化機，比牛其胃小而腸大也，今以略圖示之，如左

牧草圖譜

一

苜蓿（真形）

二年生草本而，自生于原野殊肥沃地。秋生苗，越冬至春月，生长而平卧地上，繁茂。五六月之间，由叶腋出花梗，着生三五个之黄花，然后结螺旋状而有刺之荚。

本草则佳良牧草而，殊马匹嗜食之。百分中含蛋白质二四.七四。

➤➤➤《牧草图谱·豆科》

紫苜蓿

从外国输入之牧草，而于日本未自生也。本草者，多年草本而，由一根生数茎，直立而高达于二尺五寸余，枝叶繁茂，至六七月之顷，丛生紫色蝶形花，然后结螺旋状之荚，果同于苜蓿。本草则农产，而栽培永续，颇富营养分，故算得最重要之牧草。百分中蛋白质一四.四。

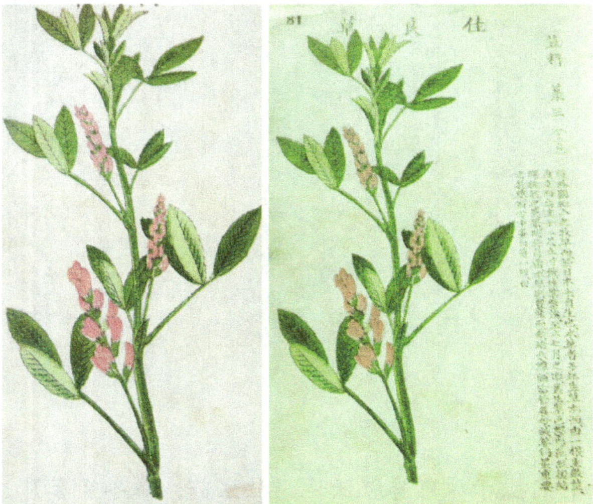

➤➤➤《牧草图谱·豆科》

大中华农业史

《大中华农业史》，民国时期张援撰，分三部分介绍了中国从神农时期到清代的农业发展情况。

张骞输种

博望侯张骞，具伟大开明之思想，奉命使西域，所历诸国，除地理风俗尽悉外，产物亦约略尽之，有兹输入农产种子甚多，胡麻、胡豆、胡蒜、胡荽、胡桃、胡瓜、苜蓿等皆是也。中国油麻向有四棱和六棱者，自张骞从外输入八稜黑麻种，因曰胡麻，一名巨胜，即今黑脂麻也，而最要之木棉种亦由此时输入。至于葡萄则在大宛时，取其实于离宫别馆旁尽种之（或云李广利得自大宛，种之内地）。

➤➤➤《大中华农业史》

江苏植物名录

《江苏植物名录》，民国时期祁天锡撰，1921 年发表。

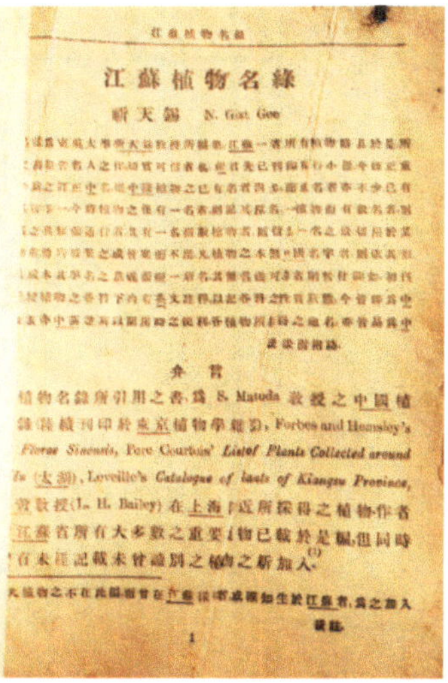

祁天锡（N. Gist Gee），美国人，中国第一个高校生物系（东吴大学生物系）系主任，对中国植物、动物等做了很多研究。

Medicago 苜蓿

1. *M. denticulata* Willd. 苜蓿	南京、镇江、宜兴、江阴、苏州
2. *M. falcata* L. 连生花	
3. *M. lupulina* L. 天蓝苜蓿	宜兴、江阴、苏州
4. *M. musoulata* L.（*M. arabic* Hodson）壮苜蓿	
5. *M. minima* L. 小苜蓿	苏州
6. *M. sativa* L. 紫苜蓿	
7. *M.* sp.	镇江

➤➤➤《江苏植物名录・豆科》

客座偶谈

《客座偶谈》，民国时期何刚德撰，4卷。

何刚德（1855～约1936年），字肖雅，号平斋，闽县（今属福建福州）人，家住朱紫坊，清光绪三年（1877年）进士。

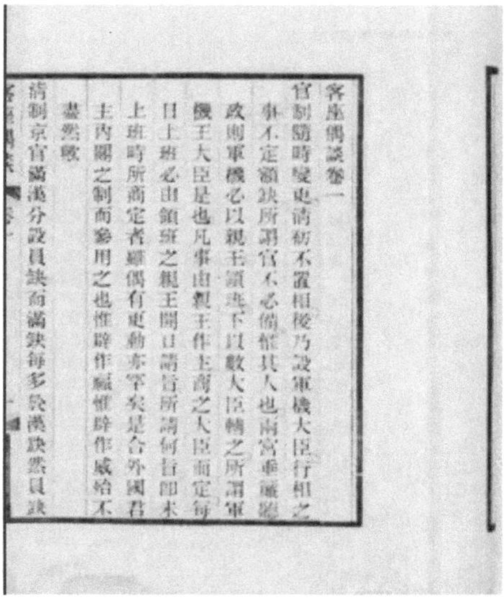

客座偶談卷一

官制隨時變更清初不置相後乃設軍機大臣行相之事不定額缺所謂官不必備惟其人也兩宮垂簾聽政則軍機必以親王領班下以數大臣輔之所謂軍機王大臣是也凡事由親王作主商之大臣而定每日上班必由領班之親王開口請旨所請何旨即未上班時所商定者雖偶有更動亦罕矣是合外國君主內閣之制而參用之也惟辟作福惟辟作威殆不盡然歟

清制京官滿漢分設員缺而滿缺每多於漢缺然員缺

吃饭的区别

近人言："有饭大家吃"。其实吃饭二字，大有分别，有家常之饭，有特别之饭。家常之饭，人人自食其力，且导其妻子，使各养其老，此无待多言也。若特别之饭，则钟鸣鼎食，非富贵之家不能享有，所谓得之不得为有命，分定故也。今不各安分而争，欲破格吃饭，是人人皆要玉食万方也，岂不率天下而路耶？科举时代，儒官以食苜蓿为生涯，俗语谓之食豆腐、白菜；秀才训蒙学，资馆谷以终身，卒未闻大家有闹饭者。知吃饭之人必须安分，否则未闻有不乱者也。

➤➤➤《客座偶谈·卷四》

河南中山大学农科季刊

《河南中山大学农科季刊》，创办于民国时期，当时国内农学名刊之一，首期刊登了路葆清（路仲乾）所撰写的爱尔华华草（苜蓿）的研究文章。

路葆清（1899～1964年），字仲乾，河南辉县人，家畜育种学家。

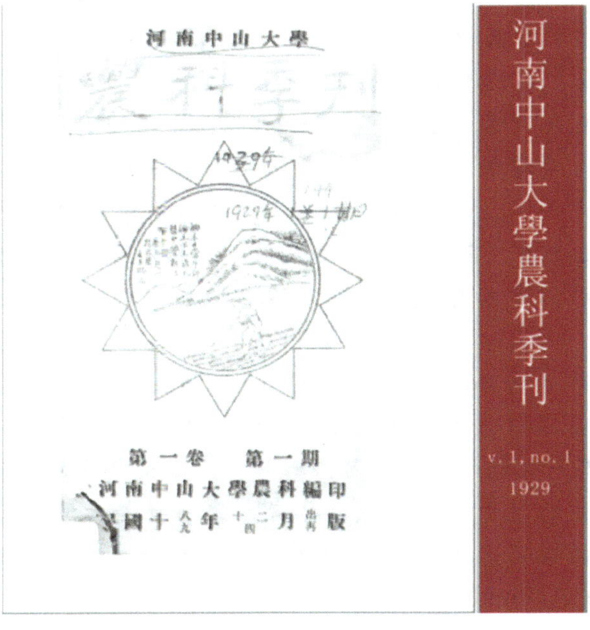

爱尔华华草之研究

引言

畜产业发达之国家，牧草之栽培必盛，盖牧业之发达，恒随社会文明，与之俱进。社会进化，人口增长，则耕地必行扩张。而昔之可行刈草之地，亦日见减少，且也社会愈进化，人类食料之范围，往往拓殖领地，别寻给源，乃由植物质食料，进而兼需动物食料，牛，羊，猪等，遂为肉质供给之源泉。牛羊等因之日渐繁多，而牛羊等之饲料，除一部分由谷粒供给外，大部饲料，概自牧草取给，然则人口孳殖，耕地必随以扩张。家畜繁多，牧草之栽培必盛。征之欧美诸国，已为显然之事实。故牧草栽培，在彼农业，占重要位置。我国情况，与欧美异其趣。犹在纯粹农业时代，未跻于混同农业，畜产业甚微，处于若有若无之间，更无栽培牧草之事，不过放牧田野，或则刈取自然之野草，以供饲料而已。今后我国畜产业因时代之逼迫，社会之需要，亟待振兴，比如品种之改良，饲养法及管理法等之改善，尽属当务之急。唯欲改良，或饲养优良家畜，其饲料品质之良否，固不可不注意及之。然则牧草之栽培，殆为事实所不容已者，而牧草种类繁多，限于篇幅，难以逐一论列。仅择其重要，且栽培较易，饲养价值较高者之爱尔华华草（Alfalfa），加以详细研究，以供从事牧业者之探行焉。

一、爱尔华华草之历史及其栽培面积

此草在饲料植物中历史最古，在东半球栽培之以饲养家畜者，已逾二千年，此后栽培区域日渐扩充，及今已遍布世界各国。美国栽培较晚，最初输入美国东部之各州，然因土壤不适，旋即消减。一八五四年美国加州借智利产种子，以行播植，复为加州主要作物。自此其适应气候土壤之能力渐大，栽培范围亦日见扩张，然以栽培方法不良、土壤气候未能选择适当或则种子选择不良，育苗不善。或则播种方法失当，全部或局部之失败。依然层见叠出，而其栽培面积在美国不唯不因此诸种困难而有减退，反有逐渐增加之势。据调查所得一九一〇年计 5 000 000 英亩，一九二五年则增至 11 000 000 英亩。其在阿海欧省（注：俄亥俄州）栽培最早者为 Ross. Hamirton 及 Lake 诸村落，而使其为阿海欧省之主要农牧作物者，实宜归功于 Champaign County 之 Joseph E. Wing 氏，盖 Wing 氏曾于一八九〇年及一九〇〇年间，努力栽培，逐令全阿海欧省农民，莫不知该草为有价值之干草作物，于是起而栽培之者，大有风起云涌之势，至其在阿海欧省面积之广狭。据该省农事试验场一九〇七年报告，约为 10 000 至 15 000 英亩之谱。除 Monroe 及 Vinton 二处外栽培殆遍全区。一九〇七年后逐渐增加，

一九二四年约为152 000英亩，一九二七年则增至180 000英亩，然此不过阿海欧省栽培全面积之百分之六而已，其确数恐不仅此，我国栽培既少又无调查，故无从统计。

二、适于爱尔华华草栽培之气候

凡植物均有其适宜气候，此草气候适应性颇大，故适于其栽培之范围，亦自较广，实在言之。其天然的宜于灌溉育好，或雨水较阿海欧省稀疏地方之生长，然而湿润处所，却亦能发育优良。阿省多雨，排水困难，故恒受损害，而于冬季其蒙冻害与选用不适宜种子之害。较受夏季高温，及大雨之害为尤烈。然在阿省，却无处不有其栽培，其适应气候性之大，可以概见。此草为阿省北部唯一饲料作物，而近南纬一带地方，栽培亦不少，据观察所得，较阿省雨量多或少诸地，亦莫不青葱遍地，织成绿茵，故知排水良好之地。虽为该草生长适宜之处，然不因此而有局限，其所以在阿省盛行栽培者，盖以其为完全饲料作物，故其用途之广，在阿省未有其他作物可与比拟者，如充作干草作物则每亩产量之多，及其品质之优，亦超越其他饲料作物，且蛋白质及矿物质含量亦高，与玉蜀黍混合饲养家畜，颇得养分调济之效。盖玉蜀黍含碳水化物较丰，此草则富于蛋白质，混合饲养，则养分供给自无此多彼少之弊，如用作牧草而负载量颇高最宜于猪类之放饲。又可压榨为碎粉状饲料。玉蜀黍，小形谷料蕃薯，及其他作物等，于此草刈割后接续播种，其收量较接种于苜蓿后者为大，故谓此草不宜列入轮栽次序者，实为误谬之见。其每亩干草收获量，虽在初年亦较多于红色苜蓿，我国气候温和，随处皆宜。唯南部雨量过多，地多湿润，不如直鲁豫中部各省，雨量均匀，无过温过干之弊，最宜此草之栽培云。

三、爱尔华华草之饲养价值

各种作物之饲养价值由数种条件而定，即（一）适口性视其消耗之多寡，而定其适口性之大小。此草之适口性，恒因刈割时间及调制方法而有不同。（二）构造之建设材料之需要，如蛋白质及矿物质等。均为动物身体结构方面所不可或少之物质。其含量大小，即所以表示其饲养价值之高低。（三）活力与热之供给能供给充分之活力与热者，其饲养价值高，反之即低。（四）消化性大小由其消化容易与否而定。干草类含纤维多者，可充分供给活力与热，而消化性缺乏。此草如刈取时期适当，调制合法，则其含蛋白质与矿物质较多。此种物质，消化迅速，同化亦易。Assimilation据试验与经验认为，此草可代替乳牛饲料中精制饲料之部。毫不影响于乳流。如用作粗制饲料，以饲庆用牛，则此草之营养功能莫与伦比；而在羊，挽用马，牝种猪等，其饲料中，加有该草一部分时，其功能概为优越，毫无异致。幼畜饲以爱尔华华草，则以蛋白质及矿物质之充分供给，往往发育良好。盖蛋白质与矿物质为组织与骨骼发达之必不可缺之物质故也。此草更含有动物赖以生长发达所必需之Vitamins。如将其切碎，制为粉状，又为养鸡最良饲料。据上述，已知其为蛋白质及矿物质之唯一供给物。故最宜与玉蜀合饲，前既言之，盖玉蜀黍之蛋白质及矿物质，含量较低。而富于碳水化物，两者合饲，较单独饲养，其利益相去甚远。故农场普遍皆采二者混饲法，亦正所以求生产之经济，其含蛋白质量，究为若干。据试验结果，几与小麦麸所含者同，故亦可用以代替小麦麸，而饲料价格，无形中节省亦颇不少。

四、其他种饲料作物之比较

考饲料作物，种类不一。其所含养分，亦有多寡之不同。欲知爱尔华华草所含各种滋养成分之高低，须用化学分析试验法。兹即将分析结果所得各种饲料作物，所含成分表示于下。

饲料作物每百磅干物中所含养分（皆以磅计算）

作物种类	可消化养分				矿物质石灰
	碳水化物	脂肪	蛋白质	总量	
Alfalfa	39.0	0.9	10.6	51.6	2.55
红花苜蓿	39.3	1.8	7.6	50.9	2.16
白花甜苜蓿	35.9	0.5	10.0	47.0	2.56
大豆类干草	39.2	1.2	11.7	53.6	2.21
Alsike	36.9	1.1	7.9	47.3	1.40
Timothy	42.8	1.2	3.0	48.5	0.20
玉蜀黍秆（不含水）	47.8	1.0	2.2	52.2	0.50

据上表可知此草含粗蛋白质多于红花苜蓿，粗脂肪含量略逊之。又以消化养分总量观之，则红花苜蓿干草较低，爱尔华华草之粗蛋白质含量亦以刈割早晚，略有不同。刈割早时，含粗蛋白质较多、纤维较少，反之晚刈时，则纤维多。第二及第三次刈割时，叶量丰富，收量必大，盖最有饲养价值之部分全在乎叶耳。

论其每亩收量之高，及其品质之优，亦为他种作物所不及，其适口性及饲养价值，均超越其他饲料作物。数十年前，阿海欧省，各种干草，每亩平均收量为一吨又二分之一。而爱尔华华草则每亩收量达二吨又二分之一。其于三吨及四吨者。在阿省为常见之事，Clinton Conlity 四英亩，竟收十六吨之多。故以适口性及收量论，诚为一切饲料作物之冠。按享利及摩利桑二氏研究，美国自此草每亩所获利益较其他饲料作物均大，以表示之如下。

爱尔华华草与其他饲料作物之产量比较（以磅计算）

作物种类	每亩平均收量	可消化粗蛋白质	可消化养分总量
爱尔华华干草 Alfalfa hay	4.372 吨	462	2.250
苜蓿干草 Clover hay	2.624 吨	199	1.336
Timothy hay	2.340 吨	70	1.134
玉蜀黍（穗及秆）	3.574 吨	150	2.251

据表可见，爱尔华华草每亩收量大于其他一切饲料作物，较玉蜀黍大22%，以蛋白质含量言，较苜蓿大二三倍，比玉蜀黍又多三倍。其生长期长短，因土壤气候与种类而有不同。在灌溉良好地方，可继续生长廿六年至五十年之久。但于第七及第十年时，往往萎谢。在气候湿润地方，如阿海欧省，倘肥料、石灰，及排水均充足良好，可生长十年至十五年。唯有阿省，其最高产量往往在第二年及第三年。过此则多不注意，任其衰退，其所以不能继续良好，达三年或五年之久者，其主要原因即杂草横生，喧宾夺主之故。普通言之，该草能增加土壤中氮气，迨氮质多时，则绿草蔓延。而该草当受排挤。如欲其生长旺盛，须加施石灰。而尤以磷肥为重要。盖生长爱尔华华草土壤中恒缺乏磷质，如不设法补施磷肥，则其生命自然不克延长，三四年后便行凋萎云。

五、爱尔华华草适于牧场牧草之用

此草充牧场牧草用，固不若一般真正草类之善。盖真正草类能时时发生新根，而该草无此种机能。如种于气候潮湿地方，因其从生密着之故，恒致茎部损害。然以其滋养价值较高，各农场仍多栽培，倘事前若有留意，措施适当，播植后亦可恒数年之久。唯初年无大成绩。初年秋季放牧，不克实行，且须注意马羊牛等入地啃食，在土壤冻结或湿润时，尤宜严重。否则前功尽弃。甚为可惜。牧场面积，宜宽阔，以便分区刈割；或用临时边栏分作三区，依次剪草，故牧草可源源供给，不虑其竭。

此草尤宜于饲猪，恒言曰爱尔华华草牧地乃猪类之天国。其宜于饲猪，益可征信。盖其富于蛋白质，与玉蜀黍或其他含碳精制饲料合饲时，不唯可制成优良平衡饲料，宜于正在发育及肥猪之饲养。且此草充分供给时则略加其他精制饲料，已可收优良饲养之效，经济方面，不无节省。据美国荻隆试验场试验结果，每亩爱尔华华草一季可增加七七六磅猪肉，其中只一小部分由玉蜀黍而得，更可见其对于猪之饲养价值之高。又据饲养试验，以此草饲养家畜，结果甚优良，每百磅活重日只需谷粒饲料二至四磅，又按马利兰试验场之试验依上法增补，每亩爱尔华华草可产一至二分之一吨活重，一季可维持二五〇〇磅活重。如充分供给谷粒饲粒，每亩草一季可使十五至二十头猪各增加百磅活重云。

马猪羊牛等，虽食此而得优良成绩，然牛羊往往因此得鼓胀病。原因概由绿色爱尔华华草蓄积腹部，过于紧密所致。多食过饱，或草经雨露，食之亦为鼓胀病素因。然若预防适当，颇可阻其发生。其法先令家畜渐食绿色植物，养成习惯，亦可杀其过食之牲。或将爱尔华华草饲与他种草类混饲亦可。家畜已食充分饲料后，放入该草牧场时，须充分供给水分、食盐及干制各种粗制饲料，常置面前，勿令缺乏（如各种禾谷类稿秆等），则最低限度亦可免除鼓胀病若干危险。

六、爱尔华华草改良土壤之功能

肥料三要素为氮钾磷。供给氮肥能力最大者，厥为豆科植物。盖其具有根瘤菌，能利用空气中游离氮气。故经多年科学研究，能搜集氮质，以改良土壤化学性质者，莫若苜蓿。昔时阿海欧农民，恒依红花苜蓿以制干草，且改良土壤。后以虫害病害发生，或则种子价值渐高，购买非易。红花苜蓿栽培面积逐日渐缩小。而甜苜蓿及爱尔华华草因取而代之，成为唯一氮气搜集者。而土壤改良亦可依赖此草之势。其改良土壤之效何在？即能供给氮气肥料，使土壤肥沃。现在农民之唯一问题，即如何使作物逐年生长于一地，且如何使土壤增加肥力。解决之法，不外栽培较大作物，制为肥料，施入土地，加以磷酸即可收改良之效。而于一定面积内，能得多量肥料者，莫如爱尔华华草。以其收量较大，故能担负此种责任。例如 Joseph E. Wing 在 Champaign County 曾以此草翻入土内，作为青肥，颇著奇效。Wing 氏兄弟更以之饲养小羊，利用肥料，混同磷酸，施于其他土壤，则栽培此草之地，略施石灰即可。玉蜀黍如于此草收割后播种，则每英亩收量恒达 100 蒲式耳（bushels）之多。据研究结果，各豆类植物所含肥分，各异其量，兹表示如下。

每吨干燥粗制饲料所含肥分数量表（以磅计算）

作物种类	氮	磷酸	钾
Alfalfa	47.6	10.8	44.6
Alsike	41.0	14.0	34.8
Red clover	41.0	7.8	32.6
Sweet clover（白色）	46.4	13.2	25.2
Soy beans（干草）	52.2	13.6	46.6
Timothy	19.8	6.2	27.2
Corn stover（干燥）	18.8	9.0	25.8

爱尔华华草根部在土壤中之影响甚大。除其能供给多量青肥外，又以其为深根植物，尚能疏松土壤，促进风化作用，使土壤排水良好。根部根瘤菌更能利用空中游离氮素，增加土壤中肥料。盖当耕犁土壤时，其根即行腐烂，土壤因得以吸收，

储存多量氮素，每亩达一五〇至一七五磅者，屡见不鲜。三分之二存在土壤表面一尺中。玉蜀黍、燕麦、小麦、番薯等，如播种于此草收获之后，其收量较接种于他种作物，而施以多量肥料得，多达数倍云。

其在轮栽方面，亦颇有价值。在阿海欧省，其生长期间，所以不能延长者，因未归纳于二年、三年、四年或五年轮作中，恒单独栽培，故生长不长。据实验已知，此草初年栽培之收量多于红花苜蓿草，在阿海欧省西部土壤情形，最适于其栽培，如列入有规则作物轮栽中，其成效与红花苜蓿同。春季播种于小麦，或燕麦中，则土壤不须特别预措，即可收良好效果。现在美国各农场，已实行将此草列入轮作程序，实验著效之各种轮作制度颇多。兹将美国各农场现今实行者列下。

Ⅰ. 两年轮作法

(A) 玉蜀黍—爱尔华华草（上次收获时播种子于玉蜀黍内）

(B) 燕麦—爱尔华华草

(C) 小麦—爱尔华华草

(D) 早熟番薯—爱尔华华草

Ⅱ. 三年轮作法

(A) 玉蜀黍—燕麦—爱尔华华草

(B) 玉蜀黍—小麦—爱尔华华草

(C) 番薯—小麦或燕麦—爱尔华华草

(D) 甜萝—小麦或燕麦—爱尔华华草

(E) 大豆—小麦或燕麦—爱尔华华草

Ⅲ. 四年轮作法

(A) 玉蜀黎—燕麦或小麦—爱尔华华草—小麦（或甜苜蓿）

(B) 玉蜀黎—燕麦或小麦—爱尔华华草—爱尔华华草

(C) 玉蜀黍—大豆—小麦—爱尔华华草

(D) 番薯—燕麦或小麦—爱尔华华草—爱尔华华草

(E) 甜萝—燕麦—爱尔华华草—爱尔华华草

(F) 玉蜀黍—甜萝—燕麦—爱尔华华草

上述各种轮作法，关于爱尔华华草连种数年，各依其志愿而不一。一年或二年均无不可。红花苜蓿，有时可以代替小麦与燕麦。或 Alsike 与 Timothy 混栽。或 Timothy 单独栽培于该草之后，皆可奏效。唯任多数农场，连年种植此草之地。殊不欲其在轮作中多占面积。故小面积爱尔华华草不包括于轮作内者，只堪充干草之用。而用于轮作之甜苜蓿，乃为改良土壤及牧场用。对于土壤加以特殊整理之农场，如阿海欧省之南部与西部，颇需要此草之栽培。宜特别整理耕地，以栽培之，并施多量石灰与肥料，以此维持其长久生活。当其纤弱或杂草丛生时，则土地宜施以犁耙，播种谷类作物，一年或二年，然后重行播种。此种农场在轮作方面，须用红花苜蓿或 Timothy 或其他草类，较为优良。谷类作物，如于此诸种草类混栽后播种，且施以保存良好之天然肥料与人造肥料，则收量甚宏云。

七、适于爱尔华华草栽培之土壤

欲谋作物良好生长，亦须注意其赖以生长之土壤。普通均谓爱尔华华草，每利用废地，其他一切作物所不能生长之地，皆可栽培之，此实误谬之见。而适于其生长之土壤范围，却较广，自砂土以至重黏土甚至污秽粪土，皆可遂其发育。深色壤土之心土系多隙或疏松时，则不问即知最适于其栽培。据试验结果知，湿润地方之土壤适于该草栽培者，以其含有碳酸石灰之故，如排水良好则湿润地方亦为该草发育滋长之乐园。

美国阿海欧省西半部概为自石灰石而来之土壤，在 Bellefonte 附近山坡倾斜地，为黄褐色。在 Miami 及密西西比河沿岸之平原，土壤亦为黄褐色，除此天然排水良好之土壤外，尚有阿省西部之大面积暗黑色河川冲积土，及冰川湖泽土等。排水适当时，此草皆能生长。阿省东部大面积之冰成土与淤积土，其西南一带之淤泥壤土种植此草前，须预施石灰磷肥，加以排水，即可继续生长。此种土壤大部分为浅白色，唯 Claremont 之土壤系自砂石及泥片石而成，含石灰较少。故在播种前，须预施石灰者，即以此。该省大的砂质土壤带有酸性物质，亦须施以多量石灰，方可中和，亦可。许多土壤，缺乏氮素磷酸与钾三要素，在种植前，亦须加以排水，始能奏效。河南开封排水容易，最宜此草之栽培。盖其为深根作物，疏松土质，易于深入，碱性虽大，而该草抗碱力强，亦可生长畅望。此屡试不爽者，将来如有在开封附近从事牧业者，宜注意之。

八、爱尔华华草需要之肥料：石灰与磷酸

此草为豆类作物中最嗜石灰之一种。较诸豆类作物与非豆类作物，共需要与消耗石灰之量均过之。土壤缺乏石灰，不宜于此草之栽培。据经验所得，在美国阿海欧省，凡土壤而呈酸性反应者，每年每亩如施以二五〇磅磷酸，经四年或四年之多之久，则栽培此草所需石灰量，较未施磷酸之土壤为少，此即缺乏磷酸，不能使之生长优良之明证。据研究所得，将其所需石灰量与他种作物比较。

接右表（注：此处表略）吾人一望而知其为唯一之消耗石灰者。美国阿海欧省大部分土地，现在虽不施石灰，亦可生长，然据测验结果，确知欧省土地百分之七十五略呈酸性。而其所需石灰量，须依其酸性程度之高低为转移。实在言之，凡原来不含多量碳酸石灰之土壤，其需要石灰。当较由石灰石而来之土壤所需者为多，自无疑议。然施用石灰之次数及其定量之多少，殊虽一定。在自石灰石而来之土壤，以其已含有二至三吨之生石灰。故通常经六至十年之久，恒不重施石灰。反之如自

砂石或泥板石而成之土壤，在最初即需要四吨重之石灰。以后更宜不断施用方可。亦有喜用少量石灰，在每次轮作时规则施用。此种方法，如土壤酸性非过强时，在初期施用，可获优良结果。

栽培爱尔华华草而施用石灰，最好于播种前一年或二年预施。一则可与土壤混合，又可中和酸性，而以粗石灰石，尤著奇效。施用石灰之方法甚多。普遍皆用规则石灰撒播器，可以撒施匀均，较其他施肥器为最广用。

九、砖瓦排水法对于土壤之重要

砖瓦排水，英文谓之 Tile drainage。爱尔华华草根部之发育，恒受土壤之湿气、组织及水盘高度之影响。砖瓦排水法对于此草，效用宏大，宜令水盘在生长期间下降二至三尺深。砖瓦排置之深度，因土壤种类而不同。在极端重土宜置于硬盘层之上。在其下者无何效力。天然排水良好之土壤，如土壤下层为砂质或砾状者，则砖瓦排水，无甚必要。美国阿海欧省西部土壤概下层坚硬，经甜苜蓿一类作物种植生长后，可将其下层硬土疏松，甚有助于砖瓦排水之设置。故爱尔华华草之生长毫无阻碍。至于土壤下层具有硬盘层者，如阿海欧省西南一带之淤泥壤土，及东北一带之重土，施行砖瓦排水，则事倍功半。未有若何效力，而栽培爱尔华华草于此种土壤时，究能否收获优良效果，尚属疑问。

十、爱尔华华草之播种量

一磅爱尔华华草约含 220 000 子粒，如每英亩用种子五磅，则每一平方尺面积即有二五子粒，每亩十五磅，则每平方尺之面积便有七五子粒。通常每平方尺约二〇至二五株，为最适当。故若所有种子，尽行发育成株，则每英亩种子量五磅，即可得良好成绩。然种子不尽成株，中途死亡者颇众，故每亩用种子十磅，为一般所采行。

每亩需要种子量数之多少，恒以种子生活力，种床之情形。播种之方法，及土壤之种类，而共其量。昔时阿海欧省，每亩播种量为十五至二十磅。而据试验结果，知每亩种量超过十五磅以上者，反减少收量。加拿大用各种多少不同之量数，经三年试验，亦以每亩十五磅收量最多。又据多数农民各自试验结果，以每亩十至十二磅。用发芽率较高之种子行撒播法，其成绩较播种量大者为优。凡土壤每亩十五磅播种量，不能生长优良者。切勿加多种量。至多二十或三十磅。否则徒费种子耳。砂质土壤水分缺乏，蓄水力弱，播种宜稀薄。盖株苗稀疏，较密植者易得水分，致令根部充分发展，深入土中，大有助于水分之储蓄。至于种子之分布，因每亩播量之多少，而有不同之形状。

混合播种爱尔华华草，每季可刈割二次，故昔时一般深信此草不宜与他种草类混栽。近时则混栽甚形普遍，其所以加入 Alsiko 及 Timothy 等，与此草混植者，诚恐土壤瘠薄或酸性过重，有害其生长。混栽可保安全，此不独可增加收量。且于首次刈割，亦有佐助，首次刈割时宜在Timothy开花以前，盖此时Timothy幼嫩，适于家畜之嗜好，饲养价值亦甚高。此后二次及三次刈割，几全为爱尔华华草，有农业专科大学在加拿大经十六次混栽比较试验，平均六种作物，其每亩收量如下。

（1）爱尔华华草单栽	4.9 吨
（2）高燕麦草与爱尔华华草混栽	5.2 吨
（3）菓园草与爱尔华华草混栽	4.9 吨
（4）Timothy 与 Alfalfa 混栽	4.6 吨
（5）Tail fescue 与 Alfalfa 混栽	4.5 吨
（6）普通红花苜蓿	0.34 吨

各种不同量种子之混栽法曾屡经试验，全种爱尔华华草或英种五分之一Timothy时成绩优良，又有于四年轮作中（玉蜀黍、燕麦、干草、小麦或甜苜蓿）用爱尔华华草八磅、甜苜蓿四磅，以行混种者，此种混栽，乃播种于燕麦内。来年首次刈割，大部分为甜苜蓿，但纯粹爱尔华华草之两次刈取，均须在甜苜蓿匿踪之后，自增加土壤肥分方面及四年内收获作物数日观之。此种轮栽，不见佳良，在暗色重土，刈割甜苜蓿，普通皆在燕麦与小麦收获后。

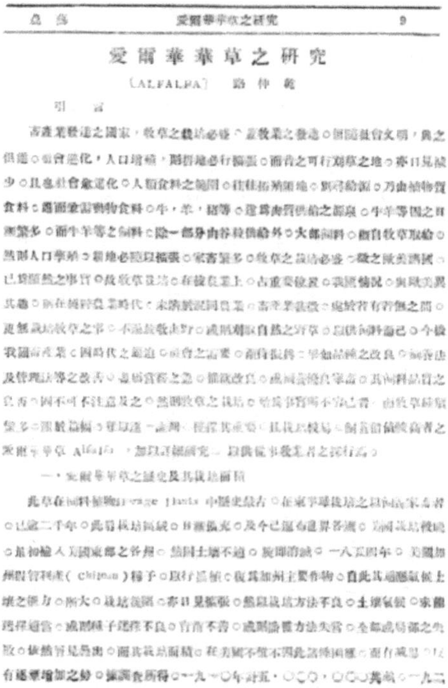
爱爾華華草之研究 9

爱爾華華草之研究

（ALFALFA） 路仲乾

引言

[illegible]

一、爱爾華華草之歷史及其栽培面積

[illegible]

➤➤➤《河南中山大学农科季刊》，1929，1（1）：9-21

十一、爱尔华华草播种时间与方法

美国阿海欧省，普通分二时间栽培，一在早春，一在中夏。早春播种，恒拌保姆作物行之，一则事甚经济；再者此草如于春季单独播种，则当保姆作物杂草繁生时，害及此草生长，阿省土地，多有缺乏水分者，此草不能安全生长，唯其西部一带，盛行此法播种。在适于此草栽培之地，则与小粒谷类混同栽培，其效果与任何豆类作物，同小粒谷类夹栽时，一致优越。

夏季播种，亦可采行，唯播种时，下层土壤须储蓄水分；土壤上层，须坚实固着良好，播种后，保持水分，能恒若干时之久者，方甚收效。此唯有将地早时休闲，不加可惜！故非遇特殊情形时，不大采用也。且夏季播种，着根未固，冬期严寒，恒受冬杀之害，亦其缺点。

就地域论之，湿气可以操纵此草栽培之成败。如在阿海欧省西部与南部，行夏季播种，每致失败，盖该以处于晚夏及秋季，土壤上层缺乏水分，过于干燥故也。东北一带，则宜夏播，以该地雨量较高，夏日气候，不过干燥，故夏播屡著宏效，较春播诚有过之无不及者。观此，湿气有功于此草之栽培，如晚夏雨量充足之地，则夏间播种于玉蜀黍地内，当可获良好效果。

作物堪任保姆之职者颇多。凡小粒谷类作物，均可充任。而尤以大麦，在春季谷类作物中，其充此草之保姆作物之价为最高。早熟燕麦，亦具同样功能。而早熟燕麦，与晚熟燕麦，充保姆作物之价值，其差别，较早熟燕麦与大麦间之悬殊为甚，小麦与黑麦，甲拆虽较早，然不能供给爱尔华华草春播之优良机会。盖以该草此时须与已经生长之作物相竞争，自不免多少损失也。

论其播种法，则不外条播与撒播二种。欲谋生长茂盛者，其种子于播种时，须加以覆盖，勿令暴露。通常其覆盖之度，约深一寸之二分之一，为适度。然在砂质土壤，约深一寸已足，一切条件相同时，以早播为宜。撒播宜于蜂窝结构土地行之；而晚冻每损害其嫩苗。最好种子一半早播，一半晚播，而方向相对，即可避免冻害，至于条播，所用器具不同，其间差异甚大。用爱尔华华草条播器，或以普通谷类条播器，夹杂他种杂草，代替撒播时，自亦不同。前者用种少，且分布平均；后者则易致失败。当冬季地表坚硬，种植小麦行间时，须疏松土壤，使种子易于覆盖；故于坚实土壤播种后，须耙一次，务令全数种子，悉行掩覆，方为安全。如于春季，与谷类作物同播时，其种子覆盖问题，完全不同。土壤疏松，最好浅播，勿令过深，盖种于疏松土壤，由条播器附带圆片物，将种子拢作穹隆状，一经大雨，定可覆蔽良好也。

当保姆作物刈割后，爱尔华华草已可在良好土壤自行发育开花，供给刈剪。如在八月五号前，收获保姆作物，即可径行刈割，毫无损害其生长。然以刈割一次为限。过此，则不无若干伤损也。通常当爱尔华华草，于七月十五日前单独栽培时，杂草往往阻碍幼茎之发育，此时宜将其剪去。然与保姆作物行早播时，则无此需要。据最近试验结果，确知用保姆作物同播法，将遗株及一年生之杂草，尽行芟去，虽在八月间作刈割，亦无损害，当其生长已达相当高度时犹然。此时剪去保姆作物，即偶然损及其尖端，而仍可自冠部生长。夏季播种者，则决不宜刈剪。

十二、爱尔华华草之肥料问题

此草在短期轮作播种后，不须施肥。已种植二年余之土地，则须施肥，以维持其根株。农场肥料，一般其喜用之，确能增加其收量。然此为非经济的施肥。盖此种肥之最有价值之成分，即为氮素。如能采用芽接法，多为繁殖，便可自空中获取无量氮素。不如移施于玉蜀黍、小麦、梯牧草，或其他非豆类作物等之缺乏氮肥者，较为有效。磷肥在磷酸状态时，施于爱尔华华草，往往增益收量。此种需要，在美国阿海欧省，为更迫切，盖以该省大部土壤，皆缺乏磷分。每四吨爱尔华华草之生产，每亩每年即需含16%过磷酸之磷肥二百七十磅。亦有许多地方，每年每亩施用二百或三百磅之过磷酸，已可获优良效果。至于钾肥，则施之任何土壤，概为有效。经美国阿海欧省试验场过去三年之试验，加钾于磷酸，混合施肥，不特可增益干草收量，且作物生长旺盛，株干坚实，普通商业氮素肥料对于此草，绝无丝毫裨益，宜避而不用。

十三、爱尔华华草之收获

关于收获，可析为数项述之。

（1）早刈较晚刈为优。此草之适当刈剪时期，颇难确定；虽经多次试验与经验，亦未发现其刈割之最适时期。唯在美国阿海欧省地方，由各方面研究，其最适当时期，为在开花后数日，但有时开花，不甚显著，仍有诸种困难。一般富有经验之栽培家，概依其生长情形，及其颜色而定。当其呈微黄色，并生长迟慢，或竟完全停止时，即认为已居刈割时期，但实际上，此时刈剪，为时已晚；虽可多收干草，而其饲养价值则较低。盖居完全开花期，其生长，即渐以停止，茎下部之叶，亦渐以脱落，并经结实，其收量自然少云。

据试验所得，深知此草叶部所含蛋白质量，为其茎部所含者二倍；故其饲养价值之高低，悉依其叶之多寡而定。早刈能多获叶子，即多获蛋白质。如待其微黄，生长停止时，始行刈割，则损失叶子过多，虽多收茎干，亦无大补于家畜之营养。美国阿海欧省大学农场，于一九二五年做刈割试验，其结果：五月三十日收获者，含蛋白质17.6%，叶部保存46%；六月二十五日刈割者，仅含蛋白质12.5%，叶子亦仅保存31%；其间相差，不及一月，而所含成分之相去，已有若斯之距；但实际，其差恐不仅此耳。

开花后，叶渐脱落，其结果不仅影响养分之含量，更波及其市价。美国对此草所定等级，其第一级为“至少须保存全叶百分之四十”。故一九二五年，其六月二十五日之刈割，不堪列入第一级云。

(2) 晚刈之害。近期，多数农业刊物甚主张晚刈，刈割在完全开花时为适当。此种方法，在他处因各种关系，容有适用者；而在美国阿海欧地方，不克实行。在将居开花时刈取，较于完全开花后收获，其所含蛋白质，前者多过后者 1% 至 3%。且此草为主要饲料作物，其收割占大部分时间，为时间经济计，亦宜早刈。迨至完全开花，方行刈剪，则已至结实时期，其他工作，相应而至。如于开花初期收割，则所有手续，可未雨绸缪，从容进行，不致临时仓促，其利甚薄，故刈割此草，宁失之稍早，勿失之过晚。

(3) 刈割过早亦伤发育。此草收获，固不宜晚，然过早亦殊危险，富有经验者，类皆知之。Joseph E 和 Wing 氏谓晚数日刈取，较过早为稳当；并观察凡刈割过早者，恒伤其枝干发育，过早刈割不能确指其为害程度，然普通概以将居开花期为极限。开花期前刈割，常致枝干微弱，于开始开花时刈剪，则损失较小。其过早刈割为害之原因，在于根部贮藏食物，略受影响。盖其春季之初次生长，或刈割后生长，全赖其根部所贮食物之供给。时间延缓，则根部所贮食物，可以充分收集，倘刈割过早，自无充分之机会以储蓄食物，经数次后，结果必致发育微弱，甚且致死，故刈割不宜在距开花甚早者，其理至显云。

(4) 秋季刈割不宜迟。经多次试验与观察，此草在秋季不宜刈割过晚，过迟则来春不能发育良好，且易受冻害。在十月间叶子生长良好，可生产许多物质，储蓄根部，以备来年之用。如于九月间晚刈，则根部新生长能力竭蹶，不无若干损失。生长茂盛，则保护力大，可减少冻结及溶解；然最安全方法，莫如晚刈，于天寒将冻时，其生长已达土下二寸高，虽寒冻亦无大害。其适当时期，在阿海欧东北一带，约在八月二十五日；在其西南一带，约在九月十日；因地而有不同云。

刈割次数，因气候及生长期长短，得分为二次、三次或四次，在美国阿海欧东北一带，最通行且实用者，为二次刈获，每年刈割三次者，概为冬季生长旺盛之地。美国大部分地方皆行之。阿省南部于气候、土壤、雨量等均良好之年份，可刈剪至四次之多。

十四、爱尔华华草之调制

此草为主要牧草，其饲养价值，全在叶部，故调制须特别注意，莫伤其叶，在美国阿海欧省，其首次割刈者，调制不易。其调制时期之早晚，在成熟时，是否宜较红花苜蓿，或 Alsike（一种紫苜蓿）为晚，现在尚未有确实之研究；但普通其收获概早于红花苜蓿，故其调制时期，亦较延缓。

其调制法，除人工干燥法外，尚无更良方法。在天气极端恶劣时，可以行之而无弊。唯利用天气，始可较有把握，吾人又知此草之价值，全在叶部，其叶之价值，较茎千倍之，故在调制时，切勿损伤其叶，其饲料成分之大部，为水分可溶物，极易流失，据试验所知，将其置于田地，略经雨水，即损失蛋白质60%，无氮素浸出物40%之多。故在此草调制方面，敏捷与经济，实为要诀云。

既知其所含成分易为雨水冲失，故对于其叶，自茎部吸水之多少，研究之者颇多。据试验所得，此草自刈割后，其叶确不能自茎吸收水分。盖刈割后，令其自干，则叶部早干，而茎水分仍多，足徵其不为叶所吸收。如将茎曝晒日光下，对此草之干草调制，裨助甚多。至其调制方法，概为下述三种：① Curing in Swath：② Curing in Windrow：③ Curing in Cocks。三者之中，在美国阿海欧最盛行者，为第二法。第一种甚少人行之，行此法时，易致叶子损失，如遇大雨，损失尤剧，述第二法如下。

A. Curing in Windrow。此法刈获，多于晨间露消后行之。刈割后，即置于原处（即刈割范围内），待其自干；亦有在午后刈割者，傍晚时，不致过于干燥，以免翌日调制时水分之损失。局部调制干草时，当刈割后，切莫放置刈割辐内达一夜之久，否则露水侵蚀，不无损失。如求调制迅速，可将其放置原刈割境内，待其憔悴调枯为度。叶子碎落时，则又过度，时间约需一点钟，或一日，或数日不等，概依天气情形而定。调制时，先用耙将其分为小形 Windrow（料堆或排堆），所用耙子，以左手耙为最适用。刈辐不甚大时，可用该耙，在刈获机后直接耙之，可得优良结果。用此法以行调制，较令其在刈辐内自行凋枯者为慢，而保持叶子，确较彼为稳善。

当干草在 Windrow 时，每日至少翻转一次，直到调制时为止，翻转时，须视土壤表面及 Windrow 上端干燥时行之。如此，则其表面干燥部分，恰与土壤表面相触合；如遇天雨，同样翻转，则其湿润面又与土壤接触，待其上端干燥，则重行翻转，又与前同，调理后，至何时期，始宜放入室内，迄今尚无满意之准绳。当干草脆干，动之作响时，移放室内，无发热腐朽之虞；但搬入时，不无多量叶子之损失，每致品质低落，不如提前放入室内为佳，通常皆用手捡提一束，摸之而不湿润，其茎部能推断时，为移入室内之适当时期，但此法须富有经验者方能行之，否则过湿、过干，均致损失。当其已调理完竣时，宜用鼓形载器或网形载器拾起装载，送入室内；而以后者为良，免致损失多量叶子云。

B. Curing in Cocks。此法宜行于面积较小土地。就地作坑，以备调制之用。如管理小心，可得良好干草。然用此法调理，不如用 Windrow 法之迅速，盖后者如遇雨天时，可以自由翻转，前者则不能，易致腐朽，故此法利不敌弊；唯于小面积土地时，可采行云。

十五、褐色干草之制法

爱尔华华草，能于其青绿时储藏，制为褐色干草。法于其青嫩柔软时，堆积一处，因其所含水分甚多，积湿之下，必致发热，自然散失若干水分，同时必有几分褪色，由青绿变为黄褐，即成所谓褐色干草。当发酵进行之际，其被挤出之湿气，必凝集于干草上层，而损坏其品质。如窖藏饲料上层，往往不免破损者，即其显例。当草堆积后，其上部恒有气体蒸腾，达三四周之久；其下层堆积适宜者，无之，此种褐色干草，家畜均嗜食之，虽在发酵时，不无若干损失，如褪色不甚剧烈时，其损失亦不甚剧云。

或谓此种褐色干草，常于无意中制成者颇多。即将该草浸为堆积，经时则由发热熟而褪色，遂成褐色。当初次刈获，将行调理时，如遇阴雨天气，则留置田地，任其损失，不如移搬室内，使为褐色干草，但须堆积适当密实，勿令疏松，以免青枝破坏。如地方较大，则可摊为薄层，自不虞其伤害与损失。迨经发酵，切勿再将其他干草置于其上，以避抗害。亦有用食盐撒布干草上，防止发酵与腐烂者，颇著效验，美国米西根省（注：密歇根州）立农科大学，主张一车干草，用食盐十二夸脱（一加伦四分之一，约容二升），最为适当云。

十六、自然焚烧之危险

自然焚烧，在此草极为危险，且最易发现。盖贮藏时，如过于湿润，或过于青绿，含水分较多时，堆积之后，每易引起发热，自行燃烧，损失颇剧。一般农民，皆宜明了此种焚烧原理，在其草堆中，如发现有半烧干草，须速为防范，否则空气一入，养分充足，则焚烧立致。最好任其自然，勿加干涉，或可减少一部分燃烧危险。堆草处温度，亦须常测验，温度高过华氏二百一十二度时，即须滤水，以减低之。温度较低时，宜任其自然，勿加干涉，如达华氏三百度，即行焚烧，宜须注意。

结论

关于爱尔华华草之各种情形，已略述梗概，确知其为饲养价值高之饲料作物，诚有栽培之必要。在欧美其栽培范围，已见扩张之势；唯我国则因诸种关系，乏人注意，殊为遗憾。有种子在美国阿海欧省，虽无专门培养之者，然因其需要日增，故在美国昂达利欧（注：安大略），及米西根地方，多有以培养此草种子为专业者，锐意研究，虽培养种子作物较栽培作物所费时间，多至二倍，而亦不以此有所畏难。望国人以畜牧业为终身事业者，从事此草之栽培与繁殖，方不负作者之微意耳。

➤➤➤《河南中山大学农科季刊》，1929，1（2）：63-73

自 然 界

《自然界》，民国时期综合性科技期刊，提出“科学的中国化”口号，并进行了科学本土化传播的实践；1929年刊登了向达翻译的《苜蓿考》一文。

向达（1900～1966年），湖南溆浦人。

苜蓿考

Berthold Laufer（注：原文作者）是美国芝加哥博物院人类学部主任，为美国第一流汉学家。生平关于中国及东方之著述甚多。《苜蓿考》为其所著 *Sino-Tranica*：Chinese Contributions to the History of Civilization in Ancient Tran，with Special Reference to the History of Cultivated Plants，and Products. Chicago，1919. 中之一篇。

——译者

西元前424年，阿里斯托芬（Aristophanes）著《武士行》（*Equites*），有句云："马今食山查，不复思苜蓿"。

文献中述及苜蓿（*Medicago sativa*）：当以亚氏之言为最古。亚氏诗中之 Mīdikē 一词，自国名米地亚（Media）引申而来。据斯特累波（Strabo）地理书所述，米地亚国马所食之刍秣，希腊人称之为 Mīdikē，以此物米地亚产生甚伙也。斯氏又谓苜蓿汁即从米地亚所产 *Silphion*（树脂草属？）制出者。普林尼（Pliny）以为苜蓿一物为希腊所无，与波斯大流士王（King Darius）战后，始传入希腊。带奥斯科立第（Dioscorides）亦述及此物，唯未言其产地，只云牧人以之为牛刍而已。其传入意大利，约在西元前第二世纪至西元后第一世纪之间，与传入中国之时次略同。而据亚述学家之言，苜蓿一词，伊兰语作 aspasti 或 aspastu，西元前700年左右，巴比伦一碑文中已有此语，则或系马自伊兰传入米索不达米亚时，此种刍秣即随之以来也。康多尔（A. De Candolle）谓阿那托利亚（Anatolia）某某数省，高加索南部，波斯某某数部分，阿富汗，俾路芝以及克什米尔等处俱盛产苜蓿。是故希腊之苜蓿，当自小亚细亚与波斯北部之印度传入云云。康氏此论未见其然，希腊人言苜蓿，亦云来自米地亚，不云印度。印度苜蓿，最近亦始传入，于农业及经济上尚无若何影响也。

古代伊兰良马，以苜蓿为饲料，故苜蓿为重要作物。古波斯拍拉维语（Pahlavi）苜蓿作 aspast，也作 aspist，新波斯语作 aspust，uspust，aspist，ispist，isfist（普斯都文 Puštu 或阿富汗文作 Spastie，Špišta），在古伊兰文（Avestan）作 aspōasti（从语根 ad 引申而来，意即"食"），直译其义为马刍。此字侵入叙里亚文中成为 aspestā，也作 pespesta（第二字见 Geoponica）。萨山朝之科斯鲁第一（Khosrau Ⅰ，A. D. 531～578）曾以苜蓿归入新地税之中，其税率比小麦、大麦高七倍，亦可见此种刍料价值之高也。阿布曼稣（Abu Manur）在其所著药物学中曾提及苜蓿，以供药用。至今尚以之入药也。阿拉伯人取波斯文之 isfist 化而为 fesfisa；阿拉伯人称苜蓿之生者为 ratba，干者曰 quatt。

希腊人自波斯人得苜蓿，呼之为米地亚草（Medic grass），然并不以此证其为伊兰产也。希腊人称桃为波斯苹果，杏为亚美尼亚苹果；实则二者均来自中国，波斯、亚美尼亚云云，不过表示其为远东与地中海之中介而已。总之苜蓿问题，尚别有所在。中国培植苜蓿甚众，然并不以其为国产，相传以为西元前第二世纪自伊兰地方传入。至今印度及亚洲其他诸国古物上俱不足以考见苜蓿之存在，则苜蓿产地，断然非伊兰莫属矣。中国对于苜蓿一问题有重要之贡献，并与全题以一种新光明；所有植物之历史其最可靠者莫有过于苜蓿也。

波斯城（Persepolis）碑中大流士王曰："波斯者，阿罗马兹达（Auramazda）所遗以予朕者。其地美丽，人口众多，产马甚富，据阿罗马兹达及朕意，波斯横行天下，靡所惧怯也"。张骞通西域，其意即在得伊兰之良马耳。伊兰产马较蒙古种为坚实，腿小而匀，颐颈臀诸部分俱甚发达，汉武帝之遣张骞通西域诸国，以启大宛安息队商贸易之渐，其动机即在此；其后一岁中，汉使西域者多者十余，少者五六辈。其始汉得乌孙马好，名曰天马，及得大宛汗血马益壮，更名乌孙马曰西极马，大宛马曰天马。宛马食苜蓿，骞因于元朔三年移大宛苜蓿种归中国，于是汉之离宫别馆旁，种苜蓿遍望。自是民间种者渐多（据颜师古注，汉时已然），至今遍布于中国北部。古医书《秘录》中即已视之为药用植物。《齐民要术》第二十九有种苜蓿法，又陶洪景云："长安中乃有苜蓿园，北人甚重此，南人不甚食之，以无味故也。外国复别有苜蓿草，以疗目；非此类也"。

张骞应武帝募，间关走月氏，谋同攻匈奴。余意月氏属印欧民族，操北伊兰语，与塞种（Seythian）、康居（Sogdian）、雅诺必（Yagnōbi）、俄塞特（Ossetic）语相近。张骞既至，历大宛、康居、大夏诸国，于是中国人始知有西域；所谓西域即伊兰文化，其所携回者纯然伊兰产也。苜蓿、葡萄即骞自大宛传来者，后世以为骞携来之植物于苜蓿、葡萄而外，尚有多种者，皆虚言也。大宛语属伊兰语系，其自大宛传来之两种植物，呼之为苜蓿，为葡萄，当为大宛语，亦即伊兰语也。张骞颇知此故，故云自宛以西至安息国，虽颇异言，然大同，自相晓知。由此可见伊兰语虽甚纷歧，自有其一致之点；大宛人既晓知安息语，则此辈所操非伊兰语莫属。近有心存成见、徒恃臆测之士以为此辈所操为希腊语或突厥语者，俱属谬论。

张骞所携回者初名目宿，后世加草头，成为苜蓿。古西藏文译汉文此辞音作 bug-sug，古伊兰文此辞音据追究所知作 buk-suk，一作 buxsux，大约宜作 buxsuk，与番音甚近。自来汉学家于此辞之音俱未注意，唯托马什克（W. Tomuschek）以为苜蓿之音即从里海吉拉克方言（Gīlakī）中之 būso（即苜蓿）得来。使 būso 之音炅出自 bux-sox 等字，则托氏所云，自然可信。吾辈对于伊兰方言之知识，能更有所进步，此字之正确形式，必可大白于世也。伊兰本部恃东伊兰诸族为之守护，中国开通西域，与此辈之接触亦最先，然而此辈语言，从未著之文字，实际上久已散失。至今唯其地方言尚保留些许痕迹。幸有汉籍为此已失之古语言尚保留数字；以 buksuk 或 buxsux 为古大宛人称 *Medicago sativa* 之音。此字第一音相当于今帕米尔萨利可来方言（Sarigoti）中之 wux，义即草也。华克塞方言（Waxī）称苜蓿作 wujurk；称草作 wuš。华克塞方言呼马为 yuš，萨利可末方言作 vurj。

不勒施耐德（Bretschnider）以为苜蓿一辞，并非中国固有，大约为一外国名。华忒斯（Watters）述汉文中之外国字，于苜蓿则避而不言。金斯密（T. W. Kingsmill）之假设以为苜蓿之音与斯特累波书中之“Μηδικη βοραη”一语有关系；齐尔斯（N. A. Giles）《汉文字典》即采其说。然此名之希腊语必未传入大宛，大宛盛产苜蓿，亦必不至采一希腊语为名。而谓 muk-suk 以及 buk-suk 与希腊文中之 Mīdikī 语音可以比合，亦无是理也。

最近夏德（Hirth）以为苜蓿之音乃来自突厥语系奥斯迈里方言（Osmanli）中之 burčak，其义为豆，此说较为近理。然西元前第二世纪初无奥斯迈里方言，而为比较近代之突厥语，此已为世所共知者；然则以无突厥人之当时，而谓张骞以大宛特产之植物，用奥斯迈里语或其他突厥语之名名之，无是理也。验之语音，亦有不合。汉文苜字，古音作 muk，一作 buk，不能作 bur，蓿字古音作 suk，亦不作 čak。夏氏所云，显无证据，即令吾辈退一步“许其在二千年来原字意义历经更易”，然奥斯迈里方言之流行时期是否有如此之长，今固无考，而谓其字原义为豆者竟能变为苜蓿，是亦理所不许者也。中亚各处称苜蓿为 bidā，或作 bēdä，察哈台方言（Djagatai）作 bidä；义为“刍草，草子，干刍”。据托马什克，此字原出伊兰语（波斯语作 beda）。帕米尔之萨利科尔方言中亦有此字。由此可见土耳其斯坦地方之苜蓿乃波斯人所传入，除此以外无他说也。

凡伯里（Vámbery）又以为突厥人自古即知有苜蓿，然其说纯以语言为证据，不能使人心服也。凡氏所考突厥语系之察哈台方言中有 Jonuska（读若 Yonučka），奥斯迈里方言中有 Yondza（此外疏勒吉里吉斯语 Kasak-Kirgiz 作 Yonurčka），其义为“青刍，草子”。然此种方言皆属最近之突厥语系，不能以此为据即下结论。以余所知，至今尚未在古突厥语中寻得苜蓿一辞也。

李时珍又谓梵语称苜蓿为塞鼻力迦，见《金光明经》（*Suvarnaprabhūsa-sūtra*）。然据吾辈所知，梵语中初无苜蓿之名，印度之自伊兰传入苜蓿，比较属于最近之事，故李氏之言，实为奇论。不勒斯耐德所云，在喀布尔语中，*Trifolium giganteum* 为 viburga，而苜蓿（*Medicago sativa*）则作 riška，实不甚当。sibarga 义云三叶（si 者三也。burga 等于波斯语中之 barak，varak，义为叶），为伊兰语而非梵语；梵语相当于此字者为 trīpatra，一作 triparna。riška 为阿富汗语，即伊兰语也。在印度古籍中既不知有苜蓿，则谓《金光明经》中有其名，实属臆说之尤者；李时珍当误解塞鼻力迦一词之义耳。

塞鼻力迦一词亦见《翻译名义集》，梵语作 çāka-vrika，çāka 义为可食之草或蔬菜；vrika 为一种植物，今犹未能指实（此字与 çāka-bilva 之构造相同，义为蛋草），故塞鼻力迦不知果为何草，或为苜蓿之一种亦未可知，然以苜蓿翻塞鼻力迦，纯属比拟之辞。编《翻译名义集》者其所知大都属于书本以及汇书上之知识，于植物传入之由，初未措意。译佛经者亦只亟亟于寻得一汉名，以翻竺语。此与植物自伊兰、印度、东南亚地方传入，以及随之而来之名词，其步骤有异；后者乃以事实为根据，以文字为佐证者也。今再举二例以实吾说。《翻译名义集》又谓有一种印植物，梵名曰镇头迦 [čen-t'ou-kias，古音作 tsin（tin）-du-k'ie]，梵文作 tinduka（*Diospyros embryopteris*），为一种浓厚之小常青树，盛产于印度缅甸一带。编《翻译名义集》者竟释之为柿，柿之学名为 *Diospyros kaki*，中国、日本俱产之，古代印度并无是称，最近始由吉德大佐（Col. Kyd）移植于加尔各答植物园，服役其地之中国园丁称此为秦（čin），意云汉产也。此一事也。李时珍《本草纲目》于甘松香（*Nardostachys jatamansi*）下又举一梵名曰苦弥哆，亦谓见《金光明经》。苦弥哆即梵语之 Ruňci，一作 Ruňcika，属于此者有相思子（*Abrus precatorius*）、黑种草（*Nigilla indica*）、胡卢巴（*Trigonella foenum graecum*）三种植物，俱非甘松香；李氏以甘松译 kuňci，显然错误。甘松香之梵语盖 gandhamāinsī 也。

研究中国植物之来源，当别求更实在之证据，不能徒恃梵名以为推论。斯图亚特于“李”(*Prunus domestica*) 字下谓梵名作居陵迦，以为中国之李或传自印度及波斯。然李本为中国产，见于《诗经》《礼记》《孟子》诸书。《翻译名义集》第三十二以汉文之李字译居陵迦；然居陵迦之梵文当为 kulingā，属五倍子之一种。是故此辈唯求译梵为汉，相合与否，非其所问，无论在植物上或历史上，俱不能据以考究此种中国植物也。

古代关于苜蓿之记载甚形缺乏，今得汉籍为之补充，于是苜蓿之历史始克复其故观；吾辈始知其如何遍布世界之故。而据《汉书》所记，大宛而外，罽宾（今克什米尔）亦产苜蓿，此为古代苜蓿地理的分布之一段重要史料，即在今日，克什米尔、阿富汗、俾路芝犹盛产此物也。

今将中国关于苜蓿之其他文献，略述数则如次。

晋武帝时，有苜蓿园，唐以苜蓿饲驿马。

唐玄宗时，薛令之有《自悼》诗，辞云:“朝日上团团，照见先生盘。盘中何所有？苜蓿长阑干。饭涩匙难绾，羹稀箸易宽。只可谋朝夕，何由保岁寒”。

任昉《述异记》曰：“张骞苜蓿园今在洛中。苜蓿本胡中菜，骞始于西国得之”。《仇池记》亦谓：“城东有苜蓿园，园中有三水碓”。

《西京杂记》又云："乐游苑中自生玫瑰，树下多目宿，一名怀风，时或谓光风，风在其间常肃肃然，昭其光彩，故曰苜蓿怀风。茂陵人谓为连枝草"。

杨炫之于魏武定五年（547 年）著《洛阳伽蓝记》，卷五有云："中朝时宣武场大夏门东北，今为光风园，苜蓿生焉。"据上引《西京杂记》，光风即苜蓿之别名也。

按寇宗奭《本草衍义》谓：苜蓿，陕西甚多，饲牛马。嫩时人兼食之，微甘淡，不可多食。《元史》谓：至元七年，仍令各社布种苜蓿以防饥年。又谓：上林署种苜蓿以饲驼马。李时珍则谓彼时苜蓿处处田野有之，陕陇人亦有种者。然李氏所云常为南苜蓿（*Medicago denticulata*），此系中国土产野生田间。福倍斯（Forbes）和亨斯来（Hemsley）二人以为南苜蓿（*falcata*）及天蓝苜蓿（*lupulina*）俱中国种，而后者最多，无远弗届，并谓苜蓿（*Medicago sativa*）种中国北部，亦有野生者，顾不甚多。野生之苜蓿当为种植时所遗，因名野苜蓿，可见此系家种传入中国而后，方始有此也。吴其濬于苜蓿之后，别图野苜蓿两种，一为天蓝苜蓿（*Medicago lupulina*），一为南苜蓿。

日本人称苜蓿为 uma-goyaši，马刍之义也。据松本氏所云，凡有四种。苜蓿（murasaki umagoyaši）、南苜蓿、天蓝苜蓿（kometsubu umagoyaši）、小苜蓿（ko-umagoyaši）是也。

西藏拉达克（Ladkh）方言称苜蓿为 ol。以此字称苜蓿者，所以示其盛产于克什米尔及伊兰等处也。西藏本部不知有此物。亚美尼亚有 *Medicago sativa*，*M. falcata*，*M. agrestis*，及 *M. lupulina* 四种。

1861 年，巴黎出版有十六页之小册子题为《斯喀契诃夫之苜蓿考与包狄业之苜蓿再考》（*Notice sur la plante mou-sau ou luzerne chinoise par C. de Skattschkoff*，*suivie d'une autre notice sur la même plante traduite du chinoise pur G. Pauthies*），盖从《东方评论》（*Revue de l'Orient*）中重印者也。斯氏居北京七年，后为伊犁之俄国领事，对于伊犁种植苜蓿之情形曾有重要之报告。并谓苜蓿于 1840 年始由中国传人俄国，彼为劝种此物起见，曾在俄国利沃尼亚（Livonia）、爱沙尼亚（Esthonia），及芬兰等地宣传六年。此自属实情，唯在 1840 年以前，俄国是否有苜蓿，不无可疑也。不唯俄文中之 medunka（源出希腊文之 Mēdikī）与欧洲语中之 l'usterna（零陵香类）二字俱指苜蓿，此外尚有 krasni burken lečuxa lugovoi v'azel（义为牧场之冠）诸字；其 burkun，burundúk 二字指 *Medicago falcata*（又称为 yumorki），buruniěk 指 *M. lupulina*。凡此诸字，是否俱起于 1840 年以后，以却此有用之植物，而俄人竟未于欧洲伊兰以及吐厥人中得知一二，是俱难以致信者也。康多尔曾云，俄国南部亦有苜蓿，当由于栽种致此，与南欧同。而据汉生（N. E. Hansen）报告，凡有三种苜蓿盛产于西伯利亚一带（三种者 *M. falcata*，*M. playcarpa* 及 *M. nuthenica*）。

美国农部努力推种苜蓿之成绩为世所共知；亦曾传入中国之种子。阿根廷畜牛甚多，故苜蓿之用途亦广云。

➢➢➢《自然界》期刊，1929，4（4）

《自然界》1931 年第 7 卷第 1 期刊登了秦含章的《苜蓿根瘤与苜蓿根瘤杆菌的形态的研究》一文。

秦含章（1908 ～ 2019 年），江苏无锡人。

自然界

第七卷　民國二十一年一月　第一期

月出一册全年十册　每册二角全年二元

上海商務印書館發行

苜蓿根瘤與苜蓿根瘤桿菌的形態的研究

一．苜蓿的根瘤

在豆科植物的根上，普通都可以看到疣狀的突起，這種突起，在西曆 1687 年解剖學家馬爾比息氏(Malpighi) 首先發見，以爲是根的一種病態，遂命名曰根瘤 (root gall)[1]。

苜蓿是豆科植物的一種，不論主根或支根上，都生有一顆顆各種式樣的根瘤，它的形狀，通常和馬鈴薯相彷，長橢圓形．幼年苜蓿的根瘤爲卵圓形，絕不分歧；中年者漸變爲不正形；開花以後，則均裂爲二歧或三歧狀之佛手形． 砂質壤土中[2]栽培的苜蓿，其根瘤有下列各種不同的樣式(見次面)．

細細分析苜蓿根瘤的各種形式，以苜蓿生長的時期和菌體毒力的程度，劃分爲四個階段，而每一階段中所形成的根瘤，剛好也可合爲四類：自第一類的形態變爲第四類的形態，就是苜蓿從第一階段漸漸生長至第四階段，茲列表示其關係如次：

苜蓿之生長（自幼苗至開花）
- 第一階段——第一類根瘤形成
- 第二階段——第二類根瘤形成
- 第三階段——第三類根瘤形成
- 第四階段——第四類根瘤形成

[1] Malpighi: Opera ournia Anatomia plantarum, pars II. De Gallis 1687, 1-6.

[2] [illegible]四月二十二日[illegible]

苜蓿根瘤与苜蓿根瘤杆菌的形态的研究

一、苜蓿的根瘤

在豆科植物的根上，普通都可以看到疣状的突起，这种突起，在 1687 年解剖学家马尔比基氏（Malpighi）首先发现，以为是根的一种病态，逐命名曰根瘤（Root Gall）。

苜蓿是豆科植物的一种，不论主根或支根上，都生有一颗颗各种式样的根瘤，它的形状，通常和马铃薯相仿，长椭圆形，幼年苜蓿的根瘤为卵圆形，绝不分岐；中年者渐变为不正形；开花以后，则均裂为二岐或三岐状之佛手形。砂质壤土中栽培的苜蓿，其根瘤有下列各种不同的样式（见图 1）。

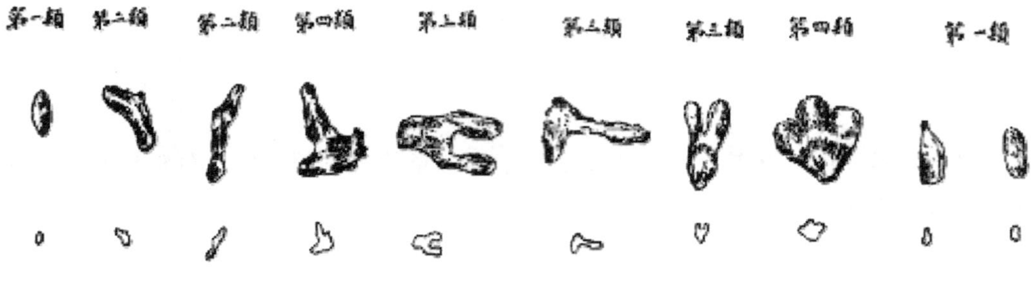

图 1　苜蓿根瘤之各种形状

细细分析苜蓿根瘤的各种形式，以苜蓿生长的时期和菌体毒力的程度，划分为四个阶段，而每一阶段中所形成的根瘤，刚好也可合为四类。自第一类的形态变为第四类的形态，就是苜蓿从第一阶段渐渐生长到第四阶段，兹列表示其关系如下：

苜蓿之生长（自幼苗至开花）
- 第一阶段——第一类根瘤形成
- 第二阶段——第二类根瘤形成
- 第三阶段——第三类根瘤形成
- 第四阶段——第四类根瘤形成

但这个区分，仅以一枝苜蓿的根，所生长一颗的根瘤为标准而说的。事实上，因为苜蓿的根数较多，生长的年龄有老幼，所以，在甲根的根瘤为第一类时，而乙根的根瘤已长至第二类，丙根的已第三类，丁根的已第四类，全株苜蓿根部就挂着许多老的小的根瘤。

根瘤如何着生？这是研究根瘤时首先要注意的。着生得密集或疏散，与根瘤数量的多少，对于苜蓿本身营养上有连带的关系，如果根瘤密集着生于主根一体，那么，每株苜蓿不会有两个主根，充其量，不过周围主根设平均五英寸长，每寸生根瘤五颗计，最多也只二十五颗，靠这些根瘤的作用，苜蓿是得不到多大利益的。

苜蓿的支根很多，并且因为根瘤着生的特性，不论主根或支根，在空气透通性良好的土壤中支根终很发达，所以苜蓿根瘤的着生也是以正比例而繁盛。

就单个根瘤着生部位作研究，第一，当先观察单个根瘤外表的状况，第二，就应解剖单个根瘤着生于苜蓿根株的内部的组织。单个根瘤外表的状况，就图 2 得暂分为次列之三部。

苜蓿根瘤以基点着生于苜蓿的根上，顶点应垂直于土中，而腰部的大小，依顶点分歧与否而变化：顶点不分歧，腰部就狭小，顶点与基点的垂线，就与苜蓿的根枝成垂直，为九十度的直角；反之，顶点分裂为二歧或三歧，腰部即连带放大，因根瘤本身重量的偏倚和地心引力的作用，把根瘤着生于苜蓿根枝的角度，就此向下面倾斜了。

解剖单个根瘤着生于苜蓿根株的内部的组织，为明了起见，分两个步骤观察如下。

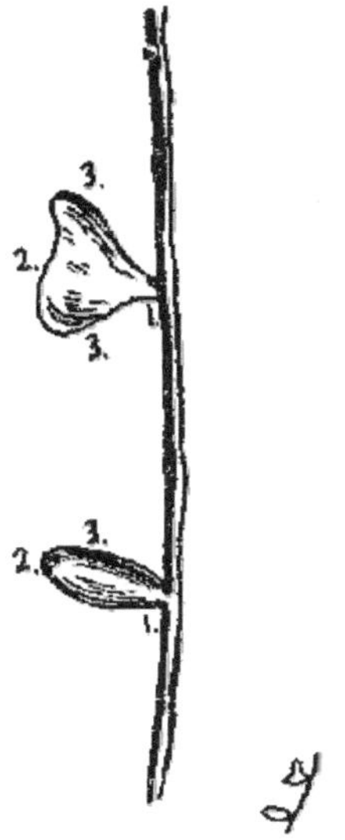

图 2　苜蓿根瘤之各部

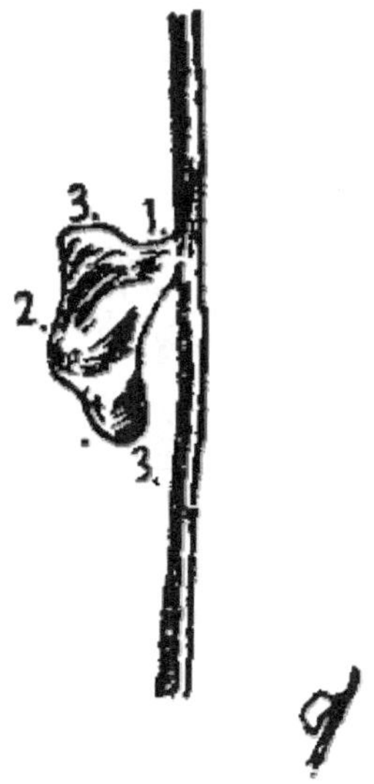

图 3　苜蓿根瘤与苜蓿根枝角度之变形

（1. 基点，着生于根上之部分；2. 顶点，与基点相反之部分；3. 腹部，基点与顶点之中段。上放大，右下原大）

图 4 示未寄生根瘤杆菌前之苜蓿主根之横剖面，皮层和韧皮部可以明磐红染成红色，心柱和木质部可以碘绿染成蓝色。染色之手续如下。

1. 将苜蓿根枝切片，浸入透明亚硝酸钠溶液五分钟，后用醋酸水洗之。

2. 次用碘绿染二分钟，后即用酒精洗之。

3. 再用明磐红染一小时，再取出用酒精洗。

4. 着色浓度较淡，乃滴松节油或羟乙醇二三滴，以行透明。

5. 制片封盖，镜检绘图。

于寄生根瘤杆菌，生长根瘤之后，如图 5，苜蓿根枝的心柱，虽没有多大变更，而韧皮部则已充分收缩，为根瘤的基点所占据了，所以苜蓿根瘤底着生于苜蓿根株，是以基点愈合于薄膜组织，由维管束连通之。

苜蓿根瘤起初呈淡黄色，后则随苜蓿生命限度自橙黄以至于桃红。

任意在苜蓿根部摘取根瘤八十颗，称得重量二百五十三克，同法摘取称量十次，即得每颗苜蓿平均重量为三又十分之一克。将二十颗根瘤排成纵列，基点接顶点，全长达七个，即每颗平均长有百分之三十五的。如把二十颗根瘤腰部相接，排成横列，得三个，每颗就有百分之十五的宽度了。

苜蓿根瘤的周围是被一层纤维质和木质化的被膜包围着的，压碎此被膜，内面就流出一种白色糊状物质，与鸡蛋白质相仿，带有一种特殊的腥气，这腥气浓厚的程度对于根瘤生长时期的长短是有正比例的关联的。

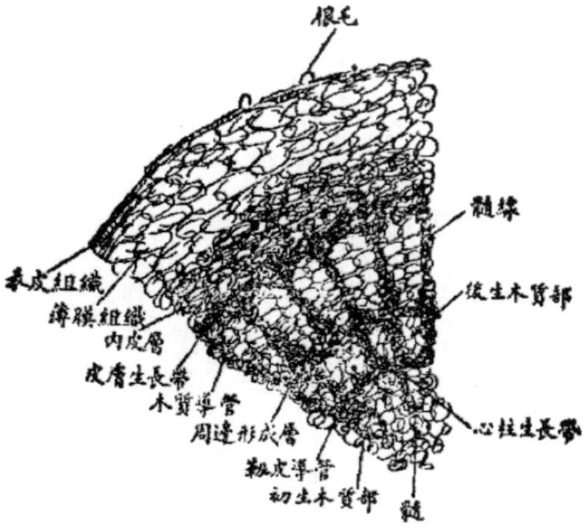

图 4　苜蓿主根之横解剖

（放大，1931.5.10。著者原图）

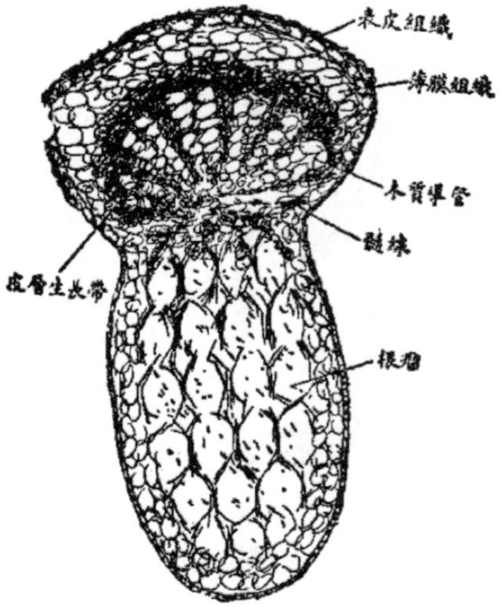

图 5　苜蓿支根着主根瘤后之横剖

（放大，1931.5.17。著者原图）

图 6 是苜蓿根瘤的横切面，这横切面上可以明显找到三个部分：第一部分是表皮层，环围成囊状，细胞面积较小，但失活力，不受碘的染色；表皮层复分上表皮或称外表皮与下表皮或称内表皮两层，前者木质化的程度较后者为高。第二部分是维管束层，维管束由根瘤基点分四列或六列上升，直达顶点，通常为点纹状导管，在根瘤形成初期是以导流寄主韧皮导管中的营养液，以补细胞间渗透作用传递养液的不足的。到根瘤杆菌自己能吸取氮而构成蛋白质物质的时候，微管束即渐渐缩小，最后消失。欲观察苜蓿根瘤的微管束，应当以前述第一类的根瘤为材料，用第三类或第四类的，常有二个问题：一是切片很艰难，二是染色后微管束不易与表皮层的细胞相分别，第三部分是细菌体层或称细菌组织。细菌体层的细胞面积较大于表皮层，细胞与细胞之间和细胞的内部，满藏着一个一个杆状或叉状的菌体。这杆状菌体在它未有固氮能力之前，能够运动，待根瘤的顶端分歧时，菌体就散布到根瘤的各部，失去运动的能力，改变原有的状态，而从事固定空中或土中游离氮的工作了。

在图 7 苜蓿的纵切面上，根瘤组织除表皮层、纤维层和细菌组织以外，表面多一种突起，状如根毛，大小不一，均为单个的薄膜细胞，未木质化，是不是待细胞分叉以后，靠他和外界通气的工具？

研究根瘤内部的组织，没有适当的染色方式，故各部分彼此不易分辨，因而难得良好的切片标本。就个人屡次作片的经验，观察手续，应注意下列各点。

1. 浸润苜蓿根瘤切片于表面玻璃内，缓缓由表面玻璃边口滴入复红染剂一滴，振荡混合，视切片现桃红色时而止。

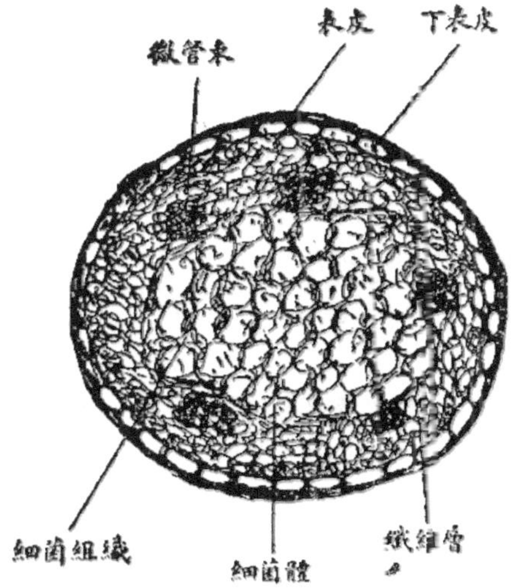

图 6　苜蓿根瘤的横剖

（放大，1931.4.21。著者原图）

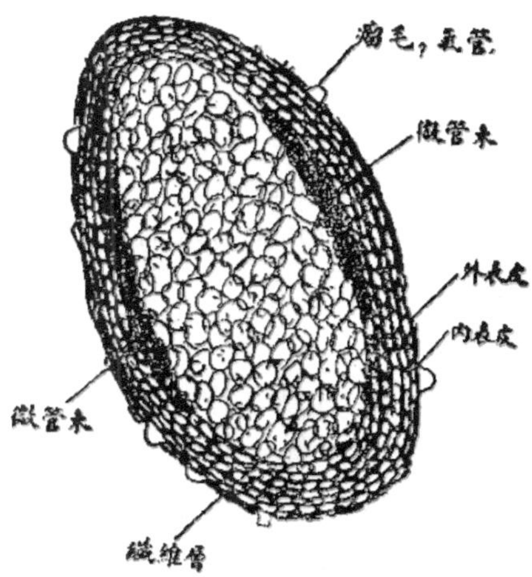

图 7　苜蓿根瘤的纵剖

（放大，1931.4.26。著者原图）

2. 取出制片，封盖，镜检，凡非木质化的部分被染程度较木质化者为深。

3. 酒精有破坏苜蓿根瘤组织的作用，故根瘤切片不宜浸润以酒精。

4. 用碘绿染剂染色，根瘤全部变为浓厚绿色块状，不便镜检。

5. 苜蓿根瘤切片不宜以火焰灼热。

二、苜蓿根瘤杆菌的接种与培养

要正确地明了根瘤杆菌的生态，单靠天然根瘤中取出的菌体来观察，是不易得到良好的效果的，要正确地明了根瘤杆菌的变化的情形，那又非制造这种人工培养基来培养观察不可。苜蓿根瘤杆菌是一种爱气细菌，它生存的条件，自然和其他爱气细菌一样，需要空气、湿分、温度和养分。于这几个条件之下，制造种种培养基，如蚕豆叶汁固体培养基、大豆汁液体培养基、精胶培养基、牛肉汁培养基、草木灰培养基和马铃薯培养基等，每种分做二十个试管，同样的接种苜蓿根瘤杆菌，培养五个月，陆续检查其中菌体的形状和变化的情形，虽然十分麻烦，但是最重要的工作。

结果，在蚕豆叶汁固体培养基、大豆汁液体培养基、牛肉汁液体培养基和精胶培养基上，所接种的苜蓿根瘤杆菌多能发育。十九世纪细菌学家贝杰林克(Beijerinck)谓苜蓿根瘤杆菌隶属不易发育于肉汁之菌类，在豆汁胶质培养基上生透明菌落，此点颇有疑问。而用草木灰培养基培养的，因为染色很难，和马铃薯培养基培养的，因为不易制片，所以到现在尚未有任何结果。

实验上四种有效的培养基的制法，分述如下。

（一）蚕豆汁固体培养基

1. 材料

（1）蚕豆叶汁	1000mL
（2）精胶（Gelatine）	80g
（3）天冬精（Asparagine）或蛋白胨（Peptone）	2.5g
（4）纯蔗糖	5g

2. 制法

（1）先将蚕豆叶洗净，后入锅中煮烂，呈腐状，煮液现青绿色时，取出一千立厘（mL），同时滤清其中残渣。

（2）和入精胶，蛋白胨，蔗糖，溶解煮沸而热滤之。

（3）趁热将滤液分装入试管中约五克，后用棉塞塞口。

（4）装置完毕，乃排入铁丝篮内，用湿压机消毒，二十五磅的压力，合一百三十度，经二十分钟。

（二）大豆汁液体培养基

1. 材料

（1）大豆汁	1000mL
（2）蔗糖	6g
（3）百布顿	3g

2. 制法

（1）取黄大豆半升，充分煮烂之。

（2）滤取煮液，加蔗糖和蛋白胨，溶和之。

（3）装管，以满四分之一试管为度。

（4）杀菌，湿压机中二十磅二十分钟。

（5）取出静置，即可备用。

（三）牛肉汁培养基

1. 材料

（1）鲜牛肉	500g
（2）氯化钠	10g
（3）蛋白胨	20g
（4）磷酸钠	1g
（5）碳酸钠	不定
（6）蒸馏水	不定

2. 制法

（1）将已除去肥脂及筋质的牛肉，用切肉器或菜刀切碎，纳于大口玻璃中，加入纯水满一千克，浸一昼夜。

（2）滤去肉屑——用湿纱布压滤。

（3）再加入纯水满一千克。

（4）再加入氯化钠、蛋白胨及磷酸钠。

（5）溶液蒸煮三十分钟，后用大滤纸滤取滤液。

（6）用试验纸试验，渐次加入碳酸钠溶液至滤液变为中性而止。

（7）装管。

（8）消毒。

（9）取出备用。

（四）精胶培养基

1. 材料

（1）精胶	3%
（2）蔗糖	6g
（3）蛋白胨	3g
（4）纯水	配成全量 1000mL

2. 制法

如大豆汁液体培养基，但此于装管后，可斜置试管使精胶凝结为斜面以为画线培养，否则直置，则为穿刺培养。

培养基既如法制备，则如下法行接种。

（1）采取材料。就农院附近农田中连根掘取苜蓿一株，以清水洗净其根部污泥。

（2）消毒。根瘤外表附着其他细菌，恐影响于试验工作，故宜行消毒或杀菌步骤，法将苜蓿着生有根瘤的根剪下，浸入千分之一升汞液中，经两分钟后，急取出放入纯水中洗涤三四次。

（3）捣碎。用消毒剪刀急速剪取根瘤，盛入消毒小玻瓶中，以消毒玻璃压椎捣碎，成糊状时，即以消毒橡皮塞封塞瓶口。

（4）接种。取白金针在酒精火焰中消毒以后，即入小瓶中醮菌液少许，急速行下之步骤。

液体培养基，则接触液面。

固体培养基培养如下。

①斜面者，则行画线接种。

②平面者，则行穿刺接种。

三、苜蓿根瘤杆菌的检查

苜蓿根瘤杆菌的体积太小，普通的显微镜往往不易观察清楚，用十五号的接眼镜，十二分之一的接物镜，并在物片与接物镜头之间，涂柏油一滴扶直光线的反射曲折度，放大至一千五百倍后，徐徐检查，总有结果。

著者所应用之检查步骤如下述。

（1）涂抹。先取揩拭清洁之载玻片，斜置于试验机上，后取白金针于酒精灯火中烧之；旋蘸取检查苜蓿根瘤杆菌的材料，置于载玻片中央面上，徐徐向四面扩张涂抹，至各处涂抹之材料均匀及飞薄为度。

（2）干燥及固定。将已涂布好的标本，使有细菌之玻面上，两指夹着载玻片的两端，在酒精灯火焰三寸以上，来往经过三次，使其所含水分，如量蒸发而固定之。

（3）染色。取品红（Fuchsine）染色剂滴注于标本涂抹面全部，置标本架上，静待三分钟，并高抬于酒精火焰上微微灼熟，其上染色液微有水气，即速离开火焰而冷却之。

（4）冲洗。载玻片经上法染色后，呈色广而且红，即用蒸馏水徐徐冲洗，待玻面微带红色而止。

（5）脱色。如染色遇浓，水分不易冲洗干净，则微加酒精二三滴，溶解其多余的色素，再用纯水洗清之。

（6）干燥及封检。染色即妥，则烘去水分，在其中央加加拿大树胶一滴，一面即取清洁盖坡片徐放于载玻片有树胶处，赖圆点小玻棒尖端轻轻压迫之力，使树胶平等展开，胶黏妥贴。

（7）标号。标本制作已完，则于载玻片之一端黏上小小标签，标签上记明标本来源及作片日期。

（8）镜检。用最高倍显微镜细心检查，放大达一千五百倍，即勉强可以观察。

（9）绘图。逐日检查结果，随时绘图记载之。

（10）保存。良好的苜蓿根瘤菌检查标本，作一木匣盛受，备日后对照或参考。

四、苜蓿根瘤杆菌的形态及其变化

苜蓿根瘤杆菌是一种单细胞植物，它的形态依环境的不同而常起种种的变化，学名可暂定为 *Bactorium radicicola* var. *medicago*，在苜蓿的根瘤内时，通常为分歧形（图版一，1）。

自苜蓿根瘤中接种苜蓿根瘤杆菌于蚕豆叶汁固体培养基内，七日后，检查得杆状（图版一，2）。

七日后，再检查，杆状形成丝状（图版一，3）。

丝状的苜蓿根瘤杆菌出现以后，继续培养一个月，用同法检查，菌体渐渐放大，

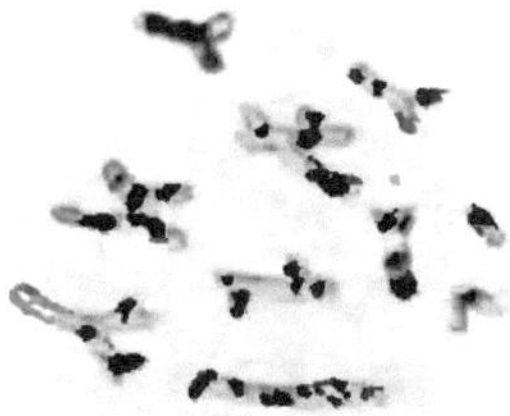

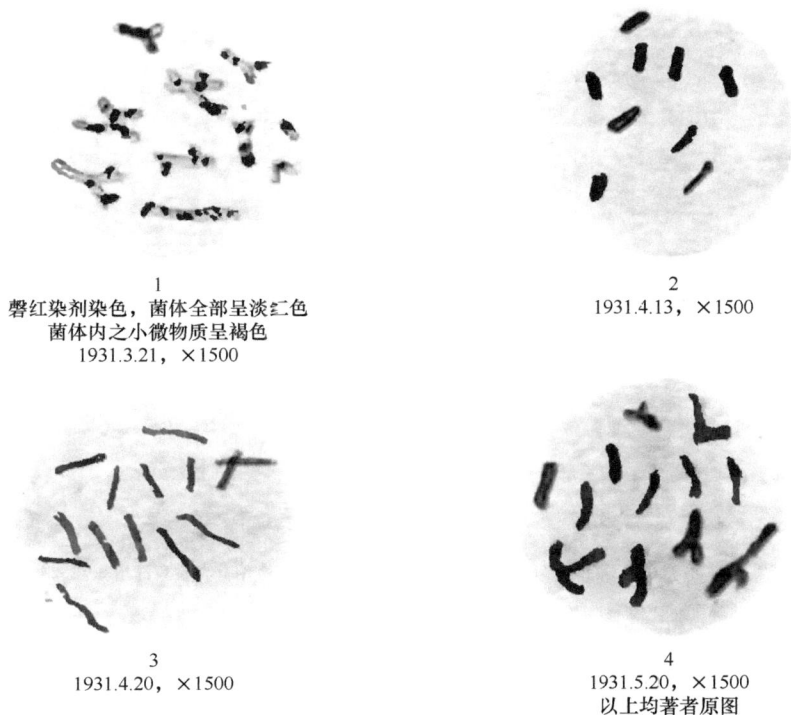

1
磐红染剂染色，菌体全部呈淡红色
菌体内之小微物质呈褐色
1931.3.21，×1500

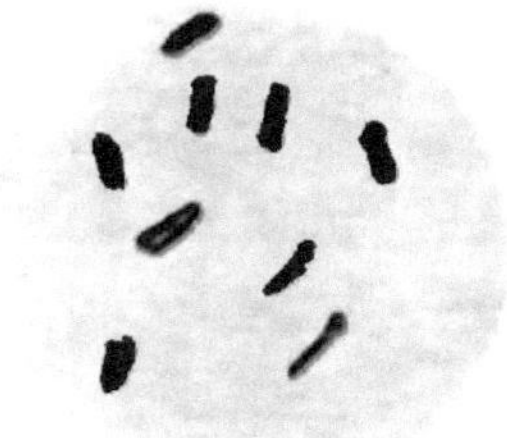

2
1931.4.13，×1500

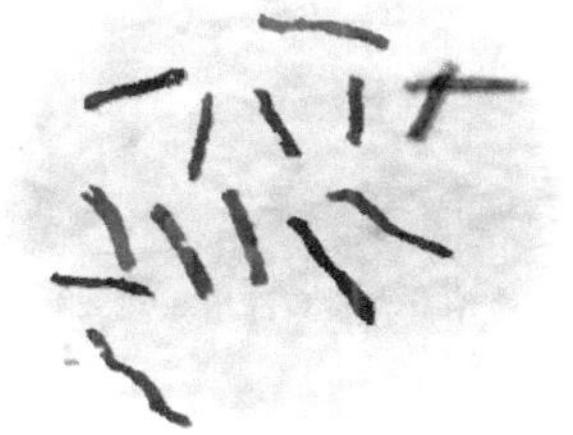

3
1931.4.20，×1500

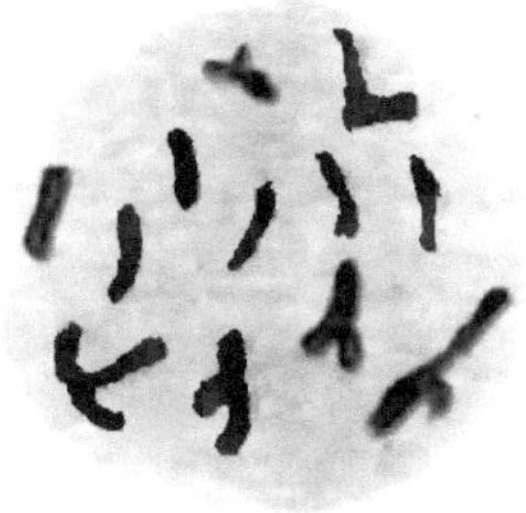

4
1931.5.20，×1500
以上均著者原图

图版一

而其长度缩短，分歧为二叉或三叉，最多四叉（图版一，4）。

菌体在分叉以后，蚕豆叶汁固体培养基的色泽渐现浑浊、茶褐色，自此以后，逐日检查，菌体尚未发现何种变态。

在其他培养基中，苜蓿根瘤杆菌也以同样的程序发育，自杆状而丝状而叉状的，但变化的程度，则各个培养基上所检查得到的菌体，在同一高倍显微镜观察，同一手续制作标本及染色情形之下，彼此微有出入，叉数有多有少，菌体有大有小。

下面比较同一时期的苜蓿根瘤杆菌的形态，于培养七十日以后，因培养基之不同而有大小的差异。

于牛肉汁培养基中，菌体最大，分叉最多为三出，在前述蚕豆叶汁固体培养基中，菌体适中，发育最盛，分歧至少二出，最多四出；在大豆汁液体培养基中，菌体最小，能在两端分歧，普通和蚕豆根瘤杆菌相仿，为Y形：这些菌体没有一定的长阔度，所以不能用量微尺测量，但都有固氮能力，而为寄主造福。

图版二，A～D为四种培养基中所培养的苜蓿根瘤杆菌的形态的比较。

苜蓿结实以后，根瘤就很易脱落，再从根瘤中取出浆汁做镜检，苜蓿根瘤杆菌有的固为叉状，而大多则又变为杆状，甚至于球状（图版二，E）。

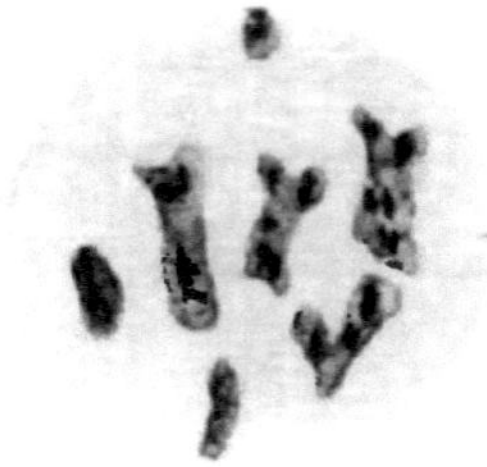

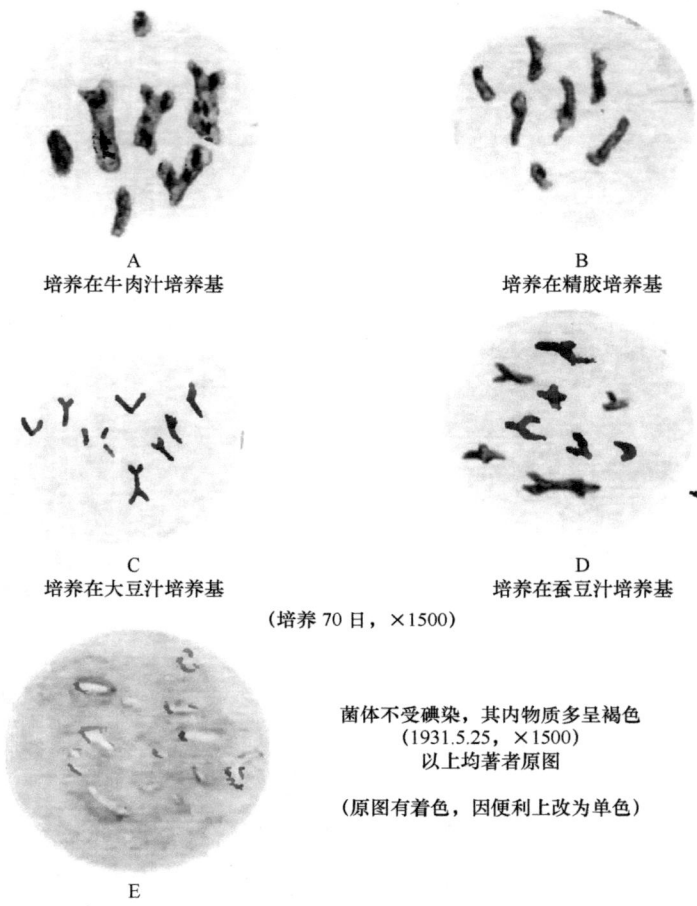

A
培养在牛肉汁培养基

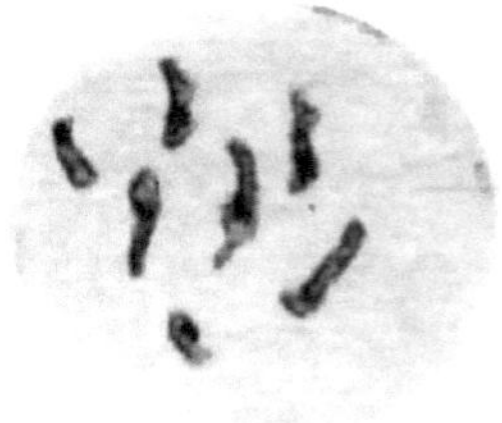

B
培养在精胶培养基

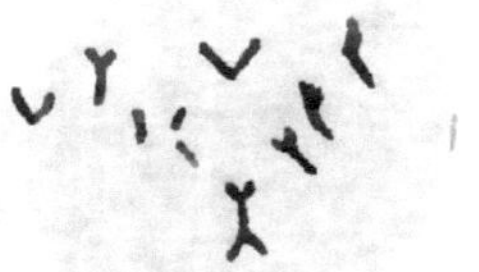

C
培养在大豆汁培养基

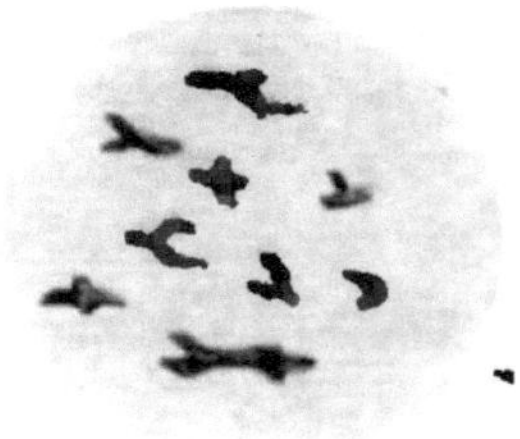

D
培养在蚕豆汁培养基

（培养 70 日，×1500）

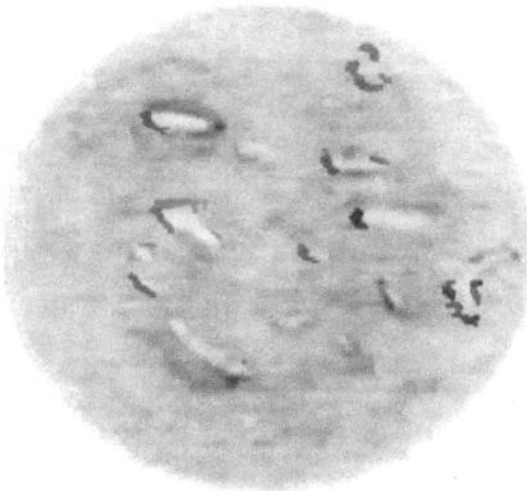

E

菌体不受碘染，其内物质多呈褐色
（1931.5.25，×1500）
以上均著者原图

（原图有着色，因便利上改为单色）

图版二

根据上述试验的结果，得推论苜蓿根瘤杆菌生长循环与形态变化如下图。

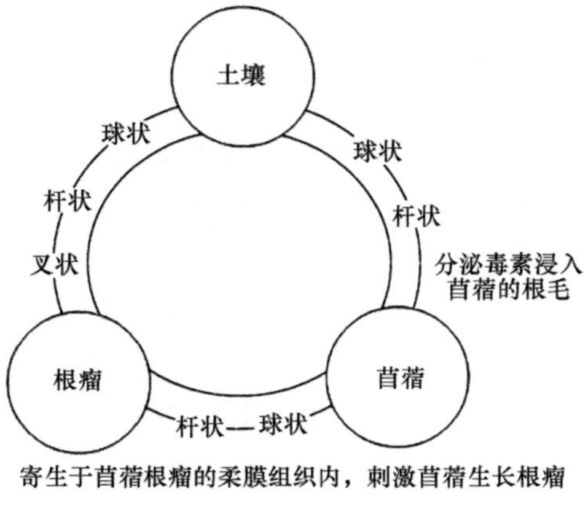

五、结论

从实验上，正确地知道苜蓿根瘤是受了苜蓿根瘤杆菌的寄生所分泌的一种毒素刺激膨胀起的，根瘤着生于苜蓿根上的方法，是以根瘤基点连贯于根的柔膜组织内，初起时，由维管束相通，赖维管束以吸取寄主的养液，后来到本身能制造养料时，靠细胞膜的渗透作用，就供给寄主生长上必需的氮了。所以苜蓿根瘤杆菌和苜蓿本身是先后营共生作用，相互为利的。

苜蓿根瘤内部白色的浆汁是苜蓿根瘤杆菌生长的结局。普通自根瘤直接取出汁液来检查，大多为一种分叉状的菌体，唯此分叉状的，总有吸收固定空气中游离氮的能力。最后，此分叉状菌再由异化作用（Disassimilation）而成淡白的黏液物质，大约豆科植物的营养特殊处，就是同化此富有氮化物的细菌产物。

如将上述菌体接种于人工的各种培养基中，细菌原来的状态就会发生变化，自杆状，而丝状，再至于分叉状或黏汁，甚至杆状（在苜蓿结实以后的根瘤中，取出菌体培养）：这样循环着、变化着，以延续其生命。

苜蓿根瘤杆菌的体积实在太小，非放大至一千五百倍是无从检查的，要检查的目的物看得清楚，又要行染色的手续，以复红染剂染色，颇称简便，如取碘液为染剂，菌体虽不受染，但其他物质，则多变为黄色或褐色，看亦可明白苜蓿根瘤的细菌。

至于问到研究根瘤杆菌有什么作用，答复的理由很充分。第一，是因为它有直接固定游离氮素的能力，给寄主充分的养料，让寄主枝叶扶疏，结实丰满，以增加栽培家栽培的收益的程度；第二，是应用它来蓄积肥力，改良石田，以扩张农地耕种的面积；第三，是利用苜蓿根瘤杆菌以缩短农地休闲的时期，如将苜蓿根瘤杆菌用人工繁殖，和砂土拌成一起，分装玻璃瓶中，在农地需氮作物已连作数年，非休闲二三年不能恢复地力的情势之下，马上栽培一季苜蓿，加入适量人工苜蓿根瘤杆菌，不需任何肥料，不费任何成本，一年后，就可抵得休闲三年的效果，而农地不致休闲过久，减少收益。

这并非理想，这是已经 M. W. Beijerinck 和 Hiltner 诸氏实验证明过了的。

➤➤➤《自然界》期刊，1931，7（1）

应用豆科植物概论

《应用豆科植物概论》，民国时期步毓森撰，1934 年出版。

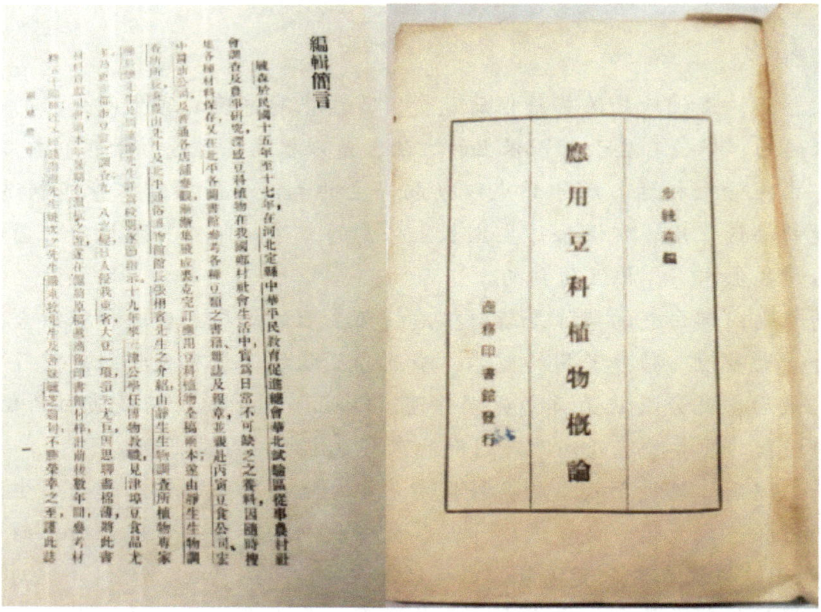
編輯簡言

毓森於民國十五年至十七年，在河北定縣中華平民教育促進總會華北試驗區從事農村社會調查及農事研究，深感豆科植物在我國鄉村社會生活中實爲日常不可缺少之養料，因隨時搜集各種材料保存，又在北平各圖書館參考各種豆類之書籍、雜誌及報章，

應用豆科植物概論

步毓森編

商務印書館發行

苜蓿属（*Medicago* L.）

叶为羽状复叶，由三个小叶合成，花冠在开花后脱落，花瓣的爪分离，荚成螺旋形或镰形，和草木樨属植物相类似，但草木樨属的荚为圆形或长椭圆形。

苜蓿（*Medicago denticulate* Willd.）：生在原野里，为牧草和肥料里的主要的庄稼，所以农家多有栽培的。是二年生的草本植物，平卧在地上，长二尺多，叶为羽状复叶，由三个小叶合成，没有卷须，托叶细裂；叶腋出花轴，生花三个至五个，形状很小，黄色，蝶形花冠，果实为荚，成螺旋形，有刺，很尖锐；二三月里生苗，一年可刈三四次。又称“牧宿”“木粟”“连枝草”“怀风”等名。

苜蓿的用途：苜蓿最大之用途，在供给饲料，其滋养价值视所含蛋白质的多少而定，普通多和淀粉类饲料混用，其滋养价值较车轴草为优，当有用此代替食粮中的麦麸；苜蓿的蛋白质一公斤约等于麦麸的蛋白质一公斤。

苜蓿（Alfalfa）的栽培法：产地为欧亚和非洲西部，在纪元前由米地亚（Media，即波斯）传播到希腊、意大利、西班牙；十六世纪的时候，传播到美国、墨西哥等地，覆在土壤里，可以做肥料，种类很多，大半全是在秋季播种，翌年成长，每年刈收获一、两次至三、四次，每亩产量约1600斤上下，所施肥料可用石灰，要深耕细耙，根部入土很深，每亩用种子四、五斤，是用撒播的方法，时常要将草除去。

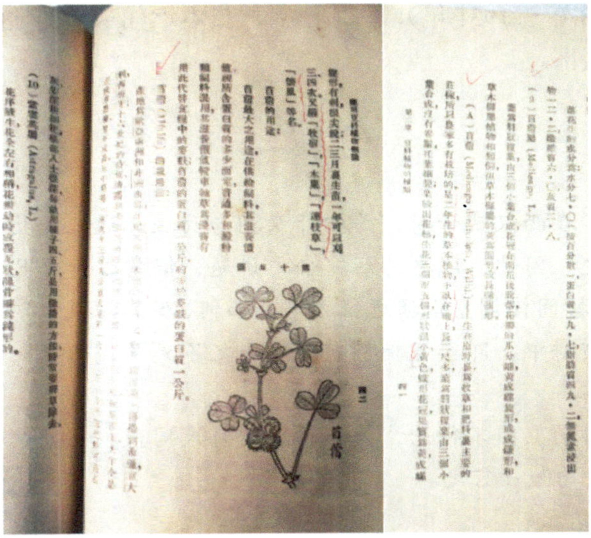

➤➤➤《应用豆科植物概论·豆科植物的种类》

张骞西征考

《张骞西征考》由日本学者桑原骘藏撰写。

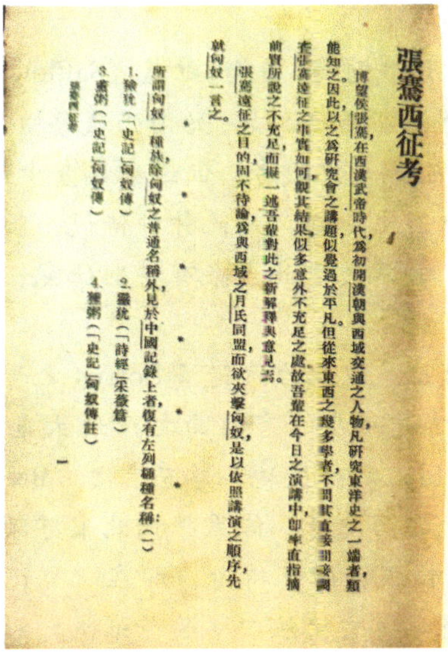

張騫西征考

博望侯張騫，在西漢武帝時代，為初開漢朝與西域交通之人物，凡研究東洋史之一端者，類能知之。因此，以之為研究會之講題，似覺過於平凡。但從來東西之幾多學者，不問其直接間接或論及張騫遠征之事實如何，觀其結果，似多意外不充足之處，故吾輩在今日之演講中，即率直指摘前賢所說之不充足，而擬一述吾輩對此之新解釋與意見焉。

張騫遠征之目的，固不待論，為與西域之月氏同盟，而欲夾擊匈奴，是以依照講演之順序，先就匈奴一言之。

所謂匈奴一種族，除匈奴之普通名稱外，見於中國記錄上者，復有左列種種名稱：(一)

1. 獫狁（「史記」匈奴傳）
2. 玁狁（「詩經」采薇篇）
3. 薰粥（「史記」匈奴傳）
4. 獯粥（「史記」匈奴傳註）

張騫西征考

1

史地小叢書

張騫西征考

桑原騭藏著

楊鍊譯

商務印書館發行

桑原骘藏（1870～1931年），日本学者，日本近代东洋史学的开创者之一，生于日本福井县敦贺郡。

张骞远征

博望侯张骞，在西汉武帝时，为初开汉朝与西域交通之人物，凡研究东洋史之一端者，类能知之。因此，以之为研究会之讲题，似觉过于平凡。但从来东西之几多学者，不问其直接间接调查张骞远征之事实如何，观其结果，似多意外不充足之处。故吾辈在今日之演讲中，即率直指摘前贤所说之不充足，而疑一述吾辈对此之新解释与意见焉。

张骞远征之目的，固不待论，为与西域之月氏同盟，而欲夹击匈奴，是以依照讲演之顺序，先就匈奴一言之。

➤➤➤《张骞西征考》

西域植物之输入

藉张骞远征而明了西域之事情，同时，几多西域珍异之产物，煽动武帝之好奇心。武帝或求由西南方面经身毒向大夏之通路，或欲开乌孙与大宛、大夏之途径，皆为对中央亚细亚产物之好奇心的结果也。自与西域诸国确实沟通以来，其地产物输入中国者不少，因不待论，《汉书•西域传》之赞中，亦明记“殊方异物，四面而至之句”。唯此为张骞西征以后之事，至其自身于归朝当时，果赍来如何之土产乎？在今日已不了然。

在Bretschneider之《中国植物学》书中记载葡萄、石榴、红蓝（Safflower）、胡豆、胡瓜、苜蓿、胡荽（Coriander）、胡桃等，均藉张骞西征之故，始由西域移植于汉地者。固不待言，Bretschneider系根据中国之记录而如是记载者，但过细调查中国之记录，即胡麻、胡葱等，亦藉张骞而由西域传于中国本地者。凡此种种传说，虽世间或学者中甚倾信之，然尤附带许多疑惑余地也。吾辈关于此点未有特别研究，姑指摘其二三注意点。

（1）葡萄旧作蒲桃或蒲陶，有时亦称蒲萄，以此为希腊语Botrus之音译者，为Kingsmill氏所首创之说。而Lacouperie等更进一步，言葡萄之产地大宛国之宛的Yuan为Yaon（Yavana），主张以大宛国为希腊人之殖民地。总而言之，Bretschneider氏主张葡萄为张骞输入于汉土，其载在汉代之历史者，似系根据北宋苏颂之《图经本草》与明代李时珍之《本草纲目》，唯其错误，固不待论，即在《史记》《汉书》中亦断然不见张骞传入葡萄之记事。引据唐李善文选注中之西晋张华之《博物志》，记载葡萄为贰师将军李广利于大宛征伐之际，始输入中国。试查考《史记·大宛传》之本文：汉使取其实来，于是天子始种苜蓿、蒲陶肥沃地，及天马多，外国使来众，则离宫别观旁尽种蒲陶、苜蓿极望。

可知输入葡萄之人既非张骞，亦非李广利，实为张骞死后，与苜蓿同依无名之使者输入者。

（2）苜蓿或作目宿、木粟等。此亦似为外国语之音译。Kingsmill 氏照例主张苜蓿为希腊语 Medikai 之音译。所谓张骞以苜蓿输入汉土者，恐以西晋张华之《博物志》或传称梁代任昉所作之《述异记》等记载为嚆矢，至其后之记录，不遑一一枚举。在清末有所谓黄以仁者之苜蓿考中根据此述之《博物志》与《述异记》等，谓"晋梁去汉不远，所闻当无大谬"而断定张骞为苜蓿之输入者。唯据《史记》《汉书》，苜蓿与葡萄，同系张骞以后所输入，其事明甚，此等怪诞之传说，吾辈不得不排斥之。

➤➤➤《张骞西征考》

《本草纲目》卷三十三葡萄一项中，李时珍曰："《汉书》言：张骞使西域，还始得此种（葡萄）。"苏颂曰：按《史记》云"大宛以葡萄酿酒，富人藏酒万余石，久者十数年不败。张骞使西域得其种还"。

即是在葡萄一种类中，又分野葡萄与山葡萄，雅名曰蘡薁。《诗经·豳风·七月》篇之"六月食郁，及薁"视作蘡薁者甚多，如明之李时珍即其中一人（《本草纲目》卷三十三），深信蘡薁由先秦时代即为中国所有。然据 Hirth 言，蘡薁 Anguk 恐系波斯语 Angur（葡萄之义）之音译。因此《诗经》之薁并非蘡薁也。

➤➤➤《张骞西征考·西域植物之输入》

在《文选》卷十六所载西晋潘岳之《闲居赋》之注中有："《博物志》曰，李广利为贰师将军，伐大宛得葡萄。"之句。反之《太平御览》卷九百七十二所引之《博物志》，则记张骞使西域得葡萄，而今所传之《博物志》中，并不见葡萄之事，故由正其异同。后魏贾思勰之《齐民要术》卷四，种桃第三十四之注曰："汉武帝使张骞至大宛，取葡萄实，于离宫别馆尽种之。"唯此注疑非贾思勰所自注，则姑置之，然在唐段成式之《酉阳杂俎》卷十八引后魏尉瑾之语："此物（葡萄）实出于大宛，张骞所致。"不仅此也，唐宋以后之记录中，皆拟张骞为输入葡萄者，《文选》李善之注，或以张骞与李广利误传耳。

➤➤➤《张骞西征考·西域植物之输入》

《博物志》曰："张骞使西域。所得蒲桃、胡葱、苜蓿。《太平御览》卷九百九十六所引”。

《述异记》：张骞苜蓿园在今洛中，苜蓿本胡中菜，骞始于西国得之。

➤➤➤《张骞西征考・西域植物之输入》

中国经营西域史

《中国经营西域史》，民国时期曾问吾撰，分上中下三编，阐述历代王朝及近代中国经营管理西域的历史。

曾问吾（1900 ～ 1979 年），字学之，广东兴宁人。

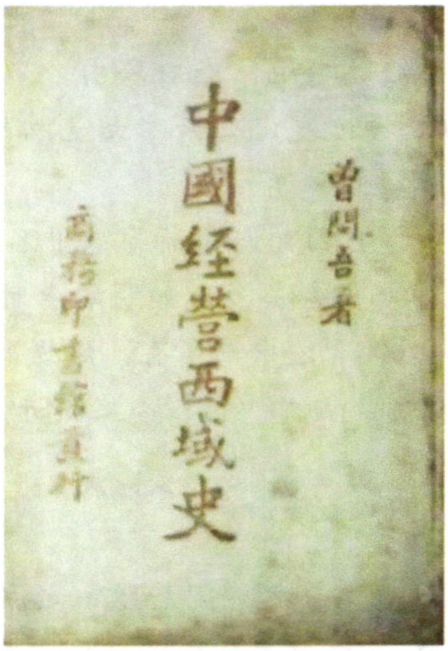

两汉通西域与中西经济及文化之交流

西域之文化输入中国，有史可考者亦甚多，兹分述如下。

土产物，《汉书・西域传》云：“明珠、文甲、通犀、翠羽之珍，盈于后宫，蒲梢、鱼文、汗血之马（四骏马名）充于黄门。巨象、狮子、猛犬、大雀之群，食于外囿。殊方异物，四面而至。”上述各物，除骏马外，余皆供人玩赏之物，对于国计民生，似无若何裨益。西域植物移植汉土者其数尤多，如葡萄、苜蓿来自大宛，胡椒来自天竺，石榴来自安息。有如红蓝花、胡麻、胡豆、胡蒜、胡荽、胡瓜、胡桃、胡葱、酒杯藤等，以上各植物都由张骞或其后之汉使自西域取其实移植于中国者，而为社会上日常需用之物。

➤➤➤《中国经营西域史·第一章》

中国历代劝农考

《中国历代劝农考》，民国时期宋希庠撰，共9章，论述各个朝代的劝农考证。

宋希庠（1902～1939年），字序英，生于江苏南通通州石港镇，民国时期农业相关的政府官员。

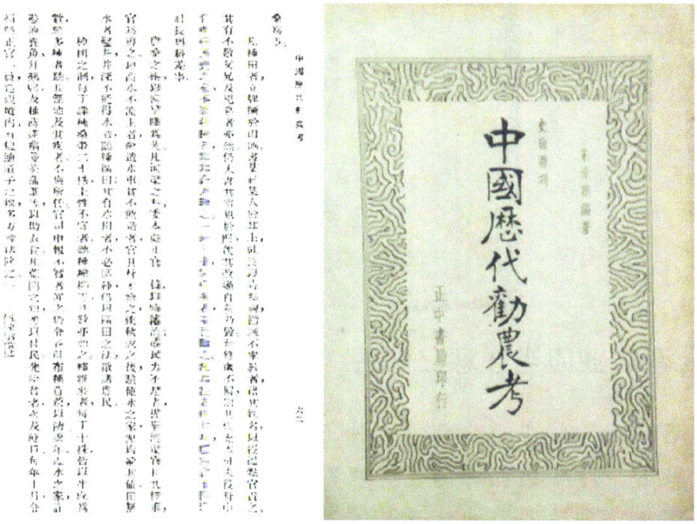

元代之劝农

种植之制，每丁岁种桑枣二十株。土性不宜者，听种榆柳等，其数亦如之。种杂果者，每丁十株，皆以生成为数，愿多种者听其。无地及有疾者不与。所在官司申报不实者，罪之。仍令各社布种苜蓿，以防饥年。近水之家，又许凿池养鱼并鹅鸭之数，及种，莳莲藕、鸡头、菱角、蒲苇等，以助衣食。凡荒闲之地，悉以付民，先给贫者，次及余户。每年十月，令州县正官一员，巡视境内，有虫蝗遗子之地，多方设法除之。

➤➤➤《中国历代劝农考》

新青海

《新青海》，民国时期新青海社创办，主要记载1932～1937年青海的政治、经济、文化、教育、卫生等方面的发展信息。1936年，刊发了《改良西北畜牧业应当注意之苜蓿（Alfalfa）》一文。

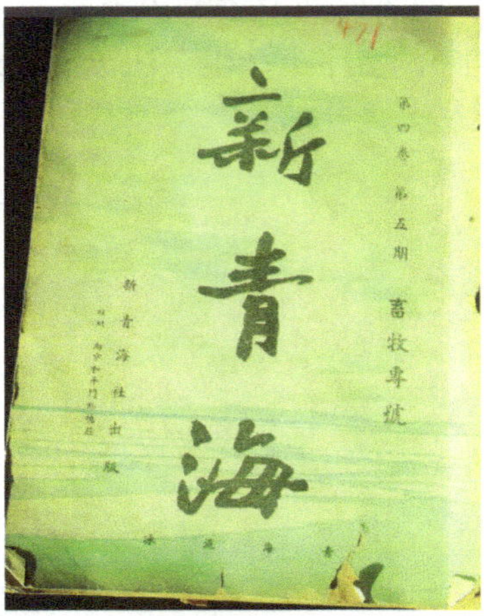

改良西北畜牧业应当注意之苜蓿（Alfalfa）

近来闻政府方面，将在西北大批试种苜蓿，用意至善。盖西北畜牧事业之最大问题而亟须改良者，即疾病之防治，与家畜冬日之管理。作者虽从未步入西北，但读关于西北之著述，每述及因疾病及冻饿而损失者，每年估计，殊属惊人。西北气候寒冷，冬季较长；而牧民不知利用储粮，供其冬日之需要，以致家畜冻饿而死。此种损失，殊为不值。盖刈取草类制成干草，储以备冬，乃轻而易举之事。苜蓿之饲养价值高，无论制成干草，藏以备冬，或青刈而饲喂，均不失为最合理之粗糙饲料。兹就其性状、品种、习性及栽培法等，论述如后。

植物学上之性状

苜蓿为多年生豆科植物。根长、深。根冠生茎，为数不一。普通为五至二十。有时可达百余，唯甚罕见。茎上生数叶枝，每小枝端具生三叶，高度大约由尺半至三尺。根冠或露于地面之上，或埋于土内，为一组短枝所组成。芽即发生于此种短枝上。普通第一批枝叶成熟后，新叶即随而发生。故有时可观察新芽之发生，以决定苜蓿之刈割时期。

野生苜蓿之品种

考察栽培苜蓿之历史，知希腊、意大利（罗马）早已栽培之。此种植物之原产地，大约为波斯。该地所有野生者与栽培者极相似。

野苜蓿多生于亚洲中部及西部，欧洲南部，以及非洲北部之高山上。此种野生者依植物学家之研究，定为十五种。其中仅有一种开黄花、结弯月形之荚者，在经济上尚有相当价值，余则不足注意也。我国新疆、青海一带，想必有此种野生苜蓿，不过栽培者甚少。

栽培苜蓿之品种

经吾人栽培之苜蓿，品种繁多。兹就其重要者，列举数种，略述如下。

1. 普通种（Common Alfalfa）——凡普遍生长于欧洲、美洲，以及加拿大、澳大利亚之苜蓿，皆属于此种。开紫色花。茎叶光滑、无毛。此种宜于温暖地带。种于我国之西北，恐不能有美满之结果。

2. 土耳其斯坦（Turkestan）种——亦开紫色之花。与普通之苜蓿极难辨别。唯较短小，茎叶略生细毛，且枝叶更具向四方开展。此种颇宜于干燥寒冷之地，以其原产地即干燥寒冷也。

3. 杂色（Variegated）种——为普通紫花苜蓿与黄花苜蓿杂交而来。杂种再相交，乃成种种颜色之花。如白、乳白、黄、青绿、深绿，以及紫色。其荚之形状在，亦不一定。茎叶匍匐于地上。颇能耐旱耐寒，能生于沙性土壤中。最著名之品种，有德国种（Grimm Alfalfa）、加拿大种，及中亚种。Grimm Alfalfa 原产于德国，极能抗寒，为冬日寒冷地带所适宜之品种。

4. 黄色苜蓿或称西伯利亚种——野生于欧洲北部及西伯利亚。开黄色花，结弯形豆荚。亦能抗寒耐旱。唯有匍匐于地面之习性，故产量较少，且变为木质之期颇早。种子不易得。

上述四种，除第一类外，余皆可于西北试种，以视其结果及产量。此外尚有原产于西伯利亚之黄花苜蓿，如植于西北一带，必能有良好之结果也。

苜蓿对于风土之影响

引种苜蓿时，不可不先明了西北之气候、温度，以及土壤之性质。然后选择适于此种风土之种类。再行试种，以察其产量，观其生活之状态，作一详细之比较，求得最适宜之品种。若贸然大批栽培，如有失败，损失太大。此则为提倡诸公应注意者也。兹将苜蓿对于风土之关系，略述如下。

1. 对于寒冷之关系——苜蓿在冬日的抗寒力，依照下述数种情形而不同：（一）最重要者为品种；（二）冬日之最低温度，雪量之多寡；（三）生长之密度；（四）土壤水分之多寡；（五）土壤冻结与融解相间之情形；（六）冬日之蛰伏情况；（七）入冬时该植物之生长情形。

最能抗寒之苜蓿，为上述之黄花种与土耳其斯坦种。如普通种多年生于寒地，亦能抗寒，因不能耐寒之个体必被淘汰也。

苜蓿所能抵抗之最低温度，报告中有谓能生于华氏零下八十三度者。此种苜蓿多为西伯利亚种。普通在华氏零下二三十度者，绝不能受严重之损失。尤以撒播时，生长密，可保持土壤温度，降低土壤水分，更加以覆雪之保护，必能安全越冬，即使有死亡亦不为过多也。

冬日土壤水分过多或过少，皆不相宜，皆能致苜蓿大量之死亡。故过于卑湿之地，不宜栽培。而特干旱之土壤，宜于秋后加以灌溉。冬日或冬末土壤一冻一解，当使幼小苜蓿之根冠举至地面上二至五寸处，露于寒冷之暴风下，因而死亡。较老之苜蓿不致有此现象。故秋播宜早，使根部发育大，要减少此种损失。土壤水分过多者，亦易受此种相伤也。

关于冬日蛰伏情形，亦能影响其抗寒性。吾人知果木之越冬，其枝干完全强化，生长停止，于此种情形下蛰伏。苟于秋后灌溉，或晚秋气候温暖，使树木又开始生长，冬日之伤亡必大。苜蓿之越冬，亦如此理。故秋后继续生长新枝者，或土中水分高，皆为易受寒冷冻死之现象也。

然入冬前，亦须有强壮繁茂之生长。否则微弱之植物，抗寒力小，绝不能过冬。秋季播种者，入冬须达四至六寸高。最理想者为七至八寸高。

2. 对于热度之关系——苜蓿对高温无任何影响。唯湿度过大，则不相宜。湿热之气候中，绝不能有良好之结果。干热气候无关系。

3. 对于温度之关系——苜蓿宜于干旱地区。在此种区域内，可生于任何土壤中。而气温之影响亦少。在潮湿气候中，难于生长。故气候必干燥，而不可潮湿。在欧洲，雨量达三十二至三十六寸以上即不宜。美国普通四十寸雨量时，即有害于苜蓿之生长。

4. 对土壤之关系——在半干旱气候中，苜蓿可生于任何土壤中，前已述及。故土壤须深而疏松，无坚硬层，以便于根之向下发展。土壤湿度适宜，过湿或地面积水，空气不流通，亦不能有良好之生长。故排水须良好。总之宜于栽培苜蓿者，须深，排水好，而富于石灰质之土壤也。

苜蓿之习性

苜蓿生活期之年数，颇不一致，视环境及品种而不同。如在美国之半干旱区域内，据可靠之报告，有达二十五年之久者。而在美国东部潮湿地带鲜有过五年者，以其难与野草竞争也。普通产量最盛之时期，为第三四年左右，至第十年则产量渐低。

种子发芽后，积全力发育根部。二月后，根长可达三尺，至五月后，根达六尺半长。故此时当注意田中之野草，如滋生繁盛，幼小之苜蓿不能与之竞争，必不能有良好之发育也。至根之性状亦不一致。如黄花苜蓿及杂色花苜蓿之根有根茎。前者有对生伏茎，长二至四尺。自此茎上再生枝叶。此种根茎皆生于地面下，借此可免受冻死之害。故凡能抗寒之种，均生有此种根茎。

至于叶枝之数目，并不一定。发育良好之苜蓿，约有二十至五十叶枝。普通高达尺半至三尺。叶之疏密无定。茎叶或有毛或光滑，视种别而异。在干旱地带内，每年仅发生一批枝叶，种子成熟后，即终了。而地湿润之情况下，花盛开时，新条又开始发生，此种现象颇有在于种子之成熟。干旱区内新枝叶之生长，可用灌溉法管理之。欲其生新枝则灌水，否则任其自然。

苜蓿之栽培

整地——初生之苜蓿不能与野草竞争，故播种前，须清除杂草，并须相当潮湿。可于播种前休种数星期。如于夏末秋季播种，可于他种作物收获后再撒种。

接种——苜蓿亦如他种豆科植物，根部生根瘤，如无根瘤，生长至三至六寸高后，即渐渐枯死。此种根瘤生于细根上，形小棒状，有时分歧成手指状。瘤内生有细菌，能固定氮素。故凡豆科植物皆含有丰富之蛋白质。种植苜蓿之土中，须含有此种氮气固定细菌。如曾生长过野生苜蓿或金花菜，则须接种。所谓接种者，即将此种细菌设法移种于栽培苜蓿之土中。最简单之法，为将生长苜蓿或甜金花菜之土壤散布于田中。每亩施用四十至五十磅。或将等量之土，与苜蓿种，混合而播种。近来有用人工培养之细菌，施用于土中者，唯在我国不易购买。

石灰质之施用——苜蓿需石灰质最多。如土中缺乏此物，当于整地时，以热石灰施于土中。测验土中石灰质是否充足，以决定石灰之施用。其最简单之方法，为用石蕊试纸（Litmus paper）测之。将潮湿之土捏成一团，令与试纸接触，如试纸由红变蓝，则无须施用石灰。如由蓝变红，则须加石灰，施用量大约为每亩三百磅（烧石灰）。耕后均匀撒布，三四星期后即可播种。

肥料——苜蓿需要富于腐殖质之肥沃土壤。幼小时需要氮质。至长成后根瘤内之细菌能固定空气中之氮，故对于氮肥不及磷钾之需要甚。厩肥最好，可于秋间播种前耕入土中，或于春季施用亦可。唯施肥后须隔相当时间，务使粪肥与土壤混合均匀，然后播种，方称适宜。如无厩肥，用绿肥亦可。将未成熟之大豆、荚豆，或豌豆，耕入土中，使其腐败。至于人造肥料，以磷钾肥料最好，唯我国向无此项所出产品，故略不论。

每亩需种子量——苜蓿之种子每磅约含 2 200 000 粒。每亩之需要量：如撒播则约为三至四磅。播种时期分春播及秋播两种，北部寒冷地方宜于春播，因秋播者不易过冬。如冬季不过于寒冷，土壤湿度适宜，仍以早秋播种为经济。因翌年可得较多之收获。春播者，当年内收获极少。

播种方法——撒播或条播均可。播入之深度，约半寸至一寸。如土壤干燥或为沙性土，以寸半为宜。条播行间之距离无定，要视土壤水分之供给而决定。

灌溉——苜蓿根深入土中，固能耐旱。然于干旱之区，欲求丰富之产量，仍以灌溉为宜。唯灌溉不可过量。其适宜之水量，须视当地天气之温度、湿度，及风力，而不同，可以试验决定之。至于灌溉之时期，可以苜蓿之生长，及土壤水分之情形而定。如生长停止、叶色变深，中午时叶凋萎，均为需要灌水之现象。至土壤水分之观察，为取表土（至六寸处）置手中压成球形，即为水分充足之现象。总之因土壤深度及性质之不同，水层之深浅，气温之高低，空气中湿度之大小，以及雨量之多寡，风力之强弱，灌水量、灌溉时期，以及每年灌溉之次数，均不能确定也。

除草——苜蓿田中须清除野草。尤以潮湿之土壤中，野生滋生迅速，幼小之苜蓿更不能与之竞争，故须随时锄去。

苜蓿之收获

苜蓿之收获，因宗旨之不同而分为：（一）种子之收获，（二）干草之收获，（三）放牧用，（四）作青贮品（Silage），及（五）青刈用。故其收获及应用之时亦不同。上述五项中，第二项干草之收获，在西北最为重要。而第四项作青贮用，因苜蓿含生质精多，制成之青贮品味道不好。且在我国西北，此种方法，一时实谈不到。故本文略而不论。

为收获种子之苜蓿，播种之距离须大，令其得有充分之日光及肥料。田中水分不可过多。水分大新枝即开始发生，影响种子之产量。普通令年内二次生长者结籽。唯在寒冷地带，生长期较短；二次生长之枝叶，恐于寒冷降临前不能成熟。故当保存春日发生之枝叶，令其于秋时结籽。收获种子后，所余之秸秆（Straw）亦可用以饲喂马牛羊。唯其饲养价值不及干草，尚须辅助加以其他浓厚饲料。

次为干草之收获。所谓干草者，乃于适当时期刈割，置于田中减少其水分，并使其稍久发酵，以生芳香之味。故经过合理调制后，此种产物，须为绿色芳香之干草。所含之滋养料高，且家畜甚喜食之。至于干草调制之详细方法，非本文所及，兹不赘述。此处当将刈割之时期，略加讨论。为收获苜蓿干草，其刈割时期，须视以下情形而为之：（一）当于消化总滋养分含量最高时刈割；（二）此次刈割须对下次刈割无害，即不致减少二次刈割之产量；（三）刈割时天气须干燥，雨季中不可为之；（四）依所饲喂之家畜而决定刈割之早晚。据种种试验及报告，苜蓿用为干草的刈割期，以在花方开时（1/4 或 1/3 花开）最为适宜。因此时叶既茂盛，纤维又少，总滋养料亦高。过晚茎粗硬，过早收获量少。唯用于喂马者，以迟刈为佳，以免泻性过烈。寒地生长期短，年内仅收获一次。若年可刈割两次者，则第一次之刈割不可过晚，以免影响二次之收获。

为放牧用，须择根冠深藏于地面下之苜蓿，以免根冠被家畜伤害，且牛羊食此种牧草，须慎防臌气病。

苜蓿用为青刈作物，可为最佳之饲料，尤以饲喂乳牛最好。所谓青刈饲料者，为于田中刈取青鲜苜蓿，以喂厩中之家畜，如管理适当，能于长夏中不断地供给家畜最佳之青鲜饲料。至于刈割期亦不可过早，宜在稍为成熟时刈割。

苜蓿之饲养价值及其重要

苜蓿饲养价值高，为一切粗糙饲料之冠。无论放牧，制成干草，或用为青刈作物，以饲喂家畜，均为良好之饲料。其所以能如此重要者，不外下列数种优点。

1. 富于滋养料。如发育生长所需之生质精、钙质、磷质，以及维生素，均有丰富之含量。

2. 口味良好，家畜喜食之。且具轻泻性，能防止消化病。

3. 每亩产量大。故栽培苜蓿，较栽培他种作物经济产量高。

4. 具有相当抗旱力，因其根深。

5. 长期生存于田中，免年年播种之麻烦。

总观上述，可知其重要矣，故欧美各国甚为重视。对于抗寒耐旱性之改进，出产量之增加，以及宜于放牧品种之求得，均极力研究。近来颇有相当之成绩。我国西北一带，风土气候，颇宜于苜蓿之栽培。如上述黄花种、土耳其斯坦种、杂色种，均宜于西北。青海一带亦有栽培苜蓿者，唯因不知其重要，未能普遍地大批栽培也。至于试种及推广方法与步骤，尚望同志们详加研究，本文暂不多述。

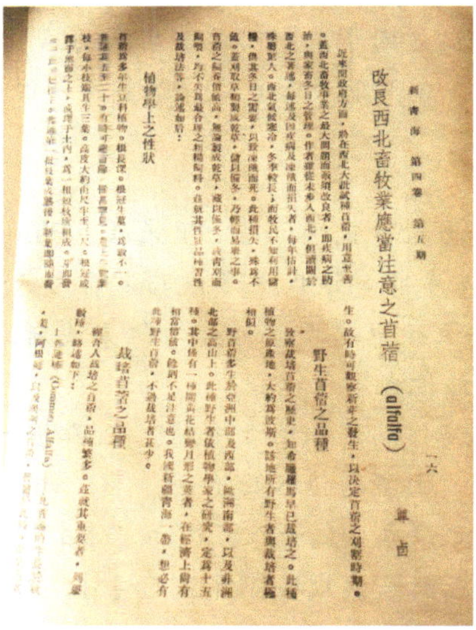
新青海　第四卷　第五期

改良西北畜牧業應當注意之苜蓿（alfalfa）

一六

畢卣

植物學上之性狀

野生苜蓿之品種

栽培苜蓿之品種

➤➤➤《新青海》期刊，1936，4（5）

播音教育月刊

《播音教育月刊》，民国时期在上海创刊，内容以发表广播讲稿为主，涉及地理学、历史学、民族学、社会学、国际时事、农业生物等多个方面；1937 年刊登了孙醒东的《苜蓿育种问题》一文。

孙醒东（1897 ～ 1969 年），生于江苏南京，农学家和农业教育家。

苜蓿育种问题

一、小引

按农业植物分类，豆科与禾本科乃为最有经济价值之两科，因豆科中之大豆、花生与禾本科之稻、麦，皆为供给吾人日用生活之食粮与工业原料之重要农作物。但豆科之中，尚有两种主要作物与发展吾国新兴之畜牧事业有莫大之关系者，吾人每易忽略之，即苜蓿与车轴草两饲用作物是也。欲提倡吾国畜牧事业，势必先从事饲料之供给，方为探本求源之策，亦如人类之生存必依民食为主，同出一理。试以美国而论，除提摩太草与车轴草外，苜蓿竟占主要饲用作物第三位。因苜蓿适宜于半干燥气候，故美国西部畜牧事业甚为发达，实赖苜蓿及其他同气候饲用作物之充分供给，有以致之也。豆科中之饲用作物可分为一年生、二年生与多年生三种植物，苜蓿乃多年生植物也。回忆吾国华北、西北诸省素为畜牧之区，对于提倡栽培适当饲用作物，实为当务之急，今因限于时间，仅就苜蓿一作物作一详细之讨论。

二、来源与分布

苜蓿初为希腊人及罗马人所栽培，据卜里来氏（Pliny）云，约于西历前四七〇年始由米甸（Media）传入希腊。该氏之学说与斯台波氏（Strabo）之主张相符合，皆系根据希腊农学史记之立论也。于此可知米甸或波斯或为其来源地，亦非无因，盖苜蓿之野生种亦产生于该地也。

苜蓿在很早前即栽培充作饲用作物之植物。在罗马帝国时代，其在意大利之栽培，当代学者，曾论及之。由罗马传入西班牙，至十六世纪时始传入法德两国；传入英国乃在十七世纪中叶之事也。到一八五四年，始由智利传入美国之加利福尼亚，发展迅速，日渐扩张。至亚洲民族栽培苜蓿以充饲料，乃近世之事也。

气候、环境、土壤，与栽培苜蓿之成功大有关系，世界主要苜蓿产地当推美国西部、地中海一带、澳大利亚、阿根廷、智利、秘鲁、南非洲、中亚细亚以及中国之东北、华北与西北等处。

三、苜蓿之品种

苜蓿野生种多生于亚细亚中部及西部、欧洲之南、非洲之北，其中有与栽培品种极相似者。栽培品种由野生种传衍而来也。

苜蓿之品种依作物分类约有下列八类。

(1) 普通苜蓿（Common 或 Ordinary Alfalfa）。此类苜蓿于美国、欧洲、阿根廷，及澳大利亚繁殖甚多。多数欧洲种子概自法国、意大利、匈牙利与德国而来。其中有一旱地苜蓿品种，能在半干燥地带而无灌溉之状况下，生长一二代，故旱农方面认为是抗旱品种。

(2) 土耳其苜蓿（Turkestan Alfalfa）。此种苜蓿之植株与普通苜蓿无甚分别，唯生长于低温地方，成绩低劣，然在半干燥地带对于抗旱抵寒尚属优越。于美国环境之下，其种子产量甚低，故大部分种子均由土耳其而来。

(3) 阿拉伯苜蓿（Arabian Alfalfa）。植株有毛，复叶大，生长极快，寿命稍短，因其生长极速，若于适宜气候之下，一生长期间可刈割至十二次之多。低温下尤能生长，总比普通苜蓿为强。所可惜者，即寿命较短耳。普通三四年以后，即渐退化矣。

(4) 秘鲁苜蓿（Peruvian Alfalfa）。此品种由秘鲁高原而来。按植物生理而言，与阿拉伯苜蓿甚相似。有毛，复叶大，植株直立，粗大，唯抵寒力甚弱。

(5) 杂色苜蓿（Variegated Alfalfa）。所谓杂色者，乃指此类品种系由紫花苜蓿与黄色苜蓿杂交而来者也。于此类杂交种中，产生各种花色之苜蓿，有白色、乳白色、黄色、浅蓝色、烟绿色与紫色等。杂交苜蓿之性状，多介乎两亲本之间，抗寒力比普通苜蓿为强，或由于所产生之蔓根所致也。

杂色苜蓿中有名“沙草苜蓿”(Sand Lucerne)者，以其对于沙质土壤有优良之成绩，在欧洲已享名甚久，而在德国尤甚。在美国对于抗旱及冬硬亦均有优良结果。

(6) 格润母苜蓿（Grimm Alfalfa）。此种来自欧洲，适宜于寒冷之气候。抗寒力与冬硬性甚强，故种子之价格高于普通苜蓿，每亩种子产量甚高。

(7) 考色克苜蓿（Cossack Alfalfa）。此品种来自俄国。近来美国西北一带多有栽培之者，据试验结果，其冬硬性并不超越格润母苜蓿。

(8) 西伯利亚苜蓿（Yellow，Sickle 或 Siberian Alfalfa）。此种多野生，广布于欧洲北部及西伯利亚一带。欧洲种在瑞典与欧洲其他各处略有栽培，每亩产量甚低，盖因植株具有匍匐性，茎变木质较早，且当采集种子时，容易脱落也。

西伯利亚种中有直立者，有半蔓性者，且蔓根特别发达。此数点在农业价值上，唯用育种方法大有改良之可能。

四、苜蓿之用途与西北畜牧事业

苜蓿所以为重要饲用作物者，不外其具有下列各种特性所致。

(1) 营养价值及适口性高。

(2) 每亩产量大。

(3) 主根深长具有抗旱性。

(4) 寿命长。

(5) 可消化蛋白质高。

根据上面各种特性，是知苜蓿乃为一有用之经济饲用作物，而无疑义。

苜蓿乃为牧草中最高等之饲料，其主要用途除调制干草，一年四季喂养牲畜，青刈之可为当日之青饲料，或为窖藏料外，尚有用之为牧场者，即栽培苜蓿，放牧其中，使家畜自由采食。牧场有短期与永久之别，前者称为短期牧场，即当放牧期间，临时应用，亦有继续用二三年，然后犁去，以栽培其他作物而行轮栽制度者。后者为永久牧场，即栽培苜蓿，用以放牧家畜，无时无限之谓。此种牧场少有中耕者，或从不中耕者亦有之。

兹将苜蓿在欧美各地之主要用途罗列如下。

(1) 乳牛饲料。苜蓿为乳牛上等饲料，畜牧家认为视喂养乳牛苜蓿之多寡，能预测将来牛乳油市价之高低。意即多食苜蓿之乳牛，其牛乳油之品质既高，售价必高，而饲料之成本又低，其中关系之重大，可以想见，此外苜蓿之对于乳牛适口性尤大，且其可消化之百分率亦甚高。当夏秋之季，乳牛亦可用之为青刈料，即一日刈割二次喂养之。一亩苜蓿足够五头乳牛之需，真可谓经济矣。

(2) 肉牛饲料。玉米与高粱两作物中之碳水化合物甚为丰富，而苜蓿则富于蛋白质。无论玉米或高粱单独与苜蓿配合，都可为肉牛良好之饲料。

(3) 猪饲料。猪类亦为吃草动物，最喜苜蓿与车轴草，多喂苜蓿与少量谷物，能使体重增加。据美国康色斯试验场报告:喂养苜蓿干草一吨,可产生猪肉八六八磅。若以苜蓿与谷物喂养九星期，每头猪可增加九〇．九磅。而仅以谷物喂养者，则每头仅增加五二．四磅。由此可知，苜蓿实有催促其生长之力也。

苜蓿地可为猪之永久牧场，放牧田中，使之自由采食。三十至六十磅重之猪十至十五头，一亩苜蓿牧场可以敷用矣。

无论苜蓿调制为干草或在夏季为青刈料，均须刈割适时，唯叶多茎少者，猪则甚喜食之。若茎多而含木质者，则不适宜为猪之饲料。

(4) 马饲料。马亦甚喜苜蓿，干草或青刈之均可，若单独喂养苜蓿似嫌营养太丰富。由动物生理而言，营养丰富之饲料每每刺激体格上之改变而增加血液与排泄系统之工作，此不可不注意者也。尤其对于年龄较老之马，须十分小心，对于幼马正常发育之期，大量喂之，可无妨害。此外须有充分户外运动，可增加消化力，此一点亦不可忽视也。按经验而言，喂养马之苜蓿，其刈割之期宜稍迟，盖使植物近于强健之期，饲马尤相宜也。

（5）羊饲料。苜蓿对于羊群，亦如肉牛与猪，占有同样重要之地位。饲羊家亦承认喂之以苜蓿，可使羊体生长加速，而减低喂料之价格。

（6）鸡鸭饲料。苜蓿可为鸡鸭之饲料，为近代鸡鸭饲养家所乐于采用。鸡鸭最喜苜蓿之绿叶嫩茎，多浆汁而少木质之部分，最为适宜。因其富于氮质，此与蛋白质之造成于体格之生长，大有裨益，当冬季喂养苜蓿干草时，则须注意以人工调制，方可应用。或切成小块或捣为细粉，与玉米粉或糠麸调和喂之，此亦为饲养之通用方法也。在欧美各地，此种调制成之苜蓿粉，市场中常有出售者，其价格比苜蓿干草约高出百分之二十五。

（7）制蜂蜜原料。苜蓿植物为造蜂蜜之上等原料，普通虽白车轴草、甜车轴草及荞麦均为造蜂蜜之主要植物，然苜蓿实较优也。按各种蜂蜜之品质而言，美国有教授曾分析各种蜂蜜化学成分，唯苜蓿造成之蜂蜜，为最优良。苜蓿繁茂地带，每箱蜜蜂产蜜量约为二十至四十磅。然亦有报告至七十磅以上者。而于苜蓿不广植之区，普通每箱仅产蜂蜜十至十五磅而已。气候变异，时晴、时雨、时热、时寒、对于各种植物花部蜜腺之排泄力，大有关系。而苜蓿之花，则无此影响也。此可证明，借苜蓿造成之蜂蜜，产量恒较高。

（8）营养平衡功用。普通饲养问题多为营养不平衡，此为碳水化合物与油类甚多，而蛋白质太缺少之故也。由经验证明，苜蓿饲料，不仅能催促牲畜生长，增加其体重，且能增加乳牛产乳量。下表饲料以百镑为单位，其中各种所含之蛋白质、碳水化合物与油类三种成分之分配如下。

饲料名称	蛋白质	碳水化合物	油类
玉米	7.8	66.7	1.6
玉米带穗秆	2.0	33.2	0.6
高粱	7.3	57.1	2.7
高粱干草	2.4	40.6	1.2
普通干草	3.5	41.6	1.4
苜蓿干草	10.6	37.3	1.4

观上表可知，各种饲料作物中，以苜蓿含蛋白质最高。此由于苜蓿本为豆科植物，含氮质较多，所以能造成多量之蛋白质也。所谓营养平衡者，乃指因各牲畜之需要，而于饲料中，对于上列三种混合物应有适当之分配，使其不多不少之谓也。产生维

生素 C 之牛乳与饲料种类大有关系。夏日牛乳所含维生素 C 所以高于冬天者，因牛在夏日多食牧草，冬日多食谷物，有以致也。各季调配饲料时，加入适量之苜蓿，实有平衡营养之功用。研究营养学者，常能注意及此也。

我国华北与西北交通不便、雨量甚少，种植普通植物，甚不相宜。仅畜牧甚为发达，因西北气候，实为宜于畜牧之区也。吾国畜牧之主要饲料，多为谷类作物，甚不经济。以牧草饲养家畜，不仅增加家畜适口性与体力等，亦为经济之道也。牧草种类甚多，其中主要者，有苜蓿，各种车轴草，提摩太草等。在西北提倡苜蓿之栽培，于气候亦颇适宜，且含有下列四种意义。

（1）提倡西北畜牧事业，饲料问题必先解决。

（2）苜蓿亦为抗旱作物之一。

（3）苜蓿为多种牲畜所喜之饲料，较其他饲料用途为广。

（4）过旱之区域，若能施以人工灌溉，能增加苜蓿之产量。

此外，中国本部凡有畜牧事业发达之省份与都市，亦应提倡栽培苜蓿与适合地方性之饲用作物，以解决畜牧饲料问题。虽气候、土壤有不适合苜蓿栽植者，利用育种方法，或能为力也。

五、苜蓿育种问题

（1）植物寿命绵长。苜蓿为多年生植物，平均寿命为五年至七年，有生长至二十五年不死者。植物寿命通常或可以根、茎内部之组织而推测之，因根之长度与其寿命，颇有关系。育种时注意植物寿命较长之品种，亦为经济之道也。但苜蓿之寿命每因环境与品种而异。在美国西方半干燥地带，专家记载有谓寿命能达二十五年之久者。但在美国东部低温地方，鲜有生活过五年以上者。欧洲普通环境之下，可生长四至六年之久，即在适宜环境时，可达十二年，而于特殊情形下，亦可延长十五年至二十年之久。由此可知，外界环境如气候、土壤等，亦能影响植物之寿命无疑。

阿拉伯苜蓿寿命最短，即在适宜环境之下，鲜有生长至五年之久者。西伯利亚苜蓿，生长可达六年至八年，杂色苜蓿之寿命，与普通苜蓿相等，或者过之。

苜蓿产量与植物寿命亦有关系。第三年或超越三年以上时产量甚高，至第七年，即行降低，此为一般作物家所公认者也。

（2）优良种子之条件。饲用作物种子须求优良，其重要条件不外品质、真实、纯度及生活力等是也。①品质：决定种子之实际品质，需要特别学识与经验。对于其中掺假、杂物，或不洁之物，亦宜加以辨认，以防假冒，或传染杂草种子。购买证明种子，须求担保。②真实：即指其名副其实而言。盖大多数饲用作物多含特殊种类而混乱真实品种，此不可不注意者也。③纯度：所谓纯度者，即指其不含杂物而言。饲用作物种子含杂物之多，超过其他任何作物。④生活力：即发芽力之谓。可以极简单发芽期试验之。大多数苜蓿种类之发芽期，七日已足，亦有二三日即发芽者。⑤种子实际价值：种子纯度与田间发芽之积，谓之种子实际价值。例如：A种子纯度为百分之九十，其发芽力为百分之九十，则其播种真价值，当为百分之八十一无疑。⑥地方种子之优越性：一般认为地方生长之种子，较自他处远道采来者能产生较优越栽种成效，自理论上言之，此种现象当可归功于适应性，即适合该地环境所致也。

(3) 抗旱力强。根分为主根、旁根两种，主根粗大，垂直向下，普通根长六三十五尺，尚有报告主根可达四十五至六十六尺者。此种报告，是否正确，尚属疑问。照本人在保定农学院院内农场掘出之根有长至八尺半者，主根之直径有粗达一寸者，然普通鲜有超过半寸者，苜蓿之根部入土甚深，故能钻入心土或稍较坚实土壤，是以吸收土壤中水分能力亦较其他植物为大，此或为其具有抗旱能力之由来也，苜蓿抗旱能力，因品种而异，因地而改变，是故选种时对于品种之抗旱力不可不注意也。

(4) 冬杀与抗寒性。瓦尔准（Waldron）氏收集世界六十八种苜蓿，试验其抗寒性，结果：格润母苜蓿种有一品系冬死率为百分之五，其中又有一品系为百分之十；有十二种全被冷寒杀死，其余者冬死率平均有百分之七十七又十分之五，由此可知，格润母苜蓿之抗寒性，实较优越。抗寒性固因品种而异，其遗传因子，亦甚重要。该氏又试验不同年间与小区间之相关系数亦甚显著。

此外，土耳其苜蓿、普通苜蓿及西伯利亚苜蓿抗寒力亦大，普通寒冷为害于苜蓿，盖不甚大，若温度降低至华氏零下二十度，则为害之程度，自然较巨。亦有报告，苜蓿在温度达华氏零下四十度时，亦可生长成功者。又植物之休眠程度，亦影响其抗寒力，植物已变完全硬实及达休眠时，不易受冻害。灌溉植物，则常受冬杀。幼嫩苜蓿，受冬杀之害者，恒过于较老之苜蓿。总之，下列九种因子可以影响抗寒性：①品种之不同；②遗传因子；③最低温度；④覆雪之数量；⑤生长之厚度；⑥土壤内水分之数量；⑦休眠之状况；⑧结冰与融解之轮换；⑨在冬初时植物之状况。

(5) 天然杂交百分率。苜蓿乃属往往异花授粉群作物，亦如高粱与棉花等作物，天然杂交率甚高。派白氏等（Piper and others）报告：苜蓿之天然杂交百分数约为百分之五十。瓦尔准氏（Waldron）曾试验两种苜蓿之天然杂交百分数，一为百分之四十二又十分之七，一为百分之七又十分之五。

(6) 自然之影响。据克尔克氏（Kirk）之研究报告，自交实能影响产量与后代之生殖能力。自交至四代之久，产量逐渐降低。设以标准区为一百，则自交四代之后平均减低至百分之四十六，此可知自交育种法不能采用无疑也。

(7) 花朵脱落情形。苜蓿花朵脱落情形，亦如棉花与大豆，甚为严重，其影响种子产量甚大。卡尔森氏（Carlson）报告：于两年之久，共研究若干花朵，平均仅有百分之三十四又十分之二，在成熟期可以结荚。易言之，苜蓿之花朵脱落竟达百分之六十五又十分之八。

苜蓿品种有所谓自花授粉品系者，其花朵结荚百分数竟在百分之八十至九十，尚有达百分之九十六者，可知此种品系之花朵脱落程度甚低，大可籍选择育种法而利用之也。

(8) 授粉情形。苜蓿之花为蝶形，其主要部分亦如普通豆科之花。对于授粉情形，乃为一种特殊物理作用所使动，即跳跃作用也。按生理而言，龙骨瓣之两旁生有射出物各一，与旗瓣紧合。内为雌雄蕊之所在，龙骨瓣外背一经外界天然压力或昆虫之访问，则其两旁射出物立刻放松，旗瓣随即与之分离，雄蕊管同时向下拨动，借此则雌蕊受粉矣。

跳跃之来源有三:有昆虫所使者;有自动者，如湿度与温度皆为影响跳跃之原因;此外，尚有人工跳跃，即借人力之谓也。

依授粉种类而言，有自花授粉与异花授粉之别。凡自花授粉者，均由跳跃自动而来，自花授粉之种子品质高，异花授粉之种子产量高。种子产量与气候有关，低湿地带低，干燥地带高，在开花期间雨水过多，亦能降低种子之产量。

(9) 育种之目的与方法。苜蓿虽为上古之植物，发育历史悠久，但应用科学育种方法乃近二十年来之事。比之他种谷类作物，实瞠乎其后焉，普通育种之目的，则有下列数项。①叶部繁盛，茎干直立，则可产生高产量之干草；②种子产量高又能产生优良品质之干草；③抗旱性；④抗寒性；⑤抗病害力强；⑥育成低温地带之种子产量丰富之品种；⑦育成蔓根多，根冠大之品种适宜于永久牧场之用。

因天然杂交百分率甚高，目下苜蓿多数品种含有纯结合体者甚难期望焉。苜蓿品种太混杂，实为育种家当前之一重要问题。普通所有改进方法，不外乎下列三种。

①无性繁殖法。苜蓿之着生蔓根，因品种而异。蔓根能产生新条，由新条而变为新茎植物。割断新茎，移植于水或沙盆中，即能生长新根而繁殖之。或分离蔓根而繁殖之也。

②株行试验。乃纯系育种最有效之方法也。普通需八年至十年方能得到纯系之希望。同时须举行种子套袋或罩铜纱网以控制天然传粉，而保持纯洁种子，以为下年种植之用。若用人工跳跃法亦可，即用普通牙签或一细小之昆虫针，轻轻压动花之龙骨瓣背部，则可自花授粉矣。

③杂交法。亦有用之者，但甚少也。由杂交而希望得到一理想之品种，实为可能之事。即如甲品种能抗寒，又多产蔓根，与一种子产量高之乙品种交配，在事实上似属可能，克尔克氏（Kirk）交配两品种，第一代产量远超过两亲本之上，而第二代则降低，其变异甚大，此种第一代杂种健势大可利用之也。

(10) 田间布置。苜蓿之田间技术与他种作物不同。因田间布置与播种法有关。苜蓿之播种方法有三：撒播、条播、移栽法是也。①撒播法：美国北部多用之。每亩之播种量通常为十二至十三磅种子。亦有用二十至二十五磅者，然至少不能低于八磅。在欧洲之播种量亦不一致，每亩自二十五至三十磅不等。撒播法需富有经验者为之，总以均匀为度，于每平方尺地内，幼苗数之变异愈低愈善，普通苜蓿每磅种子约有二〇〇〇〇〇粒。平均播于地中，使得每一平方尺有五粒种子。苜蓿地年老时，每平方尺地上约有二十株植物。较老土地，通常每平方尺，则不及十株。②条播法：美国南方用之者甚多。两行之间以能容一马行走为度，通常行距为二尺。③移栽法：英国与其他欧洲国家多用之。直至幼苗生长达十八寸时，即行栽至田间，行距普通为二尺，株距为六寸。

（11）刈割次数与产量之关系。刈割苜蓿以充干草之目的，亦为宜加研究之一因子。普通刈割之时间约有五种标准：①已居调制干草或窖刍最完美之时期；②刈割时对下次刈割损伤最少之时期；③能获最大总产量之时期；④消化程度最大之时期；⑤可消化养分最大总量可以获得之时期。

通常刈割苜蓿以充干草，概于初开花后不久行之。过此则茎部较近木质，且复叶亦易脱落，在欧洲有主张开花前刈割之者，在生长期间平均每隔四至六星期刈割一次。美国普遍在北方一季刈割二三次。而南方如近加利福尼亚一带，一季可刈割至十次之多，亦有刈割十二次者。总之适当之次数，以季节之长短，气候之温寒，水分之供给，而决定之。此实为育种上因地制宜之问题，断不能制定一法，而遍行各地不变也。

美国尤他试验场行三区试验，于五季内分别刈割，以行产量试验，其结果如下表。

	刈割时间	每亩产量（磅）	产量百分率（%）
一	初开花时	17.919	100
二	完全开花期内	9.829	92
三	开花兰落时	9.100	85

依第一第二两时期刈割，每年可刈割三次；而第三时期仅刈割两次。再观三时期产量百分率，亦证明初开花时为优。

美国康些斯试验场亦行六年产量比较试验，曾证明刈割作干草之最良时间，尤在开花时期，参阅下表，可以知之。

	刈割时期	每亩产量（吨）
一	芽发生时	3.43
二	十分之一花开时	4.08
三	完全开花时	4.08
四	结荚时	3.69

魏勒氏（Willard）根据各生长期间化学成分而行刈割时期试验，分三期刈割：①当十分之一花开时；②十分之五花开时；③当完全开花时。结果，第一期刈割，植物含灰分、蛋白质与脂肪，均多于晚刈割者，而粗纤维及无氮浸出物之含量，于植物成熟时期增加。

据郝尔可替氏（Harcourt）之研究结果谓：当植物三分之一开花时而行刈割，其所含消化物质，大于两周前，或两周后刈割者远甚。

美国明尼苏达大学两教授（Snyder 和 Hummel）试验结果谓：苜蓿用作干草，宜当三分之一开花时刈割之。盖在此时期，最有价值之数种养分含量最大也。

此外尚有人研究刈割不同生长期间之苜蓿干草，以之喂养牲畜，而试验如何影响牛乳油生产上之比较价值，牲畜之适口性与牛肉生产量之比较。由是以观，刈割苜蓿次数与时期不仅影响每亩植物产量而已，实乃影响整个畜牧营养问题也。

（12）计算产量标准。普通用调制干草计算产量，以磅或吨为单位。此法并不甚正确，因调制干草之日数、方法与当时之气候，均因地因人事而异，影响产量差异甚大。近来提倡用青刈料计算产量,颇不乏其人。法润尔氏(Farrell)提倡青刈料之法，当刈割苜蓿之时，即刻于田间称其产量。然后运回或就田间调制之。据其在两个不同地点试验，结果相同，即各处青刈苜蓿经调制后，各损失百分之七六．五之水量，而无差异。总之此法可否通行，实一育种上之先决问题也。亦有人（Mckee）提倡上述两法并用者。总之，影响产量差异，不在采取何种方法，实在植物中所含之水量与夫调制后所损失之水量，因品种而异，此一点实不可忽视焉。

（13）种子产量问题。据卜润德氏（Brand）与魏司替格体氏（Westgate）谓：藉昆虫之介媒，最为苜蓿授粉之正常情形。若施用人工跳跃法，能增加结荚产量百分之二五．五。亦有报告能加增百分之一百二十九者。卡尔森氏（Carlson）云，平常之花朵结荚者为百分之三十七；若利用人工跳跃法，则可增加至百分之六三．九之多。结荚之花，不尽由跳跃作用而成，亦有不经跳跃之花，而能结荚者，由跳跃而结荚者仅达百分之一〇．八。由此可知，花朵不开放，亦能自行授粉也。

于最适宜环境之下，苜蓿每亩可产八百磅种子，普通情形，则在一百至三百磅之间。总之，生理与遗传可为解释种子产量之两大因子。前者影响授粉与生殖情形，后者必为高产量因子所左右焉。

由育种立场而言，苜蓿种子产量之低，或可施用以下育种方法而补救之：①提倡杂交育种，利用杂种优势；②用纯系法分离影响高产量之因子；③利用自花授粉之品系。

六、结论

提倡新栽培作物，育成新品种，研究关于技术上之方法，为农事试验场之主要工作。要之，如何使曾经长时间试验之新方法，尤其种子改良与育种事业普遍推行至农间，使农民受实惠，实为目前之要图，揆之实际，农事试验机关，与农民甚有隔膜，即同一省之建设厅与农事试验机关，亦多不往来。夫国家耗费多数金钱、时间、人才，研究关于育成之新品种，与夫改良农制之方法等，而不能畅行推广于农民间，则所谓改良农村，亦不过徒有空言。由此可知，农村至今仍未见显著之改良，则推广组织与方法之不健全，当首负其责也。深盼以后能使农民自动提倡农民之组织，使之领悟与信仰利用新品种与纯系之好处，此种宣传指导农村改进事业之责任，除农事试验机关外，更有赖于民众教育馆各位同志，切实培养农民此种推进与联络之能力，而使整个改进农村事业，打成一片。则农村改进事业，方有进步，此实鄙人所深望者也。

➤➤➤《播音教育月刊》期刊，1937，1（9）

李仪祉水利论著选集

《李仪祉水利论著选集》，李仪祉撰，论述水利工程在日常生活中的应用。

李仪祉（1882 ～ 1938 年），陕西省蒲城县人，水利学家和教育家。

请由本会积极提倡西北畜牧以为治理黄河之助敬请公决案

（一九三三年）

理由：

黄河之患，在乎泥沙，泥沙之来源，由于西北黄土坡岭之被冲刷。欲减黄河之泥沙，自须防治西北黄土坡岭之冲刷。防治冲刷，论者多以为宜在西北遍植森林。

但森林之效颇不易获。其理由有三：（一）西北气候干燥，树木不易生长；（二）交通不便，木运困难，植林者无利可求；（三）面积广漠，遍植林木，非百年不为功。

窃以为与其提倡森林，不如提倡畜牧。与其提倡种树，不如提倡种苜蓿（alfalfa）。陕北黄土坡岭遍植树木不易，遍植苜蓿则甚可能。树木交通不便，无法运输，则归于无用。苜蓿则可以牧牛羊，牛羊肥壮，可以驱而之都会求售。其毛可以制裘织呢。其肉与乳酪，可以供人食饮，不患无利。

苜蓿根甚深，纠结土质牢固。防治冲刷之力，胜于树木。其性耐旱，不用灌溉。只须种一次，年年可以滋长，无养护之费。每年只须镰割三次。存干亦可供刍料，或放开牛羊自食。其嫩芽人亦可食。故美国西方干旱之地广种苜蓿，良有以也。

诚能使西北黄土坡岭，尽种苜蓿，余敢断言黄河之泥至少可减三分之二。

吾国人衣料宜改服呢革，以利工作。食料宜多增肉乳，以强身体，西北畜牧发展，不唯黄河受其利，国人衣食亦受其大赐也。

方法：

（一）先择西北水草地大设牧场。

（二）宜于西安、平凉、天水、榆林、绥远、宁夏、韩城等地，各设大规模之织呢厂及制造炼乳厂、牛羊肉罐头厂。

（三）由行政院通令陕西、甘肃、宁夏、绥远、山西等省份，凡山坡之地，或未经垦种，或经垦种五谷而生长不丰者，一律劝人民易种苜蓿，从事畜牧。

（四）牛羊由政府收买，以为（二）项下各种工业之用。

（五）由中央颁布西北畜牧发展规划，分期举办。

➤➤➤《李仪祉水利论著选集·黄河治理》

救济陕西旱荒议

（一九三一年）

兹为救济陕西旱荒，特建议数条，谨请省政府裁决施行。

第一为广种苜蓿。查苜蓿为耐旱之植物，人畜皆可食，故美国经营西方，首先广种苜蓿，不唯可供食料，并可改良土质。种苜蓿四、五年，改种麦豆，必增收获。关中农人，向来种苜蓿者，亦不少，乃近年以来，人性益见劣下，自己田地，以其出产较微，不肯种苜蓿，而唯以偷刈别人苜蓿为事。以致被偷刈者，年受其累，遂亦改种他禾，而苜蓿种几乎断绝。宜急由政府督促，令人民广种苜蓿，以备旱荒。且苜蓿为牛马最嗜之品，牛马为农人工具之力，而乃自绝养畜之源，无怪乎一遇旱荒，牲畜无食，只得卖去，以致农耕无力，田事草率，五谷不登，亦其大因。又大宛良马，全恃苜蓿，今中央方在陕改良马政，苜蓿尤为重要，乡间养蜂之业甚盛，蜂之蜜料，以苜蓿、蒸子及枣三种花为主，而苜蓿花最长久。近年以来，苜蓿减少百分之九十五，而养蜂之业亦歇矣，故为多加畜力及提供农民副业，改良马政，亦宜广种苜蓿，兹拟办法数条，祈赐采择。

1. 由各县县长，派人向本县境内有苜蓿之处，采购苜蓿佳种。如县境内苜蓿已绝，得采购于他县。并由建设厅向他省或国外，采佳种散与人民。

2. 凡民家有旱地十亩，即责令以一亩种苜蓿；有五十亩必须以四亩种苜蓿；有百亩必须以八亩种苜蓿。十亩以下种苜蓿多寡任之。

3. 凡种苜蓿之地，除正粮照常征收外，得按亩免去一切附加税。

4. 凡不肯自种苜蓿而偷刈别人苜蓿者，处以重罚。不肯听令种苜蓿者，按应种苜蓿亩数，酌量科罚。

第二为劝垦荒地。查大旱数年，人民流离逃窜者多，以致田地荒芜不少。此项荒地，当为定暂行条例，劝人民开垦，以免荒废。去年协对此事，曾拟具办法，提议于省政府政务会议，未见施行，宜查前案再加省察。如有滞碍之处，可加修正，不宜遂搁置之也。该提案大旨，在令有力人民帮助，无力人民开垦，利益均分，规定年限，使双方受益。

第三为试办火犁站，以资提倡。查深耕易耨，农之善教。近年以来，农力尽丧，斫木为耜，男推女曳，勉强治地，耕下之深等于搔痕。肥壤不能上翻，雨水不以能深渗，籽种不能深藏，禾苗根浅力弱，稍见风霜，便失抵抗之力。农民畜力农具，一时难望恢复。宜由政府购置火犁数具，每具价值，以三十匹马力，需一万五千元计；购置四架，需六万元。再加附属耕器，以二千元计，安置木炭代油炉，以四千元计，共需六万六千元。分设四站于渭北及乾凤等处，代民耕地，收获之后，酌收耕费，成绩若著，再试推广。

以上参就愚见所及，撮要上陈，以为复兴农村刍荛之献，尚希采纳施行。

➤➤➤《李仪祉水利论著选集·西北水利》

西北农林

《西北农林》期刊，西北农林专科学校创办的校刊。

陕西关中沿渭河一带畜牧初步调查报告

牛之饲养及管理……

饲料以麦秸及麦糠为主，麦秸粗硬，往往以水行浸软，免牲畜耗费咀嚼时间；农家亦有以极小面积之农地栽培紫花苜蓿者，但所获仅供农忙无暇割取路旁青草时所需，无大量种植，晒干储藏备为冬季饲料者。

➤➤➤《西北农林》期刊，1938（2）

中国邮驿发达史

《中国邮驿发达史》，民国时期楼祖贻著，阐述各朝代驿政发展的历史沿革。

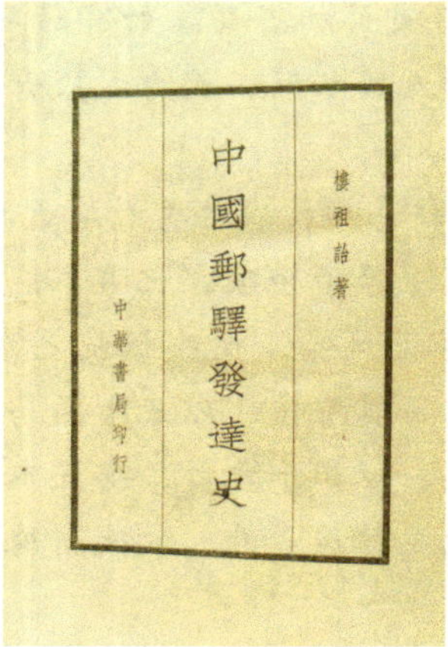

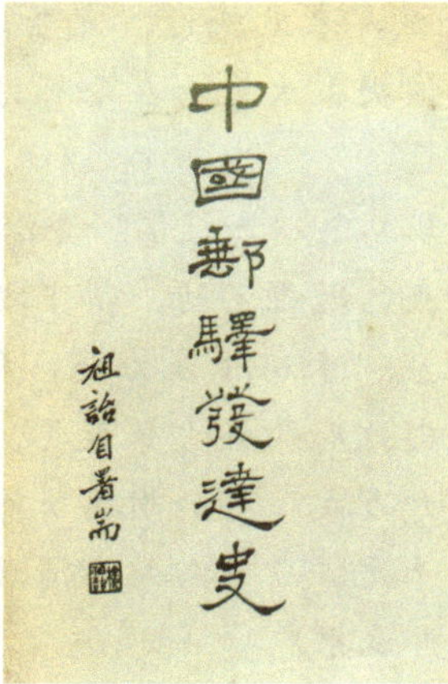

驿田

驿田所以供驿马饲料，犹牧监之分配与种植，咸有定制。《册府元龟•唐田制》云："开元二十五年（737年），制诸驿村田，皆随近给。每马一匹，给地四十亩，若驿侧有牧田处，匹别各减五亩。其传递马，每匹给田二十亩。"盖驿马与传驿马亦有别焉。而《新唐书•百官志》云："凡驿马给田四顷，莳以苜蓿。"此与《册府元龟》所载不同。按唐制，田广一步，长二百四十步为亩，亩百为顷（《新唐书•食货志》），则地四顷为四百亩。若以《唐六典》所载驿马定限，依《册府元龟》驿田制计，则都亭驿应有驿田二千八百八十亩，诸道第一等驿应有驿田二千四百亩，即第四等驿亦应有驿田七百二十亩，较之《新唐书》"凡驿马给地四百亩者"，相差远矣。然查《通典》《通志•食货门》所载，皆与《册府元龟》同，则《新唐书》所记欠明，抑或有误，未可遽断。并存两种说，待证可耳。据上文，若驿侧有牧田处，匹别各减五亩，则驿田之性质与牧田同，决无异义。至所谓苜蓿者，《史记•大宛列传》云："马嗜苜蓿，汉使取其实来，于是天子始种苜蓿。"是苜蓿为饲马唯一草料，汉时始自大宛移植来中国。是驿田莳以苜蓿，专供马料，不作他用，于此又得一证。

按驿田亩数多寡，已考证尽详，不须复赘。唯驿马每四十亩，传递马每匹二十亩，何以同一马相差一倍之多？若谓“不作他用”“专莳以苜蓿”，即使驿马食苜蓿四十亩者，传递马减半，岂能即饱。穷恐此等驿田，不必尽供马之食用，所莳亦不尽为苜蓿，大概每驿有地四百亩，莳苜蓿，足敷马食之用。斯《册府元龟》与《新唐书》所载，尽可并行不悖也。

➤➤➤《中国邮驿发达史·唐驿研究》

寒　圃

《寒圃》，民国时期北平大学农学院绥远农业学会创办，初名《绥远农业学会会刊》，后改名为此，是当时西北地区农业、林业改革发展宣传的刊物，也是研究西北地区农业发展的重要资料。

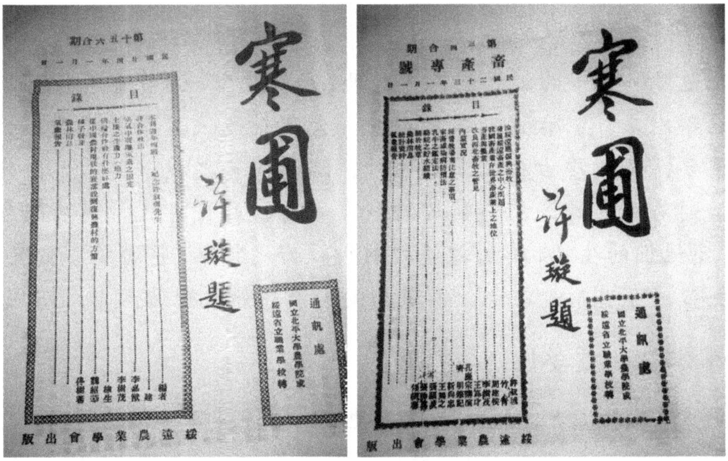

改良西北畜牧之管见

西北畜牧之现状：唯政府不加提倡，农民又无智识，对于繁育饲养诸端，墨守粗放旧法，不知改良，逐致已发现之优良畜种，有逐渐退缩之势。若长此以往，西北畜牧业日渐衰退事小，而影响中国畜牧业不能发展事大。且西北之天然草原，恐不能供给家畜所需之完全饲料。尤以豆科植物，最为迫切。豆科植物仅有苜蓿及紫云英等，为数甚少。其在秋下之季，或不乏豆科植物以供给蛋白质，唯在冬季，蛋白质必为最缺乏之饲料。

➤➤➤《寒圃》期刊，1934，(3～4)：14

关于牧草

人类之起源，其维持生活也，始为渔猎，进为游牧，更进乃为农业。由此可见，牧畜为人类进化过程中最大之事业也。现在世界人口之增加，较量之巨，实堪惊人，仅持农业生产，民食常感缺乏。以是之故，土地狭小之国家，即起惶恐；于是有强力向外发展，夺取领土，以作殖民；或以科学之方法，增加生产量、筹思集虑、无时稍懈。其对畜产业之改进，牧草之培植，尤为日新月异。凡此种种，无非在生存竞争上，各自努力。反观我国，徒以地大物博，凡事均听自然，萎靡之态，殊可浩叹。迩来国难已深，自救之道，急应速回，凡百事业，均宜力行，倘再因循敷衍，则不啻自甘淘汰；顾以中国土地之广、情形之繁，少数人之精力，自难当以重任，集思广益，尤须众人之努力，是故事无巨细，苟能以合理之经营，自能拯救国家于万一。兹将关于牧草的种种，就管见所及，分述于后。

一、牧草对于国防的重要性

我国西北边境一带多为蒙古族人民居处，而其生活，仍着重于牧畜，虽有种田者，仅为少数。近年以来，蒙古族人民之畜业，大不景气，其原因固然不少，而饲料之缺乏，实为重要，是以蒙古族人民之生计，陷于困苦之境。其本无固定产业，一旦无牲畜经营，则易流为游民，当兹边防多事之时，此种游民，实为隐患，故欲巩固边防，首应稳定他们的生活，其法即使之栽种较好之牧草，将游牧事业变为定牧事业，则其爱家畜之心，可进而爱田地，再进而爱国家。如此则边防自可巩固矣。

二、牧草本身的重要性

西欧有谚云："家畜者，牧草之化身也。"初聆其言，似太夸张，然细究其意，颇有道理在焉。盖牧草之优者，所饲养之家畜亦优，牧草之劣者，所饲养之家畜亦劣。所谓"家畜为牧草之化身"实非过论也。

三、牧草应具有的性质

1. 繁殖简易。牧草之栽培，系供给多数家畜之饲料，其繁殖法无论为种子，或根茎，务须简易，则家畜方不致感受饲料缺乏之虑，故繁殖不易之植物，无论其成分如何之佳，亦不可作为牧草，以免失败。

2. 播种后生育迅速、茎叶繁茂。牧草为家畜饲料的部分，多为茎叶，设牧草经播种后，生育迟缓，茎叶亦不繁盛，实属不合经济，且生长迟缓之植物其组织必紧密，家畜食之，未免过硬，既废牙齿，又难消化，其生育迅速之牧草，鲜嫩适口自不待言，而经刈获之后，又能继续生长，一年之中，有数次之收获，其利自大矣。

3. 不受土壤之影响。关于此项问题不能绝对言之。盖牧草亦为植物之一，对于土壤当有选择之性质，不过条件不太苛即可矣，并不似其他娇嫩植物，稍有不适，即不生长。虽然吾人当栽培之际，亦须尽力择其较适应之土壤，以期尽量发挥其生长能力。

4. 多年生、不畏家畜之践踏。牧草之为多年生，其利甚大，经一次播种之后，可经数年，对于人工之经济其利一也，因其为多年生，其地下茎部，时生新芽，经刈后或为家畜食去，新芽即继续生长，其利二也；又牧草多柔性，家畜踏之无大损伤，即或踏坏，亦可复生新株。

5. 收获量大。牧草的茎、叶、种子生产以多为贵，因为除放牧之外，仍须备藏以储冬季之需。

6. 茎叶纤细，制干时容易。纤细的牧草，其中的水分易于蒸发，故制干时较为方便，且茎叶粗厚者其中的纤维必粗大，则营养价值低下矣。

7. 一年中的生长期长。家畜放牧之时间越多，对于其生理卫生越佳，故牧草由早春到晚秋生长不断，则家畜可得长时期的放牧，其利甚大。

8. 适合家畜口味。植物之中，有具特殊气味者，家畜不喜食，则对于家畜之生长有妨碍，故牧草须具草香以增家畜之食欲。

9. 便于轮作。草类之中，其繁殖易者，往往具有蔓性，轮作他种作物，倘此草除不洁净，对于作物的生育有碍。因此优良之牧草，应无此种蔓性。

10. 营养料丰富。家畜所需总养分若干，均有一定必须补充的他种浓厚饲料，对于经济大不合算，因此良好的牧草，其营养价值必高。

四、牧草的种类

1. 禾草类

（1）Timothy（猫尾草），学名 *Phleum pratense*

猫尾草是多年生牧草，一般来说由播种起，三年之内，生长都甚为茂盛。高约一尺七寸，为丛生植物。其原产地在欧洲北部，该地之气候，稍冷而温，故此草对于夏日有极高温度之处，不大适宜。土壤以壤土、埴土为适宜，但土中不宜干燥。种子之发芽力甚强，故易于繁殖，其收获量亦大，且不易倒伏，制干草时，容易干燥，此其特点也。

（2）Orchard grass（果园草），学名 *Dactylis glomerate*

果园草亦为多年生牧草，丛生，在第二年中，其生长最茂盛，但四年后渐衰，大凡温带地方均可栽培，可耐高温，但不能抗强寒气，故其在早春发芽时，易遭晚霜之害，此草开花之后，其茎叶常硬化，故在未开花之前收之最宜。

（3）Blue grass（蓝草），学名 *Poa pratensis*

蓝草为较湿的温带地方原产，故在干燥地区栽培须灌溉。蓝草高约一尺至二尺，多年生、丛生，地下茎繁殖，寿命极长且极繁茂，耐寒性甚强，唯独对夏日的炎热抵抗力较弱。一年之中生长期甚长，宜放牧时牲畜食用。

（4）Rough stalked meadow grass，学名 *Poa trivialis*

此草与蓝草相似，但无长地下茎，为欧洲原产草，多年生，其茎较粗，适于温地栽培。

（5）Wood bluegrass，学名 *Poa nemoralis*

此草与前一种差不多，适于阴湿之地，故有的地方在树荫下进行培植。其耐高温之力不强，故不适于暖地，其价值不甚大。

（6）Redtop，学名 *Agostis alba*

多年生牧草，丛生，地下茎甚繁茂，高约一尺至二尺，穗稍赤色，播种后数年特别繁茂，春季刈取后则发生较慢，其开花与猫尾草同时，故常将该二种混合播种，其对各种气候及土壤，大概都能适应，此其最优之特性也。

（7）Meadow fescue，学名 *Festuca pratensis*

多年丛生牧草，高约一尺八寸至二尺七寸，播种后三年十分茂盛，山中阴湿地，宜培植，恒与豆科中的短期牧草混种，因此作为刈草用或长期牧放均可。

（8）Perennial ryegrass（黑麦草），学名 *Lolium perenne*

多年生牧草，但生命并不太长，在瘠薄之地可生二年，唯独生长殊为迅速，高约一尺至二尺，适于潮湿温和地带，不能耐旱抗寒，是其缺点。

（9）Italian ryegrass（意大利黑麦草），学名 *Lolium multiflorum*

通常为一年生，倘栽培得法，可长二年，高约一尺至二尺半，丛生，生长迅速，适于温和较湿之区，可作短期放牧用。

（10）Tall oat grass，学名 *Arrhenatherum elatius*

多年生丛生牧草，生命极长，高约二尺至四尺，凡温带之地均可栽培，其耐寒力虽稍逊，但对夏日酷热颇能抵抗，且抗旱，故在干燥地栽培者甚多，在砂砾壤土中亦可生育，因此该草在牧草中是唯一适于瘠薄地的作物，不过略带苦味，须与其他种牧草混合以喂家畜。

2. 豆科类

（1）Alfalfa（紫花苜蓿），学名 *Medicago sativa*

世界栽培最早的牧草，多年生、花紫色、茎直上，高约一尺七八寸至二尺七八寸，根极深，普通为六尺余，有时能达四十五尺至六十余尺，适于碱性土壤，最怕酸性，排水亦须良好，其营养价值甚高，每亩产量亦大。

（2）Red clover（红花苜蓿），学名 *Trifolium pratense*

二年生草，花粉红色，高约九寸至一尺，其营养价值较紫花苜蓿稍低，亦适于碱性土，常与猫尾草混种，宜于放牧。

（3）White clover（白花苜蓿），学名 *Trifolium repens*

多年生草，茎匍匐，叶柄甚长，叶卵圆形，花白色，适于稍湿之地，因其甚低小，故宜于放牧，且有时作为绿肥用。

（4）Alsike clover（爱沙苜蓿），学名 *Trifolium hybridum*

多年生草，土壤良好时，可生长六年，丛生，半匍匐性，高约一尺至二尺，有时可至四尺，抗热、耐寒性为他种所不及，每年只可牧一次，易于放牧。

（5）Common vetch，学名 *Vicia sativa*

此草颇似扁豆，稍细长，长约三尺至五尺，一年生，羽状复叶，尖端有卷须，花紫色，少有白色者，荚褐色，每荚有四五个种子，适于较凉之区，除放牧外，尚可作绿肥。

（6）紫云英，学名 *Astragalus sinicus*

此草为日本原产，适于稍暖而湿润之区，土壤须排水良好，一年生，除作为牧草尚可用作绿肥。

（7）Cowpea（豇豆），学名 *Vigna sinensis*

一年生植物，我国多作蔬菜之栽培，以之作牧草用亦甚适合。

以上所列举者，不过为世界有名之牧草；而各地之野生草类，可作家畜饲料者仍极繁多，不能一一列举矣。

五、牧草栽培应注意的事项

1. 种子纯度

市场购买的种子，往往掺有死种子及野草子之类，假设没有发现，按照固定分量播种，则缺株之事自属难免，而害草混入贻患甚大。因此，对于各牧草之纯净率、发芽率，应当有所重视，兹将上述各种牧草之纯净率与发芽率的标准分列于下。

牧草种类	纯净百分率 /%	发芽百分率 /%
Timothy	95 ～ 99	95 ～ 99
Orchard grass	90 ～ 98	90 ～ 95
Blue grass	75 ～ 85	70 ～ 85
Redtop	95 ～ 98	95 ～ 98
Meadow fescue	95 ～ 95	95 ～ 98
Perennial ryegrass	95	85 ～ 90
Italian ryegrass	95	80 ～ 95

续表

牧草种类	纯净百分率 /%	发芽百分率 /%
Tall oat grass	80	80
Alfalfa	98 ～ 99	90 ～ 99
Red clover	96 ～ 99	90 ～ 99
White clover	95 ～ 99	90 ～ 99
Alsike clover	96 ～ 99	90 ～ 99

2. 播种深度（覆土厚度）

牧草种子多半微小，故覆土不宜过厚，以免不能出土，此处略举数种牧草，播种最适深度，以做参考。

牧草种类	播种深度（厘米）
Timothy	0 ～ 2
Orchard grass	0 ～ 2
Redtop	0 ～ 2
Italian ryegrass	0 ～ 4
Alfalfa	0 ～ 2
Red clover	0 ～ 4
Alsike clover	0 ～ 2
White clover	0 ～ 2

3. 土壤气候的适宜性

各种牧草所适宜之土壤、气候，前已略述及之，而各地所处之情况不同，故栽培之时，应特别谨慎，切不可冒昧行之，致遭失败。

4. 实行混种

牧草之种类多，且各种性质各异。实行混播有下列之利益。

1）牧草之中，有地上茎繁茂者，亦有地下茎茂盛者，倘此二种草混种一起，则可利用地上部及地下部之空间，则土地无虚度，牧草收获量亦可增加矣。

2）牧草有浅根者及深根者，以之混种，则土表之养料，及地下层之养料，均可利用，对于地力之耗度，可以调节，不至于过偏一方。

3）牧草之种类不同，其所需养料亦各异。混种之后，各自摄取其所需之养分，则地方可充分利用。

4）牧草有生长快而生存期短者，亦有生长慢而生存期长者，若以此两种混种一起，则一年中之收获可连续不断。

5）设在气候变迁无常之处，须将抗寒抗热不同之牧草混种之，则可收此失彼得之效。

6）豆科牧草之根部，有根瘤菌，可固定空中之游离氮气，变为有效的氮素养料，故豆科牧草与禾本科之牧草混种在一起，可省氮素肥料，维持地力。

7）牧草所受的病虫害，因种类而不同，若两种或数种牧草混播在一起，倘若不幸而遇病虫害，则不至于全毁灭。

8）禾本科的茎较强，而豆科的较弱，二者混种，豆科牧草可借此直立。

9）牧草混合以喂家畜，无生压之弊，且豆科与禾本科混合的营养价值正合家畜生理。

10）豆科牧草所含水分多，禾本科牧草所含水分少，收获后制干容易。

六、牧草之调制

1. 制干法

1）目的。保持绿色，保持草香，耐于贮藏。

2）制法。择清明之早晨，将多叶之牧草刈下，平铺于日光充足的地方，晒之。至下午日将落时，则堆起；若草多可分数堆，用蒲席盖之，经二三日后，将席打开，此时则见牧草之秆上，有许多水点，称曰"发汗"，亦可谓为"发醉"。当此时即可闻得草香扑鼻，然后再平铺地上，使风吹之，使其"汗"完全被吹去，则可捆起贮藏，以备冬日之用。倘在制干之时遇阴雨，则上项目的不能达到，应另制一种干草名曰 Brome hay（一种棕色干草），其制法系使其尽量的"发醉"，故其色为棕，然后再曝晒晾干。而其成分不如前者远矣。

2. 窖藏法

1）目的。保持新鲜。

2）制法。用石砖筑一窖或一塔，内部光滑。然后将牧草切断，放入窖中一层，上注以米汤及水少许，然后再填一层草，再注以米汤及水，直至窖顶，并在每层草上，用人工踏之，使其中之空隙减少。窖顶之上，用石压之，两星期后即可喂畜。

3）发酵。牧草因米汤之故，而渐行发酵，初生出热量达 120 ～ 140°F，此时大部分微生物已被杀死，而温度徐徐上升直至 160°F，则一切微生物均被杀死，所存者仅有孢子，并不能为害，斯时发酵快者温度上升亦快，而所生出之酸不多，称为甘料。其发酵进行，进而产生酸料，酸料的淀粉及糖多变为乳酸，其营养价值较逊于甘料，然家畜多喜食之，但酪酸太多则有臭味。防止之法是在填充牧草时，不可过于压紧，因酪酸菌能在空气稀少处活动，且活动甚烈。

4）取料。制成的酸料，其窖顶因与空气接触，表层的酸料改为腐败，故当取出之时，每日应将所用者一次取出，不可分数次，以免腐败之量增多，再者，当取料之时，人须入内，因其中二氧化碳过多，往往能使人窒息而死，故于人未入之前，应先以灯试之，如灯至其中不能燃烧，人亦不可入内，以保安全。

以上所述，不过牧草中最紧要的事件，其详细的状况，以各地环境不同而有种种差异，在经营之前，应栽培以作详细试验。

關於牧草

修樹藩

人類之起源，其維持生活也，始爲漁獵，進爲游牧，更進乃爲農業。由此可見，牧畜爲人類進化過程中最大之事業也。現在世界人口之增加，較益之鉅，實堪驚人。僅持農業之生產，民食常感缺乏，以是之故，土地狹小之國家，即起恐慌；於是有藉强力向外發展，奪取領土，以作殖民；或以科學之方法，增加生產量，富思集慮，無時稍懈。其對畜產業之改進，牧草之培植，尤爲日新月異。凡此種種，無非在生存競爭上，各自努力。反觀我國，徒以地大物博，凡事均聽自然，委靡之態，殊可浩嘆。邇來國難已深，自救之道，亟應速圖，凡百事業，均宜力行，倘再因循敷衍，則不啻自甘淘汰；顧以中國土地之廣，情形之繁，少數人之精力，自難當此重任，集思廣益，尤須衆人之努力，是故事無鉅細，苟能以合理之經營，自能拯國家於萬一，茲將關於牧草之種種，就管見所及，分述於後。

牧草對於國防之重用

我國西北邊境一帶，多爲蒙民居處，而其生活，仍着重於牧畜，雖有種田者，惟爲少數。近年以來，蒙人之畜業，大不景氣，其所致原因，固屬不少，而飼料之缺乏，實爲重要，是以蒙人之生計，陷於困苦之境。其本無固定之產業，一旦無牲畜經營，則易流爲遊民；當茲邊防多事之時，此種遊民，實爲隱患，故欲鞏固邊防，首宜穩定蒙人之生活，其法即使之栽種較好之牧草，繼續牧畜，變爲定牧事業，則其愛家畜之心，可進而愛田地；再進而愛國家。如此則邊防自可鞏固矣。

牧草本身之重要

西歐有諺云：「家畜者，牧草之化身也。」初聆其言，似太誇張，然細究其意，頗有道理在焉。蓋牧草之優者，所飼養之家畜亦優；牧草之劣者，所飼養之家畜亦劣。所謂「家畜爲牧草之化身」實非過論也。

牧草應具之性質

(一)繁殖簡易—牧草之栽培，係供給多數家畜之飼料，其繁殖法無論爲種子，或根莖，務須簡易，則家畜方不致遽受飼料缺乏之慮，故繁殖不易之植物，無論其成分如何之佳，亦不可以作牧草以免失敗。

(二)播種後生育迅速莖葉繁茂—牧草爲家畜飼料之部分，多爲莖葉，設牧草經播種之後，生育遲緩，莖葉亦不繁盛，實屬不合經濟；且生長遲緩之植物其組織必緊密，家畜食之，未免過硬，既損牙齒，又難消化；其生育迅速之牧草，鮮嫩適口，固不待言，而經刈穫之後，又能繼續生長，一年之中，有數次之收穫，其利自大矣。

(三)不受土壤之影響—關於此項問題不能絕對言之。蓋牧草亦爲植物之一，對於土壤當有選擇之性質，不過條件不太苛即可矣，並不似其他嬌嫩植物，稍有不適，即不生長。雖然吾人當栽培之際，亦須竭力擇其較適之土壤，以期盡量發揮其生長能力。

(四)多年生不受家畜之蹂躪—牧草之爲多年生，其利甚大

關於牧草

➤➤➤《寒圃》期刊，1934，(3～4)

碱土的几项改良法

许多植物皆不宜于碱性土壤，因受其碱性毒害，而不能发育也，但苜蓿类、甜菜类等植物，有抵抗碱性之能力，且可将土壤中之钾素渐次吸收而亦可减轻其碱性之毒害也。

➤➤➤《寒圃》期刊，1933

空气中游离氮素之固定

常用者为紫云英、苜蓿、大豆、蚕豆与豌豆，栽种之前后，尚当注意下记各点，以求固定作用旺盛。

(1) 注意土壤排水，以求土壤的理学性能良好，使根瘤菌活动完善。

(2) 层层耕耘土地，以增进固氮菌之固定力。

(3) 缺乏腐殖质之土壤，当多补施有机肥。当有腐殖质之土壤，为促进其分解起见，可以施以石灰。

(4) 不宜再施或少施氮素肥料，如智利硝石、硫酸钙等水溶性氮素肥料，更须忌之，盖氮化合物多时会妨碍根瘤菌发育也。

(5) 大量磷肥和钾肥最宜施之于土，盖不独于微生物营养有益，尚同时为豆科植物本身所必须也。

(6) 土壤为酸性时，宜施碱性肥料中和之，为碱性时，宜施酸性肥料中和之。

➤➤➤《寒圃》期刊，1933，(15 ~ 16)

土壤水分及其与作物之生长

植物需水量（water requirement of plant）者乃植物造成单位干物质所需之水分也，即造成干物质与植物蒸腾（transpiration）水分之比（transpiration ratio）谓也。需水量之大小以植物种类、气候及土壤类型而异。

作物需水量既与作物、气候及土壤之种类有关，则宜选择适当之作物在适当之土壤及气候种植之。如干燥地宜选择需水量小之作物种植以补救水分之不足而得最经济之效果者也。Bvrig 及 Stants 二氏对于各种作物需水量之范围加以检定，此仅将其检定之结果仅就普通作物列之于表。表中作物需水量之最经济者为粟、玉米、甜菜，次为小麦、大麦、大豆，最不经济者为苜蓿等。

作物需水量之比较

作物	平均需水量
粟	310
玉米	322
小麦	513
大麦	534
燕麦	597
甜菜	397
马铃薯	636
大豆	571
红花苜蓿	797
紫花苜蓿	831

➤➤➤《寒圃》期刊，1933，(17 ~ 18)

绥　农

《绥农》期刊，民国时期创刊，初名《绥远农业学会会刊》，后名《寒圃》，后改为此名，是当时西北地区农业、林业改革发展宣传的刊物，也是研究西北地区农业发展的重要资料。

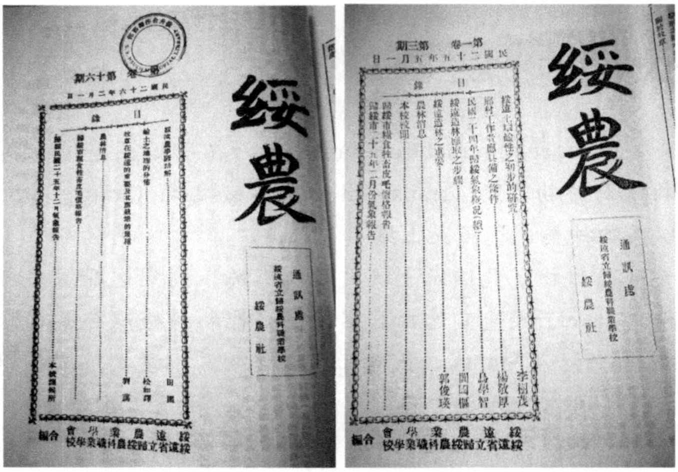

绥远土壤碱性之初步的研究

绥省之耐碱植物。野生牧草中耐碱力甚强者，有黄金花菜（亦称甜金花菜，又称黄花苜蓿，本省俗名“马层”，马嗜食之）、紫花苜蓿、野苜蓿（豆科）及蒿子等，前二种牧草为世界著名之优良种，耐碱、耐旱力皆强，在绥省畜产业之发展上，关系甚为重要。

……

利用碱地经营畜业。凡因环境之限制而不易用他种方法改良之碱土，在可能范围（指碱之强度而言）内，悉可利用之栽培牧草以经营畜产，绥省就气候之条件上言，以雨量缺乏及温度低冷之限制，本以牧畜为适宜而非良好之农业区域。今就土壤之性质论之，亦复如此。盖栽培牧草，较之他种作物重量而不重质，如栽培烟草，非仅求其产量之多，其品质之良好，口味之香美，至关重要；其他许多之高价或特用作物，亦莫不皆然；至于种植牧草，如能有较多量之收获，则其品质虽稍欠，亦无大碍，故有的碱地虽不宜于他种作物者，尚可以种植牧草，且吾人已知，牧草之中，有许多抗碱力甚强之品种，如豆科中之紫苜蓿、黄金花菜，禾本科中之猫尾草、果园草，菊科中之各种蒿子，以及其他多数之著名的牧草，皆为抗碱力强之种。紫苜蓿根深数丈，可利用下层之水分，虽酷旱之年，亦无所畏；金花菜则为美国许多试验证明之耐碱力最强的牧草，常用作绿肥以改良碱土，亦最相宜。而此二种牧草，则为余等在绥西各处所采得，此与本省畜产业之发展及碱土之利用与改良上，大有关系也。

➤➤➤《绥农》期刊，1936，1（3）

绥远省立归绥农科职业学校农场民国二十四年年度作业报告书

牧草试验记录表

牧草种类	面积	播种期	管理状况	生长状况
紫花苜蓿	二亩五分	四月二十三日	锄草一次	较佳
高燕麦	四厘	四月二十八日	同	不良
红高罗花	三厘	四月二十八日	同	同
白高罗花	三厘	四月二十日	同	同
合计	二亩六分			

➤➤➤《绥农》期刊，1936，1（7～8）

绥远几种牧草调查及改进本省畜产业的意见

绥远农学会曾于民国二十二年（1933年），组织绥远农业考察团，从事本省农林现状及农业经营情况之考察；考察项目为作物、土壤、森林、经济、水利、畜牧等项；所经区域有包头、萨县、五原、归绥、丰镇五县。关于畜牧一项，着重牧草之采集及调查，计采得草本植物六十余种，其中为牲畜所食用者，有二十余种，其学名大部已请植物学专家林镕先生定出，有数种为世界最有名之牧草，在本省各县先后采得，此与本省畜产事业，关系甚大，今将其已经定名者之科名、学名、中名、俗名（采集地之土名）、采集地点、采集日期及所嗜食用之牲畜，列于下表。

绥远农业考察团采集牲畜食用草本植物

科名	学名	中名	俗名	采集地	采集期	所嗜动物
豆科	*Medicago sativa*	紫苜蓿	苜蓿	绥远	七月	各种家畜
豆科	*Medicago lupulina*	野苜蓿	黄苜蓿	五原	八月	各种家畜
豆科	*Melilotus alba*	黄金花菜	马层	五原、包头	八月	马牛等
豆科	*Melilotus parviflora*		畚箕条草	包头	八月	牛马等
豆科	*Lespedeza*			包头	八月	羊

注：在原表基础上有删减。

牧草大概为豆科及禾本科二种；豆科者以其含蛋白质及灰分量较多，且栽种时可固定利用空气中之氮素，多无施用氮素肥料之必要，在畜牧业中占重要之位置。

紫花苜蓿占豆科牧草之第一位，性宿根。老者根可入土一丈余，故不遭旱灾，花紫色至青色，十年后生长仍茂盛，在干燥之气候下，不畏炎热，耐冷力亦强，据欧洲之记载，在无雪覆盖之情形，非有华氏表零下十三度之低温，不足为害；恶潮湿之气候；在半干旱之区域中，各种土壤，皆可生长，尤以土层深而富含石灰之处为最宜。但如土壤湿润之处，则必须有适当之排水。李松如又指出："紫苜蓿之特点，约有五端，①营养高而味美，为牧草中最富于营养者；②收获量多；③根深，不畏旱害；④生长年龄长；⑤质甚柔软，乳牛极喜食之"。

由上述紫苜蓿之性质，可知其宜乎在牧草中占首要之地位也；又就其对于土壤气候之适应性言之，西北之环境，亦与之相合；今绥省所找的此种苜蓿，应更进而精确研究其性质及产量，对于畜业前途，关系极大。

此次所采之紫花苜蓿，系在归绥县境内所采得，本地名称为"棉染"。据询问其他各县亦有此种牧草，但应更详确之调查。

綏遠幾種牧草調查及改進本省畜產業的意見　　一一

綏遠幾種牧草調查及改進本省畜產業的意見

李松如

一、本省所採得之幾種牧草

綏遠農業學會於二十三民國年，組織綏遠農業考察團，從事本省農林現況及農業經營情形之考察；考察項目為作物、土壤、森林、耕耘、水利、畜牧等項；所經區域，有包頭、薩縣、五原、臨河、歸綏、武川五縣，關於畜牧一項，對宜牧草之採集及調查，計採得草本植物六十餘種，其中為牲畜所食用者，有二十餘種，其學名大都已請植物學專家林鎔先生定出，有數種為世界最有名之牧草，在本省各縣先後採得，此與本省畜產事業，關係甚大，今將其已經定名者之科名，學名，中文名，俗名（採集地之土名）採集地點，採集日期及所嗜食用之牲畜，列於下表，其中名及俗名有不能查出及未知其詳者，只得從略。

科名	學名	中名	俗名	採集地	採集期	所嗜動物
豆科	Medicago Sativa L.	紫苜蓿	苜蓿	歸綏	七月	各種家畜
豆科	Medicago Lupulina	野苜蓿	黃苜蓿	五原	八月	各種家畜
豆科	Melilotus alba	黃金花菜	馬層	五原、包頭	八月	馬牛等
豆科	Melilotus Parviflora		春箕箕草	包頭	八月	牛馬等
豆科	Lespedeza Floribunda Bge.			包頭	八月	羊
豆科	Lespedeza Dauric Schindler			包頭	八月	羊
豆科	Sphaerophisa Salsulave			包頭	八月	羊
豆科	Trigonella Ruthenica		桃豆	五原	八月	羊，牛
豆科	Sphaeromorpha sp.			五原	八月	牛，羊
禾本科	Chaetochloa Viridis Scribn			包頭	八月	羊
禾本科	Pennisetum Flaccidum Bge			包頭	八月	各種
禾本科	Alopecurus aequalis Sobol		白草	各縣	八月	各種家畜
禾本科	Calamagrostis sp.			包頭	八月	各種家畜
菊科	Artemisia Vulgaris L.		白蒿草	各縣	七八月	各種家畜
菊科	Artemisia capillaris		水蒿	各縣	七八月	牛
	Aster altaicus		波蘿蒿			牛，羊

➤➤➤《绥农》期刊，1937，1（15～16）

乡村织布工业的一个研究

《乡村织布工业的一个研究》，民国时期吴知撰，内容为当时南开大学对河北高阳县作物种植效益进行调查的结果和分析。

从下表所列的14种作物的平均亩净收益可以看出，可将14种作物的平均亩净收益分为三类，第一类收益最高，为6.50～9.07元，如山药、花生、黑豆；第二类居中，为2.14～3.33元，如青豆、黍子、苜蓿等；第三类最低，为1.07～1.84元，如绿豆、麦子、玉米、高粱等。

在14种作物中有6种的平均亩收益超过苜蓿，这6种是山药、花生、黑豆、青豆、小麻和黍子，而种植面积较广的高粱、麦子、谷子、玉米、棉花之类，其平均亩净收益则低于苜蓿。

高阳地区三百五十七户农家耕地种类、亩数、产量及平均亩收益

农作物	作物面积（亩）	产量	净收益（元）	平均亩净收益（元）	种植户数（户）
棉花	371.50	2 520.00 斤	795.18	2.14	50
高粱	2 455.75	5 124.59 斗	3 362.49	1.37	271
谷子	1 180.10	2 079.40 斗	1 297.63	1.10	176
麦子	1 485.70	3 062.70 斗	2 370.60	1.60	137
玉米	425.50	958.49 斗	689.70	1.62	64
绿豆	96.80	163.00 斗	178.20	1.84	24
花生	9.50	1 820.00 斗	84.00	8.84	6
黑豆	65.00	75.60 斗	42.50	6.50	13
山药	7.50	4 500.00 斤	68.00	9.07	4
小麻	2.50	1 000.00 斤	7.00	2.80	1
青豆	1.20	4.00 斗	4.00	3.33	1
稻子	30.00	80.00 斗	32.20	1.07	4
黍子	3.00	2.00 斗	8.50	2.83	2
苜蓿	22.00	12 240.00 斤	61.00	2.77	5

解放日报

《解放日报》，中国共产党延安时期的机关报，内容涉及经济、文化、教育、科技等多方面。

张清益的宣传方式

张清益在每一个问题上，都有他成功的宣传方法。特别是他宣传种苜蓿和宣传妇女放足，差不多是一直宣传了好几年的。

现在雷庄年青的妇女，大都放了足了，还是他宣传的结果。关于宣传放足最有效的道理，张清益的经验是：不要单单宣传放足好处这一点，还要捉摸住她们给女娃缠足的落后心理。他打趣地向她们说："你们给女娃缠小足，好在娃出嫁后，叫公、婆、亲友看了高兴，说这个媳妇的足巧巧的！……"。

妇女们哈哈大笑了。张清益向她们解释说："你们这是错想了，你看，如今谁家娶回媳妇来，还有人问足大足小的呢？时事变化啦，大家的脑筋也要随着进步呢！……"。

他宣传群众种苜蓿，在雷庄已获得很大的成绩。去年，雷庄还只有他和别的两家种，今春种的已有十二家。现在，全村三十二家都准备种。在这方面，张清益宣传了这样的道理："我们的牛为啥乏力呢？大家都说是缺草，缺好草，那我们为啥不种两三亩苜蓿呢？大家又说：地窄！可大家为啥不想想：自家的地施不到肥，多打不出粮食呢？又为啥施不到肥呢？牛巴不下多的粪来，是的，你种上两三亩苜蓿，牲口吃得饱饱的，又有力又能多巴粪"。

張清益的宣傳方式

➤➤➤《解放日报》，1944-12-27

中央畜牧兽医汇报

《中央畜牧兽医汇报》，民国时期创办的报刊，主要刊载国内外畜牧兽医科学的研究论著，1945 年第 3 卷第 1 期刊登了“本所三年来畜牧实验事绩撮要”一文，涉及苜蓿相关内容。

第三卷第一期　　民國三十四年一月

農林部中央畜牧實驗所

主　編

中央畜牧獸医彙報

本所三週年紀念特刊

要　目

一、緒言

二、本所行政概況

三、本所三年來畜牧實驗事績撮要

四、本所三年來獸醫實驗事績撮要

五、本所三十四年度工作計劃綱要

所址：四川榮昌縣城　　電報掛號3668

饲养管理研究

民国三十一、三十二年（1942、1943 年）两年完成之浓粗饲料分析计共八十一种，兹将成分表列载如下。

本所与广西农事试验场合作饲料分析表（节选）　　（单位：%）

样本名称	水分风干样本	累计全氮	蛋白质	灰分	粗脂肪	粗纤维
紫苜蓿 Alfalfa	4.81	2.42	15.13	9.72	1.80	31.35
紫苜蓿 Alfalfa	6.43	2.33	14.56	10.80	2.01	22.33
紫苜蓿 Alfalfa	4.63	2.36	14.75	8.54	1.93	31.76
紫苜蓿 Alfalfa	4.34	1.48	12.38	9.58	1.56	30.07
紫苜蓿 Alfalfa	5.07	2.93	18.31	10.05	1.97	28.50
紫苜蓿 Alfalfa	6.03	2.99	18.69	13.10	1.71	27.07

续表

样本名称	水分风干样本	累计全氮	蛋白质	灰分	粗脂肪	粗纤维
紫苜蓿 Alfalfa	8.41	2.69	16.45	11.51	1.77	28.87
紫苜蓿 Alfalfa	4.97	3.09	19.31	12.27	1.88	27.88
紫苜蓿 Alfalfa	5.94	2.50	15.63	10.49	1.60	25.81
紫苜蓿 Alfalfa	6.12	2.52	15.75	10.70	1.60	37.51
紫苜蓿 Alfalfa	6.97	2.52	16.38	9.91	1.53	35.51
紫苜蓿 Alfalfa	4.91	2.87	17.94	10.83	1.77	26.87
紫苜蓿 Alfalfa	9.43	2.53	15.80	12.19	1.77	32.02
紫苜蓿 Alfalfa	5.88	2.59	16.19	9.35	7.60	31.66
紫苜蓿 Alfalfa	6.04	2.47	15.41	10.79	1.91	31.80
紫苜蓿 Alfalfa	4.32	3.38	21.13	12.00	1.73	26.70
紫苜蓿 Alfalfa	9.62	2.75	13.42	11.53	1.53	32.54

➤➤➤《中央畜牧兽医汇报》期刊，1941，3（1）

改进西北牧草之途径

《中央畜牧兽医汇报》于1944年第2卷第2期刊登了叶培忠的《改进西北牧草之途径》。

叶培忠（1899～1978年），中国著名树木育种学家，1927年毕业于金陵大学农学院，曾在英国进修。

多数人对于土地之合理利用，未尽明了，垦殖之释义，亦多含混。举凡不耕种之地，均认为是荒地，即可移民垦殖，是以地面有木伐之，有草犁之，悉可改种五谷，增加生产，其意固善，其行则愚。庶不知五谷食粮之外，林木与草类均同等之重要。牧草为牲畜主要饲料，其经济价值更不亚于农作物，而牛马助耕种、服劳役，皮毛既可充衣被原料，乳肉又为上等食品，日常生活，无不利赖。欧美各国对于牧草栽培，早经引用科学方法，研究改良，获有结果。

吾国西北素来草长羊肥，为畜牧繁盛之区，唯以数千年来对于牧场不知爱护，放牧过度，所有可食之草类及杂草已啮食殆尽，所存者，仅为能耐啮食、践踏及牲畜不喜食之草类与灌木，其营养价值甚低，而此残余之植物，复因气候寒冷、燃料缺乏，多被连根拔掘，用以炊餐取暖，致地被物全部破坏，引起风与水之严重侵蚀，旱则赤地千里，涝则田舍漂殁。于是，地益瘠，民益贫，造成社会之不安现象。值此抗战胜利，建国伊始，百端待举之际，改良畜牧与繁殖牧草，借此增加牧民收益，改善其生活，进而安定社会秩序，当为建设新西北迫不待缓之工作也。

一、西北牧草之分布与现况

1943 年，作者参加罗德民西北考察团，考察西北土壤冲蚀情形，并采集保土植物标本，历经陕甘青 3 省，在青海之日月山，湟源共和海边及三角城，得见自然之草原，如由日月山西行经察汗城而至湖边，为一广大平地草原，草种甚多，主要者则为高大之芨芨草及醉马草等，其中最有饲养价值者，有野麦、狐茅、早熟禾、落草等，唯多矮小且被艾蒿压迫，不能充分发育生长，又如三角城一带，昔日曾有葱郁之云杉、柏木、桦木、山杨等乔林，今则已摧残过甚。在平原及山沟中，多由鹅观草、羽茅、豆科类之山苜蓿及紫云英属等所繁生，极易设圃、采种繁殖用以更新牧场。草原地带牧草之分布，可分为干燥地与湿润地两大地区。干燥地自生之草类，不下 20 余种，以羽茅属之芨芨草、醉马草最占优势。最有价值而可食之鹅观草、蘋草、狐茅草、宿根、燕麦草、野稻等生长被压迫过甚，同时放牧过多，摧残殆尽，其他尚有三芒草、西伯利亚冰草、早熟禾、光羽茅、蒙古羽茅、蟹草等。湿润地自生之草类，有小糠穗草、鹅观草、光雀麦、茵雀麦、野青茅、蘋草、麦蘋草、野大麦草、落草、狼尾草、芦苇草、早熟禾、蟹草、紫云英属、苜蓿属等。河西半干燥地区可分为山地、戈壁、沙丘、滩地或沼泽地，各有其自生之草。

（1）山地：山地固定沙地及田边自生之草类有三芒草、蘋草、麦蘋草、冠茅草、羽茅草、芨芨草、白草、棒槌草、虱子草等。其中以蘋草、麦蘋草、冠茅草为优良牧草，可食性佳，尤以蘋草之生长为最强，具有长大地下茎，能在土中向外延伸，而使覆被良好，麦蘋草则以结实容易、种子量多见称，故极易建立，普遍生长。

（2）戈壁：地表多有卵石覆盖，故禾草类之生长甚少，仅于酒泉至玉门之路旁采得三芒草一种。

（3）沙丘：共和、张掖、高台等地沙丘上，自生草类有佛子茅、蘋草、苇草等，虽有时被流沙覆盖，上述各草之地下茎，尚能向上生长，展开叶片，覆盖地面而控制沙丘。芦苇草本为水生之植物，因缺乏水分，乃变更其生态。茎则柔卧地上，叶成针刺状，引人注意。豆类之甘草，生长更为旺盛。

（4）滩地或沼泽地：河渠两侧滩地及地下水甚高之处，自生草类有白草、芨草、野青茅、稗草、野大麦草、狼尾草、苇草等，其中大麦草、野青茅、狼尾草、稗草、芦苇等可供饲料。

二、牧草生长之习性

禾本科与豆科植物为两大类主要牧草，禾本科又为植物中最有价值之一科，数量最多，计有三四千种，谷类更为人们必需食粮，其重要性可知。普通草类则为草地及牧场主要植物，根为须根，原生根则早死而为潜伏根，茎秆圆形，中空而有节，玉米、高粱则为实心，叶片互生，有开裂叶鞘及叶耳，花为穗状花序，因生长期之久，暂分一年生、越年生及多年生3类，多年生草类因新芽距离茎秆之远近，又分别为丛生草与散生草2种，丛生草新芽靠近主秆，散生草具有地下茎，能向外延伸，每节入地发根，同时向上生茎叶，故可迅速覆盖地表。尚有地下茎另生匍匐茎或新芽，新芽又向外延伸，每节着土，下部发根，上部生芽，而成新植，一年生草类完全依靠种子繁殖，多年生草类除种子繁殖外，又可借分割母体、地下茎及匍匐茎增殖。豆科植物以蝶形花类之大豆、蚕豆、豌豆、苕子、苜蓿、三叶草、草木樨、饭豆、羽扇豆等为最重要，包括重要之饲料作物及食用作物，其根多为直根及枝根，须根甚少，根具根瘤细菌，能自空中摄取氮气，制造氮素化合物，以供植物生长之用。苕子、羽扇豆及胡枝子等，种于干燥瘠薄地，可翻入土中，作为绿肥，增加土壤生产能力，叶为羽状或掌状复叶，多数为三小叶组成，叶茎可作饲料，种子又富于氮化物，为有价值之养料。

三、牧草选择之标准

选择的牧草不仅须有饲料价值，且应具抵抗冲蚀及保土之特性，而后能善为运用、支配适当，如山沟内设计种植时，应栽种草皮式之草类，如蔓菁、蓝草、小糠草等，得以盛接径流，截流泥沙。在排水道及梯田排水沟内因大雨而时有运载过量之径流，故须栽种生长旺盛、根群特别发达之草类，以抵抗流水切割之力量，藾草及史氏鹅观草之根群茂密，其地下茎又复强韧，同时地上部茎叶受水压力后，能偃卧而叠置，形成自然之草垫，故最适宜种植于沟内，保护土壤，不至冲蚀。牧场与易冲蚀地区，则宜栽种蔓菁、行仪芝等草，因其具有广大之匍匐茎，并能迅速发生新株，形成有效植物覆盖，保护地面、供给饲料。唯此种草不宜种植于作物地内，因其延伸之匍匐枝易侵入农田，妨碍耕作，虽经铲除，又即复生，不易除根，故耕地内之草带，宜选择根群发达而无延伸习性之草类，以意大利黑麦草、宿根黑麦草、苏丹草、多花鹅观草、麦藾草等为宜，因其根能固结土壤，枯死后可增加腐殖质，进而使土壤吸收更多水分，改良其耕性，颇能收保土蓄水功效。兹将 John Percivol 博士对于牧草选择注意事项列后，以供选择之参考。

（1）生存期限：牧草生存期之长短，尚无明显界限，因各地气候、土质以及所受处理而异，按牧草利用时期之久暂，分为两类。

◆生存期短者，可供临时牧场用，因最多能维持二三年；意大利黑麦草结实后即枯死，生存期极短。

◆生存期长者可供固定牧场用，能保持较久时间，如多年生之牧场狐尾草及果园草均可利用。

（2）生长速度：牧草播种后生长之速度影响放牧时期，故需谨慎选择，先为估计，一般非永久性之草类，如黑麦草、高生燕麦草及红三叶草等，于播种后当年或次年，即可达其最高生长度，果园草、牧场狐尾草及其他生长较久草类，则需三四年后达到生长最高峰。

（3）生长习性：草类生长习性可分为丛生性与散生性 2 种，前者生长成为孤立丛生之草丛，如单独播种时，不能形成整片紧密之草地。后者因具匍匐性，其地下茎能向四周伸展，布满全地，占据极大面积，如牧场狐尾草、光杆牧场草与茅草等，均属匍匐类，建立整齐划一之草地，宜采用混播法，2 种生长习性之草类，均应选择同时种植。

（4）生长高度：牧草生长高度不一，高生草或高草可供牧场青刈或干刍之用。矮生草或矮草可供草地及牧场放牧之用。高草与矮草并无明显之界线，例如宿根黑麦草及糙杆牧场草，既能列为高草类，又可划入矮草类。

（5）生长能力：牧草发育迟早，影响生长速度，发叶早者，生长能力较强，易被利用。普通以甜春草、牧场狐尾草、果园草、牧场草及高燕麦草等发叶较早，提摩太草及小糠草发叶较迟。同时，各种牧草割刈后之再生力，亦应详细研究以供选择标准之参考。

（6）品质产量：牧草之品质与产量，因牧草之种类、年龄、发育之时期、生长地之土质及其他环境而有异，故极应注意，选择质、量并佳之草类。牧草对于土壤气候之适应性，各有差别，普通草地及固定牧场所用之优良牧草及其他有价值之饲料作物，均能迅速适应各种土质，但提摩太草、糙杆草及杂种三叶草宜种于湿润之黏土地，高燕麦草、硬草及腰形苕子等则以干燥土壤为宜。

四、牧草之栽培与育种

西北牧地现有之牧草种类，质量均非上乘，影响放牧至巨，极应选择理想品种，加以观测试验，进而举行杂交育种，培育优良性状之新草种，由苗圃先行繁殖，俟有成绩，再为推广。

（1）选择草种：牧草种类繁多，不但性状复杂，种子亦多混乱，同名异种固有，异名同种者亦复不少。我国幅员辽阔、草种极多，亟宜广为采集、精密观察，分别加以试种。此外，欧美更多优良品种以及杂交育成之新种，亦应引种试验其适宜性，借此得到事半功倍之效。作者 3 年来主持水土保持试验区之保土植物工作，积极进行，并引进各地已有之栽培品种，记载其特性，相互比较，选择最优良之植株或品系，试验繁殖，目前进行之选择工作，计有胡枝子类、虉草属与鹅观草属等。

（2）采收种子：牧草种子之采收，关系牧草繁殖，至为重要。改进草地之植物，恢复牧场经营必须采收有用之牧草种子，而后播种育苗。采收种子，首须明了种子成熟之时期与习性，并具熟练技术始能奏效。种子成熟时期与结实习性则因种类而不同，一般牧草多结实丰富，易于采收，少数牧草，亦有不宜结实者，即结实亦多不稔，而不可靠。尚有草种成熟后自行脱落，影响采种工作，均应及时采收或预先采收。牧草种子成熟时期，自5月起至12月止，期间均可采收，宜随时注意收集。亦有种子，不在同时成熟，早熟者已达脱落程度，迟者则未成，或尚在开花时期，不能同时采收，故宜分批留种。

（3）播种育苗：播种牧草与培育幼苗，为改良牧草之主要工作，举凡有关栽培之技术，均应注意改进，兹分别述之。

圃地之选择：选择土质肥沃、灌溉便利之地，设置原种草圃，播种珍贵、稀少之优良种子，在可能控制条件下，使其迅速生长结实，待种子采收后即移至观察苗圃试种，比较其生长。苗圃地之肥力及湿度，均须均匀，避免过湿地与沼泽地或冲蚀过度地，使各草得受同一之环境。选择圃地应注意杂草及毒草之有无，杂草及宿根过多时，除草费工、管理困难。观察圃地之使用期，至少需有3年至5年期限，研究牧草永存性之圃地，使用期限则需有10年至20年之久。

◆整地筑床：于秋季或地冻前，及时犁地，至早春冻融可工作时，再行犁耙，碎土分畦，分别作床，并用滚略加镇压，使上下土密接，水分上升，细小之草类及豆类种子发芽后，应勤除杂草，使草类及豆类得以充分生长。

◆播种方法：播时应分畦播种，每一品种播20行，可供观察之需，行间距离3尺，行长则沿等高线而定，借此抑制土壤之冲蚀。播种沟切忌顺坡开筑。每小区播种3行，采收中间行种子，计算其产量，可减少品种间之竞争。播时手播或持播种机，先将种子分为2份反复撒播，务使均匀。豆类与草类种子均适于湿润土地播种，同时播种沟以稍深为宜，覆土深度视种子大小及土壤性质而异，如表土坚结，则须先行碎土，藉可保证发芽。此法对于细粒种子特别重要，大粒种子如蕨草可行深播，覆土1英寸（1英寸=2.54cm。后同），多数草类及豆类种子播种深度以3/4英寸为宜，少数草类及豆类种子播种深度不得超过1/2英寸，如春播之小粒种子发芽不整齐时，可于秋季举行浅播，或播于土壤表面，所有豆类种子宜以细沙擦伤其种皮，并用适当之根瘤接种，促进生长，此类种子必须于早春寒冷时播种，使幼苗在热空气来临前充分生长。

◆品种之排列：播种时宜将散生草类如鹅观草、光雀麦、无芒蕨草、红草、金色苇草、蓝草等同播一处，借此减少多年生散生草类与丛生草类之竞争。雀麦与其他生命较短之草类如二年生草木樨及杂种三叶草等，宜种于圃地之边缘，以使第2年苗圃内不致有空隙余地，同时继续播种时，也不致妨碍整理土地。每种于相当距离间，应播种扁穗鹅观草或其他标准草类，充作保护草，分别间隔各种类牧草，以免品种间竞争与混杂。

（4）杂交育种：野生植物在田野时与相近之植物行自然杂交，产生新品种，但因缺乏特殊保护及管制，不能与其他植物竞争，多数均自然淘汰，以致生存者少。自然杂交，费时既久，且不可靠，故以人工杂交为宜。大量收集品种，选择最优良而适合吾人需要之品种，举行控制育种，培育理想之品种，以供繁殖推广之用。西北地区现有戾草、狼尾草及徽县狼尾草3种。秋季开花时期，亦均相同。戾草开花时，雌蕊先放，雄蕊吐粉较迟。民国三十三年（1944年）秋开始相互杂交，先将戾草之雄蕊剪去，以狼尾草及徽县狼尾草之花粉，涂于戾草柱头上，结果情形良好，次年将采收之种子播种，得一代杂交幼苗3株，各于母本相似而稍异，生长健旺，并均开花结实，当继续播种栽培，以观其后果，今后尚拟进行鹅观草及蒴草等杂交育种。

五、西北牧场之改进

西北牧场广大，极应改进植物，调查牧场已有之草类，使可食之豆类、草类多有机会结实，为更新旧牧场及建立新牧场之根本。

1）更新旧牧场

牧场管理为农业技术之一，应善为处理与合法经营，必须保护牧场与植物及控制放牧，使良好牧场得以维持永久利用，不致迅速毁坏，进而使不良牧场逐渐改进以达更新。

牧场保护。

英国人I. G. Lewis，提出下列各点为保护牧场之必要事项。

◆应用圆盘犁耕作，并用滚压。

◆施用石灰磷酸或其他肥料，以补不足和维持地力。

◆及时播种适宜之混合牧草种子。

◆适时放牧。

◆牧场积水地不宜播种金花菜等草类。

◆控制放牧保护植物。

◆限制牧畜之数量：应行丈量草地之面积，计算产量及每头牲畜每月之消耗量，以规定牧畜之数量，进而分配各畜类，规定牧地上牛羊应有之头数及二者分配之比例。

◆延迟放牧之时期：在同一地点，连续数年早春放牧，容易过度消耗草类冬季所储藏之养料，使其不能旺盛发育，终至消灭。如宿根黑麦草、果园草等为发叶最早之牧草，以早春新发之叶，牲畜最喜啮食，固不宜在4月之前放牧。又以终身将牲畜在一处放牧，有压迫或减少宿根黑麦草之生长，同时牲畜有择食之天性，喜食好草，因往返啮食，卒将优良牧草全部消耗，使无价值之牧草反有充分生长之机会。极应实施轮牧。

◆实施轮牧法：宜将牧场划分成区，轮流放牧，使牧场得以休息，牧草得有恢复生长之机会。如早春放牧者，秋季须休息，使牧草根群旺盛发育，次年迅速生长，覆盖地表，抑制杂草之侵袭。尤以蓟草及夏季割刈之草为然，二次生长之草，每多肥大，可留作冬季之用，经霜打之后，牲畜格外喜食。

◆实施更新：将草地区划为带状或块状，犁地曝晒，雨后重行犁松，使土块细碎，适合播种为度。待雨季，将准备之草籽及豆科植物种子，配合混播其上，以改进草之种类与质量，增加营养价值。种子发芽困难时，可将簇生之优良牧草撅起分割为若干份，按其生长之大小，规定栽植距离，每穴栽种一簇，株间空隙留作中耕，至花芽发生时，停止分蘖，将来种子成熟，落地自生，布满全地。牧草尚可用地下茎或匍匐枝繁殖，即将整好之地，开并行沟，距2尺5寸，宽3至5寸，割取地下茎或匍匐枝，将顶端向上，紧靠沟壁放置，留一节露出土面，二节埋在土中，排毕用脚踏实。经一次除草，生长达相当高度，即可割刈。割后发育更盛，下部生根，上部生秆，迅速覆盖地面。每年如此轮流，至全部更新而止。

2）建立新牧场

为恢复西北畜牧事业，并根据土地利用原则，在山地陡坡不宜农作或气候干燥、农作物难有收获之地，极应改种牧草，借此建立新牧场，其步骤如下。

◆整地：播种前先将土地深耕曝晒，待雨后重耕，经二道后，用耙耙细，除去草根，施用基肥，以堆肥磷肥为佳。若杂草甚多，一时难以除尽，可先栽种一二季需要中耕次数较多之农作物，如马铃薯之类，并宜充分施用肥料，然后播种牧草，此法对于农作物及牧草两有裨益。

◆播种时期：牧草播种之适期，视种类与降雨时间而定，大致与农作物相同。多年生牧草，在灌溉地春夏秋各季，均可随时播种。据3年来播种试验结果，一年生牧草，以3月中旬至6月初为宜，而以4月为最佳。多年生牧草，以8、9、10月播种为宜，而以8月底9月初为最佳。西北雨量稀少，而全年降水量2/3分布于7、8、9月，此时地面、空气均较湿润，且阴天较多，落地种子常发芽自生，加以雪降之前，有充分时间发育生长，可无冻死之虞。翌春一早发芽生长，可抑制杂草之侵袭。冬季之时，可行迟播，此时温度、湿度均不宜于种子发芽，得将种子暂存土内，俟春融时，可及时提早发芽。

◆播种方法：多数种子多行直播。播时分散播与条播二方法，面积较小之土地，可用手播，纵横往返各撒一次；面积大者，则用撒种机撒播种子。黏土地因覆土困难宜用条播，夏季易于干燥之处，作青刈用之豆科植物，亦宜用条播，条播可节省种子。种子播后，用耙耙之，使细土与种子混合，再用辗轴镇压，覆土以二三分为宜，不可过深，盖过深，种子不易发芽。尚有少数种子，不须覆土，可借降雨时之雨水，将土覆盖，而使发芽良好，此法对于金花菜等种子尤为重要。

◆纯播与混播：豆科植物作鲜饲、干刍、青刈或绿肥用者，在临时性牧场中，多用纯播，即仅播一种草种。放牧用牧场，行纯播者甚少，平常多按土地之性质与经营之目的，以2种或2种以上之种子，进行混播。混播时如种子配合适当，则可生产品质优良之牧草，增加牲畜之食欲，充分利用地力，不致因气候不良而有全部失败的危险。

◆保证作物之利用：新法建立牧场，多不利用覆盖或保护作物，而将配合之混合种子直接播种于犁沟内，但混合种子中必须掺入意大利黑麦草，因其生长迅速，播后有5至8星期，即可放牧。如与油菜及耐寒力强之莱菔等种子配合混播，7月间施肥播种，8月底生长已甚繁茂，短期内即可生产大量饲料。建立临时性牧场，多数利用玉米作覆盖或保护作物。此法于玉米播种后，同时将草籽播下，至迟在数天之内须播种完毕，以使牧草在旱季前可生长良好。玉米之外，亦有用燕麦或大麦充保护作物，唯播时不可太密，以免妨碍草类发育。种金花菜类时，尤宜疏播。如用玉米茎叶作饲料，可不待其完全成熟或尚带乳液时割刈。如牧草生长旺盛，割后即可放牧，借以限制其生长，唯放牧不可过多，戒延长至冬季，因践踏过甚，有损草地之发育，黏土地应特别注意。放牧可以固定牧草四周之土壤，抑制牧草上部过多发育，使不宜荫蔽之金花菜类有充分受阳光之机会，并能阻止杂草侵入，而可造成品质优良之高级草地。

六、适宜西北栽培之牧草

西北地区3年来收集中外牧草种子，在草圃中试种，观察比较其生长情形，以作繁殖及育种之准备。因限于设备，均在露地试验，择其适者保留，不适者逐渐淘汰。3年结果保存之良种，已复不少，兹将可能在西北栽培之品种，择要列表于下，以供参考。

适宜西北栽培牧草

种名	产地或来源	性状及生长情形
扁穗鹅观草	华盛顿	我国河西、青海有之，美国系由苏联北部输入，为多年生丛生草，能耐极度之干旱与寒冷。根群发达深入土中，种子落地自生。为保土之优良牧草，适于山岳地带
标准扁穗鹅观草	华盛顿	性状与前相司，叶深绿色，生长较为旺盛
长杆鹅观草	苏联	原产苏联，多年生丛生草，根群发达，抗旱力强，覆盖良好，有保土价值。栽培容易，叶量多，可作饲料，结实佳良种子，唯成熟较迟，适宜山岳地带
中庸鹅观草	苏联	原产苏联，多年生散生草，耐寒抗旱，叶繁茂、根群发达，为优良牧草，适宜山岳地带
疏花鹅观草	甘农所	原产西伯利亚，多年生丛生草，高3尺，种子7月下旬成熟，根深入土中，耐寒抗旱，可食性佳，建立容易
多花鹅观草	甘肃华家岭	多年生丛生草，高三四尺，根群发达，茎叶繁茂，可食性佳，耐寒抗旱力大，结实多，建立容易，种子7月下旬成熟

续表

种名	产地或来源	性状及生长情形
鹅观草	天水	多年生丛生草，高二三尺，根群发达，茎叶茂密，可食性佳，但多生于沟渠两侧或湿润地。种子7月成熟
西伯利亚鹅观草	中农所	多年生草，种子7月下旬成熟，具强壮之地下茎，迅速向外延伸满布地面，为有价值之保土植物，叶可作饲料
史氏鹅观草	美国	原产美国西部，性状同前种
蓝色丛生鹅观草	美国	原产美国西部，多年生丛生草，生长旺盛，覆盖良好，牲畜喜食，结实佳而多，易繁殖，适于山岳地带
糙穗鹅观草	中农所	多年生丛生草，生长习性与疏花鹅观草相同，为优良牧草，种子8至9月成熟
长毛鹅观草	中农所	多年生散生草，种子8至9月成熟，具短地茎，向外延伸，叶质佳良，耐寒力大，入冬犹带青绿色，为优良之牧草，结实佳，繁殖易
牧场狐尾草	苏联	原生苏联，多年生丛生草，叶光滑、青绿色，量多可作饲料，宜于湿润黏土地
大蓝杆草	美国	原产美国，多年生丛生草，生长高大，叶量丰富，可为牧草或干刍，根群发达，为控制冲刷有效之植物
小蓝杆草	美国	原产美国，多年生丛生草，叶青绿色、粉白色或带紫色，叶量多，根群发达，为控制冲蚀植物，叶粗糙、可食性较差
木黄芪之一种	苏格兰	豆科木黄芪属，宿根草，生长良好，民国三十四年（1945年）未及开花
宿根燕麦	青海西宁塔儿寺	多年生丛生草，高五六尺，具短根茎，耐旱抗寒力强。种子在原产地8月成熟，在天水6月初旬成熟
燕麦	甘肃华家岭	一年生草本，皮薄，种子容易脱粒，可作食粮及饲料
大燕麦	甘肃天水	一年生草本，皮淡黄色，光滑无毛，可作饲料
侧燕麦矮草	美国	原产美国，生长尚佳，多年生丛生草，矮小而有坚强短鳞状地下茎，耐旱性强，能耐践踏及啮食，当年开花结实，为草地之重要牧草及干刍。种子10月初旬成熟
蓝色矮草	美国	原产美国西部，生长尚佳，适于雨量稀少之地区。多年生丛生草，抗旱力强，且能耐寒。生长矮小，叶细弱，可食性佳，结实多，在半干燥地区能自然生长，形成广大之草地。种子8月中旬成熟
光雀麦	中国东北三省	欧亚原产，多年生散生草，有爬行根，茎叶光滑，可作牧草或干刍
雀麦	陕甘二省	越年生草，多数密生，根群良好，覆盖良好，可作冬季及早春之牧草，结实佳，建立易
毛雀麦	美国加州	一年生，丛生直立，茎叶有软毛，种子10月成熟
饲料萝卜	新疆哈密	球根菜类，生长良好，平均每个4.5kg，可作饲料，有繁殖价值
野牛草	甘农所	原产美国，多年生草本，滋生多数匍匐茎，形成密生草地，为滋养之饲料，抗旱力极强，为防止冲蚀及风蚀最有效草类，宜于干旱地带
菵雀麦	甘肃乌鞘岭	越年生丛生草，为高山牧草。在天水生长不佳，种子6月初成熟
稗草	甘肃天水	一年生丛生草，生长旺盛，穗疏芒长，为良好牧草。生于水田则为杂草。种子8月中至9月成熟
加拿大𬞟草	中农所	原产美国及加拿大，多年生丛生草，生长旺盛，叶量丰富，茎叶可作饲料，能在冲蚀地及坡地生长，被覆良好，结实多，种子落地自生，耐寒抗旱，适于山岳地带。种子9月成熟

续表

种名	产地或来源	性状及生长情形
藾草	甘肃兰州	多年生，草高1至3尺，具爬行根茎，迅速延伸，覆盖良好，为牲畜冬季最佳之饲料。性耐寒，对于保土防冲有极大之功效。种子8月成熟，结实少且多不充实
达乌里藾草	青海西宁	多年生丛生草，高4尺，根群发达叶茂盛，覆盖良好，可食性佳，结实产量多建立易。种子8月成熟
垂隐藾草	甘肃乌鞘岭	多年生丛生草，高二三尺，穗下垂，根群发达，叶多，可食性佳，结实丰，为恢复植生最后之植物。种子7月成熟
西伯利亚藾草	甘肃榆中	多年生丛生草，高二三尺，穗下垂根群发达，叶茂盛，可食性佳，耐旱力大。种子7月成熟，实多
麦藾草	甘肃高台	多年生丛生草，高3至5尺，根群发达，叶粉白色，覆盖良好，耐寒抗旱，可食性佳，结实亦佳。种子8月成熟，落地自生，建立容易
短芒麦藾草	青海共和	多年生丛生草，高四五尺，根群发达，耐寒抗旱，覆盖良好，结实佳。种子8月成熟，建立容易
苏联藾草	苏联	原产苏联。多年生丛生草，覆盖良好，叶多可作饲料，结实佳，繁殖容易，但已罹赤锈病，适于山岳地带
无芒藾草	美国	原产美国，多年生。其爬行根茎与史氏鹅观草相似，叶量丰富，可食性中庸，结实多。繁殖容易，为控制冲蚀优良草种，适于山岳地带
阿尔泰山草	美国	原产欧洲。多年生丛生草，叶粗糙，发育旺盛，叶量多而为牲口喜食。当年结子，种子落地自生，冬季叶青绿色。种子8月至10月间成熟
绵羊草	土耳其	生长缓慢，矮小纤细，土耳其原产，我国亦有。多年生丛生草，叶细小，为优良牧草
红草	美国	多年生，生长短小，叶如松针状，长六七寸，叶鞘基部带红色，冬季呈青绿色。除瘠薄之松土外，适于各种土壤
草地大麦	青海湟源	多年生丛生草，生长良好，可食性佳，结实佳，产量多，种子落地自生，建立容易，宜于地埂及山沟栽培，移至暖地易罹赤锈病
落草	青海大通、湟源	多年生丛生草，高尺许，茎叶稍硬有白毛，可食性佳。种子6月成熟
二色胡枝子	甘肃天水	多年生落叶灌木，高三四尺，分枝多，叶茂可为荒坡恢复植被用。种子10月成熟
小叶胡枝子	甘肃天水	多年生小灌木，枝斜生，纤细柔软而多叶，覆盖良好，根发达、具根瘤。种子10月成熟。地上部冬季枯死。可作饲料及恢复植被用
天蓝苜蓿	青海乐都	一年生或二年生草，木茎由基部分枝平铺或斜生，覆盖良好，宜于较湿润之地，可作绿肥及牧草用。种子7月成熟
苜蓿	美国及陕甘各地	多年生草本。根深入土中，为最普通之牧草，共收集16号，均分别种植
米芽属	陕西西安	多年生丛生草，高一二尺许，喜生于阴地，种子细小，6月成熟，抗病力强
白花草木樨	西班牙马德里	原产欧亚两洲，豆科草木樨属，越年生，生长高大，当年不开花，次年早发叶，开白花，结实后枯死。味苦，幼嫩者牛羊喜食，可割作干刍，为冬季饲料
黄花草木樨	同上	花黄色，性状同上
野稻	青海三角城	多年生丛生草，高二三尺，次年结实。种子在原产地8月成熟，在天水6月成熟

续表

种名	产地或来源	性状及生长情形
印度野稻	中农所	原产美国西部，多年生丛生草，叶茂密，覆盖良好，为风蚀地区最佳之饲料，植物结实佳。种子落地自生，六七月成熟
柔草	美国	原产美国西部，多年生丛生草，具短根茎，根强韧而深入土中，叶多可作干刍，结实多，发芽易，其茎叶直立，冬季可用作制止雪与土壤之迁移。种子10月成熟
落草	甘肃天水	多年生丛生草，高二尺，根群发达，叶硬而粗，可食性中庸，生于水渠及湿润之地，可作保护堤岸及排水道用。种子10月下旬及11月成熟
狐尾草	甘肃天水	多年生草，高二三尺，具长地下茎向外延伸，叶茂，可食性佳。结实不佳，种子量少。11月成熟
徽县狼尾草	甘肃徽县	多年生丛生草，高四五尺，具短根茎，不向外延伸，叶稍粗，耐旱力较前为差。种子11月成熟
金色苇草	苏联	多年生丛生草，叶光滑，略带粉白色，为沼泽地及河滩地重要牧草
某属之一种	青海湟源	多年生草，具长地下茎向外延伸，草细弱，可食性佳，为优良牧草及保土植物，结实佳，建立容易
大蓝草	美国	原产美国西部，为重要蓝草属之一种。生长良好，易罹赤锈病。根群发达，叶量丰富，可食性佳，抗旱力强，为风蚀地区保土最佳之植物。当年开花结实，适宜山岳地带
葛藤	甘肃天水	种子发芽力较低，幼苗生长良好。由根冠抽二三枝条于8月间压蔓生根，入冬仅稍端一二节冻死，保土功效良好。叶茎可作饲料与编织器皿，根可作药用。种子10月下旬成熟
苏丹草	非洲	多年生丛生草，高六七尺，发育旺盛，在北方寒冷地带可为一年牧草。种子9至11月成熟
芨芨草	青海西宁	多年生丛生草，性极耐寒，高六七尺，茎叶坚韧，可编织与搓绳。抽穗时马喜食。其顶部耐旱力强，可防止风沙之迁移。当年抽穗，较少次年抽穗结实
青羽茅草	美国	原产美国，多年生丛生草，能耐旱及抵抗风沙之切割。为干燥地区恢复植被最有价值之牧草
蟹草属之一种	青海	多年生丛生草，高一二尺，叶细长，品质优良。种子6月下旬成熟
杂种三叶草	美国	茎叶光滑、直立，花粉红色，其产量次于红花三叶草及白花三叶草。宜于湿润重黏土地，种子落地自生，可保久存。叶量较少
红花三叶	美国	生长旺盛，茎长，茎叶有毛，托叶三叉有毛，产量大，为最有用途之金花菜一种，有高度可食性及营养价值，可作干刍。主根深入土中广集养料及水分，发叶早。种子8月至11月成熟
宿根苕子	甘肃华家岭	多年生草本，茎叶繁茂，覆盖良好，可作饲料及绿肥。种子9月成熟
野豌豆	青海乐都	一年生草本，茎叶繁茂，可作饲料或绿肥，喜生于较湿润之地。种子6月下旬至7月上旬成熟
三齿苕子	甘肃平凉	多年生草本，分枝多，茎叶细弱，开花最早，夏季停止生长，种于草地可增加牧草品质。种子7月成熟

➤➤➤《中央畜牧兽医汇报》，1944，2（2）

畜牧兽医月刊

《畜牧兽医月刊》，民国时期创刊，内容包括畜种改良、家畜疾病预防和治疗等方面，1945 年连载了王栋的《牧草栽培及保藏之初步研究》一文。

王栋（1906 ～ 1957 年），字秉钧，1906 年生于江苏崇明（现属上海），著名的畜牧学家、草原学家、动物营养学家和农业教育家。

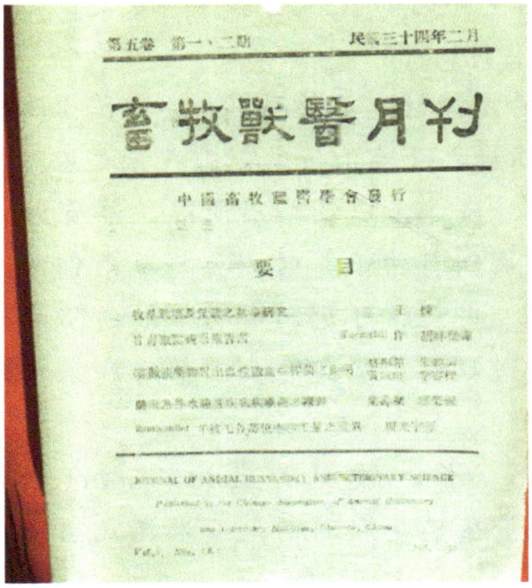

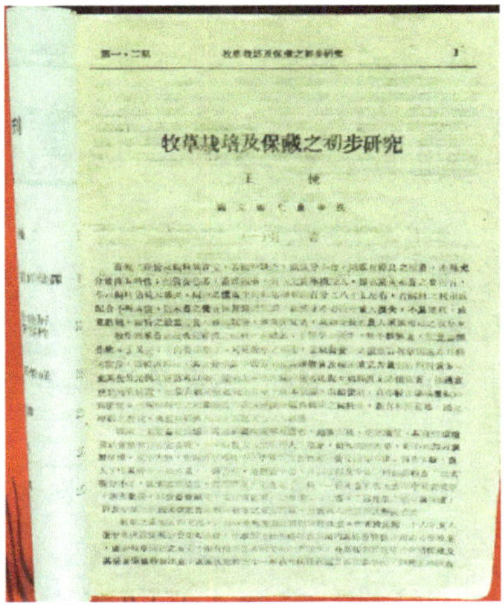

牧草栽培及保藏之初步研究

苜蓿种子田间及室内发芽试验之比较，包括 3 份苜蓿种子，研究结果表明苜蓿种子室内发芽率较田间发芽率高出 4 倍之多。在苜蓿种子不同储藏期的发芽试验中，种子发芽率无论在田间还是在室内，储藏 2 年的都要比储藏 1 年的高；并且在发芽速度上亦表现出不同，储藏 1 年的苜蓿种子其发芽速度明显慢于储藏 2 年的苜蓿种子，储藏 2 年的苜蓿种子的发芽速度与储藏 3 年的相当。

苜蓿幼苗时期根茎生长之比较，试验结果为苜蓿苗期根的发育较早、较快，而茎的发育则较迟、较缓。苜蓿在不同时期表现出不同的生长速度，一般在幼苗期植株增长较慢，而在发育期则表现出较快的增长速度；花期后由于种子发育需要养分供应，因此种子成熟期植株高的增长较为慢，而在种子成熟后植株又表现出较快增长，但此时苜蓿植株纤维含量明显增加并老化。鉴于此，王栋建议苜蓿宜在盛花期收割。此时苜蓿草营养丰富，并且产量高。通过叶、茎、花、荚果等各器官比例的统计，结果发现苜蓿愈老，茎的营养成分亦愈低。

苜蓿产量与刈割次数关系研究结果表明，春播苜蓿当年的产草量随着刈割次数的不同亦表现不同。间隔 56d 刈割 1 次，虽然对苜蓿生长发育影响较小，但比间隔 42d 刈割 1 次产量要低，以间隔 42d 刈割 1 次为最高；间隔 14d 收割 1 次，则连割两次引发较多的植物死亡；间隔 28d 刈割 1 次，也影响苜蓿生长，并导致产量也较低。

苜蓿产量年际之间的变化研究显示，苜蓿播种后，生长 2 年的产量较高，生长 3 ～ 4 年产量逐渐降低，至生长 5 年则降低甚多。苜蓿在一年中，各月份产量亦表现出不同：其中以 4 月产量为最高，约占全年的 1/3，5 月和 9 月次之，产量在夏季较低，到 10 月，苜蓿停止生长直至翌年 2 月。

苜蓿干草调制试验。试验的主要目的是探讨使苜蓿鲜草含水量降至 20%，同时必须力求营养物质损失之减少，保持其高度之营养价值及芳香气味之浓烈，以增进其优美之口味。研究表明，湿度、温度、风速，以及草层薄厚、草质老嫩对苜蓿水分蒸发的速度有显著的影响。建议在调制苜蓿干草时，要将草条铺薄，多次翻转，在天气干燥晴热时，应在上午刈割，当天就可调制成功；如遇阴雨天气，则需数日才可蒸发至适宜含水量；草质老嫩影响其水分散失，草质愈嫩水分之蒸发愈快。

苜蓿与玉米的青贮试验。用长方形（长 × 宽约为 6.0m×1.8m）土窖，1 份苜蓿加 3 份玉米（全株）进行混贮，苜蓿在盛花期刈割，玉米在乳熟期刈割，由于人工切碎较慢，苜蓿和玉米整株青贮。一般做法为：先在窖底铺一层厚约 2.5 ～ 5.0cm 麦秸，然后开始装填青贮料，两层玉米间铺一层苜蓿，直至青贮窖装填满，窖上盖约 5.0cm 的麦秸，其上再封以厚 33.0 ～ 35.0cm 的细土，将其踏实密封。青贮时间约 3 个月后开封。青贮好的料除窖体接触土壁的部分稍有霉烂外，其他青贮料色味皆俱佳，即窖顶层和底层的料也相当好，尤属难得。制成之青贮料，其成分、酸度与各种有机酸之多少，因设备不齐、药品缺乏，未能分别加以测定，而观其色味符合青贮料的要求。青贮好的料味芳香并带酸味，色呈棕黄色，在饲喂过程中家畜尤为喜食。青料宜老嫩适宜，玉米与苜蓿并须按照适当比例逐层相间青贮，青料宜铺散均匀而平整，每层铺完后须多践踏以压实之，靠壁及四角处尤须特别注意，窖底和窖顶皆须加秸秆（约 5.0cm 厚），窖顶须堆积尺许（33.0 ～ 35 cm）厚之土层，堆成弓形，且踏实以密封之。

➤➤➤《畜牧兽医月刊》，1945，5

改进中国农业之途径

民国三十四年（1945年）10月，中国向美国政府提出农业技术合作之建议。经数度交换意见后，双方同意联合成立中美农业技术合作团，以此设计中国农业改进的缜密计划，并建议应设之机构。中美农业技术合作团由美国10名专家、中国13名专家组成，利用11周的时间去实地考察，所涉及主要方面为：①农业教育研究与推广机构及事务；②农业生产、加工及运销状况；③与农村生活及水土利用有关的各项经济及技术问题。考察期间，该团分为6组，每组各以一项专题为研究对象。《改进中国农业之途径》一书就是考察之后的总结报告。

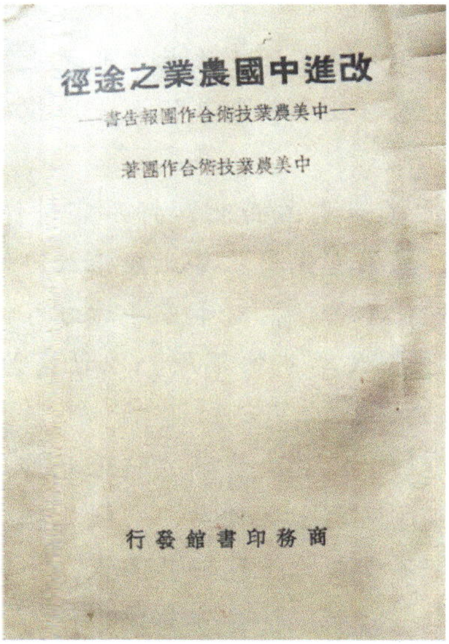

改良绵羊与羊毛之长期计划

一、草原管理及饲料增产

改良羊毛之计划除非包含改良草原管理及增产饲料之计划以增进羊群营养，否则将一无价值。根据公主岭实验场实验结果，草原之改良与管理实为改良羊毛计划中最重要之一步。

（一）中国西北土地之管理

中国西北之草原多为一村或一族所共有，居住于该村之居民或属于该族之人民均有在该草地放牧之权利，此等草地均以天然目标为界线，如河流、山脉、森林等，此无篱墙之草地往往随历史习惯而取得其所有权，并代代相传，如经全村或全族之同意，亦可转让与他人。村与村及族与族间对放牧草原均各守疆界，无敢侵越。至草地放牧牲畜之数额，则无论对于个人或全村全族均无限制。又对于个人亦鲜指定放牧区域，唯全村或全族人民均有一共识，冬季放牧于低暖之区，夏季放牧于高山之上。政府对于草地从未知其实际面积，故地税不按面积征收而依牲畜头数征取。牛马每头每年约收税一元，羊及山羊四角。此种征税方法往往使牧民以多报少，而中国正确牲畜数额无从统计。在此种公用草地制度之下，牧民对于草地管理及种植饲料极少注意。唯少数政府所办之畜牧场会于有限面积内加以试验而已。

（二）土地利用及调查测量

中国西北与其他各国相同，将不适于作物生长之土地开垦耕植。根据各国实际经验明示，作物不能于雨量不匀及生长期甚短之土地获得丰收。而中国西北广大之范围内大部有此缺点。

美国西部开垦者以前亦类似中国西北，将不宜耕作之土地开垦，其结果以作物不能满意生长又复弃置。但原有优良牧草业经摧毁，仅存遍野荒草，不适于放牧之需。此等草地若重行播种牧草种子，需十五年后方可恢复。故自世界上已得之经验，可断定此等土地唯有生长牧草充作草原，以牲畜为收获之工具，代替犁锄与镰刀也。

中国粮食之需要甚为迫切，以致大好草原被迫开垦，而所产粮食则仍有限。故于移民之前，应先调查研究该地之土壤种类、气候状况，以决定其究竟宜于耕种抑或放牧。中国高原地带现有不少耕作土地任其闲置，如能用以生长牧草，当可出产相当数量之牲畜产品也。

（三）测定草地放牧牲畜容量

中国草原牧草之生长情形知者甚鲜，亟应加以研究，以确定各草原能容放牲畜之数额而拟定草原管理制度。牧草品种之研究，应与草原管理研究并进。美国蒋森氏曾赴宁夏考察牧草，著有报告列举改进方法，可资参考。

联合国善后救济总署麦克凯氏最近曾于中国西南草地进行实际考察，彼所举改良草原之建议极有价值。中国西南为亚热带区域，牧草极富，亟应加以研究以确定其价值。牲畜疫病及寄生虫于该区极为猖獗，尤应注意。

（四）补充饲料

依据各国草地饲养牲畜经验所示，补充饲料如干草、苜蓿、玉米、油饼等极为重要。补充饲料无异于减少牲畜因饥寒而死亡之保险单。此更可以早年美国西部养牛者之经验证明之。其时，美国西部之牧牛事业称为“平地掘金”。美国长角、长腿阉牛生长在丰茂之短草草原上，数年之中生长极佳。不幸1886年冬季天气极冷，草为冰雪所掩，牛群不能得食，倒毙者以千百计。大规模之养牛公司破产者多至十余家。此严酷教训教导牧牛者必须于冬季来临之前准备补充饲料，而美国所有牧场自此即知开始收割牧草，制成干草，以备不时之需。近时深厚饲料如玉米、棉籽饼、大豆饼以及混合饲料丸，亦用以补充干草。此等浓厚饲料运输轻易，对于应付紧急需要尤称理想。

牲畜死亡损失之重大，更可自中国西北与美国山地区域相比较而获得证明。在中国，羊群越冬死亡率常达百分之二十，而于美国则百分之六已为最重，通常仅百分之四而已。中国牛羊之死亡大部分由于羊痘、肺炎及牛瘟，此等疫病均于春季牲畜营养最差、抵抗力最弱之时发生，故增进营养为提高家畜抗病力及减少死亡率重要因素之一，不论其为何种疾病或内外寄生虫莫不皆然。

于此可以明显表示减少牲畜死亡即所以增加牧民收入。究竟中国牧民应自行种植补充饲料抑或购入为合宜，亦应加以研讨。中国东北为世界有名大豆生产区域，而大豆饼尤为最佳之补充饲料，因其含大量之蛋白质及矿物质，并有足够之碳水化合物及脂肪，足以维持牲畜于极佳之营养状况。中国并有其他富于蛋白质之油饼如棉籽饼、油菜籽饼，亦为牲畜优良补充饲料。现时此种油饼，大部用充肥料，应亟举行饲料试验，以明究以何者为合算。

其他农家之废谷以及筛余之物均可用为补充饲料，中国各地亦多有采用者。总之，发展畜牧事业必须改良草原管理，以及准备补充饲料，而补充饲料之来源则自行栽培或购自附近均无不可。

最近，美国山地畜牧区域发明一种饲料丸系，不仅营养价值较油饼为佳，且因比重较大可多容重，便利运输。此项饲料丸系以废谷、豆饼粉及废糖浆为原料压制而成。大豆饼粉不仅富于蛋白质及矿物质且所含蛋白质之营养价值甚高，为氮素饲料中最优者。如能提倡饲料丸之制造以供应补充饲料，亦系优良之农村工业也。

（五）野生牧草及豆科牧草之收割

收割野生牧草或豆科牧草制成干草，供冬季补充之需亦应加以提倡。本团羊毛组于绥远考察时，曾见该地不少草原所长之牧草可以收割制为干草。在甘肃河西走廊，苜蓿、紫云英均生长良佳，放牧或制造干草两者咸宜。目前似亟应举行试验，以研究收割野生牧草及豆科牧草干制之法。此等试验应包括牧草之品种、灌溉、种植、收割及储制等事项。

在甘肃河西走廊耕作土地常有因人工肥料及水源之不足而闲置者，似可以此项土地之一半用以种植苜蓿。盖栽培苜蓿需要极少之人工与灌溉，而所长苜蓿之喂养牲畜可生产更多之家畜，并可以其肥料用以肥田。河西农民乐于栽植苜蓿，其所以不能栽植者因限于下列二原因：①农民难得苜蓿种子，政府所设各场所应代其收购；②耕地课税甚重，荒弃不种可申请免税，而栽植苜蓿其税率与耕种作物同，但苜蓿之收入极微，不足以负此重税，为鼓励充分利用土地种植苜蓿发展畜牧，政府对于以耕地栽培苜蓿似应减免其税率也。

中国草原管理方面方法亟须研究。东北、西北已成立之畜牧机关应即着手此项研究工作。绥远、宁夏、东北及甘肃永昌均为宜于研究草原管理之区域。

（六）增进营养以抵制兽疫流行

兽疫在中国流行极盛，造成损失甚重，草地畜群以及农家役畜均受其害。兽疫防治之重要性已被政府所认识，兽疫防治机构已在各省设立。增进营养为抵制兽疫流行之利器，盖牲畜经长期冬季、缺乏饲料，身体瘦弱，为兽疫发展最好之机会也。

二、中国西南部草地考察报告（联总麦克凯氏，一九四六年八月三日）

（一）考察目的

1. 发展西南草地之利用

（1）建立廉价租赁政策以鼓励牧场经营者。

（2）生产饲料作物，以增加饲料。

（3）试验婆罗门杂种以生产牛肉。

（4）于都市附近发展牛乳事业。

（5）上项完全依赖发展佳良草地，以及饲料作物及冬季饲料类，如青饲。现在所有饲料仅系稻草，发展乳牛业自无希望。

2. 设立草地研究站(拟于广西桂林良丰设农学院并于各主要草地分区设立分站)。

3. 拟定牧划研究大纲

（1）试验引进新牧草，如紫云英、苜蓿等。并研究本地牧草及豆科植物。

（2）试验于一地之上撒播一种纯粹牧草种子，以增加草地价值及牧草口味。

（3）试验各种牧草及紫云英之混合栽培。

（4）试验各种混合牧草与野生牧草之营养价值，以肉用牛所产之肉及乳用牛所产之乳之磅数为比较。

（5）以植物育种法改进牧草。

（6）分区示范推广优良牧草品种及管理方法。

（二）其他主要研究问题

1. 研究在混合草地施肥对于植物组成及营养价值之差异。

2. 种子生产研究。

3. 化学分析纯一牧草地、混合牧草地及天然草地任意采集之样品。

4. 调查西南草地之生存适应性。

5. 于天然草地举行放牧试验，以测定草地最佳之管理方法。

（三）教育

1. 饲料作物学、牧草学、草原管理学及植物检定学等课程应于农学院及农业职业学校开讲。

2. 派送大学毕业生至美国、南非、澳大利亚以及新西兰研究牧草及牧场管理。

三、中央农业实验所北平工作站研究饲料作物草地及草地管理大纲

主要研究计划。

（一）研究引进禾本科牧草、紫云英、苜蓿及当地品种之适应性。

（二）研究引进之新品种，包括农林部为北方、西北及东北所定购者。

（三）技术方面如下。

1. 在雨季可移植期前六至八星期，于平坦地及温室开始播种。

2. 移种于小盆内，每盆只种一株。

3. 俟其在盆内将根部发育完成后移植于地上。

4. 禾本科行距约为二英尺，苜蓿及紫云英各为三十英寸。

5. 本地禾本科牧草可于草地上繁殖，其株行距与原采集地同。

6. 此项试验须百分之百完全，最好于试验地之一端多埋若干盆，以备损伤者补植之用。

7. 详细记录适应性、饲养价值及疾病等项。

（四）试验于小块土地撒播一种纯粹牧草，放牧牲畜，而观察其相关口味及草地价值。

（五）试验各种牧草，如禾本科牧草、苜蓿、紫云英等之混合栽培，研究其干草收量，并举行化学及植物分析。

以上混合牧草试验应于二块土地重复举行，并由畜牧系主持放牧及草地管理实验，以研究草地价值及口味增进之比较。

（六）于大块土地举行各种混合栽培试验，四周围以电网，与天然草地比较，

以乳用牛及肉用牛放牧所产牛肉及牛乳磅数而比较之。

（七）以植物育种法改良牧草。

（八）其他研究计划。

1. 研究调查北平北方及西北方如察哈尔、绥远等地之牧草生长适应情形。

2. 建立牧草研究站，研究饲料作物、青贮及草原管理，并于绥远固阳、察哈尔张北等干旱地带，研究短型牧草。

3. 研究于混合草地施用肥料，对于植物之组成及营养价值之差异。

4. 化学分析一种牧草地、混合牧草地、野生禾本科地、豆科地及自野生草地任意采取之禾本科样品，此等野生牧草样品应自北平西北天然放牧地采取，并应自各种不同之土壤及区域分别采取，以便比较其营养价值，尤应注意矿物质及蛋白质之含量。

5. 西北草原管理研究：①轮流休闲放牧；②建立铁丝网使过啃草地复原；③育成抗旱禾本科草如 Crested Wheatgrass 等。

6. 于北平及其西北部研究牧草种子之繁殖。

7. 研究播种方法。

（九）教育。

1. 饲料作物学、青贮学、干草制造学、草地及牧场管理学、牧草鉴别学等，应于农学院、职业学校或短期补习班讲。

2. 派大学毕业生至美国、南非、澳大利亚及新西兰研究牧草及牧场管理。

四、适于中国种植之禾本科及豆科牧草

1. 适于北方及西北干旱地带者

Brome Grass（*Bromus inermis*）

Crested Wheatgrass（*Agropyron cristatum*）

Western Rye Grass（*Agropyron tenerum*）

White Sweet Clover（arctic）（*Melilotus alba*）

Yellow Sweet Clover（*Melilotus officinalis*）

Annual Korean Lespedeza（*Lespedeza*）

Creeping Red Fescue（*Festuca rubra*）

Grimm Alfalfa（*Medicago sativa*）

Ladsk Alfalfa（*Medicago sativa*）（改良）

Orchard Grass（*Dactylis glomerata*）

Sheep Fescue（*Festuca ovina*）

Buffalo Grass（*Bouteloua*）

2. 适于西北寒冷之区者

Timothy（*Phleum pratense*）

Kentucky Bluegrass（*Poa pratensis*）

Canada Bluegrass（*Poa compressa*）

Redtop（*Agrostis alba*）

Orchard Grass（*Dactylis glomerata*）

White Clover（*Trifolium repens*）

Ladino Clover（*Trifolium repens giganteum*）

Alsike Clover（*Trifolium hybridum*）

Red Clover（*Trifolium pratense*）

Annual Korean Lespedeza（*Lespedeza*）

Grimm Alfalfa（*Medicgao sativa*）

Ladsk Alfalfa（*Medicgao sativa*）（改良）

Perennial Ryegrass（*Lolium perenne*）

Italian Ryegrass（*Lolium multiflorum*）

Common Vetch（*Vicia sativa*）

➤➤➤《改进中国农业之途径》

农艺植物学

《农艺植物学》，民国时期汤文通撰，讨论农业植物应用的著作。

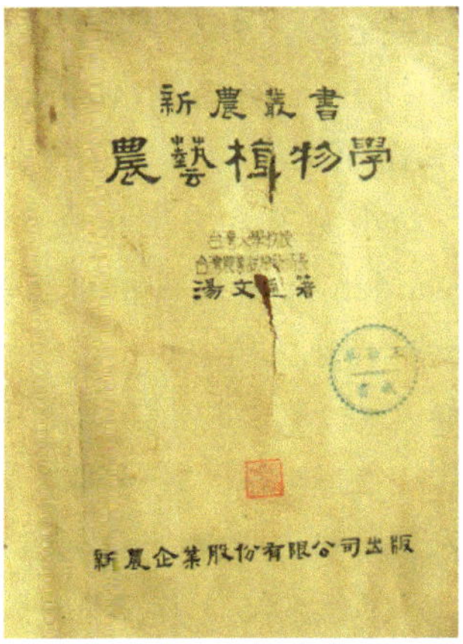

汤文通（1900～1994），字乐知，福建泉州人，曾任台湾农业试验所农艺系主任、台湾大学农艺系教授。

苜蓿属

苜蓿属 *Medicago*。

1. 特性概述。苜蓿属植物大多数为草本，有时基部木质化，如普通紫苜蓿，灌木者甚少（南欧有一物种）。叶为羽状复叶，由三小叶合成，托叶着生于紫柄之上，小叶通常作锯齿状，羽状脉，大端收缩为齿，花小形，黄色或紫色，腋生头状花序或总状花序。萼齿短，长度约相等，花瓣与花丝筒分离，旗瓣倒卵形，或长椭圆形，翼瓣长椭圆形，龙骨瓣短钝形，二体雄蕊（九与一）子房无柄或具短柄，胚球数枚，罕有一枚者，具一突锥形光滑之柱头，荚弯曲，或作螺旋形，有纹理或刺，不裂开。

2. 地理分布。苜蓿属包含的多数物种产于东半球，天然分布于东亚至南亚，计有7个多年生物种，及大约37个一年生物种（其中有一物种天蓝苜蓿 *Medicago lupulina* 具二年生甚或可能为多年生之品系），其非多年生物种称"Bur clover"，为冬季一年生植物。

苜蓿属主要物种检索表如下。

A. 多年生，植株直立，花紫色……………………紫苜蓿 *Medicago sativa*（Alfalfa）

AA. 一年生，矮生，花黄色

B. 荚肾形，无刺…………………………天蓝苜蓿 *Medicago lupulina*（Hop clover）

BB. 荚圆柱形，无刺

C. 茎有茸毛，茎直径3.5～5毫米，小叶中央有紫斑，每荚结2～8粒种子……………………………………紫斑苜蓿 *Medicago arabica*（Spotted bur clover）

CC. 茎光滑，荚直径7～10毫米，小叶中央，无紫斑，每荚结五粒种子……………………………………棘苜蓿 *Medicago hispida*（Toothed bur clover）

3. 紫苜蓿 *Medicago sativa*（Alfalfa）

I. 根。紫苜蓿为深根作物，幼小时通常有主根直向土中伸入，仅有少数侧根发生。普通侧根长不过1.2米，但Headden氏发现一植株生长仅九个月，幼根伸长已超过2.9米，通常紫苜蓿根之重量大于其地上部。

II. 茎。紫苜蓿为直立一年生植物，其生活期之长短视环境及品种而异，平均5～7年，在半干燥地有活20～25年者。近地面处有一短而坚实之茎（即冠部），20～25分枝生焉。Blinn氏曾谓冠部之性质，与耐寒性有密切关系，不耐寒之紫苜蓿有一直立生长之冠部，只有少数之芽及枝条，自地下发育，耐寒性之冠部较开展，从地面下发出之芽及枝条甚多。在后一情形下，幼芽及枝条遂为土壤所保护而免于冻害。如 Grimm 及 Baltic 皆系耐寒品系。紫苜蓿之茎较细长而分枝亦较多，普通紫苜蓿无根茎，黄苜蓿（*Medicago falcata*）之若干品种则有之，又间或见于若干斑色品种。

紫苜蓿之"收割"(Cutting of alfalfa)。紫苜蓿收割次数之多寡与其生长季节之长短及水分供给有关。美国大多数紫苜蓿栽植区域通常收割三次，唯在帝王谷(Imperial Valley）及加利福尼亚（California）有收割多至九次者。此种作业表示紫苜蓿冠部发生枝条之能力甚强。第二作或第三作之枝条于植物将开花时开始出现，通常即于此时收割，盖如是可将正常作为发育果实及种子之养料移以促进次一作幼株之生长。普通播种后第一年生长甚慢，几不可收获，由第二年开始方逐渐增加收量，每一个月至一个半月可收割一次。紫苜蓿之叶在开花时含营养物质最高，约占全株蛋白质量的 80%，故宜研究收获方法以防止叶之损失，不同时期收获对于紫苜蓿品质及化学成分稍有差异，但目下尚乏充分数字，以决定其相对饲料价值耳。

紫苜蓿为损耗土肥之物（Heavy feeder），据 Ames 及 Boltz 二氏之研究，3 吨之干刍草含氮 163 磅、磷 17 磅、钾 99 磅及钙 90 磅。

III. 叶。叶由三小叶组成，交互排列，小叶长椭圆形，边缘有锐利之齿，尖端系由突出中肋收缩而成，托叶明显。

IV. 花序。密集总状花序，从分枝之叶腋抽出。

V. 花。通常紫色，但在斑色品种可有蓝色、青色或黄色者。萼齿较萼管长，旗瓣稍长于翼瓣，翼瓣又长于龙骨瓣。花丝筒为龙骨瓣内面二相向之侧生突出物所包裹。

VI. 授粉。紫苜蓿具有一种扩散花粉之机械作用，当龙骨瓣两边缘展开时，花丝筒松开，雌蕊与雄蕊及龙骨瓣相撞，花粉因以散布，此种作用称为解钩。通常龙骨瓣之析离，多为昆虫吸吻后其两缘间伸入所引起，唯紫苜蓿之花可不受昆虫之采探而自行张开，特名曰自动解钩，湿度与温度或为自动解钩之致因。

自花与他花授粉对于紫苜蓿均为有效，自花授粉乃自动解钩之结果，在授粉昆虫稀少之区域，亦有多量种子之收获，但他花授粉可以增加荚之数目与每荚结子之数目，则为确定之事实。

VII. 影响种子产量之因素。紫苜蓿之他花授粉较自花授粉能增加种子之收获量，前已述及，是故授粉昆虫繁多者，可以增加种子之产量，但昆虫稀少之地方，亦有得丰满之收获者。在湿润区域通常种子产量微少，又当花期灌溉水过多，对于种子之生产量有碍。美国紫苜蓿最高种子生产地，乃在堪萨斯（Kansas)、科罗拉多(Colorado)、犹他（Utah）及爱达荷（Idaho）之干燥区域。疏播之种子产量较密播区为多，阳光对于自动解钩有助。

Martin 氏发现紫苜蓿子荚之形成视花粉能否发挥正常功能而定。花粉需要某种水量以发芽，当花粉粒落于柱头时，其所获水分与柱头水分之供给及空气湿度有关，唯其发芽所需水分供给量可由增加土中水分或植物附近之空气湿度而改变之。

VIII. 果实。果实为不裂开之荚卷绕二次或三次，每荚结种子 1 ～ 8 粒，肾形，长约 0.3 厘米，能保持生活力多年。

发芽与幼苗。幼苗包含二短子叶、一胚轴（幼茎）及一主根，第一叶为单叶，第二至第三叶及以后各叶则皆为羽状三小叶（Trifoliate）。幼苗初形成一直立而仅有少数分枝之茎，故在初期生长甚慢，以后从最下部之节及子叶腋内发生多数分枝。

IX. 地域分布。普通紫苜蓿原产于西亚，或发源于西印度至地中海区，干燥之热带与亚热带皆适合其繁殖，唯热而多雨之地则非所宜。

X. 紫苜蓿之品种。现一般认紫苜蓿为一杂接合物种（heterogeneous species），由多个品系、品种甚至于亚种（subspecies）组合而成。Westgate 氏谓若干耐寒品系[例如 Grimm 之具有耐寒性，即含有抗寒黄花苜蓿（Hardy yellow flowered or Sickle alfalfa，*Medicago falcata*）之几分血统]，如普通紫苜蓿（*M. sativa*）与黄花苜蓿（*M. falcata*）种植一处，则各种形式发生，此等杂种形式皆不固定，当以与普通紫苜蓿重行杂交，或彼此间互配多次，如斯即产生所谓斑色苜蓿。若干植物学者认为 Sand lucerne（沙草苜蓿）系 *M. sativa* 与 *M. falcata* 间之天然杂交种，其他植物学者则认为它是一不同物种。Sand lucerne 花之颜色自蓝、紫至黄均有，并具各种中间色，其种子较普通紫苜蓿为轻，为耐寒形式。前述之 Grimm alfalfa 确具杂种特性，其亲本系普通紫苜蓿及黄花苜蓿。其他知名紫苜蓿形式，有土耳其斯坦、德国、美国、阿拉伯、秘鲁等品系。

土耳其斯坦品系，于 1898 年得自俄属土耳其斯坦，通常较其他普通种为小，叶亦狭而多毛，需水量不多，且能抵抗极低温度。德国紫苜蓿与土耳其斯坦紫苜蓿相似，但其耐寒力较小，且其产量逊于美国品系。美国品系为美国西部最普遍之紫苜蓿。阿拉伯品系不能耐寒，故其在美国之栽培只限于温暖之各州如亚利桑那（Arizona）、新墨西哥（New Mexico）、德克萨斯（Texas）及加利福尼亚（California）。秘鲁品系生长繁茂，适宜栽培于冬天气候温和，且便于灌溉之美国西部，Brand 氏提议将其列为一不同之变种 *Medicago sativa* var. *polia*，植株较高，分枝较少，其在种植之后，生长与复原亦较普通栽培之紫苜蓿为快，花稍长，花苞较萼齿或萼管均长。

XI. 生长环境。紫苜蓿能抵抗空气干燥之高温，但高温如伴以潮湿之空气，则将受致命之损害。因此，特别适合种植于干燥之热带或亚热带，其对于低温之耐受力因品种而异，与耕种方法略有关系，Grimm 及 Baltic 品系较普通紫苜蓿受害为轻。

下表为紫苜蓿与其他作物需水量之比较（资料来自 Briggs 及 Shantz）。

作物名称	需水量（磅）	作物名称	需水量（磅）
粟	310	燕麦	597
高粱	322	马铃薯	636
玉蜀黍	368	苜蓿	651
小麦	513	紫苜蓿	963

紫苜蓿虽需要较多水分，但亦能抵抗旱热，此乃因其根系深长，能吸收较下土层之水分也。

紫苜蓿不能耐水，若土壤排水不良，便将受害；土若有石灰，则生长茂盛。我国西北部及北方诸省雨量少，土壤富含石灰质，紫苜蓿之栽培甚为普遍。南部雨量多，土壤大部为酸性，栽培较不适宜，然排水佳良之旱地，施以相当之石灰，亦未尝不可以栽培。土壤种类对于根系形式影响甚大，坚滞之土壤妨碍根部之发展，支根殊少，若土质轻松，则直根非常发达。

XII. 用途及生产。紫苜蓿在美国西部为一种重要之干刍作物，1909 年美国紫苜蓿栽培总面积为 40 707 146 英亩，其中西部各州之栽培面积即占 4 523 513 英亩，主要为堪萨斯、内布拉斯加、科罗拉多、加利福尼亚和爱达荷五州，法、德、非州及远东地区均有栽培。

天蓝苜蓿 *Medicago lupulina*（Hop clover）。天蓝苜蓿为一年生植物，间有多年生，茎四角，有毛；基部发生分枝，分枝偃状而展开，叶有柄，由倒卵形、卵形、球形或有锯齿之小叶组成，花小形、黄色，密生于长方形或圆柱形之总状花序上，荚黑色、螺旋形，种子有纹理、单粒。

原产于欧洲及亚洲，现广布于美国大部及其他温暖区域之田野，时或栽植于贫瘠地区，充绿肥用。

紫斑苜蓿 *Medicago arabica*（Spotted bur clover）。紫斑苜蓿为一年生，茎光滑，偃状，小叶中央有暗斑点，荚长球形，缠绕 3 ～ 5 次，形成螺旋形，边缘有密生交叉之小刺，种子肾形，约 2.5 毫米。*Medicago arabica inermis* 为一无刺荚品系。

原产于欧洲及西亚，美国沿海各洲多栽培之，充牧草用。

棘苜蓿 *Medicago hispida*（Toothed bur clover）。棘苜蓿系一年生植物，茎光滑，叶横卧，散生于小叶叶面之白色或深红斑点随年龄增加而逐渐减退，花黄色，叶具网状脉纹，作螺旋形，有刺，种子自淡黄色至褐黄色，肾形，长约 3 毫米。*Medicago hispida reticulata* 及 *M. hispida confinis* 系无刺形式。有刺之 *M. hispida denticulata* 原产地中海北部，中国、日本、欧洲南部均有野生，美国加州栽培非常普遍，宜于壤土、抗湿力弱环境，充牧草干刍、覆土及绿肥作物用。

除上述紫斑苜蓿及棘苜蓿二物种外，一年生的苜蓿尚有35物种，其栽培范围不广，皆属原产地中海之温带植物。

➤➤➤《农艺植物学·豆科植物》

畜　产

《畜产》，民国时期东北物资调节委员会研究组编，《东北经济小丛书》的分册之一，介绍东北地区的畜产资源。

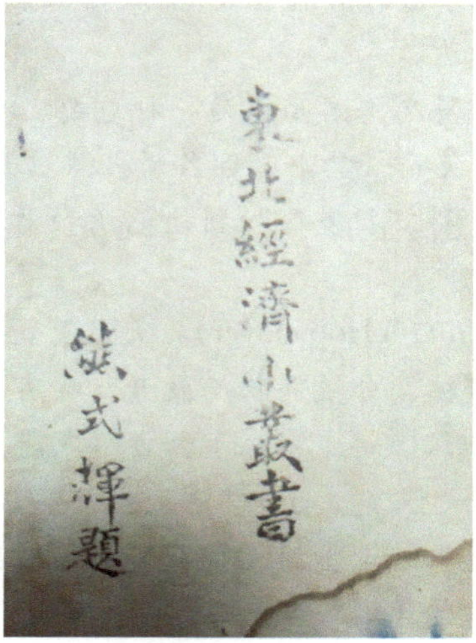

畜产施策之经过

饲料对策。第一次五年计划中之饲料对策，仅为设定牧野及对某一部分奖励种植苜蓿草。于大战爆发之后，因供给军需饲料激增，乃以此作为第二次五年计划之重要课题，列入“物资动员”计划之中，预定生产浓厚饲料五十八万吨，于沈阳、长春、哈尔滨、齐齐哈尔、牡丹江等地设置饲料工厂，充分利用农业副产物，大量制成配合之饲料。对于粗饲料，则强制实施摊派制度，勒令农民供应，以期确保所需数量。同时，对于备有野草增产机械器具者，支给辅助费及对种植苜蓿草者，支给奖励，并代为斡旋输入饲料作物之种子，努力于粗饲料作物之增产。

➤➤➤《东北经济小丛书·畜产》

抗日战争时期解放区科学技术发展史资料

《抗日战争时期解放区科学技术发展史资料》汇编了抗日战争时期陕甘宁边区政府相关科学技术发展的文献资料。

关于种牧草的指示信

陕甘宁边区政府建设厅关于种牧草的指示信
农设字第三号

各专员、县长：

近年来由于牲畜的发展，饲料消费量增加，但牧草未随之发展，以致牧草不足供给，草价之高，古今中外所未闻，大大阻碍牲畜和运输事业的发展，影响整个经济建设不能推进。为满足牧草需要，便利发展牲畜和运输事业起见，决定在全边区各县，特别在运输大道或牲畜众多的地区，广泛推广种植牧草，并进行收割野草运动。

并给以如下的指示。

（甲）推广种植牧草办法

一、划定延安、安塞、甘泉、志丹、鄜县、靖边、定边、盐池、曲子、环县、庆阳等县为推广中心区域，其他牲畜多的区域及交通运输要道附近亦应大量种植。

二、应即准备苜蓿籽种。在指定推广中心区，本厅依据呈报可以补助购买苜蓿籽费一部分，但主要的各县应发动群众设法解决，多种。

三、关于种苜蓿的办法是：

（一）山谷地、河滩地、山圪崂等都可种，以及准备要荒芜的熟地和已荒芜一年者亦可种植。

（二）在荞麦地里带种或规定农户在荞麦地里带种一至三亩，在交通要道附近或设运输站区域，更应发动群众多种。

（三）增开荒地种植苜蓿更好。

（四）燕麦为马驴牛优良饲料，尤其对于优良山地，可发动群众多种，并可开荒地，稠播谷糜籽种，将来可专收秆叶，储藏饲养牲畜。玉米亦为牲畜所好吃，应多种。

（乙）发动割草运动办法

一、在阳历七八月间，发动群众在荒山野地收割牲畜所要吃的牧草，如马兰草、芦草、狗尾草、黄荆草等，晒干储藏。有牲畜的农家，应储藏足够三个月的草料，无牲畜的农家，亦应收割些以备卖给公家运输队牲畜之用，并可提出各农家收储牧草多少的竞赛。

二、在某些靠近纸厂的县区，注意割马兰草，不与其他草混合，以便卖给纸厂作造纸原料。

三、割野草，应动员青年、儿童、老汉、妇女参加，机关工作人员、部队人员亦应积极参加以推动群众。

这是一个新的重要任务，各县接到指示后，应迅速讨论研究，布置到区乡农村中去，尤其是交通运输大道附近的区域，要耐心地到群众中去宣传解释，说明种植牧草对于发展畜牧的重要性，以及和发展交通运输事业的关系。在今年推行种植牧草及发动收割牧草储藏具有成绩的各县，本厅当予奖励，并以作考核各县四科工作好坏的标准之一。区乡级干部或群众推行种植和收割牧草有特殊成绩者，由各县呈报本厅后，亦分别予以奖励。并希接到指示后，即将计划执行情形，呈报本厅，并在动员运盐时检查此项工作。

此致

敬礼！

厅长 高自立　副厅长 李景林

5 月 26 日

➤➤➤《抗日战争时期解放区科学技术发展史资料》

农业周报

《农业周报》，民国时期刊物，刊登农业方面的文章，介绍国内外农业信息。1934 年 3 月，全国经济委员会第七次常务委员会议对农业建设的相关决定，其中有涉草部分，刊登在该刊上。

全国经济委员会一年来之农业建设

为改良牧草并辅助防治黄河冲刷起见，决定沿黄河中游支干广植苜蓿。现已于绥远萨拉齐、河南潼关及西北畜牧改良总分场，各设苜蓿采种圃。宁夏、陕西两省，亦拟各设一圃，最近即可成立。一面又与黄河水利委员会会同调查沿黄土质，以为推广种植苜蓿之准备。

➤➤➤《农业周报》期刊，1935：4（1）

人民日报

《人民日报》，1948年创刊，创刊当年8月刊登了《冀南行署规定办法，繁殖牲畜发展农业》一文，号召民众种植苜蓿，下文为该文章节选。

保护与鼓励增殖耕畜的四项办法

（一）负担与支差等政策上的保护与奖励办法，包括一切耕畜均不纳负担，耕畜免除差役等11条。

（二）提倡和奖励公家和私人喂养种畜。

（三）加强牲畜疾病治疗和防疫工作。

（四）保护并提倡大量种植苜蓿，以保证牲畜的饲料。

➤➤➤《人民日报》，1948-8-22

华北的农村

《华北的农村》，齐如山撰，该书写于1956年之后，记载的是近代以来的华北农村事务。

齐如山（1875～1962年），生于河北高阳，戏曲理论家，其研究涉猎较广。

耰苜蓿

都如漫，散种也，不用耧耩，只用手撒散种子于地便妥。如苜蓿之播种，则永远用手撒，通呼为耰苜蓿，不曰耩苜蓿。

➤➤➤《华北的农村·农工的分类·种》

扇

凡苜蓿等物都曰扇（注：芟，钐）。

➤➤➤《华北的农村·割·扇》

花草

此外，最好的草就是苜蓿，但小地主多不敢种，因为他于人的食品，太无帮助也。中等以上的人家，喂牲口离不开花草。什么叫花草呢？这个名词，除华北人，大概知者不多，花草主要的原料为白薯蔓、花生蔓，一部分豆秧、高粱之绿叶、滑秸（麦秆之上截），苜蓿、干野草等，都铡到一起，以之喂牲畜，是极好的饲料。

➤➤➤《华北的农村·谷类·种类》

苜蓿

《史记·大宛列传》云，马嗜苜蓿，汉使取其实来，于是天子始种苜蓿肥饶地。《西京杂记》云，苜蓿一名怀风，时人谓之光风。《述异记》云，张骞苜蓿，今在洛中。这样的记载，见各种书籍者很多，唐宋诗中，尤乐言之。总之苜蓿一物，乃汉朝由西域传来，是人人公认，是毫无问题的了。《本草》云，苜蓿一名牧宿，谓其宿根自生，可饲牛马也。《汉书》作目宿。《博雅》作苜蓿。平常有写木须者。总之他是由西域传来，名词乃是译音，可以说是写哪两字都可，大概原来之音近于木须二字，宿字古音有两种读法，一读修，一读须，所以苜蓿二字，读书人读蓿为肃字音，乡间则都说须字音，其实桂花之木樨二字，与此意义也是一样，只不过译其声，无所谓义。《本草》所云宿根牧马一语，尤为重文生训，不过吾国昔时学者多犯此弊，如狼戾、滑稽、糊涂等皆是。

苜蓿一物，在农产中，可以说是最省事的一种，种好之后，每年只割三次而已，没有其他的工作，不用耪更不用整理。不过布种时须注意，因籽粒太小，土不能太松，因籽粒倘被土埋上，则虽生芽亦顶不出来；土皮太硬当然更不合适，地皮须平而软，雨后用手撒于地上便妥。这个词叫做耧。生苗后，本年固然不能取制，次年也就只能割一次，此名曰胎苜蓿，意如小儿刚生也。第三年便每年可割三次，这个名词叫做钐，用杆六七尺，镰刀长尺余，自春天起，每到开花时即钐，因为倘候结子再钐，则其茎已老如木质，牲畜不愿吃。初夏钐者名曰头碴苜蓿，因该时杂草尚未长高，钐得者是净苜蓿，不杂其他草类，所以最好，也最贵。三钐最次，因为钐时他草已长成，都连带钐来，无法挑拣，价较便宜。所以耰苜蓿时，便要审查该地，平常都生何种草类，因为各种草固然都可以作饲料，但有优劣之分，所以应须注意。它每年除了收割三次之外，确是没有其他的工作。另外还有三种长处如下。

一是种好之后，可以停留十余年，在此期内不必另种，唯怕水涝，一经水便算完事。

二是宜于碱地，凡带卤性之田，都可种此，过十年八年，根太老后，便可铲去另种其他谷类，且一定变成上地，因为该地之碱性，已被苜蓿吸收净尽也。

三是喂牲畜极好，所谓苜蓿随天马等，见于记载者很多，不必赘述。农人知之，但不肯完全喂此，大多数是铡为花草，花草之中共有七八种原料，前边已详言之，不再赘。

以上所说，只是作牧畜饲料，其实人亦可食，且吃得很多，滋养料亦极富，所吃只有两种，一是春初之嫩苜蓿，二是苜蓿花。

嫩苜蓿的吃法，可熟吃，亦可生吃。熟吃者即把苜蓿加盐，与谷类之渣合拌，以玉米、小米、高粱等为合宜，拌好蒸食或炒食均可；生食则洗净抹酱夹饼食之，味亦不错，且滋养料极富，这种乡间吃得很多，也可以说是种此者之小小伤耗。每到春天，苜蓿刚发芽，长至二三寸高，则必有妇孺前来摘取，这个名词叫做揪苜蓿，地主还是不能拦，这与高粱擘叶子一样，可以算是不成文法，意思是你喂牲畜的东西，我们人吃些，你还好意思拦阻吗？地主因倘不许揪，则得罪穷人太多，不但于心不忍，且于平日做事诸多不便，于是也就默认了。

苜蓿花的吃法，与嫩苜蓿一样，但不能生吃。且摘此花者，只能在熟人家地中摘取，不能随便摘，但有极穷之人来摘，则亦只好佯为没看见，因此尚虽不说是应该，但也不能算是偷也。

➤➤➤《华北的农村·谷类》

养马学

《养马学》，民国时期郑学稼编，专述养马的学术著作。

母马饲养法

未妊娠时，母马的喂法，亦以工作之轻重而定。及其受娠……喂妊马饲料，注重于质的选择，不在乎量之增多。最佳者为灰质兼富生质精的饲料，如燕麦、麸皮、紫云英、苜蓿等皆是。此外，较富淀粉质玉蜀黍亦可喂饲。较为适宜配合的饲养定额，如下。

4 份碎燕麦、4 份小麦麸皮、1 份麻子粉、少量紫云英或苜蓿干草等粗糙饲料……。

驹的饲养法

仔马生后三四星期时，可喂以少量的谷粒及干草，至于发育的饲料，以甜脱脂乳、研碎燕麦，以及油粉的配合为饲养定额最佳。仔马越早于喂饲谷类，则亦越速于离母体而自立，至于上等的粗糙品，如紫云英、苜蓿等亦宜少喂，喂后更宜饮以清洁之水。

对于重种二岁大驹的饲养定额如下。

(1) 40 份玉蜀黍、40 份燕麦、2 份麦麸。

(2) 等量玉蜀黍及燕麦。

此外，尚助以苜蓿及稿秆等粗糙品，结果，两组试验对象每日每匹均增重 1.4 磅。

饲料与饲养

《饲料与饲养》，民国时期陈宰均译，由商务印书馆出版，原书为美国亨利原著、莫礼逊重著。

陈宰均（1897 ～ 1934 年），畜牧学家、动物营养学家，浙江杭州人。

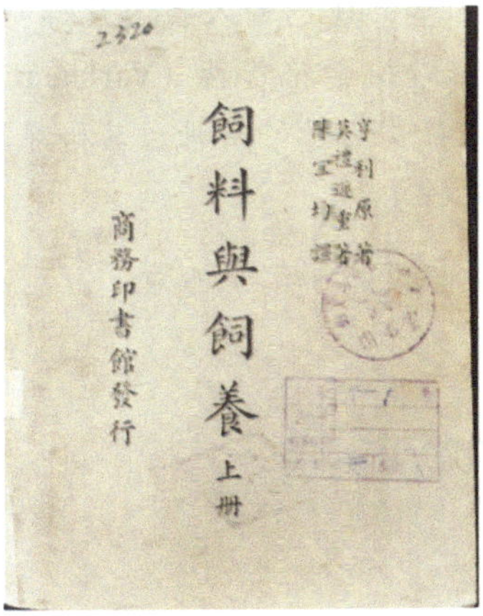

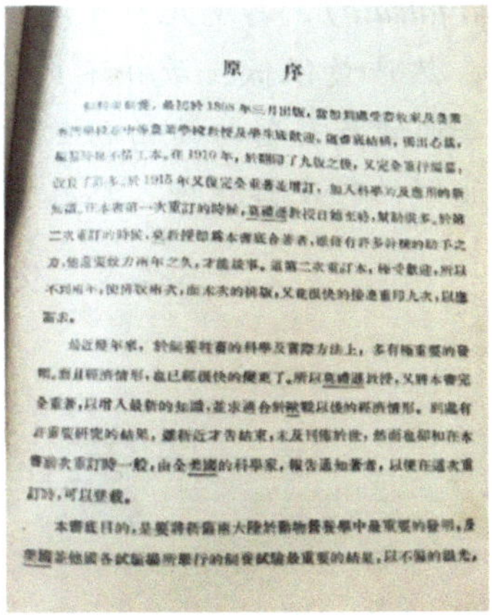
原序

紫花苜蓿

紫花苜蓿（Alfalfa，*Medicago sativa*）最适于美国西部半干旱的大平原中，那里碱质的土壤，既富且深，而排水又易。如用灌溉及受了夏季太阳的烈热时，在那里的紫花苜蓿每季则可割 2 ～ 5 次，每英亩（1 英亩≈ 6.07 亩）能产 2 ～ 5 吨滋养的干草。在美国西南部炎热且有灌溉的地方，每季竟可刈割 9 ～ 12 次。在多雨的地方，自路易斯安那州至缅因州各州间，其土壤深、富而又易排水，可用以很有利地种植紫花苜蓿。紫花苜蓿于炎热、半干旱的地方，加以灌溉，最易繁茂，然当气候炎热而又多雨的地方，如若土壤非特别适宜，则紫花苜蓿便不能繁殖。在密西西比河流域下游有些地方，一年雨量超过 50 英寸（1 英寸 =25.4mm），在某种土壤中，种植紫花苜蓿是可得到成效的。然而照通例，每年雨量如为 40 英寸以下，便为不适于紫花苜蓿生长。在土壤、气候均适宜的地方，紫花苜蓿可以不必重播，而可于多年内得到很好的效益。

紫花苜蓿用作干草。紫花苜蓿四分之一至三分之一开花时，当割来制为干草。在这个时候，有许多的嫩枝已在根颈茁生出来。在此时，将紫花苜蓿的上部割去，可以得到一种上等品质的干草，这干草含叶既多又很适口，其纤维量又不过多。如若割得过晚，那么第二次的产量便要减少，而所得的干草，品质又将恶劣，然而如若割得太早，以后的紫花苜蓿枝条数，又将太弱少。如若用以饲马，过于迟割的干草，比过于早割的为佳，因为前者较为少且有致泻性。

紫花苜蓿的品种。除了美国广植的普通紫花苜蓿之外，还有多种，在各地是极重要的。土耳其斯坦苜蓿于生长时与通常的紫花苜蓿，是无差别的。它比普通紫花苜蓿，稍微地较能御寒，然而多雨的地方，每英亩的产量却较少。阿拉伯及秘鲁紫花苜蓿（Arabian and Peruvian alfalfa），生长极速，却不易御寒，而生长期非常之长。在美国西部灌溉地方，这两种是有价值的。另外，还有几种黄花苜蓿或称西伯利亚苜蓿（*Medicago falcata*），其中几种生有地下茎，现已输入美国北部平原一带。这一种非常能御寒，然产量很低，故并不广植。带斑紫花苜蓿（Variegated alfalfa）及沙罗松草，是为普通紫花苜蓿与西伯利亚紫花苜蓿两种的杂种，其御旱及御寒力甚强。大家所称到的波罗的种及格林种，都属于此种。

➤➤➤《饲料与饲养·第十四章·豆科植物用作刍料》

农艺植物考源

《农艺植物考源》，瑞士德·康道尔著，俞德浚、蔡希陶翻译，胡先骕校订，

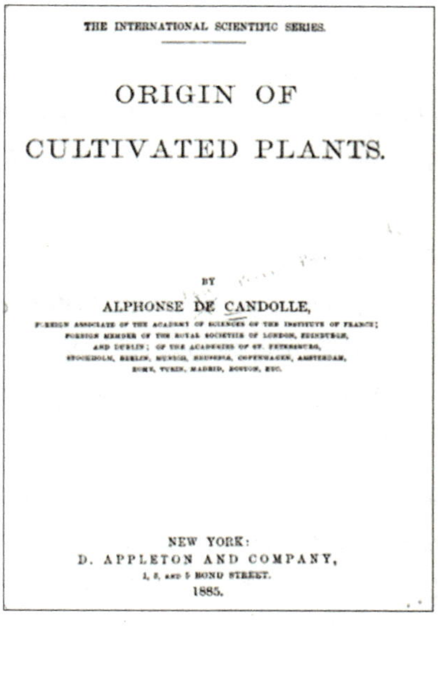

1940年商务印书馆出版发行，详细考证农业利用的植物的历史渊源。

苜蓿，学名 *Medicago sativa* Linn. 英名 Lucern 或 Alfalfa

苜蓿为豆科植物，古希腊及罗马人已深知之。其希腊名为 *medicai*，拉丁名为 *madica*，盖于纪元前四百七十年波斯战争时自米太（Media）传入者也。最晚在第一或第二世纪以后，罗马人即已广加栽培。伽图氏（Cato）虽未述及其名，然发罗氏（Varro）等固皆已提及之。意大利种苜蓿之由来大概亦已甚古。然今日之希腊则甚少种植之也。法国农家多讹呼之为 sainfoin，实为 *Onobrychis sativa* 之误。Lucern 之名，有人以为系来自琉瑟恩（Lucerne）地方之故。然吾人并不信其为确实之原产地也。西班牙人有一古名为 eruye，加塔兰人（Catalans）呼之为 userdas，法国南部有一部分土名称为 Laouzerdo，与 Luzerne 一字同意。苜蓿在西班牙种植尤为普遍，意大利人竟呼之为 herba spagna（即西班牙草之意）。西班牙之土名中，更有呼苜蓿为 mielga 或 melga 者，则显系源自拉丁语 *medica*，然通常多沿用 alfafa，alfasafat，alfalfa 等阿拉伯语根。十三世纪名医拜达尔氏（Ebn Baithar）曾述及阿拉伯语 fisflsat，即系自波斯语 isfist 转音而出者。由此可知苜蓿产于西班牙、彼德蒙特（Piedmont）或波斯。今复自植物学本身以证实其原产地何在。

在安那托利亚（Anatolia）之数省区，在高加索之南，在波斯、阿富汗、俾路芝以及在克什米尔等地域，皆发现有真正野生之苜蓿。至在欧洲南部及俄国南部所见，人皆为系出于人工栽培者。故苜蓿之传播，恐系希腊人由小亚细亚西及印度携入欧洲者。

然古代梵语中既无苜蓿之名，又无车轴草之称，殆雅利安人不知培植牧草者呼？

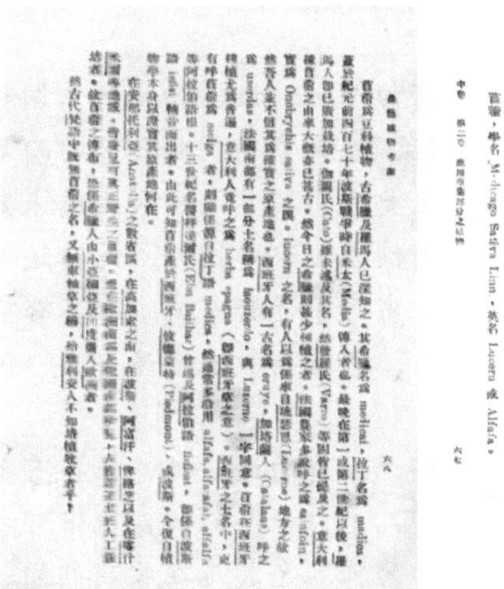

其他

农业生产

《农业生产》，民国时期北平农业生产社发行，阐述当时农业生产相关政策、科技的期刊，1948 年发表了由张均衡撰写的《饲料作物种苜蓿》一文。

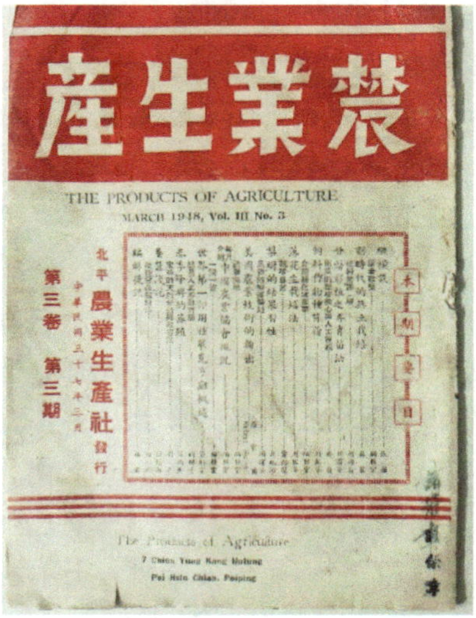

饲料作物种苜蓿

凡植物体的各部，得供家畜为饲料，该植物统叫作饲料作物，例如供人类食用的麦类、玉蜀黍、大豆、萝萄、甜菜等，为家畜饲料之目的而栽培，也可以作饲料作物。

牧草是饲料作物的一部，主要利用其茎、叶和附属未熟的种实。在饲养家畜方面言：对于牛、马、猪、羊等不仅需要浓厚饲料，同时还要多量的粗饲料。要是割取野草供作饲料，因为品质的粗劣对于优秀家畜，颇不合宜。所以为发展畜产方面着想，需要的牧草数量日渐繁多，家畜头数也日臻月盛，但野草供给不能增加，唯有栽培牧草以供饲料。

牧草的种类很多，对于气候、土质的适应性，虽各有不同，然大都适于温暖的气候，在夏季炎热时，常常有害，尤以干旱时候，地下部之发育，因之不良。所以一般以生育期间，不过于干燥的为佳。尤其是在收获期间，宜在晴天，便于牧草的干燥。

甜苜蓿（Sweet Cover）为最优秀的牧草，属于豆科牧草之一，草质优良，富于滋养，供作牛、马、猪、羊的饲料，最为相宜。有适应性，对于我国各地气候，均可栽培。土壤以排水佳良的砂壤为最合理想。

甜苜蓿年刈三次，刈下晒干，用供冬期家畜的干饲料，在制造干草时，可选快晴天气，在午前刈下，午后将刈下的牧草，翻转数回，助它干燥，到傍晚收集，堆集覆以草席，防雨露浸湿，到次日雨露干后，再展撒晒干，如是历 2 ～ 4 日后，草色变为苍白，秆节中的水分也失掉，见无生育期间的绿色时，收集缚束，运入屋内贮藏。

甜苜蓿在开花时期是尤为良好的蜜源，对于养蜂采蜜方面，是莫大的蜜源。在美国荒野之地，在道旁铁路两侧，触目皆是。现在畜产农业进步，对于牧草的需要更大，故对于苜蓿之栽培是利用空地，对整个的区划牧草地，可从事大量的栽培。

苜蓿除作青饲料或干饲料外，若粉碎供作家禽之绿饲，它的嫩叶可作蔬菜，味美胜于菠菜。

本社前由山西读者运来若干苜蓿种子，除分让全国读者试种栽培外，余则由新农园大量繁殖，去冬收集种子数十斤，现为推广起见，欢迎全国提倡农业生产者，作扩大栽培，每单位收邮费三万元，远近保证寄到。如需大量，每市斤按现大洋六元折合，邮包费另加。

牧草

飼料作物種苜蓿

➤➤➤《农业生产》，1948，3（3）

中国畜牧兽医杂志

《中国畜牧兽医杂志》，1953 年中国畜牧兽医学会主办，是兽医专业全国性科技期刊，1955 年谢成侠在该杂志发表了《二千多年来大宛马（阿哈马）和苜蓿传入中国及其利用考》一文。

谢成侠（1914 ～ 1996），生于浙江杭州，畜牧学家，中国养马业开拓者之一，中国畜牧史和家畜繁殖学奠基人。

二千多年来大宛马（阿哈马）和苜蓿传入中国及其利用考

◆历史的时代背景

在未谈到本题以前，必须简单说明一下大宛马和苜蓿初次传入中国的时代背景。约在公元前一百年前，正是汉帝国的全盛时期，是中国封建制社会的前期，那时候的中国环境，是在北部草原民族不断侵犯入境以后，中国内部力量增强，有御侮力量而进入扩展疆土、发展经济文化的阶段。那时候的统治者虽然主要代表地主阶级的利益，但社会的生产力在封建时代里却是空前的，由于国力（人民的总体力量）的恢复，到汉武帝时代也就依靠这些力量对外发展，大宛马和苜蓿的传入，就是发生在这个时代。可是创造这些历史事迹的，史册上却以武帝的“赫赫武功”渲染着，来代替无数的人民血肉及无名英雄的功绩。根据唯物史观，这里特别要指出，这些珍贵的历史都是我们的劳动祖先们在艰苦中缔造的，虽然也有少数历史人物起了不可磨灭的作用，但全盘说来，人民是历史的创造者。

年来见到各级学校的历史教科书，在汉代也提到有“张骞通西域”“骏马、苜蓿、葡萄等传入”的句子，这对新中国的新生一代很有爱国主义教育的意义；对我们这一代而言，像外来家畜和牧草这样的历史，当然更有深入了解及研究的必要，或许对中苏两国科学文化的交流多少也有些关系。

附带必须声明，我不是历史科学的专门研究者，只是从畜牧兽医科学工作者结合自己的专业来处理史料，至于这时代的社会历史背景的详情，那就不是本文的范围了。

◆关于大宛马来历考

在汉武帝时代，西域各国不仅出产古今驰名的良马，也是世上美丽的乐园，由于当时那位古代的政治探险家张骞孤军深入西域各国，才发现了大宛国的良马。当他回国报告了国外的政治情况，很激起武帝的爱马私欲，于是以他一人的喜爱而派遣使者去大宛，行军万里，越过戈壁及葱岭的天险，用金子去换取良马。如《前汉书·张骞传》说：大宛有善马，在贰师城，匿不肯示汉使，天子既好宛马，使壮士车令等持千金及金马，以请宛王贰师城善马；宛国饶汉物，相与谋曰……贰师马，宛宝马也，遂不肯予汉使，汉使怒妄言，椎金马而去，宛中贵人怒曰，汉使至轻我。遣汉使去，令其东边郁城王遮攻，杀汉使，取其财物。

因此恼怒了汉帝，动起干戈，公元前一〇四年（太初元年）遣出了主要由农民组成的骑兵数万远征。但兵临大宛国境的郁城，并未攻陷，只得退回敦煌，而且回来的人马只剩了十分之一二，武帝因主帅未完成使命，命令关闭玉门关，不许那些将士们入塞。不得已又重整旗鼓，征兵六万，而私从的人马尚不计算在内，此外尚有牛马骆驼十四万匹随军再行西征，因为扰害人民生计，当时很引起全国的骚动(《文献通考·卷一五九·兵考》)。公元前一〇一年兵临大宛首府，仍希望不战而和解，以达到索马的任务，但被大宛的国王拒绝，因而大宛的贵族们发生政变，斩死国王，同意汉军的要求。由随军善于识马的人选择了良马数十匹，及中等以下的牝牡马三千多匹，并约定每年由大宛赠给良马二匹。可是万里艰苦的征途，班师回玉门的马只余下一千多匹（《前汉书·卷九六·西域传》）。

大宛马到了长安以后，统治者尚不顾人民的怨苦，在长安城外大兴土木，营建专为大宛马用的厩舍，任专官管理。朝廷里还为此庆贺，作了天马歌二首（这歌可见《史记·卷二四·乐书》及《前汉书·卷二二·礼乐志》），来颂扬靠劳动人民的血肉换来的成功。

汉时亦叫大宛马为“汗血马”或“天马”，如《前汉书·武帝纪》说：“四年春贰师将军李广利斩大宛王首，获汗血马来。”《史记·大宛传》说：“大宛在匈奴西南，在汉正西，去汉可万里，其俗土著耕田稻麦，有蒲陶酒，多善马，马汗血，其先天马子也。”《史记·乐书》应劭注：“大宛旧有天马种，蹋石汗血，汗从前膊出如血，号一日千里。”这是形容大宛马很有悍威，但古人有误以为汗中出血，这是不可信的。大宛马来到中国后，对我国的马种起了什么作用，则无人考知。但我们可以确信是有作用的，因为汉军选择的大宛马全部是种马，如果仅为了军用，那些马种是不合用的，因为也有史料证明马匹去势术汉代已很通行了，否则《汉书》上何必特别指出是牡牝马。根据考古学家发现的出土汉代明器，那些陶俑的马像绝不是国内土产马匹的外形，而是和唐代的陶俑马很相似的，而唐代的陶俑马，可以说完全是模仿西域马的。从汉唐陶俑马的外形去观察，虽然肌肉显得比今日的阿哈马稍为丰满些，但在姿势和头颈及其他部位的轮廓去比较，很多和阿哈马相似，这很可能因为一二千多年前的阿哈马体型上要较为重些，这可由北京及其他都市的古物陈列馆的古物来证明。由此可见大宛马自汉代以来已被人民所赏识了，一直到隋唐，大宛马仍有输入，如公元六〇八年隋炀帝时，由崔毅出使突厥（汉大宛国在隋唐属突厥），致汗血马（《隋唐·卷三·炀帝纪》）。《唐会要》说：“康居马，康居国马也，是大宛马种，形容极大，武德中，献马四十匹，今时官马犹其种也。”由此更可证明大宛马种至晚在第七世纪初叶已用来改良中国的马种了。如果说我们祖先不懂得改良马种，或者说品种改良是始于现代，这是很错误的。事实上我们古代伟大的劳动人民，早就知道了选种，而且是“既杂胡种，马乃益壮”（《新唐书·卷五〇·兵志》）地获得了一定的成果，可惜在长期的封建制度社会中，不仅得不到发展，反而是被我们遗忘了。

◆证明阿哈马就是大宛马

在苏联养马业的序文中，我特别根据中国马政史的考证，简单地指出一九五〇年由苏联输入的阿哈马就是大宛马。何以证明大宛马就是阿哈马呢，今特将它伸论如下。

首先，根据苏联养马科学研究所所长卡里宁对阿哈马历史的叙述：“阿哈尔捷金马是土库曼南部沙漠中绿洲上泰克部落的马种，这是世界上最陌生而最古老的马种。在土库曼那一区域，实际上并无特别的牧地，自然生成的动物，都是喂的苜蓿和大麦的混合物。”杜勃鲁霍多夫教授也同样地叙述：“而以苜蓿和大麦饲养阿哈马的。”如果把以上所引的《史记·大宛传》所说，即该国也出产这些农产品来印证，从该品种的生活环境来看，大宛马的原产地就在土库曼，深信是不会有什么错的。

考古大宛国，清代为浩罕国（非今日乌兹别克的浩罕城）。浩罕西名为佛尔哈那，其地应是土库曼及乌兹别克斯坦共和国境，但何以说大宛马的产地就是土库曼而非乌兹别克呢，这一点也可以有资料证明的。英国温华斯夫人在研究马的历史中指出，在佛尔哈那自古出产英译为汗血的马种。这显然也是指的大宛马，她的考据，或许还是根据中国汉书而来的。在《马哥孛罗游记》，张星烺译注道："(汉) 贰师城即费尔干那（同佛尔哈那）省俄晋，郁城即今乌兹罕（译音)。"由此亦可证明汉使及汉军所到的大宛国和以后马哥孛罗东游所经的城市是在乌兹别克以西或土库曼境内。

如果说大宛马不是今日的阿哈马，可能是他邻近地区的品种，如卡拉拜依马和波斯马及其他马种。这一点也是值得注意的。按卡拉拜依马产在今土库曼东部乌兹别克及塔吉克境，虽然其地是古大宛国的一部分，但这一品种却起源于蒙古系马和阿哈马及阿拉伯马杂交的结果。而阿拉伯马的历史要比阿哈马至少晚几个世纪。至于波斯在汉代是安息国，尚在大宛西南部，所以也绝不是波斯马。日本人圣头骝研究中国古代名马，曾说大宛马就是波斯马，这是张冠李戴的说法。此外如哈萨克和吉尔吉斯的草原马更不能是大宛马，一则这些马种唐代特称为结骨马，二则在品质上远不及大宛马，何况这些地方古代历史上并未指苜蓿喂马的事。

苏联对中亚的马种特别重视，由苏联养马科学研究所组织探险队前往调查马匹，终于在一九三九年由国家出版局出版《中亚细亚的马匹资源》的报告书，但对阿哈马古代的历史，还是不够十分了解。现在这里无妨提供一些我国的历史文献，似乎对苏联养马科学界不是毫无意义的。至少可以指出距今两千多年前阿哈马就已传入中国，那时候的阿哈马已成为优秀的品种，而且也被我国人民赏识了。他的历史确是古老的，而且至少应该比阿拉伯马早数个世纪，他未见得就是南方马种（如阿位拍马、波斯马）的后裔，而应视为中央亚细亚当地固有的有悠久历史的品种。

◆苜蓿种子传入中国考

在汉使通西域的同一时期，还由他们带回了不少中国向来没有的农产品，其中苜蓿种子的传入是和大宛马的输入在同一个时期，因此一并研究较为更有意义。

《前汉书·西域传》说："汉使采蒲陶（按即葡萄)、目宿种归，天子以天马多，又外国使来众，乃蒲陶、目宿离宫馆旁，极望焉。"《史记·大宛传》说："马嗜苜蓿，汉使取其实来，于是天子始种苜蓿、蒲陶肥饶地，及天马多，外国使来众，则离宫别观旁尽种蒲陶、苜蓿"。

以上是我国记载苜蓿最早的史料。考苜蓿传入的年代，史书并未确实地指出，但可能是在张骞回国的这一年，即公元前一二六年（汉武帝元朔三年)，如晋张华《博物志》说："张骞使西域得蒲陶、胡葱、苜蓿。"梁任昉《述异记》道："张骞苜蓿园，在今洛中，苜蓿本胡菜，骞始于西域得之。"但张骞回国是很艰苦的，归途还被匈奴阻留了一年多，是否一定是他带回来的不无疑问。《史记》既称"汉使采其实来"，这位汉使也许是和张骞同时去西域回国的无名英雄。或则最迟是在大宛马运回的同一年，即公元前一〇一年。最值得我们后世的人叹服不置的，就是当时的汉使，他们不可能有今日的农学知识，但在外国连这一草之微，也很注意到，而把它的种子带回祖国来，深信这些种子的带回，绝不是为了贡献给统志者汉帝，而是为了给马匹及其他牲畜获得更好的饲料。而事实上二千多年来，苜蓿确乎成为中国北方农村首屈一指的牧草，对农业经济裨益是不小的。

关于苜蓿的确实来源，在《史记》和《前汉书》均指出：大宛和罽宾二国均有苜蓿。考罽宾，汉时在大宛东南，在今印度西北部克什米尔，这些地方均有过汉使的足迹。所以这里可以肯定地说，中国的苜蓿应该是由大宛带回的。但苜蓿是否原产于这些地方，则是问题。据全苏饲料科学研究所根据苏联学者们的研究：在波斯王大流士统治的时代，苜蓿最初是以药品运往希腊，认为波斯是苜蓿的起源中心，在公元前四世纪，苜蓿主要是被骑兵作为他们的军马饲料传入希腊。苜蓿是中亚加盟各国特有的作物，在土耳其斯坦（即今土库曼等地）早有了苜蓿，是公元前二千五百年前波斯人征服中亚时传入的，并且在那里适应了当地的环境。由此足证中国的苜蓿来自大宛，而且大宛当时的苜蓿已成为适应当地风土的固有作物了。

苜蓿这名词是外来语，可能是根据大宛当时的方言译音而来的。在《汉书》称“目宿”，《尔雅》称“牧宿”，郭璞注道：“以其宿根自生，可饲牧牛马也。”《尔雅翼》则称“木粟”，说是“其米可炊饭。”《西京杂记》说：“苜蓿，一名怀风，时人或谓光风，风在其间常肃然，日照其花有光采，故名苜蓿怀风，茂陵人谓之连枝草。”这些都是汉以后给它取的美名。但二千多年来的农民终究沿用了《史记》上的名词，可是近代以来，搬弄了西洋名词，而有紫三叶、紫苜蓿等名，会弄得有些人连把出产在本国远比西欧及美国为早的同一品种的牧草被这些名词所糊涂了。

◆二千多年来苜蓿的利用和研究

自从新的科学介绍了西方牧草学及饲养学的知识以来，至少在我们畜牧兽医学界恐怕就不够注意，我们的祖先仅就苜蓿一物在栽培和利用方面早就有了不少珍贵的研究传留下来。据贾思勰著《齐民要术》说道：“地宜良熟，七月种之，畦种水浇，一如韭法，旱种者，重楼耩地，使垄深阔，窍瓠下子，批契曳之。每至正月，烧去枯叶、地液，辄耕垄，以铁齿鳎楱鳎楱之，更以鲁斫斸其科土，则滋茂矣。一年三刈，留子者一刈则止。春初既中生噉，为羹甚香。长宜饲马，马尤嗜此物。长生，种者一劳永逸。都邑负郭，所宜种之”。

这是西汉以来论苜蓿栽培的最古文献，《齐民要术》虽是写在一千四百年前，但我们应该当它是一册总结古代农业（包括畜牧）技术的经典著作，还应该在此附带强调指出，其中对苜蓿的栽培法叙述虽很简洁，但这些史料如果农学及畜牧界加以做科学的解释，那可就不是简单的，这里仅提出来，供畜牧兽医界同志们参考罢了。

此后苜蓿很快分布在北方各省，利用性也很广，如《汉书·西域传》颜师古注：“今（按指唐时）北道诸州旧安定境，往往有苜蓿者，皆汉时所种也。”《新唐书·百官志》说：“每驿马给地四顷（按指四十亩），莳以苜蓿。”唐宋以来又有不少的诗文和农业书籍记载着苜蓿。元世祖时，令各社种苜蓿以防饥年（《元史·卷四二·食货志》）。

明初，朱橚《救荒本草》道："苜蓿出陕西，今处处有之，苗长尺余，细茎分叉而生，叶似豌豆颇小，每三叶攒生一处，梢间开紫花，结弯角，角中有子，黍米大，状如腰子"。

王荩臣《群芳谱》亦如上言，而且讲到种植技术及其用途如下。

种植：夏月取子和荞麦种（按即混播法），刈荞时，苜蓿生根，明年自生，止可一刈，三年后便盛。每岁三刈，须留种者只一刈，六七年后，垦去根，别用子种。若效两浙种竹法，每一亩，今年半去其根，至第三年去另一半，如此更换，可得长生，不烦更种。若垦后次年种谷（按相当现代的草田轮作制），必倍收，为数年积叶坏烂，垦地复深，故今三晋刈草，三年即垦作田，亟欲肥地种谷也。

制用：叶嫩时炸作菜可食，亦可作羹，忌同蜜食，令人下痢（原利字）。采其叶依蔷薇露法，蒸取馏水，甚芳香，开花时刈取，喂马牛易肥健，食不尽者，晒干，冬日剉喂。

疗治：热病、烦满、目黄赤、小便黄，捣汁一升顿服，吐利即愈。沙石淋痛，捣汁煎饮。

佩文齐《广群芳谱》根据《群芳谱》有以下的记载。

……三晋为盛，秦齐鲁次之，燕赵又次之，江南人不识也。味平无毒，要中别五脏，洗脾胃间诸恶热毒（以上同《群芳谱》句），长宜饲，马尤嗜此物。

此外还有《苜蓿别录》的专著，而且李时珍还把它编入《本草纲目》，不过李氏所指的苜蓿是黄花，可能是南方土生的另一种类。近至一八四八年（道光二十八年），吴其濬著的《植物名实图考》，更绘出苜蓿及野苜蓿三幅写真图，其逼真的程度并不逊于现代科学书籍上所载。一言蔽之，在牧草中没有再比有关于苜蓿的文献叙述得那么精彩了。如果说在畜牧、兽医方面缺乏科学的古代文献，现在就得仅以此一草之微来证明。

苜蓿初传入中国时，还只是汉宫园苑中珍贵的植物，主要是为了喂马的，而且设有专人管理，如《续后汉书·百官志》补道："苜蓿宛宫四所，一人守之。"以后就很快传播在北方各地，约如上述。现在国内所以有如此首屈一指的国有牧草，这也是我们祖先传下来的劳动果实。

近几十年来，随同西方科学的输入，苜蓿竟然一度成为一种新的外来牧草，会有人说苜蓿还是用新大陆和西欧的种子才开始做实验的，以致紫苜蓿和苜蓿还被人当作二物，甚至于有认为苜蓿是指野生或黄花的同种植物，好似北方最普遍的苜蓿就应该称紫苜蓿而不应称苜蓿似的。西洋的紫苜蓿和本国代表性的苜蓿由于异地所产，虽不能说毫无差别，但会有强调洋种，又不免有外国月亮更美之感了。好在本国苜蓿并未因此不受到科学界的重视，在二十多年前已故水利专家李仪祉曾提出，以苜蓿固黄河堤防的建议，二十周年前旧句容种马牧场牧草实验区及放牧区，开始用河北保定一带出产的苜蓿（紫花为主），做较为大规模的科学试验和应用，并和其他欧美的牧草进行比较，也许这是本国苜蓿在江南有计划移植的第一次。到一九四二年牧草学家王栋在武功就陕西省的苜蓿作出第一次科学的研究工作，这些都应该在此提及。苜蓿一般是指紫花的一种，但南方各地也有黄花的，古人也有不少这样的记载（恕不赘引），但黄花苜蓿可能是野生种，也许还是由西域来的苜蓿在千百年的过程中受我国各地风土的影响而变异的结果，就是原产在古大宛的苜蓿也和波斯的稍有差别，在其他各国也有同样的情形，但均是来源于中亚高原。

新中国成立以来，中央和各省主要是在改良土壤和农业增产的前提下，对苜蓿利用很是重视，据一九五二年调查统计，全国现有栽种苜蓿的土地达五百万亩之多，而以陕、甘、晋等黄河流域各省为最盛，近年来还推广到南方各省，但在畜牧界对苜蓿的推广和利用，看来是不及土壤肥料科学方面的有力，这是值得我们注意的。如果今日的农业科学界能结合这方面的史料进行研究，深信一定有不少的帮助。

◆结论

二千多年来，我们祖先已知道采用外国的优良马匹和牧草品种，从艰难的交通条件下，自中亚细亚传入了现代阿哈马的原始品种和被誉为牧草之后的苜蓿。他们早知把良种用于改良，可惜在长期的封建制度社会过程中，优良的马种仅被统治者所占有，未能推广及遗留至今天，独有苜蓿一物得到古来农民有效的保存和推广，终于应用于农业生产，这是一件对农业和畜牧业重大的贡献，可是近数十年我国曾从海外输入牧草种子达数十种，究有几种适应我国风土环境，或已有数种已得到推广，这是值得我们今后努力的。正因为如此，就更值得我们追念那些古代的劳动人民，并热爱祖国自己的文化了。近年以来，我国又从苏联输入马种及牧草种子，从中苏两国科学界文化交流的关系来看，这也可以说是一个可以提出的例证。

➤➤➤《中国畜牧兽医杂志》，1955（3）

主要参考文献

[战国-汉]不详. 尔雅. 管锡华, 译注. 北京: 中华书局, 2014
[汉]班固. 汉书. 北京: 中华书局, 2007
[汉]班固. 汉书艺文志. [唐]颜师古, 注. 北京: 商务印书馆, 1955
[汉]班固. 汉书补注. [清]王先谦, 补注. 上海: 商务印书馆, 1936
[汉]班固. 前汉书. 上海: 世界书局, 1930
[汉]崔寔. 四民月令辑释. 缪启愉, 辑释. 北京: 农业出版社, 1981
[汉]崔寔. 四民月令校注. 石汉声, 校注. 北京: 中华书局, 1965
[汉]华佗. 华氏中藏经. [清]孙星衍, 校. 北京: 人民卫生出版社, 1963
[汉]司马迁. 史记. 庄适, 胡怀琛, 叶绍钧, 选注. 上海: 商务印书馆, 1933
[汉]司马迁. 史记会注考证. 泷川資言, 考证, 杨海峥, 整理. 上海: 上海古籍出版社, 2015
[汉]司马迁, [宋]裴骃. 史记集解. 北京: 文学古籍刊行社, 1955
[汉]许慎. 说文解字. [宋]徐铉, 校定. 北京: 中华书局, 1963
[汉]许慎. 说文解字今释. 汤可敬, 释. 长沙: 岳麓书社, 1997
[汉]许慎. 说文解字注. [清]段玉裁, 注. 上海: 上海古籍出版社, 1981
[汉]荀悦. 前汉纪. 长春: 吉林出版集团, 2005
[魏]吴普. 神农本草经. [清]孙星衍, 辑. 北京: 人民卫生出版社, 1963
[晋]郭璞. 尔雅注. 清嘉庆六年(1801年)影宋本(第2册)
[晋]郭璞, 注, [宋]邢昺, 疏. 尔雅注疏. 上海: 上海古籍出版社, 1990
[晋]张华. 博物志. 范宁, 校证. 北京: 中华书局, 1980
[南朝]范晔. 后汉书. 上海: 中华书局, 2007
[南朝]顾野王. 原本玉篇残卷. 北京: 中华书局, 1985
[南朝]陶弘景. 本草经集注. 上海: 群联出版社, 1955
[南朝]陶弘景. 名医别录. 北京: 人民卫生出版社, 1986
[北朝]贾思勰. 齐民要术. 上海: 商务印书馆, 1936
[北朝]贾思勰. 齐民要术校释. 缪启愉, 校释. 北京: 农业出版社, 1982
[北朝]贾思勰. 齐民要术今释. 石声汉, 校释. 北京: 中华书局, 2009
[北朝]魏收. 魏书. 北京: 中华书局, 1974
[北朝]杨炫之. 洛阳伽蓝记校释. 周祖谟, 校释. 北京: 中华书局, 1963
[北朝]颜之推. 颜氏家训解读. 林莽, 解读. 合肥: 黄山书社, 2007
[隋]杜台卿. 玉烛宝典. 北京: 商务印书馆, 1937

[隋]侯白. 启颜录笺注. 董志翘, 笺注. 北京: 中华书局, 2014
[唐]白居易. 白孔六帖. [宋]孔传, 续. 上海: 上海古籍出版社, 1992
[唐]道世. 法苑珠林. 上海: 上海古籍出版社, 1991
[唐]杜甫, [宋]郭知达. 九家集注杜诗. https://guoxuedashi.net[2021-6-5]
[唐]杜佑. 通典. 北京: 中华书局, 1984
[唐]段公路. 北户录. 上海: 商务印书馆, 1937
[唐]房玄龄. 晋书. 北京: 中华书局, 1974
[唐]封演. 封氏闻见记. 上海: 商务印书馆, 1936
[唐]归有光. 震川先生集. 上海: 上海古籍出版社, 1981
[唐]韩鄂. 四时纂要校释. 缪启愉, 校释. 北京: 农业出版社, 1981
[唐]韩愈. 五百家注昌黎文集. [宋]魏仲举, 集注. 北京: 线状书局, 2014
[唐]韩愈. 东雅堂昌黎集注. 上海: 上海古籍出版社, 1993
[唐]李白. 李太白集注. [清]王琦, 注. 上海: 上海古籍出版社, 1992
[唐]李吉甫. 元和郡县图志. 北京: 中华书局, 1983
[唐]李林甫, 等. 唐六典. 北京: 中华书局 , 1992
[唐]李商隐. 李义山诗集注. https://guoxuedashi.net[2019-7-3]
[唐]李延寿. 北史. 北京: 中华书局, 1974
[唐]孟诜. 食疗本草. 张鼎, 增补. 北京: 中国医药科技出版社, 2017
[唐]欧阳询. 艺文类聚. 汪绍楹, 校. 上海: 上海古籍出版社, 1965
[唐]苏敬, 等. 新修本草. 上海: 上海科学技术出版社, 1959
[唐]苏敬. 新修本草. 尚志钧, 辑校. 合肥: 安徽科学技术出版社, 1981
[唐]孙思邈. 千金翼方. 北京: 人民卫生出版社, 1955
[唐]王焘. 外台秘要. 北京: 人民卫生出版社, 1955
[唐]王维, 校注. 王右丞集笺注. [清]赵殿成, 笺. 上海: 上海古籍出版社, 1984
[唐]韦绚. 刘宾客嘉话录. 北京: 中华书局, 2019
[唐]魏征. 隋书. 陶敏, 陶红雨, 校注. 北京: 中华书局, 1973
[唐]徐坚, 等. 初学记. 北京: 中华书局, 1962
[唐]虞世南. 北堂书钞. 天津: 天津古籍出版社, 1988
[唐]张说. 张说之文集. 上海: 商务印书馆, 1912
[五代]王定宝. 唐摭言. 上海: 上海古籍出版社, 1978
[宋]曾慥. 类说. 上海: 上海古籍出版社, 1993
[宋]陈景沂. 全芳备祖. 北京: 农业出版社, 1982
[宋]陈彭年. 广韵. 上海: 商务印书馆, 1912
[宋]陈直. 寿亲养老新书. [元]邹铉, 增续. 天津: 天津科学技术出版社, 2012
[宋]丁度, 等. 集韵. 上海: 上海古籍出版社, 1985
[宋]高承. 事物纪原. 北京: 中华书局, 1989

[宋]黄希, 原本. [宋]黄鹤, 补注. 补注杜诗. 台北: 台湾商务印书馆, 1986
[宋]寇宗奭. 本草衍义. 北京: 人民卫生出版社, 1990
[宋]李昉, 等. 太平广记. 北京: 中华书局, 1961
[宋]李昉, 等. 太平御览. 北京: 中华书局, 1960
[宋]李昉, 等. 文苑英华. 北京: 中华书局, 1966
[宋]李鹏飞. 三元参赞延寿书. 北京: 北京科学技术出版社, 1993
[宋]林洪. 山家清供. 乌克, 注释. 北京: 中国商业出版社, 1985
[宋]罗愿. 尔雅翼. 合肥: 黄山书社, 1991
[宋]罗愿. 新安志. 北京: 中华书局, 1990
[宋]梅尧臣. 宛陵集. 上海: 中华书局, 1912
[宋]欧阳修, [宋]宋祁. 新唐书. 北京: 中华书局, 1975
[宋]沈括. 梦溪笔谈. 侯真平, 校点. 长沙: 岳麓书社, 2002
[宋]施宿. 嘉泰会稽志. 台北: 台湾商务印书馆, 1983
[宋]释法云. 翻译名义集. 扬州: 江苏广陵古籍刻印社, 1990
[宋]司马光. 类篇. 北京: 中华书局, 1984
[宋]司马光. 资治通鉴. [元]胡三省, 音注. 北京: 中华书局, 1956
[宋]司马光. 资治通鉴. 上海: 商务印书馆, 1912
[宋]宋敏求. 长安志. 西安: 三秦出版社, 2013
[宋]苏轼, [清]施元之. 施注苏诗. https://guoxuedashi.net[2019-9-30]
[宋]苏颂. 本草图经. 尚志钧, 辑校. 合肥: 安徽科学技术出版社, 1994
[宋]唐慎微. 重修政和经史证类备用本草. 北京: 人民卫生出版社, 1957
[宋]王安石, [宋]李壁. 王荆公诗注. https://guoxuedashi.net[2020-2-25]
[宋]王怀隐, 等. 太平圣惠方. 北京: 人民卫生出版社, 1958
[宋]王溥. 唐会要. 上海: 上海古籍出版社, 1991
[宋]王钦若. 宋本册府元龟. 北京: 中华书局, 1989
[宋]王十朋. 东坡诗集. https://guoxuedashi.net[2020-3-8]
[宋]王应麟. 玉海. 南京: 江苏古籍出版社, 1988
[宋]王洙. 王氏谈录. 北京: 商务印书馆, 2013
[宋]吴仁杰. 离骚草木疏. 上海: 上海古籍出版社, 2017
[宋]吴怿. 种艺必用. [元]张福, 补遗, 胡道静, 校注. 北京: 农业出版社, 1963
[宋]谢维新. 古今合璧事类备要. 北京: 北京图书馆出版社, 2006
[宋]谢维新. 古今合璧事类备要别集. https://guoxuedashi.net[2022-10-20]
[宋]徐梦莘. 三朝北盟会编. 上海: 上海古籍出版社, 1987
[宋]袁枢. 通鉴纪事本末. 北京: 中华书局, 1964
[宋]张君房. 云笈七签. 济南: 齐鲁书社, 1988
[宋]朱熹. 御批资治通鉴纲目. https://guoxuedashi.net[2020-1-6]

[宋]祝穆. 古今事文类聚. 上海: 上海古籍出版社, 1992
[辽]释行均. 龙龛手鉴. 台北: 台北新文丰文化出版公司, 1984
[金]韩孝彦, [金]韩道昭. 四声篇海. 上海: 上海古籍出版社, 1995
[金]李杲. 食物本草. https://guoxuedashi.net[2022-10-8]
[元]官修. 元典章. 北京: 中华书局, 1957
[元]黄公绍, [元]熊忠. 古今韵会举要. 北京: 中华书局, 2000
[元]贾铭. 饮食须知. 北京: 中国商业出版社, 2020
[元]李文仲. 字鉴. 北京: 国家图书馆出版社, 2009
[元]刘郁. 西使记. 北京: 中华书局, 1985
[元]马端临. 文献通考. 上海: 商务印书馆, 1936
[元]司农司. 农桑辑要. 马宗申, 译注. 上海: 上海古籍出版社, 2008
[元]陶宗仪. 说郛. 北京: 中国书店, 1986
[元]王好古. 汤液本草. 北京: 人民卫生出版社, 1956
[元]王结. 善俗要义. 杭州: 浙江古籍出版社, 1988
[元]王祯. 王祯农书. 北京: 中华书局, 1956
[元]熊梦祥. 析津志辑佚. 北京: 北京古籍出版社, 1983
[元]徐元瑞. 吏学指南. 杭州: 浙江古籍出版社, 1988
[元]俞宗本. 田家历. 郑州: 中州古籍出版社, 1997
[明]鲍山. 野菜博录. 济南: 山东画报出版社, 2007
[明]陈其德. 垂训朴语. 清嘉庆十八年刊本, 1613
[明]陈耀文. 天中记. 扬州: 广陵书社, 2007
[明]陈嘉谟. 本草蒙筌. 北京: 人民卫生出版社, 1988
[明]程登吉. 幼学琼林. 合肥: 岳麓书社, 1986
[明]程敏政. 新安文献志. 合肥: 黄山书社, 2004
[明]董斯张. 广博物志. 长沙: 岳麓书社, 1991
[明]董斯张. 广博物志. 上海: 上海古籍出版社, 1992
[明]方以智. 通雅. 北京: 中国书店, 1990
[明]顾起元. 客座赘语. 南京: 凤凰出版社, 2005
[明]皇甫嵩. 本草发明. 北京: 中国中医药出版社, 2015
[明]焦竑. 国朝献征录. 南京: 广陵书社, 2013
[明]郎瑛. 七修类稿. 北京: 中华书局, 1959
[明]李梴. 医学入门. 北京: 中国中医药出版社, 1995
[明]李东阳. 大明会典. 扬州: 江苏广陵古籍刻印社, 1989
[明]李蓘. 宋艺圃集. 上海: 上海古籍出版社, 1987
[明]李时珍. 本草纲目. 上海: 商务印书馆, 1930
[明]李维祯. 山西通志. 北京: 中华书局, 1996

[明]李昭祥. 龙江船厂志. 南京: 江苏古籍出版社, 1999
[明]梁亿言. 遵闻录. 北京: 中华书局, 1991
[明]刘基. 多能鄙事. 济南: 齐鲁书社, 1997
[明]刘文泰. 本草品汇精要. 上海: 商务印书馆, 1936
[明]卢和. 食物本草. [明]汪颖, 补编. https://guoxuedashi.net[2021-12-6]
[明]卢之颐. 本草乘雅半偈. 北京: 人民卫生出版社 , 1986
[明]陆深. 蜀都杂抄. 据宝颜堂秘笈本. https://guoxuedashi.net[2021-2-20]
[明]吕坤. 新吾吕先生实政录. 明末影钞本. https://guoxuedashi.net[2019-6-15]
[明]梅膺祚. 字汇・字汇补. 上海: 上海辞书出版社, 1991
[明]闵齐伋. 订正六书通. 上海: 上海书店, 1981
[明]明代官修. 明实录. 上海: 上海书店, 2015
[明]缪希雍. 神农本草经疏. 北京: 中国中医药出版社, 1997
[明]彭大翼. 山堂肆考. 上海: 上海古籍出版社, 1992
[明]彭泽, [明]汪舜民. 弘治徽州府志. 上海: 上海古籍出版社, 1981
[明]沈德符. 万历野获编. 北京: 中华书局, 1959
[明]宋濂, 赵埙, 王祎. 元史. 北京: 中华书局, 1976
[明]谈迁. 枣林杂俎. 北京: 中华书局, 2006
[明]汪尚宁. 嘉靖徽州府志. 台北: 成文出版社, 1981
[明]王圻, [明]王思义. 三才图说. 上海: 上海古籍出版社, 2011
[明]王秋生. 正德颍州志嘉靖颍州志校注. 合肥: 黄山书社, 2017
[明]王三聘. 古今事物考. 上海: 商务印书馆, 1937
[明]王绍隆. 医灯续焰. [清]潘楫, 注. 北京: 中医古籍出版社, 2015
[明]王廷相. 浚川奏议集. 台南: 庄严文化事业有限公司, 1997
[明]王象晋. 群芳谱. 见: 范楚玉. 中国科学技术典籍通汇(农学卷三). 郑州: 河南教育出版社, 1994
[明]肖京. 轩岐救正论. 北京: 中医古籍出版社, 1983
[明]解缙. 永乐大典. 北京: 国家图书馆出版社, 2002
[明]徐春甫. 古今医统大全. 北京: 人民卫生出版社, 1991
[明]徐光启. 农政全书. 上海: 商务印书馆, 1968
[明]徐光启. 农政全书. 石声汉, 点校. 上海: 上海古籍出版社, 2011
[明]徐阶. 大明世宗肃皇帝实录. 中央研究院历史语言研究所, 校. 上海: 上海书店, 1982
[明]乐韶凤, [明]宋濂, 等. 洪武正韵. 北京: 国家图书馆出版社, 2020
[明]杨慎. 丹铅余录. 上海: 上海古籍出版社, 1992
[明]姚可成. 食物本草. 北京: 人民卫生出版社, 1994
[明]叶春及. 石洞集. https://guoxuedashi.net[2023-8-7]
[明]张岱. 夜航船. 刘耀林, 校注. 杭州: 浙江古籍出版社, 1987
[明]张自烈. 正字通. [清]廖文英, 补. 北京: 中国工人出版社, 1996

[明]章黼. 重订直音篇. 上海: 上海古籍出版社, 1995
[明]赵时春. 平凉府志. 张维, 校补, 魏柏树, 通校. 兰州: 甘肃人民出版社, 1999
[明]赵廷瑞, [明]马理, [明]吕柟. 陕西通志. 西安: 三秦出版社, 2006
[明]周嘉胄. 香乘. 北京: 九州出版社, 2015
[明]朱橚. 救荒本草. 北京: 中华书局影印本, 1959
[明]朱橚. 救荒本草. 文渊阁四库全书本. 上海: 上海古籍出版社, 1987
[明]朱橚. 救荒本草校释与研究. 王家葵, 张瑞贤, 李敏, 校注. 北京: 中医古籍出版社, 2007
[明]朱橚, 等. 普济方. 北京: 人民卫生出版社, 1959
[明]朱诚泳. 小鸣稿. 上海: 上海古籍出版社, 1991
[清]卞永誉. 书画汇考. https://guoxuedashi.net[2023-8-7]
[清]陈元龙. 格致镜原(上下影印版). 扬州: 江苏广陵古籍刻印社, 1989
[清]顾炎武. 历代宅京记. 北京: 中华书局, 1984
[清]黄辅辰. 营田辑要. 马宗申, 校释. 北京: 农业出版社, 1984
[清]毛对山. 对山医话. 上海: 大东书局, 1937
[清]周煌. 琉球国志略. 上海: 商务印书馆, 1936
[清]阿桂, 等. 盛京通志. 沈阳: 辽海出版社, 1997
[清]毕沅. 经典文字辨证书. 上海: 商务印书馆, 1937
[清]毕沅. 续资治通鉴. 上海: 上海古籍出版社, 1987
[清]不详. 怀安县志. 台北: 成文出版社, 1968
[清]不详. 康熙临洮府志. 南京: 凤凰出版社, 2008
[清]不详. 厦门志. 厦门: 鹭江出版社, 1996
[清]不详. 御定分类字锦. 长春: 吉林出版集团, 2005
[清]陈淏子. 花镜. 北京: 中华书局, 1956
[清]陈恢吾. 农学纂要. 北京: 北京出版社, 1998
[清]陈梦雷. 古今图书集成. 上海: 中华书局, 1934
[清]陈如稷. 康熙兰州志. 南京: 凤凰出版社, 2008
[清]陈作霖. 金陵锁志九种・金陵物产风土志. 南京: 南京出版社 , 2008
[清]成瓘. 济南府志. 北京: 中华书局, 2013
[清]程瑶田. 程瑶田全集. 合肥: 黄山书社, 2008
[清]褚人获. 坚瓠集. 李梦生, 校点. 上海: 上海古籍出版社, 2012
[清]德俊. 两当县志. 台北: 成文出版社, 1970
[清]丁廷楗, [清]赵吉士. 康熙徽州府志. 台北: 成文出版社, 1975
[清]丁尧臣. 奇效简便良方. 北京: 中医古籍出版社, 1992
[清]丁宜曾. 农圃便览. 北京: 中华书局, 1957
[清]董诰. 全唐文. 上海: 上海古籍出版社, 2007
[清]鄂尔泰. 授时通考. 北京: 中华书局, 1956

[清]鄂尔泰. 授时通考校注. 马宗申, 校注. 北京: 中国农业出版社, 1995
[清]鄂尔泰, 涂天相, 福隆安, 等. 八旗通志初集钦定八旗通志. 北京: 国家图书馆出版社, 2013
[清]方式济. 龙沙纪略. 哈尔滨: 黑龙江人民出版社, 1985
[清]方受畴. 抚豫恤灾录. 见: 李文海, 夏明方. 中国荒政全书(第二辑第三卷). 北京: 北京古籍出版社, 2004
[清]傅恒. 平定准噶尔方略. 乌鲁木齐: 新疆文化出版社, 2017
[清]傅山. 傅青主女科歌括. 安志贤, 吕豪, 编. 北京: 中国中医药出版社, 1992
[清]高弥高, [清]李德魁. 肃镇志. 台北: 成文出版社, 1970
[清]龚景瀚. 循化厅志. 台北: 成文出版社, 1968
[清]龚乃保. 南京稀见文献丛刊 • 冶城蔬谱. 南京: 南京出版社, 2009
[清]顾祖禹. 读史方舆纪要. 北京: 中华书局, 2005
[清]桂馥. 说文解字义证. 北京: 中华书局, 1987
[清]桂馥. 说文解字义证. 上海: 上海古籍出版社, 1984
[清]桂馥. 说文义证举要. (日本)高田忠周, 校补. 新北: 广文书局 , 1900
[清]郝懿行. 尔雅郭注义疏. 济南: 山东友谊书社, 1992
[清]贺长龄. 皇朝经世文编. 台北: 台湾大学出版社, 1989
[清]何焯, [清]陈鹏年. 御定分类字锦. 上海: 上海古籍出版社, 1987
[清]洪蕙. 延安府志. 清嘉庆七年(1802年)刊本
[清]侯昌铭. 保安志略. 清光绪二十四年(1898年)刊本
[清]胡建伟. 澎湖纪略. 台北: 台湾文献馆, 1958
[清]黄廷钰, [清]王烜. 静宁州志. 魏柏树, 点校. 兰州: 兰州大学出版社, 1996
[清]黄文炜. 高台县志辑校. 张志纯, 校点. 兰州: 甘肃人民出版社, 1998
[清]黄之隽. 江南通志. 台北: 华文书局, 1967
[清]黄维翰. 巨野县志. 清道光二十年(1840年)刊本
[清]嵇有庆, 魏湘. 续修慈利县志. 台北: 成文出版社, 1976
[清]李光地. 御定月令辑要. 长春: 吉林出版集团有限责任公司, 2005
[清]李鸿章. 畿辅通志. 保定: 河北大学出版社, 2015
[清]李垒. 金乡县志. 台北: 成文出版社, 1976
[清]李丕煜. 凤山县志. 康熙五十九年(1720年)刊本
[清]李席. 晋县乡土志. 台北: 成文出版社, 1968
[清]李兆洛. 嘉庆怀远县志 光绪重修五河县志. 南京: 江苏古籍出版社, 1998
[清]李中桂, 等. 光绪束鹿县志. 台北: 成文出版社, 1968
[清]厉荃. 事物异名录. 长沙: 岳麓书社, 1991
[清]梁国治. 钦定音韵述微. 台北: 台湾商务印书馆, 1969
[清]梁善长. 白水县志校注. 白水县地方志办公室, 校注. 西安: 地图出版社, 2000
[清]梁章钜, 朱智. 枢垣记略. 北京: 中华书局, 1984
[清]林溥. 即墨县志. 台北: 成文出版社, 1976

[清]淩奂. 本草害利. 北京: 中医古籍出版社, 1982
[清]刘懋宫, 周斯亿. 泾阳县志. 台北: 成文出版社, 1969
[清]刘统勋, 何国宗. 西域图志校注. 钟兴麒, 王豪, 韩慧, 校注. 乌鲁木齐: 新疆人民出版社, 2002
[清]刘王瑗. 砀山县志. 清乾隆三十二年(1767年)刊本
[清]刘源溥. 锦州府志. 新北: 广文书局, 1968
[清]刘曰义. 铜陵县志. 清顺治十三年(1656年)刊本
[清]陆心源. 唐文拾遗. 台北: 文海出版社, 1979
[清]马建忠. 马氏文通. 北京: 商务印书馆, 2010
[清]闵钺. 本草详书. 北京: 中国中医药出版社, 2015
[清]缪荃孙. 江苏省通志稿大事志. 南京: 江苏古籍出版社, 1991
[清]倪嘉谦, [民国]郭超群. 安塞县志校注. 冯生刚, 总校注, 何炳武, 高叶青, 校注. 上海: 上海古籍出版社, 2010
[清]倪涛. 六艺之一录. https://guoxuedashi.net[2019-12-20]
[清]钮树玉. 说文解字校录. 清光绪十一年(1885年)刊本
[清]潘镕. 萧县志. 合肥: 黄山书社, 2012
[清]蒲松龄. 农桑经校注. 李长年, 校注. 北京: 农业出版社, 1982
[清]蒲松龄. 蒲松龄集. 上海: 上海古籍出版社, 1986
[清]戚朝卿. 邢台县志. 台北: 成文出版社, 1969
[清]秦蕙田. 五礼通考. 台北: 圣环图书公司, 1994
[清]饶应祺. 同州府续志. 光绪七年(1881年)刊本
[清]阮元. 经籍籑诂. 北京: 中华书局, 1982
[清]邵晋涵. 尔雅正义. 李嘉翼, 祝鸿杰, 点校. 上海: 上海古籍出版社, 2018
[清]邵之棠. 皇朝经世文统编. 清光绪二十七年(1901年)刊本
[清]沈生遴. 陆凉州志. 台北: 成文出版社, 1975
[清]升允. 甘肃新通志. 清宣统元年(1909年)刊本
[清]盛康. 皇朝经世文续编. 上海: 上海著易堂印书局, 1919
[清]施诚. 河南府志. 乾隆四十四年(1779年)刊本
[清]史梦兰. 乐亭县志. 台北: 成文出版社, 1969
[清]苏履吉. 敦煌县志. 台北: 成文出版社, 1970
[清]孙承泽. 元朝典故编年考. 台北: 文海出版社, 1984
[清]孙观. 观城县志. 台北: 成文出版社, 1968
[清]孙星衍. 汉官六种. 上海: 中华书局, 1990
[清]谈迁. 北游录. 北京: 中华书局, 1960
[清]陶会. 合水县志. 台北: 成文出版社, 1970
[清]汪伆庵. 本草易读. 北京: 人民卫生出版社, 1987
[清]王德瑛. 光绪扶沟县志. 清道光十三年(1833年)刊本

[清]王锦林. 鸡泽县志. 台北: 成文出版社, 1969
[清]王筠. 说文句读. 上海: 上海古籍出版社, 1983
[清]王念孙. 广雅疏证. 北京: 中华书局, 1983
[清]王树枏. 尔雅郭注佚存补订. 上海: 上海古籍出版社, 1995
[清]王树枏. 新疆图志. 朱玉麒, 整理. 上海: 上海古籍出版社, 2015
[清]王树枏. 新疆小正. 台北: 成文出版社, 1968
[清]王肇晋. 深泽县志. 台北: 成文出版社, 1976
[清]魏源. 魏源全集. 长沙: 岳麓书社, 2004
[清]邬仁卿. 初学晬盘. 汕头: 汕头大学出版社, 2017
[清]巫慧. 山西蒲县志. 台北: 成文出版社, 1976
[清]吴其濬. 植物名实图考. 上海: 商务印书馆, 1957
[清]吴其濬. 植物名实图考长编. 北京: 中华书局, 1963
[清]吴士玉, 沈宗敬. 御定骈字类编. https://guoxuedashi.net[2020-5-30]
[清]吴知. 乡村织布工业的一个研究. 上海: 商务印书馆, 1936
[清]王者辅. 宣化府志. 吴廷华, 修. 台北: 成文出版社, 1970
[清]谢集成. 镇番县志. 台北: 成文出版社, 1970
[清]徐栋. 牧令书. 沈阳: 辽宁大学出版社, 1990
[清]徐灏. 说文解字注笺. 新北: 广文书局, 1961
[清]徐景熹. 福州府志乾隆本. 福州: 海风出版社, 2001
[清]徐珂. 清稗类钞. 北京: 中华书局, 2010
[清]徐汝瓒, 杜昆. 汲县志. 乾隆二十年(1755年)刊本
[清]徐松. 汉书西域传补注. 上海: 商务印书馆, 1937
[清]徐松. 宋会要辑稿. 北京: 中华书局, 1987
[清]许容. 甘肃通志. 扬州: 江苏广陵古籍刻印社, 1987
[清]薛宝辰. 素食说略. 北京: 中国商业出版社, 1984
[清]严可均. 全上古三代秦汉三国六朝文. 北京: 中华书局, 1965
[清]严如熤, 张鹏翂. 三省边防备览. 郭鹏, 点校. 西安: 西安交通大学出版社, 2018
[清]阎甲胤, [清]马方伸. 静海县志. 清康熙十二年(1673年)刊本
[清]姚之骃. 元明事类钞. 上海: 上海古籍出版社, 1993
[清]杨巩. 农学合编. 北京: 中华书局, 1956
[清]杨金庚. 海城县志. 台北: 成文出版社, 1970
[清]杨屾. 豳风广义. 北京: 农业出版社, 1960
[清]杨时泰. 本草述钩元. 上海: 上海科学技术出版社, 1959
[清]杨一臣. 农言著实评注. 北京: 农业出版社, 西安: 陕西人民出版社, 1989
[清]叶志诜. 神农本草经赞. 王加峰, 展照双, 杨海燕, 等, 校注. 北京: 中国中医药出版社, 2017
[清]佚名. 神木乡土志. 台北: 成文出版社, 1970

[清]英廉. 钦定日下旧闻考. 清乾隆五十三年(1788年)刊本
[清]于沧澜. 光绪鹿邑县志. 清光绪二十二年(1896年)刊本
[清]余震. 古今医案按. 北京: 人民卫生出版社, 2007
[清]袁大化, [清]王树枏. 新疆图志. 台北: 成文出版社, 1965
[清]翟灏. 通俗编. 陈志明, 编校. 北京: 东方出版社, 2012
[清]张玿美, [清]曾钧. 五凉全志. 台北: 成文出版社, 1976
[清]张廷玉. 明史. 北京: 中华书局, 1974
[清]张廷玉. 子史精华. 北京: 北京古籍出版社, 1996
[清]张延福. 泾州志. 台北: 成文出版社, 1970
[清]张玉书, [清]陈廷敬. 康熙字典. 上海: 商务印书馆, 1935
[清]张玉书. 佩文韵府. 上海: 上海古籍书店, 1983
[清]张之洞. 张文襄公全集. 北京: 中国书店, 1990
[清]张志聪. 本草崇原. 北京: 中国中医药出版社, 1992
[清]张宗法. 三农纪校释. 邹介正, 刘乃正, 谢庚华, 等校释. 北京: 农业出版社, 1989
[清]张曾. 归绥识略. 呼和浩特: 内蒙古人民出版社, 2007
[清]长顺, 李桂林. 吉林通志. 长春: 吉林文史出版社, 1986
[清]赵尔巽. 清史稿. 北京: 中华书局, 1977
[清]赵良生, [清]李基益. 永定县志康熙本. 厦门: 厦门大学出版社, 2012
[清]郑方坤. 全闽诗话. 陈节, 刘大治, 点校. 福州: 福建人民出版社, 2006
[清]郑祖庚, [清]朱景星. 侯官县乡土志. 福州: 海风出版社, 2001
[清]钟赓起. 甘州府志. 兰州: 甘肃文化出版社, 1995
[清]钟泰, [清]宗能征. 亳州志. 南京: 江苏古籍出版社, 1998
[清]钟方. 哈密志. 台北: 成文出版社, 1968
[清]周学曾. 晋江县志道光本. 福州: 福建人民出版社, 1990
[清]祝嘉庸, [清]吴浔源. 宁津县志. 台北: 成文出版社, 1976
[清]邹澍. 本经疏证. 上海: 上海科学技术出版社, 1957
[清]左宗棠. 左宗棠全集・札件. 长沙: 岳麓书社, 1986
北洋陆军兽医学校, 陆军经理学校. 牧草图谱. 东京: 滨田活版所, 1911
遍照金刚. 文镜秘府论. 北京: 人民文学出版社, 1975
步毓森. 应用豆科植物概论. 上海: 商务印书馆, 1934
蔡东藩. 前汉演义. 上海: 上海文化出版社, 1979
陈邦贤. 栖霞新志. 上海: 商务印书馆, 1934
陈存仁. 中国药学大辞典(上册). 上海: 世界书局, 1935
陈继曾, 郭维城. 宣化县新志. 台北: 成文出版社, 1970
陈继淹, 许闻诗. 张北县志. 台北: 成文出版社, 1968
陈直. 史记新证. 天津: 天津人民出版社, 1979

池田温. 中国古代籍帐研究. 北京: 中华书局, 2007
崔正春, 尚希宾. 威县志. 台北: 成文出版社, 1976
东北物资调节委员会研究组. 东北经济小丛书 • 畜产. 北京: 京华印务局, 1948
甘肃省文物考古研究所. 敦煌汉简. 北京: 中华书局, 1991
高步青, 苗毓芳. 交河县志. 台北: 成文出版社, 1968
高木春山. 本草图说. 上海: 章福记书局, 1912
耿兆栋. 景县志. 台北: 成文出版社, 1975
谷衍奎. 汉字源流字典. 北京: 语文出版社, 2008
郭象伋. 绥远通志稿. 呼和浩特: 内蒙古人民出版社, 2007
国家中医药管理局中华本草编委会. 中华本草. 上海: 上海科学技术出版社, 1999
韩作舟. 广平县志. 台北: 成文出版社, 1968
何刚德. 客座偶谈. 上海: 上海古籍出版社, 1983
赫胥黎. 天演论. 严复, 译. 上海: 商务印书馆, 1933
侯安澜, 王树枏. 新城县志. 台北: 成文出版社, 1968
胡道静. 梦溪笔谈校证. 上海: 上海出版公司, 1956
黄楼. 阚氏高昌杂差科帐研究: 吐鲁番洋海一号墓所出《阚氏高昌永康年间供物、差役帐》的再考察. 敦煌学辑刊, 2015, 2(2): 55-70
黄佩兰, 王佩箴. 涡阳县志. 台北: 成文出版社, 1970
黄文弼. 吐鲁番考古记. 北京: 中国科学院, 1954
黄以仁. 苜蓿考. 东方杂志. 1911, 1: 90-95
贾祖璋, 贾祖珊. 中国植物图鉴. 上海: 开明书店, 1937
江苏省植物研究所, 中国医学科学院药物研究所, 中国科学院昆明植物研究所. 新华本草纲要(第二册). 上海: 上海科学技术出版社, 1991
焦国理. 重修镇原县志. 台北: 成文出版社, 1970
金良骥, 姚寿昌. 清苑县志. 台北: 成文出版社, 1968
景佐纲, 张镜渊. 怀安县志. 台北: 成文出版社, 1968
柯劭忞. 新元史. 北京: 中国书店, 1988
孔庆莱, 吴德亮, 李祥麟, 等. 植物学大辞典. 上海: 商务印书馆, 1918
李芳, 杨得声. 顺义县志. 台北: 成文出版社, 1968
李树德, 董瑶林. 德县志. 台北: 成文出版社, 1968
李洵. 明史食货志校注. 北京: 中华书局, 1982
李仪祉. 李仪祉水利论著选集. 北京: 水利电力出版社, 1988
林梅村. 中国所出佉卢文书 • 沙海古卷(初集). 北京: 文物出版社, 1988
刘光华. 西北通史(第1卷). 兰州: 兰州大学出版社, 2004
刘延昌, 刘鸿书. 徐水县新志. 台北: 成文出版社, 1976
刘运新, 廖傒苏. 大通县志. 台北: 成文出版社, 1970

楼祖诒. 中国邮驿发达史. 上海: 中华书局, 1940
陆费逵, 欧阳溥存. 中华大字典. 上海: 中华书局, 1915
罗桂环, 汪子春. 中国科学技术史 • 生物学卷. 北京: 科学出版社, 2005
罗振玉. 罗振玉学术论著集. 上海: 上海古籍出版社, 2013
吕思勉. 中国通史. 武汉: 武汉出版社, 2014
马福祥, 陈必淮. 朔方道志. 上海: 上海古籍出版社, 1991
马福祥, 王之臣. 民勤县志. 台北: 成文出版社, 1970
马继桢, 吉廷彦. 翼城县志. 台北: 成文出版社, 1976
苗恩波, 刘荫歧. 陵县续志. 台北: 成文出版社, 1968
南京中医药大学. 中药大辞典. 上海: 上海科学技术出版社, 2006
牛宝善, 魏永弼. 柏乡县志. 台北: 成文出版社, 1976
齐如山. 华北的农村. 沈阳: 辽宁教育出版社, 2007
秦含章. 苜蓿根瘤与苜蓿根瘤杆菌的形态的研究. 自然界, 1931, 7(1): 93-103
庆昭蓉. 唐代安西之帛练: 从吐火罗B语世俗文书上的不明语词Kaum谈起. 敦煌研究, 2004, (4): 102-109
桑原骘藏. 张骞西征考. 杨炼, 译. 上海: 商务印书馆, 1934
森立之. 本草经考注. 吉文辉等, 点校. 上海: 上海科学技术出版社, 2005
沙凤苞. 陕西关中沿渭河一带畜牧初步调查报告. 西北农林, 1938, 2: 35-86
施丁. 汉书新注. 西安: 三秦出版社, 1994
史为乐, 邓子欣, 朱玲玲. 中国历史地名大辞典. 北京: 中国社会科学出版社, 2005
宋希庠. 中国历代劝农考. 南京: 中正书局, 1936
孙启忠. 苜蓿经. 北京: 科学出版社, 2016
孙启忠. 苜蓿赋. 北京: 科学出版社, 2017
孙启忠. 苜蓿考. 北京: 科学出版社, 2018
孙启忠. 苜蓿简史稿. 北京: 科学出版社, 2020
孙醒东. 苜蓿育种问题. 播音教育月刊, 1937, 1(9): 135-145
孙醒东. 重要绿肥作物栽培. 北京: 科学出版社, 1958
孙醒东. 重要牧草栽培. 北京: 科学出版社, 1954
汤文通. 农艺植物学. 台北: 新农企业有限公司, 1948
天一阁博物馆, 中国社会科学院历史研究所. 天一阁藏明钞本天圣令校证. 北京: 中华书局, 2006
王怀斌, 赵邦楹. 澄城附志. 台北: 成文出版社, 1968
王金岳, 赵文琴. 昌乐县续志. 台北: 成文出版社, 1968
王丕煦, 梁秉锟. 莱阳县志. 台北: 成文出版社, 1968
王文藻. 锦县志. 台北: 成文出版社, 1974
王朝俊. 重修灵台县志. 台北: 成文出版社, 1976
吴丽娱. 从敦煌吐鲁番文书看唐代地方机构行用的状. 中华文史论丛, 2010, (2): 53-113
夏纬英. 夏小正经文校释. 北京: 农业出版社, 1981

向达. 苜蓿考. 自然界, 1929, 4(4): 324-338
肖建新. 2010. 新安的外来物种考述. 中国典籍与文化, (1): 115-123
谢成侠. 二千多年来大宛马(阿哈马)和苜蓿传入中国及其利用考. 中国畜牧兽医杂志, 1955, (3): 105-109
谢树森, 谢广恩. 镇番遗事历鉴. 香港: 香港天马图书有限公司, 2000
谢锡文, 许宗海. 夏津县志续编. 台北: 成文出版社, 1968
谢小华. 乾隆朝甘肃屯垦史料. 历史档案, 2003, (3): 23-43
新疆吐鲁番地区文管所. 吐鲁番出土十六国时期的文书: 吐鲁番阿斯塔那382号墓清理简报. 文物, 1983, (1): 19-25
徐朝华. 尔雅今注. 天津: 南开大学出版社, 1987
徐贯之, 周振声, 李无逸. 虞乡县新志. 民国九年(1920年)铅印本
徐一士. 近代笔记过眼录. 北京: 中华书局, 2008
许承尧. 民国歙县志. 南京: 江苏古籍出版社, 1998
姚展. 天水县志. 北京: 国民印刷局, 1939
余宝滋. 闻喜县志. 台北: 成文出版社, 1968
余友林. 高密县志. 台北: 成文出版社, 1968
曾问吾. 中国经营西域史. 上海: 商务印书馆, 1936
张均衡. 饲料作物种苜蓿. 农业生产, 1948, 3(3): 4
张援. 大中华农业史. 上海: 商务印书馆, 1921
赵琪, 袁荣. 胶澳志. 台北: 成文出版社, 1968
郑震谷, 幸邦隆. 华亭县志. 台北: 成文出版社, 1976
中国古代史编委会. 中国古代史(上). 北京: 人民出版社, 1979
中国科学院植物研究所. 中国高等植物图鉴(第二册). 北京: 科学出版社, 1972
中国科学院中国植物志编辑委员会. 中国植物志[第42(2)卷]. 北京: 科学出版社, 1998
中美农业技术合作团. 改进中国农业之途径. 上海: 商务印书馆, 1947
钟广生. 新疆志稿. 台北: 成文出版社, 1965
周祖谟. 尔雅校笺. 南京: 江苏教育出版社, 1984
朱兰, 劳乃宣. 阳信县志. 台北: 成文出版社, 1968
宗福邦, 陈世铙, 萧海波. 故训汇纂. 北京: 商务印书馆, 2007

人名索引

Y

Z

典籍索引

Y

Z

词汇短语索引

T

W

X

Y

Z

后记

这是一本充满困难、富有故事，又极具挑战的图书。我国苜蓿史料资源丰富，为辑录苜蓿史实，需要在浩如烟海的典籍中一本一本地寻找载有苜蓿的典籍，需要一页一页地查找苜蓿的信息，需要一句一句地查看苜蓿的要素，需要一字一字地钞录苜蓿的内容，难度之大，用时之多，工作量之巨，可想而知。

书到用时方恨少，事非经过不知难。从2000年有搜集整理苜蓿史料的念想到今天钞录初成，可以说付出了20多年的时间和辛劳。在这期间无论是苜蓿史料的查寻搜集或是整理消化，还是史料的研究考证寒暑不辍。不论在工作中，还是在生活中，念兹在兹，关心的总是苜蓿史料，只要有时间或有机会就进行苜蓿史料的钩沉、梳理、研究和考证。除我自己进行资料查找搜集、扒梳整理和归纳研究的工作外，也得到韩丹蕊、魏晓斌、柳茜、那亚、张仲娟、徐丽君、方珊珊、高润、陶雅、李峰、王清郦、闫亚飞、邢启明、李文龙、薛艳林、红梅、花梅、王林、王晓娜、张慧杰、杨秀芳、徐博、王英哲、高婷和冯鹏等中国农业科学院草原研究所苜蓿创新团队成员的大力帮助，他们常常晨窗夜灯、孜孜矻矻，忘其时、忘其疲、忘其食地寻找载有苜蓿的典籍，为本书积累了不少有价值的资料，从中也看到了他们良好的科研素养和潜在的科研能力。在此向他们表示由衷的感谢，倘若没有他们的帮助，这本书可能难以出版。尽管我们在史实挖掘、史料搜集、研究考证等方面进行了不懈的努力，但也只是触摸到了苜蓿史料的冰山一角，还难以看到我国古代苜蓿之原貌，还难以准确解读我国古代苜蓿之全史。为了更深入地学习和理解苜蓿历史，我们还需要做更大的努力。

在史料搜集和翻译方面，还要十分感谢日本酪农学园大学的安宅一夫教授和内蒙古农业大学的娜日苏教授。安宅一夫教授在日本为我搜集到许多100多年前日本学者对中国古代苜蓿研究的文献，极大地丰富了我的苜蓿史料资源，为苜蓿史的研究考证提供了有力的佐证材料；娜日苏教授不辞辛劳、夜以继日地为我翻译了不少日文资料，使我受益颇多。内蒙古农牧科学院的薛艳林研究员、那亚副教授在美国学习期间，搜集了不少美国专家对中国苜蓿史研究的文献，使我的苜蓿史料得到补充，我不胜感激。

科学出版社的编辑为本书的出版付出了辛勤劳作，他们本着求真求实的工作态度，以娴熟的技术对文中的语句进行验证，对书中的典籍进行核实，增加了本书的准确性和精彩性。感谢他们不遗余力的帮助和校对工作！

在已出版的“苜蓿科学研究文丛”拙著中，无疑本书用时最长、用力最勤、编纂最难、校对次数最多、花费精力最甚。当初本书内容结构为典籍介绍、作者简介、苜蓿相关内容钞录、简注和延伸阅读，但由于体量庞大，在内容上需要进行适当取舍与修改，技术方面还需进一步完善，在与负责本书出版的编辑进行了多次沟通后，将出现的问题进行了妥善解决。自 2018 年 6 月初成草稿提交出版社，今天终于即将付梓了，细数已过去五个春秋。在这五年间，书稿内容经历了不断地补充、修改、校对和再校对，反反复复进行了十余次，从内容到版式的大修改就有两三次，其中的艰辛、不易和困惑不言而喻。

本书是苜蓿史料整理、研究和考证的第一次尝试，它图文并茂的形式更加突显了我国苜蓿在 2000 多年发展过程中的重大印记和斑斓光彩。我想，在今后会有更多追寻苜蓿印记、研究苜蓿历史的著作出现。

孙启忠

2023 年 10 月于呼和浩特